21世纪高等学校规划教材｜计算机应用

Oracle 11g设计与开发教程

曹玉琳　郑东霞　主　编
肖　洁　张立杰　副主编

清华大学出版社
北　京

内 容 简 介

本书采用大量的实例,深入浅出地介绍了 Oracle 11g 的使用和管理,共 16 章,包括数据库系统概述、关系数据库设计理论、数据库设计、安装 Oracle、SQL * Plus、DDL 和 DML、查询语句、Oracle 事务管理、模式对象、常用 SQL 函数、PL/SQL 基础、PL/SQL 高级编程、Oracle 全球化支持、Oracle 的启动和关闭、Oracle 的体系结构、Oracle 的安全管理等内容。

本书注重实用性和可读性,以实例为依托,使读者在学习理论知识的同时能够将所学内容应用于实际中,更容易掌握 Oracle 11g 的使用方法及技巧。本书可作为高等院校及培训机构计算机相关专业的教材,也可作为 Oracle 数据库的初学者及具有一定的 Oracle 数据库基础的软件开发人员和数据库管理人员的参考书。

图书在版编目(CIP)数据

Oracle 11g 设计与开发教程/曹玉琳,郑东霞主编. --北京:清华大学出版社,2012.11(2023.8重印)
21 世纪高等学校规划教材·计算机应用
ISBN 978-7-302-29115-2

Ⅰ. ①O… Ⅱ. ①曹… ②郑… Ⅲ. ①关系数据库-数据库管理系统-高等学校-教材 Ⅳ. ①TP311.138

中国版本图书馆 CIP 数据核字(2012)第 132032 号

责任编辑:高买花　王冰飞
封面设计:傅瑞学
责任校对:白　蕾
责任印制:宋　林

出版发行:清华大学出版社
　　　　网　　　址:http://www.tup.com.cn,http://www.wqbook.com
　　　　地　　　址:北京清华大学学研大厦 A 座　　　　邮　　编:100084
　　　　社 总 机:010-83470000　　　　　　　　　　邮　　购:010-62786544
　　　　投稿与读者服务:010-62776969,c-service@tup.tsinghua.edu.cn
　　　　质量反馈:010-62772015,zhiliang@tup.tsinghua.edu.cn
　　　　课件下载:http://www.tup.com.cn,010-83470236
印 装 者:三河市龙大印装有限公司
经　　销:全国新华书店
开　　本:185mm×260mm　　　　印　张:34.75　　　　字　数:845 千字
版　　次:2012 年 11 月第 1 版　　　　　　　　　　印　次:2023 年 8 月第 8 次印刷
定　　价:59.00 元

产品编号:044133-01

编审委员会成员

（按地区排序）

浙江大学	吴朝晖	教授
	李善平	教授
扬州大学	李　云	教授
南京大学	骆　斌	教授
	黄　强	副教授
南京航空航天大学	黄志球	教授
	秦小麟	教授
南京理工大学	张功萱	教授
南京邮电学院	朱秀昌	教授
苏州大学	王宜怀	教授
	陈建明	副教授
江苏大学	鲍可进	教授
中国矿业大学	张　艳	教授
武汉大学	何炎祥	教授
华中科技大学	刘乐善	教授
中南财经政法大学	刘腾红	教授
华中师范大学	叶俊民	教授
	郑世珏	教授
	陈　利	教授
江汉大学	颜　彬	教授
国防科技大学	赵克佳	教授
	邹北骥	教授
中南大学	刘卫国	教授
湖南大学	林亚平	教授
西安交通大学	沈钧毅	教授
	齐　勇	教授
长安大学	巨永锋	教授
哈尔滨工业大学	郭茂祖	教授
吉林大学	徐一平	教授
	毕　强	教授
山东大学	孟祥旭	教授
	郝兴伟	教授
中山大学	潘小轰	教授
厦门大学	冯少荣	教授
厦门大学嘉庚学院	张思民	教授
云南大学	刘惟一	教授
电子科技大学	刘乃琦	教授
	罗　蕾	教授
成都理工大学	蔡　淮	教授
	于　春	副教授
西南交通大学	曾华燊	教授

出 版 说 明

　　随着我国改革开放的进一步深化,高等教育也得到了快速发展,各地高校紧密结合地方经济建设发展需要,科学运用市场调节机制,加大了使用信息科学等现代科学技术提升、改造传统学科专业的投入力度,通过教育改革合理调整和配置了教育资源,优化了传统学科专业,积极为地方经济建设输送人才,为我国经济社会的快速、健康和可持续发展以及高等教育自身的改革发展做出了巨大贡献。但是,高等教育质量还需要进一步提高以适应经济社会发展的需要,不少高校的专业设置和结构不尽合理,教师队伍整体素质亟待提高,人才培养模式、教学内容和方法需要进一步转变,学生的实践能力和创新精神亟待加强。

　　教育部一直十分重视高等教育质量工作。2007 年 1 月,教育部下发了《关于实施高等学校本科教学质量与教学改革工程的意见》,计划实施"高等学校本科教学质量与教学改革工程"(简称"质量工程"),通过专业结构调整、课程教材建设、实践教学改革、教学团队建设等多项内容,进一步深化高等学校教学改革,提高人才培养的能力和水平,更好地满足经济社会发展对高素质人才的需要。在贯彻和落实教育部"质量工程"的过程中,各地高校发挥师资力量强、办学经验丰富、教学资源充裕等优势,对其特色专业及特色课程(群)加以规划、整理和总结,更新教学内容、改革课程体系,建设了一大批内容新、体系新、方法新、手段新的特色课程。在此基础上,经教育部相关教学指导委员会专家的指导和建议,清华大学出版社在多个领域精选各高校的特色课程,分别规划出版系列教材,以配合"质量工程"的实施,满足各高校教学质量和教学改革的需要。

　　为了深入贯彻落实教育部《关于加强高等学校本科教学工作,提高教学质量的若干意见》精神,紧密配合教育部已经启动的"高等学校教学质量与教学改革工程精品课程建设工作",在有关专家、教授的倡议和有关部门的大力支持下,我们组织并成立了"清华大学出版社教材编审委员会"(以下简称"编委会"),旨在配合教育部制定精品课程教材的出版规划,讨论并实施精品课程教材的编写与出版工作。"编委会"成员皆来自全国各类高等学校教学与科研第一线的骨干教师,其中许多教师为各校相关院、系主管教学的院长或系主任。

　　按照教育部的要求,"编委会"一致认为,精品课程的建设工作从开始就要坚持高标准、严要求,处于一个比较高的起点上。精品课程教材应该能够反映各高校教学改革与课程建设的需要,要有特色风格、有创新性(新体系、新内容、新手段、新思路,教材的内容体系有较高的科学创新、技术创新和理念创新的含量)、先进性(对原有的学科体系有实质性的改革和发展,顺应并符合 21 世纪教学发展的规律,代表并引领课程发展的趋势和方向)、示范性(教材所体现的课程体系具有较广泛的辐射性和示范性)和一定的前瞻性。教材由个人申报或各校推荐(通过所在高校的"编委会"成员推荐),经"编委会"认真评审,最后由清华大学出版社审定出版。

目前,针对计算机类和电子信息类相关专业成立了两个"编委会",即"清华大学出版社计算机教材编审委员会"和"清华大学出版社电子信息教材编审委员会"。推出的特色精品教材包括:

(1) 21世纪高等学校规划教材·计算机应用——高等学校各类专业,特别是非计算机专业的计算机应用类教材。

(2) 21世纪高等学校规划教材·计算机科学与技术——高等学校计算机相关专业的教材。

(3) 21世纪高等学校规划教材·电子信息——高等学校电子信息相关专业的教材。

(4) 21世纪高等学校规划教材·软件工程——高等学校软件工程相关专业的教材。

(5) 21世纪高等学校规划教材·信息管理与信息系统。

(6) 21世纪高等学校规划教材·财经管理与应用。

(7) 21世纪高等学校规划教材·电子商务。

(8) 21世纪高等学校规划教材·物联网。

清华大学出版社经过三十多年的努力,在教材尤其是计算机和电子信息类专业教材出版方面树立了权威品牌,为我国的高等教育事业做出了重要贡献。清华版教材形成了技术准确、内容严谨的独特风格,这种风格将延续并反映在特色精品教材的建设中。

清华大学出版社教材编审委员会
联系人:魏江江
E-mail:weijj@tup. tsinghua. edu. cn

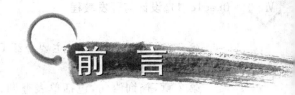

前 言

一、关于本书

随着计算机应用技术的迅猛发展,数据库技术也在日新月异,软件行业对数据库管理系统的性能、安全性、可靠性等方面的需求也随之增强。Oracle 数据库以其强大的功能、便捷的操作、可靠的性能等特点在数据库领域中得到了广泛的应用,并赢得了美誉与信任。

当前市场上关于 Oracle 数据库方面的书籍很多,给 Oracle 的学习者带来了方便,但是以 Oracle 11g 为基础讲解 Oracle 数据库应用及管理并且适合作为教材的书籍并不多见。编者根据多年的 Oracle 实践经验及一线教学经验编写了本教材,希望能给 Oracle 的学习者提供参考。

二、本书能力目标

通过本书的学习,读者在 Oracle 数据库使用方面能够达到以下能力目标:
- 掌握关系数据库的基本理论及设计方法。
- 掌握 SQL 语言和 PL/SQL 语言。
- 掌握 Oracle 11g 的设计和管理方法。
- 具有创新能力、拓展学习 Oracle 的能力。
- 具有对数据库管理过程中遇到的问题给出解决方法及建议的能力。
- 具有 Oracle 数据库管理员的基本职业素质。

三、本书内容组织

全书主要分为三大部分,按照内容模块组织章节,各个章节之间循序渐进,既相辅相成又相对独立,读者可以根据自己的需要有选择地阅读和使用。

第一部分介绍数据库基础理论及数据库设计,共有 3 章。

第 1 章,数据库系统概述,介绍数据库系统的相关概念及体系结构。

第 2 章,关系数据库设计理论,主要讲解数据模型、关系模型及关系数据库规范化理论。

第 3 章,数据库设计,介绍数据库设计,包括概念结构设计、逻辑结构设计、物理结构设计,数据库的实施、运行和维护。

第二部分介绍 Oracle 基础,主要包括 SQL 的使用、Oracle 事务管理、PL/SQL 基础及高级编程等,共有 9 章。

第 4 章,安装 Oracle,介绍安装 Oracle 的准备工作及如何安装、数据字典等。

第 5 章,SQL * Plus,包括如何使用 sqlplus 命令登录到数据库及 SQL * Plus 常用命令。

第 6 章，DDL 和 DML，主要介绍 Oracle 的数据类型及如何创建表、修改表结构，如何对数据进行各种操作。

第 7 章，查询语句，包括单表查询、多表连接查询、子查询和集合运算。

第 8 章，Oracle 事务管理，主要介绍事务的基本概念、事务的处理机制及并发控制。

第 9 章，模式对象，主要介绍视图、同义词、序列、索引、分区表、临时表等模式对象。

第 10 章，常用 SQL 函数，包括字符类函数、数值类函数、日期类函数、空值处理函数、转换类函数、其他常用函数等。

第 11 章，PL/SQL 基础，主要介绍 PL/SQL 的基础概念及应用。

第 12 章，PL/SQL 高级编程，介绍如何存储子程序及包、触发器的应用等。

第三部分是 Oracle 的高级应用和管理，共有 4 章。

第 13 章，Oracle 全球化支持，主要有国家语言支持、Oracle 中的字符集、常用的 NLS 参数。

第 14 章，Oracle 的启动和关闭，包括如何创建和配置参数文件、启动数据库及关闭数据库。

第 15 章，Oracle 的体系结构，以 Oracle 实例介绍其物理存储结构和逻辑存储结构。

第 16 章，Oracle 的安全管理，包括用户管理、权限管理、角色管理和概要文件管理。

四、本书特点

- 在内容组织上以实际需求为基础设计章节结构，实例丰富、结构清晰、逻辑合理，使读者容易通过本书的阅读学习掌握 Oracle 数据库的基础知识、管理技巧及高级应用。
- 注重培养读者的实践应用能力，逐层深入的章节安排使读者循序渐进地实现本书的能力目标。
- 书中使用了大量的实例，做到以实际应用为出发点剖析理论知识，使读者在学习理论知识的同时进行实践，更容易掌握 Oracle 数据库的使用方法与技巧。

五、本书适应对象

本书可作为高等院校及培训机构计算机相关专业的教材，也可作为 Oracle 数据库的初学者及具有一定的 Oracle 数据库基础的软件开发人员和数据库管理人员的参考书。

本书的第 1 章、第 2 章、第 3 章由肖洁编写，第 6 章、第 7 章、第 8 章、第 9 章、第 10 章由曹玉琳编写，第 11 章、第 12 章由张立杰编写，第 4 章、第 5 章、第 13 章、第 14 章、第 15 章、第 16 章由郑东霞编写，全书由曹玉琳统稿、定稿，郑东霞统筹、策划。

供教师使用的电子课件及所有实例源代码可从清华大学出版社网站（www.tup.com.cn）下载。

本书在编写过程中得到很多专家的帮助、支持和指导，在此表示衷心的感谢。由于编者知识水平有限，书中疏漏和不足之处在所难免，恳请读者批评指正。

编　者

2012 年 8 月

目 录

第 1 章

数据库系统概述

数据库技术产生于 20 世纪 60 年代,是软件科学中的一个独立分支,目前已经成为计算机领域中最重要的技术之一。数据库技术是信息系统的核心和基础,数据库的建设规模、数据库信息量的大小和使用频度已成为衡量一个国家信息化程度的重要标志。

本章将主要讲解以下内容:

- 数据库的基本概念。
- 数据管理技术的发展。
- 数据库系统的体系结构。

1.1 数据库的基本概念

1.1.1 数据和数据库

1. 数据

数据(Data)是数据库中存储的基本对象。数据按通常的理解表现为数字形式,这是对数据的一种传统和狭义的理解,而对数据的广义的理解是数字只是数据的一种表现形式,在计算机中可表示数据的形式很多,文字、图形、图像、声音都可以数字化,所以这些都是数据。为了了解世界、交流信息,人们在计算机中需要并且也能够描述、存储和处理这些表现形式多样和内容复杂的数据。

可以对数据做如下定义:描述事物的符号记录称为"数据"。因此,根据上面的解释,描写事物的符号可以是数字,也可以是文字、图形、图像和声音等,即有多种表现形式,但它们都是经过数字化后存入计算机的。

2. 数据库

数据库(Database,DB)可以直观地理解为存放数据的仓库,只不过这个仓库是在计算机的大容量存储器上,如硬盘就是一类最常见的大容量存储设备。数据必须按一定的格式存放,因为它不仅需要存放,而且还要便于查找。所以可以认为,数据库是被长期存放在计算机内、有组织的、可以表现为多种形式的、可共享的数据的集合。这是数据库的"硬"含义。

另一方面,数据库是数据管理的新方法和技术。数据库技术使数据能按一定格式组织、描述和存储,且具有较小的冗余度、较高的数据独立性和易拓展性,并可为多个用户所共享。这是数据库的"软"含义。

1.1.2 数据库管理系统

了解了数据和数据库的概念,就应该研究如何利用计算机有效地组织和存储数据、获取和管理数据,完成这个任务的是数据库管理系统(Database Management System,DBMS)。DBMS是位于用户和操作系统之上的一层数据管理软件,它的主要功能包括以下几个方面。

1. 数据定义功能

DBMS向用户提供数据定义语言(Data Definition Language,DDL),用户通过它可以方便地对数据库中的相关内容进行定义,如定义数据库的三级模式结构、两级映像以及完整性约束和保密限制等。

2. 数据操纵功能

DBMS向用户提供数据操纵语言(Data Manipulation Language,DML),用户通过它可以实现对数据库的基本操作,如对数据库中数据的查询、插入、删除和修改。

3. 数据组织、存储与管理

DBMS负责分类组织、存储和管理各种数据,需要确定以何种文件结构和存取方式在存储器上组织这些数据,以提高存储空间利用率;如何实现数据之间的联系,选择合适的存取方法以提高存取效率。

4. 数据库的运行管理

数据库的运行管理是DBMS的核心部分,它包括并发控制(即处理多个用户同时使用某些数据时可能产生的问题)、安全性检查、完整性约束条件的检查和处理、数据库的内部维护(如索引、数据字典的自动维护)等。所有数据库的操作都要在这些控制程序的统一管理下协同工作以确保事务处理的正常运行,保证数据库的正确性、安全性、有效性和多用户对数据的并发使用以及发生故障后的系统恢复等。

5. 数据库的建立和维护功能

数据库的建立和维护功能包括数据库初始数据的输入、转换功能,数据库的存储、恢复功能,数据库的重新组织功能和性能监视、分析功能等,这些功能通常是由一些实用程序完成的。它是DBMS的一个重要组成部分。

6. 数据字典

数据字典(Data Dictionary,DD)是关于数据的信息集合,是一种用户可以访问的记录数据库和应用程序元数据的目录。它存放数据库各级模式结构的描述,也是访问数据库的接口。在大型系统中,DD也可单独成为一个系统。

7. 数据通信功能

数据通信功能包括与操作系统的联机处理、分时处理和远程作业传输的相应接口等,这一功能对分布式数据库系统尤为重要。

1.1.3 数据库系统

数据库系统(Database System,DBS)通常是指带有数据库的计算机应用系统,因此数据库系统不仅包括数据库本身,即实际存储在计算机中的数据,还包括相应的硬件支撑环境、软件系统和各类相关人员。也就是说,数据库系统是一个由使用和维护人员、软硬件和数据资源等构成的完整计算机应用系统。图1.1为数据库系统组成示意图,下面分别介绍其相关内容。

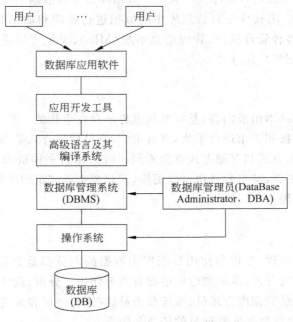

图 1.1　数据库系统组成示意图

1. 硬件

由于一般数据库系统数据量很大,加之 DBMS 丰富、强有力的功能使得自身的体积就很大,因此整个数据库系统对硬件资源提出了较高的要求。

(1) 有足够大的内存以存放操作系统、DBMS 的核心模块、数据缓冲区和应用程序。

(2) 有足够大的直接存取设备(如磁盘)存放数据,有足够的磁盘或其他存储设备来进行数据备份。

(3) 要求计算机有较高的数据传输能力,以提高数据传输效率。

(4) 大部分数据库系统还要求提供网络环境。

2．软件

数据库系统的软件主要包括：

（1）DBMS。它是数据库系统的核心软件，实现数据库的建立、使用和维护。

（2）支持DBMS运行的操作系统。通常DBMS运行时都是基于某一操作系统，并通过操作系统来实现对数据的存取。

（3）一般来讲，DBMS的数据处理能力较弱，所以需要提供与数据接口的高级语言及其编译系统，以便于开发应用程序。这种高级语言称为"数据库的主语言"。

（4）以DBMS为核心的应用开发工具。应用开发工具是系统为应用开发人员和最终用户提供的高效率、多功能的应用生成器及第四代语言等各种软件工具，如报表生成系统、表格软件、图形系统等，它们为数据库系统的开发和应用提供了有力的支持。

（5）为特定应用开发的数据库应用软件。数据库软件为数据的定义、存储、查询和修改提供支持，而数据库应用软件是对数据库中的数据进行处理和加工的软件，它面向特定应用，如基于数据库的各种管理软件、管理信息系统（MIS）、决策支持系统（DSS）和办公自动化（OA）等都属于数据库应用软件。

3．数据资源

数据是数据库的基本组成内容，是对客观世界所存在事物的一种表征，也是数据库用户操作的对象。数据应按照需求进行采集，并有组织、有结构地存入数据库中。由于数据类型的多样性，数据的采集方式和存储方式也会不同。数据作为一种资源是数据库系统最稳定的成分，即硬件可能更新，甚至软件也可以更换，但只要企业或组织的性质不变，数据将是可以长期使用的宝贵资源。

4．人员

参与分析、设计、管理、维护和使用数据库中数据的人员都是数据库系统的组成部分。他们都在数据库系统的开发、维护和应用中起着重要作用。分析、设计、管理、维护和使用数据库系统的人员主要是数据库管理员、系统分析员、应用程序员和最终用户。下面介绍他们各自的职责，并着重介绍数据库管理员的任务和职责。

1）数据库管理员（Database Administrator，DBA）

数据库是整个企业或组织的数据资源，因此企业或组织设置了专门的数据资源管理机构来管理数据库。DBA则是这个机构的一组人员，负责全面地管理和控制数据库系统，具体的职责包括以下几个方面。

（1）决定数据库中的数据内容和结构。数据库中要存放哪些数据，是由系统需求决定的。为了更好地对数据库系统进行有效的管理和维护，DBA应该参加或了解数据库设计的全过程，并与用户、应用程序员、系统分析员密切合作、共同协商，搞好数据库设计。

（2）决定数据库的存储结构和存取策略。DBA应综合各用户的应用要求，和数据库设计人员一起，共同决定数据库的存储结构和存取策略，以求获得较高的存取效率和存储空间利用率。

（3）定义数据库的安全性要求和完整性约束条件。DBA的重要职责是保证数据库的安全性和完整性,即数据不被非法用户所获取,且保证数据库中数据的正确性和数据间的兼容性。因此,DBA 负责确定各个用户对数据库的存取权限、数据的保密级别和完整性约束条件等。

(4) 监控数据库的使用和运行。DBA 还有一个重要职责就是监视数据库系统的运行情况,及时处理数据库系统运行过程中出现的各类问题。当系统发生某些故障时,数据库中的数据会因此遭到不同程度的破坏,DBA 必须在最短时间内将数据库恢复到某个一致性状态,并尽可能不影响或少影响计算机系统其他部分的正常运行。为此,DBA 要定义和实施适当的后援和恢复策略,如采用周期性的转储数据和维护日志文件等方法。

(5) 数据库的改进和重组。DBA 还负责在系统运行期间监视系统的存储空间利用率、处理效率等性能指标,对系统运行情况进行记录、统计分析,依靠工作实践并根据实际应用环境,不断改进数据库设计。不少数据库产品都提供了对数据库运行情况进行监控和分析的实用程序,DBA 可以方便地使用这些实用程序来完成工作。

另外,在数据库系统运行过程中不可避免地会对数据库中的数据进行大量的插入、删除、修改操作,随着运行时间的延长,在一定程度上会影响系统的性能,因此,DBA 要定期对数据库进行重新组织,以提高系统的性能。当用户的需求增加和改变时,DBA 还要对数据库进行较大的改造,包括修改部分设计、实现对数据库中数据的重新组织和加工。

2) 系统分析员

数据库系统建设初期主要的参与人员,负责应用系统的需求分析和规范说明。他们要和用户相结合,确定系统的基本功能、数据库结构和应用程序的设计以及硬件配置,并组织整个系统的开发。所以,系统分析员是一类具有领域业务知识和计算机知识的专家,他们在很大程度上影响数据库系统的质量和成败。

3) 应用程序员

根据系统功能需求负责设计和编写应用系统的程序模块,并参与对程序模块的测试。

4) 用户

这里用户是指最终用户(End User)。数据库系统的用户是有不同层次的,不同层次的用户其需求的信息以及获得信息的方式也是不同的。一般可将用户分为操作层、管理层和决策层,他们通过应用系统的用户接口使用数据库。常用的接口方式有菜单驱动、表格操作、图形显示、随机查询等,给用户提供简明直观的数据表示及对数据库中的数据进行统计分析,分析时使用专用的软件和分析、决策模型。

1.2 数据管理技术的发展

数据库技术是应数据管理任务的需要而产生的。数据的处理是指对各种数据进行采集、存储、加工和传播的一系列活动的总和。数据管理则是指对数据进行分类、组织、编码、存储、检索和维护,它是数据处理的中心问题。

人们借助计算机进行数据处理是近 30 年的事。研制计算机的初衷是利用它进行复杂的科学计算,随着计算机技术的发展,其应用远远地超出了这个范围。到目前为止,数据管理技术主要经历了 3 个阶段：人工管理阶段、文件系统阶段和数据库系统阶段。

1.2.1　人工管理阶段

20 世纪 50 年代以前，计算机主要用于数值计算。这一时期的数据，数据量小、无结构，由用户直接管理，且数据与数据之间缺乏逻辑组织。由于是面向应用程序的，数据缺乏独立性，应用程序与其处理的数据结合成一个整体。

在硬件方面，外存只有纸带、卡片、磁带，并没有磁盘等直接存取的存储设备；在软件方面，实际上，当时还未形成软件的整体概念，这一时期，没有操作系统，没有管理数据的软件，数据处理方式是批处理。

人工管理阶段具有以下特点。

1．数据不保存

由于当时计算机主要用于科学计算，一般不需要将数据长期保存，只是在计算某一课题时将数据输入，用完就撤走。不仅对用户数据如此处置，对系统软件有时也是这样。

2．应用程序管理数据，承担设计数据的逻辑结构和物理结构任务

数据需要由应用程序自己管理，没有相应的软件系统负责数据的管理工作。应用程序中不仅要规定数据的逻辑结构，而且要设计物理结构，包括存储结构、存取方法、输入/输出方式等，因此程序员负担很重。

3．数据不能共享

数据是面向应用的，一组数据只能对应一个程序。当多个应用程序涉及某些相同的数据时，由于必须各自定义，无法互相利用、互相参照，因此程序与程序之间有大量的冗余数据。

4．数据不具有独立性

数据的逻辑或物理结构改变，应用程序也要随之改变。

以一所学校的信息管理为例，在人工管理阶段，应用程序与数据之间的关系如图 1.2 所示。

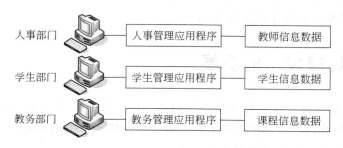

图 1.2　人工管理阶段应用程序与数据之间的关系

1.2.2 文件系统阶段

20世纪50年代后期到60年代中期,计算机应用领域不断拓宽,不仅仅用于科学计算,还大量用于数据管理,这一阶段的数据管理水平进入到了文件系统阶段。在这个阶段,硬件方面有了大发展,出现了磁盘、磁鼓等直接存取存储设备;软件方面,操作系统中已经有了专门用于数据管理的软件,一般称为文件系统;在处理方式上,不仅有了文件批处理方式,而且还能够联机进行实时处理。

文件系统阶段具有以下特点。

1. 数据需要长期保留在外存储器上以供反复使用

由于计算机大量用于数据处理,数据需要长期保留在外存上反复进行查询、修改、插入和删除等操作。

2. 由文件系统管理数据

由专门的软件即文件系统进行数据管理,文件系统把数据组织成相互独立的数据文件,利用"按文件名访问,按记录进行存取"的管理技术,可以对文件进行修改、插入和删除等操作。文件系统实现了记录内的结构性,但整体无结构。程序和数据之间由文件系统提供存取方法进行转换,使应用程序与数据之间有了一定的独立性,程序员可以不必过多地考虑物理细节,而将精力集中于算法。而且数据在存储上的改变可以不反映在程序上,从而大大节省了维护程序的工作量。

3. 数据共享性差,冗余度大

在文件系统中,一个文件基本上对应于一个应用程序,即文件仍然是面向应用的。当不同的应用程序具有部分相同的数据时也必须建立各自的文件,而不能共享相同的数据,因此数据的冗余度大,浪费存储空间。同时,由于相同数据的重复存储、各自管理,容易造成数据的不一致性,给数据的修改和维护带来了困难。

4. 数据独立性差

文件系统中的文件是为某一特定应用服务的,文件的逻辑结构对该应用程序来说是优化的,因此要想对现有的数据再增加一些新的应用会很困难,系统不容易扩充。一旦数据的逻辑结构改变,必须修改应用程序,修改文件结构的定义。应用程序的改变,如应用程序改用不同的高级语言等,也将引起文件的数据结构的改变,因此数据与程序之间仍缺乏独立性。可见,文件系统仍然是一个不具有弹性的无结构的数据集合,即文件之间是孤立的,不能反映现实世界事物之间的内在联系。

在文件系统阶段,学校信息管理中应用程序与数据文件之间的关系如图1.3所示。

1.2.3 数据库系统阶段

20世纪60年代后期以来,计算机被越来越多地应用于数据管理领域,而且规模也越来

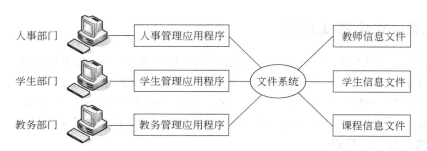

图1.3　文件系统阶段应用程序与数据文件之间的关系

越大,因此数据量急剧增长,同时多种应用、多种语言互相覆盖地共享数据集合的要求也越来越强烈。这种情况下,"数据库"的概念应运而生。在这个阶段,硬件方面又有了大发展,出现了大容量磁盘,而且硬件价格不断下降;软件方面则价格不断上升,为编制和维护系统软件及应用程序所需的成本相对增加;在处理方式上,联机实时处理要求更多,并开始提出和考虑分布式处理方式。在此背景下,以文件系统作为数据管理手段已经不能满足应用的需求,于是为解决多用户、多应用共享数据的需求,使数据为尽可能多的应用服务,数据库技术便应运而生,出现了统一管理数据的专门软件系统——数据库管理系统。

在数据库系统阶段,学校信息管理中应用程序与数据库之间的关系如图1.4所示。

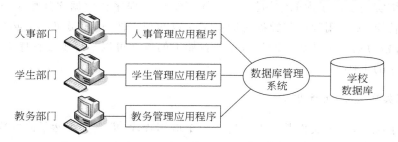

图1.4　数据库系统阶段应用程序与数据库之间的关系

与人工管理和文件系统阶段相比,数据库系统的优点是明显的。

1. 与人工管理相比较,其查询迅速、准确,而且可以省去大量的纸面文件

以一个大型超市库存管理为例,用人工操作,如要查找"某厂商供应的某种商品的名称、价格、数量",就必须要翻阅账本,费时费力。使用数据库系统,数据由DBMS按一定结构组织、存放在计算机中,可以迅速地查找到所要求的数据,而且不会出现错误。

2. 数据结构化且统一管理

在数据库中,数据是有结构的,并且由DBMS统一管理。DBMS既管理数据的物理结构,也管理数据的逻辑结构,既考虑数据本身,也考虑数据之间以及文件之间的联系,即DBMS管理的是结构化的数据。

3. 数据冗余度小

在文件系统中,一个应用程序面对自己专用的一个或几个数据文件,会有许多数据相重

复。数据库系统是从整体上即从全局看待和描述数据的,数据不仅面向某个应用而且面向整体应用,从而大大减少了数据冗余,节约了存储空间,避免了数据之间的不一致性。所谓数据的不一致性是指同一数据不同副本的值不一样,这是由于文件系统中的数据重复存储,不同的应用程序使用和修改不同的副本所造成的。

4. 具有较高的数据独立性

数据独立性是指用户应用程序与存储在磁盘上数据库中数据的相互独立性。也就是说,数据在磁盘上数据库中的存储是由 DBMS 管理的,用户程序一般不需要了解,应用程序要处理的只是数据的逻辑结构。这样,当数据在计算机存储设备上的物理存储改变时,应用程序可以不改变,而由 DBMS 来处理这种变化,这称为"物理独立性"。有的 DBMS 还提供了一些功能使得某种程度上数据库的逻辑结构改变了,而用户的应用程序也可以不变,这称为"逻辑独立性"。所以说,数据独立性是数据库的一种特征和优点,它有利于在数据库结构修改时能保持应用程序尽可能地不改变或少改变,这样就大大地减少了应用人员的开发工作量。

5. 数据的共享性好

在数据库应用中,数据是共享的,这不仅使某些应用程序的编写更加方便,而且冗余度小,系统易维护,易扩充。在数据库中数据冗余度小,减少了由于数据冗余造成的同一数据重复存储而导致修改时的困难和可能造成数据的不一致。

由于数据采用数据库统一管理,且有结构,在使用数据时就有很灵活的方式,可以适应各种用户的要求,而且数据易于维护和扩展。数据库中数据共享的优点和作用,使多种应用、多种语言、多种用户可以相互覆盖地使用数据集合。

6. 数据控制功能

为了适应共享数据的环境,DBMS 还提供了数据控制功能,控制功能包括对数据库中数据的安全性、完整性、并发和恢复的控制。

(1) 数据的安全性。它是指保护数据,以防止不合法的使用造成的数据的泄密和破坏,使每个用户只能按规定对某些数据以某种方式进行使用和处理。

(2) 数据的完整性。它是对数据的正确性、有效性和兼容性的要求,即控制数据在一定的范围内有效,或要求数据之间满足一定的关系。

(3) 并发控制。当多个用户的并发进程同时存取、修改数据库时,可能会发生相互干扰而得到错误结果并使得数据库的完整性遭到破坏,因此必须对多用户的并发操作加以控制和协调。

(4) 数据库恢复。计算机产生的软硬件故障、操作员的失误以及人为的破坏都会影响数据库中数据的正确性,甚至造成数据库部分或全部数据的丢失。DBMS 必须具有将数据库从错误状态恢复到某一已知的正确状态也称为完整状态或一致状态的功能,这就是数据库的恢复。

综上所述,数据库是长期存储在计算机内有组织的大量的共享数据集合。它可以供各种用户共享,具有最小冗余度和较高的数据独立性。DBMS 在数据库建立、使用和维护时对数据库进行统一控制,以保证数据的完整性、安全性,并在多用户对数据库并发操作时进行并发控制以及发生故障后及时进行故障恢复。

1.3 数据库系统的体系结构

数据库系统的体系结构是数据库的一个总的框架，可以从不同的角度来考察数据库系统的结构。从数据库最终用户角度看，数据库系统的结构分为集中式结构（又可有单用户结构、主从式结构）、分布式结构、客户/服务器结构、浏览器/服务器结构和并行结构，这是数据库系统外部的体系结构。从数据库管理系统角度看，数据库系统通常采用三级模式结构，这是数据库系统内部的体系结构。本节主要介绍数据库系统的三级模式结构。

1.3.1 三级模式结构

目前，市场上流行的数据库系统软件产品品种多样，支持不同的数据模型，使用不同的数据库语言和应用系统开发工具，建立在不同的操作系统之上，但绝大多数数据库系统在总的体系结构上都具有三级结构的特征，即外部级（External，最接近用户，是单个用户所能看到的数据特性）、概念级（Conceptual，涉及所有用户的数据定义）和内部级（Internal，最接近于物理存储设备，涉及数据在物理存储设备上的存储方式和物理结构）。这个三级结构称为数据库的体系结构，有时也称为"三级模式结构"或"数据抽象的 3 个级别"。

模式是对数据库中全体数据的逻辑结构和特征的描述，它仅仅涉及型的描述，不涉及具体的值。模式的一个具体值称为模式的一个实例（Instance），同一个模式可以有多个实例。模式是相对稳定的，而实例则是相对变动的。

数据模式是数据库的框架，反映的是数据库中数据的结构及其相互关系。数据库的三级模式由外模式、模式和内模式构成，其结构如图 1.5 所示。

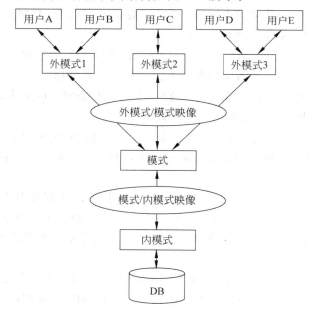

图 1.5 数据库的三级模式结构

1．外模式

外模式（External Schema）又称为用户模式，是数据库用户和数据库系统的接口，是数据库用户的数据视图（View），是数据库用户可以看见和使用的局部数据的逻辑结构和特征的描述，是与某一应用有关的数据的逻辑表示。

一个数据库可以有多个外模式。当不同用户在应用需求、保密级别等方面存在差异时，其外模式描述就会有所不同。一个应用程序只能使用一个外模式，但同一个外模式可为多个应用程序所使用。

外模式是保证数据库安全的重要措施。每个用户只能看见和访问所对应的外模式中的数据，而数据库中的其他数据均不可见。

2．模式

模式（Schema）又可细分为概念模式（Conceptual Schema）和逻辑模式（Logical Schema），是所有数据库用户的公共数据视图，是数据库中全部数据的逻辑结构和特征的描述。

一个数据库只有一个模式。其中，概念模式可用实体-联系模型（E-R 模型）来描述，逻辑模式则以某种数据模型（如关系模型）为基础，综合考虑所有用户的需求，并将其形成全局逻辑结构。模式不但要描述数据的逻辑结构，如数据记录的组成及各数据项的名称、类型、取值范围等，而且要描述数据之间的联系及数据的完整性、安全性要求等内容。

3．内模式

内模式（Internal Schema）又称为存储模式（Storage Schema），是数据库物理结构和存储方式的描述，是数据在数据库内部的表示方式。

一个数据库只有一个内模式。内模式描述数据记录的存储方式，索引的组织方式，数据是否压缩、是否加密等。但内模式并不涉及物理记录，也不涉及硬件设备。例如，对硬盘的读写操作是由操作系统的文件系统来完成的。

在三级模式结构中，模式是数据库的核心与关键，外模式通常是模式的子集。数据按外模式的描述提供给用户，按内模式的描述存储在硬盘上，而模式介于外模式、内模式之间，既不涉及外部的访问，也不涉及内部的存储，从而起到了隔离作用，有利于保持数据的独立性。内模式依赖于全局逻辑结构，但可以独立于具体的存储设备。

综上所述，数据库的各级模式特点如表 1.1 所示。

表 1.1　数据库三级模式的特点

特点	外　模　式	模　　式	内　模　式
1	是各个具体用户所看到的数据视图，是用户与数据库的接口	是所有用户的公共数据视图	是数据在数据库内部的表示方式
2	可以有多个外模式	只有一个模式	只有一个内模式
3	每个用户只关心与其有关的模式，屏蔽大量无关的信息，有利于数据保护	数据库模式以某一种数据模型为基础，统一综合考虑所有用户的需求，并将这些需求有机地结合成一个逻辑整体	
4	面向应用程序或最终用户	由 DBA 定义	以前由 DBA 定义，现在基本由 DBMS 定义

1.3.2　两级映像功能与数据独立性

数据库系统在这三级模式之间提供了两级映像：外模式/模式映像和模式/内模式映像。正是这两级映像保证了数据库系统的数据能够具有较高的逻辑独立性和物理独立性。

1．外模式/模式映像

对于每个外模式，数据库系统都有一个外模式/模式映像，它定义了该外模式与模式之间的对应关系。如果模式改变，则需要对各个外模式/模式映像做相应改变，使外模式保持不变，从而不必修改外模式的应用程序，保证了数据与程序的逻辑独立性。

2．模式/内模式映像

模式/内模式映像定义了数据库逻辑结构与存储结构之间的对应关系。如果数据库的存储结构改变，则对模式/内模式映像做相应改变，使模式保持不变，从而不必修改模式的应用程序，保证了数据与程序的物理独立性。

为了便于理解三级模式的概念，用图书馆做个比喻。图书馆中的书库是存放各种类型图书的仓库，这些图书的存放有一定的规则，按照类别摆在书架上，相当于数据库的内模式（存储模式）。为了借阅方便，需要编制一套书目卡片，书卡与书架上的书一一对应，书卡就相当于模式。书卡与书架的对应关系就相当于模式/内模式映像。读者通过图书管理员可以借到所需要的图书，图书管理员就相当于数据库管理系统。读者不需要知道图书的具体存放位置，只需要知道所要借阅图书的书卡（模式）的一部分（外模式）。图书的存放位置改变了，不会影响到读者按照书卡借书，而书库的书是供所有读者共享的。

总之，数据库三级模式体系结构是数据管理的结构框架，依照这些数据框架组织的数据才是数据库的内容。在设计数据库时，主要是定义数据库的各级模式；而在用户使用数据库时，关心的才是数据库的内容。数据库的模式通常是相对稳定的，而数据库的数据则是经常变化的，特别是一些工业过程的实时数据库，其数据的变化是连续不断的。

1.4　练习题

1．数据库系统与文件系统的主要区别是_____。
　　A．数据库系统复杂，而文件系统简单
　　B．文件系统不能解决数据冗余和数据独立性问题，而数据库系统可以解决
　　C．文件系统只能管理程序文件，而数据库系统能够管理各种类型的文件
　　D．文件系统管理的数据量较少，而数据库系统可以管理庞大的数据量
2．数据库系统中，物理数据独立性是指_____。
　　A．数据库与数据库管理系统的相互独立
　　B．应用程序与 DBMS 的相互独立
　　C．应用程序与存储在磁盘上数据库的物理模式是相互独立的
　　D．应用程序与数据库中数据的逻辑结构相互独立

3．数据库的三级模式结构中最接近外部存储器的是_____。

    A．子模式　　　　B．外模式　　　　C．概念模式　　　　D．内模式

4．数据库系统的体系结构是数据库系统的总体框架，一般来说数据库系统应具有三级模式体系结构，它们是_____。

    A．外模式、模式和内模式　　　　B．子模式、用户模式和存储模式

    C．模式、子模式和概念模式　　　　D．子模式、模式和用户模式

5．要保证数据库逻辑数据独立性，需要修改的是_____。

    A．模式与外模式的映像　　　　B．模式与内模式的映像

    C．模式　　　　　　　　　　D．内模式

6．数据库系统的三级模式两级映像结构中，模式/内模式映像保证了_____。

    A．数据应用独立性　　　　B．设备独立性

    C．数据逻辑独立性　　　　D．数据物理独立性

7．在数据管理技术的发展过程中，经历了人工管理阶段、文件系统阶段和数据库系统阶段。在这几个阶段中，数据独立性最高的是_____阶段。

    A．数据库系统　　　B．文件系统　　　C．人工管理　　　D．数据项管理

8．简述数据库管理系统的主要功能。

9．简述数据库系统的组成。

第 2 章
关系数据库设计理论

1970 年 IBM 的研究员,有"关系数据库之父"之称的埃德加·弗兰克·科德(Edgar Frank Codd 或 E. F. Codd)博士发表了题为"A Relational Model of Data for Large Shared Data Banks(大型共享数据库的关系模型)"的论文,文中首次提出了数据库的关系模型概念。由于关系模型简单明了且具有坚实的数学理论基础,所以一经推出就受到了学术界和产业界的高度重视和广泛响应,并很快成为数据库市场的主流。

本章将主要讲解以下内容:
- 关系模型。
- 关系数据库的规范化理论。

2.1　数据模型

2.1.1　数据模型及分类

数据库是一个单位或组织需要管理的全部相关数据的集合。这个集合长期存储在计算机内,并且是有组织的、可共享的和统一管理的。在数据库中不仅要反映数据本身的内容,还要反映数据之间的联系。由于计算机信息处理的对象是现实生活中的客观事物,如何用数据来描述、解释现实世界,运用数据库技术来表示、处理客观事物及相互关系,则需要采取相应的方法和手段进行描述,进而实现最终的操作处理。这个工具就是数据模型,它是数据库系统中用于提供信息表示和操作手段的形式构架。

1. 数据模型的定义

模型是对现实世界的抽象。在数据库技术中,用模型的概念描述数据库的结构与语义,对现实世界进行抽象,即数据模型是现实世界数据特征的抽象,是用来描述数据的一组概念和定义。换言之,数据模型是能表示实体类型及实体间联系的模型。

2. 数据模型的分类

人们把客观存在的事物以数据的形式存储到计算机中,需要经历对现实生活中事物特征的认识、概念化、计算机数据库中的具体表示 3 个阶段,如图 2.1 所示。

在实施数据处理的不同阶段,需要使用不同的数据模型,包括概念模型、逻辑模型和物

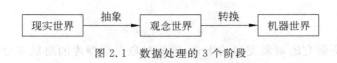

图 2.1　数据处理的 3 个阶段

理模型。

1）概念模型

概念模型也称为信息模型。它是一种独立于计算机系统的数据模型,完全不涉及信息在计算机中的表示,只是用来描述某个特定组织所关心的信息结构,是对现实世界的第一层抽象。概念模型是按用户的观点对数据进行建模的,强调其语义表达能力,概念应该简单、清晰、易于用户理解,是用户和数据库设计人员之间进行交流的语言和工具。这一类模型中最著名的是实体-联系模型(Entity-Relationship Model,E-R 模型)。有关 E-R 模型,将在第3 章中详细介绍。

2）逻辑模型

逻辑模型也称为结构数据模型,简称为数据模型。它直接面向数据库的逻辑结构,是对现实世界的第二层抽象。此类模型直接与 DBMS 有关,有严格的形式化定义,便于在计算机系统中实现。此类模型通常有一组严格定义的无二义性语法和语义的数据库语言,人们可以用这组语言来定义、操纵数据库中的数据。这一类模型有层次模型、网状模型和关系模型等。

3）物理模型

物理模型基于概念模型和逻辑模型,描述数据的内部表示方式和存取方法及数据在物理存储介质上的组织结构,与具体的 DBMS、操作系统和硬件有关。

3. 数据模型的建立流程

从现实世界到概念模型的转换是由数据库设计人员完成的,从概念模型到逻辑模型的转换是由数据库设计人员辅以设计工具完成的,从逻辑模型到物理模型的转换是由 DBMS 完成的。一般设计人员无须考虑物理实现细节,因而逻辑模型是数据库系统的基础,也是应用过程中需要考虑的核心问题。数据模型的建立流程如图 2.2 所示。

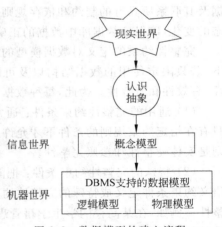

图 2.2　数据模型的建立流程

2.1.2　数据模型的组成要素

数据模型是现实世界中的事物及其之间联系的一种抽象表示。一般来讲,数据模型是严格定义的一组概念的集合。这些概念精确地描述了系统的静态特征、动态特征和完整性约束条件。因此,数据模型通常由数据结构、数据操作和完整性约束 3 部分组成。

1. 数据结构

数据结构是所研究的对象类型的集合,这些对象是数据库的组成部分,一般可以分为两类。一类是与数据类型、内容、性质有关的对象,如网状模型中的数据项、记录,对应于现实应用环境中的数据项、记录;关系模型中的关系,对应于现实世界中的实体等。另一类是与数据之间联系有关的对象。

在数据库系统中通常按照数据结构的类型来命名数据模型,如将层次结构、网状结构和关系结构的模型分别命名为层次模型、网状模型和关系模型。数据结构是对系统静态特征的描述。

2. 数据操作

数据操作是指一组用于指定数据结构的任何有效的操作或推导规则。例如,关系模型中的关系的值允许执行的所有操作及操作的集合,包括操作及有关的操作规则。数据库中主要有查询和更新(包括插入、删除、修改)两类操作。数据模型要定义这些操作的确切含义、操作符号、操作规则(如操作优先级别)以及实现操作的语言。数据操作是对系统动态特征的描述。

3. 完整性约束

数据的完整性约束条件是一组完整性规则的集合。完整性规则是给定的数据模型中数据及其联系所具有的制约和依存规则,这些规则用来限定基于数据模型的数据库状态及状态的变化,以保证数据库中数据的正确性、有效性和兼容性。

完整性约束的定义对数据模型的动态特性做了进一步的描述和限定。因为在某些情况下,若只限定使用的数据结构以及可以在该结构上执行的操作,仍然不能确保数据的正确性、有效性和兼容性。为此,每种数据模型都规定了通用和特殊的完整性约束条件。

(1)通用的完整性约束条件:通常把具有普遍性的问题归纳成一组通用的约束规则,只有在给定约束规则的条件下才允许对数据库进行更新操作,如关系模型中通用的约束规则是实体完整性和参照完整性。

(2)特殊的完整性约束条件:把能够反映某一应用所涉及的数据所必须遵守的特定的语义约束条件定义成特殊的完整性约束条件,如关系模型中特殊的约束规则是用户定义完整性。例如,在某高校的学生学籍管理数据库中规定学生累计欠 20 学分将会降级处理,学生的修业年限不得超过 6 年等。

2.1.3　几种主要的数据模型

目前,数据库领域中最常用的数据模型有 4 种,它们是:

- 层次模型(Hierarchical Model)。
- 网状模型(Network Model)。
- 关系模型(Relational Model)。
- 面向对象模型(Object Oriented Model)。

其中,层次模型和网状模型统称为非关系模型。

非关系模型的数据库系统在 20 世纪 70 年代至 80 年代初非常流行,在数据库系统产品中占据了主导地位,现在已逐渐被关系模型的数据库系统取代,但在美国等一些国家,由于早期开发的应用系统都是基于层次数据库或网状数据库系统的,因此目前仍有不少层次数据库或网状数据库系统在继续使用。

20 世纪 80 年代以来,面向对象的方法和技术在计算机各个领域,包括程序设计语言、软件工程、信息系统设计、计算机硬件设计等各方面都产生了深远的影响,也促进了数据库中面向对象数据模型的研究和发展。

下面将从数据结构、数据操作和完整性约束 3 个方面简要介绍层次模型、网状模型、关系模型。

1. 层次模型

层次模型是数据库系统中最早出现的数据模型,层次数据库系统采用层次模型作为数据的组织方式。层次数据库系统的典型代表是 IBM 公司的 IMS(Information Management System)数据库管理系统,这是 1968 年 IBM 公司推出的第一个大型的商用数据库管理系统,曾经得到了广泛的使用。

1) 层次模型的数据结构

现实世界中许多实体之间的联系本来就呈现出一种很自然的层次关系,如行政机构、家族关系等。层次模型用树形结构来表示各类实体以及实体间的联系,如图 2.3 所示。根据树形结构的特点,建立数据的层次模型需要满足以下两个条件:

(1) 有且只有一个结点没有父结点,这个结点称为根结点。

(2) 根以外的其他结点有且只有一个父结点。

层次模型具有层次清晰、构造简单、易于实现等优点。但由于受到上述两个条件的限制,它可以比较方

图 2.3 简单的层次模型

便地表示出一对一和一对多的实体联系,而不能直接表示出多对多的实体联系。那么层次模型能不能表示出多对多的实体联系呢? 答案是肯定的,否则层次模型就无法真正地反映现实世界了。用层次模型表示多对多联系,需要首先将多对多联系分解成一对多联系。因而,对于复杂的数据关系,实现起来较为麻烦,这就是层次模型的局限性。

2) 层次模型的完整性约束

层次模型的数据完整性约束主要是由层次结构的约束造成的。

(1) 层次结构规定除根结点外,任何其他结点都不能离开其父结点而孤立存在。因此在进行插入操作时,如果没有相应的父结点值就不能插入子结点值。例如,在图 2.3 所示的层次数据库中,若新调入一名教师,但尚未分配到某个教研室,这时就不能将其基本信息插入到数据库中。进行删除操作时,如果删除父结点值,则相应的子结点值也被同时删除。例如,在图 2.3 中,若删除了信息管理教研室,则该教研室所有老师的数据也将全部丢失。

(2) 层次模型所体现的记录之间的联系只限于二元 1:N 或 1:1 的联系,这一约束限制了用层次模型描述现实世界的能力。

(3) 由于层次结构中的全部记录都是以有序树的形式组织起来的,因此当对某些层次

结构进行修改时,不允许改变原数据库中记录类型之间的父子联系,从而使得数据库的适应能力受到限制。

3)层次模型的优缺点

层次模型具有以下优点:

(1)层次模型结构简单,层次分明,便于在计算机内实现。

(2)在层次数据结构中,从根结点到树中任一结点均存在一条唯一的层次路径,为有效地进行数据操作提供了条件。

(3)由于层次结构规定除根结点以外所有结点有且仅有一个父结点,故实体集之间的联系可用父结点唯一地表示,并且层次模型中总是从父记录指向子记录,因此记录之间的联系名可省略。由于实体集间的联系固定,因此层次模型 DBMS 对层次结构的数据有较高的处理效率。

(4)层次数据模型提供了良好的完整性支持。

层次模型具有以下缺点:

(1)层次数据模型缺乏直接表达现实世界中非层次关系实体集间的复杂联系,如多对多($M:N$)的联系只能通过引入冗余数据或引入虚拟记录的方法来解决。

(2)对插入或删除操作有较多的限制。

(3)查询子结点必须通过父结点。

2．网状模型

在现实世界中事物之间的联系更多的是非层次关系的,用层次模型表示非树形结构是很不直接的,网状模型则可以克服这一弊病。

网状数据库系统采用网状模型作为数据的组织方式。世界上第一个网状数据库管理系统是美国通用电气公司 Bachman 等在 1964 年开发成功的 IDS(Integrated Data Store)。IDS 奠定了网状数据库的基础,并在当时得到了广泛的发行和应用。1971 年,美国数据系统语言研究会(Conference On Data System Language,CODASYL)下属的数据库任务组(Data Base Task Group,DBTG)提出了一个著名的 DBTG 报告,对网状数据模型和语言进行了定义,并在 1978 年和 1981 年又做了修改和补充。因此,网状数据模型又称为CODASYL 模型或 DBTG 模型。1984 年,美国国家标准协会(ANSI)提出了一个网状定义语言(Network Definition Language,NDL)的推荐标准。在 20 世纪 70 年代,曾经出现过大量的网状数据库的 DBMS 产品,比较著名的有 Cullinet 软件公司的 IDMS、Honeywell 公司的 IDSII、Univac 公司(后来并入了 Unisys 公司)的 DMS1100、HP 公司的 IMAGE 等。网状数据库模型对于层次和非层次结构的事物都能比较自然地模拟,在关系数据库出现之前网状 DBMS 要比层次 DBMS 用得普遍。在数据库发展史上,网状数据库占有重要地位。

1)网状模型的数据结构

网状模型用以实体型为结点的有向图来表示各实体及其之间的联系,其特点如下:

(1)可以有一个以上的结点无父结点。

(2)一个结点可以有多于一个的父结点。

网状模型是一种比层次模型更具普遍性的结构,它去掉了层次模型的两个限制,允许多个结点没有双亲结点,允许结点有多个父结点,此外,它还允许两个结点之间有多种联系(称为复合联系)。因此,网状模型可以更直接地去描述现实世界,而层次模型实际上是网状模型的一个特例,如图 2.4 所示。

2) 网状模型的完整性约束

网状模型一般没有层次模型那样严格的完整性约束条件,但具体的网状数据库系统(如 DBTG),其数据操作都加了一些限制,提供了一定的完整性约束。

3) 网状模型的优缺点

网状模型具有以下优点:

(1) 能够更加直接地描述现实世界。

(2) 具有存取效率高等良好的性能。

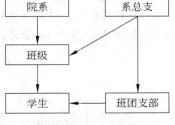

图 2.4 简单的网状模型

网状模型具有以下缺点:

(1) 数据结构比较复杂,而且随着应用环境的扩大,数据库结构变得更加复杂,不便于终端用户掌握。

(2) 其 DDL、DML 比较复杂,用户掌握起来较为困难。

(3) 由于记录之间的联系是通过存取路径实现的,应用程序在访问数据时必须选择适当的存取路径,因此用户必须了解系统结构的细节,加重了编写应用程序的负担。

3. 关系模型

1970 年,美国 IBM 公司 San Jose 研究室的研究员 E. F. Codd 首次提出了数据库系统的关系模型,开创了数据库关系方法和关系数据理论的研究,为关系数据库技术奠定了理论基础。从此各个数据库推出的数据库管理系统几乎都支持关系模型,非关系系统的产品也大都加上了关系接口,数据库领域当前的研究工作也都是以关系方法为基础的。下一节将详细讲解关系模型。

2.2 关系模型

2.2.1 关系数据结构

关系模型与以往的模型不同,它是建立在严格的数学概念基础上的。在用户看来,关系模型中数据的逻辑结构是一张二维表,它由行和列组成,如图 2.5 所示的学生信息表,其中涉及下列概念。

(1) 关系(Relation):对应通常所说的二维表。

(2) 元组(Tuple):表中的一行即为一个元组。

(3) 属性(Attribute):表中的一列即为一个属性。

(4) 候选关键字(Candidate Key):如果关系中的某一属性组的值能唯一地标识一个元组,则称该属性组为候选关键字。

(5) 主关键字(Primary Key):如果一个关系中有多个候选关键字,则选定一个为主关键字。

(6) 主属性(Primary Attribute):主关键字的属性称为主属性。

(7) 域(Domain):属性的取值范围。

(8) 分量:元组中的一个属性值。

(9) 关系模式:对关系的描述,一般表示为关系名(属性1,属性2,…)。例如,图2.5所示的关系可表示为学生(学号,姓名,性别,民族,所在班级)。

属性列

关系二维表

元组

学号	姓名	性别	民族	所在班级
0807010232	宋彬	男	汉族	工商082
0807010301	于莹莹	女	汉族	工商083
0807010302	李孔浩	男	满族	工商083
0807070101	江雯	女	汉族	国贸081
0807070103	唐广亮	男	满族	国贸081

图 2.5 学生信息表

一个二维表要成为关系,必须具有以下性质:

(1) 列是同质的,即每一列中的分量是同一类型的数据,来自同一个域。

(2) 不同的列可以出自同一个域,每一列称为属性,要给予不同的属性名。

(3) 行和列的次序可以任意交换。

(4) 任意两个元组不能完全相同。

(5) 每一分量必须是不可分的数据项。

2.2.2 关系操作

关系模型中常用的关系操作包括查询操作和更新操作两大部分。其中,查询操作包括θ选择(select)、投影(project)、θ连接(join)、除(divide)、并(union)、交(intersection)、差(difference)等(θ表示$>$、$\geqslant$、$<$、$\leqslant$、$=$、$\neq$这些比较运算符中的一种);更新操作包括增加(insert)、删除(delete)、修改(update)。

关系模型中的关系操作早期通常是用关系代数和关系演算来表示的。关系代数是用对关系的运算来表达查询要求的方式;关系演算是用谓词来表达查询要求的方式。另外,还有一种介于关系代数和关系演算之间的语言称为结构化查询语言(Structure Query Language,SQL)。SQL不仅具有丰富的查询功能,而且还具有数据定义和数据控制功能,是集查询、数据定义语言和数据控制语言于一体的关系数据库语言。对于SQL,将在第6章和第7章进行详细介绍。

2.2.3 关系的完整性约束

由于关系数据库中数据的不断更新,为了维护数据库中数据与现实世界的一致性,必须对关系数据库加以约束。例如,班级的人数、年龄要大于0,小于60;库存量不能小于0;工人的工龄要小于其年龄等。这种把语义施加在数据上的限制,统称为完整性约束。

关系模型的完整性约束有4种:域完整性约束、实体完整性约束、参照完整性约束和用户定义完整性约束。

1. 域完整性约束

域完整性是指保证数据库字段取值的合理性。域完整性规则要求关系中的属性值应是域中的值。另外,一个属性能否为空值(NULL),也是域完整性约束的主要内容。域完整性约束是最简单、最基本的约束。

2. 实体完整性约束

实体完整性是指关系的主关键字不能重复也不能取空值。

一个关系对应现实世界中的一个实体集。现实世界中的实体是可以相互区分、识别的,也就是说,它们应具有某种唯一性标识。在关系模式中,以主关键字作为唯一性标识,而主关键字中的属性(称为主属性)不能取空值,否则表明关系模式中存在着不可标识的实体(因为空值是不确定的)。按实体完整性规则要求,主属性不得取空值,如果主关键字是多个属性的组合,则所有主属性均不得取空值。

例如,表 2.1 将课程号作为主关键字,那么该列不得有空值,否则无法对应某门具体的课程,这样的表格不完整,对应关系不符合实体完整性规则的约束条件。

当前大部分 DBMS 支持实体完整性约束检查,但不是强制的。

表 2.1 课程表

课程号	课程名	学 分	总学时
060151	面向对象程序设计	2.0	40
060164	网络数据库基础	2.0	40
070197	决策支持系统	2.0	32
070427	专业英语	2.0	32
070011	电子商务	2.5	48
070017	管理信息系统	3.0	48

3. 参照完整性约束

参照完整性是指定义建立关系之间联系的主关键字与外部关键字引用的约束条件。

关系数据库中通常包含多个存在相互联系的关系,关系与关系之间的联系是通过公共属性来实现的。所谓公共属性,是一个关系 R(称为被参照关系)的主关键字,同时又是另一个关系 S(称为参照关系)的外部关键字。参照关系 S 中外部关键字的取值,要么与被参照关系 R 中某元组主关键字的值相同,要么取空值,那么在这两个关系间建立关联的主关键字和外部关键字引用就符合参照完整性规则的要求。如果参照关系 S 的外部关键字也是其主关键字,根据实体完整性要求,主关键字不得取空值,因此参照关系 S 的外部关键字的取值实际上只能取相应被参照关系 R 中已经存在的主关键字值。

例如,在学生管理数据库中,如果将考试表作为参照关系,学生表作为被参照关系,以"学号"作为两个关系进行关联的公共属性,则"学号"是学生关系的主关键字,是考试关系的外部关键字,考试关系通过外部关键字"学号"参照学生关系,如表2.2、表2.3所示。

表 2.2　学生表

学号	姓名	性别	民族	所在班级
0807010232	宋彬	男	汉族	工商 082
0807010233	冯婷	女	汉族	工商 082
0807010234	阮楚迎	女	汉族	工商 082
0807010301	于莹莹	女	汉族	工商 083
0807010302	李孔浩	男	满族	工商 083
0807010303	吴雪瑜	女	满族	工商 083
0807070101	江雯	女	汉族	国贸 081
0807070102	李丹丹	女	满族	国贸 081
0807070103	唐广亮	男	满族	国贸 081
0807020213	许裕宁	女	蒙古族	工商 092

表 2.3　考试表

学　　号	课程号	成　　绩
0807010232	060151	79
0807010232	060164	82
0807010232	070197	85
0807010301	060164	70
0807010301	070197	90
0807070102	060164	80
0807020213	070197	86
0807020213	070427	87
0807020213	060164	92

4．用户定义完整性约束

实体完整性和参照完整性适用于任何关系型数据库系统，它们主要是针对关系的主关键字和外部关键字取值必须有效而做出的约束。用户定义完整性则是根据应用环境的要求和实际的需要，对某一具体应用所涉及的数据提出约束性条件。这一约束机制一般不应由应用程序提供，而应该由关系模型提供定义并检验。用户定义完整性主要包括字段有效性约束和记录有效性约束。

例如，考试关系中的"成绩"属性的取值范围必须在 0～100 之间。用户定义完整性反映某一具体应用所涉及的数据必须满足的语义要求。

2.3　关系数据库规范化理论

关系数据库的规范化理论就是数据库设计的一个理论指导，其最早是由关系数据库的创始人 E. F. Codd 提出的，后经许多专家学者对关系数据库理论做了深入的研究和发展，形成了一整套有关关系数据库设计的理论。

关系数据库的规范化理论主要包括 3 个方面的内容：

（1）函数依赖。

（2）范式。

（3）模式设计。

其中，函数依赖起着核心的作用，是模式分解和模式设计的基础；范式是模式分解的标准。

如何设计一个适合的关系数据库系统，关键是关系数据库模式的设计。一个好的关系数据库模式应该包括多少关系模式，而每个关系模式又应该包括哪些属性，又如何将这些相互关联的关系模式组建成一个适合的关系模型，这些工作决定了整个系统运行的效率，也是系统成败的关键，所以必须在关系数据库的规范化理论的指导下逐步完成。

2.3.1　数据依赖

一个数据库模式是数据库中包含的所有关系模式的集合，因此，关系数据库设计实际上就是如何从多种可能的组合中选取一组合适的或者说性能相对好的关系模式集合作为数据库模式的问题。但要如何才能找到合适的数据库模式，首先需要了解数据依赖的概念。

数据依赖是通过一个关系中属性间值的相等与否体现出来的数据间的相互关系，其中最重要的是函数依赖和多值依赖。作为数据内在的一种性质，数据依赖在关系数据库设计中起着核心作用。

1．函数依赖

假设 $R(U)$ 是属性集 U 上的关系模式，X、Y 是 U 的子集。若对于 $R(U)$ 的任意一个可能的关系 r，r 中不可能存在两个元组在 X 上的属性值相等，而在 Y 上的属性值不等，则称"X 函数确定 Y"或"Y 函数依赖于 X"，记为 $X \rightarrow Y$。

对于函数依赖有以下几点说明：

（1）函数依赖不是指关系模式 R 的某个或某些关系实例满足的约束条件，而是指 R 的所有关系实例均要满足的约束条件。

（2）函数依赖是语义范畴的概念，只能根据数据的语义来确定函数依赖。

例如，"姓名→年龄"这个函数依赖只有在不允许有同名人的条件下才成立。如果有相同名字的人，则"年龄"就不再函数依赖于"姓名"。

（3）数据库设计者可以对现实世界做强制的规定。例如，规定不允许同名人出现，则函数依赖"姓名→年龄"成立。所插入的元组必须满足规定的函数依赖，若发现有同名人存在，则拒绝插入该元组。

（4）属性之间有 3 种关系，但并不是每一种关系都存在函数依赖。

① 如果 X 和 Y 之间是 $1:1$ 关系（一对一关系），如学校和校长之间就是 $1:1$ 关系，则存在函数依赖 $X \rightarrow Y$ 和 $Y \rightarrow X$。

② 如果 X 和 Y 之间是 $1:n$ 关系（一对多关系），如班级和学生之间就是 $1:n$ 关系，则存在函数依赖 $X \rightarrow Y$。

③ 如果 X 和 Y 之间是 $m:n$ 关系（多对多关系），如学生和课程之间就是 $m:n$ 关系，则 X 和 Y 之间不存在函数依赖。

（5）若 $X \rightarrow Y$，则称 X 为这个函数依赖的决定因素。

（6）若 $X \rightarrow Y$，并且 $Y \rightarrow X$，则记为 $X \longleftrightarrow Y$。

（7）若 Y 不函数依赖于 X,则记为 $X \not\rightarrow Y$。

2. 平凡函数依赖与非平凡函数依赖

在关系模式 $R(U)$ 中,对于 U 的子集 X 和 Y,如果 $X \rightarrow Y$,但 Y 不包含于 X,则称 $X \rightarrow Y$ 为非平凡函数依赖;若 Y 包含于 X,则称 $X \rightarrow Y$ 为平凡函数依赖。本书中若不特别说明,讨论的都是非平凡函数依赖。

3. 完全函数依赖与部分函数依赖

（1）如果 $X \rightarrow Y$,并且对于 X 的任何一个真子集 X',都有 $X' \not\rightarrow Y$,则称 Y 完全函数依赖于 X,记为 $X \xrightarrow{f} Y$。

（2）如果 $X \rightarrow Y$,但 Y 不完全函数依赖于 X,则称 Y 部分函数依赖于 X,记为 $X \xrightarrow{P} Y$。

4. 传递函数依赖

在关系模式 $R(U)$ 中,如果 $X \rightarrow Y$,$Y \rightarrow Z$,且 Y 不包含于 X,Z 不包含于 Y,$Y \not\rightarrow X$,则称 Z 传递函数依赖于 X。

例如,有一学生关系:学生(学号,姓名,系名,系主任姓名,课程名,成绩),其中存在以下函数依赖。

（1）学号→姓名。

（2）学号→系名。

（3）系名→系主任姓名。

（4）（学号,课程名)→成绩。

则有:学号 $\xrightarrow{传递}$ 系主任姓名。

2.3.2　范式及规范化

关系数据库中的关系必须满足一定的要求,即满足不同的范式(Normal Forms)。范式是衡量关系模式好坏的重要标准。

目前,关系数据库有 6 种范式:第一范式(1NF)、第二范式(2NF)、第三范式(3NF)、BC 范式(BCNF)、第四范式(4NF)和第五范式(5NF)。满足最低要求的范式是第一范式。在第一范式的基础上进一步满足更多要求的称为第二范式,其余范式依次类推。一般来说,数据库只需满足第三范式就可以了。

通过分解把属于低级范式的关系模式转换为几个属于高级范式的关系模式的集合,这一过程称为规范化(Normalization)。

1. 第一范式(1NF)

在关系模式 R 的每个具体关系 r 中,如果每个属性值都是不可再分的最小数据单位,则称 R 为满足第一范式的关系模式,记为 R∈1NF。

例如,由职工号、姓名、电话号码 3 个属性组成的一个关系模式 R,其中每个职工可能有一个办公电话和一个住宅电话,这显然不符合第一范式的要求。若要将关系模式 R 规范成为满足第一范式的关系模式可以用以下 3 种方法:

(1) 重复存储职工号和姓名。这样,主关键字只能是电话号码。

(2) 职工号为主关键字,电话号码分为办公电话和住宅电话两个属性。

(3) 职工号为主关键字,但要强制每条记录只能有一个电话号码。

很显然以上 3 种方法中,第一种方法最不可取,可以按实际情况选取后两种方法。

说明:

在任何一个关系数据库中,第一范式是对关系模式的基本要求,不满足第一范式的数据库就不是关系数据库,但是满足第一范式的关系模式并不一定是一个好的关系模式。

2.第二范式(2NF)

如果关系模式 R 属于第一范式,且 R 中的所有非主属性都完全函数依赖于候选关键字,则称 R 为满足第二范式的关系模式,记为 R∈2NF。

例如,现有一个学校图书管理数据库,其中借阅管理表的关系模式 BORROW 如下:

BORROW(CARDID,SNAME,DEPT,LOCATION,BOOKID,DATE)

其中,CARDID 表示借书证号,SNAME 表示借书学生姓名,DEPT 表示学生所在系的系别,LOCATION 表示学生所在系的地址,BOOKID 表示图书编号,DATE 表示借阅日期。

那么,这个关系模式在实际使用中会出现什么问题呢?

(1) 数据冗余。对于借书人每次借一本书,其姓名 SNAME、所在系的系别 DEPT 及系地址 LOCATION 都要重复存放一次,数据的冗余度很大,浪费了存储空间。

(2) 更新异常。由于数据冗余,如果借书人所在系改变了,有关借书人的所有元组中的所在系的信息都要修改。这不仅增加了更新代价,而且存在着潜在的不一致性,有可能出现一部分数据被修改,而另一部分数据没有被修改。因此,系统要付出很大的代价来维护数据库的完整性。

(3) 插入异常。在 BORROW 关系模式中,主关键字是由 CARDID 和 BOOKID 联合组成的。根据关系模型的实体完整性,关键字不能为空。因此,如果一个人没有借书,就不能办理借阅手续,即如果一个人没有借书,有关借书人的信息(如 SNAME、DEPT、LOCATION)就不能存入数据库。这显然是不合理的,这种现象称为插入异常。

(4) 删除异常。借阅人如果在某段时间内把所借书全部还清了,则在删除借书信息的同时,会出现连同借阅人姓名及所在系都被一起从数据库中删除的现象。这种现象称为删除异常。

由于存在以上问题,因此 BORROW 是一个不好的关系模式。产生上述问题的原因,直观地说,是因为关系中"包罗万象",内容太杂了。深入分析其各个属性之间的函数依赖关系,不难发现,出现上述问题的原因是由于非主属性 SNAME 仅函数依赖于 CARDID,也就是 SNAME 部分函数依赖于主关键字(CARDID,BOOKID),而不是完全函数依赖。因此不满足第二范式的要求。

解决上述问题的方法是采用投影分解法,用投影运算将关系分解,去掉过于复杂的函数依赖关系,向更高一级的范式进行转换。分解时遵循的基本原则就是一个关系只描述一个实体或者实体间的联系,如果多于一个实体或联系,则进行投影分解,把 1NF 关系模式转换成 2NF 关系模式的集合。因此,也就是将关系模式 BORROW(CARDID,SNAME,DEPT, LOCATION,BOOKID,DATE)分解为下面两个关系:

READER(CARDID,SNAME,DEPT,LOCATION),主关键字为 CARDID。

BORROW(CARDID,BOOKID,DATE),主关键字为(CARDID,BOOKID)。

此时,分解后的关系模式 READER,由主关键字 CARDID 单个属性决定各个非主属性,没有部分依赖的问题,所以肯定满足第二范式,记为 READER∈2NF。

对于关系模式 BORROW 只有一个完全函数依赖(CARDID,BOOKID)→DATE,因此也满足第二范式,记为 BORROW∈2NF。

满足 2NF 的关系模式解决了 1NF 中存在的一些问题,2NF 规范化的程度比 1NF 前进了一步,但 2NF 的关系模式在进行数据操作时,仍然存在着一些问题。

(1)数据冗余。每个系名和系的地址存储的次数等于该系的学生人数,数据重复存储,冗余度大。

(2)插入异常。当一个新系没有招生时,有关该系的信息(如 DEPT、LOCATION)将无法插入。

(3)删除异常。某系学生全部毕业而没有继续招生时,删除全部学生的记录后,也随之删除了该系的有关信息。

(4)更新异常。某系更换办公地点时,仍需改动较多的学生记录。

因此,以上的关系模式仍然不是一个好的关系模式,需进一步规范化。

3. 第三范式(3NF)

如果关系模式 R 属于第一范式,且 R 中的所有非主属性对于候选关键字都不存在传递依赖,则称 R 为满足第三范式的关系模式,记为 R∈3NF。

推论:若关系模式 R 中没有非主属性,则 R 必为 3NF。

以上面给出的关系模式 READER(CARDID,SNAME,DEPT,LOCATION)为例来说明。通过上面的分析,关系模式 READER∈2NF,但这个关系中仍然有大量的数据冗余,在插入、删除和修改时也将产生一些问题。因此,关系模式属于第二范式,并不能完全消除关系模式中的各种异常情况和数据冗余。

分析原因,是由于关系中存在传递依赖造成的,即 CARDID→DEPT,但是 DEPT→LOCATION,因此主关键字 CARDID 对于 LOCATION 的函数决定是通过传递依赖实现的。也就是说,CARDID 不能直接决定非主属性 LOCATION。

解决的方法仍然是采用投影分解法。也就是将关系模式 READER(CARDID,SNAME,DEPT,LOCATION)分解为下面两个关系:

READER(CARDID,SNAME,DEPT),主关键字为 CARDID。

DEPARTMENT(DEPT,LOCATION),主关键字为 DEPT。

分解后的关系模式 READER 和 DEPARTMENT 都不存在传递依赖,因此 READER∈3NF,DEPARTMENT∈3NF。

需要注意的是,关系模式 READER 中不能没有外部关键字 DEPT,否则两个关系将失去联系。

通过以上的分析可以看出,关系模式 READER 由 2NF 分解为 3NF 后,函数依赖关系变得更加简单,既没有非主属性对候选关键字的部分依赖,也没有非主属性对候选关键字的传递依赖,解决了 2NF 中存在的 4 个问题。

(1) 数据冗余降低。系地址 LOCATION 存储的次数与该系的学生人数无关,只在关系 DEPARTMENT 中存储一次。

(2) 不存在插入异常。当一个新系没有学生时,该系的信息可以直接插入到关系 DEPARTMENT 中,而与关系 READER 无关。

(3) 不存在删除异常。要删除某系的全部学生信息而仍然保留该系的有关信息时,可以只删除关系 READER 中的相关学生记录,而不影响关系 DEPARTMENT 中的数据。

(4) 不存在更新异常。当某系更换办公地点时,只需修改关系 DEPARTMENT 中一个相应元组的 LOCATION 属性值,从而不会出现数据的不一致现象。

关系模式 BORROW 规范到 3NF 后,所存在的异常现象已经全部消失。但是,3NF 只限制了非主属性对候选关键字的依赖关系,而没有限制主属性对候选关键字的依赖关系。如果发生了这种依赖,仍有可能存在数据冗余、插入异常、删除异常和更新异常。

4. BC 范式(BCNF)

1974 年,Codd 和 Boyce 共同提出了一个新的范式概念,即 Boyce-Codd 范式,简称 BC 范式。如果关系模式 R 属于第一范式,且 R 中的每个属性对于候选关键字都不存在传递依赖,则称 R 为满足 BC 范式的关系模式,记为 R∈BCNF。

根据定义,可以得出以下结论,如果 R∈BCNF,则 R∈3NF,反之则不一定成立。

例如,关系模式 SCP(S,C,P),其中 S 表示学生,C 表示课程,P 表示名次。每个学生选修每门课程的成绩有一定的名次,每门课程中每一名次只有一个学生(即假定没有并列名次)。由以上语义可得到以下函数依赖:(S,C)→P,(C,P)→S;(S,C)与 (C,P)都可以作为候选关键字,属性 S、C、P 都是主属性,每个属性对于候选关键字都不存在传递依赖,因此 SCP∈3NF,且 SCP∈BCNF。

又如,在关系模式 STC(S,T,C)中,S 表示学生,T 表示教师,C 表示课程。每个教师只教一门课,每门课有若干个教师,某一学生选定某门课,就对应一个固定的教师。由语义可得到以下函数依赖:(S,C)→T,(S,T)→C,T→C;候选关键字:(S,C)和(S,T)。属性 S、T、C 都是主属性,没有任何非主属性对候选关键字部分依赖或传递依赖,所以 STC∈3NF。但是,T 是决定因素,T 不包含任何候选关键字,所以 STC∉BCNF。

解决的方法是可以将 STC 分解为两个关系模式,ST(S,T)∈BCNF,TC(T,C)∈BCNF。

5. 关系规范化的步骤

围绕函数依赖的主线,对一个关系模式进行分解,使关系从较低级范式转换到较高级范式。关系规范化的步骤可以分为以下几步:

(1) 对 1NF 关系进行投影,消除原关系中非主属性对候选关键字的部分函数依赖,将其转换为若干个 2NF 关系。

(2) 对 2NF 关系进行投影,消除原关系中非主属性对候选关键字的传递函数依赖,将其转换为若干个 3NF 关系。

(3) 对 3NF 关系进行投影,消除原关系中主属性对候选关键字的部分函数依赖和传递函数依赖,也就是让决定因素都包含候选关键字,将其转换为若干个 BCNF 关系。

2.4 练习题

1. 下列关于规范化理论的叙述正确的是_____。

A. 对于一个关系模式来说,规范化越深越好

B. 满足第二范式的关系模式,一定满足第一范式

C. 第一范式要求一个非主属性完全函数依赖于关键字

D. 规范化一般是通过分解各个关系模式实现的,但有时也有合并

2. 规范化理论是关系数据库进行逻辑设计的理论依据。根据这个理论,关系数据库中的关系必须满足其每一属性都是_____。

A. 互不相关的   B. 不可分解的

C. 长度可变的   D. 互相关联的

3. 在关系模式 R 中,函数依赖 $X \rightarrow Y$ 的语义是_____。

A. 在 R 的某一关系中,若两个元组的 X 值相等,则 Y 值也相等

B. 在 R 的每一关系中,若两个元组的 X 值相等,则 Y 值也相等

C. 在 R 的某一关系中,Y 值应与 X 值相等

D. 在 R 的每一关系中,Y 值应与 X 值相等

4. 关系模式 R(A,B,C,D,E)中有下列函数依赖:$A \rightarrow B, A \rightarrow C, C \rightarrow D, D \rightarrow E$。下述分解中哪一个或哪些分解可保持 R 所有的函数依赖关系?_____。

Ⅰ. (A,B,C) (C,D,E)   Ⅱ. (A,B) (A,C,D,E)

A. Ⅰ和Ⅱ都不是   B. 只有Ⅰ

C. 只有Ⅱ   D. Ⅰ和Ⅱ都是

5. 将关系从 2NF 规范化到 3NF,要做的工作是_____。

A. 消除非主属性对候选关键字的完全函数依赖

B. 消除非主属性对候选关键字的部分函数依赖

C. 消除非主属性对候选关键字的传递函数依赖

D. 消除主属性对候选关键字的部分函数依赖和传递函数依赖

6. 关系数据模型的 3 个组成部分中,不包括_____。

A. 完整性规则   B. 数据结构

C. 数据操作   D. 并发控制

7. 设有关系模式 R(运动员编号,比赛项目,成绩,比赛类别,比赛主管),如果规定:每个运动员每参加一个比赛项目,只有一个成绩;每个比赛项目只属于一个比赛类别;每个比赛类别只有一个比赛主管。试回答下列问题:

(1) 根据上述规定,写出模式 R 的基本函数依赖和关键字。

(2) 说明 R 不是 2NF 模式的理由,并把 R 分解成 2NF 模式集。

(3) 进而把 R 分解成 3NF 模式集,并说明理由。

8. 已知某书店销售订单的屏幕输出格式如图 2.6 所示。

订单编号：1379465		客户编号：NC200574		日期：2011-09-10
客户名称：华中学校		客户电话：65798641		地址：中华路 17 号
图书编号	书名	定价	数量	金额
3249786	英语	23.00	100	2300.00
2578964	哲学	25.00	100	2500.00
合计：4800.00 元				

图 2.6　某书店销售订单的屏幕输出格式

书店的业务描述如下：

(1) 每个订单有唯一的订单编号。

(2) 一个订单可以订购多种图书，且每种图书可以在多个订单中出现。

(3) 一个订单对应一个客户，且一个客户可以有多个订单。

(4) 每个客户有唯一的客户编号。

(5) 每种图书有唯一的图书编号。

根据上述业务描述和订单格式得到关系模式：

R(订单编号，日期，客户编号，客户名称，客户电话，地址，图书编号，书名，定价，数量)

试回答下列问题：

(1) 写出 R 的基本函数依赖集和关键字。

(2) 说明 R 不是 2NF 模式的理由，并把 R 分解成 2NF 模式集。

(3) 进而把 R 分解成 3NF 模式集，并说明理由。

第3章

数据库设计

数据库设计实际上就是根据应用问题建立关系数据库及其相应的应用系统。一个数据库应用系统的好坏，很大程度上取决于数据库设计的好坏。由于数据库应用系统结构复杂，应用环境多样，因此设计时需要考虑的因素有很多。

本章将主要讲解以下内容：

- 数据库设计的内容及方法。
- 数据库设计的各个步骤。
- 实体-联系方法。
- 采用 E-R 方法的数据库概念结构设计。
- E-R 模型向关系模型的转换。

3.1 数据库设计概述

数据库是现代各种计算机应用系统的核心。数据库所存储的信息能否正确地反映现实世界，能否在运行中及时、准确地为各个应用程序提供所需的数据，关系到以此数据库为基础的应用系统的成败。换句话说，设计能够满足应用系统中各个应用要求的数据库，是数据库应用系统设计中的关键问题。

3.1.1 什么是数据库设计

数据库设计（Database Design）是指对于一个给定的应用环境，设计优化的数据库逻辑模式和物理结构，并据此建立数据库及其应用系统，使之能够有效地存储、管理和利用数据，满足各种用户的应用需求（包括数据需求、处理需求、安全性和完整性需求）。

也就是说，数据库设计不但要建立数据库，而且还要建立基于数据库的应用系统，即设计整个数据库应用系统，这是对数据库设计的广义理解。

本章主要讨论狭义的数据库设计，即设计数据库本身，或者说，设计数据库的各级模式并据此建立数据库，这是整个数据库应用系统设计的一部分。

数据库应用系统十分复杂，因此最佳设计不可能一蹴而就，而只能是一种"反复探寻，逐步求精"的过程，也就是规划数据库中的数据对象以及这些数据对象之间关系的过程。

3.1.2 数据库设计的内容

数据库设计的主要内容有以下几个方面。

(1) 静态特性设计：又称为结构特性设计，即根据给定的应用环境、用户的数据需求，设计数据库的数据模型(即数据结构)或数据库模式。静态特性设计包括数据库的概念结构设计和逻辑结构设计两个方面。

(2) 动态特性设计：即根据应用处理要求，设计数据库的查询、事务处理和报表处理等应用程序。动态特性设计反映了数据库在处理上的要求，即动态要求，所以又称为数据库的行为特性设计。

(3) 物理设计：根据动态特性，即应用处理要求，在选定的 DBMS 环境下，把静态特性设计中得到的数据库模式加以物理实现，即设计数据库的存储模式和存取方法。

3.1.3 数据库设计的目标与特点

数据库设计的目标是在 DBMS 的支持下，按照应用的要求，为某一部门或组织设计结构合理、使用方便、效率较高的数据库及其应用系统。

数据库建设是指数据库应用系统从设计、实施到运行与维护的全过程，和一般的软件系统的设计、开发、运行与维护有许多相同之处，也有其自身的一些特点。

首先，数据库建设是硬件、软件和干件的结合。技术与管理的界面称为"干件"。俗话说，"三分技术，七分管理，十二分基础数据"，在数据库设计的过程中，人们往往忽视基础数据的地位和作用。基础数据的收集、整理、组织和不断更新是数据库建设的重要环节。

其次，数据库设计应该与应用系统设计相结合，也就是要把结构设计与行为设计密切结合起来。结构设计是设计数据库框架或数据库结构，也称为数据设计。数据库模式是各应用程序共享的结构，是稳定的、永久的结构，因此数据库结构设计是否合理直接影响到系统中各个处理过程的质量。行为设计是设计应用程序、事务处理等，也称为处理设计。结构特性不能与行为特性分离。静态的结构特性的设计与动态的行为特性的设计分离，会导致数据与程序不易结合，增加数据库设计的复杂性。

3.1.4 数据库设计的方法

数据库设计方法目前可分为 4 类：直观设计法、规范设计法、计算机辅助设计法和自动化设计法。

直观设计法也称为手工试凑法，它是最早使用的数据库设计方法。这种方法依赖于设计者的经验和技巧，缺乏科学理论和工程原则的支持，设计的质量很难保证，常常是数据库运行一段时间后又发现各种问题，再重新进行修改，增加了系统维护的代价。因此，这种方法越来越不适应信息管理发展的需要。

为了改变这种情况，1978 年 10 月，来自三十多个国家的数据库专家在美国新奥尔良(New Orleans)市专门讨论了数据库设计问题，他们运用软件工程的思想和方法，提出了数据库设计的规范，这就是著名的新奥尔良法，它是目前公认的比较完整和权威的一种规范设计方法。新奥尔良法将数据库设计分成需求分析(分析用户需求)、概念设计(信息分析和定义)、逻辑设计(设计实现)和物理设计(物理数据库设计)。目前,常用的规范设计方法大多起源于新奥尔良法,并在设计的每一阶段采用一些辅助方法来具体实现。

下面简单介绍3种常用的规范设计方法。

1. 基于 E-R 模型的数据库设计方法

基于 E-R 模型的数据库设计方法是由 P. P. S. Chen 于 1976 年提出的数据库设计方法,其基本思想是在需求分析的基础上,用 E-R(实体-联系)图构造一个反映现实世界实体之间联系的企业模式,然后再将此企业模式转换成基于某一特定的 DBMS 的概念模式。该方法是数据库概念设计阶段广泛采用的方法。

2. 基于 3NF 的数据库设计方法

基于 3NF 的数据库设计方法是由 S. Atre 提出的结构化设计方法,其基本思想是在需求分析的基础上,确定数据库模式中的全部属性和属性间的依赖关系,将它们组织在一个单一的关系模式中,然后再分析模式中不符合 3NF 的约束条件,将其进行投影分解,规范成若干个满足 3NF 约束条件的关系模式的集合。

其具体设计步骤分为以下 5 个阶段:

(1) 设计企业模式。利用规范化得到的 3NF 关系模式画出企业模式。

(2) 设计数据库的概念模式。把企业模式转换成 DBMS 所能接受的概念模式,并根据概念模式导出各个应用的外模式。

(3) 设计数据库的物理模式(存储模式)。

(4) 对物理模式进行评价。

(5) 实现数据库。

该方法以关系数据理论为指导来设计数据库的逻辑模型,是设计关系数据库时在逻辑阶段可以采用的一种有效方法。

3. 基于视图的数据库设计方法

基于视图的数据库设计方法先从分析各个应用的数据着手,其基本思想是为每个应用建立其视图,然后再把这些视图汇总起来合并成整个数据库的概念模式。合并过程中要解决以下问题:

(1) 消除命名冲突。

(2) 消除冗余的实体和联系。

(3) 进行模式重构。在消除了命名冲突和冗余后,需要对整个汇总模式进行调整,使其满足全部完整性约束条件。

3.1.5　数据库设计的步骤

目前,分步设计法已在数据库设计中得到了广泛的应用并获得了较好的效果。此方法遵循自顶向下、逐步求精的原则,将数据库的设计过程分解为若干相互独立又相互依存的阶段,每一阶段采用不同的技术与工具,解决不同的问题,从而将问题局部化,减少了局部问题对整体设计的影响。

按照规范设计的方法,参照软件工程的思想,考虑数据库及其应用系统开发的全过程,将数据库设计划分为以下 6 个阶段,如图 3.1 所示。

1. 需求分析

需求分析的目标是通过调查研究,了解用户的数据要求和处理要求,并按一定的格式整理形成需求说明书。需求说明书是需求分析阶段的成果,也是今后设计的依据。它包括数据库所涉及的数据、数据的特征、数据量和使用频率的估计,如数据名、属性及其类型、主关键字属性、保密要求、完整性约束条件、使用频率、更改要求、数据量估计等。

2. 概念结构设计

概念结构设计是数据库设计的第二阶段,其目标是对需求说明书提供的所有数据和处理要求进行抽象与综合处理,按一定的方法构造反映用户环境的数据及其相互联系的概念模型,即用户的数据模型或企业数据模型。这种概念数据模型与 DBMS 无关,是面向现实世界的数据模型,极易为用户所理解。为保证所设计的概念数据模型能正确、完全地反映用户的数据及其相互关系,便于进行所要求的各种处理,在本阶段设计中可吸收用户参与和评议设计。

3. 逻辑结构设计

逻辑结构设计阶段的设计目标是把上一阶段得到的与 DBMS 无关的概念数据模型转换成等价的,

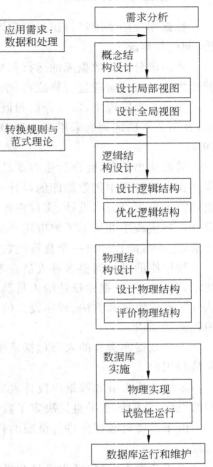

图 3.1 数据库设计步骤

并为某个特定的 DBMS 接受的逻辑模型表示的概念模式,同时将概念结构设计阶段得到的应用视图转换成外部模式,即特定 DBMS 下的应用视图。

4. 物理结构设计

物理结构设计阶段的任务是把逻辑结构设计阶段得到的逻辑数据库在物理上加以实现,其主要内容是根据 DBMS 提供的各种手段,设计数据的存储形式和存取路径,如文件结构、索引的设计等,即设计数据库的内模式或存储模式。

5. 数据库实施

运用 DBMS 提供的数据语言(如 SQL)及其宿主语言(如 C),根据逻辑结构设计和物理结构设计的结果建立数据库,编制与调试应用程序(后台数据库、前端界面),组织数据入库,并进行试运行。

6. 数据库运行和维护

数据库应用系统经过试运行后即可投入正式运行,并在运行过程中不断地对其进行评价、调整与修改。

从需求分析到数据库的运行和维护阶段都存在着反复,即当后一阶段发现问题,需要回溯到之前的某一阶段进行修改,再继续沿着这一过程向前进行。

在这 6 个阶段中,需求分析和概念结构设计可以独立于任何 DBMS。因此,在设计的初期,并不急于确定到底采用哪一种 DBMS,从逻辑结构设计阶段开始才需要选择一种具体的 DBMS。

需要指出的是,此设计步骤既是数据库设计的过程,也包括了数据库应用系统的设计过程。在设计过程中把数据库的设计和对数据库中数据处理的设计紧密结合起来,将这两方面的需求分析、抽象、设计、实现在各个阶段同时进行,相互参照,相互补充,以完善两方面的设计。在实践中如果不了解应用环境对数据的处理要求,或没有考虑如何去实现这些处理要求,是不可能设计出一个良好的数据库结构的。

数据库的设计需要多种人员在不同阶段参与,大型数据库的设计涉及多学科的综合性技术,要求参与数据库设计的人员具备多方面的技术和知识,主要包括计算机的基础知识、软件工程的原理和方法、程序设计的方法和技巧、数据库的基本知识、数据库设计技术和应用领域的知识。

参与数据库设计的人员包括系统分析人员、数据库设计人员、数据库管理员、应用开发人员和用户。

系统分析人员和数据库设计人员是数据库设计的核心人员,他们将自始至终参与数据库的设计,他们的水平直接决定了数据库系统的质量。

由于需要对数据库进行全面的管理和控制,数据库管理员也需要参与数据库设计的全过程。

应用开发人员(包括程序员和操作员)在数据库实施阶段参与进来,负责编制程序和准备软硬件环境。

用户在需求分析阶段和概念结构设计阶段参与进来,使设计人员能准确把握用户的各种需求,设计出使用户满意的概念模型;此外,设计出来的数据库最终还要交给用户正式运行,因此,用户还要参与数据库的运行和维护阶段。

下面就以图 3.1 所示的数据库设计步骤的设计过程为主线,分别讨论数据库设计各个阶段的设计内容、设计方法和工具。

3.2　需求分析

3.2.1　需求分析的任务

需求分析是数据库设计的第一阶段,这一阶段收集到的基础数据和一组数据流图(Data Flow Diagram,DFD)是下一步设计概念结构的基础。概念结构是整个组织中所有用户关心的信息结构,对整个数据库的设计具有深远的影响,而要设计好概念结构,就必须在需求分析阶段用系统的观点来考虑问题、收集和分析数据并进行相应处理。

从数据库设计的角度考虑,需求分析阶段的目标是对现实世界要处理的对象(组织、部门、企业等)进行详细调查,在了解原系统的概况和确定新系统功能的过程中,收集用户的各项业务活动及活动中所使用的数据,并由系统分析人员按照分析方法加以总结和提炼,正确地描述用户使用中的业务信息。

需求分析阶段调查的重点是"数据"和"处理",通过调查获得用户对数据库的下列要求。

(1) 信息要求。用户将从数据库中获得信息的内容和性质。由信息要求导出数据要求,即在数据库中需存储哪些数据,对这些数据将做如何处理等。

(2) 处理要求。定义未来系统处理数据的操作功能,描述操作的优先次序,包括操作执行的频率、场合、响应时间及用户对处理方式的要求(批处理/联机处理)等。

(3) 安全性和完整性的要求。包括数据自身的约束、数据之间的约束关系,以及数据的敏感分析、访问和修改数据的用户级别等。

3.2.2　需求分析的步骤

需求分析大致分为 3 步,即需求信息的收集、分析整理和评审。

1. 需求信息的收集

需求信息的收集又称为系统调查。为了充分地了解用户可能提出的要求,在调查研究之前,要做好充分的准备工作,明确调查的目的、内容和方式。

首先,要了解用户的组织机构设置、主要业务活动和职能;其次,要确定用户的目标、大致的工作流程和任务范围划分。

1) 需求信息的收集应得到的主要材料

(1) 各项业务功能中所用到的原始单据、报表等已有的样表。

(2) 业务处理的流程及相互关系。

(3) 企业已实现的信息系统(很可能是局部应用)。

(4) 在现有业务处理中用户的期望。

2) 需求信息的收集过程中常用的调查方法

(1) 跟班作业。通过亲身参加业务工作来了解业务活动的情况。这种方法可以比较准确地理解用户的需求,但比较耗时。

(2) 开调查会。通过与用户座谈了解业务活动情况及用户需求。座谈时,参加者之间可以互相启发。

(3) 请专人介绍。

(4) 询问。对某些调查中的问题,可以找专人询问。

(5) 设计调查表请用户填写。如果调查表设计得合理,这种方法是很有效的,也易于为用户接受。

(6) 查阅记录。查阅与原系统有关的数据记录。

(7) 需求调查时,往往需要同时采用上述多种方法。但无论使用何种调查方法,都必须有用户的积极参与和配合。

2．需求信息的分析

需求信息的分析就是对收集到的需求信息(文件、图表、票据、笔记等)进行加工整理,作为需求分析阶段的成果,这也是下一步设计的基础。

1) 确定系统边界

哪些业务是由计算机来处理,哪些业务手工处理。

2) 业务流程分析

业务流程分析的目的是获得业务流程及业务与数据联系的形式描述。

在众多分析和表达用户需求的方法中,结构化分析(Structured Analysis,SA)方法是简单实用的方法。SA方法用自顶向下、逐层分解的方式分析系统。任何一个系统都可抽象为如图3.2所示的结构。

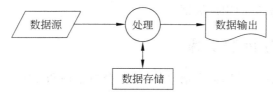

图 3.2　系统抽象结构

3．需求信息的评审

评审的目的在于确认某一阶段的任务是否全部完成,以避免重大的疏漏或错误。评审由项目组以外的专家和主管部门负责人参加,以保证评审工作的客观性和质量。

需求分析的阶段成果是产生系统需求说明书。系统需求说明书主要由数据流图、数据字典的表格、各类数据的统计表格、系统功能结构图,并加以必要的说明编辑而成。系统需求说明书将作为数据库设计全过程的重要依据文件。

3.3　概念结构设计

概念结构设计是信息世界的表述方式,即使用一种方法对现实世界进行抽象的描述。

概念结构设计阶段的任务是在需求分析阶段产生的需求说明书的基础上,按照一定的方法抽象出满足用户应用需求的信息结构,即概念模型。概念模型的设计过程也就是正确地选择设计策略、设计方法和概念数据模型,并加以实施的过程。

概念结构设计是整个数据库设计的关键。

3.3.1　概念结构设计的目标和策略

1．概念结构设计的目标

概念结构设计的目标是产生用户易于理解的、反映系统信息需求的整体数据库概念模型。概念模型是系统中各个用户共同关心的信息结构。它独立于数据库的逻辑结构,独立于特定的数据库管理系统,独立于计算机的软、硬件系统。

设计概念模型应遵循以下要求:

(1) 概念模型是对现实世界的抽象和概括,应能充分地反映现实世界(包括实体和实体之间的联系),能满足用户对数据处理的要求,是现实世界的真实模型。

(2) 概念模型应简洁、明晰,独立于机器,易于理解,从而方便数据库设计人员与不熟悉计算机的用户交换意见;另外,用户能否积极参与也是数据库设计成功与否的关键。

(3) 概念模型应易于变动,当现实世界(应用环境、应用要求)改变时,容易对概念模型进行修改和扩充。

(4) 概念模型应易于向关系、网状或层次等各种数据模型转换。

2. 概念结构设计的策略

概念结构是各种数据模型的共同基础,它比数据模型更独立于机器,更抽象,从而更加稳定。

设计概念结构的策略有以下 4 种:

(1) 自顶向下。首先定义全局概念结构的框架,然后逐步细化,如图 3.3 所示。

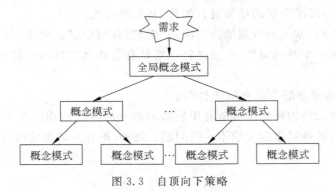

图 3.3　自顶向下策略

(2) 自底向上。首先定义各局部应用的概念结构,然后将它们集成得到全局概念结构,如图 3.4 所示。

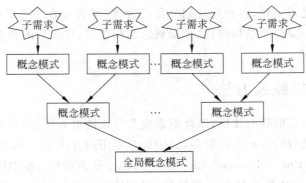

图 3.4　自底向上策略

(3) 由里向外。首先定义最重要的核心概念结构,然后向外扩充生成其他的概念结构,如图 3.5 所示。

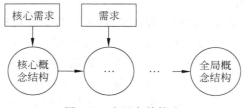

图 3.5　由里向外策略

（4）混合策略。采用自顶向下和自底向上相结合的方法。其中最经常采用的策略是自顶向下地进行需求分析，然后再自底向上地设计概念结构。

3．概念结构设计的步骤

1）进行数据抽象，设计局部概念模型

局部用户的信息需求是构造全局概念模型的基础。因此，需要先从个别用户的需求出发，为每个对数据的观点与使用方式相似的用户建立一个相应的局部概念结构。在建立局部概念结构时，要对需求分析的结果进行细化、补充和修改。

设计概念结构时，常用的数据抽象方法是"聚集"和"概括"。聚集是将若干对象和它们之间的联系组合成一个新的对象；概括是将一组具有某些共同特性的对象合并成更高一层意义上的对象。

2）将局部概念模型综合成全局概念模型

综合各局部概念结构得到反映所有用户需求的全局概念结构。在综合过程中，主要处理各种局部模型对各种对象定义的不一致问题。此外，把各个局部结构合并，还会产生冗余问题。

3）评审

消除了所有的冲突后，就可以把全局结构提交评审。评审分为用户评审和 DBA 及应用开发人员评审两部分。用户评审的重点放在确认全局概念模型是否准确、是否完整地反映了用户的信息需求和现实世界事物的属性间的固有联系；DBA 及应用开发人员评审则侧重于确认全局结构是否完整，各种成分划分是否合理，是否存在不一致性，各种文档是否齐全等。文档应包括局部概念结构描述、全局概念结构描述、修改后的数据清单和业务活动清单等。

3.3.2　实体-联系方法

概念模型是对信息世界的建模，因此概念模型应该能够方便、准确地表示出信息世界中的常用概念。概念模型的表示方法很多，其中最为常用的方法是 P. P. S. Chen 于 1976 年提出的实体-联系方法（Entity-Relationship Approach，E-R 方法）。用实体-联系方法对具体数据进行抽象加工，将实体集合抽象成实体型，用实体间联系反映现实世界事物间的内在联系，并用实体-联系图（Entity-Relationship Diagram，E-R 图）来表示概念模型，也称为 E-R 模型。

1．概念模型的基本概念

1）实体

实体（Entity）是指客观存在且可区别于其他对象的事物。实体可以是具体的人、事、物，如一个学生、一本书、一个供应商、一辆汽车等；也可以是抽象的概念或联系，如学生的选课、客户的订货、员工与部门之间的工作关系等。

2）实体集

同类型实体的集合称为实体集（Entity Set）。例如，所有的学生、所有的课程等。

3）属性

实体的某一特性称为属性（Attributes）。例如，学生实体有学号、姓名、性别、民族、班级等方面的属性。属性有"型"和"值"之分，"型"即属性名，如姓名、性别、民族是属性的型；"值"即属性的具体内容，如（0807010232，宋彬，男，汉族，工商 082）这些属性值的集合表示了一个学生实体。

实体的属性又可分为下面几类：

（1）简单属性和复合属性。不能再划分的属性称为简单属性，可以进一步划分成更小部分的属性称为复合属性。

例如，学生实体具有学号、姓名、性别、年龄、出生日期、家庭住址、联系电话等属性。其中，学号、姓名、性别、年龄属性是不能再划分的属性，所以它们是简单属性；而家庭住址属性还可以进一步划分为省、市、区、街道等属性，因此，家庭住址属性是复合属性，省、市、区、街道属性是家庭住址属性的成员属性。

（2）单值属性和多值属性。如果实体集中的每个实体在某个属性上的值是单一的，则该属性就是单值属性；反之，如果对于实体集中的某个具体实体而言，某个属性的值可能对应一组值，则该属性就是多值属性。例如，学生实体，如果规定学生的联系电话可以有多个，那么学生的联系电话属性就是一个多值属性。

（3）派生属性。如果实体的某个属性的值可以从其他相关实体或属性中派生出来，那么该属性就是派生属性。

例如，学生实体具有学号、姓名、性别、年龄、出生日期、家庭住址、联系电话等属性，其中的年龄属性的值可以通过出生日期演算得出，因此年龄属性就是派生属性。

4）键

键（Key）也称为关键字，它能唯一标识一个实体的属性或属性组。例如，学生的学号，能唯一标识一个学生，因此学号可以作为学生实体的键；学生的姓名可能有重名，因此不能作为学生实体的键。

5）域

属性值的取值范围称为该属性的域（Domain）。例如，姓名的域为字符串集合，年龄的域为小于 60 大于 0 的整数，性别的域为（男，女）。

6）实体型

具有相同属性的实体构成实体型（Entity Type）。例如，学生（学号，姓名，性别，年龄，出生日期，家庭住址，联系电话）就是一个实体型。

7）联系

在现实世界中,事物内部以及事物之间是有联系的,这些联系同样也要抽象和反映到信息世界中,在信息世界中将被抽象为实体型内部的联系和实体型之间的联系(Relationship)。实体内部的联系通常是指组成实体的各属性之间的联系;实体之间的联系通常是指不同实体集之间的联系。两个实体型之间的联系可以分为以下3类。

（1）一对一联系(1∶1)：实体集A中的一个实体至多与实体集B中的一个实体相对应,反之亦然,则称实体集A与实体集B为一对一的联系,记为1∶1。例如,班级与班长、观众与座位、病人与床位。

（2）一对多联系(1∶n)：实体集A中的一个实体与实体集B中的多个实体相对应,反之,实体集B中的一个实体至多与实体集A中的一个实体相对应,记为1∶n。例如,班级与学生、公司与职员、省与市。

（3）多对多联系($m∶n$)：实体集A中的一个实体与实体集B中的多个实体相对应,反之,实体集B中的一个实体与实体集A中的多个实体相对应,记为$m∶n$。例如,一门课程同时有若干个学生选修,而一个学生同时选修多门课程,则课程与学生之间具有多对多联系。

实际上,一对一联系是一对多联系的特例,而一对多联系又是多对多联系的特例。

2．E-R模型的表示方法

在E-R模型中,实体型、属性及实体集之间联系的表示方法如下。

1）实体型

实体型用矩形表示,矩形框内写明实体名。

2）属性

一般属性用椭圆形表示,并用无向边将其与对应的实体连接起来。多值属性用双椭圆形表示,派生属性用虚椭圆形表示。

例如,假设学生实体集具有学号、姓名、性别、年龄、出生日期、家庭住址、联系电话等属性,那么该实体集及其属性就可用图3.6表示,其中带下划线的属性"学号"是实体集的键。

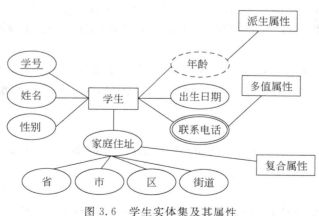

图3.6　学生实体集及其属性

多值属性存在大量冗余及操作异常,必须进行转换。转换的方法可以有两种：一种方法是将多值属性变换成为多个单值属性,如图 3.7 所示;另一种方法是将多值属性转化成实体进行联系,如图 3.8 所示。

图 3.7　多值属性变换成为多个单值属性　　　　图 3.8　多值属性转化成实体

3) 联系

联系用菱形表示,菱形框内指定联系名,并用无向边分别与有关实体连接起来,同时在无向边旁注明联系的类型(1∶1、1∶n 或 m∶n)。

例如,系主任实体与系实体、班级实体与学生实体、学生实体与课程实体之间的联系可用图 3.9 表示。也就是说,一个系只能有一个系主任(正职);一个班级可以有多个学生,而一个学生只属于一个班级;一个学生可以选多门课程,而一门课程可以被多个学生选修。

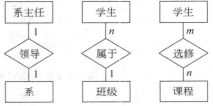

图 3.9　实体集之间的联系

需要注意的是,联系本身也是一种实体型,也可以有属性。如果一个联系具有属性,则这种属性也要用无向边与该联系连接起来。例如,假设学生选修了某门课程之后,需要参加考试,成绩合格才能获得学分,因此,学生实体与课程实体之间具有考试联系,且该联系有一个成绩属性,如图 3.10 所示。

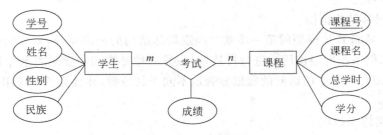

图 3.10　考试联系的属性

除了两个实体之间可能具有联系,多个实体之间或同一实体内部也可能发生联系,如图 3.11、图 3.12 所示。

综上所述,不难看出 E-R 模型是数据库设计人员与用户进行交互的最有效工具。用 E-R 模型来描述概念模型非常接近人的思维,容易被人们所理解,而且 E-R 模型与具体的计算机系统无关,易被不具有计算机知识的最终用户所接受。

3.3.3　采用 E-R 方法的数据库概念结构设计

利用 E-R 方法进行数据库的概念模型设计,可以分 3 步进行。首先设计局部 E-R 模型,然后把各局部 E-R 模型综合成一个全局 E-R 模型,最后对全局 E-R 模型进行优化,得到

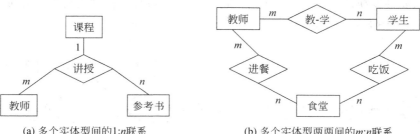

图 3.11　多个实体间的联系

图 3.12　同一实体内部的联系

最终的 E-R 模型,即概念模型。

1. 设计局部 E-R 模型

每个数据库系统都是为多个不同用户服务的。各个用户对数据的观点可能不一样,信息处理需求也可能不同。

1)确定局部结构范围

设计各个局部 E-R 模型的第一步就是确定局部结构的范围划分,划分的方式一般有两种。一种是依据系统的当前用户进行自然划分;另一种是按用户要求将数据库提供的服务归纳成几类,使每一类应用访问的数据显著地不同于其他类,并且为每类应用设计一个局部 E-R 模型。

2)定义实体和属性

每个局部结构都包括一些实体类型。实体定义的任务就是从信息需求和局部范围定义出发,确定每个实体类型的属性和键。

现实世界中的实体与属性并没有严格的限定,即有些事物既可以作为实体,又可以作为属性。

确定实体与属性的两条准则:

(1)属性是不可再分的数据项,属性不可以再有属性;

(2)属性不能与其他实体发生联系,联系只能存在于实体与实体之间。

例如,职工(职工号,姓名,年龄,职称),其中的职称如果与工资、住房和福利挂勾(即有联系),则应该单独作为实体,而职工与职称间构成联系,如图 3.13 所示。

3)确定实体集之间的联系

确定实体集之间联系的一种方式是依据需求分析的结果,考察局部结构中实体型之间

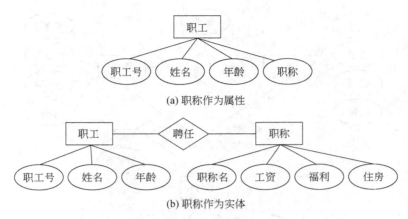

(a) 职称作为属性

(b) 职称作为实体

图 3.13 确定实体与属性

是否存在关系。

对于局部结构中任意两个实体集之间的联系，比较容易确定和表示。而对于 $n(n>2)$ 个实体集间的联系是否需要转换成实体间的两两联系呢？例如，根据需求分析的结果，教师、课程、学生实体集之间具有一个三元联系"上课"，如图 3.14 所示。

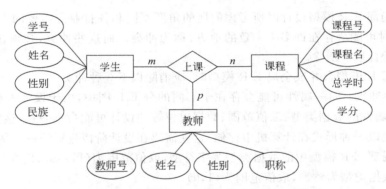

图 3.14 教师、课程、学生实体集之间的三元联系

考虑一下，能否将上述的"上课"联系转换成如图 3.15 所示的教师、课程、学生之间的两两联系呢？答案是否定的。因为在图 3.15 所示的 E-R 模型中，只能看到如下信息：某位老师在什么时间和教室教授了哪几门课程；某个学生参加了哪几门课程的考试，成绩如何；某个学生修读了哪几个老师教授的课程。但是，却不能回答某个学生在学习某门课时的任课教师是谁，而此问题在图 3.14 所示的 E-R 模型中是可以回答的。可见，3 个实体集之间的三元联系不能用实体集间的两两联系来代替。这个结论可以推广为 n 个实体集之间的 n 元联系不能用 n 个实体集间的两两联系来代替。

2. 设计全局 E-R 模型

所有局部 E-R 模型设计好之后，就需要把它们综合成单一的全局概念结构。全局概念结构不仅要支持所有的局部 E-R 模型，还必须合理地表示一个完整、一致的数据库概念结构。全局 E-R 模型的设计过程如下：

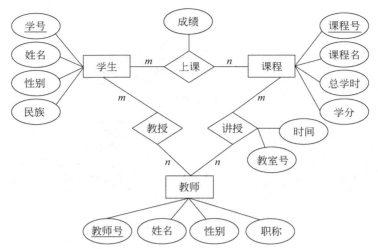

图 3.15　教师、课程、学生实体集及相互间的联系

（1）确定公共实体类型。

（2）局部 E-R 模型的合并。

（3）消除冲突。

由于各局部 E-R 模型设计时所考虑问题的角度不同和各自业务需要的不同，合并各局部 E-R 模型时可能会存在许多不一致的地方，称为冲突。而这些冲突，必须在合并局部 E-R 模型时进行合理的消除。

将局部 E-R 模型合并成全局 E-R 模型时，应消除以下 3 种冲突。

（1）属性冲突：同一属性可能会存在于不同的分 E-R 图中，由于设计人员不同或是出发点不同，对属性的数据类型、取值范围、数据单位等的设计可能会不一致，这些属性对应的数据将来只能以一种形式在计算机中存储，这就需要在设计阶段进行统一。例如，学生的性别在某一个局部 E-R 模型中的数据类型为字符型，取值范围为（男，女）；而在另一个局部 E-R 模型中的数据类型为整型，取值范围为（1，0）。

属性冲突问题可通过统一规范的工程化管理来解决。

（2）命名冲突：相同意义的属性，在不同的分 E-R 图上有着不同的命名，即异名同义；或是名称相同的属性在不同的分 E-R 图中代表着不同的意义，即同名异义。这些也要进行统一。

（3）结构冲突：同一对象在不同应用中具有不同的抽象，在某一局部应用中被当作实体，而在另一局部应用中则被当作属性，或同一实体在不同局部 E-R 图中所包含的属性个数不同。造成这些问题的原因是各局部应用所关心的侧重点不同，解决的办法是取各分 E-R 图中实体属性的并集。

3．全局 E-R 模型的优化

一个好的全局 E-R 模型，除能准确、全面地反映用户功能的需求外，还应满足下列条件：实体类型的个数尽可能少；实体类型所含属性个数尽可能少；实体类型间的关系无冗余。但是，这些条件不是绝对的，要视具体的信息需求与处理需求而定，以下是几个优化原则。

（1）实体类型的合并。

（2）冗余属性的消除。

（3）冗余关系的消除。

对于具有 1：1 联系的，且有相同码的两个实体集可以合并，以减少实体集的个数；另外，有些实体集中的属性，可能是冗余数据，需要进行适当的取舍。所谓冗余数据，是指在不同实体集中重复存在的，或在同一实体集中可以由其他属性值计算得到的数据。冗余数据一方面加大了工作量，浪费了存储空间；另一方面，又有可能造成数据的不一致性，破坏数据的完整性。但并不是所有的数据冗余都必须被消除，所有能合并的实体集都要被合并，有时，为了工作的方便或工作效率的提高，要保持适当的数据冗余和合理的实体集分解。

如图 3.16 所示，由于 Q_3 可以由 Q_2 和 Q_1 得到，故 Q_3 多余，同时“使用”联系也可以由“构成”和“消耗”传递表达，故“使用”多余，可以去掉该联系及其属性。另外，实体中的派生属性也是冗余属性，应去掉。

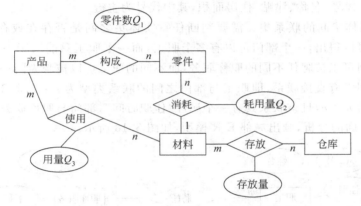

图 3.16　全局 E-R 模型的优化

综上所述，可将全局 E-R 模型的设计总结为如图 3.17 所示的过程。

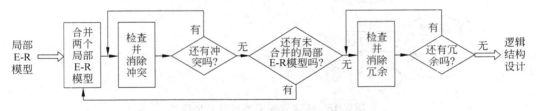

图 3.17　全局 E-R 模型的设计过程

3.3.4　E-R 模型设计实例

下面以一个企业的职工信息管理系统为例，说明 E-R 模型的设计过程。

某企业为加强信息化管理，准备设计与开发一个管理信息系统。通过调查分析得出，该管理系统涉及 3 个部门的业务：人事处管理职工的基本信息、职称职务信息和所在部门信息；财务处管理职工的工资情况；科研处管理科研项目和职工参加项目的情况。职工的基本信息主要包括职工号、姓名、性别、年龄等；职称职务信息主要包括代号、名称、津贴、住房面积等；部门信息主要包括部门号、部门名、电话、负责人等；职工的工资情况主要包括工资号、补贴、保险、基本工资、实发工资等；科研项目信息主要包括项目号、项目名称、起始日期、鉴定日期等。

那么,根据以上信息需求分析的结果,按照 E-R 模型设计的步骤,第一步是要确定局部应用范围,设计局部 E-R 模型。

(1)确定局部应用范围。本例中初步决定按照不同的职能部门划分不同的应用范围,即分为 3 个子系统:人事管理子系统、工资管理子系统和项目管理子系统。下面以人事管理子系统为例,说明设计局部 E-R 模型的一般过程。

(2)定义实体集及其属性。在人事管理子系统中,需要对职工、部门、职称职务进行管理,所以需要确定相应的 3 个实体集及其属性。

职工:职工号、姓名、性别、年龄,其中职工号为主键。

部门:部门号、部门名、电话、负责人,其中部门号为主键。

职称职务:代号、名称、津贴、住房面积,其中代号为主键。

(3)确定实体集间的联系集。需要判断任意实体集之间是否存在或存在着怎样的联系。通过分析可以得出,一个部门可以有多个职工,而一个职工只能属于一个部门;一个职工在不同的时间可以被聘任不同的职称职务,而不同的职工可以被聘为同一职称职务;部门与职称职务之间没有直接联系,即职工与部门之间的联系类型为 $n:1$;职工与职称职务之间的联系类型为 $m:n$,且该联系具有一个属性"任职时间";部门与职称职务之间没有联系。

(4)根据上面的分析,画出局部 E-R 模型,如图 3.18 所示。

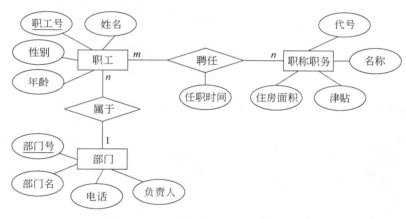

图 3.18　人事管理子系统的 E-R 模型

按照以上的步骤,可以得到工资管理子系统和项目管理子系统的 E-R 模型,如图 3.19、图 3.20 所示。

在现实世界中,有些实体的存在必须依赖于其他实体,这样的实体称为弱实体,用双线矩形框表示。例如,单元住宅与建筑物之间存在着依赖关系,单元住宅的存在依赖于建筑物的存在,因此单元住宅是弱实体。与弱实体的联系,称为弱联系,用双线菱形框表示。

在工资管理子系统中,职工的工资与职工存在着依赖关系,且一个职工只能享有一份工资,因此,"工资"实体为弱实体,"享有"联系为弱联系。

第二步是要将上面的局部 E-R 模型合并,形成全局初步的 E-R 模型。

(1)确定公共实体类型。在上面的 3 个局部 E-R 模型中,有一个公共实体类型为"职工"。

(2)局部 E-R 模型的合并。

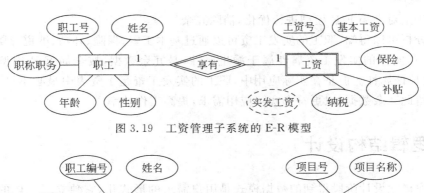

图 3.19 工资管理子系统的 E-R 模型

图 3.20 项目管理子系统的 E-R 模型

（3）消除冲突。在人事管理子系统中职工实体的职工号属性与项目管理子系统中职工实体的职工编号属性，是异名同义，属于命名冲突，需要消除此冲突。通过协商，将职工的该属性统一为职工号。

在人事管理子系统中职称职务抽象为实体集，而在工资管理子系统和项目管理子系统中职称职务抽象为属性，发生了结构冲突，因此需要消除此冲突。根据具体情况分析，将职称职务抽象为实体集更符合实际需求，也就是将工资管理子系统和项目管理子系统中职工实体集的职称职务属性去掉。

合并后形成的全局初步的 E-R 模型如图 3.21 所示。

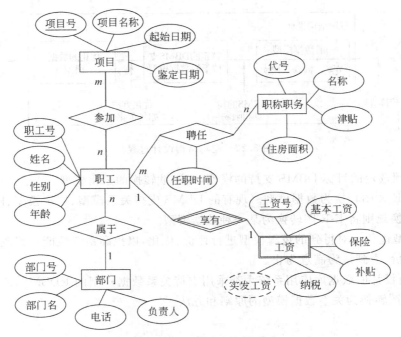

图 3.21 全局 E-R 模型

第三步是对全局 E-R 模型进行优化,消除冗余。

通过分析可以得知,职工的实发工资可以通过基本工资、保险、补贴、纳税等属性计算得出,因此工资实体的实发工资属性属于派生属性,是冗余数据,按全局 E-R 模型的优化原则,应该去掉该属性。但是在实际应用中,职工的实发工资是工资表中最必不可少的一项,因此可保留此冗余数据,以更符合实际应用需求,提高工作效率。

3.4　逻辑结构设计

数据库概念设计阶段得到的数据模式是用户需求的形式化,它独立于具体的计算机系统和 DBMS。为了建立用户所要求的数据库,必须把上述数据模式转换成某个具体的 DBMS 所支持的概念模式,并以此为基础建立相应的外模式,这是数据库逻辑设计的任务,是数据库结构设计的重要阶段。

逻辑设计的主要目标是产生具体 DBMS 可处理的数据模型和数据库模式。该模型必须满足数据库的存取、一致性及运行等各方面的用户需求。

3.4.1　逻辑结构设计的步骤

逻辑结构设计的主要任务是将概念数据模型转换成目标 DBMS 所支持的数据模型;开发目标 DBMS 下的数据库模式和子模式,即使用选定的 DBMS 的数据定义语言来描述数据模型;同时与应用程序设计活动相作用,给出应用程序的设计指南。

按照逻辑结构设计的任务,将数据库的逻辑结构设计过程大体分为以下 3 步,如图 3.22 所示。

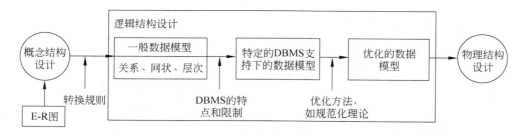

图 3.22　逻辑结构设计过程

(1) 依照选定的目标 DBMS 支持的模型,确定欲转换的逻辑模型。

(2) 将 E-R 图转换为数据模型。现有的 DBMS 支持关系模型、层次模型、网状模型,要按不同的转换规则将 E-R 图转换为某一种数据模型。

(3) 模型优化。对得到的逻辑模型进行评价、优化,以提高系统性能。修改后的模型要重新进行评价,直到认为满意为止。

目前,新设计的数据库应用系统大都采用支持关系数据模型的 RDBMS,所以在本书中仅介绍 E-R 图转换为关系数据模型的原则和方法。

3.4.2 E-R 模型向关系数据模型的转换

E-R 模型向关系数据模型转换要解决的问题是如何将实体型和实体间的联系转换为关系模式,如何确定这些关系模式的属性和键。下面就以图 3.21 所示的职工信息管理系统的全局 E-R 模型为例,说明全局 E-R 模型转换成初始关系数据模型的规则。

1. 全局 E-R 模型转换成初始关系数据模型的规则

(1) E-R 模型中的每个常规实体集,可以转换成一个关系模式。该关系模式的属性由实体集的各个属性组成,实体集的主键即为关系模式的主键。

实体职工、部门、职称职务、工资、项目转换成的关系模式如下:

职工(职工号,姓名,性别,年龄),其中职工号为主键。

部门(部门号,部门名,电话,负责人),其中部门号为主键。

职称职务(代号,名称,津贴,住房面积),其中代号为主键。

项目(项目号,项目名称,起始日期,鉴定日期),其中项目号为主键。

(2) E-R 模型中的每个弱实体集,也可以转换成一个关系模式。该关系模式的属性由该弱实体的各个属性及该弱实体所依赖的实体集的主键组成。利用这种方法,弱实体集与其所依赖的实体集之间的联系已经包含在转换后的关系模式中了。

E-R 模型中的弱实体集工资及其与职工实体集的享有联系转换后形成的关系模式如下:

工资(职工号,工资号,基本工资,补贴,保险,实发工资),其中职工号和工资号共同作为主键。

(3) E-R 模型中的每个联系,可以转换成一个关系模式。该关系模式的属性由与该联系相连的各实体集的主键和联系自身的属性组成,但是该关系模式的主键则要视 1:1、1:n 和 $m:n$ 这 3 种不同的情况做不同的处理。

① 如果联系是 1:1 的,则与该联系相连的各实体集的键均可作为关系模式的主键。

② 如果联系是 1:n 的,则关系模式的主键应是 n 端实体集的主键。

③ 如果联系是 $m:n$ 的,则关系模式的主键由与该联系相连的各实体集的主键组合而成。

由聘任、属于、参加联系转换成的关系模式如下:

聘任(职工号,代号,任职时间),其中职工号和代号共同作为主键。

属于(职工号,部门号),其中职工号为主键。

参加(职工号,项目号),其中职工号和项目号共同作为主键。

(4) 3 个或 3 个以上实体间的一个多元联系,也可转换为一个关系模式。该关系模式的属性由与该多元联系相连的各实体的主键以及联系自身的属性组成,关系模式的主键为各实体主键的组合。

2. 转换得到的关系模式

经过上面的转换,图 3.21 所示的职工信息管理系统的全局 E-R 模型总共转换出了 8 个关系模式:

职工(职工号,姓名,性别,年龄)

部门(部门号,部门名,电话,负责人)

职称职务(代号,名称,津贴,住房面积)

项目(项目号,项目名称,起始日期,鉴定日期)

工资(职工号,工资号,基本工资,补贴,保险,实发工资)

聘任(职工号,代号,任职时间)

属于(职工号,部门号)

参加(职工号,项目号)

3.4.3 关系数据模型的优化

现阶段由概念模型到逻辑模型的过程通常就是将 E-R 图转换为关系模式,而经过这一转换过程之后得到的一组关系模式未必是最"好"的,还需要进一步的优化。

关系模式的优化应该从以下几方面实施。

1. 对关系模式进行必要的合并

对具有关联的关系模式进行合并,通常这类关系模式会经常被查询而频繁地进行连接运算,从而降低查询的效率,合并后的关系模式可能会带来冗余(存在部分依赖或传递依赖),但这样做还是值得的。在实际应用中,通常是将具有相同主键的关系模式合并。

例如,关系模式职工(职工号,姓名,性别,年龄)与关系模式属于(职工号,部门号)具有相同主键,可以将它们合并为以下关系模式:

职工(职工号,姓名,性别,年龄,部门号)

2. 关系模式规范化

规范化的目的在于解决更新异常和数据冗余,应该分解关系模式使其达到 3NF 或 BCNF,对于存在多值依赖的关系模式应达到 4NF。

经过分析,上面实例中的关系模式经过合并优化后得到的 7 个关系模式都达到了 3NF,因此不再需要进行规范化处理。

3. 进行合理的分解,但不是为了达到更高范式

1) 水平分解

水平分解是把(基本)关系的元组分为若干子集合,定义每个子集合为一个子关系(相同结构的关系模式,但名称不同),以提高系统的效率。

为什么要进行水平分解呢?

数据使用中的"80/20 原则",即一个关系中只有 20% 的数据会被经常使用,将这些数据单独存储于高速存储设备(高速硬盘)上,可以从总体上提高访问效率。另外,并发事务经常存取不相交的数据,这些事务(对数据的访问操作)通常是由对等的平级用户来执行的。例如,各部门的管理员,他们只会(也只允许)访问自己部门的职工数据,不会访问其他部门的,将职工数据按不同的部门分别建立不同的关系分开存储,可以提高并发性。

2）垂直分解

垂直分解是把关系模式 R 的属性分解为若干子集合，形成若干关系模式。垂直分解的原则是把经常在一起使用的属性从 R 中分解出来形成一个关系模式。

垂直分解一方面可以提高那些经常对该关系模式进行访问的事务的执行效率，而另一方面会使另一些事务不得不执行连接操作，从而降低其执行效率。因此，在进行垂直分解时应从所有事务执行的总效率出发考虑分解的必要性，而且垂直分解必须不损失关系模式的语义，即保持无损连接性和保持函数依赖。

3.5 物理结构设计

数据库在物理设备上的存储结构与存取方法称为数据库的物理结构，它依赖于给定的计算机系统。为一个给定的逻辑数据模型选取一个最适合应用环境的物理结构的过程，也就是确定在物理设备上能有效地实现一个逻辑数据模型所必须采取的存储结构和存取方法，然后对该存储模式进行性能评价和修改设计，经过多次反复，最后得到一个性能较好的存储模式，就是数据库的物理结构设计。

数据库物理结构设计的主要目标是提高数据库的性能和节省存储量。在这两个目标中，提高数据库性能更为重要，因为在目前的大多数数据库系统中，性能仍然是主要的薄弱环节，也是用户最关切的问题。

3.5.1 物理结构设计的步骤

一般来说，物理结构设计就是根据满足用户信息需求的已确定的逻辑数据库结构研制出有效的、可实现的物理数据库结构的过程。物理结构设计通常包括满足某些操作约束，如存储空间的限制和响应时间的要求等。

数据库的物理结构设计与具体的 DBMS 有关，主要包括物理数据库结构设计的三方面内容和涉及约束以及程序设计的两方面内容。

1．确定记录的存储格式

数据库中每个记录数据项的类型和长度要根据用户要求及数据值的特点来确定。一般 DBMS 提供多种数据类型可以进行选择。

2．选择文件的存储结构

文件存储结构的选择与对文件进行的处理有关。对需要成批处理的数据文件，可选用顺序存储结构；而对于那些经常需要随机查询某一记录的数据文件，则选用散列结构比较合适。

3．决定存取路径

一个文件的记录之间及不同文件的记录之间都存在着一定的联系。因此，对于一个记录的存取可根据应用的不同而选择不同的存取路径，以提高处理效率。物理结构设计的任务之一就是要确定和建立这些存取路径。

在关系数据库系统中,可通过建立索引来提供不同的存取路径。需要在哪些属性上建立索引,索引的键是单属性还是属性的组合,这些都是设计中需要解决的问题。

- 如果一个(或一组)属性经常在查询条件中出现,则可考虑在这个(或这组)属性上建立索引(或组合索引)。
- 如果一个属性经常作为最大值和最小值等聚集函数的参数,则可考虑在这个属性上建立索引。
- 如果一个(或一组)属性经常在连接操作的连接条件中出现,则可考虑在这个(或这组)属性上建立索引。

当然索引也不是越多越好,系统为维护索引需要付出代价,查找索引也要付出代价。例如,若一个关系的更新频率很高,则这个关系上定义的索引数不能太多,因为更新一个关系时,必须对这个关系上的索引也做相应的修改。

4. 完整性和安全性

数据库在物理结构设计时,同样必须在系统的完整性、安全性等方面进行分析,并产生多种方案。

5. 程序设计

逻辑数据库结构确定以后,就可以开始应用程序的设计了。从理论上说,数据库的物理数据独立性的目的是消除由于物理结构设计决策的变化而引起的对应用程序的修改。但是,当物理数据独立性未得到保证时,可能会发生对程序的修改。

3.5.2 物理结构设计的性能评价

在物理结构设计过程中,不能把单个性能的优劣作为唯一评价标准,而要对一组性能进行评价,必须对时间、空间、效率、维护开销和各种用户要求进行权衡。多性能测量使设计者能灵活地对初始设计过程和未来的修正做出决策。假设数据库性能用"开销(Cost)"来描述,不同开销可用时间、空间及可能的货币值给出。在数据库应用系统生存期中,总的开销包括规划开销、设计开销、实施和测试开销、操作开销、运行维护开销等。

对物理结构设计者来说主要考虑操作开销,即为用户获得及时、准确的数据所需的开销和计算机资源的开销,可分为以下几类。

1. 查询和响应时间

响应时间定义为从查询开始到查询结果开始显示之间所经历的时间,包括 CPU 服务时间、CPU 队列等待时间、I/O 服务时间、I/O 队列等待时间、封锁延迟时间和通信延迟时间。

2. 更新事务的开销

应用程序的执行是划分为若干比较小的独立的程序段,这些程序段称为事务。事务的开销是用从事务的开始到完成这段时间来度量的。

3. 报告生成的开销

报告生成是一种特殊形式的查询检索，它花费的时间和查询、更新是一样的，都是从数据输入的结束到数据显示的开始这段时间，主要包括检索、重组、排序和结果显示。

4. 主存储空间开销

主存储空间开销包括程序和数据所占有的空间，数据库设计者可以对缓冲区分别做适当的控制，包括缓冲区的个数和大小。

5. 辅助存储空间

辅助存储空间分为数据块和检索块两种，块中的开销包括标志、计数、指针和自由空间等。设计者可以控制的是索引块的大小、装载因子、指针选择项和数据冗余等。

物理结构设计的结果是物理结构设计说明书，包括存储记录格式、存储记录位置分布及存取方法，并给出对硬件和软件系统的约束。

3.6 数据库实施

对数据库的物理结构设计步骤初步评价完成后，就可以建立数据库了。在这一阶段，设计人员运用DBMS提供的数据定义语言，将逻辑设计和物理设计的结果严格地描述出来，成为DBMS可接受的源代码，经过调试产生目标模式，然后组织数据入库。

根据逻辑设计和物理设计的结果，在计算机上建立起实际的数据库结构、装入数据、调试和运行的过程称为数据库实施。该阶段的主要工作如下：

1. 建立实际数据库结构

用DBMS提供的数据定义语言编写描述逻辑设计和物理设计结果的程序，经计算机编译处理和执行后，即建立了实际的数据库结构。

2. 试运行

数据库结构建立好后，应装入试验数据，进入数据库的试运行阶段。该阶段的主要工作是实际运行应用程序，执行对数据库的各种操作，测试应用程序的功能；测量系统的各项性能指标，检查对空间的占用情况，分析是否符合设计目标。

3. 装入实际数据并建立实际的数据库

向数据库中装入数据又称为数据库加载。在加载之前要对数据做严格的检验和整理，并建立严格的数据登录和校验规范，设计出完善的数据检验和校正程序，尽可能在加载之前把不合格的数据排除掉。然后，通过系统提供的工具程序或自编的专门装入程序将数据装入数据库。在数据库加载过程中，还必须做好数据库的转储和恢复工作。

3.7 数据库运行和维护

数据库正式投入运行标志着数据库运行与维护工作的开始,但并不标志着数据库设计工作的结束。数据库维护工作不仅是维持其正常运行,而且是设计工作的继续和提高。

数据库运行维护阶段的主要工作如下:

1. 维护数据库的安全性与完整性及系统的转储和恢复

按照系统提供的安全规范和故障恢复规范,经常核查系统安全性是否受到侵犯,及时调整授权和密码,实施系统转储与备份,发生故障后及时恢复。

2. 性能的监督、分析与改进

利用系统提供的性能分析工具,经常对数据库的存储空间及响应时间进行分析、评价,并结合用户意见确定改进措施,实施重新构造或重新格式化。

3. 增加新功能

根据用户的意见,在不损害原系统功能和性能的情况下,对原有功能进行扩充。

4. 发现错误,修改错误

及时发现系统运行中出现的错误,并修改错误,保证系统正常运行。

3.8 练习题

1. 在需求分析阶段,通过调查要从用户处获得对数据库的_____。
    A. 输入需求和输出需求   B. 信息需求和处理需求
    C. 存储需求和结构需求   D. 信息需求和结构需求

2. 在 E-R 模型中,如果有 5 个不同的实体集,7 个不同的二元联系,其中两个 $1:N$ 联系,两个 $1:1$ 联系,3 个 $M:N$ 联系,根据 E-R 模型转换成关系模型的规则,转换成关系的数目是_____。
    A. 5   B. 7   C. 8   D. 12

3. 在数据库设计中,将 E-R 图转换成关系数据模型的过程属于_____。
    A. 需求分析阶段   B. 逻辑结构设计阶段
    C. 概念结构设计阶段   D. 物理结构设计阶段

4. 供应商可以给某个工程提供多种材料,同一种材料也可以由不同的供应商提供,从材料到供应商之间的联系类型是_____。
    A. 多对多   B. 一对一   C. 多对一   D. 一对多

5. 以下 4 项中,不包括在数据库维护工作中的是_____。
    A. 故障维护   B. 设计关系模型

    C. 定期维护   D. 日常维护

6. 在关系数据库设计中,设计关系模式是数据库设计中_____阶段的任务。

    A. 需求分析阶段   B. 概念结构设计阶段

    C. 逻辑结构设计阶段   D. 物理结构设计阶段

7. 实体 E_1 和 E_2 之间是多对多联系,在数据库逻辑结构设计时把这个联系转换为一个关系,则这个关系的码应该是_____。

    A. E_1 的码   B. E_2 的码

    C. E_1 或 E_2 的码   D. E_1 与 E_2 码的组合

8. 数据库设计人员和用户之间沟通信息的桥梁是_____。

    A. 程序流程图   B. 实体联系图   C. 模块结构图   D. 数据结构图

9. 简述数据库的设计步骤。

10. 什么是弱实体?举例说明。

11. 设某汽车运输公司数据库中有 3 个实体集:一是"车队"实体集,属性有车队号、车队名等;二是"车辆"实体集,属性有牌照号、厂家、出厂日期等;三是"司机"实体集,属性有司机编号、姓名、电话等。

设车队与司机之间存在"聘用"联系,每个车队可聘用若干司机,但每个司机只能应聘于一个车队,车队聘用司机有个聘期;车队与车辆之间存在"拥有"联系,每个车队可拥有若干车辆,但每辆车只能属于一个车队;司机与车辆之间存在"使用"联系,司机使用车辆有使用日期和公里数两个属性,每个司机可使用多辆汽车,每辆汽车可以被多个司机使用。

(1) 试画出 E-R 图,并在图上注明属性、联系的类型。

(2) 将 E-R 图转换成关系模式集,并指出每个关系模式的主键和外键。

12. 设某商业集团数据库中有 3 个实体集:一是"仓库"实体集,属性有仓库号、仓库名和地址等;二是"商店"实体集,属性有商店号、商店名、地址等;三是"商品"实体集,属性有商品号、商品名、单价等。

设仓库与商品之间存在"库存"联系,每个仓库可存储若干种商品,每种商品存储在若干仓库中,每个仓库每存储一种商品有个日期及存储量;商店与商品之间存在"销售"联系,每个商店可销售若干种商品,每种商品可在若干商店里销售,每个商店销售一种商品有月份和月销售量两个属性;仓库、商店、商品之间存在"供应"联系,有月份和月供应量两个属性。

(1) 试画出 E-R 图,并在图上注明属性、联系的类型。

(2) 将 E-R 图转换成关系模式集,并指出每个关系模式的主键和外键。

13. 某医院病房计算机管理中需要以下信息。

科室:科名、科地址、科电话、医生姓名;

病房:病房号、床位号、所属科室名;

医生:姓名、职称、所属科室名、年龄、工作证号;

病人:病历号、姓名、性别、诊断、主管医生、病房号。

其中,一个科室有多个病房、多个医生,一个病房只能属于一个科室,一个医生只属于一个科室,但可负责多个病人的诊治,一个病人的主管医生只有一个。

(1) 试画出 E-R 图,并在图上注明属性、联系的类型。

(2) 将 E-R 图转换成关系模式集,并指出每个关系模式的主键和外键。

第4章 安装Oracle

Oracle 数据库服务器必须正确地安装在操作系统上并进行相关配置后才能使用,本章以 Windows 操作系统为例,讲解 Oracle 数据库服务器的安装和配置。

本章将主要讲解以下内容:

- 安装 Oracle 数据库服务器。
- 数据字典。

4.1 准备工作

4.1.1 了解硬件需求

相对于其他的数据库产品,Oracle 对计算机的硬件要求比较高,表 4.1 列出了在 Windows 操作系统下安装 Oracle 服务器的基本硬件需求。

表 4.1 Windows 操作系统下安装 Oracle 服务器的硬件需求

需　　　求	说　　　明
物理内存	至少 1GB,如果是 Windows 7 则至少需要 2GB
虚拟内存	物理内存的 2 倍
磁盘空间	典型安装至少需要 5.35GB
屏幕分辨率	至少 1024×768

4.1.2 获取 Oracle 数据库及帮助文档

1. 获取 Oracle 数据库

可以到 Oracle 的官方网站上下载 Oracle 数据库,网址是 http://www.oracle.com/technetwork/database/enterprise-edition/downloads/index.html,目前最新的版本是 Oracle Database 11g Release 2,如图 4.1 所示。

可以直接单击图 4.1 的链接进行下载,本书使用的是用于 32 位 Windows 操作系统的 Oracle Database 11g Release 2,它共有两个文件,即 win32_11gR2_database_1of2.zip 和 win32_11gR2_database_2of2.zip,要将它们全部下载下来。

还可以单击See All 链接,进入 Oracle Database 11g R2 for Windows(32bit)下载页面,如图 4.2 所示。

图 4.1　Oracle 数据库的下载页面

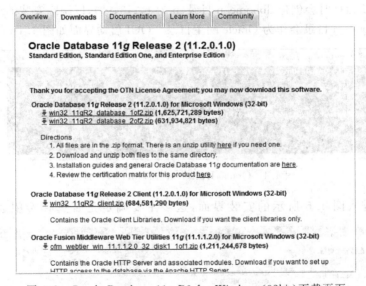

图 4.2　Oracle Database 11g R2 for Windows(32bit)下载页面

在图 4.2 所示的界面中还可以下载 Oracle 数据库的其他相关产品,如 Oracle 客户端、示例等。

2. 获取帮助文档

Oracle 官方提供了产品的帮助文档,这些文档对于初学者是很有帮助的,可以在 Oracle 的网站上免费下载这些帮助文档。单击图 4.2 中的 Documentation 页,Oracle 提供了两种帮助方式,如图 4.3 所示。一种是在线查看帮助文档的方式(即 View Library),另外一种是全下载方式(即 Download),读者可以根据自己的情况选择。

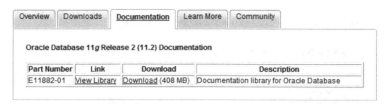

图 4.3　Oracle Database 11g R2 帮助文档获取页面

4.2　安装步骤

在准备好相应的软件和硬件之后，就可以安装 Oracle 了，安装步骤如下：

（1）将上面下载的两个压缩包解压到同一目录下，单击 setup.exe ，开始安装，首先会启动 Oracle Universal Installer(OUI,Oracle 通用安装包)。OUI 是一个用 Java 语言编写的图形用户接口，因此它在所有操作系统平台上的效果基本是相同的，可以进行静默安装或使用响应文件进行安装。OUI 运行时会创建 dbhome_n 目录(n 为 1,2,3,…)，以跟踪安装的组件。默认情况下，创建的 dbhome_n 目录会作为 Oracle 的主目录。OUI 启动界面如图 4.4 所示。

图 4.4　Oracle Universal Installer 启动界面

（2）接着进入图 4.5 所示的安装界面，这步主要确定是否选择希望通过 My Oracle

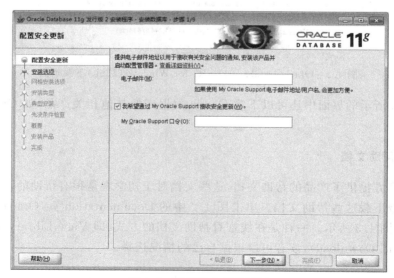

图 4.5　配置安全更新界面

Support 接受安全更新,可根据自己的情况选择,然后进入下一步。

（3）这步的工作是确定安装的选项,如图 4.6 所示,有 3 个选项。

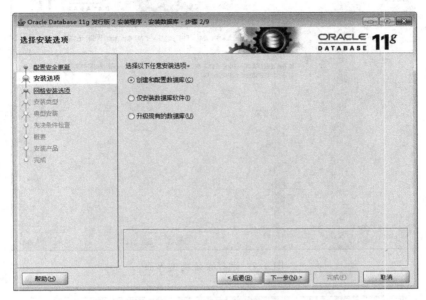

图 4.6　安装选项界面

① 创建和配置数据库：就是在安装数据库服务器的同时还会创建一个新的数据库。对于初学者,建议选择此项,这样可以简化数据库的创建操作。当然也可以只安装数据库服务器,然后使用 DBCA 或手工的方式创建数据库。

注意：数据库和数据库管理系统是两个容易混淆的概念。一个完整的数据库是由物理数据库系统和数据库管理系统两部分组成的。前者是指数据的集合,包括数据文件、控制文件等物理文件；而后者是物理数据库和数据库用户之间的中间层,即通常所说的数据库软件,是用来统一管理物理数据库的。

② 仅安装数据库软件：只安装数据库软件,不安装数据库。

③ 升级现有的数据库：对早期版本的 Oracle 数据库进行升级安装。

这里选择第一项：创建和配置数据库,然后进入下一步。

（4）这步的工作是根据用途来确定 Oracle 服务器的安装类型,如图 4.7 所示,有两个选项。

① 桌面类：如果要在桌面类系统中进行安装,那么可以选择此选项。此选项包括启动数据库并且允许使用最低配置,适用于希望快速启动并运行数据库的用户。

② 服务器类：如果要在服务器类系统（如在生产环境）中进行安装,选择此选项。此选项允许使用更多高级配置选项。使用此选项可获得的高级配置选项包括 Oracle RAC（Real Application Clusters,实时应用集群）、自动存储管理、备份和恢复配置等。大部分的用户应该选择此选项进行安装。

这里选择第二项：服务器类,然后进入下一步。

（5）这步的工作是确定数据库实例的安装类型,如图 4.8 所示,有两个选项。

① 单实例数据库安装：此选项将安装一个数据库实例和监听程序。

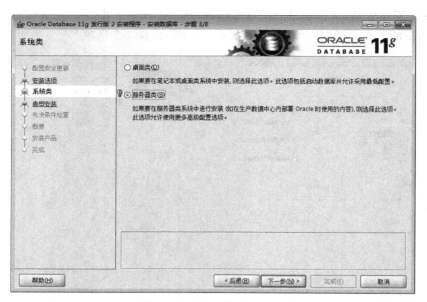

图 4.7　选择系统类型界面

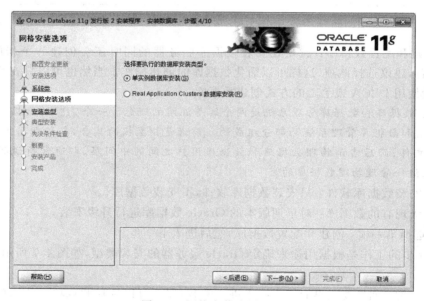

图 4.8　网格安装选项界面

② Real Application Clusters 数据库安装：此选项安装 Oracle RAC 和监听程序。

这里选择第一项：单实例数据库安装，然后进入下一步。

（6）这步的工作是确定数据库的安装模式，如图 4.9 所示，有两个选项。

① 典型安装：通过该选项安装可以使用最少输入快速地进行 Oracle 数据库的安装。

② 高级安装：如果用户不满足于 Oracle 数据库安装的默认设置，那么就可以使用高级安装，以进行一些用户自定义的设置。

高级安装包括典型安装的所有过程，因此这里选择第二项：高级安装，然后进入下一步。

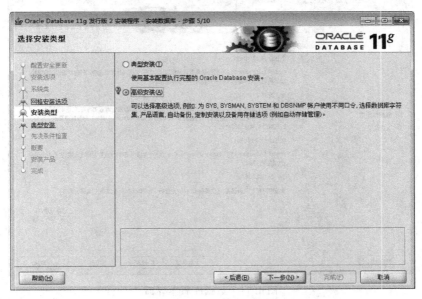

图 4.9 安装类型界面

（7）这步的工作是确定数据库所使用的语言，如图 4.10 所示，可以根据需求进行选择，对于中文系统而言，一般选择简体中文和英文两种。

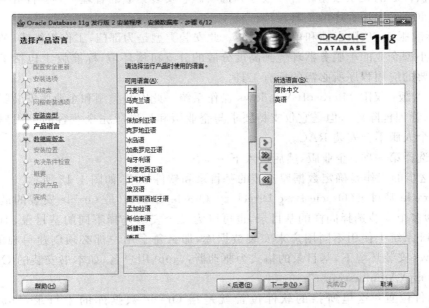

图 4.10 语言种类界面

（8）这步的工作是确定安装数据库的版本，如图 4.11 所示，有 4 个选项。

① 企业版：此安装类型是为企业级应用设计的。它设计用于关键任务和对安全性要求较高的联机事务处理（OLTP）和数据仓库环境。如果选择此安装类型，则会安装所有

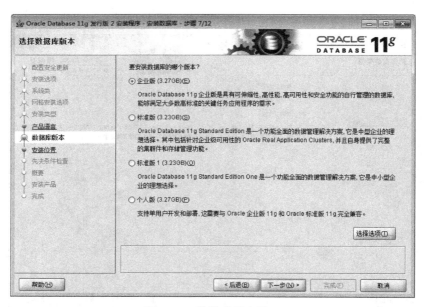

图 4.11　数据库版本界面

可单独许可的企业版选项。

② 标准版：此安装类型是为部门或工作组级应用设计的，也适用于中小型企业。它设计用于提供核心的关系数据库管理服务和选项。它安装集成的管理工具套件和用于生成对业务至关重要的应用程序的工具。

③ 标准版 1：仅限桌面和单实例安装。此安装类型是为部门、工作组级或 Web 应用设计的。从小型企业的单服务器环境到高度分散的分支机构环境，标准版 1 包括了生成对业务至关重要的应用程序所必需的所有工具。

④ 个人版：仅限 Microsoft Windows 操作系统。此安装类型和企业版安装类型安装相同的软件(管理包除外)，但是它仅支持要求与企业版和标准版完全兼容的单用户开发和部署环境。个人版不会安装 RAC。

这里选择第一项：企业版，然后进入下一步。

(9) 这步的工作是确定数据库安装的基目录和软件位置，如图 4.12 所示。

① Oracle 基目录(Oracle Base Directory,Oracle_Base)：是 Oracle 安装的最上层的目录，可以为多个安装选择同样的基目录，也可以为每个安装选择不同的基目录，但如果在同一个 Linux 系统上使用不同用户来安装数据库，那么每个用户都必须创建单独的基目录。在 Windows 安装环境下，基目录的格式为驱动器:\app\用户名，如本书安装的 Oracle 基目录是"G:\app\Administrator"。

② 软件位置：这里所指的软件位置就是指 Oracle 数据库的主目录(Oracle Home Directory,Oracle_Home)。主目录是安装特定 Oracle 数据库产品的目录，对应于 Oracle 数据库组件的运行环境，Oracle 服务器所有的可执行文件都存放在主目录中。Oracle 支持同时存在多个主目录，但是每个单独的 Oracle 数据库或者不同版本的 Oracle 数据库，都必须指定一个单独的主目录。主目录是以基目录为基础的，如果将主目录命名为 dbhome_1，那么它的位置应该是驱动器:\app\用户名\product\11.2.0\dbhome_1。

图 4.12 基目录和软件位置设置界面

Oracle 基目录和软件位置采用图 4.12 中的路径,然后进入下一步。

(10) 这步的工作是确定数据库的用途,如图 4.13 所示。

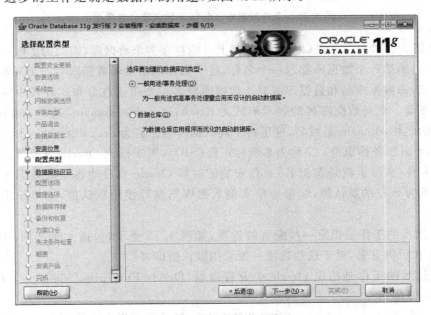

图 4.13 数据库的用途界面

① 一般用途/事务处理:此选项适用于大多数的数据库应用场合,主要包括大量并行用户快速访问数据和少量用户对复杂历史数据执行长时间的查询,并且可以大量恢复数据。

② 数据仓库:此选项适用于运行有关特定主题的复杂查询的数据库,对快速访问大量数据和联机分析处理此配置提供了最佳支持。

这里选择第一项：一般用途/事务处理，然后进入下一步。

（11）这步的工作是为数据库进行命名全局数据库名和服务标识符（SID），如图 4.14
所示。

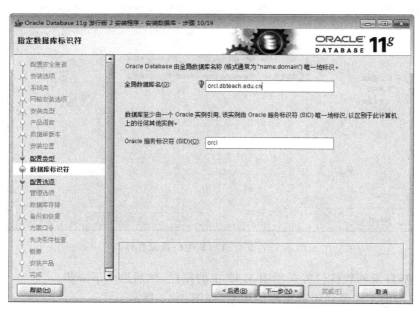

图 4.14　全局数据库名和服务标识符命名界面

① 全局数据库名：一个 Oracle 服务器上可能存在多个数据库，因此为了唯一地标识一
个数据库，必须给每个数据库都起一个名称，这个名称就是全局数据库名。全局数据库名由
两部分组成，即数据库名和数据库域名。数据库域名主要用于在分布式环境中区分不同的
Oracle 服务器。全局数据库名的表示形式为 database_name.domain，其中 database_name
是数据库的名称，domain 是域名，这里将全局数据库名命名为 orcl.dbteach.edu.cn。

② Oracle 服务标识符：又称为系统标识符（SID），用于标识 Oracle 服务器的一个数据
库实例的名称（实际上就是实例名）。在安装的时候 Oracle 会自动将全局数据库名中的数
据库名设置为 SID 的默认值，如果是单实例数据库则推荐使用默认值，这里采用的就是默
认值 orcl。

（12）这步的工作是指定一些配置的选项，如图 4.15 所示，包括 4 个选项：内存、字符
集、安全性和示例方案，对于这些选项一般采用默认值即可。

（13）这步的工作是指定 Oracle 企业管理器（Oracle Enterprise Manager，OEM）的界
面，如图 4.16 所示。

① Oracle Enterprise Manager Grid Control：提供集中界面来管理和监视环境中多个
主机上的多个目标，包括 Oracle 数据库的安装、应用程序服务器、Oracle Net 监听程序和
主机。

② Oracle Enterprise Manager Database Control：提供 Web 界面来管理单个 Oracle 数
据库的安装。它的管理功能与 Grid Control 的管理功能相同，但没有管理此系统或其他系
统上的其他目标的功能。

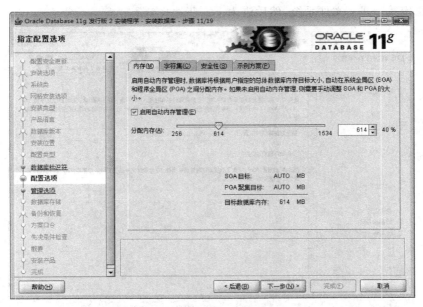

图 4.15 指定配置设置界面

图 4.16 管理选项设置界面

这里指定第二项：使用 Database Control 管理数据库，然后进入下一步。

（14）这步的工作是指定存储数据库文件的方法，如图 4.17 所示。

① 文件系统：如果是在普通的文件系统上存储数据库文件，则需要指定此选项。指定此选项后，Oracle 会把文件存放在文件系统的特定目录中。

② 自动存储管理：该选项表示由 Oracle 自动对存储空间进行管理，从而可以简化文件的管理，减轻 DBA 的负担。

这里指定第一项：文件系统，然后进入下一步。

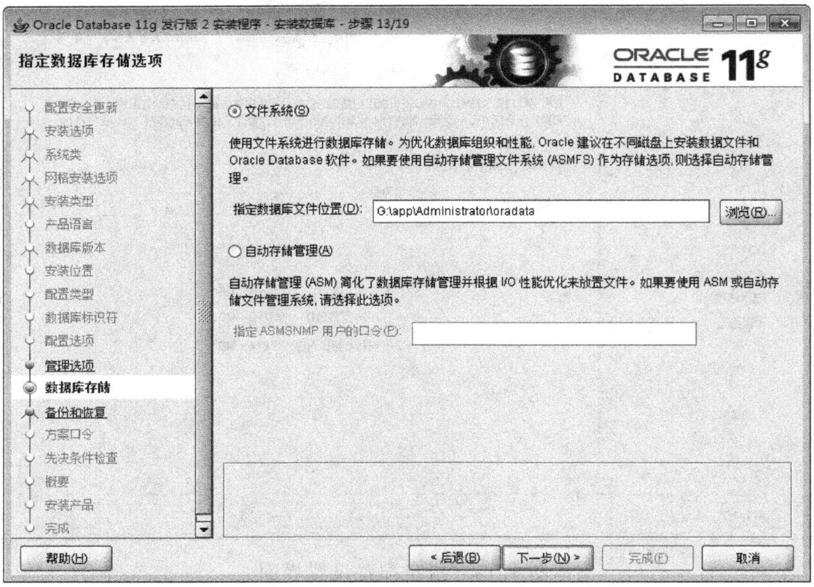

图 4.17   数据库存储选项设置界面

（15）这步的工作是指定是否要为数据库启用自动备份，如图 4.18 所示。

图 4.18   数据库备份设置界面

① 不启动自动备份：数据库不会自动备份数据。

② 启动自动备份：有两种方式，即文件系统和自动存储管理。对于文件系统，需要指定快速恢复区的位置；对于自动存储管理，需要指定操作的用户名和密码。

这里指定第一项：不启动自动备份，然后进入下一步。

（16）这步的工作是为各个账户设置密码，如图4.19所示。

设置密码时要满足以下条件：

① 密码的长度不能超过30个字符。

② 密码不能为空。

③ 用户名不能为口令。

Oracle推荐的密码规则：至少包含一个小写字母、一个大写字母和一个数字，长度至少为8个字符。

图4.19 账户密码设置界面

（17）进行先决条件的检查，如图4.20所示。

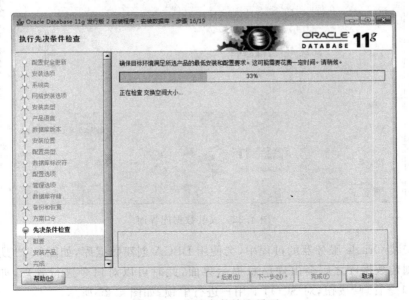

图4.20 先决条件检查界面

如果检查通过,则显示数据库安装的概要信息,如图 4.21 所示。

图 4.21　数据库概要信息界面

单击"完成"按钮,开始数据库的安装,如图 4.22 所示。

图 4.22　安装数据库界面

(18) 安装 Oracle 服务器的过程中,会使用 DBCA 创建数据库,如图 4.23 所示。

(19) 创建数据库之后会出现信息提示界面,此时可以对口令进行管理,如图 4.24 所示。单击"口令管理"按钮,对 SCOTT 用户进行解锁,如图 4.25 所示。

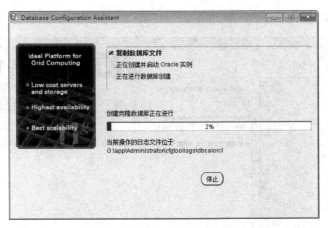

图 4.23 使用 DBCA 创建数据库

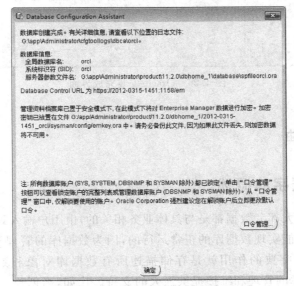

图 4.24 创建数据库后的信息提示界面

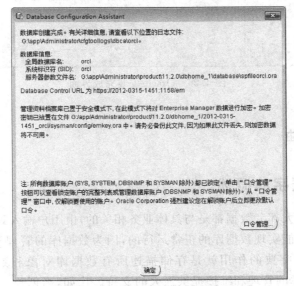

图 4.25 对 SCOTT 用户进行解锁

（20）最后安装完成，如图 4.26 所示。

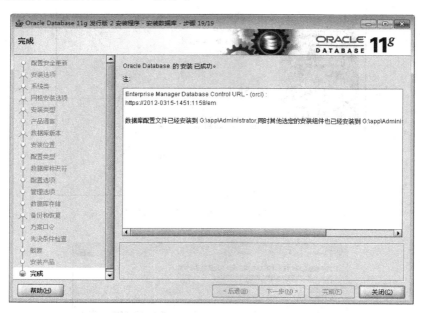

图 4.26　Oracle 安装完成界面

4.3　数据字典

4.3.1　数据字典概述

　　数据库中存储的大部分数据都是与具体业务相关的，由用户输入到数据库中的数据，但是仅有这些数据是不能实现数据库的正常运行的，因为数据库的管理和维护还需要其他很多重要的信息。数据字典的作用就是存储描述所有数据库对象和数据库本身的元数据（Metadata），为数据库的管理和维护提供强大的支持。比如，当创建一个表时，数据字典中会存储创建它的相关信息，如表的名称、创建时间、表的列名及列类型、表的拥有者、存储在哪个位置等。与表类似，当创建和使用其他对象时，数据字典都会存储相应的元数据，数据库系统会使用这些元数据来解析和执行 SQL 语句，并管理好存储的数据，因此可以说数据字典是外界了解数据库对象和存储数据的最有效的途径。

　　数据字典存储的主要信息：

　　（1）数据库的逻辑结构及物理结构信息。

　　（2）数据库所有模式对象的定义，包括表、视图、索引、同义词、序列、过程、程序包、触发器等。

　　（3）为模式对象分配的空间大小以及它们当前使用的空间大小。

　　（4）完整性约束信息。

　　（5）用户名、每个用户被赋予的权限和角色及用户相关的审计信息等。

　　与数据库中的普通数据一样，数据字典中的数据也是以表的形式存储的，数据字典表和用户创建的表没什么本质的区别。数据字典表是数据库创建时自动生成的,默认情况下,数据字典表的所有者为 SYS 用户,保存在 SYSTEM 表空间中,只有 Oracle 才能对数据字典表执行写入操作。

一般很少直接访问数据字典表,因为其中很多数据都是以隐含的格式存储的。通过连接和筛选,数据字典视图对基表中的信息进行了简化,使用户能够很容易地了解数据字典的内容,因此大多数用户通常都是直接使用数据字典视图来获取数据库的元数据。

数据字典表和数据字典视图都是只读的,即只能通过 SELECT 语句查询,而不能对其进行增删改操作。当执行 DDL(如 CREATE、ALTER、DROP、TRUNCATE)语句和 DCL(如 GRANT、REVOKE)语句时,数据字典会被自动更新,以及时反映数据库各方面的变化。

数据字典表有静态和动态之分。静态数据字典表在用户访问数据字典时不会发生改变,其名称中通常包含 $,如 tab $ 、file $ 。动态数据字典表是用于记录数据库的活动和状态的,之所以是动态的,不仅因为表中的信息是动态更新的,而且表也是动态建立的。当数据库实例启动后,Oralce 数据库会在数据字典中维护一系列虚拟的表,在这些虚拟表中记录实例运行的相关统计信息,这些表也称为动态性能表。当实例终止时,这些虚拟表也会被删除。动态数据字典表通常以 X $ 开头,如 X $ DBGALERTEXT。

与数据字典表相对应,数据字典视图可以分为静态数据字典视图和动态数据字典视图,其中动态数据字典视图又称为动态性能视图。

4.3.2 静态数据字典视图

1. 查看视图的描述信息

Oracle 数据库的数据字典视图非常多,如果不了解某个视图的用法可以通过 dictionary 视图获取视图的描述信息,dictionary 视图是由系统提供的视图,作用有点像在线的帮助文档。下面的代码显示了 dictionary 视图的结构,该视图只有两个字段 table_name 和 comments,用于存储所有数据字典视图的名称和对该视图的简单描述。

```
SQL>  DESC dictionary
Name            Type           Nullable  Default  Comments
--------        ------------   -------   ------   -----------------------
TABLE_NAME      VARCHAR2(30)   Y                  Name of the object
COMMENTS        VARCHAR2(4000) Y                  Text comment on the object
```

比如,要查询一下 all_objects 视图的功能描述,就可以使用下面的代码。

```
SQL>SELECT * FROM DICTIONARY WHERE table_name='ALL_OBJECTS';
TABLE_NAME      COMMENTS
-----------     -------------------------------
ALL_OBJECTS     Objects accessible to the user
```

另一个经常使用的视图是 dict_columns,它的作用是描述数据字典表和视图各个列,下面的代码演示了如何使用 dict_columns 视图查询 user_tables 视图的列信息。

```
SQL>SELECT * FROM dict_columns WHERE table_name='USER_TABLES';
TABLE_NAME      COLUMN_NAME       COMMENTS
----------      -----------       ------------------------------------
USER_TABLES     TABLE_NAME        Name of the table
USER_TABLES     TABLESPACE_NAME   Name of the tablespace containing the table
USER_TABLES     CLUSTER_NAME      Name of the cluster, if any, to which the
                                  table belongs
  ⋮
已选择 54 行。
```

注意：数据字典中的所有文本都使用大写字符，因此在使用 WHERE 子句时，查询条件要大写。

2．dba_、all_、user_视图集

通常情况下，数据字典视图会以视图集形式存在，每个视图集中有 3 个视图，其前缀分别为 dba_、all_、user_，许多数据字典视图都包含相似形式的信息。

（1）dba_视图：保存数据库中所有对象的信息，而不管对象的拥有者和访问权限是什么，如可以通过查询 dba_objects 视图来了解当前数据库中的所有对象。一般来说，只有数据库管理员或者拥有 SELECT_CATALOG_ROLE 角色的用户才能访问 dba_视图。

（2）all_视图：保存用户可以访问的所有对象的信息，而不管这些对象是不是用户自己创建的，但是用户必须拥有对象拥有者给予的访问权限，如可以通过查询 all_objects 视图来了解当前用户可以访问的所有对象。

（3）user_视图：保存当前登录用户所拥有的对象的信息，即用户自己创建的对象的信息，可以通过查询 user_objects 视图来了解当前用户拥有的所有对象。

dba_、all_、user_后面可以为 tables、indexes、objects 等。user_视图、all_视图和 dba_视图的结构几乎相同，只是 user_视图比 all_视图和 dba_视图少了一个 owner 列。

注意：并不是所有的视图集都有 dba_、all_、user_这 3 个视图，如 dba_lock 视图就没有 user_lock 视图和 all_lock 视图。

下面的代码使用 user_catalog 视图查询 learner 用户下拥有的对象信息。

```
SQL>SELECT * FROM user_catalog;
TABLE_NAME        TABLE_TYPE
------------      -----------
AWARD             TABLE
AWARD_AUTHOR      TABLE
AWARD_ID_SEQ      SEQUENCE
COURSE            TABLE
DIPLOMA           TABLE
  ⋮
已选择 14 行。
```

4.3.3　动态性能视图

动态性能视图是建立在动态性能表基础之上的，其内容取决于数据库当时的运行状态。

这些视图提供了关于内存和磁盘的运行情况,所以只能对其进行只读访问而不能修改它们。动态性能视图通常以 v_ $ 开头,Oracle 同时为这些视图定义了公共同义词,这些同义词以 v $ 开头。

下面的代码查询了 v $ parameter 视图的功能描述。

```
SQL>SELECT * FROM DICTIONARY WHERE table_name='v$ PARAMETER';
TABLE_NAME          COMMENTS
------------        -----------------------------
v$ PARAMETER        Synonym for v_$ PARAMETER
```

可见,v $ parameter 视图是 v_ $ parameter 视图的同义词。

下面的代码使用动态性能视图 v $ instance 获取实例相关的信息。

```
SQL>SELECT instance_name, host_name, version, archiver FROM v$ instance;
INSTANCE_NAME    HOST_NAME         VERSION        ARCHIVER
-------------    -------------     ------------   ----------
orcl             WWW-F771B28599A   11.2.0.1.0     STOPPED
```

下面的代码使用动态性能视图 v $ database 获取数据库的归档模式。

```
SQL>SELECT name, created, log_mode FROM v$ database;
NAME    CREATED      LOG_MODE
-----   ----------   -------------
ORCL    2011-10-3    NOARCHIVELOG
```

4.4 练习题

1. 假设已经有用户使用监听器连接到数据库中,现在数据库管理员停止了监听器的运行,则对于已经连接到数据库的会话来说,_____。

   A. 只能执行查询操作

   B. 不受影响,仍然能够正常地使用

   C. 会话会终止运行

   D. 在监听器重启之前不能进行任何操作

2. 关于数据字典,下列说法正确的是_____。

   A. 大多数用户直接从数据字典表中获取数据库的元信息

   B. 通常情况下用户需要使用数据字典视图来获取数据库的元信息

   C. 可以对数据字典视图进行增删改操作

   D. 数据字典表可以被任何人访问

3. 关于 dba_、all_、user_视图集,下列说法正确的是_____。

   A. 每个视图都有对应的 dba_、all_、user_视图

   B. user_视图保存了用户可以访问的所有对象的信息

   C. all_视图保存了用户可以访问的所有对象的信息

   D. 只有数据库管理员才能查询 dba_视图

4. 关于 Oracle 数据库的基目录和主目录,下列说法正确的是_____。

    A. 每个单独的 Oracle 数据库必须指定一个单独的主目录

    B. 多个数据库可以安装在同一个 Oracle 基目录中

    C. 主目录是以基目录为基础的

    D. Oracle 服务器所有的可执行文件都在 Oracle 基目录中

5. 下列说法不正确的是_____。

    A. 全局数据库名包括数据库名和数据库域名

    B. 系统标识符用于标识 Oracle 服务器的一个数据库实例的名称

    C. 系统标识符必须与数据库名相同

    D. 一个数据库名可以对应多个数据库实例名

第5章

SQL*Plus

好的 SQL 工具对于开发人员和数据库管理员来说是必不可少的,目前在业界有很多可供使用的工具,如 SQL * Plus、PL/SQL Developer、TOAD 和 SQL Developer 等,其中 SQL * Plus 最具代表性,也是使用人员最多的一个工具。

SQL * Plus 是 Oracle 数据库自身提供的与 Oracle 服务器进行交互的客户端工具,主要用来运行 SQL * Plus 的命令和 SQL 语句。它是 Oracle 的数据库管理员最常使用的工具,几乎可以完成所有的数据库操作和管理功能。

本章将主要讲解以下内容:

• SQL * Plus 登录到数据库的方法。
• SQL * Plus 常用命令。
• 保存 SQL * Plus 的设置。

5.1 登录到数据库

5.1.1 sqlplus 命令

要使用 SQL * Plus,必须先登录到 SQL * Plus 中,并且与 Oracle 数据库建立连接之后才能执行 SQL 语句。可以直接在命令行中使用 sqlplus 命令完成 SQL * Plus 的登录和与 Oracle 数据库的连接,使用 sqlplus-help 命令可以了解 sqlplus 命令的详细使用方法。

例5.1 使用 sqlplus-help 命令查看 sqlplus 命令的使用方法。

```
C:\Users\Administrator>sqlplus -help
SQL * Plus: Release 11.2.0.1.0 Production
Copyright (c) 1982, 2010, Oracle. All rights reserved.
```

使用 SQL * Plus 执行 SQL、PL/SQL 和 SQL * Plus 语句。

用法 1:sqlplus -H | -V

-H:显示 SQL * Plus 版本和用法帮助。

-V:显示 SQL * Plus 版本。

用法 2:sqlplus [[<option>] [{logon | /nolog}] [<start>]]
  ⋮

完整的 sqlplus 命令比较复杂,常用的语法格式如下:

```
sqlplus [{/nolog|logon}]
```

其中,logon 的格式为:

```
{ <username>/<password>[@ <connect_identifier>] | / } [as { sysdba | sysoper }]
```

说明:

(1) sqlplus 命令有两个方面的功能,一是登录到 SQL * Plus,二是登录后连接 Oracle 数据库。如果只想登录到 SQL * Plus,但是不连接 Oracle 数据库,可以在 sqlplus 命令的后面使用"/nolog"参数,然后如果要连接数据库则需要使用 connect 命令。

(2) 大多数情况下会在 sqlplus 命令的后面使用相应的连接参数直接与数据库建立连接,其中"username"和"password"分别表示连接数据库的用户名和密码。如果不省略"username"和"password",则会直接登录到 SQL * Plus 中;如果省略,则可以在启动 SQL * Plus 之后再输入连接数据库的用户名和密码。

例 5.2　使用 sqlplus 命令登录 SQL * Plus,然后再输入用户名和密码连接数据库。

```
C:\Users\Administrator>sqlplus        --此处 sqlplus 命令不带任何参数
SQL * Plus: Release 11.2.0.1.0 Production on 星期四 2 月 23 20:44:18 2012
Copyright (c) 1982, 2010, Oracle. All rights reserved.
请输入用户名: learner
输入口令:                               --注意密码输入采用回显的方式,因此看不到输入
连接到:
Oracle Database 11g Enterprise Edition Release 11.2.0.1.0 - Production
With the Partitioning, OLAP, Data Mining and Real Application Testing options
```

例 5.3　在 sqlplus 命令后面指定连接数据库的用户名和密码,然后连接数据库。

```
C:\Users\Administrator>sqlplus learner/learner123
SQL * Plus: Release 11.2.0.1.0 Production on 星期四 2 月 23 20:45:28 2012
Copyright (c) 1982, 2010, Oracle. All rights reserved.
连接到:
Oracle Database 11g Enterprise Edition Release 11.2.0.1.0 - Production
With the Partitioning, OLAP, Data Mining and Real Application Testing options
```

(3) connect_identifier 用于指定连接标识符,可以是 Oracle 数据库的服务名或有效的网络连接标识符。网络连接标识符的格式为@host:port/service_name,其中 host 表示要连接的 Oracle 服务器的机器名或者 IP 地址,port 表示 Oracle 服务器使用的监听端口号(通常为 1521),service_name 表示要连接的 Oracle 数据库的服务名。如果数据库是在本地计算机上,登录的是默认数据库且使用操作系统认证方式的话,那么连接标识符可以省略(如例 5.2、例 5.3)。早期版本的 SQL * Plus 也可以登录到 Oracle 11g 中。

例 5.4　使用 Oracle 10g 的 SQL * Plus 登录到远程的 Oracle 11g 服务器上。

```
C:\Users\Administrator>sqlplus learner/learner123@ 10.1.236.12:1521/myorcl
SQL * Plus: Release 10.2.0.1.0 Production on 星期四 2 月 23 20:48:10 2012
Copyright (c) 1982, 2005, Oracle. All rights reserved.
连接到:
```

```
Oracle Database 11g Enterprise Edition Release 11.2.0.1.0 - Production
With the Partitioning, OLAP, Data Mining and Real Application Testing options
```

"10.1.236.12:1521/myorcl"指定了远程服务器的 IP 地址、监听的端口号和 Oracle 数据库的服务名。

(4) 如果想以数据库管理员(sysdba)或数据库操作员(sysoper)的系统权限登录的话，则需要使用"as sysdba"或"as sysoper"子句。在命令行中直接输入"sqlplus sys/linDB123 as sysdba"，其中"sys"是用户名，"linDB123"是 sys 用户的密码，"as sysdba"表示当前登录的用户是以数据库管理员的身份登录的。如果是以普通数据库用户的身份登录的话，则不要使用"as sysdba"或"as sysoper"子句。

例 5.5 以数据库管理员的权限登录到数据库中。

```
C:\Users\Administrator>sqlplus sys/linDB123 as sysdba
SQL * Plus: Release 11.2.0.1.0 Production on 星期四 2月 23 20:48:58 2012
Copyright (c) 1982, 2010, Oracle. All rights reserved.
连接到：
Oracle Database 11g Enterprise Edition Release 11.2.0.1.0 - Production
With the Partitioning, OLAP, Data Mining and Real Application Testing options
SQL>SELECT USER FROM dual;          --查看当前用户
USER
----
SYS
```

例 5.6 以数据库操作员的权限登录到数据库中。

```
C:\Users\Administrator>sqlplus sys/linDB123 as sysoper
SQL * Plus: Release 11.2.0.1.0 Production on 星期四 2月 23 20:49:13 2012
Copyright (c) 1982, 2010, Oracle. All rights reserved.
连接到：
Oracle Database 11g Enterprise Edition Release 11.2.0.1.0 - Production
With the Partitioning, OLAP, Data Mining and Real Application Testing options
SQL>SELECT USER FROM dual;          --查看当前用户
USER
-------
PUBLIC
```

如果数据库在本地计算机且想以数据库管理员或数据库操作员的身份登录，还可以使用一个简单的命令：sqlplus / as sysdba 或 sqlplus / as sysoper，也就是使用"/"参数表示使用操作系统认证的用户登录，当然前提是存在这样的用户。关于 sysdba 和 sysoper 系统权限请参考 16.2.1 节，关于操作系统认证方式请参考 16.1.3 节。

例 5.7 省略用户名和密码的数据库管理员登录方法。

```
C:\Users\Administrator>sqlplus / as sysdba
SQL * Plus: Release 11.2.0.1.0 Production on 星期四 2月 23 20:50:37 2012
Copyright (c) 1982, 2010, Oracle. All rights reserved.
连接到：
```

```
Oracle Database 11g Enterprise Edition Release 11.2.0.1.0 - Production
With the Partitioning, OLAP, Data Mining and Real Application Testing options
```

除了在命令行中运行 sqlplus 命令外,还可以直接在"运行"窗口的输入框中输入命令,也可以直接登录到 SQL * Plus 中,如图 5.1 所示。

当 Oracle 服务器中存在多个数据库时,SQL * Plus 登录的是默认数据库,为了能够登录到特定的数据库中,可以在使用 sqlplus 命令之前设置环境变量 oracle_sid。

图 5.1　在"运行"窗口中输入登录命令

例 5.8　当存在多个数据库时,登录到指定的数据库中。

```
C:\Users\Administrator>set oracle_sid=orcl1     --orcl1 为另一个数据库的实例名
C:\Users\Administrator>sqlplus / as sysdba
SQL * Plus: Release 11.2.0.1.0 Production on 星期四 2 月 23 20:56:22 2012
Copyright (c) 1982, 2010, Oracle. All rights reserved.
连接到:
Oracle Database 11g Enterprise Edition Release 11.2.0.1.0 - Production
With the Partitioning, OLAP, Data Mining and Real Application Testing options
```

5.1.2　connect 命令

connect 命令的作用是连接数据库,如果当前已经有用户连接了数据库,那么将会中断当前连接,而使用 connect 命令指定的用户建立新的连接,语法格式如下:

```
conn[ect] [{ <username>/<password>[@ <connect_identifier>] | / } [as { sysdba |
sysoper }]
```

connect 命令中各个参数的含义与 sqlplus 命令的参数含义相同。

例 5.9　使用 sqlplus 命令登录到 SQL * Plus,然后再使用 connect 命令连接 Oracle 数据库。

```
C:\Users\Administrator>sqlplus /nolog
SQL * Plus: Release 11.2.0.1.0 Production on 星期四 2 月 23 21:02:17 2012
Copyright (c) 1982, 2010, Oracle. All rights reserved.
SQL>conn / as sysdba
已连接。
```

5.2　SQL * Plus 的常用命令

SQL * Plus 的命令分为两类:一类是 SQL * Plus 的内部命令,这些命令只在 SQL * Plus 本地执行而不发送到服务器端,主要用于设置 SQL * Plus 的环境;另一类是发送到服务器端执行的命令,如 SQL 语句、PL/SQL 语句块等,这类命令要求以分号(;)或反斜线(/)

结尾以表示语句执行完毕。本节讲解的都是 SQL＊Plus 的内部命令。

5.2.1　HELP 命令

SQL＊Plus 的内部命令非常多,如果不了解某个命令的用法,就可以使用 HELP INDEX 命令来获取 SQL＊Plus 支持命令的详细信息。HELP INDEX 命令会显示 SQL＊Plus 支持的所有命令的列表。

注意:SQL＊Plus 的命令不区分大小写。

例 5.10　使用 HELP INDEX 命令获取 SQL＊Plus 支持的命令信息。

```
SQL>HELP INDEX
Enter Help [topic] for help.
@               COPY            PAUSE                SHUTDOWN
@ @             DEFINE          PRINT                SPOOL
/               DEL             PROMPT               SQLPLUS
ACCEPT          DESCRIBE        QUIT                 START
APPEND          DISCONNECT      RECOVER              STARTUP
ARCHIVE LOG     EDIT            REMARK               STORE
ATTRIBUTE       EXECUTE         REPFOOTER            TIMING
BREAK           EXIT            REPHEADER            TTITLE
BTITLE          GET             RESERVED WORDS (SQL)     UNDEFINE
CHANGE          HELP            RESERVED WORDS (PL/SQL)  VARIABLE
CLEAR           HOST            RUN                  WHENEVER OSERROR
COLUMN          INPUT           SAVE                 WHENEVER SQLERROR
COMPUTE         LIST            SET                  XQUERY
CONNECT         PASSWORD        SHOW
```

如果想了解某个命令具体的使用方法,可以使用“HELP 命令名”进行查询。

例 5.11　使用 HELP CONNECT 的方法获取 CONNECT 命令具体的使用方法。

```
SQL>HELP CONNECT
CONNECT
-------
Connects a given username to the Oracle Database. When you run a
CONNECT command, the site profile, glogin.sql, and the user profile,
login.sql, are processed in that order. CONNECT does not reprompt
for username or password if the initial connection does not succeed.
CONN[ECT] [{logon | / | proxy} [AS {SYSOPER | SYSDBA | SYSASM}][edition=value]]
where logon has the following syntax:
    username[/password][@ connect_identifier]
where proxy has the syntax:
    proxyuser[username][/password][@ connect_identifier]
NOTE: Brackets around username in proxy are required syntax
```

也可以使用“? 命令名”来查询某个命令具体的使用方法,其效果与“HELP 命令名”相同。

例 5.12　使用? CONNECT 的方法获取 CONNECT 命令具体的使用方法。

```
SQL>? CONNECT
CONNECT
-------
Connects a given username to the Oracle Database. When you run a
CONNECT command, the site profile, glogin.sql, and the user profile,
login.sql, are processed in that order. CONNECT does not reprompt
for username or password if the initial connection does not succeed.
CONN[ECT] [{ logon| /| proxy} [AS {SYSOPER | SYSDBA | SYSASM}] [edition=value]]
where logon has the following syntax:
    username[/password][@ connect_identifier]
where proxy has the syntax:
    proxyuser[username][/password][@ connect_identifier]
NOTE: Brackets around username in proxy are required syntax
```

5.2.2　SET 命令

SET 命令是 SQL＊Plus 内部命令中最重要、使用频率最高的命令,该命令的作用是通过设置 SQL＊Plus 的环境变量来改变当前会话的环境设置,语法格式如下:

SET 环境变量 变量的值

在所有的 SET 命令中,除了 SET ROLE 和 SET TRANSACTION 是 SQL 的命令外,其他的都是 SQL＊Plus 本身的命令。SQL＊Plus 的环境变量非常多,下面只将一些常用的加以介绍,其他的可以参考 Oracle 提供的帮助文档。

1. SET AUTO[COMMIT] [ON | OFF | IMM[EDIATE] | n]

SET AUTO[COMMIT] [ON | OFF | IMM[EDIATE] | n]用于设置 SQL＊Plus 的事务处理方式,即是手动提交事务还是自动提交事务。默认值为 OFF,也就是当执行完相关语句后必须通过手动的方式提交事务;如果设置为 ON,则 SQL＊Plus 会在插入、更新、删除或 PL/SQL 语句块执行之后自动提交事务。IMMEDIATE 的含义与 ON 相同;n 表示执行 n 条插入、更新、删除语句或 PL/SQL 语句块之后才提交事务,n 的取值范围为1～2 000 000 000。

注意:不管是否设置 AUTOCOMMIT,正常退出 SQL＊Plus 时(使用 EXIT 或者 QUIT 命令),都会自动提交事务。

2. SET WRAP [ON | OFF]

SET WRAP [ON | OFF]用于指定查询返回的结果每行超过默认宽度时是否换行,ON 表示换行,OFF 表示不换行,默认值为 ON。

3. SET LINE[SIZE] n

SET LINE[SIZE] n 用于设置 SQL＊Plus 中一行数据可以容纳的字符数量。n 表示每行能够显示的字符数,取值范围为 1～32 767,默认值为 80。有时采用默认值会导致表中的一行数据在屏幕上需要分多行显示,显示的结果往往比较难看,如图 5.2 所示。

图 5.2 SQL * Plus 默认的查询结果

这种情况下,可以同时使用 SET WRAP 命令和 SET LINESIZE 命令将 SQL * Plus 的显示输出宽度加宽并禁止换行,从而美化显示结果,如图 5.3 所示。

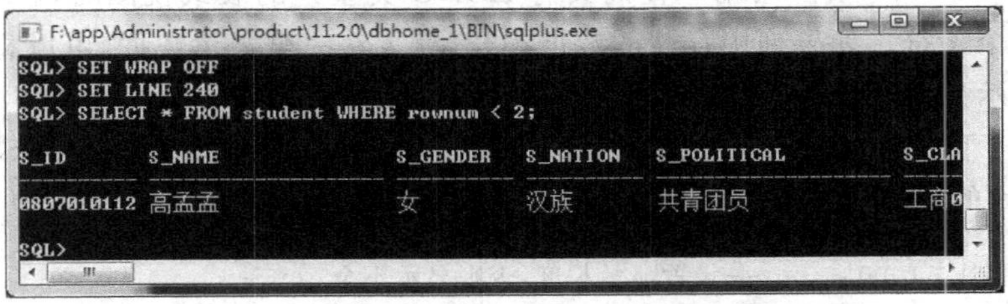

图 5.3 使用 SET LINESIZE 命令设置后的查询结果

现在就可以在一行中显示所有数据了,但是还存在一个问题,就是由于命令行窗口的宽度有限(默认不能用鼠标拖曳),因此只显示了一部分数据,解决方法是对命令行窗口进行设置,在命令行窗口的标题栏上右击,再单击"属性"按钮,在弹出的对话框中选择"布局"选项卡,然后修改宽度,如图 5.4 所示。

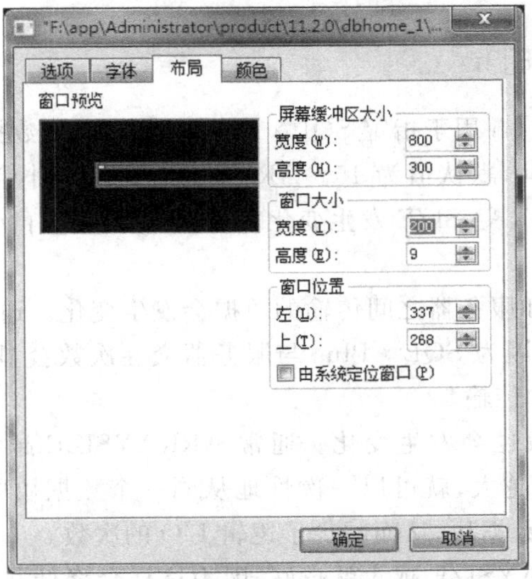

图 5.4 设置命令行窗口的宽度

除了进行上面的设置外,还可以使用 COLUMN 命令设置列的宽度(如可以缩短图 5.3 中 s_name 的宽度)。

4. SET PAGESIZE n

SET PAGESIZE n 用于设置每一页输出的行数,从而控制显示的数据量。PAGESIZE 的默认值为 14。要注意的是,这里所指的行数不仅仅是显示查询结果的数据行,还包括了由 SQL * Plus 显示到屏幕上的其他信息行,包括表的表头、虚线和空白行等。也就是说,如果采用 PAGESIZE 的默认值 14,那么每一页的有效数据输出最多只有 11 行。如果希望在一页上显示所有的数据,那么可以把 PAGESIZE 的值设置得更大一些。

5. SET LONG n

SET LONG n 用于设置可以显示 LONG 类型列中的字符数量,默认值为 80,n 的取值范围为 1~2 000 000 000。当用户查询具有 LONG 类型列的表或视图时,就只显示这个特定列的前 80 个字符。如果列中存储的数据很长,就无法完全显示数据,可以将 LONG 设置得更大,以显示列中的全部数据。

例 5.13   下面的查询语句查询 v_ $ parameter 视图的定义,如果不使用 SET LONG 命令设置 text 列的显示长度,则不能完全显示该列的内容。

```
SQL> SET LONG 1000           --设置显示长度,否则显示不全
SQL> SELECT text FROM dba_views WHERE view_name='v_$ PARAMETER';
TEXT
--------------------------------------------------------------
select
"NUM","NAME","TYPE","VALUE","DISPLAY_VALUE","ISDEFAULT","ISSES_MODIFIABLE
","ISSYS_MODIFIABLE","ISINSTANCE_MODIFIABLE","ISMODIFIED","ISADJUSTED","
ISDEPRECATED","ISBASIC","DESCRIPTION","UPDATE_COMMENT","HASH" from v$ parameter
```

6. SET ARRAY[SIZE] n

SET ARRAY[SIZE] n 用于指定 SQL * Plus 一次可以从数据库服务器获取记录的行数,其有效范围为 1~5000,默认值为 15。ARRAYSIZE 的大小会对 Oracle 数据库的性能产生一定的影响。当 ARRAYSIZE 发生变化时,Oracle 数据库的性能主要有以下两个方面的变化。

(1) 在 SQL * Plus 和服务器之间传输的数据会发生变化。通常 ARRAYSIZE 越大,传输的数据量就越小,一是因为 SQL * Plus 与服务器交互次数会显著地减少,二是因为减少了网络中非结果集数据的传输。

(2) 逻辑 I/O 的次数也会发生变化。通常 ARRAYSIZE 越大,逻辑 I/O 的次数就越少,这是因为缓存的数据越大,就可以一次性地从同一个数据块中获取更多符合条件的记录,避免重复访问同一个数据块,从而减少了逻辑 I/O 的次数。

但也并不能说 ARRAYSIZE 越大就越好,因为这样会降低获取数据的命中率,而且会使 SQL * Plus 和服务器占用更多的内存。例如,将 ARRAYSIZE 设置为 5000,那么服务器

每次必须缓存 5000 行记录才能提供给 SQL * Plus,这会导致 SQL * Plus 等待一段时间,数据到达后又需要短时间内处理大批数据,容易造成性能的不稳定。

7. SET ECHO [ON | OFF]

SET ECHO [ON | OFF]用于设置在 SQL * Plus 中运行的 SQL 脚本文件是否显示文件中的每条命令。如果设置为 SET ECHO ON,不仅显示文件中的每条命令,而且显示命令执行的结果;如果设为 SET ECHO OFF,则只显示命令执行的结果,而不显示出命令本身。

例 5.14　使用 SET ECHO 命令设置是否显示脚本文件中的命令。

```
SQL> SHOW ECHO                        --查看 ECHO 的当前值
echo OFF
SQL> SELECT username FROM dba_users WHERE rownum <3;
USERNAME
--------
SYS
SYSTEM
SQL> save c:\test.sql              --将上面执行的 SQL 语句保存到 c:\test.sql 中
已创建 file c:\test.sql
SQL> @ c:\test.sql                --执行 c:\test.sql,未显示 c:\test.sql 中的代码
USERNAME
--------
SYS
SYSTEM
OUTLN
SQL> SET ECHO ON
SQL> @ c:\test.sql                --执行 c:\test.sql,显示了 c:\test.sql 的代码
SQL> SELECT username FROM dba_users WHERE rownum <3
2 /
USERNAME
--------
SYS
SYSTEM
```

可以看出,ECHO 值为 OFF 时,运行脚本后 Oracle 数据库只返回查询的结果,并没有返回查询语句;然后将 ECHO 设为 ON,再执行一次查询语句,不仅返回查询结果还返回查询的命令。

8. SET FEED[BACK][ON | OFF | n]

SET FEED[BACK][ON | OFF | n]用于设置 SQL * Plus 在返回查询结果或执行语句结束时是否显示返回数据的行数及操作完成的信息。默认值为 ON,也就是当执行完相关语句并返回查询结果时显示返回数据的行数;如果设置为 OFF,则 SQL * Plus 不会显示返回数据的行数。当设置为 ON 时,可以使用 n 来指定是否显示返回行数的临界值,其默认

值为 6,含义是当返回数据的行数大于等于 6 时才会显示返回数据的行数,否则不显示行数。SET FEEDBACK 0 相当于 SET FEEDBACK OFF。

例 5.15　使用 SET FEEDBACK 命令设置是否显示 SQL 语句执行的结果信息。

```
SQL>SHOW FEEDBACK           --查看当前 FEEDBACK 的设置情况
用于 6 或更多行的 FEEDBACK ON
SQL>SELECT paper_id, paper_title FROM paper WHERE rownum <=5;
PAPER_ID PAPER_TITLE
---------------------------------------------------------------
       1  空间点目标识别的神经模糊推理系统应用研究
       2  Web 应用与开发课程教学经验
       3  A wireless vending machine system based on GSM
       4  RESEARCH ON WEB INFORMATION SEARCH SYSTEM
       5  Application of genetic local search algorithm
SQL>SELECT paper_id, paper_title FROM paper WHERE rownum <=6;
PAPER_ID PAPER_TITLE
---------------------------------------------------------------
       1  空间点目标识别的神经模糊推理系统应用研究
       2  Web 应用与开发课程教学经验
       3  A wireless vending machine system based on GSM
       4  RESEARCH ON WEB INFORMATION SEARCH SYSTEM
       5  Application of genetic local search algorithm
       6  数据库中完整性约束视图表示和生成算法
已选择 6 行。                      --返回的记录大于等于 6 条时就会出现提示信息
SQL>CREATE TABLE test(id NUMBER(6));
表已创建。
SQL>SET FEEDBACK 0                 --相当于执行 SET FEEDBACK OFF
SQL>CREATE TABLE test1(id NUMBER(6)); --没有"表已创建"的提示信息
```

第一次查询返回记录为 5 条,因此没有显示信息。第二次查询返回记录为 6 条,显示了"已选择 6 行。"的信息。然后将 FEEDBACK 关闭,此时 DDL 等语句执行完成后也不会有提示信息。

9. SET HEA[DING] [ON | OFF]

SET HEA[DING] [ON | OFF]用于设置是否显示表头信息,ON 表示显示,OFF 表示不显示,默认值为 ON。设为 OFF 后,通过 SET PAGESIZE 设置的有效数据行将增加两行(原来的表头和虚线)。

例 5.16　使用 SET HEADING 命令设置不显示表头信息。

```
SQL>SET HEADING OFF;
SQL>SELECT s_id,  s_name,  s_gender,  s_nation,  s_political FROM student;
0807010112 高孟孟        女         汉族        共青团员
0807010113 王闯         男         汉族        共青团员
0807010114 冯跃泰        男         汉族        群众
0807010115 刘亚南        女         满族        共青团员
```

0807010116 伊红梅　　　　　　　女　　　　　　汉族　　　　　共青团员

...

已选择 273 行。

10. SET NUMFORMAT n

SET NUMFORMAT n 用于设置数值型数据的显示格式,包括长度、分隔符等,默认值为 10,即 SQL＊Plus 会默认将所有的数值数据都以 10 个字符的形式显示。这不可能满足所有数值显示的要求,因此可以使用该命令设置自己的显示风格,设置的格式对所有数值数据都起作用,常用的格式字符串请参考 COLUMN 命令(表 5.1)。

例 5.17 使用 SET NUMFORMAT 命令设置数值的显示风格。

```
SQL>SET NUMFORMAT $ 9,999,999,999
SQL>SELECT 12345678 n1, 1234.5678 n2, 1234.5678 n3 FROM dual;
     N1               N2              N3
----------- ------------ ------------
 $ 12,345,678        $ 1,235         $ 1,235
```

如果要重新设置为默认值,则要使用 SET NUMFORMAT ""(两个双引号)。

11. SET SQLP[ROMPT] TEXT

数据库管理员管理数据库时,往往会同时打开多个 SQL＊Plus 来连接不同的数据库,这种情况下不易记住 SQL＊Plus 与数据库之间的对应关系,此时可以通过在 SQL＊Plus 的命令提示符中加入提示信息来加以区分,可以使用的参数及书写方式可用 DEFINE 命令进行查询,如下面的代码所示:

```
SQL>DEFINE
DEFINE _DATE="22-2月 -12" (CHAR)
DEFINE _CONNECT_IDENTIFIER="orcl" (CHAR)
DEFINE _USER="LEARNER" (CHAR)
DEFINE _PRIVILEGE="" (CHAR)
DEFINE _SQLPLUS_RELEASE="1102000100" (CHAR)
DEFINE _EDITOR="Notepad" (CHAR)
DEFINE _O_VERSION ="Oracle Database 11g Enterprise Edition Release 11.2.0.1.0 -
Production With the Partitioning, OLAP, Data Mining and Real Application Testing
options" (CHAR)
DEFINE _O_RELEASE ="1102000100" (CHAR)
```

_DATE 表示当前连接的时间,_CONNECT_IDENTIFIER 表示当前的连接标识符,_USER 表示当前的连接用户,_PRIVILEGE 表示当前的连接权限,_SQLPLUS_RELEASE 表示 SQL＊Plus 的版本,_EDITOR 表示使用的编辑器,_O_VERSION 和_O_RELEASE 表示 Oracle 的版本信息。

可以使用这些参数来设置 SQL＊Plus 的提示信息,参数之间要用空格或其他字符隔开,比如:

(1) "_USER'@'_CONNECT_IDENTIFIER>"将显示当前用户名和连接标识符。

（2）"_USER _PRIVILEGE＞"将显示当前用户名和用户的权限信息。

（3）"_USER _DATE＞"将显示当前用户名和用户的登录日期。

如果想让所有的 SQL＊Plus 会话每次登录时都具有自动提示的功能，可以在文件 %ORACLE_HOME%/sqlplus/admin/glogin.sql 中写入下面的语句：

```
--以下是 glogin.sql 的部分内容
--USAGE
--This script is automatically run
set sqlprompt "_USER'@ '_CONNECT_IDENTIFIER>" --这里是写入的语句
```

这样在启动 SQL＊Plus 时就会自动显示提示信息，如下面代码所示：

```
--启动 SQL＊Plus 就会自动给出提示信息
C:\Users\Administrator>sqlplus learner/learner123
SQL＊Plus: Release 11.2.0.1.0 Production on 星期四 2 月 23 21:02:16 2012
Copyright (c) 1982, 2010, Oracle. All rights reserved.
连接到：
Oracle Database 11g Enterprise Edition Release 11.2.0.1.0 - Production
With the Partitioning, OLAP, Data Mining and Real Application Testing options
LEARNER@ orcl>
```

12. SET TIME [ON | OFF]

SET TIME [ON | OFF]用于在提示符前显示或不显示系统时间。

例 5.18　使用 SET TIME 命令设置是否显示系统时间。

```
SQL>SET TIME ON
20:20:32 SQL>SHOW ARRAYSIZE
arraysize 15
20:20:42 SQL>
```

13. SET TIMING [ON | OFF]

SET TIMING [ON | OFF]用于启动和关闭显示 SQL 语句执行时间的功能，当要统计 SQL 语句的执行时间时可以使用该命令。

例 5.19　使用 SET TIMING 命令设置是否显示 SQL 语句的执行时间。

```
SQL>SET TIMING ON
SQL>SELECT COUNT(＊) FROM dba_objects;
COUNT(＊)
----------
15923
Elapsed: 00:00:01.02        --输出的时间单位是小时:分:秒.毫秒
```

14. SET PAU[SE] [ON | OFF | text]

当查询返回的结果很多时，数据会在 SQL＊Plus 的显示屏幕上很快地略过，不易查看。

这时可以使用 SET PAUSE 命令对在屏幕上显示的数据进行缓冲,当返回的结果不能在一页中完全显示时,输出结果就会暂停,以供用户查看,并等待用户的命令,当用户按下回车键后再显示下一屏的数据。默认情况下,是不启用此功能的,如果想启用,可以使用 SET PAUSE ON,也可以使用 text 参数在该命令后面给出相应的提示信息。

例 5.20　使用 SET PAUSE 命令设置是否缓冲显示查询结果。

```
SQL> SET PAUSE ON
SQL> SET PAUSE '请按回车键查看下一页记录'          --设置提示信息
SQL> SELECT s_id, s_name, s_classname FROM student;
请按回车键查看下一页记录
```

5.2.3　SHOW 命令

SHOW 命令用于显示 SQL * Plus 环境变量的值、PL/SQL 代码的错误信息等,语法形式为 SHO[W] option。

option 参数用于指定显示的内容,常用选项如下所示。

(1) 环境变量:可以是任何使用 SET 命令设置的环境变量,如 LONG、LINESIZE 等。

(2) ALL:显示 SHOW 命令的所有参数及其当前值(除 ERRORS 和 SGA 之外)。

(3) PARAMETER:SQL * Plus 提供的可以快速查看初始化参数文件中各个参数的命令。

可以通过在 SHOW PARAMETER 后面添加一个字符串来查看参数的子集,子集按照模糊查询的结果显示,使用此命令需要具有查询数据字典视图 v $ parameter 的权限。

例 5.21　使用 SHOW PARAMETER 命令获取参数文件中参数名包含"undo"的参数信息。

```
SQL> SHOW PARAMETER undo
NAME                   TYPE        VALUE
-------------          ---------   ------
undo_management        string      AUTO
undo_retention         integer     900
undo_tablespace        string      UNDOTBS1
```

(4) SGA:显示当前实例的系统全局区的信息,使用此命令需要具有查询数据字典视图 v $ sga 的权限。

例 5.22　使用 SHOW SGA 命令查看当前实例的系统全局区的信息。

```
SQL> SHOW SGA
Total System Global Area       753278976 bytes
Fixed Size                     1374724 bytes
Variable Size                  310380028 bytes
Database Buffers               436207616 bytes
Redo Buffers                   5316608 bytes
```

(5) USER:显示当前连接 SQL * Plus 的用户的名称。

例 5.23　使用 SHOW USER 命令查看当前连接 SQL * Plus 的用户的名称。

```
SQL>SHOW USER        --相对于执行 SELECT USER FROM dual;
USER 为 "SYS"
```

（6）RECYC[LEBIN]：从 10g 开始，Oracle 数据库提出了回收站（Recycle Bin）的概念，这个概念与 Window 系统的回收站有点类似，其本质就是一个数据字典表，存放了用户删除（DROP）的数据库对象的信息。通常情况下，用户删除的对象并没有被数据库立刻删除，而是被存放到回收站中，只有当用户手工进行删除（PURGE）或者存储空间不够时才会被彻底删除，这在很大程度上保证了数据库对象的安全性。例如，用户可能会误将某个表删除，这时就可以使用闪回技术从回收站中将对象进行恢复。

SHOW RECYCLEBIN 就相当于 SELECT original_name，object_name，type，droptime FROM user_recyclebin WHERE type='TABLE'，因此只能查看回收站中被删除的表。

例 5.24　使用 SHOW RECYCLEBIN 命令和 user_recyclebin 视图查看回收站中的对象。

```
SQL>CREATE TABLE testrecyc(id NUMBER, name VARCHAR2(20));
表已创建。
SQL>DROP TABLE testrecyc;
表已删除。
SQL>SHOW RECYCLEBIN;        --结果只包含表
ORIGINAL NAME RECYCLEBIN NAME         OBJECT TYPE DROP TIME
------------------------------------------------------------------------
TESTRECYC BIN$ tULGMwT5SIuydZ9vLLcwgA==$ 0 TABLE 2012-01-05:10:05:05
--下面的语句是查看回收站中的对象，一个是表，一个是索引(由数据库自动建立在主键列上的索引)
SQL>SELECT original_name, object_name, type, droptime FROM user_recyclebin;
ORIGINAL_NAME   OBJECT_NAME                    TYPE    DROPTIME
------------------------------------------------------------------------
TESTRECYC       BIN$ tULGMwT5SIuydZ9vLLcwgA==$ 0    TABLE    2012-01-05:10:09:05
SYS_C0011278    BIN$ cFFsBCL/TLi9eJTgichgLg==$ 0    INDEX    2012-01-05:10:09:05
```

普通数据库用户只能使用 user_recyclebin 视图或 user_recyclebin 视图的同义词 recyclebin 查看自己回收站中的对象（即使用户可以删除其他模式的对象），拥有 DBA 权限的用户还可以使用 dba_recyclebin 视图查看所有回收站中的对象。

当一个对象被删除并移动到回收站中时，Oracle 数据库会对对象的名字进行转换，转换后的名字格式为 BIN $ unique_id $ version。其中，BIN 代表回收站；unique_id 代表数据库中该对象的唯一标志，由 26 位字符表示；version 代表对象的版本号。

注意：SYS 用户执行 DROP 语句删除的对象不会放入回收站中，而是被直接删除了，所以不能使用闪回恢复。

默认情况下，当前实例和会话是启用回收站功能的，如果不希望使用回收站可以将回收站的功能禁用。可以使用 SHOW PARAMETER 语句或查询 v $ parameter 视图来查看当前是否启用了回收站的功能，ON 表示已经启用，OFF 表示已经禁用。

例 5.25 查看 recyclebin 参数的当前值。

```
SQL>SHOW PARAMETER recyclebin
NAME            TYPE        VALUE
----------      -------     ------
recyclebin      string      on
```

可以分别在会话或实例的级别禁用和启用回收站,语法格式如下:

```
ALTER SESSION SET recyclebin=OFF | ON;
ALTER SYSTEM SET recyclebin=OFF | ON;
```

前者用于在会话级别禁用或启用回收站,后者用于在实例级别禁用或启用回收站。

例 5.26 在会话级别禁用或启用回收站。

```
SQL>CREATE TABLE testrecyc(id NUMBER PRIMARY KEY, name VARCHAR2(20));
表已创建。
SQL>ALTER SESSION SET recyclebin=OFF;
会话已更改。
SQL>DROP TABLE testrecyc;
表已删除。
SQL>SELECT original_name, object_name, type , droptime FROM user_recyclebin;
未选定行      --由于没有启用回收站的功能,因此删除对象后,回收站中没有任何对象
```

5.2.4 PROMPT 命令

PROMPT 命令用于在显示屏幕上输出指定的数据或空行,常用于在脚本文件中给用户提供帮助信息,语法格式如下:

```
PRO[MPT] [text]
```

text 就是要输出的数据,如果省略 text 则会输出一行空行。

例 5.27 使用 PROMPT 命令设置提示信息。

```
prompt
prompt 选择教师表中的前 2 行记录
prompt
SELECT t_id, t_name, t_gender FROM teacher WHERE rownum < 3
/
```

5.2.5 SAVE 和@命令

SAVE 命令用于保存 Oracle 数据库缓冲区中曾经用过的 SQL 语句,语法格式如下:
SAV[E] file_name

例 5.28 使用 SAVE 命令保存缓冲区中的 SQL 语句。

```
SQL>SELECT t_id, t_name, t_gender FROM teacher WHERE rownum < 3;
T_ID       T_NAME          T_GENDER
```

```
-----  ----------  ----------
060001    李飞          男
060002    张续伟        男
SQL>SAVE c:\query1.sql
已创建 file c:\query1.sql
```

如果要执行外部文件的内容,要用@命令,@后面加上文件的路径。

例 5.29   使用 @命令执行例 5.28 创建的 query1.sql 中的 SQL 语句。

```
SQL>@ c:\query1.sql
T_ID      T_NAME        T_GENDER
------  ----------  ----------
060001    李飞          男
060002    张续伟        男
```

5.2.6   EDIT 命令

EDIT 命令用于编辑缓冲区中的内容,语法格式如下:

```
ED[IT] [ file_name ]
```

EDIT 命令默认会打开记事本,用来编辑缓冲区中的内容,修改后直接关闭记事本,记事本中的内容就会存到缓冲区中。也可以在 EDIT 命令后面指定文件名,这样当编辑完该文件并保存后,系统会自动将文件内容读入缓冲区。

例 5.30   使用 EDIT 命令在记事本中编辑 SQL 语句。

```
SQL>SELECT t_id, t_name, t_gender FROM teacher WHERE rownum<3;
T_ID      T_NAME        T_GENDER
------  ----------  ----------
060001    李飞          男
060002    张续伟        男
SQL>ed           --此时会打开记事本,在记事本中编辑查询语句,然后关闭
SQL>ed
已写入 file afiedt.buf
1* SELECT t_id, t_name, t_gender FROM teacher WHERE rownum<2
SQL>/
T_ID      T_NAME        T_GENDER
------  ----------  ----------
060001    李飞          男
```

5.2.7   RUN 命令

RUN 命令用于执行缓冲区中的 SQL 语句,语法格式为 R[UN]。

例 5.31   使用 RUN 命令执行缓冲区中的 SQL 语句。

```
SQL>R
```

```
1 * SELECT t_id, t_name, t_gender FROM teacher WHERE rownum < 3
T_ID       T_NAME       T_GENDER
------     -----------  ----------
060001     李飞          男
060002     张续伟        男
```

"/"也可以用于执行缓冲区中的 SQL 语句,与 RUN 命令的不同之处在于"/"不会显示缓冲区中的 SQL 语句,而 RUN 命令会显示。

5.2.8 COLUMN 命令

COLUMN 命令用于设置数据列的显示风格,如设置列标题、列的对齐方式等,语法格式如下:

```
COL[UMN] [{ column | expr } [option ...] ]
```

option 参数用于指定相关的子句,常用选项如下所示。

(1) FOR[MAT] format:用于指定列的显示格式。默认情况下,对于字符型和日期型数据,SQL * Plus 中列的显示宽度与定义表时指定的列宽是相同的,并且是左对齐的;要改变显示的长度可以使用 FORMAT An,其中 A 表示格式化之后的结果是字符型数据,n 代表列的长度;如果指定的列宽比列表头小,那么列表头会被截断。对于数值型数据,SQL * Plus 中列的显示是右对齐的,而且 SQL * Plus 会对数据进行四舍五入操作以满足列宽的设置;如果列的设置不正确,则会以井号(♯)来代替数值显示结果。进行数值转换时,常用的格式字符串如表 5.1 所示。

表 5.1　进行数值转换时常用的格式字符串

格式元素	示　例	说　明
,(逗号)	9,999	在指定的位置上显示逗号,可以设置多个逗号
.(小数点)	9.999	在指定的位置上显示小数点,一次只能设置一个小数点
0	0999 或 9990	显示前面或后面的零
9	9999	表示转换后字符显示的宽度
$	$9999	美元符号
L	L9999	本地货币符号

例 5.32　使用 COLUMN 命令对显示结果进行格式化。

```
SQL>COL n1 FORMAT $ 9,999,999,999
SQL>COL n2 FORMAT 9999.999
SQL>COL n3 FORMAT 999.999
SQL>SELECT 12345678 n1, 1234.5678 n2, 1234.5678 n3 FROM dual;
      N1               N2        N3
--------------     --------  --------
   $12,345,678      1234.568  ########
```

n2 列进行了四舍五入;n3 列宽度超过了格式指定的长度,不能格式化,因此全部显示♯。

（2）HEA［DING］text：默认列表头为列名或表达式，可以使用该命令定义列表头的显示信息，从功能上看有点类似列别名。

例 5.33 使用 COLUMN 命令定义表头。

```
SQL>COL n1 FORMAT $ 9,999,999,999 HEADING 总金额
SQL>COL n2 HEADING 第二个数
SQL>SELECT 12345678 n1, 1234.5678 n2, 1234.5678 n3 FROM dual;
    总金额          第二个数          N3
-------------   ---------   ---------
   $12,345,678     1234.568   ########
```

（3）如果 COLUMN 命令后接列名或表达式，将显示指定列名或表达式的设置信息，如下面的代码所示：

```
SQL>COL paper_title
COLUMN paper_title ON
FORMAT A100
```

如果 COLUMN 命令后没有接任何列名或表达式，则会显示所有的列名或表达式的设置信息，如下面的代码所示：

```
SQL>COL
COLUMN paper_title ON
FORMAT A100

COLUMN NAME_COL_PLUS_SHOW_EDITION ON
HEADING 'EDITION'
FORMAT a30
word_wrap
```

注意：使用 COLUMN 命令设置的列显示风格只在当前会话中有效，退出会话或重新登录后原来的设置就无效了。

5.2.9 DESCRIBE 命令

DESCRIBE 命令用于查看指定表和视图等对象的列结构信息，具体包括列名、是否允许为空、列的数据类型、列度、精度和标度等，语法格式如下：

```
DESC[RIBE] object_name
```

例 5.34 使用 DESC 命令查看学生表的结构。

```
SQL>DESC student
名称              是否为空?          类型
-------------   -------------   -------------
S_ID            NOT NULL        VARCHAR2(10)
S_NAME          NOT NULL        VARCHAR2(20)
S_GENDER        NOT NULL        VARCHAR2(10)
```

```
S_NATION           NOT NULL           VARCHAR2(10)
S_POLITICAL        NOT NULL           VARCHAR2(20)
S_CLASSNAME        NOT NULL           VARCHAR2(100)
S_LANGUAGE         NOT NULL           VARCHAR2(20)
S_CHINESE          NUMBER(4,1)
S_MATH             NUMBER(4,1)
S_FOREIGN          NUMBER(4,1)
S_DUTY                                VARCHAR2(50)
```

5.2.10 SPOOL 命令

SQL＊Plus 执行完查询语句之后会把它们存放在缓存中，但每次只会存放最近执行的语句，以前的语句就会被覆盖掉。SPOOL 命令的作用就是将查询语句的结果以文件的形式保存起来，在调用 SPOOL 命令后，查询语句本身及语句所产生的所有结果数据都会写入 SPOOL 命令指定的文件中。当查询语句的结果很多或要产生一个报表时，通常会使用此命令以生成一些查询的脚本或者数据。

但是要注意，在语句执行完后，一定要调用 SPOOL OFF 命令，否则输出的信息还只是在缓存中，不会写入文件。语法格式如下：

```
SPO[OL] [filename [ CRE[ATE] | REP[LACE] | APP[END]] | OFF]
```

说明：

（1）filename 用于指定保存输出内容的文件名称，如果没有指定扩展名则 Oracle 会默认以 LST 或 LIS 作为文件的扩展名。

（2）如果使用了 CREATE 关键字，则表示创建一个新的输出文件。

（3）如果使用了 REPLACE 关键字，则表示替代已经存在的输出文件，如果输出文件不存在则会创建输出文件。

（4）如果使用了 APPEND 关键字，则表示把输出内容附加在一个已经存在的输出文件中。

（5）OFF 关键字表示停止 SPOOL 命令。

例 5.35 从教师表中把所有教师的信息查询出来并输出到文本文件 D:\teacher.txt 中。

```
SQL>SPOOL D:\teacher.txt
SQL>SELECT t_id, t_name , t_duty, t_research FROM teacher;
T_ID      T_NAME      T_DUTY      T_RESEARCH
------    --------    --------    --------------------------------
060001    李鹏飞      教师        软件工程技术,智能算法
060002    张续伟      系主任      数据仓库,数据挖掘,Web挖掘,数据库系统开发
...
SQL>SPOOL OFF
```

SPOOL D:\teacher.txt 中在 SPOOL 关键字的后面指定了文件名，在 SPOOL 命令之后屏幕上所显示的一切内容都要存储到 D:\teacher.txt 这个文件中，只有当输入 SPOOL

OFF 后才能看到 teacher.txt 文件中的内容,如图 5.5 所示。

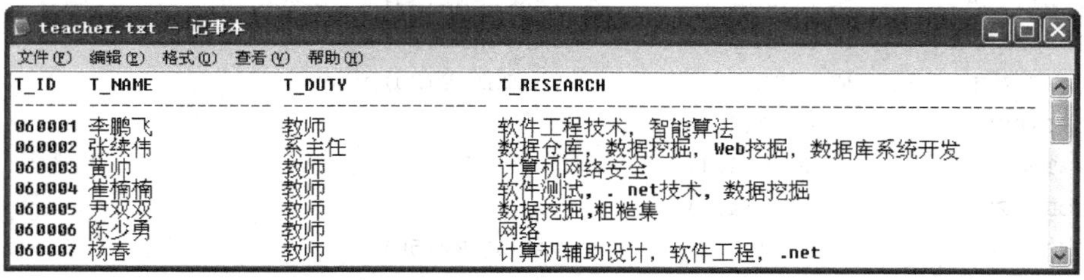

图 5.5　SPOOL 命令的输出结果

SPOOL 命令另外一个很常用的功能就是创建具有特定功能的 SQL 语句。

例 5.36　利用 SPOOL 命令生成删除某用户下面所有表的 SQL 脚本。

```
SQL>SPOOL C:\drop_tables.sql
SQL>SELECT 'DROP TABLE '|| table_name ||';' AS ALLTABLES FROM user_tables;
ALLTABLES
------------------------
DROP TABLE TITLE;
DROP TABLE DIPLOMA;
DROP TABLE TEACHER;
...
SQL>SPOOL OFF
```

5.2.11　CLEAR 命令

CLEAR 命令用于清除一些 SQL∗Plus 的设置值,语法格式如下:

```
CL[EAR] option
```

option 参数用于指定清除的内容,常用选项如下所示。

(1) BUFF[ER]:清除缓冲区中的内容,效果与 CLEAR SQL 相同。

(2) COL[UMNS]:清除使用 COLUMN 命令设置的列格式,使列设置恢复到默认状态。

(3) SCR[EEN]:清除 SQL∗Plus 显示屏幕上的内容。

(4) SQL:清除缓冲区中的内容,效果与 CLEAR BUFFER 相同。

(5) TIMI[NG]:清除所有使用 TIMING 命令设置的计数器。

例 5.37　清除例 5.32 设置的列显示格式。

```
SQL>CLEAR COLUMNS
columns 已清除
SQL>SELECT 12345678 n1, 1234.5678 n2, 1234.5678 n3 FROM dual;
     N1           N2           N3
---------- ---------- ----------
  12345678    1234.5678    1234.5678
```

5.3 保存 SQL * Plus 的设置

使用 SET 命令设置的环境变量的作用范围是当前会话,也就是说,当退出 SQL * Plus 结束当前会话之后,所做的设置就无效了,当再次登录到 SQL * Plus 时需要重新运行 SET 命令进行设置,这对用户来说是很麻烦的事。为此,Oracle 数据库提供一个全局性的设置文件 glogin. sql,其作用是允许用户将对 SQL * Plus 的设置写入该文件中,SQL * Plus 每次启动时都会读取这个文件来对 SQL * Plus 进行设置,这样用户就不用每次都设置 SQL * Plus 了,而且该文件可以被所有用户共享,为所有用户提供相同的工作环境,该文件位于 %ORACLE_HOME%/sqlplus/admin 目录下。

虽然 glogin. sql 在很大程度上方便了用户设置 SQL * Plus 环境变量,但是 glogin. sql 是一个全局文件,对所有用户的设置都相同。如果不同的用户想设置自己的工作环境,使用 glogin. sql 就不能满足要求了。这种情况下可以使用 login. sql 文件,它是针对个人的设置文件,其优先级高于 glogin. sql。glogin. sql 文件的位置固定,而 login. sql 文件的位置不固定,一般放在运行 SQL * Plus 的当前目录下。

例 5.38 使用 glogin. sql 和 login. sql 设置用户的环境变量。

```
--以下是 glogin.sql 的部分内容
SET LONG 500
SET LINGSIZE 10
--以下是 login.sql 的部分内容
SET LINESIZE 50
```

将 login. sql 文件放在 D:\下,启动 SQL * Plus。

```
C:\Users\Administrator>d:
D:\>sqlplus / as sysdba     --转到 D:\下登录,否则 login.sql 文件的设置不起作用
SQL * Plus: Release 11.2.0.1.0 Production on 星期四 2 月 23 21:43:39 2012
Copyright (c) 1982, 2010, Oracle. All rights reserved.
连接到:
Oracle Database 11g Enterprise Edition Release 11.2.0.1.0 - Production
With the Partitioning, OLAP, Data Mining and Real Application Testing options
SQL>SHOW linesize          --这是 login.sql 中的设置值,会覆盖 glogin.sql 中的设置值
linesize 50
SQL>SHOW long              --这是 glogin.sql 中的设置值
long 500
```

5.4 练习题

1. 使用下面的语句连接数据库:
CONNECT test/123@dbteach. edu. cn:1521/mydb
则下列说法不正确的是_____。

A. mydb 是服务名

    B. dbteach. edu. cn 是数据库名

    C. 1521 是监听器的端口号

    D. test 是 Oracle 数据库的用户名

2. 关于 SET 命令,下列说法正确的是_____。

    A. SET 命令设置的环境变量仅对当前会话有效

    B. SET ARRAY n 命令中的 n 值越大越好

    C. SET LONG 命令对所有字符型的设置都有效

    D. 不设置 AUTOCOMMIT,退出 SQL＊Plus 时就不能提交事务

3. DESC 命令不能查看_____。

    A. 表中列的数据类型

    B. 表中列的长度

    C. 表中列的精度和标度

    D. 表中列上的约束

4. 下列关于 SHOW 命令的说法不正确的是_____。

    A. 使用 SHOW 命令可以查看 SET 命令设置的环境变量

    B. SHOW PARAMETER 命令查看的是 v＄parameter 视图中的内容

    C. SHOW USER 命令用于显示当前登录的用户名

    D. SHOW RECYCLEBIN 命令用于显示回收站中的所有对象

5. 如果想让某一个环境变量的设置对所有使用 SQL＊Plus 的用户都有效,则应该_____。

    A. 在 login. sql 中写入对环境变量的设置

    B. 在 glogin. sql 中写入对环境变量的设置

    C. 在 login. sql 和 glogin. sql 中都应该写入对环境变量的设置

    D. 无须在 login. sql 和 glogin. sql 中写入对环境变量的设置

第6章

DDL和DML

SQL(Structured Query Language,结构化查询语言),用于在数据库中存取数据以及查询、更新和管理关系数据库系统。ANSI(American National Standards Institute,美国国家标准学会)把 SQL 定义为关系数据库系统的标准语言,SQL 已经成为任何使用和管理数据库的技术人员的必学内容。

本章将主要讲解以下内容:

- Oracle 数据库的主要数据类型。
- 使用 CREATE TABLE 语句创建表。
- 使用 ALTER TABLE 语句修改表结构。
- 使用 INSERT 语句插入数据。
- 使用 UPDATE 语句更新数据。
- 使用 DELETE 语句删除数据。
- 使用 DROP 语句删除表。

6.1 SQL 的基本概念

编程语言总体上可以分为两大类:一类是命令式编程语言(Imperative Programming Language),大部分的编程语言如 C、Java 等都属于这一类;另一类是声明式编程语言(Declarative Programming Language),SQL 就属于这一类语言。两者的区别是使用命令式编程语言不仅要知道需要解决的问题,还要知道解决问题的流程和方法,也就是需要通过编程来告诉计算机如何去做,而使用声明式编程语言不需要知道解决问题的流程和具体的方法就可以实现所需的功能。例如,对于 SQL 来说,使用者不必知道数据是如何在数据库中进行增删改查和管理的,只要将执行的内容和条件告诉数据库就可以了,因此相对于其他的编程语言,SQL 的语法要简单很多。

6.1.1 SQL 的历史

SQL 最早由 IBM 开发,这可以追溯到 20 世纪 70 年代,当时 IBM 正在进行一个名为 System R 的研究项目,该项目的主要研究内容之一就是关系数据系统(Relational Data System)。项目负责人 Chamberlin 将自然语言作为研究方向(因为 E. F. Codd 的关系代数和关系演算过于数学化而影响了其易用性),其结果是诞生了 SEQUEL(Structured English Query Language,结构化英语查询语言),但是 SEQUEL 与一个英国公司的商标发生了重复,所以后来更名为 SQL。1979 年,Relational Software(现在的 Oracle)公司看到了 SQL 的商业价值,推出了 SQL 的改进版 Oracle V2,最先将 SQL 应用于商业领域。随着数据库技术的发展,简洁易用性使得 SQL 得到了广泛的应用,也引起了一些标准化组织的关注,ANSI 和国际标准化组织(ISO)于 1986 年提出了 ANSI/ISO SQL 的标准。从那时起,ANSI 和 ISO 就不断推动 SQL 标准的发展,并分别于 1989 年、1992 年、1999 年及 2003 年发布了 SQL:89、SQL:92、SQL:99、SQL:2003 标准。

现今几乎所有的数据库管理系统,如 Oracle、DB2、Sybase、Informix、SQL Server 等都支持 SQL,但是目前存在很多不同版本的 SQL 语言,因为大部分的数据库厂商都想让自己的产品与众不同,所以都在 SQL 标准的基础上添加了自己的私有扩展,但为了保证通用性,都支持一些主要的关键字(如 CREATE、DROP、SELECT、UPDATE、DELETE 等)。

6.1.2　SQL 的组成元素

1. 标识符(Identifier)

标识符是指 SQL 语句中所使用的符号名称,用于说明用户或数据库对象的名称,如表名、列名、过程名等。

2. 关键字(Keyword)

关键字是 Oracle 数据库预先定义的标识符,供用户执行 SQL 语句和完成其他功能时使用。SELECT、UPDATE、FROM 等都是关键字。

可以使用 v＄reserved_words 视图查询 Oracle 数据库支持的关键字,如下面的代码所示。

```
SQL> SELECT * FROM v$ reserved_words ORDER BY keyword;
```

作为一般性的原则,通常会将关键字大写,而将其他标识符小写。SQL 是不区分大小写的,因此下面代码中的 3 条语句的执行效果是相同的。

```
SQL> select t_id, t_name from teacher;
SQL> SELECT t_id, t_name FROM teacher;
SQL> select T_ID, T_NAME from TEACHER;
```

但是要注意,WHERE 子句所指定的查询条件是要严格区分大小写的。

3. 常量(Constant)

常量是指在 SQL 语句中可以直接使用的字符、数字、日期等形式表示的值,来作为条件值、表达式的一部分或内置函数的参数等。

4. 语句(Statement)

语句是指一条完整的 SQL 命令,其中还可以包含一些特殊字符,如用分号(;)表示语句的结束。例如,SELECT ＊ FROM teacher;就是一条语句。

5. 子句(Clause)

子句是 SQL 语句的一部分,通常是由关键字加上其他语法元素构成的。例如,
SELECT ＊是一条子句,FROM teacher 也是一条子句。

6. 表达式(Expression)

表达式是由字符、数字、运算符等组成的有意义的运算式。

7. 内置函数

内置函数是数据库自带的具有特定功能的函数,可以在 SQL 语句中直接使用,以增强
SQL 语句的功能。

6.1.3　空值

与很多编程语言中存在空值(NULL)一样,Oracle 数据库中也存在空值的概念,但是数
据库中的空值与编程语言中的空值的意义有所不同,可以将数据库中的空值看做一种特殊
的数据类型,空值不是一个确定的值,它代表未定义的、未知的或未确定的值。对于数值型
数据,空值不等于 0;对于日期时间型数据,空值不表示任何日期或时间;对于逻辑型数据,
空值既不等于 true,也不等于 false;对于字符型数据,空值不等于空格。任何一个空值都不
等于其他空值,因此将一个值与空值进行等于或不等于判断是没有意义的,其结果都为
false。只能使用 IS NULL 或 IS NOT NULL 来判断某个值是不是空值。任何一种数据类
型的列值都可以支持空值,但是构成主键约束的列和定义了 NOT NULL 约束的列中不允
许插入空值。

由于空值比较特殊,因此在 SQL 语句中对其处理的方式也会与普通的数据有所不同,
主要表现在以下几个方面。

(1)包含空值的任何算术表达式都等于空,对空值进行加、减、乘、除等操作的结果也是
未知的,所以也是空值。

例 6.1　包含空值的算术表达式。

```
SQL>SELECT NULL + 15, NULL * 20 FROM dual;
NULL+ 15 NULL * 20
-------------------
                  --此处为两个空值
```

(2)包含空值的连接表达式(||)等于与空字符串连接,即得到的结果仍然是原来的字
符串。

例 6.2　包含空值的连接表达式。

```
SQL>SELECT 'learn' || NULL, NULL || 'Oracle' FROM dual;
'LEARN'||NULL NULL||'ORACLE'
----------------------------
```

```
learn          Oracle
```

（3）空值在升序排列方式下将会排在结果的最后面，在降序排列方式下将会排在结果的最前面。

（4）对空值进行＝、！＝、＞、＜、＞＝、＜＝等操作的结果都是未知的，即这些操作的结果仍然是空值。

6.1.4　注释

注释的作用主要是对 SQL 语句进行一些文字性的说明，以提高代码的可读性，注释的内容不会被数据库执行。Oracle 数据库中采用的注释方法有两种：单行注释和多行注释。

（1）单行注释：用"－－"，从"－－"开始到行尾均为注释，如下面的代码所示。

```
SQL>SELECT * FROM dual; --这里演示了单行注释，注释的内容不会被当作 SQL 语句执行
```

（2）多行注释：用"/＊　＊/"，从"/＊"开始到"＊/"结束均为注释，如下面的代码所示。

```
SQL>/*
2 这里演示了多行注释
3 注释的内容不会被当作 SQL 语句执行
4 */
5 SELECT * FROM dual;
```

6.1.5　SQL 语句的分类

如果单纯从 SQL 的名称上看，似乎 SQL 语句只能执行查询操作，但实际上数据查询只是 SQL 语句的一部分功能。从功能的角度来说，SQL 语句可以分为以下几类。

1. DDL 语句

数据定义语言（Data Definition Language，DDL）用于定义和维护数据库对象的结构或模式，主要包括以下语句。

（1）CREATE 语句：用于创建数据库和数据库对象。

（2）ALTER 语句：用于修改数据库和数据库对象的结构。

（3）DROP 语句：用于删除数据库对象。

（4）TRUNCATE 语句：从一个表中删除所有记录，包括为表分配的所有空间。

（5）RENAME 语句：重命名对象。

DDL 语句是最先使用的语句，因为必须先有数据库对象才能对这些对象执行 DML 等操作。

2. DML 语句

数据操纵语言（Data Manipulation Language，DML）用于管理数据库对象中的数据，包括对数据进行增、删、改查等操作，主要包括以下语句。

（1）SELECT 语句：从数据库的表或视图中查询数据（严格来说 SELECT 语句不属于

数据操作语句,但 Oracle 数据库推荐将其作为数据操作语句)。

(2) INSERT 语句:向数据库的表或视图中插入数据。

(3) UPDATE 语句:对数据库的表或视图中的数据进行更新。

(4) DELETE 语句:删除数据库的表或视图中的数据。

(5) CALL 语句:调用 PL/SQL 或 Java 子程序。

(6) LOCK TABLE 语句:禁止其他用户在表中使用 DML 语句。

3. DCL 语句

数据控制语言(Data Control Language,DCL)用于设置或更改数据库用户或角色权限等功能,主要包括以下语句。

(1) GRANT 语句:为用户授予访问相关对象的权限。

(2) REVOKE 语句:回收用户访问相关对象的权限。

4. TCL 语句

事务控制语言(Transaction Control Language,TCL)用于控制对数据库中事务的提交与回滚,主要包括以下语句。

(1) COMMIT 语句:用于数据操纵语言执行之后提交事务,完成对数据库所做的所有操作。

(2) ROLLBACK 语句:用于数据操纵语言执行之后回滚事务,即撤销之前的所有操作,返回到上次提交后的状态。

(3) SAVEPOINT 语句:用于标记事务中可以回滚的位置。

(4) SET TRANSACTION 语句:用于设置一些事务选项,如事务的隔离级别、事务名称等。

6.2　Oracle 的主要数据类型

如同 C、Java 等编程语言中变量、常量必须有数据类型一样,数据库中的很多元素也必须指定数据类型,如定义表时需要为每个列指定数据类型,定义过程时要为其参数指定数据类型。

Oracle 数据库定义了很多内置数据类型,也就是自己特有的数据类型。除此之外,为了和 SQL 标准兼容,Oracle 数据库也定义了很多符合 SQL 标准的数据类型,并将 SQL 标准的数据类型定义为内置数据类型的子类型或转化为内置数据类型。Oracle 数据库的内置数据类型可以分为 5 大类:字符类型、数值类型、日期时间类型、rowid 类型、大对象类型。

6.2.1　字符型

字符型是数据库中使用最广泛的一种数据类型,它几乎可以存储所有类型的数据(有时如果不考虑业务逻辑的话,数字和日期都可以以字符型的形式存储而不是以数值型和日期时间型的形式存储),包括英文字母、特殊字符、数字和中文等。在使用时,必须将字符型的

数据用单引号引起来。根据字符型数据的长度是否固定,可以将字符型分为两类:

(1) 长度固定的字符型。这种类型的特点是不管它们存放的数据多长,在数据库中所占用的空间都是相同的,系统会自动补齐剩余的空间。在 Oracle 数据库中用 CHAR、NCHAR 等表示。

(2) 长度可变的字符型。这种类型的特点是存放的数据有多长,在数据库中所占用的空间就是多长。大部分的字符型数据都会被定义为长度可变的类型,因为在实际的应用中很多情况下是无法确定字符型数据的长度的,如用户名、密码、地址等。在 Oracle 数据库中用 VARCHAR2、NVARCHAR2 等表示。表 6.1 列出了 Oracle 数据库的内置字符型。

表 6.1　Oracle 数据库的内置字符型

数据类型	说　明
CHAR [(size [BYTE | CHAR])]	固定长度的字节(BYTE)数据或字符(CHAR)数据,长度由 size 指定,数据长度小于定义长度时,末尾使用空格补齐,最大长度为 2000 字节,默认长度和最小长度为 1 字节
NCHAR[(size)]	固定长度的 Unicode 字符数据,长度由 size 指定。对于 AL16UTF16 来说,可以存储的字符数量是 2 倍的 size;对于 UTF8 来说,可以存储的字节数量是 3 倍的 size。最大长度为 2000 字节,默认长度和最小长度为 1 字符
VARCHAR (size [BYTE | CHAR])	长度可变的字节(BYTE)数据或字符(CHAR)数据,长度由 size 指定,最大长度为 4000 字节或字符,最小长度为 1 字节或 1 字符。与 CHAR 不同,必须为 VARCHAR 指定 size,Oracle 数据库不推荐使用 VARCHAR,会自动将 VARCHAR 转换为 VARCHAR2
VARCHAR2 (size [BYTE | CHAR])	长度可变的字节(BYTE)数据或字符(CHAR)数据,长度由 size 指定,最大长度为 4000 字节或字符,最小长度为 1 字节或 1 字符。与 CHAR 不同,必须为 VARCHAR2 指定 size
NVARCHAR2(size)	长度可变的 Unicode 字符数据,长度由 size 指定。对于 AL16UTF16 来说,可以存储的字符数量是 2 倍的 size;对于 UTF8 来说,可以存储的字节数量是 3 倍的 size。最大长度为 4000 字节。与 NCHAR 不同,必须为 NVARCHAR2 指定 size
LONG	变长字符数据类型,VARCHAR2 最大长度为 4000 字节,因此存取 4000 字节以上大文本时可以用此数据类型,最大为 2GB,但是从 Oracle 8i 开始,不推荐使用 LONG 类型,其存在的目的是支持向后兼容,建议使用 CLOB 和 NCLOB 来替代

说明:

(1) 关于定义 CHAR 和 VARCHAR2 类型时指定 BYTE 和 CHAR 的区别。

CHAR 和 VARCHAR2 类型默认是以 BYTE 为单位的,如果显式地定义了 CHAR 为单位(如 CHAR(1 CHAR)或 VARCHAR2(1 CHAR)),则 CHAR 和 VARCHAR2 会以字符为单位,一个字符的大小从一个字节到 4 个字节不等,这取决于数据库使用的字符集。下面通过例子来说明以 BYTE 为单位和以 CHAR 为单位的区别。

为说明此问题,后面的 SQL 语句将会在两个服务器(Server1 和 Server2)上执行,其数据库字符集分别是 AL32UTF8、ZHS16GBK,关于字符集请参考 13.2 节。

以用户 learner 登录 Server1 为例,首先确认服务器的数据库字符集,如下面的代码所示。

```
SQL> SELECT * FROM nls_database_parameters
```

```
2 WHERE parameter='NLS_CHARACTERSET';
PARAMETER            VALUE
----------------------------------------
NLS_CHARACTERSET     AL32UTF8
```

可见服务器的数据库字符集是 AL32UTF8，然后执行下面的代码并查看结果。

```
SQL>CREATE TABLE test1(C1 CHAR(1), C2 CHAR(2), C3 CHAR(1 CHAR));
表已创建。                                  --创建一个测试表,默认是以字节为单位
SQL>INSERT INTO test1 VALUES('a', 'a', 'a');
已创建 1 行。                               --插入一条数据
SQL>INSERT INTO test1 VALUES('我', '我', '我');
INSERT INTO test1 VALUES('我', '我', '我')
                        *
第 1 行出现错误:
ORA-12899: 列 "LEARNER"."TEST1"."C1" 的值太大 (实际值: 3, 最大值: 1)
SQL>INSERT INTO test1 VALUES('a', '我', '我');
INSERT INTO test1 VALUES('a', '我', '我')
                        *
第 1 行出现错误:
ORA-12899: 列 "LEARNER"."TEST1"."C2" 的值太大 (实际值: 3, 最大值: 2)
SQL>INSERT INTO test1 VALUES('a', 'a', '我');
已创建 1 行。
```

看执行结果的错误提示部分：“ORA-12899：列 "LEARNER"."TEST1"."C1" 的值太大（实际值：3，最大值：1)”和“ORA-12899：列 "LEARNER"."TEST1"."C2" 的值太大（实际值：3，最大值：2)”，说明不能将中文字符“我”插入到 C1 列和 C2 列中，因为中文字符“我”的实际长度是 3 个字节。但是由于 C3 列是以 CHAR 为单位定义的，因此无论中文字符占几个字节都可以插入，而 C1 列和 C2 列的长度分别是一个和两个字节，为了进一步确认，再执行下面的代码。

```
SQL>SELECT C1, DUMP(C1, 1016), C2,DUMP(C2, 1016), C3, DUMP(C3, 1016) FROM test1;
C1 DUMP(C1, 1016)        C2 DUMP(C2, 1016)        C3 DUMP(C3, 1016)
---------------- -------------------------  ----------------------
a  Typ=96 Len=1 Chara    a  Typ=96 Len=2 Chara    a  Typ=96 Len=1 Character
   cterSet=AL32UTF8: 61     cterSet=AL32UTF8: 61,20    Set=AL32UTF8: 61
a  Typ=96 Len=1 Chara    a  Typ=96 Len=2 Chara    我 Typ=96 Len=3 Character
   cterSet=AL32UTF8: 61     cterSet=AL32UTF8: 61,20    Set=AL32UTF8: e6,88,91
```

可以看出，当数据库使用 AL32UTF8 作为字符集时，一个中文字符要占 3 个字节（关于 DUMP 函数，请参考 10.6.2 节）。

现在以用户 learner 登录到 Server2 上为例，首先也是确认服务器的数据库字符集。

```
SQL>SELECT * FROM nls_database_parameters
2 WHERE parameter='NLS_CHARACTERSET';
PARAMETER            VALUE
----------------------------
```

```
NLS_CHARACTERSET    ZHS16GBK
```

可见数据库的字符集是 ZHS16GBK，然后执行下面的代码并查看结果。

```
SQL>CREATE TABLE test(C1 CHAR(1), C2 CHAR(2), C3 CHAR(1 CHAR));
表已创建。
SQL>INSERT INTO test VALUES('a', 'a', 'a');
已创建 1 行。
SQL>INSERT INTO test VALUES('我', '我', '我');
INSERT INTO test VALUES('我','我','我')
ORA-12899: 列 "LEARNER"."TEST"."C1" 的值太大 (实际值: 2, 最大值: 1)
SQL>INSERT INTO test VALUES('a', '我', '我');
已创建 1 行。
SQL>INSERT INTO test VALUES('a', 'a', '我');
已创建 1 行。
```

可见成功地将"我"插入到 C2 列中，然后执行下面的代码并查看结果。

```
SQL>SELECT C1, DUMP(C1, 1016), C2,DUMP(C2, 1016), C3, DUMP(C3, 1016) FROM test;
C1 DUMP(C1, 1016)         C2 DUMP(C2, 1016)          C3 DUMP(C3, 1016)
------------------        -----------------------    -------------------
a Typ=96 Len=1 Charact    a Typ=96 Len=2 Character a Typ=96 Len=1 Character
erSet=ZHS16GBK: 61          Set=ZHS16GBK: 61,20       Set=ZHS16GBK: 61
a Typ=96 Len=1 Charact    我 Typ=96 Len=2 Character  我 Typ=96 Len=2 Character
erSet=ZHS16GBK: 61          Set=ZHS16GBK: ce,d2       Set=ZHS16GBK: ce,d2
a Typ=96 Len=1 Charact    a Typ=96 Len=2 Character   我 Typ=96 Len=2 Character
erSet=ZHS16GBK: 61          Set=ZHS16GBK: 61,20       Set=ZHS16GBK: ce,d2
```

可以看到当数据库字符集为 ZHS16GBK 时，中文字符"我"占了两个字节。从上面的分析可知，对于 Oracle 数据库来说，不能简单地说一个中文字符占两个字节，因为不同的字符集中存储中文字符的长度是不同的。因此，如果要存储中文字符的话，一定要先明确数据库采用的字符集是什么，然后再设计存储的长度。

Oracle 数据库默认是以字节为 CHAR 类型和 VARCHAR2 类型的单位，这是由初始化参数 nls_length_semantics 决定的，下面的代码演示了如何查询该参数。

```
SQL>SELECT ndp.parameter, nsp.value "SESSION", nip.value instance, ndp.value
  2 database FROM NLS_SESSION_PARAMETERS nsp
  3 FULL OUTER JOIN NLS_INSTANCE_PARAMETERS nip ON nip.parameter=nsp.parameter
  4 FULL OUTER JOIN NLS_DATABASE_PARAMETERS ndp ON ndp.parameter=nsp.parameter
  5 WHERE ndp.parameter='NLS_LENGTH_SEMANTICS';
PARAMETER                    SESSION      INSTANCE      DATABASE
--------------------         --------     ----------    ----------
NLS_LENGTH_SEMANTICS         BYTE         BYTE          BYTE
```

查询结果中显示了会话级（SESSION）、实例级（INSTANCE）和数据库级（DATABASE）的 nls_length_semantics 参数的值，该参数值是有优先级别的，会话级设置＞实例级设置＞数据库级设置。可以使用 ALTER SESSION 或 ALTER SYSTEM 语句修改会话级或实例级的 nls_length_semantics 参数,下面的代码演示了该参数对 CHAR 类型的影响。

```
SQL>CREATE TABLE test(C1 CHAR(1), C2 CHAR(2), C3 CHAR(1 CHAR));
表已创建。
SQL>INSERT INTO test VALUES('我', '我', '我');
INSERT INTO test VALUES('我', '我', '我')
                         *
第 1 行出现错误:
ORA-12899: 列 "TEST"."TEST"."C1" 的值太大 (实际值: 2, 最大值: 1)
SQL>ALTER SESSION SET nls_length_semantics='CHAR';
会话已更改。--虽然修改了参数,但是对已经创建的列没有影响,因此下面的插入语句无法执行
SQL>INSERT INTO test VALUES('我', '我', '我');
INSERT INTO test VALUES('我', '我', '我')
                         *
第 1 行出现错误:
ORA-12899: 列 "TEST"."TEST"."C1" 的值太大 (实际值: 2, 最大值: 1)
SQL>DROP TABLE test;
表已删除。
SQL>CREATE TABLE test(C1 CHAR(1), C2 CHAR(2), C3 CHAR(1 CHAR));
表已创建。            --重新创建表之后就可以插入数据了
SQL>INSERT INTO test VALUES('我', '我', '我');
已创建 1 行。
```

(2) 关于 CHAR 类型和 VARCHAR2 类型之间的区别。

CHAR 类型数据的长度是固定的,如表的某一列定义为 CHAR(10),向这列插入一个字符串"install",因为"install"这个字符串不足 10 个字节的长度,那么 Oracle 数据库会在"install"后面自动加上 3 个空格,以补足 10 个字节的长度。执行下面的代码并查看结果。

```
SQL>CREATE TABLE test2(C1 CHAR(10), C2 VARCHAR2(10));
表已创建。
SQL>INSERT INTO test2 VALUES('install', 'install');
已创建 1 行。
SQL>INSERT INTO nls_test2 VALUES('发现者', '发现者');
已创建 1 行。
SQL>SELECT C1, DUMP(C1, 1016), C2, DUMP(C2, 1016) FROM test3;
```

C1	DUMP(C1,1016)	C2	DUMP(C2,1016)
install	Typ=96 Len=10 CharacterSet =AL32UTF8: 69,6e,73,74,61, 6c,6c,20,20,20	install	Typ=1 Len=7 CharacterSet =AL32UTF8: 69,6e,73,74,61, 6c,6c
发现者	Typ=96 Len=10 CharacterSet =AL32UTF8: e5,8f,91,e7,8e ,b0,e8,80,85,20	发现者	Typ=1 Len=9 CharacterSet =AL32UTF8: e5,8f,91,e7,8e, b0,e8,80,85

从结果可见,当 C1 列的值为"install"时,长度为 10(Len=10),有效长度为 7(即

"install"的长度),后面补了 3 个空格(空格在 AL32UTF8 和 ZHS16GBK 中都以十六进制的 20 表示),即在数据库中 C1 存储的是"install";C2 列的值为"install"时,长度为 7(Len=7),有效长度为 7(即"install"的长度),后面没有补空格。当 C1 列的值为"发现者"时,长度为 10(Len=10),有效长度为 9(即"发现者"的长度),后面补了一个空格;C2 列的值为"发现者"时,长度为 9(Len=9),有效长度为 9(即"发现者"的长度),后面没有补空格。

再执行下面的代码并查看结果。

```
SQL>SELECT * FROM test2 WHERE C1='install';
C1          C2
----------  ----------
install     install
SQL>SELECT * FROM test2 WHERE C2='install';
C1          C2
----------  ----------
install     install
SQL>SELECT * FROM test2 WHERE C1='install ';     --注意此处 install 后有多个空格
C1          C2
---------   --------
install     install
SQL>SELECT * FROM test2 WHERE C1='install ';     --注意此处 install 后有多个空格
未选定行
```

Oracle 数据库会自动将 CHAR 类型数据中的空格删掉,因此对于第一个查询,虽然 C1 列中存储的是"install",但是使用查询条件"install"仍然能够查询到记录;当查询 CHAR 类型数据时,Oracle 数据库会自动截掉查询条件后面的空格,因此对于第三个查询,虽然 C1 中存储的是"install",但是使用查询条件"install"仍然能够查询到记录。对于 VARCHAR2 类型则不会进行上述两方面的处理。

(3) NCHAR 类型和 NVARCHAR2 类型。

中文字符和英文字符在 NCHAR 类型和 NVARCHAR2 类型中的长度是相同的,都用两个字节表示一个字符。例如,NCHAR(10)可以存储 10 个英文字母/汉字或中英文组合,这里的 10 定义的是字符数而不是字节数。将上面的代码稍加修改为下面的代码,并查看运行结果。

```
SQL>CREATE TABLE test3(C1 NCHAR(10), C2 NVARCHAR2(10));
表已创建。
SQL>INSERT INTO test3 VALUES('install', 'install');
已创建 1 行。
SQL>INSERT INTO test3 VALUES('发现者', '发现者');
已创建 1 行。
SQL>SELECT C1, DUMP(C1, 1016), C2, DUMP(C2, 1016) FROM test3;
C1        DUMP(C1,1016)                C2        DUMP(C2,1016)
-------   --------------------         -------   --------------------
install   Typ=96 Len=20 CharacterSet   install   Typ=1 Len=14 CharacterSet
          =AL16UTF16: 0,69,0,6e,0,73             =AL16UTF16: 0,69,0,6e,0,73
```

	,0,74,0,61,0,6c,0,6c,0,20,		,0,74,0,61,0,6c,0,6c
发现者	Typ=96 Len=20 CharacterSet	发现者	Typ=1 Len=6 CharacterSet
	=AL16UTF16: 53,d1,73,b0,80		=AL16UTF16: 53,d1,73,b0,80,5
	,5,0,20,0,20,0,20,0,20,0,		
	20,0,20,0,20		

注意：NCHAR 类型和 NVARCHAR2 类型在 Oracle 数据库中采用的编码是 AL16UTF16，它与数据库字符集无关，因此上面的 SQL 语句在 Server1 和 Server2 中的执行效果是相同的。对于"install"中的每个英文字符都以两个字节表示，如 0,69 表示"i"、0,6e 表示"n"、0,20 表示空格，实际上 i、n、空格对应的十六进制的 ASCII 码就是 69、6e、20，只是 NCHAR 类型和 NVARCHAR2 类型都用两个字节表示一个字符，因此前面都补了一个 0。

除了可以使用表 6.1 中的 Oracle 数据库的内置字符类型外，还可以使用 ANSI 标准的 SQL 字符类型，但是 Oracle 会将 ANSI 标准的字符类型转换为内置字符类型。下面的代码先创建了一个由各种字符类型的数据列组成的表，然后使用静态数据字典视图 user_tab_columns 查看列的类型及长度。

```
SQL>CREATE TABLE chars (
2 C1 CHARACTER(10), C2 CHAR(10),
3 C3 CHARACTER VARYING(10), C4 CHAR VARYING(10), C5 VARCHAR(10),
4 C6 NATIONAL CHARACTER(10), C7 NATIONAL CHAR(10), C8 NCHAR(10),
5 C9 NATIONAL CHARACTER VARYING(10), C10 NATIONAL CHAR VARYING(10),
6 C11 NCHAR VARYING(10) );
SQL>SELECT column_name, data_type, data_length FROM user_tab_columns
2 WHERE table_name='CHARS';
COLUMN_NAME         DATA_TYPE        DATA_LENGTH
-----------         ---------        -----------
C1                  CHAR             10
C2                  CHAR             10
C3                  VARCHAR2         10
C4                  VARCHAR2         10
C5                  VARCHAR2         10
C6                  NCHAR            20
C7                  NCHAR            20
C8                  NCHAR            20
C9                  NVARCHAR2        20
C10                 NVARCHAR2        20
C11                 NVARCHAR2        20
```

从结果可以看出，ANSI 标准的 SQL 数据类型对应于 Oracle 的哪种内置数据类型，如 CHARACTER VARYING、CHAR VARYING 和 VARCHAR 这 3 种类型在 Oracle 的内部都是以 VARCHAR2 类型来处理的。表 6.2 显示了 ANSI 标准的 SQL 字符类型和 Oracle 数据库内置字符类型的对应关系。

表 6.2　ANSI 标准的字符类型和 Oracle 数据库内置字符类型的对应关系

ANSI 标准的 SQL 字符类型	Oracle 内置字符类型
CHARACTER(n)、CHAR(n)	CHAR(n)
CHARACTER VARYING(n)、CHAR VARYING(n)、VARCHAR(n)	VARCHAR2(n)
NATIONAL CHARACTER(n)、NATIONAL CHAR(n)、NCHAR(n)	NCHAR(n)
NATIONAL CHARACTER VARYING（n）、NATIONAL CHAR VARYING(n)、NCHAR VARYING(n)	NVARCHAR2(n)

6.2.2　数值型

数值型是用于表示业务逻辑中具有数字意义的数据,数值类型的数据在使用时不必使用单引号引起来。数值有整数和小数两种,因此数值型数据对应地可以分成整型和浮点型两类。

(1)整型:只能表示整数类型的数据,在 Oracle 数据库中用 NUMBER、INTEGER 等表示。定义为整型的列一般用于存储只能用整数表示的数据,如人的年龄、学生的数量等。

(2)浮点型:表示小数类型的数据,在 Oracle 数据库中用 NUMBER、FLOAT、REAL等表示,通常将用于精确计算的浮点型命名为 NUMERIC 或 DECIMAL,非精确的浮点型命名为 FLOAT、REAL 等。定义为浮点型的列一般用于存储用小数表示的数据,如员工的工资、学生的考试成绩等。

表 6.3 列出了 Oracle 数据库的主要数值类型。

表 6.3　Oracle 数据库的主要数值类型

数 值 类 型	说　明
NUMBER[(precision [，scale])]	变长度数值类型,可以用来存储 0、正负定点或者浮点数。其中,precision 指定精度,即最大的数字位数(小数点前和后的数字位数的总和),最大位数为 38 位;scale 指定小数点右边的数字位数
FLOAT[(Precision)]	NUMBER 的子类型,最大精度是 38 位
BINARY_FLOAT	存储单精度 32 位浮点数
BINARY_DOUBLE	存储双精度 64 位浮点数
DOUBLE PRECISION	NUMBER 的子类型。变动长度的数值,最大精度是 38 位
REAL	NUMBER 的子类型。变动长度的数值,最大精度是 18 位
INT、INTEGER 和 SMALLINT	NUMBER 的子类型。整数数值,最大精度是 38 位

1. NUMBER 类型

在 Oracle 数据库中 NUMBER 类型可以用来存储 0、正负定点或者浮点数,可表示数据的绝对值的范围在 $1.0 \times 10^{-130} \sim 1.0 \times 10^{126}$ 之间,但不包括 1.0×10^{126},如果超出这个范围就会报错。每个 NUMBER 类型的数据需要 1～22 个字节存储。

(1)如果不带任何参数,则表示声明一个浮点数,语法格式为 NUMBER。定义后数据的范围就是 Oracle 数据库所能表示的最大范围。

（2）声明一个定点数的语法格式为 NUMBER(p,s)。

说明：

① p 代表精度，即有效的十进制数的最大位数，$1 \leqslant p \leqslant 38$；$s$ 代表标度，即指定小数点右边的最大位数，也就是要精确到小数点后多少位，$-84 \leqslant s \leqslant 127$。

② 当 $p < s +$ 数据整数部分的位数时，就会报错。

③ 当 $s <$ 数据小数部分的位数时，就会进行四舍五入。

④ 当 $s < 0$ 时，就会对小数点左边的 s 个数字进行四舍五入。

⑤ 当 $s > p$ 时，表示小数点后第 s 位向左最多可以有 p 位数字，如果大于 p 则 Oracle 报错，第 s 位之后的数字进行四舍五入。

（3）声明一个定点整数的语法格式为 NUMBER(p)，即相当于 NUMBER(p，0)。

例 6.3 使用 NUMBER 类型定义数据。

```
SQL>CREATE TABLE testnumbers(
2    n1 NUMBER(8), n2 NUMBER(8), n3 NUMBER(8, 1), n4 NUMBER(8, 2),
3    n5 NUMBER(8, 8), n6 NUMBER(8, 10), n7 NUMBER(8, -2),
4    n8 NUMBER(8, -2), n9 NUMBER(*, 2)
5    );
表已创建。
SQL>INSERT INTO testnumbers
2 VALUES(123.45678, 1234.5678, 1234.5678, 1234.5678,
3       0.12345, 0.00123456789, 1245.5678, 1250.5678, 12345678912.345);
已创建 1 行。
SQL>SELECT * FROM testnumbers;
 N1   N2    N3      N4       N5          N6         N7    N8    N9
 ---  ----  ------  ------   ---------   ----------  ----  ----  -----------
 123  1235  1234.6  1234.57  0.12345000  0.0012345679  1200  1300  12345678912.35
```

可见，对于 NUMBER(8)，会将小数部分四舍五入，所以 n1 为 123，n2 为 1235；NUMBER(8,1)和 NUMBER(8，2)分别保留小数点后 1 位和 2 位，所以 n3 为 1234.6，n4 为 1234.57；NUMBER(8,8)和 NUMBER(8，10)都表示小数点后第 8 位向左有 8 位有效数字，因此 NUMBER(8,8)的有效数据是从小数点后的第 1 位开始，而 NUMBER(8，10) 的有效数据是从小数点后的第 3 位开始（即必须是 0.00XXXX…的形式），所以 n5 为 0.123 450 00，n6 为 0.001 234 567 9；NUMBER(8，－2)表示对小数点左边 2 位进行四舍五入，即进位到百位，所以 n7 为 1200，n8 为 1300；n9 的定义 NUMBER(＊,2)中"＊"表示精度的数目没有明确值，相当于最大精度为 125 位，即只要在 NUMBER 所能表示的最大范围内即可。

2. FLOAT 类型

FLOAT 类型是 NUMBER 类型的子类型，只能用于表示浮点数，可以为其指定精度，也可以不指定精度，但不能为 FLOAT 类型指定标度。精度的含义与 NUMBER 类型相同，精度范围为 1～126。每个 FLOAT 类型的数据也需要 1～22 个字节存储。

（1）如果不带任何参数，则表示声明一个浮点数，语法格式为 FLOAT。定义后数据的范围就是 Oracle 所能表示的最大范围。

（2）指定精度的 FLOAT 类型定义的语法格式为 FLOAT(p)。

要注意的是，此处的 p 是以二进制的形式表示的精度，而不是像 NUMBER 类型的精度参数那样以十进制的形式表示。把二进制的精度转换成十进制精度的方法就是 $p \times 0.30103$，然后再求整，即 int(p * 0.30103)，反之为 int(p/3.32193)。

例 6.4 使用 FLOAT 类型定义浮点数。

```
SQL>CREATE TABLE testfloats(
2 f1 FLOAT, f2 FLOAT(5), f3 FLOAT(10)
3 );
表已创建。
SQL>INSERT INTO testfloats VALUES(1234.5678, 1234.5678, 1234.5678);
已创建 1 行。
SQL>SELECT f1, f2, f3 FROM testfloats;
        F1              F2            F3
------------    -------   ------------
    1234.5678       1200          1235
```

对于 f1 而言没有定义精度，因此能够完全显示插入的数据；f2 定义为 FLOAT(5)，即精度为 int(5 * 0.301 03)＝1，所以插入的数据 1 234.567 8 化为浮点型为 $1.234\,567\,8 \times 10^3$，因为精度为 1，所以只能保留小数点后 1 位，变为 1.2×10^3，即 1200；f3 定义为 FLOAT(10)，即精度为 int(10 * 0.301 03)＝3，所以插入的数据 1 234.567 8 化为浮点型为 $1.234\,567\,8 \times 10^3$ 因为精度为 3，所以只能保留小数点后 3 位，变为 1.235×10^3，（注意要四舍五入），即 1235。

3. BINARY_FLOAT 和 BINARY_DOUBLE 类型

BINARY_FLOAT 和 BINARY_DOUBLE 类型用于表示非精确的浮点型数据。BINARY_FLOAT 表示 32 位的单精度浮点数，每个 BINARY_FLOAT 类型的数据占 4 个字节，小数点后的最大有效数据位是 7 位，从第 8 位开始四舍五入；BINARY_DOUBLE 表示 64 位的双精度浮点数，每个 BINARY_DOUBLE 类型的数据占 8 个字节，小数点后的最大有效数据位是 16 位，从第 17 位开始四舍五入。

例 6.5 使用 BINARY_FLOAT 和 BINARY_DOUBLE 类型定义浮点数。

```
SQL>CREATE TABLE testbfd(
2 n1 NUMBER, n2 FLOAT, n3 BINARY_FLOAT, n4 BINARY_DOUBLE
3 );
表已创建。
SQL>INSERT INTO testbfd
2 VALUES(123456789.123456789, 123456789.123456789,
3         123456789.123456789, 123456789.123456789);
已创建 1 行。
SQL>COL n1 FORMAT 999999999.999999999
SQL>COL n2 FORMAT 999999999.999999999
SQL>COL n3 FORMAT 999999999.999999999
SQL>COL n4 FORMAT 999999999.999999999
```

```
SQL>SELECT n1, n2, n3, n4 FROM testbfd;
         N1                    N2                    N3                    N4
------------------------------------------------------------------------------
123456789.123456789  123456789.123456789  123456792.000000000  123456789.123456790
```

从上面的例子可以看出，NUMBER 类型和 FLOAT 类型都能正确地存储数据。但是 n3 插入的数据 123 456 789.123 456 789 表示为浮点形式为 $1.234\,567\,891\,234\,567\,89\times10^8$，由于 BINARY_FLOAT 类型的最大有效数据位是小数点后的 7 位，从第 8 位开始四舍五入，因此为 $1.2345679\text{XXX}\cdots\times10^8$，XXX… 是非精确的值；n4 插入的数据 123 456 789.123 456 789 表示为浮点形式为 $1.234\,567\,891\,234\,567\,89\times10^8$，由于 BINARY_DOUBLE 类型的最大有效数据位是小数点后的 16 位，从第 17 位开始四舍五入，因此为 $1.234\,567\,891\,234\,567\,9\text{X}\times10^8$，X 是非精确的值。

BINARY_FLOAT 和 BINARY_DOUBLE 类型的数据在 Oracle 内部的存储方式不同于 NUMBER 类型，其精度是以二进制的形式存储的，因此不能精确地表示所有的十进制精度的数据，从而在进行精确计算时不能使用。但是使用它们进行计算的速度要比使用 NUMBER 类型快，而且占用更少的存储空间。当处理的数据量非常庞大，而又对精度要求不高时，如进行数据挖掘或复杂数值分析时，可以使用这两种类型以带来显著的性能提升。

例 6.6　数值型数据综合示例，例子中使用了各种数值型数据，并使用 user_tab_columns 视图了解各个数据类型的精度和标度。

```
SQL>CREATE TABLE numbers (
2 n1 NUMBER, n2 NUMBER(10), n3 NUMBER(10,2), n4 NUMBER(*,2),
3 n5 NUMERIC, n6 NUMERIC(10), n7 NUMERIC(10,2), n8 NUMERIC(*,2),
4 n9 DECIMAL, n10 DECIMAL(10), n11 DECIMAL(10,2), n12 DECIMAL(*,2),
5 n13 INTEGER, n14 INT, n15 SMALLINT,
6 n16 FLOAT, n17 FLOAT(10), n18 DOUBLE PRECISION, n19 REAL
7 );
表已创建。
SQL>SELECT column_name, data_precision, data_scale
2 FROM user_tab_columns WHERE table_name='NUMBERS';
COLUMN_NAME    DATA_PRECISION    DATA_SCALE
-------------------------------------------------
N1
N2                  10                 0
N3                  10                 2
N4                   2
N5                                     0
N6                  10                 0
N7                  10                 2
N8                   2
N9                                     0
N10                 10                 0
N11                 10                 2
N12                  2
```

```
N13          0
N14          0
N15          0
N16          126
N17          10
N18          126
N19          63
```

6.2.3 日期时间型

日期时间型用于表示业务逻辑中具有时间意义的数据,Oracle 数据库不提供单独的时间类型,而是将日期和时间放在一起。日期时间型的数据在使用时也必须使用单引号引起来。表 6.4 列出了 Oracle 数据库的日期类型。

表 6.4   Oracle 数据库的日期类型

数 据 类 型	描　　　述
DATE	日期时间类型,包括世纪、4 位年、月、日、小时、分和秒
TIMESTAMP [(fractional _ seconds_precision)]	时间戳类型,包括世纪、4 位年、月、日、小时、分和秒。其中 fractional_ seconds_precision 指定秒的小数部分的精度(0~9 的整数,默认为 6)。默认格式由 nls_timestamp_format 参数指定
TIMESTAMP [(fractional _ seconds _ precision)] WITH TIME ZONE	该类型在 TIMESTAMP 类型的基础上增加了时区信息。默认格式由 nls_timestamp_format 参数指定
TIMESTAMP [(fractional _ seconds _ precision)] WITH LOCAL TIME ZONE	在 TIMESTAMP WITH TIME ZONE 的基础上增加了时区转换功能。在用户提交时间给数据库时,该类型会转换成数据库的时区来保存数据。当用户访问数据库的该类型数据时,Oracle 数据库会将其转换成客户端的时间来显示
INTERVAL YEAR [(year _ precision)] TO MONTH	以年和月为单位表示的时间间隔,years_precision 指定年的精度(0~9 的整数,默认为 2)
INTERVAL DAY [(day _ precision)] TO SECOND [(fractional_seconds)]	以日和秒为单位表示的时间间隔,days_precision 指定日的精度(0~9 的整数,默认为 2),fractional_seconds 指定秒的精度(0~9 的整数,默认是 6)

1. DATE 类型

DATE 类型用于存储日期和时间信息,包括世纪、年、月、日、时、分、秒,最小精度为秒。其默认格式由 nls_date_format 参数指定,下面的代码演示了如何查看 NLS_DATE_FORMAT。

```
SQL>SELECT * FROM nls_session_parameters WHERE parameter='NLS_DATE_FORMAT';
PARAMETER              VALUE
---------------        ------------------
NLS_DATE_FORMAT        DD-MON-RR
```

格式为"DD-MON-RR",即以日-月-年的格式显示。默认情况下,DATE 类型只显示日期数据而不显示时间数据(这是指在 SQL ∗ Plus 中,但是在 PL/SQL Developer 等工具中可以显示完整的日期和时间信息),因此可以使用 TO_CHAR 函数将其格式化并转化成字符类型再显示。

可以使用 SYSDATE 函数来获取服务器的当前时间,它返回的是 DATE 类型的数据。下面的例子将 TO_CHAR 函数和 SYSDATE 函数联合使用获取服务器的当前时间并对其进行了格式化。

例 6.7 使用 SYSDATE 函数获取当前服务器的时间。

```
SQL> SELECT SYSDATE AS now1, TO_CHAR(SYSDATE, 'YYYY/MM/DD HH24:MI:SS') AS now2
2 FROM dual;
NOW1              NOW2
------------------------------
24-2月 -12        2012/02/24 20:20:38
```

2．TIMESTAMP(时间戳)类型

TIMESTAMP 也是一种存储日期和时间的数据类型,但是它对 DATE 类型进行了扩展,所能表示的时间信息比 DATE 类型更加精确,因为它不仅包括了世纪、年、月、日、时、分、秒的信息,而且还包括了小数秒的信息,默认格式由 NLS_TIMESTAMP_FORMAT 参数指定。下面的代码演示了如何查看 nls_timestamp_format 参数。

```
SQL>SELECT * FROM nls_session_parameters
2 WHERE parameter='NLS_TIMESTAMP_FORMAT';
PARAMETER              VALUE
----------------------------------------------------
NLS_TIMESTAMP_FORMAT   DD-MON-RR HH.MI.SSXFF AM
```

可以使用 SYSTIMESTAMP 函数来获取服务器的当前时间,它返回 TIMESTAMP 类型的数据。

例 6.8 分别使用 SYSDATE 函数和 SYSTIMESTAMP 函数获取当前服务器的时间。

```
SQL>SELECT SYSDATE, SYSTIMESTAMP FROM dual;
SYSDATE           SYSTIMESTAMP
----------------------------------------------------
24-2月 -12        24-2月 -12 08.16.39.812000上午 + 08:00
```

显然,TIMESTAMP 类型的数据显示的时间信息更为精确。

例 6.9 时间戳类型使用示例。

```
SQL>CREATE TABLE testtimestamp(
2 t1 TIMESTAMP DEFAULT SYSTIMESTAMP,              --精度默认为6
3 t2 TIMESTAMP(8) DEFAULT SYSTIMESTAMP,           --精度设置为8
4 t3 TIMESTAMP WITH TIME ZONE DEFAULT SYSTIMESTAMP,
5 t4 TIMESTAMP WITH LOCAL TIME ZONE DEFAULT SYSTIMESTAMP
6 );
表已创建。
```

```
SQL> INSERT INTO testtimestamp(t1) VALUES(SYSTIMESTAMP);
已创建 1 行。
SQL> SELECT t1, t2 FROM testtimestamp;
T1                              T2
----------------------------------------------------------------
18-2月 -12 08.12.23.472000 下午   18-2月 -12 08.12.23.47200000 下午
SQL> SELECT t3, t4 FROM testtimestamp;
T3                                T4
----------------------------------------------------------------
18-2月 -12 08.12.23.472000 下午 + 08:00   18-2月 -12 08.12.23.472000 下午
SQL> INSERT INTO testtimestamp(t1, t2, t3, t4)
2 VALUES(TO_TIMESTAMP('14-12月 -11 10.46.41.12345678 上午', 'DD-MON-RR hh:mi:ss.ff
AM'),
3 TO_DATE('14-12月 -11 10.46.41', 'DD-MON-RR hh:mi:ss'),
4 TIMESTAMP '2011 - 12 - 14 13:46:41.12345678', TIMESTAMP '2011 - 12 - 14 13:46:41.
12345678');
已创建 1 行。
SQL> SELECT t1, t2 FROM testtimestamp WHERE t1='14-12月 -11 10.46.41.123457 上午';
T1                              T2
----------------------------------------------------------------
14-12月 -11 10.46.41.123457 上午 14-12月 -11 10.46.41.00000000 上午
SQL> SELECT t3, t4 FROM testtimestamp WHERE t1='14-12月 -11 10.46.41.123457 上午';
T3                                T4
----------------------------------------------------------------
14-12月 -11 01.46.41.123457 下午 + 08:00 14-12月 -11 01.46.41.123457 下午
```

表中创建了4个列,都是时间戳类型,t1 列采用默认值,t2 列将精度设置为 8,t3 列带有时区信息,t4 列带有本地时区信息。第一条插入语句将当前时间插入到 4 个列中,t2 列的结果中精度为 8 位,t3 列的结果中显示了时区信息(＋08:00,中国),可以使用 DBTIMEZONE 和 SESSIONTIMEZONE 获取数据库服务器所在的时区和当前会话所在时区,如下面的代码所示。

```
SQL> SELECT DBTIMEZONE, SESSIONTIMEZONE FROM dual;
DBTIME        SESSIONTIMEZONE
----------------------
+ 00:00       + 08:00
```

第二条插入语句将指定的时间插入到 4 个列中,注意插入数据的写法,可以使用 TO_TIMESTAMP 函数将指定格式的数据插入,也可以使用 TIMESTAMP 常量插入。

3. INTERVAL 类型

DATE 类型和 TIMESTAMP 类型表示的时间都是某个时刻的时间,也就是表示的是时间点,Oracle 数据库还提供了一种表示时间间隔的数据类型,即 INTERVAL 类型。

(1)以年和月为单位表示的时间间隔。定义该类型的语法格式如下:

```
INTERVAL YEAR [(year_precision)] TO MONTH
```

在向该类型的数据列中插入或更新数据时可以使用如下格式:

```
INTERVAL '[+|-] [Y] [-M]' YEAR [(year_precision)] [TO MONTH]
```

"+"和"-"是可选的,用来说明时间间隔是正数还是负数(默认为正数);Y 和 M 是代表年和月的整数;year_precision 是一个可选参数,表示年的精度(0~9 的整数,默认为 2)。表 6.5 举例说明了以年和月为单位表示的时间间隔类型的使用方法。

表 6.5 以年和月为单位表示的时间间隔的示例

举 例	说 明
INTERVAL '12-3' YEAR TO MONTH	表示时间间隔为 12 年 3 个月,年的精度是默认值 2
INTERVAL '123' YEAR(3) 等同于 INTERVAL '123-0' YEAR(3)	表示时间间隔为 123 年 0 个月,年的精度是 3
INTERVAL '123' MONTH 等同于 INTERVAL '10-3' YEAR TO MONTH	表示时间间隔为 10 年 3 个月,年的精度是默认值 2
INTERVAL '123' YEAR	表示时间间隔为 123 年 0 个月,年的精度是 3

例 6.10 以年和月为单位表示的时间间隔类型的使用示例。

```
SQL>CREATE TABLE test(id NUMBER(9), time INTERVAL YEAR(4) TO MONTH);
表已创建。
SQL>INSERT INTO test VALUES(1, INTERVAL '12-3' YEAR TO MONTH);
已创建 1 行。
SQL>SELECT id, time FROM test;
ID   TIME
--- ----------
1    + 0012-03
SQL>UPDATE test SET time=time+INTERVAL '-1-6' YEAR TO MONTH;
已更新 1 行。
SQL>SELECT id, time FROM test;
ID   TIME
--- ----------
1    + 0010-09
SQL>UPDATE test SET time=time+INTERVAL '6' MONTH;
已更新 1 行。
SQL>SELECT id, time FROM test;
ID   TIME
--- ----------
1    + 0011-03
```

(2) 以天和时分秒为单位表示的时间间隔。定义该类型的语法格式如下:

```
INTERVAL DAY[( days_precision)] [TO HOUR | MINUTE | SECOND[(fractional_seconds)]]
```

day_precision 是一个可选参数,用来说明天的精度(0~9 的整数,默认为 2);fractional_seconds 也是一个可选参数,用来说明秒的精度(0~9 的整数,默认为 6)。

在向该类型的数据列中插入或更新数据时可以使用如下格式:

```
INTERVAL '[+|-][ D] [ H[: M[: S]]]' [ ( precision ) ] [TO HOUR | MINUTE | SECOND[(
fractional_seconds )]]
```

"＋"和"－"是可选参数,用来说明时间间隔是正数还是负数(默认为正数)。D、H、M
和 S 是分别代表天、小时、分和秒的整数,如果指定了天和小时,必须在 INTERVAL 子句中
包含 TO HOUR;如果指定了天和分,必须在 INTERVAL 子句中包含 TO MINUTES;如
果指定了天和秒,必须在 INTERVAL 子句中包含 TO SECOND。precision 表示天、小时、
分和秒的精度,fractional_seconds 用来说明秒的精度(0~9 的整数,默认为 6)。表 6.6 举例
说明了以天和时分秒为单位表示的时间间隔类型的使用方法。

表 6.6　以天和时分秒为单位表示的时间间隔类型的示例

举　　例	说　　明
INTERVAL '12 3' DAY TO HOUR	表示时间间隔为 12 天 3 小时,天的精度是默认值 2
INTERVAL '1 2:3' DAY TO MINUTE	表示时间间隔为 1 天 2 小时 3 分
INTERVAL '1 2:3:4' DAY TO SECOND	表示时间间隔为 1 天 2 小时 3 分 4 秒,秒的精度是默认值 6
INTERVAL '12:34' HOUR TO MINUTE	表示时间间隔为 12 小时 34 分
INTERVAL '12:34' MINUTE TO SECOND	表示时间间隔为 12 分 34 秒
INTERVAL '123' DAY(3)	表示时间间隔为 123 天,天的精度是 3
INTERVAL '12' HOUR	表示时间间隔为 12 小时
INTERVAL '123' HOUR(3)	表示时间间隔为 123 小时,小时的精度是 3
INTERVAL '12.34567' SECOND(2,4)	表示时间间隔为 12.34567 秒,秒的精度是 3,小数秒的有效位是 4 位,因此要进行四舍五入,结果为 12.3457

例 6.11　以天和时分秒为单位表示的时间间隔类型的使用示例。

```
SQL>CREATE TABLE test(id NUMBER(9), time INTERVAL DAY TO SECOND);
表已创建。
SQL>INSERT INTO test VALUES(1, INTERVAL '12 3' DAY TO HOUR);
已创建 1 行。
SQL>INSERT INTO test VALUES(2, INTERVAL '1 2:3' DAY TO MINUTE);
已创建 1 行。
SQL>INSERT INTO test VALUES(3, INTERVAL '1 2:3:4' DAY TO SECOND);
已创建 1 行。
SQL>INSERT INTO test VALUES(4, INTERVAL '12:34' HOUR TO MINUTE);
已创建 1 行。
SQL>INSERT INTO test VALUES(5, INTERVAL '12:34' MINUTE TO SECOND);
已创建 1 行。
SQL>INSERT INTO test VALUES(6, INTERVAL '123' DAY(3));
INSERT INTO test VALUES(6, INTERVAL '123' DAY(3))
                              *
第 1 行出现错误:
```

```
ORA-01873: 间隔的前导精度太小 -- 超过默认的精度
SQL> INSERT INTO test VALUES(7, INTERVAL '12' HOUR);
已创建 1 行。
SQL> INSERT INTO test VALUES(8, INTERVAL '123' HOUR(3));
已创建 1 行。
SQL> INSERT INTO test VALUES(9, INTERVAL '12.34567' SECOND(2,4));
已创建 1 行。
SQL> INSERT INTO test VALUES(10, INTERVAL '12.123456789' SECOND(2,9));
已创建 1 行。
SQL> SELECT id, time FROM test;
    ID  TIME
  ----  ---------------------
     1  +12 03:00:00.000000
     2  +01 02:03:00.000000
     3  +01 02:03:04.000000
     4  +00 12:34:00.000000
     5  +00 00:12:34.000000
     7  +00 12:00:00.000000
     8  +05 03:00:00.000000
     9  +00 00:00:12.345700
    10  +00 00:00:12.123457
已选择 9 行。
```

6.2.4　rowid 类型

数据表中的所有行都由一个地址信息来标识该行记录在磁盘上的物理位置,在 Oracle 数据库中将存储这种地址信息的类型称为 rowid 类型。rowid 伪列存储的数据就是 rowid 类型的数据,因此可以通过查询 rowid 伪列获得每行记录的 rowid。rowid 具有唯一性,即数据库中任意两行记录的 rowid 都是不相同的。rowid 并没有物理地存储在数据库中,而是通过存储数据的文件和数据块的位置计算得来的,rowid 是存储在索引中的一组既定的值(当行确定后)。使用 rowid 是访问表中一行的最快方式。

rowid 需要 10 个字节来存储,显示为 18 位的字符串,其组成方式是数据对象编号(6位)＋ 文件编号(3 位)＋ 块编号(6 位)＋ 行编号(3 位),这些字符基于 BASE64 编码,可以由大小写英文字母、数字 0~9、加号(＋)和正斜线(/)共 64 个字符组成,格式为:

数据对象编号　文件编号　　块编号　　行编号
　OOOOOO　　 FFF　　BBBBBB　RRR

(1) 数据对象编号(data object id,0~4 294 967 295):范围从 1bit 到 32 bit(字节 1 到字节 4)。

(2) 表空间中的文件编号(file number,0~4095):范围从 33bit 到 44bit(字节 5 到字节 6 的前半部分)。

(3) 表空间中的块编号(block number,0~1 048 575):范围从 45bit 到 64bit(字节 6 的后半部分和字节 7、8)。

（4）块中的行编号（row number，0～65 535）：范围从 65bit 到 80bit（字节 9 和字节 10）。

例 6.12　查询学号为 0807010303 的学生记录的 rowid。

```
SQL>SELECT rowid FROM student WHERE s_id='0807010303';
ROWID
------------------
AAASaBAAEAAAAKFAAF
```

rowid 不能被直接使用，可以借助 Oracle 数据库提供的 DBMS_ROWID 包来获取 rowid 的详细信息。

例 6.13　使用 DBMS_ROWID 包来查询学号为 0807010303 的学生记录的 rowid 及其详细信息。

```
SQL>SELECT ROWID,
2 DBMS_ROWID.ROWID_OBJECT(rowid) "OBJECT_NUMBER",
3 DBMS_ROWID.ROWID_RELATIVE_FNO(rowid) "FILE_NUMBER",
4 DBMS_ROWID.ROWID_BLOCK_NUMBER(rowid) "BLOCK_NUMBER",
5 DBMS_ROWID.ROWID_ROW_NUMBER(rowid) "ROW_NUMBER"
6 FROM student WHERE s_id='0807010303';
ROWID              OBJECT_NUMBER   FILE_NUMBER   BLOCK_NUMBER   ROW_NUMBER
------------------ -----------   -----------   ------------   ----------
AAASaBAAEAAAAKFAAF     75393           4            645            5
```

例 6.14　使用 DBMS_ROWID 包来查询 rowid 为 AAASaBAAEAAAAKFAAF 的记录的物理位置信息。

```
SQL>SELECT file_name FROM dba_data_files WHERE file_id=
2 DBMS_ROWID. ROWID_TO_ABSOLUTE_FNO('AAASZ/AAEAAAAJsAAA', user, 'TEACHER');
FILE_NAME
--------------------------------------------------------
G:\APP\ADMINISTRATOR\ORADATA\ORCL\USERS01.DBF
```

6.2.5　大对象类型

大对象类型（Large Object，LOB）用于存储大型的、非结构化的数据（如文本、视频、图片等），Oracle 数据库提供了 4 种大对象类型。

（1）CLOB：字符型大对象，可以存储各种类型的字符数据，主要是存储英文字符。

（2）NCLOB：使用国家字符集的字符型大对象，使用多字节存储各种字符数据，主要是存储非英文字符。

（3）BLOB：二进制大对象，主要用于存储二进制数据。这种类型用于存储大量的二进制数据，如图片、视频等。

（4）BFILE：二进制文件大对象，其实质是指向数据库外部文件系统中文件的指针。BFILE 类型提供了文件内容的只读访问。

6.2.6　不同数据类型之间的转换

Oracle 数据库对不同数据类型的数据进行转换的方法有两种,一是自动转换,二是使用转换函数进行转换(详见 10.5 节)。Oracle 数据库可以自动进行如下的类型转换:

字符型(CHAR、NCHAR、VARCHAR2、NVARCHAR2)与数值型(NUMBER)之间的相互转换;字符型与日期时间型(DATE)之间的相互转换;字符型与 rowid 类型之间的相互转换;字符型与 CLOB 和 NCLOB 类型之间的相互转换。

在转换时有以下一些基本的原则:

(1) 进行算术运算时,Oracle 数据库会自动将字符型转换为数值型或日期时间型,如下面的代码所示。

```
SQL>SELECT '123.456' + 10, '123.456' * '10' FROM dual;
 '123.456'+ 10    '123.456' * '10'
----------- ---------------
    133.456         1234.56
SQL>SELECT SYSDATE - '10' d1,
2 TO_DATE('2011-12-24', 'YYYY/MM/DD') + '31' d2 FROM DUAL;
    D1              D2
---------- -----------
 2011-12-15     2012/01/24
```

第一条查询中先将字符串与数值做加法运算,又将两个字符串做乘法运算,其过程都是先将字符串转换为数值再进行运算。第二条查询中分别将日期时间型数据与字符串做减法和加法运算,其过程都是先将字符串转换为日期型再进行运算。

(2) 使用连接操作符(||)时,Oracle 数据库会把非字符型的数据转换为字符型,如下面的代码所示。

```
SQL>SELECT 12 || '34', 'abc' || 123 FROM dual;
 12||'34'    'ABC'||123
-------- ----------
   1234        abc123
```

(3) 对于查询语句,当查询条件中进行比较的是字符型和数值型的数据时,如果数据列是字符型,则 Oracle 数据库会自动将数据列的数据转换为数值型的数据;如果数据列是数值型,则 Oracle 数据库会自动将条件值的数据转换为字符型的数据。当进行比较的是字符型和日期时间型的数据时,Oracle 数据库会自动将字符型的数据转换为日期时间型的数据,如下面的代码所示。

```
SQL>CREATE TABLE test(id NUMBER, content VARCHAR2(2));
表已创建。
SQL>INSERT INTO test VALUES(1, 'ha');
已创建 1 行。
SQL>SELECT * FROM test WHERE id='a';
SELECT * FROM test WHERE id='a'
```

```
                                    *
第 1 行出现错误:
ORA-01722: 无效数字                    --无法转换,说明转换的是条件值
SQL>SELECT * FROM test WHERE content=1;
SELECT * FROM test WHERE content=1
                                    *
第 1 行出现错误:
ORA-01722: 无效数字                    --无法转换,说明转换的是数据列
```

（4）对于插入语句和更新语句,Oracle 数据库会自动将插入或更新的数据转换为表的数据列的数据类型,如下面的代码所示。

```
SQL>INSERT INTO test VALUES('2', 'ha');
已创建 1 行。
SQL>UPDATE test SET content=3 WHERE id=1;
已更新 1 行。
```

6.3 使用 CREATE TABLE 语句建表

使用数据库对象的第一步就是创建对象,数据库对象很多,其中最基本、最重要的就是表,学会表对象的创建和维护后,其他对象的创建和维护方法大同小异。因此,本节开始将要按照使用表的一般步骤,即创建和维护表结构、对表进行 DML 操作和查询数据的顺序学习使用具体的 SQL 语句。因为查询语句的内容比较多,所以在第 7 章详细讲解。

6.3.1 基本语法

建表时需要提供的基本信息包括表名、列名、列的数据类型和存储表的表空间名,在此基础上可以定义约束对象和默认值,定义约束对象主要是为了实现数据库的完整性,而指定默认值的作用则是当向表插入数据时如果没有为某个列提供数据,则 Oracle 数据库将会自动地将默认值插入到该列中。

语法格式如下:

```
CREATE TABLE table_name(
column_name type [CONSTRAINT constraint_definition DEFAULT default_exp]
[, column_name type [CONSTRAINT constraint_definition DEFAULT default_exp]
...
)
[TABLESPACE tablespace_name];
```

说明:

（1）table_name 表示要创建的表名称。

（2）column_name 表示要创建的列名称。

（3）type 用来指定数据列的数据类型。

（4）constraint_definition 表示在列上定义的约束条件。

（5）default_exp 表示该列的默认值。

（6）tablespace_name 表示创建表所使用的表空间，如果省略，则会在用户的默认表空间中创建该表。

（7）使用 CREATE TABLE 语句建表时，用户需要拥有 CREATE TABLE 的系统权限。如果想在另一个用户模式中建表，那么应该拥有 CREATE ANY TABLE 的系统权限。除了要拥有权限外，还需要在建表的表空间中拥有足够的配额。

例 6.15 创建学历表，表的定义中只有表名、列名和列的数据类型。

```
SQL>CREATE TABLE diploma(            --学历表，表名为 diploma
2 diploma_id NUMBER(2),             --列名为 diploma_id，类型为 NUMBER
3 diploma_name VARCHAR2(20)         --列名为 diploma_name，类型为 VARCHAR2
4 );
表已创建。
```

DEFAULT 关键字用于为表的数据列指定默认值，作用是如果在插入数据的过程中没有给该列提供值，则 Oracle 数据库将用默认值去填充该列。可以使用两种方式填充默认值，即不指定列名或者使用 DEFAULT 关键字。

例 6.16 下面的代码定义了课程表，第一条插入语句只向课程表的 c_theoryhours 列插入了数据，因此 c_designhours 列和 c_prachours 列都被系统赋予了默认值 0；第二条插入语句向课程表的 c_theoryhours 列和 c_prachours 列插入了数据，因此 c_designhours 列被系统赋予了默认值 0；第三条插入语句向课程表的 3 个列都插入了数据，但第 2 列使用了 default 关键字，因此第 2 列的所有值都为默认值 0。

```
SQL>CREATE TABLE course(              --课程表
2 c_theoryhours NUMBER(3),           --理论学时
3 c_designhours NUMBER(3) DEFAULT 0, --设计学时
4 c_prachours NUMBER(3) DEFAULT 0    --上机学时
5 );
表已创建。
SQL>INSERT INTO course(c_theoryhours) VALUES(64);
已创建 1 行。
SQL>SELECT c_theoryhours, c_designhours, c_prachours FROM course;
 C_THEORYHOURS   C_DESIGNHOURS   C_PRACHOURS
-------------   -------------   -----------
     64               0              0
SQL>INSERT INTO course(c_theoryhours, c_prachours) VALUES(64, 16);
已创建 1 行。
SQL>SELECT c_theoryhours, c_designhours, c_prachours FROM course;
 C_THEORYHOURS   C_DESIGNHOURS   C_PRACHOURS
-------------   -------------   -----------
     64               0              0
     64               0             16
SQL>INSERT INTO course VALUES(64, DEFAULT, 16); --c_designhours 列采用默认值
已创建 1 行。
```

```
SQL>SELECT c_theoryhours, c_designhours, c_prachours FROM course;
  C_THEORYHOURS     C_DESIGNHOURS      C_PRACHOURS
 -------------     -------------     -----------
           64                 0                 0
           64                 0                16
           64                 0                16
```

6.3.2 完整性约束

第 2 章曾讲解过数据库的完整性,即实体完整性、参照完整性和用户自定义完整性。使用约束的目的就是保证数据的完整性,防止非法或无效数据的输入。

1. 约束的类型

Oracle 数据库共有 5 种约束,分别如下所示。

(1) 主键(PRIMARY KEY)约束:使用单列或多列的组合来唯一地标识表中的一行记录,实现实体完整性。主键约束同时满足唯一约束和非空约束(当主键是由多个列组成的复合主键时,复合主键中的任何一个列都不能为空值)。

(2) 唯一(UNIQUE)约束:定义该约束的列的值不能相同,约束可以定义在单列或多列的组合上。

(3) 外键(FOREIGN KEY)约束:在从表和主表之间建立引用关系,实现参照完整性。

(4) 非空(NOT NULL)约束:定义该约束的列上的值不能为空值。

(5) 条件(CHECK)约束:为某些业务规则设定取值条件,以限制列的取值范围。

定义主键约束的语法格式如下:

```
[CONSTRAINT constraint_name] PRIMARY KEY(attribute_name,…)
```

定义唯一约束的语法格式如下:

```
[CONSTRAINT constraint_name] UNIQUE(attribute_name,…)
```

定义外键约束的语法格式如下:

```
[CONSTRAINT constraint_name] FOREIGN KEY(child_attribute,…)
REFERENCES table_name(parent_attribute,…)[ON DELETE CASCADE|ON DELETE SET NULL]
```

定义非空约束的语法格式如下:

```
[CONSTRAINT constraint_name] NOT NULL
```

定义条件约束的语法格式如下:

```
[CONSTRAINT constraint_name] CHECK(condition)
```

例 6.17 创建教师表,并在创建的同时为各个列定义了各种约束。

```
SQL>CREATE TABLE teacher(                              --教师表
2 t_id CHAR(6) CONSTRAINT pk_teacher PRIMARY KEY,      --教师编号,主键约束
3 t_name VARCHAR2(50) CONSTRAINT nn_t_name NOT NULL,   --教师姓名,非空约束
```

```
4 t_gender VARCHAR2(2) CONSTRAINT nn_t_gender NOT NULL CONSTRAINT chk_t_gender
CHECK(t_gender IN('男','女')),                    --教师性别,非空约束,条件约束
5 t_ishere VARCHAR2(10) NOT NULL,                 --在职状态,非空约束
6 t_entertime DATE NOT NULL,                      --入职时间,非空约束
7 t_idcard VARCHAR2(18) UNIQUE,                   --身份证号,唯一约束
8 t_duty VARCHAR2(50) NOT NULL,                   --职务,非空约束
9 t_titleid NUMBER(2) CONSTRAINT fk_titleid REFERENCES title(title_id),
                                                  --职称编号,外键约束
10 t_titletime DATE,                              --职称获得时间
11 t_research VARCHAR2(50),                       --研究方向
12 t_university VARCHAR2(50) NOT NULL,            --毕业学校,非空约束
13 t_graduatetime DATE NOT NULL,                  --毕业时间,非空约束
14 t_specialty VARCHAR2(50) NOT NULL,             --专业,非空约束
15 t_diplomaid NUMBER(2) NOT NULL,                --学历,非空约束
16 t_birthday DATE NOT NULL,                      --出生日期,非空约束
17 t_marrige VARCHAR2(4) NOT NULL,                --婚姻状况,非空约束
18 CONSTRAINT fk_diploma FOREIGN KEY(t_diplomaid) REFERENCES diploma
                                                  --外键约束
19 );
表已创建。
```

例 6.17 中第 2 行定义了主键约束,即无论教师表中有多少条记录,t_id 列上的值都是不能重复的,且不能为空值。主键约束必须在组成列上建立索引,在定义主键约束时,Oracle 数据库会查看相关列上是否已经建立了索引,如果没有建立则为其创建一个索引,此后每次插入或更新数据时,Oracle 数据库都将查看该索引,了解主键值是否已经存在,如果已经存在则不会插入或更新数据。

第 4 行既定义了非空约束又定义了条件约束,非空约束规定 t_gender 这个列上不能为空值;条件约束规定 t_gender 这个列上的值如果不为空值,则必须是"男"或"女"这两个值中的一个。这里要强调的是,只定义了条件约束的列取值有两种可能,一是条件约束规定的值,二是空值,如下面的代码所示。

```
SQL>CREATE TABLE teacher(                          --这里对教师表进行了简化
2 t_id CHAR(6) CONSTRAINT pk_teacher PRIMARY KEY,  --教师编号,主键约束
3 t_name VARCHAR2(50) CONSTRAINT nn_t_name NOT NULL,  --教师姓名,非空约束
4 t_gender VARCHAR2(2) CONSTRAINT chk_t_gender CHECK(t_gender IN('男','女'))
                                                   --教师性别,条件约束
5 );
表已创建。
SQL>INSERT INTO teacher VALUES('070001', '张三',null);--可以将空值插入性别列中
已创建 1 行。
```

因此,如果想真正的实现只取条件约束规定的值,必须加上非空约束。

第 7 行定义了唯一约束,即无论教师表中有多少条记录,t_idcard 列的值都是不能重复的,但是与主键约束不同,唯一约束定义的列上可以取空值,而且可以存在多个空值。唯一约束可应用于单列或多列的组合上。唯一约束也是通过索引来实现的,空值不会被包含在

这些索引的结构中。

例 6.18 定义教师表并插入 3 条记录,t_idcard 列定义了唯一约束,但是仍然可以在 t_idcard 列中插入多个空值(第 2 条和第 3 条插入语句)。

```
SQL> CREATE TABLE teacher(
2 t_id CHAR(6) CONSTRAINT pk_teacher PRIMARY KEY,        --教师编号
3 t_idcard VARCHAR2(18) UNIQUE                            --身份证号
4 );
表已创建。
SQL> INSERT INTO teacher VALUES('070001', '21010119631102001X');
已创建 1 行。
SQL> INSERT INTO teacher VALUES('070002', null);
已创建 1 行。
SQL> INSERT INTO teacher VALUES('070003', null);
已创建 1 行。
SQL> SELECT * FROM teacher WHERE t_idcard IS NULL;
T_ID T_IDCARD
---------------
070002     --这里是空值
070003     --这里是空值
```

前面讲过,空值的最大特点就是任何两个空值都是不相等的。例 6.18 从唯一约束的角度给予了验证,对于建立了唯一约束的列,Oracle 数据库向其中允许插入多个空值,这是因为任何一个空值都与其他空值不相等。

第 9 行定义了外键约束,t_titleid 列的值要参考职称表的 title_id 列取值,即教师表的 t_titleid 列的值要么为空值,要么为职称表 title_id 列中的值。第 18 行也定义了外键约束,但是并没有指定与学历表的哪个列建立对应的关系,这种情况下教师表的外键列就会自动与学历表的主键列匹配,因此 t_diplomaid 的值要么为空值,要么为学历表中主键 diploma_id 的值。

其余大部分行定义了非空约束。

定义约束时可以不为约束命名,此时 Oracle 数据库会自动为约束起一个名字,格式为 SYS_Cn,n 为整数。但是为了维护方便,最好为约束起一个名字,尤其是主键约束和外键约束。约束名在整个数据库中具有唯一性,上面的代码中,pk_teacher、nn_t_name、nn_t_gender、chk_t_gender、fk_titleid、fk_diploma 都是约束的名称(为了简单起见,例 6.17 中只对两个非空约束进行了命名)。

2. 表级约束和列级约束

约束分为表级约束和列级约束两种。紧跟在列的数据类型之后定义的约束为列级约束,表级约束是在列定义之前或之后进行定义的约束。它们之间没有太大的区别,然而当一个主键约束或外键约束是由多个列组成时,则必须使用表级约束定义,因为列级约束只能引用当前列,它们不能被用于多属性键。在 Oracle 数据库中,非空约束是唯一一种只能在列级定义的约束。

在例 6.17 中,主键约束 pk_teacher、所有的非空约束、条件约束 chk_t_gender 和外键约束 fk_titleid 都是列级约束,外键约束 fk_diploma 是表级约束。

例 6.19　将例 6.17 中的所有列级约束都改为表级约束。

```
SQL>CREATE TABLE teacher(
2 t_id CHAR(6), --教师编号
3 t_name VARCHAR2(50) CONSTRAINT nn_t_name NOT NULL,        --教师姓名
4 t_gender VARCHAR2(2) CONSTRAINT nn_t_gender NOT NULL,     --教师性别
5 t_ishere VARCHAR2(10) NOT NULL,                           --在职状态
6 t_entertime DATE NOT NULL,                                --入职时间
7 t_idcard VARCHAR2(18),                                    --身份证号
8 t_duty VARCHAR2(50) NOT NULL,                             --职务
9 t_titleid NUMBER(2),                                      --职称编号
10 t_titletime DATE,                                        --职称获得时间
11 t_research VARCHAR2(50),                                 --研究方向
12 t_university VARCHAR2(50) NOT NULL,                      --毕业学校
13 t_graduatetime DATE NOT NULL,                            --毕业时间
14 t_specialty VARCHAR2(50) NOT NULL,                       --专业
15 t_diplomaid NUMBER(2) NOT NULL,                          --学历
16 t_birthday DATE NOT NULL,                                --出生日期
17 t_marrige VARCHAR2(4) NOT NULL,                          --婚否
18 CONSTRAINT pk_teacher PRIMARY KEY(t_id),
19 CONSTRAINT chk_t_gender CHECK(t_gender IN('男', '女')),
20 CONSTRAINT unq_t_idcard UNIQUE(t_idcard),
21 CONSTRAINT fk_titleid FOREIGN KEY(t_titleid) REFERENCES title(title_id),
22 CONSTRAINT fk_diploma FOREIGN KEY(t_diplomaid) REFERENCES diploma(diploma_id)
23 );
表已创建。
```

在定义外键约束时,注意表级约束和列级约束的区别,使用列级约束定义时,不需要使用 FOREIGN KEY(…)。当一个外键约束引用了一个表的主键时,表名后的(引用列…)是可以省略的(例 6.17 的第 18 行),但为了清晰起见,最好写出所引用的列(例 6.19 的第 22 行)。

下面例子中的第 20 行是由多个列组成的复合主键,因此只能用表级约束来定义。

例 6.20　完整的定义课程表,主键是由多列组成的。

```
SQL>CREATE TABLE course(
2 c_term VARCHAR2(20) NOT NULL,          --学期
3 c_num CHAR(6) NOT NULL,                --课程编号
4 c_seq VARCHAR2(2) NOT NULL,            --课序号
5 c_name VARCHAR2(80) NOT NULL,          --课程名称
6 c_type VARCHAR2(30) NOT NULL,          --课程类别
7 c_nature VARCHAR2(30) NOT NULL,        --课程性质
8 c_thours NUMBER(3) NOT NULL,           --总学时
```

```
 9 c_credits NUMBER(2,1) NOT NULL,                        --学分
10 c_class VARCHAR2(200),                                 --上课班级
11 c_togeclass NUMBER(2),                                 --合班数
12 c_stunum NUMBER(4),                                    --学生数
13 t_id CHAR(6),                                          --任课教师
14 c_theoryhours NUMBER(3) NOT NULL,                      --理论学时
15 c_designhours NUMBER(3) DEFAULT 0 NOT NULL,            --设计学时
16 c_prachours NUMBER(3) DEFAULT 0 NOT NULL,              --上机学时
17 c_college VARCHAR2(100) NOT NULL,                      --开课学院
18 c_faculty VARCHAR2(100) NOT NULL,                      --开课系
19 c_assway VARCHAR2(10) NOT NULL,                        --考核方式
20 CONSTRAINT pk_course PRIMARY KEY(c_term, c_seq, c_num), --复合主键
21 CONSTRAINT fk_course FOREIGN KEY (t_id) REFERENCES teacher(t_id)
22 );
表已创建。
```

关于约束的几点说明：

（1）一个表只能定义一个主键约束，但可以定义多个唯一约束。

（2）定义外键约束的列的取值只有两种可能，要么是被参照的列的值，要么是空值。因此，在定义外键约束时有两个选项 ON DELETE CASCADE 和 ON DELETE SET NULL，用来当被参照的列的值发生改变时对参照列的值进行相应的处理，含义分别如下所示。

ON DELETE CASCADE：当主表中的被参照数据被删除时，从表中的参照数据行也被删除。

ON DELETE SET NULL：当主表中的被参照数据被删除时，从表中的参照数据被设置为空值。

例 6.21　教师表的 t_titleid 列定义了外键并参照职称表的 title_id 列，并使用了 ON DELETE CASCADE，因此当职称表的 t_titleid 列中 title_id = 1 的数据被删除时，教师表中 t_titleid 列上值为 1 的记录也被删除了。

```
SQL>CREATE TABLE title(                                  --职称表
2 title_id NUMBER(2) CONSTRAINT pk_title PRIMARY KEY,    --职称编号,主键
3 title_name VARCHAR2(50) NOT NULL                       --职称名称
4 );
表已创建。
SQL>INSERT INTO title VALUES (1, '教授');
已创建 1 行。
SQL>INSERT INTO title VALUES (2, '副教授');
已创建 1 行。
SQL>CREATE TABLE teacher(
2 t_id CHAR(6) CONSTRAINT pk_teacher PRIMARY KEY,        --教师编号
3 t_titleid NUMBER(2) CONSTRAINT fk_title REFERENCES title(title_id) ON DELETE
CASCADE                                                  --职称编号
4 );
表已创建。
```

```
SQL>INSERT INTO teacher VALUES('070001', 1);
已创建 1 行。
SQL>INSERT INTO teacher VALUES('070002', 1);
已创建 1 行。
SQL>INSERT INTO teacher VALUES('070003', 2);
已创建 1 行。
SQL>DELETE FROM title WHERE title_id=1;
已删除 1 行。
SQL>SELECT t_id, t_titleid FROM teacher;                --只剩下一条记录
T_ID T_TITLEID
--------------
070003 2
```

例 6.22　教师表的 t_titleid 列定义了外键并参照职称表的 title_id 列,并使用了 ON DELETE SET NULL,因此当职称表的 t_titleid 列中 title_id = 1 的数据被删除时,教师表中 t_titleid 列上值为 1 的值被设置为空值了。

```
SQL>CREATE TABLE teacher(                              --重新创建教师表
2 t_id CHAR(6) CONSTRAINT pk_teacher PRIMARY KEY,      --教师编号
3 t_titleid NUMBER(2) CONSTRAINT fk_title REFERENCES title(title_id) ON DELETE SET
NULL                                                   --职称编号
4 );
SQL>INSERT INTO teacher VALUES('070001', 1);
已创建 1 行。
SQL>INSERT INTO teacher VALUES('070002', 1);
已创建 1 行。
SQL>INSERT INTO teacher VALUES('070003', 2);
已创建 1 行。
SQL>DELETE FROM title WHERE title_id=1;
已删除 1 行。
SQL>SELECT * FROM teacher;
T_ID T_TITLEID
--------------
070001         --这里是空值
070002         --这里是空值
070003      2
```

(3) 外键约束所参照的列必须已经建立了主键约束或唯一约束。

如果被参照列上没有定义主键约束或唯一约束,则会报错。将例 6.22 中职称表的主键约束的定义去掉,然后创建职称表和教师表,如下面的代码所示。

```
SQL>CREATE TABLE title(
2 title_id NUMBER(2),                                 --没有建立主键约束
3 title_name VARCHAR2(50) NOT NULL
4 );
表已创建。
```

```
SQL>CREATE TABLE teacher(                                    --简化的教师表
2 t_id CHAR(6) CONSTRAINT pk_teacher PRIMARY KEY,
3 t_titleid NUMBER(2) CONSTRAINT fk_title REFERENCES title(title_id)
4 );
t_titleid NUMBER(2) CONSTRAINT fk_title REFERENCES title(title_id)
                                              *
```

第 3 行出现错误：
ORA-02270: 此列列表的唯一关键字或主键不匹配

可见，当被参照列上没有定义主键约束或唯一约束时提示出错。解决方法就是为 title_id 列定义主键约束或唯一约束，如下面的代码中使用 ALTER TABLE 语句为 title_id 列定义了唯一约束，然后就可以创建教师表了。

```
SQL>ALTER TABLE title ADD CONSTRAINT unq_title_id UNIQUE(title_id);
表已更改。                                        --添加唯一约束
SQL>CREATE TABLE teacher(
2 t_id CHAR(6) CONSTRAINT pk_teacher PRIMARY KEY,
3 t_titleid NUMBER(2) CONSTRAINT fk_title REFERENCES title(title_id)
4 );
表已创建。
```

（4）被参照列的数据类型必须和定义外键的列的数据类型相同，但是列的名字可以不同。

（5）可以在创建表时在 CREATE TABLE 语句中定义约束，也可以在建表之后使用 ALTER TABLE 语句定义或修改约束。

3. 与约束有关的数据字典视图

可以通过以下的数据字典视图了解与约束相关的信息。

（1）dba_constraints、all_constraints、user_constraints：显示已定义的约束信息，主要包括约束名（constraint_name）、约束类型（constraint_type）、表名（table_name）等信息。

（2）dba_cons_columns、all_cons_columns、user_cons_columns：显示约束相关列的信息，包括约束名（constraint_name）、表名（table_name）、列名（column_name）、列在约束中的位置（position）等信息。

上面的视图可以通过 owner、constraint_name、table_name 字段关联以获取约束的完整信息。

例 6.23　查询 user_constraints 视图来查看当前用户定义的约束信息。

```
SQL>SELECT constraint_name, constraint_type, table_name, search_condition
2 FROM user_constraints;
CONSTRAINT_NAME      CONSTRAINT_TYPE    TABLE_NAME    SEARCH_CONDITION
-------------        -------------      ---------     ----------------
CHK_T_GENDER         C                  TEACHER       t_gender IN('男','女')
FK_DIPLOMA           R                  TEACHER
FK_TITLEID           R                  TEACHER
```

```
NN_T_GENDER              C            TEACHER       "T_GENDER" IS NOT NULL
NN_T_NAME                C            TEACHER       "T_NAME" IS NOT NULL
PK_DIPLOMA               P            DIPLOMA
PK_TEACHER               P            TEACHER
PK_TITLE                 P            TITLE
SYS_C0011998             C            TITLE         "TITLE_NAME" IS NOT NULL
SYS_C0012011             C            DIPLOMA       "DIPLOMA_NAME" IS NOT NULL
...
```
已选择 20 行。

user_constraints 视图中约束类型列是用单个英文字符进行表示的,其中 P 代表主键约束,R 代表外键约束,U 代表唯一约束,C 代表 CHECK 约束和 NOT NULL 约束,V 代表视图的 WITH CHECK OPTION 约束,R 代表视图的 WITH READ ONLY 约束。

例 6.24 通过查询 user_cons_columns 视图来查看定义的约束信息。

```
SQL>SELECT * FROM user_cons_columns ORDER BY constraint_name;
OWNER          CONSTRAINT_NAME    TABLE_NAME    COLUMN_NAME      POSITION
---------      ---------------    ----------    -------------    ----------
LEARNER        CHK_T_GENDER       TEACHER       T_GENDER
LEARNER        FK_DIPLOMA         TEACHER       T_DIPLOMAID      1
LEARNER        FK_TITLEID         TEACHER       T_TITLEID        1
LEARNER        NN_T_GENDER        TEACHER       T_GENDER
LEARNER        NN_T_NAME          TEACHER       T_NAME
...
```
已选择 20 行。

通常会将 user_cons_columns 和 user_constraints 连接起来以获取关于约束的信息,如要查看成绩表的主键由哪些列组成,可以使用下面的代码。

```
SQL>SELECT a.column_name, a.position
2 FROM user_cons_columns a, user_constraints b
3 WHERE a.CONSTRAINT_NAME=b.CONSTRAINT_NAME AND a.table_name='SCORE'
4 AND b.constraint_type='P';
COLUMN_NAME        POSITION
------------       ----------
C_NUM              4
C_SEQ              3
C_TERM             2
S_ID               1
```

6.3.3 使用子查询创建表

除了使用 CREATE TABLE 语句直接创建表外,还可以使用子查询从一个现有表或视图中创建新表。

1. 将另一个表中的所有列作为新表的列

将另一个表中的所有列作为新表的列,语法格式如下:

```
CREATE TABLE new_table
AS SELECT * FROM old_table;
```

例 6.25   从职称表中创建一个新表 title1，title1 的列与职称表相同。

```
SQL> CREATE TABLE title1 AS SELECT * FROM title;
表已创建。
SQL> SELECT * FROM title1;
  TITLE_ID  TITLE_NAME
-------- ----------
        1  教授
        2  副教授
        3  讲师
...
已选择 9 行。
```

可见，在创建表的同时还复制了源表的数据。如果只想复制表结构而不想复制数据的话，可以采用下面的语法格式：

```
CREATE TABLE new_table
AS SELECT * FROM old_table WHERE 0=1;
```

实际上就是在子查询中添加一个不成立的 WHERE 条件，就能起到屏蔽数据的作用。

注意：使用子查询创建的表的各个列的数据类型与子查询中源表的对应列的数据类型相同，而且使用子查询创建表只能复制表的结构，但是不能复制表的约束，因此如果想保留源表的主键、外键等约束的话，需要在复制之后进行创建。

2．将另一个表中的部分列作为新表的列

将另一个表中的部分列作为新表的列，语法格式如下：

```
CREATE TABLE new_table
AS SELECT column_1, column:2, ...,column_n FROM old_table;
```

例 6.26   创建表 teacher1，将教师表的前 4 个列作为新表的列。

```
SQL> CREATE TABLE teacher1
2 AS SELECT t_id, t_name, t_gender, t_ishere FROM teacher;
```

3．将多个表中的列作为新表的列

将多个表中的列作为新表的列，语法格式如下：

```
CREATE TABLE new_table
AS SELECT column_1, column_2, ..., column_n
FROM old_table_1, old_table_2, ..., old_table_n;
```

例 6.27   将教师表的前 4 个列和职称表的第一列作为新表的列。

```
SQL> CREATE TABLE teacher1
```

2 AS SELECT t_id, t_name, t_gender, t_ishere, title_id FROM teacher, title;

6.3.4 查看表信息

可以通过以下的数据字典视图了解与表相关的信息。

（1）dba_tables、all_tables、user_tables：显示表的信息，主要包括表名（table_name）、所属表空间（tablespace_name）、所属簇（cluster_name）、表的状态（status）等信息。

（2）dba_tab_columns、all_tab_columns、user_tab_columns：显示表、视图的列信息，主要包括表名（table_name）、列名（column_name）、数据类型（data_type）、长度（data_length）等信息。

例6.28 查看职称表的列信息。

```
SQL>SELECT column_name, data_type, data_length, nullable, column_id
2 FROM user_tab_columns WHERE table_name='TITLE';
COLUMN_NAME        DATA_TYPE      DATA_LENGTH    NULLABLE     COLUMN_ID
-----------        ----------     -----------    --------     ---------
TITLE_ID           NUMBER              22            N             1
TITLE_NAME         VARCHAR2            50            N             2
```

上面的视图只能了解表和列的概要信息，如果要想获取表的结构信息，除了可以使用SQL * Plus的DESCRIBE命令外，还可以使用DBMA_METADATA包的GET_DDL函数。DBMA_METADATA是个用于获得对象创建脚本的包，使用它可以获取模式对象的详细定义信息。

例6.29 使用DBMA_METADATA包获取教师表的定义信息。

```
SQL>SELECT DBMS_METADATA.GET_DDL('TABLE', 'TEACHER') FROM dual;
DBMS_METADATA.GET_DDL('TABLE','TEACHER')
--------------------------------------------------------------
CREATE TABLE "LEARNER"."TEACHER"
  ("T_ID" CHAR(6),
   "T_NAME" VARCHAR2(50) CONSTRAINT "NN_T_NAME" NOT NULL ENABLE,
   "T_GENDER" VARCHAR2(2) CONSTRAINT "NN_T_GENDER" NOT NULL ENABLE,
   "T_ISHERE" VARCHAR2(10) NOT NULL ENABLE,
   "T_ENTERTIME" DATE NOT NULL ENABLE,
   "T_IDCARD" VARCHAR2(18),
   "T_DUTY" VARCHAR2(50) NOT NULL ENABLE,
   "T_TITLEID" NUMBER(2,0),
   "T_TITLETIME" DATE,
   "T_RESEARCH" VARCHAR2(50),
   "T_UNIVERSITY" VARCHAR2(50) NOT NULL ENABLE,
   "T_GRADUATETIME" DATE NOT NULL ENABLE,
   "T_SPECIALTY" VARCHAR2(50) NOT NULL ENABLE,
   "T_DIPLOMAID" NUMBER(2,0) NOT NULL ENABLE,
   "T_BIRTHDAY" DATE NOT NULL ENABLE,
   "T_MARRIGE" VARCHAR2(4) NOT NULL ENABLE,
```

```
        CONSTRAINT "CHK_T_GENDER" CHECK (t_gender IN('男','女')) ENABLE,
        CONSTRAINT "PK_TEACHER" PRIMARY KEY ("T_ID")
USING INDEX PCTFREE 10 INITRANS 2 MAXTRANS 255 NOCOMPRESS LOGGING
TABLESPACE "USERS" ENABLE,
        UNIQUE ("T_IDCARD")
USING INDEX PCTFREE 10 INITRANS 2 MAXTRANS 255 NOCOMPRESS LOGGING
TABLESPACE "USERS" ENABLE,
        CONSTRAINT "FK_TITLE" FOREIGN KEY ("T_TITLEID")
        REFERENCES "SCOTT"."TITLE" ("TITLE_ID") ENABLE,
        CONSTRAINT "FK_DIPLOMA" FOREIGN KEY ("T_DIPLOMAID")
        REFERENCES "SCOTT"."DIPLOMA" ("DIPLOMA_ID") ENABLE
) SEGMENT CREATION DEFERRED
PCTFREE 10 PCTUSED 40 INITRANS 1 MAXTRANS 255 NOCOMPRESS LOGGING
TABLESPACE "USERS"
```

6.4　使用 ALTER TABLE 语句修改表结构

随着业务需求的变化，原来定义的表结构可能不再符合要求，而重新创建表结构可能又会导致数据的丢失，这时可以在原结构的基础上修改表结构。修改表结构包括两个方面：一是对表的列进行修改，二是对表的约束进行修改。

6.4.1　增加列

在建表之后，如果想向表中增加新列并在列上添加约束的话，可以使用以下的语法格式：

```
ALTER TABLE table_name ADD
(column_name type [ CONSTRAINT constraint_definition DEFAULT default_exp ]
[ , column_name type [ CONSTRAINT constraint_definition DEFAULT default_exp ]
  ...
  );
```

增加新列时，必须提供列名和列的数据类型，而列上的约束定义是可选的，可以在增加新列之后再添加约束。使用 ALTER TABLE ADD 增加的新列将会作为表的最后一列。

例 6.30　重新创建教师表，开始时只创建一个列 t_id，然后使用 ALTER TABLE…ADD 语句向表中添加新列，并设置约束条件。

```
SQL>CREATE TABLE teacher(t_id CHAR(6));
表已创建。
SQL>ALTER TABLE teacher ADD
2 (t_name VARCHAR2(50) CONSTRAINT nn_t_name NOT NULL,           --教师姓名
3 t_gender VARCHAR2(2) CONSTRAINT nn_t_gender NOT NULL CONSTRAINT chk_t_gender
CHECK(t_gender IN('男', '女')),                                 --教师性别
4 t_ishere VARCHAR2(10) NOT NULL,                               --在职状态
```

```
5 t_entertime DATE NOT NULL,                                      --入职时间
6 t_idcard VARCHAR2(18) UNIQUE,                                   --身份证号
7 t_duty VARCHAR2(50) NOT NULL,                                   --职务
8 t_titleid NUMBER(2) CONSTRAINT fk_title REFERENCES title(title_id),  --职称编号
9 t_titletime DATE,                                               --职称获得时间
10 t_research VARCHAR2(50),                                       --研究方向
11 t_university VARCHAR2(50) NOT NULL,                            --毕业学校
12 t_graduatetime DATE NOT NULL,                                  --毕业时间
13 t_specialty VARCHAR2(50) NOT NULL,                             --专业
14 t_diplomaid NUMBER(2) NOT NULL,                                --学历
15 t_birthday DATE NOT NULL,                                      --出生日期
16 t_marrige VARCHAR2(4) NOT NULL                                 --婚姻状况
17 );
```
表已更改。

上面的代码中,先创建只有一个列的教师表,然后使用 ALTER TABLE ADD 语句增加数据列及约束,效果和例 6.17 一样(但是这里没有定义主键和外键)。

6.4.2　增加约束

如果建表之后只想增加约束而不想增加新列的话,可以使用以下的语法格式。

增加主键约束的语法格式如下:

```
ALTER TABLE table_name ADD
[ CONSTRAINT constraint_name ] PRIMARY KEY ( column_name [ , column_name...] );
```

增加唯一约束的语法格式如下:

```
ALTER TABLE table_name ADD
[ CONSTRAINT constraint_name ] UNIQUE ( column_name [ , column_name...] );
```

增加外键约束的语法格式如下:

```
ALTER TABLE table_name ADD
[ CONSTRAINT constraint_name ] FOREIGN KEY ( child_attribute, ...)
REFERENCES table_name (parent_attribute, ...) [ ON DELETE CASCADE | ON DELETE SET
NULL ];
```

增加条件约束的语法格式如下:

```
ALTER TABLE table_name ADD
[ CONSTRAINT constraint_name ] CHECK(condition);
```

注意:对于非空约束不能使用 ALTER TABLE table_name ADD,而只能使用 ALTER TABLE table_name MODIFY 语句进行添加。

例 6.31　在例 6.30 的基础上,为教师表添加主键约束和外键约束。

```
SQL>ALTER TABLE teacher ADD                          --添加主键约束
2 CONSTRAINT pk_teacher PRIMARY KEY(t_id);
```

表已更改。

```
SQL>ALTER TABLE teacher ADD CONSTRAINT fk_diploma  --添加外键约束
2 FOREIGN KEY(t_diplomaid) REFERENCES diploma(diploma_id);
```

表已更改。

例 6.32　入职时间一定要比出生日期晚,所以可以为教师表添加条件约束,使得 t_entertime 列满足这一要求。

```
SQL>ALTER TABLE teacher ADD --添加条件约束
2 CONSTRAINT chk_t_entertime CHECK(t_entertime>t_birthday);
```

表已更改。

6.4.3　修改列

如果在建表之后想对表中某个列进行修改的话,可以使用 ALTER TABLE…MODIFY 语句,语法格式如下:

```
ALTER TABLE table_name MODIFY
(column_name type [ CONSTRAINT constraint_definition DEFAULT default_exp ]
[ , column_name type [ CONSTRAINT constraint_definition DEFAULT default_exp ]
...
);
```

上面的语法格式可以同时修改的内容包括列的数据类型、长度、精度、列的默认值和约束。

修改列的定义时要注意:

(1) 修改的基本原则就是可以将小范围的定义改为大范围的定义。对于字符类型的列而言,可以增加的列宽度;对于数值类型的列而言,可以增加列的宽度和精度。

(2) 如果只是定义了表结构,但是表中还没有插入数据时,可以把列从大范围的定义改为小范围的定义,也可以把一种数据类型改为另外一种数据类型。

(3) 如果增加或改变了某列的默认值,则该默认值只对修改之后插入的数据起作用,对修改之前已经插入的数据没有作用。

例 6.33　重新创建教师表,只创建列,但不在列上建立任何约束条件。

```
SQL>CREATE TABLE teacher(
2   t_id CHAR(6),              --教师编号
3   t_name VARCHAR2(50),       --教师姓名
4   t_gender VARCHAR2(2),      --教师性别
5   t_ishere VARCHAR2(10),     --在职状态
6   t_entertime DATE,          --入职时间
7   t_idcard VARCHAR2(18),     --身份证号
8   t_duty VARCHAR2(50),       --职务
9   t_titleid NUMBER(2),       --职称编号
10  t_titletime DATE,          --职称获得时间
11  t_research VARCHAR2(50),   --研究方向
```

```
12  t_university VARCHAR2(50),    --毕业学校
13  t_graduatetime DATE,         --毕业时间
14  t_specialty VARCHAR2(50),    --专业
15  t_diplomaid NUMBER(2),       --学历
16  t_birthday DATE,             --出生日期
17  t_marrige VARCHAR2(4)        --婚姻状况
18 );
```
表已创建。

例 6.34 在例 6.33 的基础上,对 t_id 列的数据类型和长度进行了一系列的修改。

```
SQL>ALTER TABLE teacher MODIFY(t_id CHAR(10));      --将 t_id 的长度改为 10
表已更改。
SQL>ALTER TABLE teacher MODIFY(t_id VARCHAR2(20));
表已更改。               --将 t_id 改为 VARCHAR2 类型,长度为 20
SQL>ALTER TABLE teacher MODIFY(t_id NUMBER(10, 6));
表已更改。               --将 t_id 改为 NUMBER 类型,精度为 10,标度为 6
SQL>ALTER TABLE teacher MODIFY(t_id NUMBER(10));
表已更改。               --将 t_id 改为 NUMBER 类型,精度为 10,标度为 0
SQL>ALTER TABLE teacher MODIFY(t_id CHAR(6));  --将 t_id 改为 CHAR 类型,长度为 6
表已更改。
```

例 6.35 在例 6.33 的基础上,将教师表的 t_research 列的长度改为 100 并添加非空约束。

```
SQL>ALTER TABLE teacher MODIFY t_id VARCHAR2(100) NOT NULL;
表已更改。
```

例 6.36 在例 6.33 的基础上,为教师表的 t_gender 列设置默认值,默认值为“男”。

```
SQL>ALTER TABLE teacher MODIFY t_gender DEFAULT '男';
表已更改。
```

6.4.4 修改约束

如果建表之后只想修改约束而不想修改列的话,可以使用以下的语法格式。
修改主键约束的语法格式如下:

```
ALTER TABLE table_name MODIFY
[ CONSTRAINT constraint_name ] PRIMARY KEY(column_name [ , column_name,...]);
```

或者

```
ALTER TABLE table_name MODIFY (column_name [ , column_name,...])
[ CONSTRAINT constraint_name ] PRIMARY KEY;
```

修改唯一约束的语法格式如下:

```
ALTER TABLE table_name MODIFY
[ CONSTRAINT constraint_name ] UNIQUE(column_name [ , column_name,...]);
```

或者

```
ALTER TABLE table_name MODIFY (column_name [ , column_name,...])
[ CONSTRAINT constraint_name ] UNIQUE;
```

修改外键约束的语法格式如下：

```
ALTER TABLE table_name MODIFY
[ CONSTRAINT constraint_name ] FOREIGN KEY(child_attribute, ...)
REFERENCES table_name(parent_attribute, ...) [ ON DELETE CASCADE | ON DELETE SET
NULL ];
```

或者

```
ALTER TABLE table_name MODIFY (child_attribute, ...)
[ CONSTRAINT constraint_name ] REFERENCES table_name(parent_attribute, ...)
[ ON DELETE CASCADE | ON DELETE SET NULL ];
```

修改条件约束的语法格式如下：

```
ALTER TABLE table_name MODIFY column_name
[ CONSTRAINT constraint_name ] CHECK(condition);
```

修改非空约束的语法格式如下：

```
ALTER TABLE table_name MODIFY column_name
[ CONSTRAINT constraint_name ] NOT NULL | NULL;
```

例 6.37　在例 6.33 的基础上，为教师表的 t_id 列添加主键约束。

```
--下面的 6 种写法都可以满足要求，可以根据需要灵活选择
--只为 t_id 列添加主键约束
SQL>ALTER TABLE teacher MODIFY t_id PRIMARY KEY;
--为 t_id 列添加主键约束的同时，为主键约束命名
SQL>ALTER TABLE teacher MODIFY t_id CONSTRAINT pk_teacher PRIMARY KEY;
--为 t_id 列添加主键约束、为主键约束命名的同时，修改 t_id 列的长度
SQL>ALTER TABLE teacher MODIFY t_id CHAR(10) CONSTRAINT pk_teacher PRIMARY KEY;
--与第 1 种写法类似，加上括号后，可以同时添加多个约束
SQL>ALTER TABLE teacher MODIFY(t_id CONSTRAINT pk_teacher PRIMARY KEY);
--将列名放在 PRIMARY KEY 后指定，这里 MODIFY 后的括号不可省略
SQL>ALTER TABLE teacher MODIFY(CONSTRAINT pk_teacher PRIMARY KEY(t_id));
--与第 3 种写法类似，加上括号后，可以同时修改多个约束
SQL>ALTER TABLE teacher MODIFY(t_id CHAR(6) CONSTRAINT pk_teacher PRIMARY KEY);
```

例 6.38　在例 6.33 的基础上，为教师表的其他列添加约束。

```
SQL>ALTER TABLE teacher MODIFY(
2    t_name CONSTRAINT nn_t_name NOT NULL,
3    t_gender CONSTRAINT nn_t_gender NOT NULL CONSTRAINT chk_t_gender CHECK(t_gender
IN('男', '女')),
4    t_ishere NOT NULL,
```

```
5   t_entertime NOT NULL,
6   t_idcard UNIQUE,
7   t_duty NOT NULL,
8   t_titleid CONSTRAINT fk_titleid REFERENCES title(title_id),
9   t_university NOT NULL,
10  t_graduatetime NOT NULL,
11  t_specialty NOT NULL,
12  t_diplomaid NOT NULL,
13  t_birthday NOT NULL,
14  t_marrige NOT NULL,
15  CONSTRAINT fk_diploma FOREIGN KEY(t_diplomaid) REFERENCES diploma
16  );
表已更改。
```

无论是修改列结构的同时修改约束还是只修改约束,如果原来在列上没有定义约束的话,那么此时使用 ALTER TABLE MODIFY 语句的效果就相当于使用 ALTER TABLE ADD 语句增加约束。下面两个 SQL 语句的作用是相同的,都是为 t_id 列添加主键约束。

```
ALTER TABLE teacher ADD CONSTRAINT pk_teacher PRIMARY KEY(t_id);
ALTER TABLE teacher MODIFY t_id CONSTRAINT pk_teacher PRIMARY KEY;
```

例 6.39 多次修改 t_id 列上的约束。

```
SQL>ALTER TABLE teacher MODIFY t_id PRIMARY KEY;
表已更改。
SQL>ALTER TABLE teacher MODIFY t_id NOT NULL;
表已更改。
SQL>ALTER TABLE teacher MODIFY t_id NULL;
表已更改。
```

6.4.5 重命名表名和列名

如果在创建表之后想修改表名或列名,可以使用 RENAME 语句来完成。

重命名表名:RENAME oldname To newname。

重命名列名:ALTER TABLE table_name RENAME COLUMN oldname TO newname。

例 6.40 将教师表的表名改为 teacher1,再将 teacher1 表的 t_id 列的列名改为 teacher_id。

```
SQL>RENAME teacher TO teacher1;
表已重命名。
SQL>ALTER TABLE teacher1 RENAME COLUMN t_id TO teacher_id;
表已更改。
```

6.4.6 删除列和约束

如果在建表之后想删除表中的某个或某些列,可以使用 ALTER TABLE…DROP 语

句,有两种语法格式:

```
ALTER TABLE table_name DROP COLUMN column_name [ CASCADE CONSTRAINTS ];
ALTER TABLE table _ name DROP (column _ name1, column _ name2, ...) [ CASCADE
CONSTRAINTS ];
```

第一种方法每次只能删除一列,第二种方法每次可以删除多列。如果要删除的列上建立了与其他列相关联的约束(如是另一个表外键对应的主键或建立在多个列上的约束中的一列),默认情况下将无法删除该列,如果势必要删除,则需要使用 CASCADE CONSTRAINTS 子句,执行后不仅将列和列上建立的约束删除,与之关联的约束也会被删除。

例 6.41 使用第一种方法删除教师表的 t_diplomaid 列、t_birthday 列和职称表的 title_id 列。

```
SQL>ALTER TABLE teacher DROP COLUMN t_diplomaid;
表已更改。
SQL>ALTER TABLE teacher DROP COLUMN t_birthday;
表已更改。
SQL>SELECT * FROM user_cons_columns WHERE table_name='TITLE' OR
2 table_name='TEACHER';                --删除列之前先查看一下已经存在的约束
OWNER       CONSTRAINT_NAME       TABLE_NAME      COLUMN_NAME        POSITION
------      ---------------       ----------      ------------       ----------
TEST        PK_TITLE              TITLE           TITLE_ID           1
TEST        FK_TITLEID            TEACHER         T_TITLEID          1
...
已选择 18 行。
SQL>ALTER TABLE title DROP COLUMN title_id;
ALTER TABLE title DROP COLUMN title_id
                    *
第 1 行出现错误:
ORA-12992:无法删除父项关键字列    --title_id与t_titleid是主外键关系,因此无法删除
SQL>ALTER TABLE title DROP COLUMN title_id CASCADE CONSTRAINTS;
表已更改。                        --使用 CASCADE CONSTRAINTS 子句进行级联删除
SQL>SELECT * FROM user_cons_columns WHERE table_name='TITLE' OR
2 table_name='TEACHER';
...
已选择 16 行。                    --PK_TITLE 和 FK_TITLEID 这两个约束都被删除了
SQL>CREATE TABLE test(C1 number, C2 varchar2(2), C3 varchar2(2),
2 CONSTRAINT c UNIQUE(C2, C3));    --测试表中创建一个唯一约束,唯一约束涉及两个列
SQL>SELECT * FROM user_cons_columns WHERE table_name='TEST';
OWNER      CONSTRAINT_NAME       TABLE_NAME      COLUMN_NAME        POSITION
-----      ---------------       ----------      ------------       --------
TEST       C                     TEST            C2                 1
TEST       C                     TEST            C3                 2
SQL>ALTER TABLE test DROP COLUMN C2;
```

```
ALTER TABLE test DROP COLUMN C2
                          *
```

第 1 行出现错误:

ORA-12991: 引用的列处于多列约束条件 --唯一约束涉及多个列,因此无法删除

SQL>ALTER TABLE test DROP COLUMN C2 CASCADE CONSTRAINTS;

表已更改。

SQL>SELECT * FROM user_cons_columns WHERE table_name='TEST';

未选定行 --约束都被删除了

在进行单列删除时,第二种方法和第一种方法没什么区别,但是当使用第二种方法删除多个列时,建立在这多个列上的约束也就被删除了。

例 6.42　使用第二种方法删除多个列。

```
SQL>ALTER TABLE teacher DROP(t_diplomaid, t_birthday);
表已更改。                                  --一次性删除教师表上的两个列
SQL>ALTER TABLE test DROP(C2, C3);        --不用使用 CASCADE CONSTRAINTS 也能删除
表已更改。
```

如果表中有大量的数据,而又要删除某列的话,可能会影响数据库的性能,当数据库负载很大时会耗费大量的时间,为此 Oracle 数据库提供了一种方法,就是可以将某列设置为不可使用(UNUSED)的状态,然后在数据库负载小的时候再删除该列,而不是采取直接删除该列的方法,这样就可以提高删除列的效率了。在任何表或视图中都看不到被设置为不可使用状态的列,当一个列被设置为不可使用状态时,定义在该列上的约束、索引等对象也将被删除。将列设置为不可使用状态的语法格式如下:

```
ALTER TABLE table_name SET UNUSED (column_name1, [ column_name2, ... ]) [ CASCADE
CONSTRAINTS ];
```

这里的 CASCADE CONSTRAINTS 子句的作用与删除列语句中该子句的作用相同。

然后在数据库负载小的时候,运行下面的语句就可以将列删除了。

```
ALTER TABLE table_name DROP UNUSED COLUMNS ;
```

注意: SET UNUSED 子句从效果上看相当于数据定义语言,即执行之后就不能回滚了,因此一旦将某列设置为不可使用状态,该列就再也不能回到可以使用的状态而只能被删除了。

例 6.43　将教师表的 t_gender 列和职称表的 title_id 列设置为不可使用状态,然后删除。

```
SQL>SELECT constraint_name FROM user_cons_columns
2 WHERE table_name='TEACHER' and column_name='T_GENDER';
CONSTRAINT_NAME
---------------
NN_T_GENDER
CHK_T_GENDER
SQL>ALTER TABLE teacher SET UNUSED(t_gender);
表已更改。
```

```
SQL>SELECT t_id, t_name, t_gender FROM teacher;
SELECT t_id, t_name, t_gender FROM teacher
                              *
```
第 1 行出现错误：
ORA-00904: " T_GENDER": 标识符无效   --设置为 UNUSED 后不能再访问该列
```
SQL>SELECT constraint_name FROM user_cons_columns
2 WHERE table_name='TEACHER' and column_name='T_GENDER';
```
未选定行   --设置为 UNUSED 后该列上的约束也被删除
```
SQL>ALTER TABLE title SET UNUSED (title_id);
ALTER TABLE title SET UNUSED (title_id)
                             *
```
第 1 行出现错误：   --title_id 与 t_titleid 是主外键关系，因此无法设置为不可使用状态
ORA-12992: 无法删除父项关键字列
```
SQL>ALTER TABLE title SET UNUSED (title_id) CASCADE CONSTRAINTS;
```
表已更改。   --使用 CASCADE CONSTRAINTS 子句进行级联删除
```
SQL>ALTER TABLE teacher DROP UNUSED COLUMNS;
```
表已更改。

当数据库负载较大时，如果要删除的数据比较多，可能会占用大量的撤销空间，此时可以使用 ALTER TABLE…DROP CHECKPOINT 语句指定数据库删除多少行时执行一次检查点。

例 6.44   在设置不可使用状态时每删除 1000 行执行一次检查点。

```
SQL>ALTER TABLE teacher DROP UNUSED COLUMNS CHECKPOINT 1000;
```
表已创建。

如果只想删除列上的约束而不想删除列的话，可以使用 ALTER TABLE…DROP CONSTRAINT 语句，语法格式如下：

```
ALTER TABLE table_name DROP CONSTRAINT constraint_name [ CASCADE ];
```

这里的 CASCADE 也表示级联删除，删除约束时要先知道约束名，然后根据约束名删除约束。

例 6.45   删除教师表的 t_titleid 列上的外键约束和 t_idcard 列上的唯一约束。

```
SQL>SELECT * FROM user_cons_columns
2 WHERE table_name='TEACHER' ORDER BY constraint_name;
```

OWNER	CONSTRAINT_NAME	TABLE_NAM	COLUMN_NAME	POSITION
LEARNER	CHK_T_GENDE	TEACHER	T_GENDER	
LEARNER	FK_DIPLOMA	TEACHER	T_DIPLOMAID	1
LEARNER	FK_TITLEID	TEACHER	T_TITLEID	1
...				
LEARNER	SYS_C0011586	TEACHER	T_IDCARD	

已选择 13 行。
```
SQL>ALTER TABLE teacher DROP CONSTRAINT FK_TITLEID;
```
表已更改。

```
SQL>ALTER TABLE teacher DROP CONSTRAINT SYS_C0011586;
表已更改。
```

为 t_titleid 列定义外键约束时的同时已经为约束命名了,因此可以直接使用 FK_TITLEID 删除约束;而 t_idcard 列上的唯一约束没有命名,因此先使用 user_cons_columns 视图查看约束的名称,再删除唯一约束。

6.4.7　约束的启用、验证和延迟

1. 约束的启用和验证

根据约束是否处于可用的状态,可以将约束分为启用(ENABLE)状态约束和禁用(DISABLE)状态约束;根据约束是否对表中已存在的数据进行校验,可以将约束分为验证(VALIDATE)约束和非验证(NOVALIDATE)约束。

任何时候约束都处于启用/禁用状态和验证/非验证状态,具体的组合含义如下所示。

(1) ENABLE VALIDATE:启用约束的校验功能,违反约束的数据不能输入到表中,表中已经存在的数据必须满足约束条件。

(2) ENABLE NOVALIDATE:启用约束的校验功能,违反约束的数据不能输入到表中,表中已经存在的数据可以不满足约束条件,但启用约束后插入的数据必须满足约束条件。

(3) DISABLE VALIDATE:禁用约束的校验功能,可以向表中输入任何数据,但表中已经存在的数据必须满足约束条件。

(4) DISABLE NOVALIDATE:禁用约束的校验功能,可以向表中输入任何数据,表中已经存在的数据可以不满足约束条件。

正常情况下,在创建约束之后,Oracle 数据库会立刻启用约束并对现存数据进行验证以实现完整性约束,但有时需要将约束暂时禁用。例如,在导入数据时对于存在主外键关系的两个表,如果主表没有导入数据,则从表是无法导入数据的,而将约束禁用就不存在这个问题了,这样就极大地方便了数据的导入。禁用约束的另一个重要的原因是出于性能的考虑,因为当数据插入和更新时都需要执行约束的检查,所以会降低数据库的运行效率,尤其是处理的数据量很大时。

禁用约束可以在定义约束时进行,也可以在定义约束之后进行。在定义时禁用需要在约束后面使用 DISABLE 关键字。如果在定义约束之后禁用已有的约束,那么可以使用 DISABLE CONSTRAINT 子句,语法格式如下:

```
ALTER TABLE table_name DISABLE [ VALIDATE | NOVALIDATE ] CONSTRAINT constraint_name
[ CASCADE ];
```

table_name 表示要禁用约束的表名,VALIDATE 表示在启用约束时验证表中已有的数据是否满足约束条件,而 NOVALIDATE 表示不对已有数据进行验证,DISABLE 等同于 DISABLE NOVALIDATE。如果要禁用的约束与其他约束相关联(如是另一个表外键对应的主键或建立在多个列上的约束),默认情况下将无法禁用该约束,这时需要使用 CASCADE 关键字,作用是进行级联禁用。

例 6.46 禁用教师表不同列上的约束。

```
SQL>CREATE TABLE teacher( --创建一个简化的教师表
2 t_id CHAR(6) CONSTRAINT pk_teacher PRIMARY KEY,
3 t_name VARCHAR2(50) CONSTRAINT nn_t_name NOT NULL DISABLE,  --禁用非空约束
4 t_gender VARCHAR2(2) CONSTRAINT nn_t_gender NOT NULL CONSTRAINT chk_t_gender
CHECK(t_gender IN('男','女')),
5 t_titleid NUMBER(2) CONSTRAINT fk_titleid REFERENCES title(title_id)
6 );
表已创建。
SQL>INSERT INTO teacher VALUES ('060001', null, '男', 3);
已创建 1 行。    --t_name 列的值虽然为空,但由于定义时禁用了非空约束,仍然可以插入
SQL>ALTER TABLE teacher DISABLE CONSTRAINT chk_t_gender;    --禁用检查约束
表已更改。
SQL>INSERT INTO teacher VALUES('060002','张三','哈',3);
已创建 1 行。
SQL>ALTER TABLE title DISABLE CONSTRAINT pk_title;         --禁用主键约束
ALTER TABLE title DISABLE CONSTRAINT pk_title
                            *
第 1 行出现错误:
ORA-02297: 无法禁用约束条件 (TEST.PK_TITLE) -存在相关性
SQL>ALTER TABLE title DISABLE CONSTRAINT pk_title CASCADE;
表已更改。
SQL>INSERT INTO teacher VALUES('060003','张三','男',99);
已创建 1 行。--插入一个不存在的 title_id,说明外键约束也被级联禁用了
```

例 6.46 中,在创建表时就禁用了 t_name 列的非空约束,因此在执行插入语句时,尽管 t_name 的值为空,但是仍然能够成功插入;然后又禁用了检查约束,因此接下来插入的语句虽然 t_gender 的值是"哈",但仍然能够成功插入;后面又禁用了职称表的主键约束,但是由于它与教师表存在主外键关系,因此需要使用级联删除,级联删除后,向教师表中插入的数据就可以不满足外键约束了。

例 6.47 生成禁用当前用户模式下所有约束的脚本。

```
SQL>SPOOL D:\teacher.txt
SQL>SELECT 'ALTER TABLE ' || table_name || ' DISABLE CONSTRAINT ' || constraint_name
||';'
2 FROM user_constraints WHERE constraint_type='R';
'ALTERTABLE'||TABLE_NAME||'DIS
-----------------------------------------------------
ALTER TABLE TEACHER DISABLE CONSTRAINT FK_TITLEID;
ALTER TABLE TEACHER DISABLE CONSTRAINT FK_DIPLOMA;
ALTER TABLE COURSE DISABLE CONSTRAINT FK_COURSE;
...
SQL>SPOOL OFF
```

当完成相应的操作后应该立刻启用约束,以保证数据的完整性。启用被禁用的约束需

要使用 ENABLE CONSTRAINT 子句，语法格式如下：

```
ALTER TABLE table_name ENABLE [ VALIDATE | NOVALIDATE ] CONSTRAINT constraint_name;
```

table_name 表示要启用约束的表名，VALIDATE 表示在启用约束时验证表中已有的数据是否满足约束条件，而 NOVALIDATE 表示不对已有数据进行验证，ENABLE 等同于 ENABLE VALIDATE。

例 6.48　启用教师表中被禁用的约束。

```
SQL>ALTER TABLE teacher ENABLE CONSTRAINT nn_t_name;          --启用非空约束
ALTER TABLE teacher ENABLE CONSTRAINT nn_t_name
                           *
第 1 行出现错误：
ORA-02293：无法验证 (TEST.NN_T_NAME)                          -违反检查约束条件
SQL>ALTER TABLE teacher ENABLE NOVALIDATE CONSTRAINT nn_t_name;
表已更改。
SQL>INSERT INTO teacher VALUES ('060004', null, '男', 3);
INSERT INTO teacher VALUES ('060004', null, '男', 3)
                           *
第 1 行出现错误：
ORA-01400：无法将 NULL 插入 ("LEARNER"."TEACHER"."T_NAME")
SQL>ALTER TABLE teacher ENABLE CONSTRAINT fk_titleid;         --启用外键约束
ALTER TABLE teacher ENABLE CONSTRAINT fk_titleid
                           *
第 1 行出现错误：
ORA-02270：此列列表的唯一关键字或主键不匹配       --说明还要启用 title 表的主键约束
SQL>ALTER TABLE title ENABLE CONSTRAINT pk_title;
表已更改。
SQL>INSERT INTO teacher VALUES('060003', '张三', '男', 99);     --说明不能级联启用
已创建 1 行。
SQL>ALTER TABLE teacher ENABLE NOVALIDATE CONSTRAINT fk_titleid;
表已更改。
SQL>INSERT INTO teacher VALUES('060003', '张三', '男', 99);
INSERT INTO teacher VALUES('060003', '张三', '男', 99)
                           *
第 1 行出现错误：
ORA-00001：违反唯一约束条件 (TEST.PK_TEACHER)
```

例 6.48 中，首先启用非空约束，但使用的是 ENABLE（即 ENABLE VALIDATE），而表中已经存在空值了，因此报错，解决方法是使用 ENABLE NOVALIDATE 启用约束（当然也可以将空值更新为非空值），启用约束后新增数据如果有空值的话是不能插入的；然后启用外键约束，如果直接启用的话会报错，因为与之对应的主键约束被禁用了（例 6.46），所以先要启用职称表的主键约束，禁用主键约束时使用 CASCADE 进行了级联禁用，那么启用时能否级联启用呢？从结果可以看出是不能的，所以还要手动的启用外键约束，启用之后的数据如果不满足外键约束就不能插入到表中。

2. 约束的延迟

根据是否可以延迟执行可以将约束分为立即（IMMEDIATE）执行的约束和延迟（DEFERRED）执行的约束。立即执行是指在 SQL 语句执行后就立刻进行约束检查，如果违反了约束条件将立即执行回滚操作；而延迟执行是指在 SQL 语句执行后不立刻进行约束检查，而是等提交事务时再进行检查。默认情况下，所有约束都是立即执行的。

根据是否可以设置延迟执行的状态可以将约束分为可设置延迟（DEFERRABLE）的约束和不可设置延迟（NOT DEFERRABLE）的约束。默认情况下，所有约束都是不可设置延迟的，只有将约束设置为可设置延迟的状态才可以对约束的延迟执行状态进行设置。

创建约束延迟状态的语法格式如下：

```
CONSTRAINT constraint_name
[ [NOT] DEFERRABLE ] INITIALLY IMMEDIATE | DEFERRED ] ]
```

修改约束状态的语句为：

```
SET CONSTRAINT constraint1[, constraint2, ...] IMMEDIATE | DEFERRED;
SET CONSTRAINTS ALL IMMEDIATE/DEFERRED;
```

或者

```
ALTER SESSION SET CONSTRAINT(S)=IMMEDIATE/DEFERRED;
```

第一条语句用来对一个或多个约束的延迟状态进行设置，第二条语句用来对全部约束的延迟状态进行设置。

例 6.49 约束延迟状态的设置。

```
SQL>CREATE TABLE teacher(
2   t_id NUMBER CONSTRAINT pk_id PRIMARY KEY,
3   t_name VARCHAR2(10) CONSTRAINT nn_con NOT NULL DEFERRABLE,
4   t_gender VARCHAR2(2)
5   CONSTRAINT nn_t_gender NOT NULL DEFERRABLE INITIALLY IMMEDIATE
6    CONSTRAINT chk_t_gender CHECK (t_gender IN ('男', '女')) DEFERRABLE
INITIALLY DEFERRED
7  );
表已创建。
SQL>SELECT constraint_name, deferrable, deferred, validated
2 FROM user_constraints WHERE table_name='TEACHER'; --查看各个约束状态
```

CONSTRAINT_NAME	DEFERRABLE	DEFERRED	VALIDATED
NN_CON	DEFERRABLE	IMMEDIATE	VALIDATED
PK_ID	NOT DEFERRABLE	IMMEDIATE	VALIDATED
CHK_T_GENDER	DEFERRABLE	DEFERRED	VALIDATED
NN_T_GENDER	DEFERRABLE	IMMEDIATE	VALIDATED

```
SQL>INSERT INTO teacher VALUES(1, '张三', '男');
已创建 1 行。
```

```
SQL>INSERT INTO teacher VALUES(1, '张三', '男'); --主键重复,立刻检查
INSERT INTO teacher VALUES(1, '张三', '男')
                              *
第1行出现错误:
ORA-00001: 违反唯一约束条件 (LEARNER.PK_ID)
SQL>SET CONSTRAINT pk_id DEFERRED;        --主键的 DEFERRABLE 为 NOT DEFERRABLE,因
SET CONSTRAINT pk_id DEFERRED          此不能进行延迟状态的设置
                          *
第1行出现错误:
ORA-02447: 无法延迟不可延迟的约束条件
SQL>INSERT INTO teacher VALUES(2, '', '男');
INSERT INTO teacher VALUES(2, '', '男')
                          *
第1行出现错误:
ORA-02290: 违反检查约束条件 (LEARNER.NN_CON)
SQL>SET CONSTRAINT nn_con DEFERRED;     --将非空约束设置为延迟状态
约束条件已设置。
SQL>INSERT INTO teacher VALUES(2, '', '男');
已创建 1 行。
SQL>COMMIT; --在事务提交时才会检查是否满足约束条件,不满足则回滚
COMMIT
              *
第1行出现错误:
ORA-02091: 事务处理已回退
ORA-02290: 违反检查约束条件 (LEARNER.NN_CON)
SQL>ALTER TABLE teacher DROP CONSTRAINT pk_id; --删除主键约束
表已更改。
SQL>ALTER TABLE teacher ADD CONSTRAINT pk_id PRIMARY KEY(t_id) INITIALLY DEFERRED;
表已更改。                         --重建主键约束,并指定为延迟检查
SQL>INSERT INTO teacher VALUES(1, '张三', '男');
已创建 1 行。
SQL>COMMIT;
COMMIT
              *
第1行出现错误:
ORA-02091: 事务处理已回退
ORA-00001: 违反唯一约束条件 (LEARNER.PK_ID)
```

例 6.49 中创建表时同时定义了 3 个约束,其中主键约束没有显式地指定与延迟相关的参数,因此采用默认值,即不可延迟(NOT DEFERRABLE)、立刻检查(IMMEDIATE);教师姓名的非空约束显式地定义为可延迟,而立刻检查为默认值;教师性别建立了两个约束,其中非空约束显式地定义为可延迟、立刻检查,检查约束显式地定义为可延迟、延迟检查(DEFERRED)。可以通过视图 user_constraints 来了解各个约束的参数和状态。

首先测试主键约束,向表中插入两条相同的数据,因为主键重复,而且是立刻检查,所以执行完插入语句就立刻报错;然后使用 SET 语句试图将主键约束由立刻检查状态改为延迟

检查状态,但是不允许修改,因为主键约束的可延迟性为 NOT DEFERRABLE。

再测试非空约束,执行插入语句让 t_name 列的值为空值,插入时会立刻检查并报错;然后将非空约束设置为延迟状态,再执行插入语句,直到事务提交时才会检查是否符合非空约束,因为不满足约束条件所以将插入的数据回滚。

再将主键约束的检查方式改为延迟检查。Oracle 数据库不允许对约束的可延迟性直接进行修改,因此要先删除约束再重新创建,重建时指定主键约束为延迟检查。当设置为延迟检查时,Oracle 数据库会自动将该约束的可延迟性设置为 DEFERRABLE。

默认情况下,对约束进行的延迟设置的作用范围是当前事务,当事务结束后就需要进行重新设置了,但是可以使用 ALTER SESSION 语句改变当前会话的约束延迟状态,只要会话没结束不管有多少事务处理,设置都是有效的。

例 6.50   改变约束延迟的作用时间。

```
SQL>CREATE TABLE test(
2 id NUMBER CONSTRAINT pk_id PRIMARY KEY DEFERRABLE,
3 name VARCHAR2(10) CONSTRAINT nn_name NOT NULL DEFERRABLE
4 );
表已创建。
SQL>SET CONSTRAINT pk_id DEFERRED;
约束条件已设置。
SQL>INSERT INTO test VALUES(1, '张三');
已创建 1 行。
SQL>INSERT INTO test VALUES(1, '张三');
已创建 1 行。
SQL>COMMIT;                          --事务提交时检查约束条件
COMMIT
                        *
第 1 行出现错误:
ORA-02091: 事务处理已回退
ORA-00001: 违反唯一约束条件 (LEARNER.PK_ID)
SQL>INSERT INTO test VALUES(1, '张三');
已创建 1 行。
SQL>INSERT INTO test VALUES(1, '张三');    --语句执行时检查约束条件
INSERT INTO test VALUES(1, '张三')
                        *
第 1 行出现错误:
ORA-00001: 违反唯一约束条件 (LEARNER.PK_ID)
SQL>ALTER SESSION SET CONSTRAINTS=DEFERRED;
会话已更改。        --当前会话涉及的约束都被延迟了,只要会话没结束就有效
SQL>INSERT INTO test VALUES(2, '');        --违反非空约束
已创建 1 行。
SQL>INSERT INTO test VALUES(1, '张三');    --违反主键约束
已创建 1 行。
SQL>COMMIT;
COMMIT
```

第 1 行出现错误：

ORA-02091：事务处理已回退

ORA-02290：违反检查约束条件 (LEARNER.NN_NAME)

6.5 使用 INSERT 语句插入数据

在建表之后，就可以使用 INSERT 语句向表中插入数据了，插入时要注意数据一定要满足表的完整性约束。

6.5.1 单行插入

向表中插入一行数据，可以使用如下的语法格式：

```
INSERT INTO table_name [ (column_name1[ , column_name2, ... ]) ]
VALUES (value1, [value2, ... ]);
```

其中，table_name 表示要插入数据的表名或视图名；column_name 表示要插入数据的列名，多个列之间用逗号隔开；VALUES 表示要插入的数据。

说明：

（1）INSERT 语句中的列名是可选的，如果语句中没有指定任何表的列名，则意味着要为表中的每一列都插入数据，即 VALUES 子句中包含的数据的个数要与表的列数相同且要一一对应；如果语句中指定了表的列名，则会将 VALUES 子句中的数据插入指定的列中，那些没有指定的列将会取默认值或者空值。但是通常建议在插入语句中指定插入数据列的列名，因为这样可以更加便利地维护插入语句的代码，如果不指定列名，那么当对表进行增加列或删除列的操作后，就必须修改插入语句的代码以使其适应列的变化。

（2）VALUES 子句中指定的插入数据必须与 INTO 子句指定的列匹配（包括数据的个数和数据的类型）。如果插入的是字符型或日期型数据时，则需要用单引号将数据引上；如果插入的是数值型数据时，则可以直接插入。

（3）指定的列名的顺序可以与表定义中列的顺序不同。

例 6.51 向学生表的全部列中插入数据。

```
SQL>INSERT INTO student (s_id, s_name, s_gender, s_nation, s_political,
2 s_classname, s_language, s_chinese, s_math, s_foreign, s_duty)
3 VALUES ('0807010232', '宋彬', '男', '汉族', '共青团员', '工商082', '英语', 99,
4 122, 117, null);
```

例 6.52 将例 6.51 的 INSERT 语句中学生表的所有列名都删除，其效果和例 6.51 相同。

```
SQL>INSERT INTO student VALUES ('0807010232', '宋彬', '男','汉族','共青团员',
2 '工商082', '英语', 99, 122, 117, null);
```

例 6.53 向学生表的指定列中插入数据。

```
SQL> INSERT INTO student
2 (s_id, s_name, s_gender, s_nation, s_political, s_classname, s_language)
3 VALUES ('0807010232', '宋彬', '男', '汉族', '共青团员', '工商 082', '英语');
```

例 6.54　向学生表的指定列中插入数据,列的顺序与表中列定义的顺序不同。

```
SQL> INSERT INTO student
2 (s_nation, s_political, s_classname, s_language, s_gender, s_name, s_id)
3 VALUES ('汉族', '共青团员', '工商 082', '英语', '男', '宋彬', '0807010232');
```

6.5.2　空字符串与空值

前面讲述过空值的含义,在使用 INSERT 语句插入数据时,对于具有非空约束的列,不能插入空值,那么是否可以插入空字符串呢? 现在做如下的测试。

例 6.55　向学生表的 s_name 列插入空字符串。

```
SQL> INSERT INTO student (s_id, s_name) VALUES ('0807010232', '');
INSERT INTO student (s_id, s_name) VALUES ('0807010232', '')
                                    *
第 1 行出现错误:
ORA-01400: 无法将 NULL 插入 ("LEARNER"."STUDENT"."S_NAME")
```

结果提示错误信息"无法将 NULL 插入 ("LEARNER"."STUDENT"."S_NAME")",可见在 Oracle 数据库中空字符串与空值是等价的(但是在其他的一些数据库中空字符串与空值是不同的),因此在进行插入空字符串操作时需要注意。但是在判断某列是否为空时,不能使用 column_name = '',而要使用 IS NULL 语句来进行判断,如下面的代码所示。

```
SQL> SELECT s_id, s_name FROM student WHERE s_duty='';
未选定行
SQL> SELECT s_id, s_name, s_classname FROM student WHERE s_duty IS NULL;
S_ID        S_NAME      S_CLASSNAME
----------  --------    --------------
0807010101  林富丽       工商 081
0807010102  杨思颖       工商 081
0807010103  梅楠         工商 081
...
已选择 202 行。
```

6.5.3　多行插入

前面插入语句的语法都只能插入一行数据,如果想批量地插入数据,而不是每次只插入一行数据,可以使用子查询进行插入,其中又有两种方法。

1. 将子查询的结果插入表中

将子查询的结果插入表中,语法格式如下:

```
INSERT INTO table_name [ (column_name1 [,column_name2, ... ]) ]
Subquery
```

说明：

（1）table_name 用于指定要插入数据的表名或视图名。

（2）column_name 用于指定要插入数据的列名，多个列之间用逗号隔开。

（3）Subquery 用于指定要插入的数据的子查询，通过查询语句来选取。

例 6.56 创建一个临时表 student_temp，其结构与学生表完全相同，然后使用 INSERT INTO…SELECT 语句将学生表中的所有数据都插入到表 student_temp 中。

```
SQL> CREATE TABLE student_temp(
2   s_id VARCHAR2(10) CONSTRAINT pk_student1 PRIMARY KEY,
3   s_name VARCHAR2(20) NOT NULL,
4   s_gender VARCHAR2(10) CONSTRAINT nn_s_gender1 NOT NULL CONSTRAINT check_gender1
CHECK (s_gender IN('男', '女')),
5   s_nation VARCHAR2(10) NOT NULL,
6   s_political VARCHAR2(20) NOT NULL,
7   s_classname VARCHAR2(100) NOT NULL,
8   s_language VARCHAR2(20) NOT NULL,
9   s_chinese NUMBER(4, 1),
10  s_math NUMBER(4, 1),
11  s_foreign NUMBER(4, 1),
12  s_duty VARCHAR2(50)
13  );
表已创建。
SQL> INSERT INTO student_temp SELECT * FROM student;
已创建 273 行。
```

例 6.57 将学生表中的指定列的数据插入到表 student_temp 中。

```
SQL> INSERT INTO student_temp(s_id, s_name, s_gender, s_nation, s_political, s_
classname, s_language)
2 SELECT s_id, s_name, s_gender, s_nation, s_political, s_classname, s_language
FROM student;
```

2. INSERT ALL

INSERT ALL 是 Oracle 9i 之后新增的语法，它扩展了 INSERT 语句的功能，相对于传统的 INSERT 语句，INSERT ALL 具有以下扩展的功能：

（1）可以同时插入多行数据。

（2）可以向多张表中同时插入数据。

（3）可以根据判断条件来决定插入哪些数据或插入到哪些表中。

语法格式如下：

```
INSERT ALL
[ WHEN condition1 THEN ] INTO_clause VALUES_clause
```

```
[ WHEN condition2 THEN ] [ INTO_clause VALUES_clause ]
...
[ ELSE ] [ INTO_clause VALUES_clause ]...
Subquery
```

说明：

（1）WHEN 用于指定要插入数据的条件，如果没有 WHEN 语句则会无条件地将满足子查询的所有记录插入到表中，当 WHEN 语句的结果为 true 时，则会执行对应的 INTO 语句。

（2）INTO_clause 用于指定要插入数据的目的表名和列名，与普通 INSERT 语句的语法相同。

（3）VALUES_clause 用于指定要插入的数据，与普通 VALUES 语句的语法相同。

（4）Subquery 用于指定要插入的数据，通过 SELECT 查询来选取。

例 6.58　使用 INSERT ALL 语句将多条数据同时插入到学生表中。

```
SQL> INSERT ALL
2    INTO student VALUES ('08807010232', '宋彬', '男', '汉族', '共青团员', '工商 082', '英语', 99, 122, 127, null)
3    INTO student VALUES ('08807010233', '冯婷', '女', '汉族', '共青团员', '工商 082', '英语', 103, 104, 98, null)
4    INTO student VALUES ('08807010234', '阮楚迎', '女', '汉族', '共青团员', '工商 082', '英语', 116, 78, 109, '团支书')
5    INTO student VALUES ('08807010301', '于莹莹', '女', '汉族', '共青团员', '工商 083', '日语', 115, 94, 132, '宣传委员')
6    INTO student VALUES ('08807010302', '李孔浩', '男', '满族', '共青团员', '工商 083', '英语', 104, 112, 102, null)
7    SELECT * FROM dual;
```

例 6.58 中使用的源表是伪表 dual，含义是插入到学生表中的数据不来自于任何表，而是来自 VALUES 子句后面的数据。

例 6.59　使用 INSERT ALL 语句将多条学生表的数据插入到 student_temp 表中。

```
SQL> INSERT ALL
2    INTO student_temp(s_id, s_name, s_gender, s_nation, s_political, s_classname, s_language)
3    VALUES (s_id, s_name, s_gender, s_nation, s_political, s_classname, s_language)
4    SELECT * FROM student;
```

例 6.59 没有使用伪表 dual 作为源表，而是学生表作为源表，含义是插入到 student_temp 表中的数据来源于学生表。子查询中可以将所有列都查询出来，系统会自动匹配找到要插入列的数据，也可以在 SELECT 语句中只写出要插入数据的列，如可以将例 6.59 的代码改为：

```
SQL> INSERT ALL
2    INTO student_temp(s_id, s_name, s_gender, s_nation, s_political, s_classname, s_language)
```

```
3  VALUES (s_id, s_name, s_gender, s_nation, s_political,s_classname, s_language)
4  SELECT s_id, s_name, s_gender, s_nation, s_political,s_classname, s_language
FROM student;
```
已创建 273 行。

例 6.60　使用 INSERT ALL 语句将多条学生表的数据分别插入到 student_temp 表和 student_temp2 表中，student_temp2 表的定义与 student_temp 完全相同，但是向 student_temp2 表中多插入一列(s_duty)数据。

```
SQL>INSERT ALL
2  INTO student_temp(s_id, s_name, s_gender, s_nation, s_political, s_classname, s_language)
3  VALUES (s_id, s_name, s_gender, s_nation, s_political, s_classname, s_language)
4  INTO student_temp2(s_id, s_name, s_gender, s_nation, s_political, s_classname, s_language,s_duty)
5  VALUES (s_id, s_name, s_gender, s_nation, s_political, s_classname, s_language, s_duty)
6  SELECT s_id, s_name, s_gender, s_nation, s_political, s_classname, s_language, s_duty FROM student;
```
已创建 273 行。

例 6.61　现在有这样的需求，新生上外语课要求分班，一是按照语种分，二是按照成绩分。使用 INSERT ALL 语句将多条学生表的数据按照上面的原则分到外语分班表 fclass 中。

```
SQL>CREATE TABLE fclass( --外语分班表
2  s_id VARCHAR2(10) CONSTRAINT pk_student_fclass PRIMARY KEY, --主键
3  c_type VARCHAR2(20) --班级类型
4  );
表已创建。
SQL>INSERT ALL
2  WHEN s_language='英语' AND s_foreign>=120
3  THEN INTO fclass(s_id, c_type) VALUES(s_id, '英语 A 班')
4  WHEN s_language='英语' AND s_foreign>=100 AND s_foreign <120
5  THEN INTO fclass(s_id, c_type) VALUES(s_id, '英语 B 班')
6  WHEN s_language='英语' AND s_foreign <100
7  THEN INTO fclass(s_id, c_type) VALUES(s_id, '英语 C 班')
8  WHEN s_language='日语' THEN INTO fclass(s_id, c_type) VALUES(s_id, '日语班')
9  ELSE INTO fclass(s_id, c_type) VALUES(s_id, '俄语班')
10  SELECT s_id, s_language, s_foreign FROM student;
已创建 273 行。
SQL>SELECT s_id, c_type FROM fclass;
S_ID              C_TYPE
----------        --------
0807010232        英语 B 班
0807010234        英语 B 班
```

```
0807010302          英语 B 班
0807010233          英语 C 班
0807010301          日语班
```

...

已选择 273 行。

使用 WHEN 语句来对语种和成绩分类，满足相应条件的学生则被分配到相应的班型中。

3. INSERT FIRST

INSERT FIRST 的功能和语法形式与 INSERT ALL 基本相同，区别是使用 FIRST 时一旦 WHEN 语句的结果为 true，执行完对应的 INTO 语句后会跳出 INSERT FIRST 语句，停止运行后面所有的 WHEN 语句。

例 6.62 将例 6.60 中 WHEN 语句的条件改动一下，将原来英语 B 班的分数条件"s_foreign >= 100 AND s_foreign < 120"改为"s_foreign >= 100"，然后仍然使用 INSERT ALL 插入数据。

```
SQL>INSERT ALL
2   WHEN s_language='英语' AND s_foreign>=120
3   THEN INTO fclass(s_id, c_type) VALUES(s_id, '英语 A 班')
4   WHEN s_language='英语' AND s_foreign>=100
5   THEN INTO fclass(s_id, c_type) VALUES(s_id, '英语 B 班')
6   WHEN s_language='英语' AND s_foreign <100
7   THEN INTO fclass(s_id, c_type) VALUES(s_id, '英语 C 班')
8   WHEN s_language='日语' THEN INTO fclass(s_id, c_type) VALUES(s_id, '日语班')
9   ELSE INTO fclass(s_id, c_type) VALUES(s_id, '俄语班')
10   SELECT s_id, s_language, s_foreign FROM student;
ORA-00001: 违反唯一约束条件 (GLXY.PK_STUDENT_FCLASS)
```

运行结果提示出错信息"ORA-00001：违反唯一约束条件"，为了探明错误的原因，把 fclass 表结构做一下修改，把 s_id 的主键约束去掉，执行以下代码。

```
SQL>CREATE TABLE fclass( --外语分班表
2     s_id VARCHAR2(10),
3     c_type VARCHAR2(20) --班级类型
4   );
SQL>INSERT ALL
2   WHEN s_language='英语' AND s_foreign>=120
3   THEN INTO fclass(s_id, c_type) VALUES(s_id, '英语 A 班')
4   WHEN s_language='英语' AND s_foreign>=100
5   THEN INTO fclass(s_id, c_type) VALUES(s_id, '英语 B 班')
6   WHEN s_language='英语' AND s_foreign <100
7   THEN INTO fclass(s_id, c_type) VALUES(s_id, '英语 C 班')
8   WHEN s_language='日语' THEN INTO fclass(s_id, c_type) VALUES(s_id, '日语班')
9   ELSE INTO fclass(s_id, c_type) VALUES(s_id, '俄语班')
```

```
10   SELECT s_id, s_languauge, s_foreign FROM student;
已创建 360 行。
SQL>SELECT s_id, c_type FROM fclass;
S_ID               C_TYPE
----------         --------
0807010232         英语 A 班
0807010232         英语 B 班
0807010234         英语 B 班
0807010302         英语 B 班
...
已选择 360 行。
```

从运行结果可以看出向 fclass 表插入了 360 条记录,大于学生表的 273 条记录,说明存在重复的数据(如学号为 0807010232 的学生信息有两条),而且班级类型分别是英语 A 班和英语 B 班,因为学号为 0807010232 的学生的英语成绩为 127,满足"s_foreign >= 120"和"s_foreign>=100",所以插入了两条记录,这也就是为什么不去掉主键约束会报错的原因。

例 6.63 将例 6.61 中的 INSERT ALL 改为 INSERT FIRST,再看一下运行结果。

```
SQL>INSERT FIRST
2    WHEN s_language='英语' AND s_foreign>=120
3    THEN INTO fclass(s_id, c_type) VALUES(s_id, '英语 A 班')
4    WHEN s_language='英语' AND s_foreign>=100
5    THEN INTO fclass(s_id, c_type) VALUES(s_id, '英语 B 班')
6    WHEN s_language='英语' AND s_foreign <100
7    THEN INTO fclass(s_id, c_type) VALUES(s_id, '英语 C 班')
8    WHEN s_language='日语' THEN INTO fclass(s_id, c_type) VALUES(s_id, '日语班')
9    ELSE INTO fclass(s_id, c_type) VALUES(s_id, '俄语班')
10   SELECT s_id, s_language, s_foreign FROM student;
已创建 273 行。
SQL>SELECT s_id, c_type FROM fclass;
S_ID               C_TYPE
----------         ----------
0807010232         英语 A 班
0807010234         英语 B 班
0807010302         英语 B 班
...
已选择 273 行。
```

运行结果没有报错,而且学号为 0807010232 的学生信息只被插入了一次,说明 INSERT FIRST 语句中一旦某个 WHEN 语句的结果为 true,那么后面所有的 WHEN 语句就会被跳过,不会被执行了。

6.6　使用 UPDATE 语句更新数据

在很多情况下,需要对数据库表中的已经存在的数据进行修改以满足业务变化的需求,这时可以使用 UPDATE 语句来更新表中的数据。UPDATE 语句的语法格式如下:

```
UPDATE table_name
SET column_name=value [ , column_name=value,... ]
[ WHERE condition ];
```

说明:

(1) table_name 用于指定要更新数据的表名或视图名。

(2) column_name 用于指定要插入数据的列名,多个列之间用逗号隔开。

(3) 如果更新的是字符型或日期时间型数据时,则要用单引号将数据引上;如果更新的是数值型数据时,则可以直接赋值。

(4) WHERE 用于指定更新数据的条件,以限制被更新的记录,如果没有 WHERE 子句则会更新表中的所有行。

例 6.64　将学生表中的英语成绩折算成百分制,并作为更新数据对原成绩进行更新。

```
SQL>UPDATE student SET s_foreign=s_foreign*100/150;
已更新 273 行。
SQL>SELECT s_id, s_name, s_foreign, s_classname FROM student;
S_ID              S_NAME         S_FOREIGN   S_CLASSNAME
----------        --------       ---------   -----------
0807010101        林富丽              79.3   工商 081
0807010102        杨思颖              80.7   工商 081
0807010103        梅楠                55.3   工商 081
...
已选择 273 行。
```

UPDATE 语句中使用了算术表达式对数据进行了更新,而且由于 UPDATE 语句中没有使用 WHERE 子句指定更新条件,所以对学生表中的所有记录都进行了更新。

下面是更新一行中的多列的例子,并且使用了 WHERE 子句。

例 6.65　更新学生表中学号为"0807010234"的学生的民族为"满族"、英语成绩为 120。

```
SQL>UPDATE student SET s_nation='满族', s_foreign=120, s_classname='
2 信管 081' WHERE s_id='0807010234';          --更新一行数据
已更新 1 行。
SQL>SELECT s_id, s_name, s_nation, s_foreign, s_classname FROM student
2 WHERE s_id='0807010234';
 S_ID             S_NAME        S_NATION       S_FOREIGN      S_CLASSNAME
----------        --------      --------       ---------      -----------
 0807010234       阮楚迎           满族            120.0         信管 081
SQL>UPDATE student SET s_nation='满族', s_foreign=120, s_classname='
2 信管 081' WHERE s_id>'0807010234';          --更新多行数据
```

已更新 207 行。

```
SQL>UPDATE student SET s_nation='满族', s_foreign=120, s_classname='
2 信管 081';                                    --更新所有数据
已更新 273 行。
SQL>UPDATE student SET s_nation='满族', s_foreign=120, s_classname='
2 信管 081' WHERE s_id='0907010234';        --不更新任何行,因为没有找到匹配的记录
已更新 0 行。
```

6.7　使用 DELETE 语句删除数据

如果想从表中删除一条或多条记录,可以使用 DELETE 语句,语法格式如下:

```
DELETE [ FROM ] table_name [ WHERE condition ];
```

说明:

(1) table_name 表示要删除数据的表名或视图名。

(2) WHERE 用于指定删除数据的条件,以限制被删除的记录,如果没有 WHERE 子句则会删除表中的所有行。

(3) 不能在删除语句中指定列名,因为删除操作的单位是行,指定列名是没有任何意义的。

(4) DELETE 语句可以在不删除表的情况下删除所有的行,这意味着表的结构、建立在表上的对象,如约束和索引等都是完整的。

(5) Oracle 数据库不要求必须使用 FROM 关键字。

例 6.66　删除学生表中的学生信息。

```
SQL>DELETE FROM student WHERE s_id='0807010234';       --删除一行
已删除 1 行。
SQL>DELETE FROM student WHERE s_foreign>130;           --删除多行
已删除 14 行。
SQL>DELETE student;      --删除所有行,没有使用 FROM 关键字
已删除 273 行。
SQL>DELETE FROM student WHERE s_id='0907010234';        --没有找到要删除的记录
已删除 0 行。
```

6.8　使用 TRUNCATE 语句删除数据

TRUNCATE 语句从逻辑上看相当于不带 WHERE 子句的 DELETE 语句,但是 TRUNCATE 语句属于数据定义语言,该语句的操作会被隐式地提交,不能使用 ROLLBACK 语句进行回滚,因此该语句的执行也不会占用任何的撤销段,所以会快速地删除所有行;而 DELETE 语句属于数据操纵语言,会产生大量的撤销操作,占用很多的撤销段以便产生用于数据恢复的日志,因此执行起来比较耗时。TRUNCATE 语句的语法格式

如下：

```
TRUNCATE TABLE [schema.]table_name;
```

说明：

（1）TRUNCATE 语句只能以表或簇为操作对象，而不能操作视图、同义词等模式对象。

（2）TRUNCATE 语句删除表中所有行的数据，但是会保留表的结构。

（3）因为不能回滚，所以删除的所有数据都无法恢复。

（4）该语句释放表所占用的磁盘空间。

（5）该语句不会触发表的删除触发器。

例 6.67 使用 TRUNCATE 语句删除学生表中的所有数据。

```
SQL>TRUNCATE TABLE student;
表被截断。
```

6.9 删除表

如果不但要删除数据还要删除表的结构定义，那么应该使用 DROP TABLE 语句，语法格式如下：

```
DROP TABLE [schema.]table_name [ CASCADE CONSTRAINTS ] [ PURGE ];
```

说明：

schema 是要删除的表所属的模式；

table_name 是表名；

CASCADE CONSTRAINTS 子句的作用与前面删除列语句中的作用相同，表示级联删除；

PURGE 关键字表示直接删除表，而不将表放入回收站中。

要删除表，用户必须拥有 DROP TABLE 或 DROP ANY TABLE 的系统权限。

例 6.68 删除学生表。

```
SQL>DROP TABLE student;
表已删除。
```

使用 DROP TABLE 语句删除表时，表不会被立即删除，Oracle 数据库将表进行了重命名并放入回收站中，这样还可以通过闪回操作恢复删除的表，语法格式如下：

```
FLASHBACK TABLE old_name TO BEFORE DROP [ RENAME TO new_name ];
```

恢复时可以将对象直接恢复成原来的名称，也可以使用 RENAME TO new_name 子句在恢复的同时重命名对象。

例 6.69 恢复例 6.68 删除的学生表。

```
SQL>SELECT COUNT(*) FROM student;
```

```
SELECT COUNT(*) FROM student
                              *
第 1 行出现错误:
ORA-00942: 表或视图不存在
SQL>show recyclebin;

ORIGINAL NAME  RECYCLEBIN NAME                          OBJECT TYPE DROP TIME
-------------- ---------------------------------------- ----------- -------------------
STUDENT        BIN$ 5a1i9USKQs2w8v7VCRtpAg==$ 0  TABLE               2012-03-01:16:16:27
SQL>FLASHBACK TABLE student TO BEFORE DROP RENAME TO student_test;
闪回完成。      --或者使用 FLASHBACK TABLE testrecyc TO BEFORE DROP;
SQL>SELECT COUNT(*) FROM student_test;

COUNT(*)
----------
273
```

例 6.70 彻底删除表 student_test,而不将其放入回收站中。

```
SQL>DROP TABLE student_test PURGE;
表已删除。
```

6.10 练习题

1. 下列选项中,不是 Oracle 的合法数据类型的是_____。
   A. TIMESTAMP WITH LOCAL TIMEZONE
   B. ROWID
   C. BINARY
   D. BLOB

2. 下列说法中正确的是_____。
   A. 建立主键约束的列上允许插入空值
   B. 建立唯一约束的列上允许插入空值
   C. 建立外键约束的列上不允许插入空值
   D. 建立非空约束的列上允许插入空值

3. 下列语句中,_____会删除 teacher 表的主键,主键约束的名称为 pk_teacher。
   A. ALTER TABLE teacher DROP PRIMARY KEY;
   B. DROP teacher CONSTRAINT pk_teacher;
   C. ALTER CONSTRAINT pk_teacher DROP CASCADE;
   D. DROP CONSTRAINT pk_teacher ON teacher;

4. 表中有一个列定义为 NUMBER(6,2),则将 1234.5678 插入到该列,该列保存的值是_____。

   A. 插入时发生错误   B. 1235.00
   C. 1234.56   D. 1234.57

5. 如果想将学生的个人信息保存在操作系统的文件中,则表中应该对应地建立_____类型的列。

    A. BLOB   B. CLOB   C. BFILE   D. LONG

6. 在一个表的列上使用 INITIALLY IMMEDIATE 子句定义了一个约束,然后使用 ALTER TABLE ENABLE VALIDATE 语句以启用该约束,则_____。

    A. 如果存在违反约束的数据,则该语句会执行失败

    B. 该约束不会校验表中已有的数据

    C. 该约束不会立即对数据进行校验

    D. 该约束对未来插入的数据也不会校验

7. 创建一个考勤表(s_attendance),用于记录学生的出勤情况,该表包含以下字段:考勤编号(kq_id,数值型,长度为10,主键)、学生编号(s_id,可变长字符型,长度为10)、教师编号(t_id,定长字符型,长度为6)、课程编号(c_id,定长字符型,长度为6)、上课时间(c_time,日期时间型,默认值为当前日期,不包括时间部分)、出勤情况(attendance,定长字符型,长度为1,且不能为空)。写出创建考勤表的 SQL 语句,并分别使用行级约束和表级约束为 s_id 和 t_id 定义外键,分别对应 student 表和 teacher 表。

8. 分别使用 INSERT 和 INSERT ALL 语句向 s_attendance 插入如表 6.7 所示的数据。

表 6.7　练习题 8 数据

kq_id	s_id	t_id	c_id	c_time	attendance
1	0807070301	060001	060151	2012-2-29	1
2	0807010234	060006	060164	2012-3-1	2
3	0807010308	070005	070042	2012-3-3	3
4	0807010309	070005	070042	2012-3-3	4
5	0807010317	070005	070042	2012-3-3	5

其中,attendance 的取值中,1 表示旷课,2 表示事假,3 表示病假,4 表示迟到,5 表示早退。

9. 将"2012-3-3"日插入的考勤记录的日期改为"2012-3-2"日。

10. 将"2012-3-1"日之前插入的考勤记录删除。

第7章 查询语句

数据查询操作是 SQL 的核心内容,因此查询语句是 SQL 语句中功能最为强大、使用最为灵活和复杂的语句,其功能就是从一个或若干个表或视图中查询满足要求的数据行,并以结果集的形式返回给查询者。

本章将主要讲解以下内容:

- 查询语句的基本语法。
- 单表查询。
- 多表查询。
- 子查询。
- 集合运算。

7.1 查询语句概述

7.1.1 基本语法格式

查询语句的完整形式十分复杂,但是一般情况下,不会全部使用所有的子句,而只使用其中最常用的 6 个子句,其语法格式如下:

```
SELECT [ALL|DISTINCT] [ * | [table. * | expr[alias]|view. * ] [, [table. * | expr
[alias]]]…]
FROM table [alias][,table[alias]]…
[WHERE condition]
[GROUP BY expr [, expr] …]
[HAVING condition]
[ORDER BY expression   [ASC|DESC]]
```

这些子句分别如下所示。

(1) SELECT 子句:指定要查询的一个或多个列,可以使用列名或表达式。

(2) FROM 子句:指定要被查询数据的表或视图,多个表或视图之间要用逗号隔开。

(3) WHERE 子句:指定查询数据的条件,只有满足条件的数据才能返回给查询者。

(4) GROUP BY 子句:对数据进行分组查询,通常与聚合函数联合使用。

(5) HAVING 子句:功能与 WHERE 子句相似,都是指定查询数据的条件,但

HAVING 子句用于在 GROUP BY 子句的结果上添加查询条件。

（6）ORDER BY 子句：指定查询结果根据特定的列或表达式以升序或降序的方式进行排序。

在进行查询操作时不要求同时使用上述的全部子句，而是根据需要灵活地选取一个或多个子句执行。

7.1.2　伪表和伪列

1. 伪表 dual

SQL 的标准语法规定，查询语句必须至少有两个子句，即 SELECT 子句和 FROM 子句，但是有时在获得查询值的时候并不需要指定表名，如想获得数据库服务器的当前时间、计算两个数的和等，但是缺少了 FROM 子句就会报错，比如下面的例子。

例 7.1　只使用 SELECT 子句和 SYSDATE 函数查询服务器的时间。

```
SQL> SELECT SYSDATE;
SELECT SYSDATE
         *
第 1 行出现错误:
ORA-00923: 未找到要求的 FROM 关键字
```

运行结果提示出错信息"ORA-00923：未找到要求的 FROM 关键字"，可见只使用 SELECT 子句是无法完成查询功能的，而必须与 FROM 子句一起使用。此时就需要一个表以便从语法上支持查询语句的完成，Oracle 数据库中就提供了一个这样的表，即 dual 表。dual 表是与数据字典一起自动创建的一个表，称为伪表或哑表，它是 Oracle 数据库提供的最小的工作表。

查询一下数据字典视图 all_objects，进一步了解 dual 表的一些信息，如下面的代码所示。

```
SQL> SELECT owner, object_name, object_type FROM all_objects
  2  WHERE object_name='DUAL';
OWNER          OBJECT_NAME      OBJECT_TYPE
------------------------------------------------
SYS            DUAL             TABLE
PUBLIC         DUAL             SYNONYM
```

可见 dual 表是 SYS 用户下的一个表，然后以公有同义词的方式提供给其他所有用户访问和使用。再查看一下 dual 表的结构及其包含的数据，如下面的代码所示。

```
SQL> DESC dual
Name    Type        Nullable Default Comments
------------------------------------------------
DUMMY   VARCHAR2(1) Y
SQL> SELECT * FROM dual;
DUMMY
```

```
-----
X
```

可见,dual 表只有一列:DUMMY,其数据类型为 VARCHAR2(1);dual 表中只有一行数据:'X'.

很多时候,需要使用 SQL 函数来完成一些功能,但并不需要针对特定的表来完成,这时也需要使用 dual 表来辅助完成。下面的代码完成了例 7.1 的功能。

```
SQL>SELECT SYSDATE FROM dual;
SYSDATE
----------------------
2012-2-28 下午 05:20:26
```

再如下面的代码,使用 dual 表完成了一个求乘积的算数表达式和获取当前用户的会话 ID。

```
SQL>SELECT 35 * 128 FROM dual;
    35 * 128
-----------
       4480
SQL>SELECT USERENV('SID') FROM dual;
USERENV('SID')
--------------
          132
```

2．伪列

在讲解 rowid 类型时,提到了 Oracle 数据库中一个非常重要的概念——伪列。那么什么是伪列呢?

Oracle 数据库为了增强其功能,提供了一组数据列,这些列是由 Oracle 数据库自动创建的,从形式上看这些列与表的普通列没有什么区别,但实际上它们并不存储在表中(更确切地说是不存储于磁盘上),使用 DESC 等命令查看的表结构信息中也没有这些列的信息。可以使用查询语句从这些列中查询到数据,但是不能对其进行插入、更新或删除操作,因为这些列不是真实地存在于表中,所以称为伪列。常见的伪列有 rowid、rownum、currval、nextval 等。后面的章节中将会对这些伪列做详细的讲解。

7.2　单表查询

单表查询就是指只对一个表进行的查询,它是多表查询的基础。

7.2.1　SELECT 子句

SELECT 子句的作用是指定要查询的数据项,其内容一般是表或视图的列名,还可以是子查询、聚合函数、Oracle 数据库的内置函数、文本、数字等,不同的数据项之间要用逗号隔开。

1. 查询全部列的数据

在 SELECT 后使用星号(＊)表示将查询 FROM 子句中指定表或视图的所有列。

例 7.2 查询学历表中所有列的信息。

```
SQL> SELECT * FROM diploma;  --等同于 SELECT diplpma_id, diplpma_name FROM diploma
DIPLOMA_ID DIPLOMA_NAME
-------- ---------------
        1   专科
        2   本科
        3   硕士
        4   博士
        5   博士后
```

2. 查询指定列的数据

在 SELECT 子句后加上表或视图的列名可以从表或视图的指定列中查询数据。

例 7.3 从教师表中查询教师编号、教师姓名、入职时间、职务和研究方向。

```
SQL> SELECT t_id, t_name, t_entertime, t_duty, t_research FROM teacher;
T_ID    T_NAME  T_ENTERTIME  T_DUTY   T_RESEARCH
----- ----- --------- ------ -------------------------------------------
060001  李飞    2007-06-01   教师     软件工程技术,智能算法
060002  张续伟  2006-05-29   系主任   数据仓库,数据挖掘,Web挖掘,数据库系统开发
060003  黄帅    2006-08-08   教师     计算机网络安全
060004  崔楠楠  2006-05-07   教师     软件测试,.net技术,数据挖掘
060005  尹双双  2007-08-01   教师     数据挖掘,粗糙集
...
已选择 24 条。
```

其中 t_id、t_name、t_entertime、t_duty 和 t_research 为教师表的列名。

如果把一个表的所有列名都写在 SELECT 关键字的后面,其效果与 SELECT ＊ 的效果是相同的,但是要注意 SELECT ＊ 结果显示的列的顺序与定义表时创建列的顺序是相同的,而把所有列名都写在 SELECT 的后面这种方式则无此限制,也就是可以根据需求随意更改列的显示顺序。

3. 使用内置函数

在 SELECT 子句中使用 Oracle 数据库的内置函数可以对结果列进行处理。

例 7.4 从学生表中查询学生的职务,如果该列上的值为空值则结果显示"没有职务"。

```
SQL> SELECT s_id, s_name, s_classname, NVL(s_duty, '没有职务') FROM student;
S_ID        S_NAME  S_CLASSNAME  NVL(S_DUTY,'没有职务')
-------- ------ ---------- ----------------------------
0807010101  林富丽  工商 081      没有职务
```

```
0807010102   杨思颖   工商 081          没有职务
0807010103   梅楠     工商 081          没有职务
0807010104   孙丽霞   工商 081          组织委员
0807010105   黄亚男   工商 081          宣传委员
...
已选择 273 条。
```

例 7.4 中使用了 NVL 函数来对 s_duty 列中的空值进行处理。Oracle 数据库的内置函数非常多,有关内容会在第 10 章中详细介绍。

4. 使用算数表达式

在 SELECT 子句中也可以使用算数表达式,以实现对一列或多列的计算。

例 7.5 从学生表中查询学生的学号,并通过算数表达式计算出该学生的语文、外语和数学的总成绩。

```
SQL>SELECT s_id, s_name, s_classname, s_chinese+s_math+s_foreign FROM student;
S_ID        S_NAME   S_CLASSNAME   S_CHINESE+S_MATH+S_FOREIGN
--------- ------- -------------- --------------------------
0807010101   林富丽   工商 081                          312
0807010102   杨思颖   工商 081                          335
0807010103   梅楠     工商 081                          287
0807010104   孙丽霞   工商 081                          321
0807010105   黄亚男   工商 081                          336
...
已选择 273 条。
```

5. 使用常量和连接运算符

在 SELECT 子句中使用常量可以使结果具有一定的含义,常量与表的列之间通常使用双竖线(‖)来作为连接运算符,以更清楚地表达返回结果的实际意思。常量与连接运算符会出现在所有的记录中。

例 7.6 从学生表中查询学生的学号和姓名,并在学号和姓名的前面分别加上字符常量"学生学号"和"学生姓名"。

```
SQL>SELECT '学生学号是:' ‖ s_id 学号,'学生姓名是:' ‖ s_name 姓名 FROM student;
学号                     姓名
-------------------- --------------------
学生学号是: 0807010101   学生姓名是: 林富丽
学生学号是: 0807010102   学生姓名是: 杨思颖
学生学号是: 0807010103   学生姓名是: 梅楠
学生学号是: 0807010104   学生姓名是: 孙丽霞
学生学号是: 0807010105   学生姓名是: 黄亚男
...
已选择 273 条。
```

在 SELECT 子句中使用常量也有一些特殊的用处,如下面的代码所示。

```
SQL> SELECT 1 FROM student;
        1
----------
        1
        1
        1
...
```

已选择 273 条。

　　从结果来看,学生表中有多少条记录,结果就返回多少行 1。那么 SELECT 子句中的 1 是什么意思呢? 1 其实就是一个常量(当然其他任意常量也都可以),查询到的所有行的值都是这个常量,这里可以将常量看做是一个临时列。从效率上来说,SELEC 临时列＞SELECT 指定列＞SELECT ＊,这是因为不用查询 Oracle 数据库的数据字典表,所以速度比较快。

　　把常量作为临时列的作用又是什么呢? 实际上,如果从查看学生表中是否有记录这个角度来说,SELECT 1 FROM student、SELECT 指定列 FROM student 和 SELECT ＊ FROM student 这 3 条语句的作用是没有差别的,因为通过它们都可以判断表中是否有记录,有数据返回就说明表中有记录,否则就没有记录。在一些查询语句(如 EXISTS 子句,详见子查询部分)中,可以将临时列作为子查询的查询列,因为这些语句只需要获得查询语句是否有记录就可以了,而不需要获取具体的查询结果,也就不需要指定列名了,把常量作为临时列来使用可以提高访问速度。再如,也可以在聚合函数中使用常量,下面的代码统计了学生表中包含了多少条记录。

```
SQL> SELECT COUNT(1) stu_count FROM student;
```

6. 使用列别名

　　默认情况下,查询语句返回的查询结果中显示的列名就是表的列名,但有时这会让查询的执行者感到困惑,因为他们不是表的设计者,无法知道表的各个列的名称所代表的确切含义,此时就可以通过为列起别名的方法使列的含义清晰起来,从而增强查询结果的可读性。

　　为列起别名的方法有两种:

　　1) 列名 列别名

　　例 7.7　从教师表中查询列 t_id、t_name 和 t_research,并分别为这 3 个列起别名"教师编号"、"教师姓名"和"研究方向"。

```
SQL> SELECT t_id 教师编号, t_name 教师姓名, t_research 研究方向 FROM teacher;
教师编号  教师姓名  研究方向
-----  -------  ------------------------------------------
060001  李飞      软件工程技术,智能算法
060002  张续伟    数据仓库,数据挖掘,Web 挖掘,数据库系统开发
060003  黄帅      计算机网络安全
060004  崔楠楠    软件测试,.net 技术,数据挖掘
060005  尹双双    数据挖掘,粗糙集
...
```

已选择 24 条。

显示结果中列名就变成了别名"教师编号"、"教师姓名"和"研究方向"。

2）列名 AS 列别名

例7.8 使用 AS 关键字为例 7.7 中的 3 个列起别名,效果与例 7.7 相同。

```
SQL>SELECT t_id AS 教师编号, t_name AS 教师姓名, t_research AS 研究方向 FROM teacher;
教师编号   教师姓名   研究方向
------   ------   ----------------------------------------
060001   李飞      软件工程技术,智能算法
060002   张续伟     数据仓库,数据挖掘,Web挖掘,数据库系统开发
060003   黄帅      计算机网络安全
060004   崔楠楠     软件测试,.net 技术,数据挖掘
060005   尹双双     数据挖掘,粗糙集
...
```

已选择 24 条。

通常情况下,不需要用双引号(" ")将列别名引起来,但是以下 3 种情况,列别名需要使用双引号引起来。

（1）列别名中含有空格时。

（2）想让别名原样显示时（不用双引号则英文字符全部大写）。

（3）列别名中含有特殊字符时。

例7.9 使用 AS 关键字为 t_id 列和 t_name 列起别名,别名由英文单词组成且包含空格,此时必须使用双引号。

```
SQL>SELECT t_id AS "Id of teacher", t_name AS "Name of teacher" FROM teacher;
Id of teacher Name of teacher
--------  ----------------------
060001      李飞
060002      张续伟
060003      黄帅
060004      崔楠楠
060005      尹双双
...
```

已选择 24 条。

7.2.2 FROM 子句

FROM 子句的功能比较简单,作用就是指定查询语句的源表,可以指定多个源表,表名之间用逗号隔开。有的表的名称比较烦琐,使用起来很麻烦,为了使代码更加简洁,可以在FROM 子句中为表定义别名,因此与列别名一样,使用表别名也同样可以提高查询语句的可读性。表别名的另一个用处就是避免歧义,当进行多表连接查询时,如果连接的多个表中有相同名称的列,那么在使用该列时,就必须指明其所对应的表名。在 SQL 的标准语法中,为表起别名时,可以使用 AS 关键字,也可以不使用,但是在 Oracle 数据库中不支持使用 AS

关键字命名表别名的方法,这点与列别名有所不同。表别名主要用于多表查询中,在某些表的连接(如自连接)中,必须为表定义别名。

为表列起别名的方法:表名 表别名,如下面的代码所示。

```
SQL>SELECT t_id, t_name FROM teacher t;          --正确,t就是教师表的别名
SQL>SELECT t_id, t_name FROM teacher AS t;       --错误
```

如果为表设置了别名,那么语句中对该表中列的所有显式引用都必须使用表别名,而不能再使用表名。例如,下面的代码中,第一条查询语句是错误的,因为该语句在已经为教师表起别名的情况下又使用了表名。

```
SQL>SELECT teacher.t_id, teacher.t_name FROM teacher t;     --错误
SQL>SELECT t.t_id, t.t_name FROM teacher t;                 --正确
```

7.2.3　WHERE 子句

前面的查询语句中都没有使用 WHERE 子句,那么查询结果将返回表中所有的记录,而使用 WHERE 子句的作用是限定返回的记录,即返回的记录必须满足 WHERE 子句所指定的条件。

例 7.10　查询专业是"管理科学与工程"的教师的编号、姓名、研究方向和毕业学校。

```
SQL>SELECT t_id, t_name, t_research, t_university FROM teacher
  2  WHERE t_specialty='管理科学与工程';
T_ID      T_NAME    T_RESEARCH            T_UNIVERSITY
------    ------    -----------------    --------------------
070007    梁丹      电子政务、信息系统开发     大连理工大学
070008    杨娟      信息安全行为、网络安全     哈尔滨工程大学
070018    高维明    数据挖掘、信息系统开发     哈尔滨工业大学
```

例 7.10 中的 WHERE 子句中指定的条件是"t_specialty='管理科学与工程'",其含义是凡是教师表的 t_specialty 列上的值为"管理科学与工程"的记录都会作为查询语句的结果被返回,而 t_specialty 列上的值不是"管理科学与工程"的记录都会被查询语句所丢弃。

WHERE 子句需要使用运算符来完成查询条件的指定,表 7.1 列出了 WHERE 子句中可以使用的运算符及其含义。

表 7.1　WHERE 子句中可以使用的运算符及其含义

类　别	运　算　符	含　义
比较运算符	=	等于
	>	大于
	>=	大于等于
	<	小于
	<=	小于等于
	<>、!=	不等于

续表

类　别	运　算　符	含　义
范围运算符	BETWEEN AND	在某个范围内
	NOT BETWEEN AND	不在某个范围内
包含运算符	IN	在某个集合中
	NOT IN	不在某个集合中
字符匹配运算符	LIKE	与某个文本匹配
	NOT LIKE	与某个文本不匹配
空值判断运算符	IS NULL	是空值
	IS NOT NULL	不是空值
逻辑运算符	AND	逻辑与
	OR	逻辑或
	NOT	逻辑非

1. 比较运算符

比较运算符是 WHERE 子句中使用最多的运算符,可以对其两侧的表达式进行比较。使用比较运算符时需要注意以下几点:

(1) 字符型及日期时间型的数据需要使用单引号引起来。

(2) 日期时间型的数据要求符合格式要求,可以通过查看 NLS 参数来获取默认的格式信息。

(3) 在 Oracle 数据库中,WHERE 子句中的条件值是大小写敏感的。

例 7.11　查询 2006 年 1 月 1 日之后入职的教师的编号和姓名。

```
SQL>SELECT t_id, t_name, t_research FROM teacher WHERE t_entertime>'2006-1-1';
SELECT t_id, t_name, t_research FROM teacher WHERE t_entertime>'2006-1-1'
                                                                        *
第 1 行出现错误:
ORA-01861: 文字与格式字符串不匹配
```

上面的代码直接将"2006-1-1"作为比较的内容将会报错"ORA-01861:文字与格式字符串不匹配",因为 WHERE 子句对日期时间类型的数据是格式敏感的,可以通过查询数据字典视图 nls_session_parameters 了解当前会话的日期格式,如下面的代码所示。

```
SQL>SELECT * FROM nls_session_parameters WHERE parameter='NLS_DATE_FORMAT';
PARAMETER            VALUE
-------------- -------------
NLS_DATE_FORMAT    DD-MON-RR
```

从结果可知当前会话的日期默认格式为"DD-MON-RR",因此将例 7.11 的查询语句改为:

```
SQL>SELECT t_id, t_name, t_research FROM teacher
2 WHERE t_entertime>'01-1月-2006';
T_ID    T_NAME   T_RESEARCH
-----   ------   ------------------------------------
060001  李飞     软件工程技术,智能算法
060002  张续伟   数据仓库,数据挖掘,Web挖掘,数据库系统开发
060003  黄帅     计算机网络安全
...
已选择11行。
```

也可以通过 ALTER SESSION 语句修改日期的格式,然后按照相应的格式对日期类型的数据进行查询操作。

例 7.12 修改会话的日期格式,然后查询 2006 年 1 月 1 日之后入职的教师的编号和姓名。

```
SQL>ALTER SESSION SET NLS_LANGUAGE='AMERICAN';  --使用美式的日期格式
会话已更改。
SQL>SELECT t_id, t_name,t_research FROM teacher WHERE t_entertime>'01-Jan-2006';
T_ID    T_NAME      T_RESEARCH
-----   -------   ------------------------------------
060001  李飞        软件工程技术,智能算法
060002  张续伟      数据仓库,数据挖掘,Web挖掘,数据库系统开发
060003  黄帅        计算机网络安全
...
已选择11行。
```

例 7.13 根据课程的英文名来查询课程的中文名称、学分、考核方式和上课班级。

```
SQL>SELECT c_name, c_credits, c_assway, c_class FROM course
  2   WHERE c_ename='SPECIAL ENGLISH';
C_NAME    C_CREDITS   C_ASSWAY    C_CLASS
--------  ------   --------   -------------------------
专业英语    2.0      考查        人力081;人力082;人力083
```

将查询值"SPECIAL ENGLISH"中的任意一个字母小写,都无法找到要查询的记录,如下面的代码所示。

```
SQL>SELECT c_name, c_credits, c_assway, c_class FROM course
  2   WHERE c_ename='SPECIAL english';
未选定行
```

所以在 WHERE 子句中指定的条件值如果包含英文字符,则必须要注意英文字符的大小写(不仅是比较运算符,其他运算符也对大小写敏感)。通常会将英文数据全部以大写的形式存储在表中(典型的例子就是 Oracle 数据库的数据字典中的对象名都是大写的),这样查询时就可以使用 UPPER 函数将查询条件全部转换成大写。

例 7.14 查询期刊表中所有期刊名中包含"INFORMATION"的期刊。

```
SQL>SELECT * FROM journal WHERE journal_name LIKE UPPER('% information% ');
JOURNAL_NAME                              JOURNAL_LEVEL
-------------------------------------- --------------------------------
INFORMATION SYSTEMS RESEARCH              TOP
JOURNAL OF INFORMATION TECHNOLOGY         国际 B
INFORMATION TECHNOLOGY & MANAGEMENT       国际 C
```

期刊表的 journal_name 列中的值全部是大写的,这就为使用 UPPER 函数提供了方便。

例如,SELECT * FROM journal WHERE journal _ name LIKE UPPER ('% information%');等同于以下语句:

```
SELECT * FROM journal WHERE journal_name LIKE UPPER('% INFORMATION% ');
SELECT * FROM journal WHERE journal_name LIKE UPPER('% Information% ');
```

注意:不能写为 SELECT * FROM journal WHERE journal_name LIKE '% UPPER (information) %'.

如果不将 journal_name 列中的值全部大写,则可以使用以下的查询语句:

```
SELECT * FROM journal WHERE UPPER(journal_name) LIKE UPPER('% information% ');
```

就是在 journal_name 列上先使用 UPPER 函数将该列的值全部转换成大写,再将查询条件转换成大写,然后进行查询。

2. BETWEEN AND 和 NOT BETWEEN AND

BETWEEN AND 用于判断指定的条件项是否位于某个范围之内,BETWEEN 之后的表达式指定范围的最小值,AND 之后的表达式指定范围的最大值。必须把最小值放在前面,否则查询不到正确的结果。比较的数据类型可以是字符型、数值型和日期时间型。

例 7.15　查询学生表中英语成绩在 120 分到 130 分之间的学生信息。

```
SQL>SELECT s_id, s_name, s_nation, s_political, s_classname FROM student
  2  WHERE s_foreign BETWEEN 120 AND 130;
S_ID          S_NAME      S_NATION    S_POLITICAL    S_CLASSNAME
----------  ------  ----------  ----------  ------------------
0807010102    杨思颖      汉族          共青团员        工商 081
0807010107    李金龙      汉族          共青团员        工商 081
0807010109    蔡旭        汉族          共青团员        工商 081
0807010113    王闯        汉族          共青团员        工商 081
0807010117    张秋月      满族          共青团员        工商 081
...
已选择 81 行。
```

BETWEEN AND 前后都是闭区间,即 BETWEEN A AND B 结构包括 A 和 B 在内,如例 7.15 中等于 120 和 130 的值也在范围之内。对于日期时间型数据的范围比较要注意取值的边界。

例 7.16　查询入职时间在 2003 年 4 月 1 日到 2003 年 4 月 30 日之间的教师的相关

信息。

```
SQL>SELECT t_id, t_name, t_entertime, t_research FROM teacher
  2  WHERE t_entertime BETWEEN '1-4 月-2003' AND '30-4 月-2003';
T_ID    T_NAME    T_ENTERTIME    T_RESEARCH
-----   -----     ----------     ---------------------------------
070008  杨娟      1-4 月-2003    信息安全行为、网络安全
070009  赵银雪    7-4 月-2003    创业管理、人力资源管理
070011  郭力铭    14-4 月-2003   计算机网络
070019  李佳桐    7-4 月-2003    数据库系统
```

从表面上看似乎已经选择出所有满足条件的记录,但是要再执行下面的查询语句。

```
SQL>SELECT t_id, t_entertime FROM teacher WHERE t_name='黄森';
T_ID    T_ENTERTIME
-----   ------------
070003  30-4 月-2003
```

名为黄森的教师的入职时间为 2003 年 4 月 30 日,但是为什么在使用"BETWEEN '1-4 月-2003' AND '30-4 月-2003'"的查询语句中检索不到呢?原因就是 Oracle 数据库的 DATE 类型是带有时间部分的,也就是说 BETWEEN AND 指定的查询条件只包含了入职时间的日期部分,而没有包含时间部分,上面的 BETWEEN AND 子句相当于"BETWEEN '1-4 月-2003 00:00:00' AND '30-4 月-2003 00:00:00'",因此 2003 年 4 月 30 日零时零分零秒之后的数据没有包括在内。可以通过下面的语句来验证一下黄森的入职时间。

```
SQL>SELECT   t_id, TO_CHAR(t_entertime, 'yyyy-mm-dd hh24:mi:ss') AS entertime
  2  FROM teacher WHERE t_name='黄森';
T_ID    ENTERTIME
-----   --------------------
070003  2003-04-30 11:04:04
```

可见,入职时间的时间部分是"11:04:04",大于默认的时间"00:00:00",因此没有被查询出来。解决方法是把结束时间改为 2003 年 5 月 1 日,这样就可以满足要求了,如下面的代码所示。

```
SQL>SELECT t_id, t_name, t_entertime, t_research FROM teacher
  2  WHERE t_entertime BETWEEN '1-4 月-2003' AND '1-5 月-2003';
T_ID    T_NAME    T_ENTERTIME    T_RESEARCH
-----   -------   ------------   --------------------
070003  黄森      30-4 月-2003   数据库、网络安全
070008  杨娟      1-4 月-2003    信息安全行为、网络安全
070009  赵银雪    7-4 月-2003    创业管理、人力资源管理
070011  郭力铭    14-4 月-2003   计算机网络
070019  李佳桐    7-4 月-2003    数据库系统
SQL>SELECT t_id, t_name, t_entertime, t_research FROM teacher
  2  WHERE TRUNC(t_entertime) BETWEEN '1-4 月-2003' AND '30-4 月-2003';
T_ID    T_NAME    T_ENTERTIME    T_RESEARCH
```

```
----- ------ ----------- --------------------
070003  黄森       30-4 月-2003      数据库、网络安全
070008  杨娟       1-4 月-2003       信息安全行为、网络安全
070009  赵银雪     7-4 月-2003       创业管理、人力资源管理
070011  郭力铭     14-4 月-2003      计算机网络
070019  李佳桐     7-4 月-2003       数据库系统
```

Oracle 数据库日期和时间不分离的特点使得在进行日期条件查询和使用 SYSDATE 函数时要小心,因为很多业务需求需要将当前时间作为日期列的默认值或者插入语句中使用 SYSDATE 函数,这样插入的时间是包含时间的。而很多业务逻辑往往不需要时间部分,只需要日期部分,如入职时间、毕业时间等。针对这个问题,一个很好的解决方法是使用 TRUNC 函数(关于 TRUNC 函数请参考 8.3.8 节)将时间部分截掉,可以在查询时截掉(上面的第二条查询语句),也可以在插入数据时截掉,如下面的代码所示。

```
SQL>CREATE TABLE test(c1 DATE, c2 DATE);
表已创建。
SQL>INSERT INTO test VALUES(SYSDATE, TRUNC(SYSDATE));
已创建 1 行。
SQL>SELECT * FROM test WHERE c1='26-2 月-2012';--包含时间部分,因此没有查询到结果
未选定行
SQL>SELECT * FROM test WHERE c2='26-2 月-2012';
C1          C2
--------- -------------
26-2 月 -12   26-2 月 -12
SQL>SELECT TO_CHAR(c1, 'yyyy-mm-dd hh24:mi:ss') AS c1,
  2  TO_CHAR(c2, 'yyyy-mm-dd hh24:mi:ss') c2 FROM test;
C1                C2
---------------- ----------------------
2012-02-26 07:25:47   2012-02-26 00:00:00
```

3. IN 和 NOT IN

IN 字面的意思是在……之中,在 SQL 语句中它用来指定条件的集合,当 WHERE 子句中的列值等于条件集合中的某个值时,才返回相应的记录。NOT IN 表示当 WHERE 子句中的列值不等于条件集合中的任何一个值时,才返回相应的记录。可以将条件集合中的数据看做是枚举类型的数据,因为这些数据都是离散的,它们可以是字符型、数值型和日期时间型数据,但是集合中所有数据的数据类型必须相同。

例 7.17 查询专业为"计算机应用"或"计算机系统结构"的教师的编号、姓名和研究方向。

```
SQL>SELECT t_id, t_name, t_research FROM teacher
  2  WHERE t_specialty IN ('计算机应用', '计算机系统结构');
T_ID    T_NAME    T_RESEARCH
----- ------- -----------------------------------------
060001  李飞       软件工程技术,智能算法
```

```
060002    张续伟    数据仓库,数据挖掘,Web挖掘,数据库系统开发
060004    崔楠楠    软件测试,.net技术,数据挖掘
060006    陈少勇    计算机网络
060008    王瑶     人工智能
...
```

已选择11行。

例7.18　查询职务为"团支书"或"班长"的学生的学号、姓名、政治面貌和班级。

```
SQL> SELECT s_id, s_name, s_political, s_classname FROM student
  2  WHERE s_duty IN ('团支书', '班长');

S_ID          S_NAME      S_POLITICAL      S_CLASSNAME
--------      --------    -----------      ---------------
0807010118    杨晓彤      共青团员          工商081
0807070121    付琦瑶      共青团员          国贸081
0807070124    沙鸣琳      党员             国贸081
0807010125    崔颖杰      共青团员          工商081
0807010231    刘天宇      共青团员          工商082
...
```

已选择18行。

例7.19　查询职务不是"团支书"或"班长"的学生的学号、姓名、政治面貌和班级。

```
SQL> SELECT s_id, s_name, s_political, s_classname FROM student
  2  WHERE s_duty NOT IN ('团支书', '班长');

S_ID          S_NAME      S_POLITICAL      S_CLASSNAME
--------      -------     -----------      ---------------
0807010115    刘亚南      共青团员          工商081
0807010132    陈琦       共青团员          工商081
0807010201    刘芳辰      共青团员          工商082
0807010210    李妍       共青团员          工商082
0807010213    宋潇扬      共青团员          工商082
...
```

已选择53行。

```
SQL> SELECT s_id, s_name, s_political, s_classname FROM student
  2  WHERE s_duty IS NOT NULL;              --查询s_duty列非空的记录

S_ID          S_NAME      S_POLITICAL      S_CLASSNAME
-------       ---------   --------------   --------------
0807010104    孙丽霞      预备党员          工商081
0807010105    黄亚男      共青团员          工商081
0807010107    李金龙      共青团员          工商081
0807010110    王珊       共青团员          工商081
0807010115    刘亚南      共青团员          工商081
...
```

已选择71行。

从结果可以看出,非空值的记录为71条,例7.18中有18条满足"IN（'团支书', '班

长')",例 7.19 中有 53 条满足"NOT IN ('团支书', '班长')",可见虽然空值不等于"团支书"或"班长"中的任何一个,但是 NOT IN 并不包含 s_duty 列为空值的记录,再通过下面的查询语句来说明使用 IN 和 NOT IN 是如何对空值进行处理的。

```
SQL>SELECT s_id, s_commongrade, s_finalgrade FROM score
  2  WHERE s_finalgrade IN (60, 70, null);
S_ID        S_COMMONGRADE  S_FINALGRADE
--------    -------------  ------------
0807070302  12             60
0807070303  21             60
0807070304  20             70
0807070305  22             70
0807070306  24             70
0807070307  26             70
已选择 6 行。
SQL>SELECT s_id, s_commongrade, s_finalgrade FROM score
  2  WHERE s_finalgrade NOT IN (60, 70, null);
未选定行
```

先看第一条查询语句,从 IN 的功能来看,s_finalgrade 为 60、70 或空值的话都应该被查询出来,但是实际上只有 s_finalgrade 为 60 和 70 的记录被查询出来了,因为任何两个空值都不相等,所以没有任何记录满足 IN(null)的条件,从下面的查询语句也可以看出这个结果。

```
SQL>SELECT s_id, s_commongrade, s_finalgrade FROM score
  2  WHERE s_finalgrade IN (null);
未选定行
```

再看第二条查询语句,从 NOT IN 的功能来看,s_finalgrade 同时满足不等于 60、不等于 70 并且不为空值的记录都应该被查询出来,但是实际上却没有返回任何一条记录,道理与第一条查询语句类似,因为空值无法参与比较,所以不可能返回任何一条记录。也就是说,只要 NOT IN 条件指定的集合中有一个值为空,则整个查询就不会返回任何一条记录。因此一般不要使用 NOT IN 来指定条件的集合,除非确信 NOT IN 指定的条件集合中不包含空值(可以使用 IS NOT NULL 排除空值),这点在处理子查询时尤为重要。

Oracle 数据库还扩展了 IN 运算符的功能,使得其可以进行多参数的匹配。

例 7.20 查询毕业学校是"大连海事大学"、专业是"计算机应用"和毕业学校是"华中科技大学"、专业是"计算机科学与技术"的教师的编号、姓名、毕业学校和专业。

```
SQL>SELECT t_id, t_name, t_university, t_specialty FROM teacher
  2  WHERE (t_university, t_specialty)
  3  IN (('大连海事大学', '计算机应用'), ('华中科技大学', '计算机科学与技术'));
T_ID    T_NAME   T_UNIVERSITY      T_SPECIALTY
-----   -------  ---------------   ------------------------
060003  黄帅     华中科技大学      计算机科学与技术
060005  尹双双   华中科技大学      计算机科学与技术
```

060008   王瑶   大连海事大学   计算机应用
060010   谭可昕   大连海事大学   计算机应用

例 7.20 中的 IN 运算符使用了两个参数列,这两个参数列共同作用从而指定了一个复合条件,即 t_university 列和 t_specialty 列必须同时满足相应的条件才能被查询出来。

4. LIKE 和 NOT LIKE

LIKE 运算符用于字符类型的查询条件的模糊匹配,以实现模糊查询的功能。LIKE 运算符中可以使用的通配符如表 7.2 所示。

表 7.2   LIKE 运算符中可以使用的通配符及其含义

通配符	含义
%(百分号)	用于代替任意数目(可以为 0)的任意字符
_(下划线)	用于代替一个任意字符

例 7.21   查询研究方向包含"数据挖掘"的教师的编号、姓名和研究方向。

```
SQL>SELECT t_id, t_name, t_research FROM teacher
  2  WHERE t_research LIKE '%数据挖掘%';
T_ID     T_NAME          T_RESEARCH
----     -------------   --------------------------------
060002   张续伟          数据仓库,数据挖掘,Web 挖掘,数据库系统开发
060004   崔楠楠          软件测试,.net 技术,数据挖掘
060005   尹双双          数据挖掘,粗糙集
060009   石珊            数据挖掘
070018   高维明          数据挖掘,信息系统开发
```

在查询条件中使用了"%"做条件匹配,"%数据挖掘%"表示以任何字符开头,以任何字符结尾,但中间包含数据挖掘的字符串,因此只要包含"数据挖掘"就会被查询出来,而不管"数据挖掘"的前面和后面有零个或多个字符。

例 7.22   查询政治面貌为"党员"或"预备党员"的学生的学号、姓名、政治面貌和班级。

```
SQL>SELECT s_id, s_name, s_political, s_classname FROM student
  2  WHERE s_political LIKE '%党员';
S_ID        S_NAME      S_POLITICAL    S_CLASSNAME
-------     --------    -----------    ------------------
0807010104  孙丽霞      预备党员       工商 081
0807010126  郎鹏        预备党员       工商 081
0807010205  杨抒潇      党员           工商 082
0807010217  李茹        预备党员       工商 082
0807010227  高艺        党员           工商 082
...
已选择 23 行。
```

例 7.23   查询姓为"王",姓名长度为两个字的学生的学号、姓名和班级。

```
SQL>SELECT s_id, s_name, s_classname FROM student WHERE s_name LIKE '王_';
```

```
S_ID            S_NAME              S_CLASSNAME
-------         -------------       --------------------
0807010110      王珊                工商 081
0807010113      王闯                工商 081
0807010120      王燕                工商 081
0807010214      王琳                工商 082
0807010309      王越                工商 083
...
```
已选择 14 行。

查询条件"LIKE '王_'"将匹配所有以"王"开头的、后面有一个字符的学生姓名。

无法使用 LIKE 运算符对日期时间类型的数据进行模糊查询。

例 7.24 查询 2003 年入职的所有教师的编号、姓名、入职时间和研究方向。

```
SQL>SELECT t_id, t_name, t_entertime, t_research FROM teacher
  2  WHERE t_entertime LIKE '%2003%';
未选定行
```

LIKE 运算符只能对字符型数据进行模糊查询,因此解决的方法是使用 TO_CHAR 函数将日期时间类型的数据转换成字符类型的数据再进行模糊匹配,如下面的代码所示。

```
SQL>SELECT t_id, t_name, t_entertime, t_research FROM teacher
  2  WHERE TO_CHAR(t_entertime, 'yyyy-mm-dd') LIKE '%2003%';
T_ID    T_NAME    T_ENTERTIME       T_RESEARCH
-----   -----     -------------     ----------------
070003  黄森      2003-04-30        数据库,网络安全
070005  尹艺霓    2003-03-01        服务计算
070006  方鸿儒    2003-01-13        财务管理,会计
...
```
已选择 9 行。

例 7.25 查询 2003 年 4 月入职的所有教师的编号、姓名、入职时间和研究方向。

```
SQL>SELECT t_id, t_name, t_entertime, t_research FROM teacher
  2  WHERE TO_CHAR(t_entertime, 'yyyy-mm-dd') LIKE '%2003-04%';
T_ID    T_NAME    T_ENTERTIME       T_RESEARCH
------  ------    -----------       -----------------
070003  黄森      2003-04-30        数据库、网络安全
070008  杨娟      2003-04-03        信息安全行为、网络安全
070009  赵银雪    2003-04-07        创业管理、人力资源管理
070011  郭力铭    2003-04-14        计算机网络
070019  李佳桐    2003-04-07        数据库系统
```

查询的结果与使用 BETWEEN AND 的例子的结果相同。

如果 LIKE 运算符指定的条件中没有使用任何通配符,则功能等同于使用"="做精确查询。

例 7.26 查询所有政治面貌为党员的学生的学号、姓名、政治面貌和所在班级。

```
SQL>SELECT s_id, s_name, s_political, s_classname FROM student
  2  WHERE s_political LIKE '党员';
S_ID          S_NAME        S_POLITICAL      S_CLASSNAME
-------       ---------     ----------       ---------------
0807010205    杨抒潏        党员             工商082
0807010227    高艺          党员             工商082
0807010324    杨德超        党员             工商083
...
已选择13行。
SQL>SELECT s_id, s_name, s_political, s_classname FROM student
  2  WHERE s_political='党员';
S_ID          S_NAME        S_POLITICAL      S_CLASSNAME
-------       ---------     ------------     --------------
0807010205    杨抒潏        党员             工商082
0807010227    高艺          党员             工商082
0807010324    杨德超        党员             工商083
...
已选择13行。
```

如果 LIKE 运算符指定的查询条件本身就包含通配符"%"或"_"，那么该如何写查询语句呢？先执行以下的 SQL 语句，创建一个测试表并插入 4 条记录，这 4 条记录都含有通配符。

```
SQL>CREATE TABLE testlike(id NUMBER, content VARCHAR2(50));
SQL>INSERT INTO testlike VALUES(1, '学生100%通过六级');
SQL>INSERT INTO testlike VALUES(2, '通配符%可以用于模糊查询');
SQL>INSERT INTO testlike VALUES(3, '下划线_可作为标识符');
SQL>INSERT INTO testlike VALUES(4, '下划线_也可作为通配符');
```

针对上面的数据，假如现在要查询包含"%"的记录，还要查询第 4 个字符为"_"的记录，下面的查询语句能实现要求吗？

```
SQL>SELECT * FROM testlike WHERE content LIKE '%%%';        --查询含有%的记录
--下面的语句查看第4个字符为"_"的记录
SQL>SELECT * FROM testlike WHERE content LIKE '____%';      --LIKE条件中是4个下划线
```

看一下查询的结果：

```
SQL>SELECT * FROM testlike WHERE content LIKE '%%%';
      ID   CONTENT
--------   ------------------------
       1   学生100%通过六级
       2   通配符%可以用于模糊查询
       3   下划线_可作为标识符
       4   下划线_也可作为通配符
SQL>SELECT * FROM testlike WHERE content LIKE '____%';
      ID   CONTENT
```

```
-------- ----------------------
        1    学生 100%通过六级
        2    通配符%可以用于模糊查询
        3    下划线_可作为标识符
        4    下划线_也可作为通配符
```

从结果来看显然不满足要求。因为"%%%"中的第 2 个"%"会被 Oracle 数据库当作通配符，而不是查询条件，同理"____%"中的第 4 个"_"也会被当作通配符。

为了解决这个问题，SQL 中提供了对字符进行转义的功能，方法是使用 ESCAPE 关键字，后接代表转义的字符，语法格式如下：

```
[NOT] LIKE '模糊查询条件' ESCAPE '转义字符'
```

ESCAPE 后可以使用任意字符，但是通常情况下会使用"\"。修改上面的查询语句，加入转义功能，如下面的代码所示。

```
SQL>SELECT * FROM testlike WHERE content LIKE '%\%%' ESCAPE '\';
      ID   CONTENT
-------- ------------------------
        1    学生 100%通过六级
        2    通配符%可以用于模糊查询
SQL>SELECT * FROM testlike WHERE content LIKE '___\_%' ESCAPE '\';
      ID   CONTENT
-------- ----------------------
        3    下划线_可作为标识符
        4    下划线_也可作为通配符
```

这两个查询语句中，ESCAPE 关键字后面都指定"\"作为转义字符，紧跟在转义字符后的"%"和"_"表示其字符本来的含义，而不是被作为通配符来使用。

除了 LIKE 运算符中需要使用 ESCAPE 关键字定义转义字符之外，在某些情况下也需要使用转义字符来对特殊字符进行处理。例如，现在要将"单引号'也可作为转义字符使用"这句话插入到表 testlike 中，执行下面的插入语句，看看能否成功。

```
SQL>INSERT INTO testlike VALUES(5,'单引号'也可作为转义字符使用');
ERROR:
ORA-01756: 引号内的字符串没有正确结束
```

结果报出错误信息"引号内的字符串没有正确结束"，通常情况下单引号用于终止当前插入的数据内容，因此 Oracle 数据库无法判断第 2 个单引号是要插入的数据的一部分还是终止当前插入的数据。解决方法就是将其转义，告诉 Oracle 数据库第 2 个单引号就是一个普通的字符，这时不能使用 ESCAPE 关键字，因为 ESCAPE 只能用于 LIKE 子句，而要使用单引号本身，即单引号可以对自身进行转义，因此上面的 SQL 语句改为：

```
SQL>INSERT INTO testlike VALUES(5,'单引号''也可作为转义字符使用');
已创建 1 行。
SQL>   SELECT id, content FROM testlike;  --查询一下表中的记录
      ID   CONTENT
```

```
--------  ----------------------------
    1     学生 100%通过六级
    2     通配符%可以用于模糊查询
    3     下划线_可作为标识符
    4     下划线_也可作为通配符
    5     单引号'也可作为转义字符使用
```

数据已经被成功的插入到表中了，查询时也要使用单引号本身进行转义。

```
--不能使用 SELECT * FROM testlike WHERE content LIKE '%'%' ESCAPE '\';
SQL>  SELECT * FROM testlike WHERE content LIKE '%''%';
    ID    CONTENT
-------  ----------------------------
    5     单引号'也可作为转义字符使用
```

5. 空值判断运算符 IS NULL 和 IS NOT NULL

因为空值不等于任何值，所以不能使用"＝NULL"来判断一个列上的值是否等于空值，而只能使用 IS NULL 或 IS NOT NULL 来判断一个列上的值是否为空值。

例 7.27   查询没有参加期末考试的学生的学号和课程号。

```
SQL>SELECT s_id, c_num FROM score WHERE s_finalgrade IS NULL;
S_ID          C_NUM
--------  --------
0807070303   060151
0807070303   070067
0807070307   060164
```

因为没有参加期末考试的学生没有考试成绩，即成绩为空值，所以使用 IS NULL 可以查询出没有参加期末考试的学生。

例 7.28   查询担任职务的学生的学号、姓名和职务。

```
SQL>SELECT s_id, s_name, s_duty FROM student WHERE s_duty IS NOT NULL;
S_ID          S_NAME    S_DUTY
---------  -------  -----------
0807010104   孙丽霞     组织委员
0807010105   黄亚男     宣传委员
0807010107   李金龙     体育委员
...
已选择 71 行。
```

6. 逻辑运算符

前面 SQL 语句的 WHERE 子句中指定的条件都是单一条件，但是在很多情况下单一条件的查询往往是不够的，需要使用多个条件共同完成查询，而且条件之间还具有各种逻辑关系，此时可以使用逻辑运算符来将多个查询条件连接起来。

逻辑运算符包括 AND(与运算)、OR(或运算)和 NOT(非运算),其中 AND 运算符和 OR 运算符用于连接多个布尔表达式,NOT 运算符用于连接单个布尔表达式。

AND 运算符的运算规则:参与运算的多个布尔表达式如果全为真则结果为真,有一个为假则结果为假;空值和 TRUE 进行与运算返回空值,空值和 FALSE 进行与运算返回 FALSE。

OR 运算符的运算规则:参与运算的多个布尔表达式如果全为假则结果为假,有一个为真则结果为真;空值和 TRUE 进行或运算返回 TRUE,空值和 FALSE 进行或运算返回空值。

NOT 运算符的运算规则:如果布尔表达式为真则结果为假,如果布尔表达式为假则结果为真。

具体的结果参考表 7.3~表 7.5。

表 7.3　AND 运算符的真值表

逻辑表达式 1 的取值	逻辑表达式 2 的取值	AND 运算的结果
TRUE	TRUE	TRUE
TRUE	FALSE	FALSE
TRUE	NULL	NULL
FALSE	TRUE	FALSE
FALSE	FALSE	FALSE
FALSE	NULL	FALSE
NULL	TRUE	NULL
NULL	FALSE	FALSE
NULL	NULL	NULL

表 7.4　OR 运算符的真值表

逻辑表达式 1 的取值	逻辑表达式 2 的取值	OR 运算的结果
TRUE	TRUE	TRUE
TRUE	FALSE	TRUE
TRUE	NULL	TRUE
FALSE	TRUE	TRUE
FALSE	FALSE	FALSE
FALSE	NULL	NULL
NULL	TRUE	TRUE
NULL	FALSE	NULL
NULL	NULL	NULL

表 7.5　NOT 运算符的真值表

逻辑表达式的取值	NOT 运算的结果	逻辑表达式的取值	NOT 运算的结果
TRUE	FALSE	NULL	NULL
FALSE	TRUE		

例 7.29 查询类型为"学科基础"、学分大于等于 3 且为"信管"专业开出的课程的信息。

```
SQL>SELECT c_num, c_name, c_type, c_nature FROM course
  2  WHERE c_type='学科基础' AND c_credits>=3 AND c_class LIKE '%信管%';
C_NUM     C_NAME                  C_TYPE          C_NATURE
------    ----------------------  --------------  --------------
070019    管理学                   学科基础         必修课
070067    市场营销学               学科基础         必修课
070418    应用统计学               学科基础         必修课
070040    计算机网络原理与应用       学科基础         必修课
```

例 7.30 查询研究方向与"数据库"或"人工智能"相关的教师的编号和姓名。

```
SQL>SELECT t_id, t_name, t_research FROM teacher
  2  WHERE t_research LIKE '%数据库%' OR t_research LIKE '%人工智能%';
T_ID      T_NAME       T_RESEARCH
-----     ---------    -------------------------------------
060002    张续伟        数据仓库,数据挖掘,Web挖掘,数据库系统开发
060008    王瑶          人工智能
060010    谭可昕        人工智能基础,不确定推理,图像与数据库
070003    黄森          数据库,网络安全
070010    吕晓颖        数据库理论
070019    李佳桐        数据库系统
```

例 7.31 查询语种为"英语"且成绩大于 130 分或语种为"日语"且成绩大于 120 分的学生的学号和姓名。

```
SQL>SELECT s_id, s_name, s_language, s_classname FROM student
  2  WHERE (s_language='英语' AND s_foreign>130)
  3  OR (s_language='日语' AND s_foreign>120);
S_ID          S_NAME     S_LANGUAGE    S_CLASSNAME
--------      ---------  -----------   ------------
0807020106    凌晨        英语           工商091
0807020119    周溦        日语           工商091
0807010120    王燕        英语           工商081
0807010206    朴顺爱      日语           工商082
0807010222    赵长江      英语           工商082
...
已选择 18 行。
```

可以使用 A>=B AND A<=C 代替 A BETWEEN B AND C 的功能，如可以将例 7.15 改为如下的查询语句。

```
SQL>SELECT s_id, s_name, s_nation, s_political, s_classname FROM student
  2  WHERE s_foreign>=120 AND s_foreign <=130;
S_ID          S_NAME     S_NATION    S_POLITICAL    S_CLASSNAME
--------      ---------  --------    -----------    -------------
0807010102    杨思颖      汉族         共青团员        工商081
```

0807010107	李金龙	汉族	共青团员	工商 081
0807010109	蔡旭	汉族	共青团员	工商 081
0807010113	王闯	汉族	共青团员	工商 081
0807010117	张秋月	满族	共青团员	工商 081

...

已选择 81 行。

可以使用 A＝B OR A＝C 代替 A IN（B，C）的功能，使用 A!＝B AND A!＝C 代替 A NOT IN（B，C）的功能，如可以将例 7.18 改为如下的查询语句。

```
SQL> SELECT s_id, s_name, s_political, s_classname FROM student
  2  WHERE s_duty='团支书' OR s_duty='班长';
S_ID            S_NAME      S_POLITICAL      S_CLASSNAME
--------        ----------  ------------     ----------------

0807010118      杨晓彤      共青团员          工商 081
0807010125      崔颖杰      共青团员          工商 081
0807010231      刘天宇      共青团员          工商 082
```

...

已选择 18 行。

前面讲过 IN 和 NOT IN 对空值的处理方式是不同的，这个问题还可以从逻辑运算的角度进行分析。s_finalgrade IN(60，70，null)就相当于 s_finalgrade＝60 OR s_finalgrade＝70 OR s_finalgrade＝null，根据 OR 运算符的运算规则，只要满足前两个条件中的任何一个，整个条件表达式就返回真。而 s_finalgrade NOT IN（60，70，null）就相当于 s_finalgrade !＝60 AND s_finalgrade !＝70 AND s_finalgrade !＝null，根据 AND 运算符的运算规则，只要有一个条件为假则整个条件表达式就返回假，而 s_finalgrade !＝null 的结果恒为假，因此在 NOT IN 中只要有一个为空值，整个查询语句就不会返回任何值。

7. 运算符优先级

当在 WHERE 子句中同时使用多个运算符时，不同的运算符的优先级别是不同的，优先级高的先运算，表 7.6 显示了运算符的优先级。

表 7.6　WHERE 子句中各个运算符的优先级

优先级排序	运算符类型	运算符举例
1	一元运算符	＋(正号),－(负号)
2	算术运算符	*,\,＋,－
3	比较运算符	＝,＜＞,＜,＞,＜＝,＞＝
4	其他比较运算符	IS [NOT] NULL,LIKE,[NOT] BETWEEN,[NOT] IN
5	逻辑非	NOT
6	逻辑与	AND
7	逻辑或	OR
8	赋值运算符	＝

当运算符优先级相同时,按照从左到右的顺序执行,括号的优先级优先于所有的运算符,因此为了避免歧义和确保可移植性最好使用括号。

7.2.4　DISTINCT 关键字

SELECT 子句中在列名前有两个关键字 ALL 和 DISTINCT 用于对记录进行压缩,默认值为 ALL,也就是不管所选取的各列的值是否重复都会全部显示出来,而 DISTINCT 关键字的作用是在列上筛选出不同的值,即取消重复的行记录。

1. 指定单列

例 7.32　查询课程表中教师的编号(也就是开了课程的教师的编号)。

先看一下不使用 DISTINCT 关键字的情况,查询语句如下:

```
SQL> SELECT t_id FROM course;
T_ID
-------
070004
070004
070019
...
已选择 33 行。
```

上面的查询语句虽然能够从课程表中查询出每门课程对应的教师编号,但是结果却不符合要求,因为查询出来的数据是有重复的(如 070004),实际上应该是不管一个老师上几门课,都只取出一个该教师的编号,即教师编号不要重复。此时问题就转化为查询课程表的 t_id 列上所有不重复的数据,因此要在 SELECT 子句中使用 DISTINCT 关键字,查询语句如下:

```
SQL> SELECT DISTINCT t_id FROM course;
T_ID
--------
070009
070004
070019
...
已选择 14 行。
```

可见,使用了 DISTINCT 关键字之后,t_id 列上的重复值被删除了,记录数由原来的 33 条减少为 14 条,也就是说只有 14 位老师上课(但上课的总门数是 33)。

2. 指定多列

例 7.33　查询课程表中开课教师的编号及其所授的课程名。

```
SQL> SELECT DISTINCT t_id, c_name FROM course;
T_ID        C_NAME
```

```
------    -------------------
070004        网络数据库基础
070012        管理学
070020        市场营销学
070009        会计学
070020        应用统计学
060001        计算机网络原理与应用
...
```

已选择 22 行。

结果返回了 22 条记录,比例 7.32 的 14 条多了 8 条记录。从中可以看出,DISTINCT 关键字之后如果有多个列名的话,则表示将多个列的数据看做一个整体,这个整体不能重复,但是整体中的每一列的值仍然是可以重复的,从另一方面也说明 DISTINCT 关键字不对列的组合中的单个列或表达式起作用。

3. 对于空值的处理

前面讲过空值代表未定义的、未知的或未确定的值,任何一个空值都不等于其他值,但是如果使用了 DISTINCT 关键字,则 DISTINCT 关键字后面指定的列中所有的空值都会被视为是一个值(因为 Oracle 数据库使用 IS NULL 进行了处理),也就是会将所有的空值压缩成一个值。

例 7.34 查询显示表中学生职务的值有哪些。

```
SQL>SELECT DISTINCT s_duty FROM student;
S_DUTY
-------
              --这里是 NULL
学习委员
生活委员
团支书
班长
体育委员
文艺委员
组织委员
宣传委员
已选择 9 行。
```

学生表的 s_duty 列中有很多空值,但是使用了 DISTINCT 关键字之后,所有的空值都被看做一个空值进行处理了。

7.2.5 GROUP BY 子句与聚合函数

有些业务需求中不仅要求能够查询表中的原始数据,还要求能够对数据进行汇总统计,如要了解每个班学生的平均成绩、课程的学分总数、每门课程的最高分等,这些功能可以使用 GROUP BY 子句与聚合函数来实现。

　　GROUP BY 子句的功能是通过在子句的后面指定的表达式将表中的记录划分成若干个组,然后使用聚合函数对每个组的记录进行数据处理。

　　例 7.35　按照课程类别对课程表进行分组。

```
SQL> SELECT c_type FROM course GROUP BY c_type;
C_TYPE
---------
专业限选
学科基础
专业任选
专业必修
```

　　上面的语句只是按照要求把所有的课程类别都查询出来了,要注意的是,尽管课程表的 c_type 列中有很多值,但是通过 GROUP BY 子句分组后所获得的值都是不重复的,在这点上 GROUP BY 子句实现了类似于 DISTINCT 关键字的功能。但是上面的例子并没有体现出分组统计功能,而如果要实现分组统计功能就必须使用聚合函数。

　　聚合函数能够对一组记录中的某个列上的值执行计算,并返回单个值。常用的聚合函数有 5 个,它们分别如下所示。

　　(1) COUNT 函数:用于统计某个列中的记录数。语法格式如下所示。

　　COUNT(*):用于计算数据表的所有记录数。

　　COUNT([ALL|DISTINCT] 列名或表达式):用于计算某个列或表达式的记录数,但是不包括含有空值的行。

　　(2) AVG 函数:用于计算某个列或表达式的数值的平均数。语法格式如下:

```
AVG([ALL|DISTINCT] 列名或表达式)
```

　　其参数表达式应该为数值类型或者能够转化为数值类型的字符类型的数据。

　　(3) SUM 函数:用于计算某个列或表达式的数值的总和。语法格式如下:

```
SUM([ALL|DISTINCT] 列名或表达式)
```

　　其参数表达式应该为数值类型或者能够转化为数值类型的字符类型的数据。

　　(4) MAX 函数:用于查找某个列或表达式的数值的最大值。语法格式如下:

```
MAX(列名或表达式)
```

　　其参数表达式可以是数值类型、字符类型或日期类型的数据。

　　(5) MIN 函数:用于查找某个列或表达式的数值的最小值。语法格式如下:

```
MIN(列名或表达式)
```

　　其参数表达式可以是数值类型、字符类型或日期类型的数据。

　　聚合函数不是必须与 GROUP BY 子句同时使用的,但是通常使用在 GROUP BY 子句中。如果不使用 GROUP BY 子句,则相当于将整个表的数据视为一组。

　　例 7.36　查询学生表中学生语文成绩的平均值。

```
SQL> SELECT AVG(s_chinese) FROM student;
```

```
AVG(S_CHINESE)
--------------
108.3553113553
```

例 7.37 按照班级分组查询学生表中学生语文成绩的平均值。

```
SQL>SELECT AVG(s_chinese), s_classname FROM student
  2  GROUP BY s_classname;
AVG(S_CHINESE)     S_CLASSNAME
-----------  ----------------
108.4193548387    信管 081
108.7333333333    信管 082
   107.15625      工商 081
109.1470588235    工商 082
108.6333333333    工商 083
...
```

已选择 9 行。

例 7.37 就是按照 GROUP BY 指定的列值 s_classname 对学生表中的数据进行分组，然后对每个组的数据计算出平均值。

例 7.38 按照课程类别分组查询课程表中每种类型的课程的总课时数。

```
SQL>SELECT SUM(c_thours), c_type FROM course GROUP BY c_type;
SUM(C_THOURS)     C_TYPE
----------  -------------
        80     专业限选
      1136     学科基础
        32     专业任选
       528     专业必修
```

例 7.38 使用了聚合函数 SUM 对分组后的数据进行了求和。

注意：使用 GROUP BY 子句的查询语句中，SELECT 子句中的表达式要么是 GROUP BY 子句中指定的分组条件，要么是聚合函数或常量，除此之外任何值都不能出现在 SELECT 子句中，但是不要求 GROUP BY 子句中的列必须出现在 SELECT 子句中，如下面的 SQL 语句。

```
SQL>SELECT SUM(c_thours), c_type, c_name FROM course GROUP BY c_type;
SELECT SUM(c_thours), c_type, c_name FROM course GROUP BY c_type
                              *
ORA-00979: 不是 GROUP BY 表达式
```

执行结果报错"ORA-00979：不是 GROUP BY 表达式"，这是因为 c_name 既不在聚合函数中又不是 GROUP BY 子句指定的分组条件。

在所有的聚合函数中，除了 COUNT（＊）和 COUNT（常量）之外，其他的函数（包括 COUNT（列名））在统计时均不把空值统计在内，也就是说不会对空值进行处理。

例 7.39 统计学生表中的总学生数和担当职务的学生数。

```
SQL>SELECT COUNT(*), COUNT(1), COUNT(s_duty) FROM student;
  COUNT(*)    COUNT(1)    COUNT(S_DUTY)
--------- --------- --------------
      273        273              71
```

由于没有担当职务的学生的 s_duty 列的值为空值,而 COUNT(s_duty)不会对空值进行处理,所以 COUNT(*)和 COUNT(1)返回的数值远大于 COUNT(s_duty) 返回的数值。

在求平均值时,AVG 函数得到的值会偏大,因为总数中没有计算含有空值所在的数据行,这时可以使用 NVL、NVL2 和 COALESCE 等函数对空值进行转换。

例 7.40　查询成绩表中的学号为 0807070303 的学生期末成绩的平均值。

先看一下成绩表中的记录。

```
SQL>SELECT s_id, s_finalgrade FROM score WHERE s_id='0807070303';
S_ID         S_FINALGRADE
-------- --------------
0807070303
0807070303   67
0807070303
0807070303   60
0807070303   62
0807070303   50
0807070303   55
已选择 7 行。
```

再使用 AVG 函数求期末成绩的平均值。

```
SQL>SELECT AVG(s_finalgrade) FROM score WHERE s_id='0807070303';
AVG(S_FINALGRADE)
-----------------
             58.8
```

上面的代码得出的平均成绩是将 5 个非空值求和之后再除以 5 得到的,实际上应该将空值的课程也包含在内,即应该求和之后除以 7。

使用 NVL 函数将空值转换成 0 再求平均值,这样就可以得到 7 门课程的平均值了。

```
SQL>SELECT AVG(NVL(s_finalgrade, 0)) FROM score WHERE s_id='0807070303';
AVG(NVL(S_FINALGRADE,0))
------------------------
                      42
```

使用 MAX 函数和 MIN 函数获得最大值和最小值时,对于数值类型的数据就按照数值的大小进行比较;对于字符类型的数据就按照字二进制编码的顺序进行比较;对于日期类型的数据而言,先发生的日期要小于后发生的日期。

例 7.41　分别查询教师表中的最早和最晚的入职时间。

```
SQL>SELECT MIN(t_entertime), MAX(t_entertime) FROM teacher;
```

```
MIN(T_ENTERTIME)  MAX(T_ENTERTIME)
-----------       --------------------
2000-7-10         2007-8-1
```

因为先发生的日期要小于后发生的日期,所以最早的时间要使用 MIN 函数来查询,最晚的时间要使用 MAX 函数来查询。

COUNT 函数、AVG 函数和 SUM 函数的参数中可以使用 ALL 或 DISTINCT 关键字,ALL 或 DISTINCT 关键字的含义与作用和 SELECT 子句中 ALL 或 DISTINCT 关键字是相同的,即 ALL 代表对所有记录计数、求平均值、求和,而 DISTINCT 代表只对未重复的记录计数、求平均值、求和,ALL 为默认值。而对于 MAX 函数、MIN 函数和 COUNT(*)来说,重复值不会改变它们的结果,因此不必使用 DISTINCT 关键字。

例 7.42 查询课程表中开课教师的人数。

```
SQL> SELECT COUNT(DISTINCT t_id), COUNT(t_id) FROM course;
COUNT(DISTINCT T_ID)      COUNT(T_ID)
--------------------      ----------------
                  14           33
```

很显然 COUNT(DISTINCT t_id)能够满足要求,而 COUNT(t_id)会包含很多重复的值。

在 GROUP BY 子句中可以指定多个表达式来进行多级分组,表达式之间使用逗号隔开。执行顺序:先对最初的查询结果进行分组,再对分组数据进行下一次分组,直到分完所有组。

例 7.43 根据课程的类型和考核方式对课程信息进行分类。

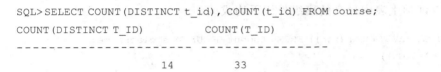

```
SQL> SELECT c_type, c_assway FROM course GROUP BY c_type, c_assway;
C_TYPE                    C_ASSWAY
--------------------      --------------
学科基础                   考查
学科基础                   考试
专业限选                   考查
专业必修                   考试
专业任选                   考查
专业必修                   考查
已选择 6 行。
```

首先对课程类别进行分组统计,共分 5 组,然后在这 5 组课程中再按照考核方式分组,从分组结果来看,学科基础中又可以分为考查和考试 2 组,而其他各组都只有一种考核方式,所以没有再分组。

与 DISTINCT 关键字对空值的处理一样,Oracle 数据库也会对 GROUP BY 子句中的空值使用 IS NULL 进行判断,因此从执行结果看 GROUP BY 子句中的所有空值都会被视为一个值进行处理,如下面的 SQL 语句。

```
SQL> SELECT COUNT( * ), s_duty FROM student GROUP BY s_duty;
  COUNT( * )  S_DUTY
```

```
--------- --------
       202                --这里是空值
          9   学习委员
          9   生活委员
          9   团支书
          9   班长
          8   体育委员
          9   文艺委员
          9   组织委员
          9   宣传委员
```

已选择 9 行。

聚合函数也可以嵌套使用。

例 7.44　查询学生表中最高的班级外语平均成绩。

```
SQL> SELECT MAX(AVG(s_foreign)) FROM student GROUP BY s_classname;
MAX(AVG(S_FOREIGN))
-------------------
   117.161290322581
```

SELECT 子句中使用了嵌套的聚合函数，即先求成绩的平均值，再求平均值中最大的值。

7.2.6　HAVING 子句

在使用 GROUP BY 子句分组之后，如果想对已分的组进行有条件的选择，可以使用 HAVING 子句，其功能就是选择和排除分组，因此 HAVING 子句又称为分组筛选语句。当使用 HAVING 子句时，Oracle 数据库按照以下步骤执行。

（1）对记录分组。

（2）在分组的基础上使用聚合函数。

（3）输出与 HAVING 子句匹配的结果。

分组的产生和聚合函数的计算都是在 HAVING 子句应用之前完成的。

例 7.45　按照班级分组查询学生表中学生语文的平均成绩大于 108 分的班级。

```
SQL> SELECT AVG(s_chinese), s_classname FROM student
  2  GROUP BY s_classname
  3  HAVING AVG(s_chinese)>108;
AVG(S_CHINESE)    S_CLASSNAME
------------    ----------------
109.1470588235    工商 082
108.6333333333    工商 083
109.6785714285    工商 091
         108.3    国贸 081
108.4193548387    信管 081
108.7333333333    信管 082
```

已选择 6 行。

原来的查询结果为 9 组,通过 HAVING 子句设定条件之后,查询结果只剩下 6 组数据。

HAVING 子句与 WHERE 子句都可以起到过滤数据的作用,但是它们之间有一些区别:

(1) 功能不同。这两个子句都具有筛选数据的功能,但是 WHERE 子句是对所有的数据进行筛选,HAVING 子句则是对分组后的数据进行筛选,因此 HAVING 子句必须与 GROUP BY 子句同时使用才有意义。

(2) 使用场合不同。HAVING 子句只能用于查询语句中,而 WHERE 子句则可以用于 SELECT、INSERT、UPDATE 和 DELETE 等语句中。

(3) 执行顺序不同。WHERE 子句的执行顺序先于 HAVING 子句,即在对查询结果进行分组前就将不符合 WHERE 子句条件的记录筛选掉了,然后才会执行 GROUP BY 子句,再根据 HAVING 子句的条件筛选分组数据。

(4) 条件表达式的要求不同。HAVING 子句中的条件表达式要么是 GROUP BY 子句中指定的分组条件,要么是聚合函数或常量,而 WHERE 子句中的条件则不受此限制,但是 WHERE 子句中不能使用聚合函数(实际上还是与执行顺序有关)。

(5) 有些时候,HAVING 子句可以与 WHERE 子句互换使用,但是效率有所不同。

例 7.46 求出信管专业各班级的数学平均成绩。

```
SQL> SELECT AVG(s_math) FROM student
  2  GROUP BY s_classname HAVING s_classname LIKE '%信管%';
AVG(S_MATH)
-----------
95.93333333
96.12903225
SQL> SELECT AVG(s_math) FROM student
  2  WHERE s_classname LIKE '%信管%' GROUP BY s_classname;
AVG(S_MATH)
-----------
95.93333333
96.12903225
```

例 7.46 中分别使用 HAVING 子句和 WHERE 子句进行了数据的筛选,查询结果是相同的,但是第二个查询语句的写法效率更高一些。

7.2.7　ORDER BY 子句

默认情况下,查询语句返回的查询结果会按照数据在表中的存储顺序显示,ORDER BY 子句的作用就是对查询的结果集进行排序,以便可以按照用户的需求显示数据。ORDER BY 子句的后面可以是表的列名、列的别名、列的序号和表达式。ASC 关键字表示结果按照升序排列,DESC 关键字表示结果按照降序排列,默认按照升序对记录进行排序。如果使用了 ORDER BY 子句,则 ORDER BY 子句必须是查询语句的最后一个子句。

1. 在 ORDER BY 子句中使用表的列名

例 7.47：查询教师表中的教师的编号、姓名、入职时间和研究方向，并按照教师的入职时间以升序的方式排序。

```
SQL>SELECT t_id,t_name,t_entertime,t_research FROM teacher
2 ORDER BY t_entertime;
T_ID        T_NAME      T_ENTERTIME      T_RESEARCH
-----       ------      ------------     ------------------------
070007      梁丹        2000-07-10       电子政务、信息系统开发
070020      聂冰        2000-11-07       技术经济、应用统计
070002      李皎月      2002-07-04       人员素质测评、胜任力模型构建
070004      宋祖光      2002-07-19       计算机网络
070012      李金明      2003-01-07       创业管理
...
已选择 24 行。
```

2. 在 ORDER BY 子句中使用列别名

对例 7.47 稍作修改，为 t_entertime 列起一个别名"Entertime of teacher"，然后通过这个别名进行排序，修改后的 SQL 语句如下：

```
SQL>SELECT t_id, t_name, t_entertime "Entertime of teacher", t_research
2 FROM teacher ORDER BY "Entertime of teacher";
T_ID        T_NAME      Entertime of teacher      T_RESEARCH
-----       --------    --------------------      ---------------------------
070007      梁丹        2000-07-10                电子政务、信息系统开发
070020      聂冰        2000-11-07                技术经济、应用统计
070002      李皎月      2002-07-04                人员素质测评、胜任力模型构建
070004      宋祖光      2002-07-19                计算机网络
070012      李金明      2003-01-07                创业管理
...
已选择 24 行。
```

3. 在 ORDER BY 子句中使用表达式

例 7.48　查询学生表中的学生编号、姓名、数语外的总成绩和所在班级，并按照数语外的总成绩以降序的方式排序。

```
SQL>SELECT s_id, s_name, s_chinese+s_foreign+s_math, s_classname FROM student
2  ORDER BY s_chinese+s_foreign+s_math DESC;
S_ID          S_NAME       S_CHINESE+S_FOREIGN+S_MATH       S_CLASSNAME
-------       ----------   --------------------------       ------------------
0807070127    卢嘉方俪                          368          国贸 081
0807040130    洪梅花                            365          信管 082
0807070329    白冰瑶                            364          信管 081
```

...

已选择 273 行。

例 7.48 中 ORDER BY 子句按照算数表达式"s_chinese+s_foreign+s_math"对结果
进行了排序,同时使用 DESC 关键字指定排序的方式是降序。

4. 在 ORDER BY 子句中使用列的序号

此处列的序号是指在 SELECT 子句中指定的列(包括表达式),而不是指表中列的物理
顺序。

例 7.49 查询学生表中的学生编号、姓名、数语外的总成绩和所在班级,并按照数语外
的总成绩以降序的方式排序。

```
SQL>SELECT s_id, s_name, s_chinese+s_foreign+s_math, s_classname FROM student
2 ORDER BY 3 DESC;
S_ID          S_NAME      S_CHINESE+S_FOREIGN+S_MATH    S_CLASSNAME
--------     --------     --------------------------    ------------------

0807070127    卢嘉方俪                   368            国贸 081
0807040130    洪梅花                     365            信管 082
0807070329    白冰瑶                     364            信管 081
...
```

已选择 273 行。

因为表达式"s_chinese+s_foreign+s_math"出现在 SELECT 子句的第 3 个位置,所以
可以使用 ORDER BY 3 对结果排序。

例 7.50 查询学生表中的学生编号、姓名和所在班级,并按照外语成绩以降序的方式
排序。

```
SQL>SELECT s_id, s_name, s_classname FROM student ORDER BY 10 DESC;
SELECT s_id, s_name, s_classname FROM student ORDER BY 10 DESC
                                                             *
第 1 行出现错误:
ORA-01785: ORDER BY 项必须是 SELECT-list 表达式的数目
```

因为 SELECT 子句后只有 3 列,所以 ORDER BY 10 是错误的,Oracle 数据库给出了
错误信息"ORA-01785: ORDER BY 项必须是 SELECT-list 表达式的数目"。

5. 在 ORDER BY 子句中使用多列

例 7.51 查询学生表中的学生编号、姓名、外语成绩和数学成绩,并按照外语成绩降
序、数学成绩升序的方式排序。

```
SQL>SELECT s_id, s_name, s_foreign, s_math FROM student ORDER BY 3 DESC,4 ASC;
S_ID          S_NAME              S_FOREIGN        S_MATH
--------     --------------------     -----------     --------

0807040130    洪梅花                 137.0            102.0
0807070230    李霄                   137.0            102.0
```

```
0807070330  李新颖              134.0              109.0
...
```
已选择 273 行。

如果在 ORDER BY 子句中指定了多个列,则排序的优先级会按照列的顺序从高到低,因此例 7.51 中外语成绩的优先级要高于数学成绩,查询结果会首先按照 s_foreign 列降序排列,当 s_foreign 列的值相同时再按照 s_math 列升序排列(也可以不写 ASC,因为默认就是升序)。

6. 在 ORDER BY 子句中使用 SELECT 子句中未包含的列排序

虽然在 ORDER BY 子句中不能使用 SELECT 子句中未出现列的序号进行排序,但是可以使用 SELECT 子句中未包含的列名进行排序。

例 7.52   将例 7.50 中的序号 10 去掉,改为列名就可以正确查询出所要的数据。

```
SQL> SELECT s_id, s_name, s_classname FROM student ORDER BY s_foreign DESC;
S_ID        S_NAME    S_CLASSNAME
--------    -------   -----------
0807040130   洪梅花     信管 082
0807070230   李霄      国贸 082
0807070330   李新颖     信管 081
...
```
已选择 273 行。

7. 关于空值排序

SQL 标准规定当 ORDER BY 子句中的列值为空值时,空值大于或小于所有非空值,但并没有明确规定大于还是小于,而是由具体的数据库自己决定。在 Oracle 数据库中规定,排序时空值大于所有非空值。

例 7.53   查询学号为"0807070303"的学生的"2010-2011(1)"学期的期末考试成绩,成绩按照升序的方式排列。

```
SQL> SELECT s_finalgrade FROM score
  2   WHERE s_id='0807070303' AND c_term='2010-2011(1)'
  3   ORDER BY s_finalgrade;
S_FINALGRADE
------------
50
55
...
        --这里是 NULL
        --这里是 NULL
```
已选择 7 行。

升序时因为空值大于所有非空值,所以空值排在最后,而如果是降序则空值排在最前。

```
SQL> SELECT s_finalgrade FROM score
```

```
  2   WHERE s_id='0807070303' AND c_term='2010-2011(1)'
  3   ORDER BY s_finalgrade DESC;
S_FINALGRADE
------------
       --这里是 NULL
       --这里是 NULL
...
67
62
已选择 7 行。
```

不管是升序排列还是降序排列，Oracle 数据库都可以在 SQL 语句中使用 NULLS FIRST 表示空值排在最前，使用 NULLS LAST 表示空值排在最后。

```
SQL>SELECT s_finalgrade FROM score
  2   WHERE s_id='0807070303' AND c_term='2010-2011(1)'
  3   ORDER BY s_finalgrade DESC NULLS LAST;
S_FINALGRADE
------------
67
62
...
       --这里是 NULL
       --这里是 NULL
已选择 7 行。
```

8．不同数据类型的排序规则（以升序为例）

（1）数值类型的数据按照数值大小的顺序由小到大排列。

（2）日期类型的数据排序规则是较早的日期在前，较晚的日期在后。例如，"01-1月-11"排在"01-1月-12"之前。

（3）英文字符按照字母由小到大的顺序排列，且大写字母排在小写字母的前面，即按照 A~Z、a~z 的顺序排列。

（4）中文的排序规则如下所示。

数据库服务器或客户端使用的字符集决定了使用何种语言，而在 Oracle 数据库中不同的语言的排序方式各不相同。如果采用的字符集是 ZHS16GBK，那么 ORDER BY 子句默认的是按照汉字的拼音顺序进行排序的；如果采用的是其他字符集（如 UTF8），那么汉字的排序是按照 BINARY（二进制编码）排序的，即按照编码的大小来排序。

除了上述两种排序方式，Oracle 数据库还为中文的排序提供了两种方式：按照笔画数排序和按照偏旁部首排序。可以使用语言排序参数 NLS_SORT 对排序方式进行设置，该参数的默认值来自于参数 NLS_LANGUAGE。可以使用初始化文件、环境变量、ALTER SESSION 和 SQL 函数来设置 NLS_SORT 的值，可以设置的参数如表 7.7 所示。

表 7.7　NLS_SORT 的参数取值及含义

参　　数	含　　义
SCHINESE_RADICAL_M	对简体中文排序,首先按照偏旁部首排序,然后按照笔画数排序
SCHINESE_STROKE_M	对简体中文排序,首先按照笔画数排序,然后按照偏旁部首排序
SCHINESE_PINYIN_M	对简体中文排序,按照拼音排序

例 7.54　查询所有教师的编号、姓名和研究方向,并按照姓名排序。

```
SQL> SELECT t_id, t_name, t_research FROM teacher ORDER BY t_name;
T_ID     T_NAME     T_RESEARCH
-----　 --------　 --------------------------
060006   陈少勇     计算机网络
060004   崔楠楠     软件测试,.net 技术,数据挖掘
070006   方鸿儒     财务管理、会计
...
已选择 24 行。
```

从结果可以看出,默认的排序方式是按照汉字的拼音顺序进行排序的。

使用 ALTER SESSION 语句修改当前会话的 NLS_SORT 参数,设置为按照笔画数排序,如下面的代码所示。

```
SQL> ALTER SESSION SET NLS_SORT=SCHINESE_STROKE_M;
会话已更改。
SQL> SELECT t_id, t_name, t_research FROM teacher ORDER BY t_name;
T_ID     T_NAME     T_RESEARCH
-----　 --------　 -----------------
060005   尹双双     数据挖掘、粗糙集
070005   尹艺霓     服务计算
070006   方鸿儒     财务管理、会计
...
已选择 24 行。
```

7.2.8　查询语句的执行顺序

一条完整的查询语句由很多子句组成,它的书写顺序依次是 SELECT 子句、FROM 子句、WHERE 子句、GROUP BY 子句、HAVING 子句、ORDER BY 子句,但是执行顺序却不是按照书写顺序执行的,因此弄清楚查询语句的执行顺序对于理解各个子句的功能是十分有帮助的,下面就按照执行顺序对上述的 6 个子句进行说明。

第一步:执行 FROM 子句。将 FROM 子句中的表的记录全部取出来。

第二步:执行 WHERE 子句。从第一步产生的记录中筛选出满足 WHERE 子句条件的所有记录。

第三步:执行 GROUP BY 子句。按照 GROUP BY 子句中的分组原则对第二步产生的记录进行分组。

第四步:执行 HAVING 子句。按照 HAVING 子句中的分组筛选条件从第三步产生

的记录中筛选出满足条件的所有分组。

第五步：执行 SELECT 子句。从第四步产生的记录中将 SELECT 子句中指定的列或表达式全部取出来。

第六步：执行 DISTINCT 操作。将重复的记录从第五步产生的记录中删除。

第七步：执行 ORDER BY 子句。将第六步产生的记录按照 ORDER BY 子句指定的排序规则排序。

上面的步骤中，只有第一步和第五步是不可缺少的，其他的如果没有使用该子句，则跳过相应的步骤，顺次往下执行，直到执行完所有子句为止。

7.3 多表连接查询

顾名思义，多表连接查询就是对多个表中的数据进行查询，也就是将数据库中的两个或多个表按照一定的条件连接起来。因为实际的业务需求往往很复杂，涉及的数据也很多，用一个表存储所有的数据是不可能的，而且数据库规范化过程也要求把数据存放于多个表中，所以仅仅使用单表查询是无法满足数据查询要求的，这时就可以使用多表连接查询将多个表连接起来作为一个整体以便可以从这多个表中同时查询满足条件的数据。

连接查询的分类：

（1）按照查询使用的运算符可以将连接查询分为相等连接和不等连接。使用"="运算符进行条件连接的连接查询就是相等连接，而使用其他运算符（如"!="、">"、IN、LIKE等）进行条件连接的就是不等连接。

（2）按照连接查询返回的结果中是否包含表中不满足匹配条件的记录可以分为内连接和外连接。不包含表中不满足匹配条件的记录的连接查询就是内连接，而包含的就是外连接。内连接实质上就是相等连接。

7.3.1 内连接

内连接（Inner Join）又称为相等连接或简单连接，就是当两个或多个表之间存在意义相同列时，把这些意义相同的列用"="运算符连接起来进行比较，只有连接列上值相等的记录才会被作为查询结果返回。内连接通常用于连接具有主从关系的表（即两个表中分别定义了主键和对应的外键），其语法格式如下：

```
SELECT select_list
FROM table1 [alias], table2 [alias]…
WHERE table1.column=table2.column
[GROUP BY expr [, expr] …]
[HAVING condition]
[ORDER BY expression  [ASC|DESC]];
```

说明：

（1）要连接的多个表由 FROM 子句指定，表名之间用逗号隔开。

（2）如果连接的多个表中有名称相同的列，则必须在列的名字前加上表名作为前缀来区分它们,但通常为了清楚地说明列的来源,即使是非相同的列也会在列名前面加上表名或表的别名。

例 7.55　查询所有教师的编号、姓名和学历。

```
--WHERE 子句也可以写作 WHERE t_diplomaid=diploma_id
SQL>SELECT t_id, t_name, t_research, diploma_name
  2  FROM teacher, diploma
  3  WHERE teacher.t_diplomaid=diploma.diploma_id;
T_ID    T_NAME   T_RESEARCH                              DIPLOMA_NAME
------  ------   ------------------------------------    ----------------
060001  李飞     软件工程技术,智能算法                   本科
060002  张续伟   数据仓库,数据挖掘,Web挖掘,数据库系统开发  本科
060003  黄帅     计算机网络安全                           博士
...
已选择 24 行。
```

在教师表中,教师的编号、姓名可以直接查询,而教师的学历仅以编号的形式给出,具体的学历信息存放在学历表中,这主要是为了实现数据库的规范化。两个表可以通过学历编号(学历表的 diploma_id 列和教师表的 t_diplomaid 列)进行连接,而且两者是主外键的关系,从中也可以看出进行连接的条件列的名称不要求必须相同。当列名在连接的多个表中唯一时,可以不必在列名前面指定表名。做连接查询时并不影响其他运算符的使用。

例 7.56　查询所有专业为"计算机应用"或"计算机系统结构"的教师的学历等信息。

```
SQL>SELECT t_id, t_name, t_research, diploma_name
  2  FROM teacher, diploma
  3  WHERE teacher.t_diplomaid=diploma.diploma_id AND
  4  (teacher.t_specialty='计算机应用' OR teacher.t_specialty='计算机系统结构');
T_ID    T_NAME   T_RESEARCH                              DIPLOMA_NAME
------  ------   ------------------------------------    --------------
060001  李飞     软件工程技术,智能算法                   本科
060002  张续伟   数据仓库,数据挖掘,Web挖掘,数据库系统开发  本科
060004  崔楠楠   软件测试,.net 技术,数据挖掘              本科
...
已选择 11 行。
```

注意:因为 OR 运算符的优先级比 AND 运算符低,所以 OR 运算符连接的用于指定教师专业的条件必须用括号括起来。

如果 FROM 子句中的表名比较长,那么可以为表指定表别名,从而提高查询语句的可读性。在例 7.56 中使用表别名,如下面的代码所示。

```
SQL>SELECT t_id, t_name, t_research, diploma_name
  2  FROM teacher t, diploma d
  3  WHERE t.t_diplomaid=d.diploma_id AND
  4  (t.t_specialty='计算机应用' OR t.t_specialty='计算机系统结构');
T_ID    T_NAME   T_RESEARCH                              DIPLOMA_NAME
------  ------   ----------------------------------      --------------
```

060001	李飞	软件工程技术,智能算法	本科
060002	张续伟	数据仓库,数据挖掘,Web挖掘,数据库系统开发	本科
060004	崔楠楠	软件测试,.net技术,数据挖掘	本科

...

已选择 11 行。

在上面的 FROM 子句中,分别为教师表和学历表定义了别名,由于定义了别名,所以在 SELECT 子句和 WHERE 子句中不能通过表名访问列,只能使用表的别名访问。

内连接不仅仅局限于两个表之间的查询,也可以在多个表之间使用。

例 7.57 查询所有获奖教师的编号、姓名和获奖的名称及排名,并按照教师编号和获奖排名排序。

```
SQL>SELECT teacher.t_id,t_name,award_name,'排名第'‖award_sequence AS 排名
  2  FROM award, award_author, teacher
  3  WHERE award.award_id=award_author.award_id AND
  4  award_author.t_id=teacher.t_id ORDER BY t_id, award_sequence;
```

T_ID	T_NAME	AWARD_NAME	排名
060001	李飞	省第二届教育软件大赛高等教育组(Linux系统管理)	排名第1
060002	张续伟	省第一届教育软件大赛高等教育组(Web与多媒体技术)	排名第1
060002	张续伟	省第二届教育软件大赛高等教育组(Linux系统管理)	排名第2
060005	尹双双	2010年全国青年教师计算机教育优秀论文大赛	排名第2
060006	陈少勇	省第二届教育软件大赛高等教育组(Linux系统管理)	排名第3

...

已选择 17 行。

上面使用 WHERE 子句建立连接条件的内连接方式属于非标准的使用方式,ANSI 为内连接定义了标准的 SQL 语法,语法格式如下:

```
SELECT select_list
FROM table1
[INNER] JOIN table2
ON table1.column=table2.column
WHERE conditions;
```

将例 7.55 改为标准的内连接的写法。

```
SQL>SELECT t_id, t_name, t_research, diploma_name
  2  FROM teacher INNER JOIN diploma
  3  ON teacher.t_diplomaid=diploma.diploma_id;
```

T_ID	T_NAME	T_RESEARCH	DIPLOMA_NAME
060001	李飞	软件工程技术,智能算法	本科
070020	聂冰	技术经济,应用统计	本科
060002	张续伟	数据仓库,数据挖掘,Web挖掘,数据库系统开发	本科

...

已选择 24 行。

将例 7.56 改为标准的内连接的写法。

```
SQL>SELECT t_id, t_name, diploma_name
  2  FROM teacher INNER JOIN diploma
  3  ON teacher.t_diplomaid=diploma.diploma_id AND
  4  (teacher.t_specialty='计算机应用' OR teacher.t_specialty='计算机系统结构');

T_ID    T_NAME                          DIPLOMA_NAME
------  ------------------------------  --------------------
060001  李飞                            本科
060002  张续伟                          本科
060004  崔楠楠                          本科
060006  陈少勇                          本科
060008  王瑶                            博士
...
```

已选择 11 行。

内连接连接 3 个数据表的语法格式如下:

```
SELECT select_list
FROM (table1
[INNER] JOIN table2
ON table1. column=table2.column)
[INNER] JOIN table3
ON table2. column=table3.column)
WHERE conditions;
```

内连接连接 4 个数据表的语法格式如下:

```
SELECT select_list
FROM ((table1
[INNER] JOIN table2
ON table1. column=table2.column)
[INNER] JOIN table3
ON table2. column=table3.column))
[INNER] JOIN table3
ON table3. column=table4.column
WHERE conditions;
```

更多表的内连接语法依此类推。

将例 7.57 改为标准的内连接的写法。

```
SQL>SELECT teacher.t_id, t_name, award_name,'排名第' ‖ award_sequence AS 排名
2 FROM (award INNER JOIN award_author ON award.award_id=award_author.award_id)
3       INNER JOIN teacher ON award_author.t_id=teacher.t_id
4  ORDER BY t_id, award_sequence;

T_ID    T_NAME  AWARD_NAME                                          排名
------  ------  --------------------------------------------------  --------
060001  李飞    省第二届教育软件大赛高等教育组(Linux 系统管理)       排名第 1
```

060002	张续伟	省第一届教育软件大赛高等教育组(Web 与多媒体技术)	排名第 1
060002	张续伟	省第二届教育软件大赛高等教育组(Linux 系统管理)	排名第 2
060005	尹双双	2010 年全国青年教师计算机教育优秀论文大赛	排名第 2
060006	陈少勇	省第二届教育软件大赛高等教育组(Linux 系统管理)	排名第 3

...

已选择 17 行。

因为任意两个空值都不相等,所以如果连接条件中的连接列中包含空值,则空值将不会参与连接,如果两个表的连接列都存在空值,连接结果也不会存在空值,如下面的查询语句。

```
SQL>SELECT s1.s_name, s2.s_name, s1.s_duty FROM student s1, student s2
  2  WHERE s1.s_duty=s2.s_duty AND s1.s_classname='工商 081'
  3  AND s2.s_classname='工商 082';
S_NAME     S_NAME      S_DUTY
------     ----------  -----------
刘亚南      刘芳辰       学习委员
黄亚男      李妍         宣传委员
李金龙      宋潇扬       体育委员
...
```

已选择 8 行。

上面的查询语句的目的是查询出工商 081 班和工商 082 班这两个班级中职务相同的学生的姓名,结果只返回了 8 条记录,也就是为空值的记录都不会参与连接。

内连接的另外一种形式是使用 USING 子句,语法格式如下:

```
SELECT select_list
FROM table1
JOIN table2 USING(column1, column2…);
```

需要在 USING 子句中指定两个表的连接列,当有多个同名列时,使用 USING 子句可以使连接条件更加清晰,但是不能为 USING 中的列指定表名。

例 7.58 使用 USING 子句对教师表和课程表做内连接,查询教师开课的课程名等信息。

```
SQL>SELECT t_id, t_name, t_specialty, c_name  --t_id 前不是使用表名,其他列可以
  2  FROM course JOIN teacher USING(t_id);
T_ID     T_NAME    T_SPECIALTY      C_NAME
------   -------   -------------    ---------------
070004   宋祖光    计算机应用        面向对象程序设计
070004   宋祖光    计算机应用        网络数据库基础
070019   李佳桐    计算机科学与技术  决策支持系统
...
```

已选择 33 行。

7.3.2 外连接

内连接是严格按照匹配条件查找出多个表中的记录,不满足匹配条件的记录就会被删除,但有时可能希望显示某个表中所有的记录,包括不符合匹配条件的记录,这时就可以使

用外连接了。外连接扩充了内连接的功能，把原来被内连接删除的记录根据外连接的类型保留了下来。根据保留数据的来源，外连接分为左外连接、右外连接和全外连接3种。除了可以使用标准的 SQL 语法表示外连接外，Oracle 数据库中还可以使用"（＋）"运算符来表示一个连接是外连接。

注意：无论左外连接还是右外连接，"（＋）"都要放在没有匹配记录列值就被设置为空值的表的一端。

1. 左外连接

左外连接（Left Outer Join）以左表为基准，即使右表中没有与之相匹配的记录，也将显示左表的所有行，但对于右表来说，只能保留与左表匹配的行，未能找到与左表匹配的记录的列值将被设置为空值。语法格式如下：

```
SELECT select_list
FROM table1,table2
WHERE table1.column=table2.column(+);
```

注意："（＋）"要放到右表一侧。

例 7.59　查询所有教师的授课信息（不重复显示同一个教师所开的相同名称的课程），包括没有开课的教师信息。

```
SQL>SELECT DISTINCT teacher.t_id, t_name, c_name
  2  FROM teacher, course
  3  WHERE teacher.t_id=course.t_id(+)
  4  ORDER BY t_id;
T_ID     T_NAME                     C_NAME
------   ------------------         -------------------------
060001   李飞                        计算机网络原理与应用
060002   张续伟                      计算机原理
060003   黄帅
...
已选择 32 行。
```

如果使用内连接查询，则只能查询出开课教师的相关信息，而要求是无论是否开课都要查询出来，所以使用左外连接查询，这样既可以将教师表中的所有记录查询出来，又可以在课程表中查询出教师所授的课程，如果某位教师没有开课，则查询结果中课程表的 c_name 列上的值就会被设置为空值。

ANSI SQL 标准的左外连接语法格式如下：

```
SELECT select_list
FROM table1
LEFT [OUTER] JOIN table2
ON table1.column=table2.column;
```

将例 7.59 改为标准的左外连接的写法。

```
SQL>SELECT DISTINCT teacher.t_id, t_name, c_name
```

```
 2  FROM teacher
 3  LEFT OUTER JOIN course
 4  ON teacher.t_id=course.t_id ORDER BY t_id;
T_ID      T_NAME                       C_NAME
------    ------------------           ------------------------
060001    李飞                          计算机网络原理与应用
060002    张续伟                        计算机原理
060003    黄帅
...
```

已选择 32 行。

2. 右外连接

右外连接(Right Outer Join)以右表为基准,即使左表中没有与之相匹配的记录,也将显示右表的所有行,但对于左表来说,只能保留与右表匹配的行,未能找到与右表匹配的记录的列值将被设置为空值,语法格式如下:

```
SELECT select_list
FROM table1, table2
WHERE table1.column(+)=table2.column;
```

注意:"(+)"要放到左表一侧。

例 7.60 查询期刊表中所有的期刊名称及发表在该期刊上的文章信息。

```
SQL>SELECT journal_name, journal_level AS jlevel, paper_title
  2  FROM paper p, journal j
  3  WHERE p.paper_journal(+)=j.journal_name
  4  ORDER BY jlevel;
JOURNAL_NAME                     JLEVEL   PAPER_TITLE
------------------------------   ----     ------------------------------------
MIS QUARTERLY                    TOP
INFORMATION SYSTEMS RESEARCH     TOP
DATA MINING AND KNOWLEDGE DISCOVERY 国际 A A wireless vending machine system based on GSM
EXPERT SYSTEMS WITH APPLICATIONS 国际 A
MATHEMATICAL PROGRAMMING         国际 B Application of genetic local search algorithm
JOURNAL OF INFORMATION TECHNOLOGY 国际 B
...
```

已选择 13 行。

上面的查询语句用的是右外连接,因此会全部显示右侧的表(journal 表)中数据,如果某个期刊没有对应的论文,则查询结果中论文表的 paper_title 列上的值就会被设置为空值。

ANSI SQL 标准的右外连接语法格式如下:

```
SELECT select_list
FROM table1
RIGHT [OUTER] JOIN table2
```

```
ON table1.column=table2.column;
```

将例 7.60 改为标准的右外连接的写法。

```
SQL>SELECT journal_name, journal_level AS jlevel, paper_title
  2  FROM paper p
  3  RIGHT OUTER JOIN journal j
  4  ON p.paper_journal=j.journal_name
  5  ORDER BY jlevel;
```

JOURNAL_NAME	JLEVEL	PAPER_TITLE
MIS QUARTERLY	TOP	
INFORMATION SYSTEMS RESEARCH	TOP	
DATA MINING AND KNOWLEDGE DISCOVERY	国际 A	A wireless vending machine system based on GSM
EXPERT SYSTEMS WITH APPLICATIONS	国际 A	
MATHEMATICAL PROGRAMMING	国际 B	Application of genetic local search algorithm
JOURNAL OF INFORMATION TECHNOLOGY	国际 B	

...

已选择 13 行。

其实从本质上来说,左外连接和右外连接没有什么区别,因为左和右只是一个相对的概念,如可以互换"="两边的内容,将例 7.60 的 SQL 语句改写为:

```
SQL>SELECT journal_name, journal_level AS jlevel, paper_title
  2  FROM paper p, journal j
  3  WHERE j.journal_name=p.paper_journal(+)
  4  ORDER BY jlevel;
```

这样,查询语句就由原来的右外连接变成左外连接了,查询的结果也与例 7.60 的结果完全相同。

3. 全外连接

全外连接(Full Outer Join)的主要功能是返回两个表连接中满足等值连接的记录,以及两个表中所有等值连接失败的记录,也就是说全外连接会把两个表所有的行都显示在结果表中,相当于同时做左外连接和右外连接。

如果使用非标准 SQL 语句做全外连接查询的话,需要使用 UNION 运算符将两个连接做集合运算。

例 7.61 查询教师发表的论文信息,如果是发表在学校规定的核心期刊上,则显示核心期刊名、等级和论文题目,否则只显示论文题目。

```
SQL>SELECT journal_name, journal_level AS jlevel, paper_title
  2  FROM paper p, journal j
  3  WHERE j.journal_name(+)=p.paper_journal
  4  UNION
  5  SELECT journal_name, journal_level, paper_title
  6  FROM paper p, journal j
```

```
7  WHERE j.journal_name=p.paper_journal(+)
8  ORDER BY jlevel;
```

```
JOURNAL_NAME                        JLEVEL        PAPER_TITLE
------------------------  ---------  ----------------------------

INFORMATION SYSTEMS RESEARCH        TOP
MIS QUARTERLY                       TOP
DATA MINING AND KNOWLEDGE DISCOVERY 国际A   A wireless vending machine system based on GSM
EXPERT SYSTEMS WITH APPLICATIONS    国际A
...
```

数据库中完整性约束视图表示和生成算法一种基
于 MVC 模式 Web 开发框架 Webwork 的研究

已选择 17 行。

从全外连接的结果看,显示了期刊表 journal_name 列和 journal_level 列的所有值,也显示了论文表 paper_title 列的所有值,但是对于期刊表的 journal_name 列和论文表的 paper_journal 列不相匹配的值,3 个数据列都自动设置为空值。

ANSI SQL 标准的全外连接语法格式如下:

```
SELECT select_list
FROM table1
FULL [OUTER] JOIN table2
ON table1.column=table2.column;
```

将例 7.61 改为标准的全外连接的写法。

```
SQL> SELECT journal_name, journal_level AS jlevel, paper_title
2   FROM paper p
3   FULL OUTER JOIN journal j
4   ON p.paper_journal=j.journal_name
5   ORDER BY jlevel;
```

```
JOURNAL_NAME                        JLEVEL        PAPER_TITLE
------------------------  ----------  ----------------------------

INFORMATION SYSTEMS RESEARCH        TOP
MIS QUARTERLY                       TOP
DATA MINING AND KNOWLEDGE DISCOVERY 国际A   A wireless vending machine system based on GSM
EXPERT SYSTEMS WITH APPLICATIONS    国际A
...
```

数据库中完整性约束视图表示和生成算法一种基
于 MVC 模式 Web 开发框架 Webwork 的研究

已选择 17 行。

7.3.3 自然连接

自然连接(Natural Join)是 SQL:99 提出的概念,功能是自动使用两个表中数据类型和值都相同的同名列进行连接,因此不必为自然连接手动地添加连接条件,此时的效果和内连接的效果相同。如果仅列名相同而数据类型不同,则会报错;如果没有相同名称的列,则自然连接的结果为笛卡儿积。自然连接与外连接的区别在于对于无法匹配的记录,外连接会虚拟一条与之匹配的记录来保全连接表中的所有记录,但自然连接不会。因此自然连接实质上就是一种内连接,不同之处在于自然连接只能是同名属性的等值连接,而内连接可以使用 ON 或 USING 子句来指定连接条件。

自然连接的语法格式如下:

```
SELECT select_list
FROM table1
NATURAL JOIN table2;
```

例 7.62 对教师表和课程表做自然连接,查询教师开课的课程名等信息。

```
SQL>SELECT t_id, t_name, t_specialty, c_name
  2  FROM teacher NATURAL JOIN course;
T_ID     T_NAME    T_SPECIALTY       C_NAME
------   -------   -------------     -------------------
070004   宋祖光    计算机应用        面向对象程序设计
070004   宋祖光    计算机应用        网络数据库基础
070019   李佳桐    计算机科学与技术  决策支持系统
...
已选择 33 行。
```

教师表的 t_id 列是主键,课程表的 t_id 列是对应的外键,它们名称相同、数据类型相同,因此可以使用自然连接进行连接。自然连接的结果与下面 3 个使用内连接的查询语句的结果相同。

```
SQL>SELECT teacher.t_id, t_name, t_specialty, c_name, c_class
  2  FROM teacher, course
  3  WHERE teacher.t_id=course.t_id;
```
或者
```
SQL>SELECT teacher.t_id, t_name, t_specialty, c_name
  2  FROM teacher JOIN course ON teacher.t_id=course.t_id;
```
或者
```
SQL>SELECT t_id, t_name, t_specialty, c_name
  2  FROM course JOIN teacher USING(t_id);
```

下面的代码对学历表和教师表做自然连接。

```
SQL>SELECT t_id, t_name, t_university, t_specialty, diploma_name
  2  FROM diploma NATURAL JOIN teacher;
T_ID     T_NAME    T_UNIVERSITY     T_SPECIALTY       DIPLOMA_NAME
------   -------   -------------    ---------------    -------------
060001   李飞      东北电力大学     计算机应用        专科
060002   张续伟    吉林大学         计算机应用        专科
060003   黄帅      华中科技大学     计算机科学与技术  专科
...
已选择 120 行。
```

虽然学历表和教师表存在两个意义相同的列 diploma_id 和 t_diplomaid,但是由于列名不同因此达不到自然连接的效果,得到的是两个表的笛卡儿积。

下面的代码先修改了教师表的 t_diplomaid 列的名称,使其与学历表的 diploma_id 列的列名相同,然后做自然连接,就可以得到正确的结果。

```
SQL>ALTER TABLE teacher RENAME COLUMN t_diplomaid TO diploma_id;
表已更改。
SQL>SELECT t_id, t_name, t_university, t_specialty, diploma_name
  2  FROM diploma NATURAL JOIN teacher;
```

T_ID	T_NAME	T_UNIVERSITY	T_SPECIALTY	DIPLOMA_NAME
060001	李飞	东北电力大学	计算机应用	本科
060002	张续伟	吉林大学	计算机应用	本科
060003	黄帅	华中科技大学	计算机科学与技术	博士

```
...
已选择 24 行。
```

7.3.4 笛卡儿积和交叉连接

如果在连接查询中没有指定任何连接条件,那么查询结果将是多个表中所有的记录进行乘积操作得到的结果。

例 7.63 查询教师表和课程表的教师名和课程名。

```
SQL>SELECT t_name, t_duty, t_research, c_name, c_type, c_nature
  2  FROM teacher, course;
```

T_NAME	T_DUTY	T_RESEARCH	C_NAME	C_TYPE	C_NATURE
李飞	教师	软件工程技术,智能算法	面向对象程序设计	专业限选	限选课
李飞	教师	软件工程技术,智能算法	网络数据库基础	专业限选	限选课
李飞	教师	软件工程技术,智能算法	决策支持系统	专业任选	任选课

```
...
已选择 792 行。
SQL>SELECT COUNT(*) FROM teacher;
  COUNT(*)
----------
        24
SQL>SELECT COUNT(*) FROM course;
  COUNT(*)
----------
        33
```

上面的代码没有使用 WHERE 子句指定任何查询条件,因此得到的记录数为 792 条。分别查询一下教师表和课程表的记录数,结果是 24 和 33,即 $24 \times 33 = 792$,可见结果的记录数为两个表的乘积,这种没有使用 WHERE 子句的连接查询又称为交叉连接(Cross Join),得到的查询的结果也是笛卡儿积。

ANSI SQL 标准的交叉连接语法格式如下:

```
SELECT select_list
FROM table1
CROSS JOIN table2;
```

将例 7.63 改为标准的交叉连接的写法。

```
SQL> SELECT t_name, t_duty, t_research, c_name, c_type, c_nature
  2  FROM teacher CROSS JOIN course;
```

T_NAME	T_DUTY	T_RESEARCH	C_NAME	C_TYPE	C_NATURE
李飞	教师	软件工程技术,智能算法	面向对象程序设计	专业限选	限选课
李飞	教师	软件工程技术,智能算法	网络数据库基础	专业限选	限选课
李飞	教师	软件工程技术,智能算法	决策支持系统	专业任选	任选课

...
已选择 792 行。

执行多表连接查询时,首先将生成多个表的笛卡儿积,即形成用于所有表中记录的组合,然后再使用连接条件和查询条件对笛卡儿积中的记录进行筛选,最后返回满足条件的记录。所以从结果集的角度来看,交叉连接包含的数据最多,其次是全外连接,然后是左外连接和右外连接,最后是内连接,可以将全外连接看做交叉连接的子集,左外连接和右外连接看做全外连接的子集,内连接看做左外连接和右外连接的子集。

7.3.5 自连接

所谓自连接(Self Join)就是一个表自己连接自己以实现获取特定数据的目的。从查询的角度来看,自连接的 FROM 子句中的表都是同一个表,只是在做连接时把它们视为不同的数据源来匹配对应的连接条件。

例 7.64 查询和"陈少勇"具有相同职称的教师的编号和姓名。

```
SQL> SELECT t1.t_id, t1.t_name, t1.t_duty, t1.t_research, t.title_name
  2  FROM teacher t1, teacher t2, title t
  3  WHERE t1.t_titleid=t2.t_titleid AND t2.t_name='陈少勇'
  4  AND  t1.t_titleid=t.title_id;
```

T_ID	T_NAME	T_DUTY	T_RESEARCH	TITLE_NAME
060001	李飞	教师	软件工程技术,智能算法	讲师
060003	黄帅	教师	计算机网络安全	讲师
060004	崔楠楠	教师	软件测试,.net 技术,数据挖掘	讲师

...
已选择 14 行。

在例 7.64 中,FROM 子句中指定了两个进行连接的教师表,但是分别用不同的别名来标识,然后这两个相同的表做内连接,从而查询出满足条件的记录。

例 7.65 查询学号为"0807070315"的学生所在班级的班长的学号和姓名。

```
SQL>SELECT s1.s_id, s1.s_name, s2.s_id, s2.s_name
  2  FROM student s1, student s2
  3  WHERE s1.s_classname=s2.s_classname AND
  4  s1.s_id='0807070315' AND s2.s_duty='班长';
S_ID          S_NAME        S_ID          S_NAME
----------    ----------    ----------    ------------
0807070315    林久琦        0807070312    王殿铭
```

使用自连接进行查询时,要注意两个表别名的使用,如例 7.65 中别名 s1 提供的信息是学号为"0807070315"的学生及其班级名,而别名 s2 提供的信息是学生的职务为"班长"的学生及其班级名,然后班级名相等时才选取相应的记录。不能因为 s1 和 s2 是相同的表而将表所使用的条件混淆(如不能使用"s1.s_duty='班长'"),SELECT 子句中的字段的选择也是如此。

例 7.66 使用标准的 SQL 语法改写例 7.64。

```
SQL>SELECT t1.t_id, t1.t_name, t1.t_duty, t1.t_research, t.title_name
  2  FROM teacher t1 JOIN teacher t2
  3  ON t1.t_titleid=t2.t_titleid JOIN title t
  4  ON t1.t_titleid=t.title_id AND t2.t_name='陈少勇';
T_ID     T_NAME     T_DUTY     T_RESEARCH                TITLE_NAME
------   --------   --------   --------------------      ----------
060001   李飞       教师       软件工程技术,智能算法      讲师
060003   黄帅       教师       计算机网络安全            讲师
060004   崔楠楠     教师       软件测试,.net 技术,数据挖掘  讲师
...
```

已选择 14 行。

7.4 子查询

当一个查询语句的结果作为另一个查询语句的查询条件时,就将作为查询条件的查询语句称为子查询(Subquery),简单地说,子查询就是在其他 SQL 语句中使用的查询,最常见的形式就是使用在另一个查询语句中。子查询的使用范围非常广泛,因为一个查询中可以涉及多个条件,而这多个条件有时是无法使用前面讲解的多表查询通过连接来构建的。特别是需要从一个表中查询数据,但是查询条件的取值又是表自身的内部数据时,如有以下需求:"查询数学成绩高于全班数学平均分的学生的信息",要完成这个需求需要进行两次查询,第一次要查询出全班学生的数学平均分,第二次才能根据第一次的查询结果查询出数学成绩高于全班数学平均分的学生的信息。这类问题不适合使用多表连接来完成,而使用子查询的话,就可以将第一次查询的 SQL 语句写到第二次查询的 SQL 语句中,从而完成查询。另一方面,也可以将子查询的功能看做替代 SQL 语句中的常量,常量是不可变的,而子查询的结果在每次执行子查询时都会动态地发生变化。

用于查询语句的子查询需要注意以下几点:

(1) 子查询必须放在运算符的右侧。

（2）子查询中不能使用 ORDER BY 子句。

（3）子查询必须用括号括起来。

7.4.1　可以使用子查询的语句

子查询通常用于查询语句的 WHERE 子句中,但是也可以用于查询语句的其他子句中,如 SELECT 子句、FROM 子句（该类子查询又称为内联视图）、GROUP BY 子句、HAVING 子句、ORDER BY 子句或其他子查询中;还可以用于数据操纵语言和数据定义语言中,如 INSERT 语句、UPDATE 语句、DELETE 语句和 CREATE TABLE 语句中。任何允许使用表达式的地方都可以使用子查询。

例 7.67　在 SELECT 子句中使用子查询,统计教师和学生的数量。

```
SQL>SELECT (SELECT COUNT(*) FROM teacher) AS 教师数量,
  2             (SELECT COUNT(*) FROM student) AS 学生数量 FROM dual;
教师数量        学生数量
---------  ----------
       24        273
```

例 7.68　在 INSERT 语句中使用子查询。下面的 SQL 语句创建一个新表 test,然后将教师表中的记录全部插入到 test 表中。

```
SQL>CREATE TABLE test(id NUMBER, name VARCHAR2(20));
表已创建。
SQL>INSERT INTO test SELECT t_id, t_name FROM teacher;
已创建 24 行。
```

例 7.69　在 UPDATE 语句中使用子查询。下面的 SQL 语句将学号为"0807070115"的学生的外语成绩修改为所有学生外语成绩的平均值。

```
SQL>UPDATE student SET s_foreign=(SELECT AVG(s_foreign) FROM student)
2 WHERE s_id='0807070115';
已更新 1 行。
```

例 7.70　在 DELETE 语句中使用子查询。下面的 SQL 语句删除学生表中担任学习委员的学生的信息。

```
SQL>DELETE FROM student WHERE s_id IN
2 (SELECT s_id FROM student WHERE s_duty='学习委员');
已删除 9 行。
```

7.4.2　子查询的分类

根据返回的结果,子查询可以分为以下几类。

1. 单行单列子查询

单行单列子查询只返回一行数据中某一列上的值,即只返回单个值。如果主查询使用

单行单列子查询返回的结果作为查询条件,则应该使用单行运算符进行比较,如>、>=、
<、<=、=、<>、!=等。

例 7.71 查询在"张续伟"入职之后入职的教师的编号、姓名和研究方向。

```
SQL>SELECT t_id, t_name, t_research FROM teacher WHERE t_entertime>
  2 (SELECT t_entertime FROM teacher WHERE t_name='张续伟');
T_ID    T_NAME   T_RESEARCH
------  -------  --------------------
060001  李飞      软件工程技术,智能算法
060003  黄帅      计算机网络安全
060005  尹双双    数据挖掘,粗糙集
...
已选择 8 行。
```

子查询的结果为一个单行单列的值,即"张续伟"的入职时间,然后主查询在 WHERE
子句中与该入职时间进行比较,从而查询出满足要求的数据。

2. 单行多列子查询

单行多列子查询返回一行数据中多列上的值。

例 7.72 查询与学号为"0807070105"的学生在相同班级且政治面貌相同的学生的学
号、姓名、班级和政治面貌。

```
SQL>SELECT s_name, s_classname, s_political FROM student
  2 WHERE (s_classname, s_political)=
  3 (SELECT s_classname, s_political FROM student
  4   WHERE s_id='0807070105');
S_ID        S_NAME   S_CLASSNAME    S_POLITICAL
----------  ------   -------------  -------------
0807070105  毛安娜    国贸 081        党员
0807070123  尹静      国贸 081        党员
0807070124  沙鸣琳    国贸 081        党员
```

例 7.72 中子查询返回的是一行记录中的两个列上的值,因此在主查询的 WHERE 子
句中也要使用两个列来匹配子查询返回的结果。

3. 多行单列子查询

多行单列子查询返回多行数据,但是列数只有一列,即多行单列子查询返回的是表中一
列数据的集合。因此,如果主查询使用多行单列子查询返回的结果作为查询条件,则应该使
用能够处理多个条件的运算符,常用的多条件运算符包括 IN、ANY 和 ALL。

IN:和前面介绍的功能相同,含有 IN 运算符的 WHERE 子句判断比较列或表达式是
否与子查询结果中的任意一个值相同,如果相同则返回 true,否则返回 false。

ANY 或 SOME:表示任意的含义,即含有 ANY 或 SOME 运算符的 WHERE 子句中
的比较列或表达式与子查询结果中的每个值进行比较,只要有一个值满足则返回 true,如果
都不满足则返回 false。

ALL：表示所有的含义，即含有 ALL 运算符的 WHERE 子句中的比较列或表达式与子查询结果中的每个值进行比较，只有全部满足才能返回 true，否则返回 false。

例 7.73 查询外语成绩大于等于 130 分的学生所在班级班长的学号、姓名和所在班级。

```
SQL>SELECT s_id, s_name, s_classname  FROM student
  2  WHERE s_classname IN (
  3  SELECT DISTINCT s_classname FROM student
  4  WHERE s_foreign>=130)  AND s_duty='班长';
S_ID            S_NAME          S_CLASSNAME
----------      --------------  ----------------
0807010118      杨晓彤          工商 081
0807010231      刘天宇          工商 082
0807010332      史悦            工商 083
...
已选择 7 行。
```

要完成该查询，首先要查询出所有外语成绩大于等于 130 分学生的所在班级，这可能是一个或多个值，因此主查询中使用 IN 运算符。

例 7.74 国贸专业 08 级学生，只要其成绩高于 08 级的任何一个班级的数学平均分，就将其信息查询出来。

```
SQL>SELECT s_id, s_name, s_classname, s_math FROM student
  2  WHERE s_math>ANY (SELECT AVG(s_math) FROM student
  3                         WHERE s_classname LIKE '%08%' GROUP BY s_classname)
  4  AND s_classname LIKE '%国贸 08%';
S_ID            S_NAME      S_CLASSNAME     S_MATH
----------      -------     -----------     ---------
0807070101      江雯        国贸 081        101.0
0807070102      李丹丹      国贸 081        91.0
0807070103      唐广亮      国贸 081        93.0
...
已选择 42 行。
```

因为成绩要高于任何一个班级的数学平均分就可以了，所以主查询中使用 ANY 运算符。

例 7.75 查询国贸专业 08 级学生成绩高于所有 08 级各专业班级数学平均分的学生的信息。

```
SQL>SELECT s_id, s_name, s_classname, s_math FROM student
  2  WHERE s_math>ALL (SELECT AVG(s_math) FROM student
  3                         WHERE s_classname LIKE '%08%' GROUP BY s_classname)
  4  AND s_classname LIKE '%国贸 08%';
S_ID            S_NAME      S_CLASSNAME     S_MATH
----------      -------     -----------     -------
0807070101      江雯        国贸 081        101.0
0807070105      毛安娜      国贸 081        115.0
```

```
0807070109        刘景琳      国贸 081            120.0
...
```

已选择 29 行。

因为成绩要高于所有班级的数学平均分,所以主查询中使用 ALL 运算符。

下面将例 7.74 和例 7.75 做一下对比,它们分别使用了 ANY 运算符和 ALL 运算符对子查询的结果进行操作,看一下子查询返回的结果。

```
SQL>SELECT s_classname, AVG(s_math) FROM student
  2  WHERE s_classname LIKE '%08%' GROUP BY s_classname ORDER BY s_classname;
S_CLASSNAME       AVG(S_MATH)
----------- -----------
工商 081              98.125
工商 082         89.91176470
工商 083         97.13333333
国贸 081         98.53333333
国贸 082         97.79310344
信管 081         96.12903225
信管 082         95.93333333
```

已选择 7 行。

对于例 7.74 来说,因为使用的是 ANY 运算符,所以主查询中 s_math 列上的值只要大于子查询返回的 7 个平均值中的任意一个就可以满足条件了;而对于例 7.75 来说,因为使用的是 ALL 运算符,所以主查询中 s_math 列上的值只有大于子查询返回的 7 个平均值中的所有值才能满足条件。

通常可以将 ANY 运算符和 ALL 运算符的操作转换成 MAX 函数和 MIN 函数的操作。以例 7.74 和例 7.75 为例,＞ALL 表示大于子查询结果中的每个值,即它表示大于最大值(98.53333333);＞ANY 表示至少大于子查询结果中的一个值,即它表示大于最小值(89.91176470)。因此可以做以下两个转换。

下面的 SQL 语句使用 MIN 函数改写了例 7.74。

```
SQL>SELECT s_id, s_name, s_classname, s_math FROM student
  2  WHERE s_math>(SELECT MIN(AVG(s_math)) FROM student
  3                    WHERE s_classname LIKE '%08%' GROUP BY s_classname)
  4  AND s_classname LIKE '%国贸 08%';
S_ID         S_NAME      S_CLASSNAME     S_MATH
--------- ------- ----------- ---------
0807070101   江雯       国贸 081       101.0
0807070102   李丹丹      国贸 081        91.0
0807070103   唐广亮      国贸 081        93.0
...
```

已选择 42 行。

下面的 SQL 语句使用 MAX 函数改写了例 7.75。

```
SQL>SELECT s_id, s_name, s_classname, s_math FROM student
```

```
  2  WHERE s_math>(SELECT MAX(AVG(s_math)) FROM student
  3                    WHERE s_classname LIKE '%08%' GROUP BY s_classname)
  4  AND s_classname LIKE '%国贸08%';
S_ID          S_NAME    S_CLASSNAME      S_MATH
----------    ------    ------------     --------
0807070101    江雯      国贸081          101.0
0807070105    毛安娜    国贸081          115.0
0807070109    刘景琳    国贸081          120.0
...
```

已选择 29 行。

使用＝ANY 返回的查询结果实际上与使用 IN 运算符得到的结果是相同的。
下面的 SQL 语句使用 ANY 运算符改写了例 7.73。

```
SQL>SELECT s_id, s_name, s_classname FROM student
  2  WHERE s_classname=ANY (SELECT DISTINCT s_classname FROM student
  3                    WHERE s_foreign>=130)
  4  AND s_duty='班长';
S_ID          S_NAME          S_CLASSNAME
----------    --------------  ----------------
0807010118    杨晓彤          工商081
0807010231    刘天宇          工商082
0807010332    史悦            工商083
...
```

已选择 7 行。

但是要注意,!＝ANY 与 NOT IN 不是等效的。例如,要查询没有任何一个学生的外
语成绩大于等于 130 分的学生所在班级的班长的学号、姓名和所在班级(与例 7.73 查询要
求相反)。例 7.73 使用 IN,那么对于相反的查询要求可否使用 NOT IN 和!＝ANY 呢? 首
先使用 NOT IN 进行查询。

```
SQL>SELECT s_id, s_name, s_classname   FROM student
  2  WHERE s_classname NOT IN (
  3  SELECT DISTINCT s_classname FROM student
  4  WHERE s_foreign>=130)   AND s_duty='班长';
S_ID          S_NAME          S_CLASSNAME
----------    --------------  ----------------
0807020214    李腾飞          工商092
0807070124    沙鸣琳          国贸081
```

再使用!＝ANY 进行查询。

```
SQL>SELECT s_id, s_name, s_classname FROM student
  2  WHERE s_classname !=ANY (SELECT DISTINCT s_classname FROM student
  3  WHERE s_foreign>=130)
  4  AND s_duty='班长';
S_ID          S_NAME          S_CLASSNAME
```

```
          ---------- ------- ------------
0807010118      杨晓彤      工商 081
0807010231      刘天宇      工商 082
0807010332      史悦        工商 083
...
```

已选择 9 行。

显然两个查询语句的结果是不同的,而且使用!＝ANY 没有得到正确的结果。原因在于!＝ANY(工商 081,工商 08…,信管 082)表示的是班级名不等于"工商 081"或者不等于"工商 082"、……、或者不等于"信管 082"的班级,而 NOT IN(工商 081,工商 08…,信管082)则表示班级名不等于"工商 081"、并且不等于"工商 082"、……、并且不等于"信管082"。因此!＝ALL 与 NOT IN 的作用是等效的。

使用!＝ALL 改写上面的查询,其结果与使用 NOT IN 是相同的。

```
SQL>SELECT s_id ,s_name, s_classname FROM student
  2  WHERE s_classname !=ALL (SELECT DISTINCT s_classname FROM student
  3                                       WHERE s_foreign>=130)
  4  AND s_duty='班长';
S_ID             S_NAME               S_CLASSNAME
----------      --------------       ----------------
0807020214       李腾飞                工商 092
0807070124       沙鸣琳                国贸 081
```

4. 多行多列子查询

多行多列子查询返回多个行上的多个列值,与单行多列子查询很相似,只是单行子查询只能使用单行比较运算符,多行子查询需要使用多行运算符。

例 7.76 查询学号为"0807070301"的学生选修的课程的信息。

```
SQL>SELECT c_term, c_num, c_seq, c_name FROM course
  2  WHERE (c_term, c_num, c_seq) IN (SELECT c_term, c_num, c_seq FROM score
  3                                       WHERE s_id='0807070301');
C_TERM          C_NUM        C_SEQ C_NAME
-------------   ------       -------------------
2010-2011(1)    060151 0     面向对象程序设计
2010-2011(1)    060164 0     网络数据库基础
2010-2011(1)    070067 2     市场营销学
...
```

已选择 7 行。

有时可以将连接查询与子查询相互转换,如可以将例 7.64 改为使用子查询。

```
SQL>SELECT t_id, t_name, t_research, title_name FROM teacher, title
  2  WHERE  t_titleid=(SELECT t_titleid FROM teacher WHERE t_name='陈少勇')
  3  AND t_titleid=title.title_id  ORDER BY t_id;
T_ID     T_NAME      T_DUTY     T_RESEARCH                    TITLE_NAME
```

```
------    --------    -------    -----------------------------     ------------
060001    李飞        教师       软件工程技术,智能算法                讲师
060003    黄帅        教师       计算机网络安全                      讲师
060004    崔楠楠       教师       软件测试,.net 技术,数据挖掘         讲师
...
```

已选择 14 行。

7.4.3 相关子查询

1. 什么是相关子查询

前面讲解的子查询都与外部的主查询语句没有任何关系,只是将子查询的结果作为返回值返回给外部的主查询。但是在一些子查询中,如果想完成子查询中的查询操作,必须使用外部主查询语句的某些列,这类依赖于外部主查询的子查询称为相关子查询(Correlated Subquery)。

相关子查询的执行方式与普通的子查询有所不同,区别在于相关子查询引用了主查询的列,所以就不可能在执行主查询之前执行相关子查询。相关子查询是重复执行的,为主查询可能选择的每一行均执行一次子查询。在子查询中找到外部主查询的参考列时执行外部查询,此时将结果返回给子查询,然后在外部查询返回的结果集上执行子查询操作。

例 7.77 查询每个班级中比本班外语成绩平均分高的学生的学号、外语成绩和班级。

```
SQL>SELECT s_id, s_name, s_foreign, s_classname FROM student s1
  2  WHERE s_foreign>(SELECT AVG(s_foreign) FROM student s2
  3                     WHERE s1.s_classname=s2.s_classname);
S_ID          S_NAME      S_FOREIGN     S_CLASSNAME
----------    -------     ---------     -----------
0807010113    王闯        126.0         工商 081
0807010114    冯跃泰       118.0         工商 081
0807010115    刘亚南       119.0         工商 081
0807010117    张秋月       127.0         工商 081
0807010119    马玲        125.0         工商 081
...
```

已选择 142 行。

在执行这个查询时,子查询的条件中需要引用主查询的 s_classname 列与子查询的 s_classname 列进行比较,因此每次执行子查询之前必须获取主查询的 s_classname 列值。整个查询语句的执行步骤如下所示。

第一步:从主查询的学生表的第一行开始读取数据。

第二步:读取当前行的 s_id、s_name、s_foreign 列和 s_classname 列上的数据。

第三步:将第二步获取的数据传入子查询(需要使用主查询的 s_classname 列上的值),并运行子查询。

第四步:将子查询返回的结果与第二步获得的 s_foreign 列上的值进行比较,如果后者大于前者,则返回主查询的查询结果。

第五步：继续读取主查询的学生表的下一行，然后再从第二步开始重复执行，直到学生表的记录全部被读取完为止。

2. EXISTS 和 NOT EXISTS

在相关子查询中，使用频率很高的关键字就是 EXISTS 和 NOT EXISTS，它们的功能是用来判断查询的结果集中是否存在元素。EXISTS A 表示当结果集 A 不为空时返回 true，为空时返回 false；NOT EXISTS A 表示当结果集 A 为空时返回为 true，不为空时返回 false。NOT EXISTS 因为运算方法与 NOT IN 不同，只会返回 true 或 false，不会返回空值，所以不需要考虑子查询去除空值的问题。

例 7.78 查询没有开课教师的编号等信息。

```
SQL>SELECT t_id, t_name, t_duty, t_research FROM teacher WHERE NOT EXISTS
2  (SELECT c_num, c_seq, c_name FROM course WHERE course.t_id=teacher.t_id);
T_ID     T_NAME    T_DUTY     T_RESEARCH
------   --------  --------   --------------------------------
060003   黄帅      教师       计算机网络安全
060005   尹双双    教师       数据挖掘,粗糙集
060007   杨春      教师       计算机辅助设计,软件工程,.net
060008   王瑶      教师       人工智能
060009   石珊      系副主任    数据挖掘
...
已选择 10 行。
```

EXISTS 或 NOT EXISTS 关键字只返回 true 或 false，子查询不返回子查询涉及的表中的任何值，也就是说子查询中返回的列数量无论是一个还是多个，效果都是相同的。因此上面的子查询语句可以改为：

```
SELECT t_id FROM course WHERE course.t_id=teacher.t_id;
```

或者：

```
SELECT * FROM course WHERE course.t_id=teacher.t_id;
```

或者：

```
SELECT 1 FROM course WHERE course.t_id=teacher.t_id;
```

例 7.79 改写例 7.78，在子查询的 SELECT 子句中使用常量。

```
SQL>SELECT t_id, t_name, t_duty, t_research FROM teacher
2  WHERE NOT EXISTS (SELECT 1 FROM course WHERE course.t_id=teacher.t_id);
T_ID     T_NAME    T_DUTY     T_RESEARCH
------   --------  --------   --------------------------------
060003   黄帅      教师       计算机网络安全
060005   尹双双    教师       数据挖掘,粗糙集
060007   杨春      教师       计算机辅助设计,软件工程,.net
060008   王瑶      教师       人工智能
060009   石珊      系副主任    数据挖掘
```

...

已选择 10 行。

例 7.80　查询在"国内 A"级别期刊上发表论文的教师的信息。

```
SQL>SELECT t_id, t_name, t_duty, t_research FROM teacher WHERE EXISTS
  2 (SELECT * FROM journal, paper, paper_author WHERE journal.journal_name
  3 =paper.paper_journal AND journal_level='国内 A' AND paper_author.paper_id
  4 =paper.paper_id AND paper_author.t_id=teacher.t_id);
```

T_ID	T_NAME	T_DUTY	T_RESEARCH
060002	张续伟	系主任	数据仓库,数据挖掘,Web 挖掘,数据库系统开发
070003	黄森	系副主任	数据库,网络安全
070007	梁丹	教师	电子政务,信息系统开发
070011	郭力铭	系主任	计算机网络
070012	李金明	系副主任	创业管理

3. IN 和 NOT IN

在很多情况下可以将 EXISTS 和 IN、NOT EXISTS 和 NOT IN 互换使用。

例 7.81　使用 NOT IN 运算符将例 7.78 改为下面的查询语句。

```
SQL>SELECT t_id, t_name, t_duty, t_research FROM teacher
  2 WHERE t_id NOT IN (SELECT t_id FROM course);
```

T_ID	T_NAME	T_DUTY	T_RESEARCH
060003	黄帅	教师	计算机网络安全
060005	尹双双	教师	数据挖掘,粗糙集
060007	杨春	教师	计算机辅助设计,软件工程,.net
060008	王瑶	教师	人工智能
060009	石珊	系副主任	数据挖掘

...

已选择 10 行。

例 7.82　使用 IN 运算符将例 7.80 改为下面的查询语句。

```
SQL>SELECT t_id, t_name, t_duty, t_research FROM teacher WHERE t_id IN
  2 (SELECT teacher.t_id FROM journal, paper, paper_author
  3 WHERE journal.journal_name=paper.paper_journal
  4 AND journal_level='国内 A' AND paper_author.paper_id=paper.paper_id
  5 AND paper_author.t_id=teacher.t_id);
```

T_ID	T_NAME	T_DUTY	T_RESEARCH
060002	张续伟	系主任	数据仓库,数据挖掘,Web 挖掘,数据库系统开发
070003	黄森	系副主任	数据库,网络安全
070007	梁丹	教师	电子政务,信息系统开发
070011	郭力铭	系主任	计算机网络
070012	李金明	系副主任	创业管理

7.5　集合运算

除了使用连接外,还可以使用集合运算符来处理多个结果集。所谓集合运算符就是可以对结果集进行集合运算的运算符,与数学上集合的概念相似,SQL 中集合运算也包括对多个结果集进行并集、交集和差集的运算。使用集合运算符的语法格式如下:

```
SELECT 结果集
UNION|UNION ALL|INTERSECT| MINUS
SELECT 结果集
[UNION|UNION ALL|INTERSECT| MINUS
SELECT 结果集
...
]
```

进行集合运算时要注意以下几点:

(1) 多个结果集中的列的数量必须相同,排序必须相同,且列的数据类型必须相似。

(2) 不要求多个结果集的列名必须相同,如果列名不相同,则集合运算的结果将自动命名为第一个结果集的列名称。

(3) Oracle 数据库会自动对集合运算的结果进行升序排序(UNION ALL 除外),排序是按照集合运算结果的第一列为基准的,如果不满足于数据库的自动排序,可以使用 ORDER BY 子句进行自定义排序,但是 ORDER BY 子句只能放在集合运算的最后面。

7.5.1　并集运算

对两个或两个以上的结果集进行并集运算需要使用 UNION 或 UNION ALL 运算符。UNION 与 UNION ALL 的差别是前者会自动去掉并集的重复记录,而后者不会。

例 7.83　查询国贸 081 班外语成绩大于等于 120 分以及工商 083 班外语成绩大于等于 130 分的学生信息。

```
SQL>SELECT s_id, s_name, s_classname, s_language, s_foreign FROM student
  2  WHERE s_classname='国贸 081' AND s_foreign>=120
  3  UNION
  4  SELECT s_id, s_name, s_classname, s_language, s_foreign FROM student
  5  WHERE s_classname='工商 083' AND s_foreign>=130;
S_ID         S_NAME      S_CLASSNAME    S_LANGUAGE    S_FOREIGN
----------   -------     -----------    ----------    ---------
0807010301   于莹莹      工商 083        日语           132.0
0807010310   彭夏        工商 083        英语           133.0
0807010317   李馥吏      工商 083        日语           131.0
...
已选择 15 行。
```

可见,最终的结果是第一条查询语句的结果集的所有记录与第二条查询语句的结果集的所有记录的总和,而且数据库对结果按照 s_id 列进行了升序排列。

例 7.84   使用 UNION 运算符查询工商 083 班语文成绩大于等于 120 分或外语成绩大于等于 130 分的学生信息。

```
SQL>SELECT s_id, s_name, s_classname, s_language, s_chinese, s_foreign
  2  FROM student WHERE s_classname='工商 083' AND s_chinese>=120
  3  UNION
  4  SELECT s_id, s_name, s_classname, s_language, s_chinese, s_foreign
  5  FROM student WHERE s_classname='工商 083' AND s_foreign>=130;
```

S_ID	S_NAME	S_CLASSNAME	S_LANGUAGE	S_CHINESE	S_FOREIGN
0807010301	于莹莹	工商 083	日语	115.0	132.0
0807010310	彭夏	工商 083	英语	106.0	133.0
0807010317	李馥吏	工商 083	日语	124.0	131.0
0807010322	关越	工商 083	英语	110.0	131.0
0807010326	王红	工商 083	英语	120.0	128.0

例 7.85   使用 UNION ALL 运算符查询工商 083 班语文成绩大于等于 120 分或外语成绩大于等于 130 分的学生信息。

```
SQL>SELECT s_id, s_name, s_classname, s_language, s_chinese, s_foreign
  2  FROM student WHERE s_classname='工商 083' AND s_chinese>=120
  3  UNION ALL
  4  SELECT s_id, s_name, s_classname, s_language, s_chinese, s_foreign
  5  FROM student WHERE s_classname='工商 083' AND s_foreign>=130;
```

S_ID	S_NAME	S_CLASSNAME	S_LANGUAGE	S_CHINESE	S_FOREIGN
0807010317	李馥吏	工商 083	日语	124.0	131.0
0807010326	王红	工商 083	英语	120.0	128.0
0807010301	于莹莹	工商 083	日语	115.0	132.0
0807010310	彭夏	工商 083	英语	106.0	133.0
0807010317	李馥吏	工商 083	日语	124.0	131.0
0807010322	关越	工商 083	英语	110.0	131.0

通过上面两个例子的对比可知,UNION ALL 不会删除重复的记录(有两条李馥吏的记录),也不会对结果进行排序。

例 7.86   使用 UNION 运算符查询为工商 081 班上课的教师,并将这些教师及工商 081 班学生的信息和在一起输出。

```
SQL>SELECT s_id id, s_name name, s_gender gender
  2  FROM student WHERE s_classname='工商 081'
  3  UNION
  4  SELECT t_id, t_name, t_gender FROM teacher WHERE EXISTS
  5  (SELECT 1 FROM course
  6  WHERE teacher.t_id=course.t_id AND course.c_class LIKE '%工商 081%')
  7  ORDER BY id;
```

```
ID              NAME      GENDER
----------      ------    ----------
070006          方鸿儒     男
070007          梁丹       女
070019          李佳桐     女
...
```

已选择 36 行。

例 7.86 中 s_id 列的数据类型是 VARCHAR2(10)，t_id 列的数据类型是 CHAR(6)，数据类型不同而且长度也不相同，但是仍然能够进行集合运算，因为进行集合运算时只要两个列的数据类型相近（如例 7.86 中 VARCHAR2 和 CHAR 都属于字符类型），Oracle 数据库可以自动进行类型和长度的转换。例 7.86 中还使用了 ORDER BY 子句对最终结果进行了排序，排序列是第一个查询中定义的列别名。

7.5.2 交集运算

对两个或两个以上的结果集进行交集运算需要使用 INTERSECT 运算符。

例 7.87 使用 INTERSECT 运算符查询工商 083 班语文成绩大于等于 120 分且外语成绩大于等于 130 分的学生信息。

```
SQL>SELECT s_id, s_name, s_classname, s_language, s_chinese, s_foreign
  2  FROM student WHERE s_classname='工商 083' AND s_chinese>=120
  3  INTERSECT
  4  SELECT s_id, s_name, s_classname, s_language, s_chinese, s_foreign
  5  FROM student WHERE s_classname='工商 083' AND s_foreign>=130;

S_ID        S_NAME    S_CLASSNAME    S_LANGUAGE    S_CHINESE    S_FOREIGN
----------  ------    -----------    ----------    ---------    ---------
0807010317  李馥吏    工商 083       日语          124.0        131.0
```

7.5.3 差集运算

对两个或两个以上的结果集进行差集运算需要使用 MINUS 运算符。差集只返回第一个查询结果集的行，如果在第二个查询结果中也存在相同的行，则差集运算返回的结果中将不包含这些行。

例 7.88 使用 MINUS 运算符实现例 7.87 的查询功能。

```
SQL>SELECT s_id, s_name, s_classname, s_language, s_chinese, s_foreign
  2  FROM student WHERE s_classname='工商 083' AND s_chinese>=120
  3  MINUS
  4  SELECT s_id, s_name, s_classname, s_language, s_chinese, s_foreign
  5  FROM student WHERE s_classname='工商 083' AND s_foreign <130;

S_ID        S_NAME    S_CLASSNAME    S_LANGUAGE    S_CHINESE    S_FOREIGN
----------  ------    -----------    ----------    ---------    ---------
0807010317  李馥吏    工商 083       日语          124.0        131.0
```

7.6 练习题

1. 在要连接 3 个表的情况下，至少要使用_____个连接条件才能避免产生笛卡儿积。

    A. 1   B. 2   C. 3   D. 4

2. 关于空值，下列说法正确的是_____。

    A. 将空值与非空值的字符串连接起来的返回值仍然是空值

    B. 判断是不是空值要使用＝或！＝运算符

    C. 如果使用 NOT IN 的集合中包含空值，则不会查询到满足条件的记录

    D. 不能通过 WHERE 条件查询列值为空值的记录

3. 在 ANSI 标准的 SQL 中，自连接可以用_____实现。

    A. NATURAL JOIN 子句   B. CROSS JOIN 子句

    C. JOIN ON 子句   D. JOIN USING 子句

4. 列别名不能使用在_____。

    A. SELECT 子句中   B. WHERE 子句中

    C. ORDER BY 子句中   D. FROM 子句中

5. 下面的查询语句将会报错，错误的原因是_____。

```
SELECT  s_classname, MAX(COUNT(*))
FROM student
GROUP BY s_classname;
```

    A. 聚合函数不能嵌套

    B. 当使用嵌套的聚合函数时不能使用 GROUP BY 子句

    C. COUNT 函数不能嵌套

    D. 不应该在 SELECT 子句中使用 s_classname

6. 查询与"软件大赛"相关的各项获奖情况。

7. 查询班级人数在 30 人以上的班级的名称及总成绩的最高分和最低分。

8. 查询国贸 081 班数学成绩高于全班数学平均分的学生的信息，并按照数学成绩降序排列。

9. 查询选修"面向对象程序设计"这门课程的学生中期末考试成绩大于等于 70 分的学生的编号等信息。

10. 查询 paper 表中论文发表的期刊级别是"国内 A"的论文题目及其对应的期刊名。

第 **8** 章

Oracle事务管理

事务是多用户数据库的重要机制,事务管理的目的就是既要使并发的事务之间互不影响,又要充分发挥数据库的性能,保证最大的并发访问,从而保证数据库数据的一致性和并发性。

本章将主要讲解以下内容:

- 事务的概念。
- Oracle 数据库的事务处理机制。
- 事务的并发控制。

8.1　事务概述

8.1.1　什么是事务

事务是一条或多条 SQL 语句组成的执行序列,这个序列中的所有语句都属于一个工作单元,用于完成一个特定的业务逻辑。数据库对事务的处理方式是要么全部执行完成,要么一条语句也不执行,这样做的目的是保证数据的一致性和完整性。

设想网上购物的一次交易,其付款过程至少包括以下几步数据库操作。

(1) 更新客户所购商品的库存信息。

(2) 保存客户付款信息,其中可能包括与银行系统的交互。

(3) 生成订单并且保存到数据库中。

(4) 更新用户相关信息,如购物数量等。

正常的情况下,这些操作将顺利进行,最终交易成功,与交易相关的所有数据库信息也成功地更新。但是,如果在这一系列过程中任何一个环节出了差错,如在更新商品库存信息时发生异常、该顾客银行账户存款不足等,都将导致交易失败。一旦交易失败,数据库中所有信息都必须保持交易前的状态不变,如最后一步更新用户信息时失败而导致交易失败,那么必须保证这笔失败的交易不影响数据库的状态,即库存信息没有被更新、用户也没有付款,订单也没有生成。否则,数据库的信息将会一片混乱而不可预测。

事务正是用来保证业务处理的平稳性和可预测性的技术。

8.1.2 事务的4个特性

事务必须同时满足 4 个特性：原子性（Atomicity）、一致性（Consistency）、隔离性（Isolation）和持久性（Durability），简称为 ACID。

1．原子性

原子性是指一个事务是不可分割的数据库逻辑工作单位。只有所有的操作执行成功，整个事务才提交，事务中任何一个操作失败，该事务中已经执行的任何操作都必须撤销。例如，执行一条更新 100 行记录的 SQL 语句，在更新完第 99 行记录时发生了断电或死机等故障，那么当数据库重新启动时应该将已经更新的 99 行记录回滚。

2．一致性

一致性是指事务的执行结果必须使数据库从一个一致性状态变到另一个一致性状态，即事务在完成时，必须使所有的数据都保持一致状态。例如，对于一个转账业务，A 账户转账给 B 账户 n 元钱，那么这个活动包含两个动作：

（1）A 账户 $-n$ 元。

（2）B 账户 $+n$ 元。

这两个动作要么全都执行，要么全不执行；否则如果只执行了一个动作，而另一个动作由于故障等原因没有执行的话，数据库就处于不一致的状态，也就会造成转账业务的失败。

3．隔离性

在实际的业务处理中，用户成千上万，数据库要在很短的时间内执行大量的事务，如铁路订票系统、学生选课系统等，这就不可避免地要涉及数据库的并发事务处理问题。事务的隔离性是指一个事务的执行不能被其他并发执行的事务干扰，即由并发事务所做的修改必须与任何其他并发事务所做的修改隔离。当某个事务查看数据所处的状态时，该数据的状态要么是另一并发事务修改它之前的状态，要么是另一并发事务修改它之后的状态，事务不会查看中间状态的数据。

4．持久性

持久性是指一个事务一旦提交，它对数据库中数据的改变应该是永久性的，即使发生任何故障也不应该对其结果有任何影响。

8.2 Oracle 的事务处理机制

8.2.1 事务的开始与终止

在 Oracle 数据库中所有的事务都是隐式开始的，当执行第一条 DML 语句或者一些需要进行事务处理的语句时，事务就开始了。当发生下列情况时，会终止当前事务。

（1）对于 DML 语句，显式地使用提交（COMMIT）或回滚（ROLLBACK）语句。

（2）当在 DML 语句的后面执行 DDL 语句（CREATE、DROP、ALTER 等）或 DCL 语句（GARNT 和 REVOKE）时，Oracle 数据库会自动地对 DML 语句进行提交。

（3）对于 SQL＊Plus 来说，如果正常退出（使用 EXIT 或 QUIT 命令），Oracle 数据库会自动地对事务进行提交；如果是直接关闭 SQL＊Plus，则会自动地对事务进行回滚；如果 SQL＊Plus 的 AUTOCOMMIT 设置为 ON，那么也会自动提交事务。

（4）当用户进程异常终止或系统崩溃时，事务也会回滚。

8.2.2 事务控制语句

使用事务控制语句管理事务是最基本、最简单的一种方法，其功能是完成事务的提交与回滚。

1. COMMIT 语句

如果执行的 SQL 语句满足业务需求，想要正常地结束事务，就需要使用 COMMIT 语句完成事务的提交。COMMIT 语句表示事务成功结束，从事务开始到提交时的所有 SQL 语句的操作都会被提交。要特别注意的是，Oracle 数据库中提交事务成功是指事务已经写入到日志文件中，也就是说被更新的数据有可能没有写入数据文件，当发生故障时，重新启动数据库后会根据日志文件的内容将事务写入数据文件。

例 8.1 使用 COMMIT 语句完成事务的提交。

--打开 SQL＊Plus 客户端(会话 1) SQL＞CREATE TABLE test(id NUMBER PRIMARY KEY, name VARCHAR2(10)); SQL＞INSERT INTO test VALUES(1, '张三');	--再打开另一个 SQL＊Plus 客户端(会话 2)	打开两个会话，默认情况下，在会话 1 中创建一个 test 表，然后插入一条数据，但不提交。
	SQL＞SELECT id, name FROM test; 未选定行	在会话 2 中执行查询语句，看不到会话 1 中插入的数据，因为会话 1 的事务未提交。 提交会话 1 中的事务。
SQL＞COMMIT;	SQL＞SELECT id, name FROM test; 　ID　　NAME ----- ------ 　1　　张三	在会话 2 中执行查询语句，可以看到会话 1 中提交事务中插入的数据了。
SQL＞INSERT INTO test VALUES(2, '李四');		在会话 1 插入一条数据，但不提交。
	SQL＞SELECT id, name FROM test; 　ID　　NAME ----- ------ 　1　　张三	在会话 2 中执行查询语句，看不到会话 1 中插入的数据，因为会话 1 的事务未提交。

```
SQL>CREATE VIEW v_test AS
SELECT * FROM test;
```

SQL>SELECT id, name FROM test;	
ID NAME	
----- ------	
1 张三	
2 李四	

在会话 1 中执行一条 DDL 语句。

在会话 2 中执行查询语句,可以看到会话 1 中插入的数据。说明在 DDL 之前可以自动提交 DML 语句。

2. ROLLBACK 语句

如果不想让执行的 SQL 语句生效,就需要使用 ROLLBACK 语句回滚事务。从事务开始到回滚时的所有 SQL 语句的操作都不会被记录到数据库中。

Oracle 数据库还提供一种称为保存点(SAVEPOINT)的技术,可以通过在一个事务中定义保存点将一个复杂的事务分隔成若干个部分,回滚事务时可以只回滚保存点之后的操作,从而实现了部分回滚的功能。可以在事务中的任何位置设置保存点,如果后面设置的保存点的名称和前面的保存点名字重复,则前面保存点将被删除。保存点要与 ROLLBACK 语句联合使用,语法格式如下:

```
ROLLBACK TO SAVEPOINT savepoint_name;
```

当事务回滚到一个保存点时将会产生以下影响:

(1) 只有保存点之后的语句会被回滚。

(2) 保存点之后设置的保存点会被全部删除,而当前保存点仍然有效,执行事务提交或回滚之后,所有的保存点都会被删除。

(3) Oracle 数据库释放在该保存点后获得的所有表、行锁,但保留之前获得的所有锁。

例 8.2　使用 ROLLBACK 语句和保存点技术完成事务的部分回滚和完全回滚。

```
--延续例 8.1
SQL>INSERT INTO test VALUES(3, '王五');
SQL>SAVEPOINT a;
SQL>INSERT INTO test VALUES(4, '赵六');
SQL>SAVEPOINT b;
SQL>INSERT INTO test VALUES(5, '钱七');
SQL>SELECT id, name FROM test;
    ID    NAME
 ----- ------
    1    张三
    2    李四
    3    王五
    4    赵六
    5    钱七
```

在会话 1 插入一条数据,但不提交。

在会话 1 设置一个保存点 a。
在会话 1 插入一条数据,但不提交。
在会话 1 设置一个保存点 b。
在会话 1 再插入一条数据,但不提交。
查询表 test 中的记录。

```
SQL>ROLLBACK TO SAVEPOINT a;
SQL>SELECT id, name FROM test;
    ID    NAME
----- ------
     1    张三
     2    李四
     3    王五
SQL>ROLLBACK TO SAVEPOINT b;
ROLLBACK TO SAVEPOINT b
    *
第 1 行出现错误:
ORA-01086: 从未在此会话中创建保存点 'B' 或者
该保存点无效
SQL>ROLLBACK;
```

回滚到保存点 a,查询表 test,从表中的记录可知保存点 a 后的语句被回滚了。

保存点 b 在保存点 a 的后面,当回滚到 a 时 b 就被自动删除了。

将事务全部回滚。

8.2.3 多版本读一致性

所谓多版本读一致性(Multiversion Read Consistency)就是指 Oracle 数据库会存储多个版本和时间点的数据,该机制用来保证数据的一致性。它有两个特征:

(1)在某个时间点查询的数据一定是被提交的,未被提交的事务所做的修改是不会被看到的,因此 Oracle 数据库中不可能出现脏读问题。

(2)提供非阻塞的查询。查询操作不会阻碍更新操作,更新操作也不会阻碍查询操作。在 Oracle 数据库中的各种隔离级别下,读取操作都不会等到更新事务结束才执行,更新操作也不会因为另一个事务中的读取操作而发生等待,这是因为 Oracle 数据库使用撤销段,在更新数据时,会把修改之前的数据(前镜像)保存在撤销段中。如果一个事务正在进行更新操作,而另一个事务对该数据进行读取操作时,Oracle 会去读取撤销段中该数据的前镜像。

Oracle 数据库提供了两种级别的读一致性:

(1)语句级的读一致性。默认情况下,Oracle 数据库总是强制实现语句级的读一致性,在某个时间点查询的数据一定是被提交的,未被提交的事务所做的修改是不会被看到的。语句级的读一致性保证不会出现脏读问题。

(2)事务级的读一致性。该级别的读一致性表示只要事务开始,那么这个事务中执行的所有查询语句所读取到的内容都是事务开始前被提交的,即事务中的每条语句都看到该事务开始时的数据。在一个可序列化事务中的多个查询,能看到事务本身所做的更改。事务级的读取一致性产生可重复的读取,而且不会产生幻读。

8.3 事务的并发控制

8.3.1 并发操作带来的问题

数据库的一个基本特征是允许多用户并发访问,虽然并发访问可以很大程度地提高资源的使用效率,但是会引起资源争用和数据不一致问题,具体可以表现在以下几个方面。

1. 脏读(Dirty Read)

两个事务在并发执行的过程中,一个事务读取了另一个事务已经更新但是尚未提交的数据,这种情况称为"脏读"。

如表8.1所示,数据A的初值为50,事务T1在t1时刻先读出了A的值并在t2时刻对其进行更新操作,而后事务T2在t3时刻读出了A的值150,但是由于某种原因事务T1在t4时刻进行了回滚操作,A的值被恢复为50,这样事务T2在t3和t4时刻所读到的A值150就是一个"脏"数据。

表 8.1   脏读的示例

时间	事务 T1	事务 T2	A 的值
t1	SELECT A		A＝50
t2	UPDATE A＝A＊3		
t3		SELECT A	对 T1 来说 A＝150,对 T2 来说 A＝150
t4	ROLLBACK		对 T1 来说 A＝50,对 T2 来说 A＝150

2. 幻读(Phantom Read)

先后两次执行相同的查询操作,在这期间有其他用户进行了数据的更新操作并提交了该事务,那么第二次查询将会不同于第一次查询,这种情况称为"幻读"(见例8.3)。

3. 不可重复读(Nonrepeatable Read)

一个事务重新读取之前曾经读取过的数据,发现另一个已提交的事务已经对原来的数据进行了修改或删除,这种情况称为"不可重复读"(见例8.3)。

8.3.2   事务的隔离级别

事务的隔离级别是指一个事务与另一个事务之间的隔离程度。隔离级别越高,事务之间的影响就越小,但是数据库的并发性就会越差,因此在设置事务的隔离级别时,往往会综合考虑事务的并发和数据库的性能要求。

ANSI SQL标准中定义了以下4种事务隔离的级别。

(1) READ UNCOMMITTED:读未提交,允许存在脏读、幻读和不可重复读。

(2) READ COMMITTED:读提交,允许存在幻读和不可重复读,不允许存在脏读。

(3) REPEATABLE READ:可重复读,允许存在幻读,不允许存在脏读和不可重复读。

(4) SERIALIZABLE:序列化,脏读、幻读和不可重复读都不允许存在。

Oracle数据库只支持读提交和序列化两种事务隔离级别,另外还添加了一种隔离级别:只读(Read Only)级别。

读提交级别是Oracle数据库默认的隔离级别,事务中的每条语句都遵从语句级的读一致性,因此一定不会出现脏读,但该级别可能出现不可重复读和幻读。

序列化级别会使事务按照串行的方式顺序执行,也就是一个事务完成之后,才能开始另一个事务,事务只能看见在本事务开始前提交的数据和在本事务中所做 DML 操作更改的数据。如果有在序列化级别的事务开始时未提交的事务存在,并且该未提交的事务在序列化级别的事务结束之前修改了序列化级别的事务将要修改的数据并进行了提交,则序列化级别的事务不会读到这些变更,因此会发生"ORA-08177:无法连续访问此事务处理"的错误(见例 8.3)。

只读级别是序列化级别的子集,事务也只能看见在本事务开始前提交的数据,但是不允许在事务中进行 DML 操作。

设置事务隔离级别的语法格式如下:

```
SET TRANSACTION ISOLATION LEVEL [READ COMMITTED|SERIALIZABLE];
SET TRANSACTION ISOLATION LEVEL READ ONLY;
```

前者用于设置读提交级别和序列化级别,后者用于设置只读级别。SET TRANSACTION 语句必须作为事务的第一条语句,当事务结束时,该语句设置的隔离级别就会失效。

除了使用上述的方法外,还可以使用下面的语句设置整个会话的隔离级别。

```
ALTER SESSION SET ISOLATION_LEVEL=SERIALIZABLE;
ALTER SESSION SET ISOLATION_LEVEL=READ COMMITTED;
```

前者将当前会话的隔离级别设置为序列化级别,后者将当前会话的隔离级别设置为读提交级别。

例 8.3　接续例 8.2,表中现在有两条数据。使用读提交级别和序列化级别进行事务处理。

| --打开 SQL * Plus 客户端(会话 1)
SQL>INSERT INTO test VALUES(3,
'王五');

SQL>COMMIT; | - - 再打开另一个 SQL *
Plus 客户端(会话 2)

SQL>SELECT id, name FROM
test;
　　ID　　NAME
----- ------
　　1　　张三
　　2　　李四

SQL>SELECT id, name FROM
test;
　　ID　　NAME
----- ------
　　1　　张三
　　2　　李四
　　3　　王五 | 打开两个会话,默认情况下,两个会话中的事务的级别都是读提交级别。在会话 1 中插入一条数据,但不提交。

在会话 2 中执行查询语句,看不到会话 1 中插入的数据,也就是避免了脏读。

提交会话 1 中的事务

在会话 2 中执行查询语句,结果中包含了会话 1 事务提交的数据,发生了幻读。 |

SQL>DELETE FROM test WHERE id=3; SQL>COMMIT;		在会话 1 中删除一条记录并提交。
	SQL>SELECT id, name FROM test; 　ID　　NAME ----- ------ 　1　　张三 　2　　李四	在会话 2 中执行查询语句,结果中未包含会话 1 事务中删除的数据,发生了不可重复读。
	SQL > SET TRANSACTION ISOLATION LEVEL SERIALIZABLE; 事务处理集。	将会话 2 的事务级别设置为序列化级别。
SQL>INSERT INTO test VALUES(3, '王五'); SQL>COMMIT;		在会话 1 中插入一条记录并提交。
	SQL>SELECT id, name FROM test; 　ID　　NAME ----- ------ 　1　　张三 　2　　李四 SQL>COMMIT; SQL>SET TRANSACTION ISOLATION LEVEL SERIALIZABLE;	在会话 2 中执行查询语句,结果中未包含会话 1 事务中插入的数据,即看不到其他事务所做的修改,避免了幻读。对当前事务进行提交,再将事务级别设置为序列化级别。
SQL>UPDATE test SET name='李四1' WHERE id=2; SQL>COMMIT;		在会话 1 中更新一条记录并提交。
	SQL > SELECT id, name FROM test; 　ID　　NAME ----- ------ 　1　　张三 　2　　李四 　3　　王五 SQL>COMMIT;	在会话 2 中执行查询语句,结果中看不到会话 1 事务中更新的数据,即看不到其他事务所做的修改,避免了不可重复读。对当前事务进行提交。
SQL>UPDATE test SET name='李四' WHERE id=2;		在会话 1 中更新一条记录但不提交。

SQL>COMMIT;	SQL>SET TRANSACTION ISOLATION LEVEL SERIALIZABLE; SQL>UPDATE test SET name='李四2' WHERE id=2;	将事务级别设置为序列化级别。然后执行更新语句,更新的数据行与会话1中更新的数据行相同,更新语句一直处于等待状态。
		在会话1中执行提交操作。
	UPDATE test SET name ='李四2' * WHERE id=2 第1行出现错误: ORA-08177:无法连续访问此事务处理	在会话2中执行的更新语句报错,因为会话2的事务开始时,会话1的事务未提交并且会话1与会话2要更新的数据行相同,此时如果会话1提交事务(回滚可以)就会报错。
	SQL>UPDATE test SET name ='李四2' WHERE id=2; SQL>COMMIT;	需要重新执行更新语句,然后提交。

例8.4 使用只读级别进行事务处理。

--打开 SQL*Plus 客户端(会话1)	--再打开另一个 SQL*Plus 客户端(会话2) SQL>SET TRANSACTION READ ONLY;	将会话2的事务级别设置为只读级别。
SQL>INSERT INTO test VALUES(4, '赵六'); SQL>COMMIT;		在会话1中插入一条记录并提交。
	SQL>SELECT id, name FROM test; ID NAME ----- ------ 1 张三 2 李四2 3 王五 SQL>COMMIT;	在会话2中执行查询语句,结果中未包含会话1事务中插入的数据,即看不到其他事务所做的修改,避免了幻读。对当前事务进行提交,再将事务级别设置为只读级别。
SQL>UPDATE test SET name='赵六1' WHERE id=4; SQL>COMMIT;	SQL>SET TRANSACTION READ ONLY;	在会话1中更新一条记录并提交。
	SQL>SELECT id, name FROM test; ID NAME ----- ------ 1 张三 2 李四2	在会话2中执行查询语句,结果中看不到会话1事务中更新的数据,即看不到其他事务所做的修改,避免了不可重复读。对当前事务进行提交。

	将事务级别设置为只读级别后不能在事务中执行 DML 语句。
3　王五 SQL> COMMIT; SQL> SET TRANSACTION READ ONLY; SQL>UPDATE test SET name='李四2' WHERE id=2; UPDATE test SET name='李四2' 　　　　　* WHERE id=2 第 1 行出现错误： ORA-01456：不能在 READ ONLY 事务处理中执行插入/删除/更新操作	

在不同的应用场合应该使用不同的事务隔离级别以兼顾事务的并发性和性能要求。当事务处理量大、性能要求高或者事务数少且发生幻读和不可重复读的概率比较低时应该使用读提交级别；当事务以只读为主，很少存在两个事务同时修改同一条记录或者每个事务执行的时间很短且只修改很少的记录时应该使用序列化级别。

8.3.3　锁

上面介绍了并发操作所带来的 3 类问题，而造成这些问题的根本原因就在于并发操作破坏了事务的隔离性。那么该如何解决并发操作所带来的问题呢？答案就是使用锁。所谓锁就是对某个资源或对象加以锁定，从而起到限制和防止其他用户访问的作用，保证数据的一致性和完整性。锁是 Oracle 数据库用来控制并发访问的一种非常重要的机制。

1. 锁的基本类型

基本的锁类型有排他锁和共享锁两种。

（1）排他锁（Exclusive Lock）：又称为 X 锁，如果一个事务在某个数据对象上建立了排他锁，那么只有该事务可以对该数据对象进行修改、插入和删除等操作，而其他事务则不能，也不允许其他事务对该数据对象加任何类型的锁。

（2）共享锁（Share Lock）：又称为 S 锁，如果一个事务在某个数据对象上建立了共享锁，则该事务可以对数据对象进行读操作，但不能进行修改等更新操作，而其他事务只能对该数据对象加 S 锁，而不能加 X 锁，即其他事务也只能对该数据对象进行读操作。

在 Oracle 数据库中根据锁定的对象类型，可以分为以下几种类型的锁。

（1）DML 锁：又称为数据锁，是在执行 DML 语句时使用的锁。

（2）DDL 锁：又称为数据字典锁，是在执行 DML 语句或 DDL 语句时使用的锁。

（3）系统锁：保护内部数据库结构，如 SGA 的共享数据结构、数据文件等。闩锁、内部锁等都属于系统锁。

2. DML 锁

DML 锁是最常用的锁，其目的是保证多个用户并发访问数据的一致性。例如，预订同一车次的火车票时，需要使用 DML 锁保证用户得到的数据能够正确地反映当前剩余车票的情况。

根据锁的粒度，可以将 DML 锁分为行级锁和表级锁。

(1) 行级锁(Row Lock)：又称为 TX 锁，行级锁用于对表中的一行或多行进行加锁，它是一种排他锁，可以防止其他事务对加锁的数据进行增删改等操作，但不会影响对数据的查询操作。当对某些数据行使用 DML 语句时，Oracle 数据库会自动使用行级锁，其他事务只有等到该事务结束、锁被释放之后才能执行对这些数据行的 DML 操作。

行级锁不是单独存在的，当事务获得了某些数据行上的行级锁时，此事务同时获得了数据行所属表上的表级锁，因为表级锁能够防止系统中并发地执行有冲突的 DDL 操作，避免当前事务中的数据操作被并发的其他 DDL 操作影响。

(2) 表级锁(Table Lock)：又称为 TM 锁，表锁。表级锁分为 5 种，分别如下所示。

① 行共享(Row Share)：表示在表上持有锁的事务在表中有被锁定的行，并打算更新它们。行共享锁是限制最少的表级锁模式，提供在表上最高程度的并发性。

② 行排他(Row Exclusive)：其他事务依然可以并发地对相同数据表的其他行执行 DML 操作或进行加锁，但是不允许其他事务对相同的表添加排他锁。

③ 共享(Share)：仅允许其他事务查询表中的行，禁止其他事务执行 DML 操作。只允许其他用户同时加共享锁或者行共享锁。

④ 共享行排他(Share Row Exclusive)：一次只能有一个事务可以获取给定的表上的 SSX 锁。由某个事务拥有的 SSX 锁允许其他事务查询该表但不能更新该表。

⑤ 排他(Exclusive)：限制最强的表锁，仅允许其他事务查询该表，禁止其他事务同时加任何锁。

3. DDL 锁

当执行 DDL 操作时 Oracle 数据库会自动为对象加 DDL 锁，以保护这些对象不会被其他事务修改。例如，要在一个表上增加列，这时就会给这个表加 DDL 锁以防止其他事务修改这个表的结构。在 DDL 语句执行期间会一直持有 DDL 锁，一旦操作执行完成就立即释放 DDL 锁。在 DDL 操作的过程中，只有被修改或被引用的单个模式对象被锁定，数据库不会锁定整个数据字典。DDL 锁又可以分为以下 3 种。

(1) 排他 DDL 锁(Exclusive DDL Lock)：禁止其他事务得到 DDL 锁或 TM 锁，即在 DDL 操作期间可以查询一个表，但是无法以任何方式修改这个表。

(2) 共享 DDL 锁(Share DDL Lock)：用于保护所引用对象的结构，使之不会被其他会话修改，但是允许修改对象中的数据。

(3) 可中断解析锁(Breakable Parse Lock)：如果被引用的对象被更改或被删除，解析锁可以使相关联的共享 SQL 区无效，允许一个对象(如共享池中缓存的一个查询计划)向其他对象注册其依赖性。解析锁并不禁止任何 DDL 操作，并可以被打破以允许冲突的 DDL 操作。

4. 加锁

一般情况下,锁是由 Oracle 数据库自动维护的,普通的查询语句是不加任何锁的。执行 DML、DDL 操作时,Oracle 数据库会自动加锁,也可以使用手动的方式加锁。手动方式主要是使用 SELECT FOR UPDATE 语句对行记录加锁和 LOCK TABLE 语句对表加锁。

(1) SELECT FOR UPDATE 语句的语法格式如下:

```
SELECT 语句 FOR UPDATE [OF columns] [WAIT n|NOWAIT] [SKIP LOCKED];
```

说明:

① OF 关键字用于指定即将更新的列,即锁定行上的特定列。

② WAIT 关键字用于指定等待其他用户释放锁的秒数,防止无限期的等待。

③ NOWAIT 关键字表示不必等待要锁定的数据行上的锁释放而直接返回。

④ 如果使用 SKIP LOCKED 子句则可以越过锁定的行,不会报告由 WAIT n 引发的异常报告。

⑤ SELECT FOR UPDATE 语句允许用户一次锁定多条记录。

(2) LOCK TABLE 语句的语法格式如下:

```
LOCK TABLE table_name IN lockmode MODE NOWAIT|WAIT n;
```

说明:

① table_name 表示要锁定的表或视图。

② lockmode 表示锁定的模式,选项有 ROW SHARE、ROW EXCLUSIVE、SHARE、SHARE ROW EXCLUSIVE 和 EXCLUSIVE。

③ WAIT 关键字用于指定等待其他用户释放锁的秒数,防止无限期的等待。

④ NOWAIT 关键字表示不必等待要锁定的表上的锁释放而直接返回。

表 8.2 列出了常用的 SQL 语句执行时所持有的锁。

表 8.2　常用的 SQL 语句执行时所持有的锁

SQL 语句	行级锁模式	表级锁模式
SELECT…FROM table	无	无
INSERT INTO table	排他锁	行排他
UPDATE table	排他锁	行排他
DELETE FROM table	排他锁	行排他
SELECT FOR UPDATE	排他锁	行排他
LOCK TABLE IN ROW SHARE MODE		行共享
LOCK TABLE IN ROW EXCLUSIVE MODE		行排他
LOCK TABLE IN SHARE MODE		共享
SHARE ROW EXCLUSIVE MODE		共享行排他
LOCK TABLE IN EXCLUSIVE MODE		排他

例 8.5 使用 SELECT FOR UPDATE 语句加锁。

--打开 SQL * Plus 客户端(会话 1) SQL>UPDATE test SET name='赵六' WHERE id=4;	--再打开另一个 SQL * Plus 客户端(会话 2)	在会话 1 中插入一条记录但不提交,因此会话 1 在拥有 TX 和 TM 锁。
	SQL> SELECT * FROM test FOR UPDATE NOWAIT; 第 1 行出现错误: ORA-00054: 资源正忙,但指定以 NOWAIT 方式获取资源,或者超时失效	当使用 SELECT FOR UPDATE 语句并指定 NOWAIT 关键字时会立即返回。
	SQL> SELECT * FROM test FOR UPDATE WAIT 3; 第 1 行出现错误: ORA-30006: 资源已被占用;执行操作时出现 WAIT 超时	当使用 SELECT FOR UPDATE 语句并指定 WAIT 关键字时会等待 WAIT 后指定的秒数,如果仍未获得锁,则会返回。
	SQL> SELECT * FROM test FOR UPDATE;	没有指定 NOWAIT 和 WAIT 关键字,因此会一直等待,直到锁释放。
SQL>ROLLBACK;	SQL>ROLLBACK;	回滚会话 1 的事务。 回滚会话 2 的事务。

例 8.6 使用 LOCK TABLE 语句加锁。

--打开 SQL * Plus 客户端(会话 1) SQL>UPDATE test SET name='赵六' WHERE id=4;	--再打开另一个 SQL * Plus 客户端(会话 2)	在会话 1 中插入一条记录但不提交,因此会话 1 在拥有 TX 和 TM 锁。
	SQL>LOCK TABLE test IN ROW EXCLUSIVE MODE NOWAIT; 表已锁定。	会话 2 在表 test 上加行排他锁。
	SQL> LOCK TABLE test IN SHARE MODE NOWAIT; 第 1 行出现错误: ORA-00054: 资源正忙,但指定以 NOWAIT 方式获取资源,或者超时失效	但是不能对表 test 增加更为严格的锁。
SQL>ROLLBACK;		回滚会话 1 的事务,释放锁。
	SQL> LOCK TABLE test IN EXCLUSIVE MODE NOWAIT; SQL>ROLLBACK;	会话 2 在表 test 上加排他锁。 回滚会话 2 的事务,释放锁。

5. 查看锁信息

可以通过以下的数据字典视图了解与锁相关的信息。

（1）v＄lock：显示 Oracle 服务器当前拥有的锁以及未完成的锁请求，主要包括持有锁的会话信息（sid）、锁的类型（type）、锁模式（lmode，包括选项 0-none、1-null（NULL）、2-row-S（SS）、3-row-X（SX）、4-share（S）、5-S/Row-X（SSX）、6-exclusive（X））、会话请求的锁模式（request）、锁的对象标识（id1、id2）等信息。

（2）v＄locked_object：显示当前系统中哪些对象正被锁定，主要包括被锁对象的 id（object_id）、持有锁的会话的 id（session_id）、持有该锁的用户名（oracle_username）、持有该锁的用户的操作系统用户名（os_user_name）、操作系统的进程号（process）等信息。

（3）dba_ddl_locks：显示数据库持有的所有 DDL 锁以及所有对 DDL 锁的未定请求，主要包括会话 id（session_id）、锁的拥有者（owner）、锁的名称（name）、锁的类型（type）、锁的模式（mode_held）等信息。

（4）dba_dml_locks：显示数据库持有的所有 DML 锁以及所有对 DML 锁的未决请求，主要包括会话 id（session_id）、锁的拥有者（owner）、锁的名称（name）、锁的模式（mode_held）等信息。

（5）dba_lock(s)：显示数据库持有的所有锁和闩以及所有对锁和闩的未决请求，主要包括会话 id（session_id）、锁的类型（lock_type）、锁的模式（mode_held）等信息。

例 8.7　使用 v＄lock 视图查看锁信息。

```
SQL>SELECT a.type, DECODE(a.lmode, 0, 'None', 1, 'Null', 2, 'Row-S',
  2  3, 'Row-X', 4, 'Share', 5, 'S/Row-X',  6, 'Exclusive', 'Unknown') LockMode
  3  FROM v$ lock a WHERE a.type in ('TM', 'TX');
未选定行
SQL>UPDATE teacher SET t_name='张三' WHERE t_id='060001';
已更新 1 行。
SQL>SELECT a.type, DECODE(a.lmode, 0, 'None', 1, 'Null', 2, 'Row-S',
  2  3, 'Row-X', 4, 'Share', 5, 'S/Row-X',  6, 'Exclusive', 'Unknown') LockMode
  3  FROM v$ lock a WHERE a.type in ('TM', 'TX');
TYPE   LOCKMODE
----   ----------

TM     Row-X

TX     Exclusive
SQL>SELECT a.type, DECODE(a.lmode, 0, 'None', 1, 'Null', 2, 'Row-S', 3, 'Row-X',
  2  4, 'Share', 5, 'S/Row-X',  6, 'Exclusive', 'Unknown') LockMode, object_name
  3  FROM v$ lock a, all_objects b WHERE a.type in ('TM', 'TX') AND
  4  b.object_id(+)=a.id1;
TYPE   LOCKMODE     OBJECT_NAME
----   ----------   ------------

TM     Row-X        TEACHER

TX     Exclusive
SQL>DELETE award_author WHERE award_id=1;
已删除 3 行。
```

```
SQL>SELECT a.type, DECODE(a.lmode, 0, 'None', 1, 'Null', 2, 'Row-S', 3, 'Row-X',
  2   4, 'Share', 5, 'S/Row-X',  6, 'Exclusive', 'Unknown') LockMode, object_name
  3   FROM v$ lock a, all_objects b WHERE a.type in ('TM', 'TX') AND
4  a.id1=b.object_id(+);
TYPE   LOCKMODE    OBJECT_NAME
----   -------     ---------------
TM     Row-X       TEACHER
TM     Row-X       AWARD
TM     Row-X       AWARD_AUTHOR
TX     Exclusive
SQL>ROLLBACK;
回退已完成。
SQL>LOCK TABLE test IN SHARE ROW EXCLUSIVE MODE NOWAIT;
表已锁定。
SQL>SELECT a.type, DECODE(a.lmode, 0, 'None', 1, 'Null', 2, 'Row-S',
  2   3, 'Row-X', 4, 'Share', 5, 'S/Row-X',  6, 'Exclusive', 'Unknown') LockMode
  3   FROM v$ lock a WHERE a.type in ('TM', 'TX');
TY   LOCKMODE
--   ---------
TM S/Row-X
SQL>ROLLBACK;
回退已完成。
SQL>SELECT a.type, DECODE(a.lmode, 0, 'None', 1, 'Null', 2, 'Row-S',
  2   3, 'Row-X', 4, 'Share', 5, 'S/Row-X',  6, 'Exclusive', 'Unknown') LockMode
  3   FROM v$ lock a WHERE a.type in ('TM', 'TX');
未选定行
```

　　例 8.7 使用 v$lock 视图查看当前锁的信息(只查看 TM 锁和 TX 锁),开始由于没有执行任何事务,因此没有锁,然后执行一条更新语句,查询 v$lock 视图时可以看到该更新语句产生了 TM 锁(Row-X)和 TX 锁,也可以将 v$lock 和 all_objects 进行连接查询以获取加锁的对象(这里使用的是左外连接)。然后删除 award_author 表中的数据,再查询 v$lock 视图,发现在 award 和 award_author 表上都加了 TM 锁,这是因为 award 和 award_author 表存在主外键关系。执行回滚操作释放锁,然后使用 LOCK TABLE 语句加共享行排他锁,其加锁的结果可以在 v$lock 视图中查询到。

8.4　练习题

　　1. 现在有一个表 test,其结构为:

```
id   NUMBER (2)
name VARCHAR2(10)
```

并且表中没有记录,现在执行下面的语句,则最后一条查询语句的返回结果是
_____。

```
INSERT INTO test VALUES (1, '张三');
SAVEPOINT A;
INSERT INTO test VALUES (2, '李四');
SAVEPOINT B;
INSERT INTO test VALUES (3, '王五');
ROLLBACK TO A;
INSERT INTO test VALUES (4, '赵六');
COMMIT;
SELECT COUNT(*) FROM test;
```

    A. 1   B. 2   C. 3   D. 4

2. 当执行 COMMIT 语句时,不会发生的是_____。

    A. 所有通过与该事务相关的 DML 语句产生的锁将会被释放

    B. 所有与该事务相关的保存点会被删除

    C. 在其他会话中于执行 COMMIT 语句之前开始的查询会显示提交后的数据

    D. 与该事务相关的撤销数据仍然保留

3. 用户可以获得的最高级别的锁是_____。

    A. 模式锁   B. 表锁   C. 行级锁   D. 数据块锁

4. 下列锁模式中,允许并发地查询一个表,但是禁止更新加锁的表的是_____。

    A. ROW EXCLUSIVE   B. EXCLUSIVE

    C. SHARE ROW EXCLUSIVE   D. SHARE

5. 下列 SQL 语句中,不会隐式地开始一个事务的是_____。

    A. UPDATE   B. DELETE

    C. SELECT   D. SELECT FOR UPDATE

6. 用户 A 执行了下面的语句:

```
UPDATE B.student SET s_foreign=s_foreign+10 WHERE s_id='0807010101';
```

在用户 A 执行 COMMIT 或 ROLLBACK 语句之前,用户 B 执行了下面的语句:

```
ALTER TABLE student MODIFY (s_foreign NUMBER(5,2));
```

则会发生_____。

    A. 用户 A 的事务会被回滚

    B. 用户 B 成功地修改了表结构

    C. 用户 B 不能修改表结构

    D. 在用户 A 的事务结束之后,用户 B 才能修改表结构

7. 向 journal 表中插入一条数据,期刊名称为"软件学报"、建立保存点 a、查询插入的数据是否存在、删除所有国际期刊、建立保存点 b、查询还有哪些期刊信息存在、更新"系统工程"为国内 A 级期刊、查询当前期刊信息、执行回滚操作,但不回滚到事务的最开始,而是回滚到保存点 b、提交事务、查看最终数据修改结果。

第9章

模式对象

除了表之外，Oracle 数据库还包括其他很多模式对象，如索引、视图、序列等。

本章将主要讲解以下内容：

- 视图。
- 同义词。
- 序列。
- 索引。
- 分区表。
- 临时表。

9.1 视图

9.1.1 视图的概念

视图（View）是一种虚拟表，内容由查询语句定义，本质上就是一条存储起来的 SQL 语句，主要功能是用于改变基表（Base Table，组成视图的表）的数据显示，简化查询。视图也是存储到数据库中的数据对象，形式上和表很相似，访问方式也与表的访问方式相同。但是视图和表在某些方面有着很大的区别，视图是一个逻辑上的概念，它本身不包含数据，所以几乎不占用物理存储空间；而表则是物理上的数据对象，存储数据，占用实际的物理存储空间。

相对于表，视图有以下优点：

（1）可以根据需求显示基表的内容，可以完全显示，也可以只显示基表中的一部分数据，这样就可以提高数据的安全性。例如，教师表中的教师的身份证号码、婚否等信息可以被人事部门的人员查看，但是不能被学生看到，这时就可以通过定义视图来限制学生查询的字段。

（2）视图只需要非常小的空间来存储，数据库只保存视图的定义，而不保存视图中所涉及的数据。

（3）视图可以大大简化查询的过程，很多复杂的查询语句都可以被定义为视图，从而使以后的查询操作不必每次都指定全部的查询条件。例如，Oracle 数据库有很多数据字典，但是绝大多数用户是看不懂这些数据字典的,因此 Oracle 数据库在这些数据字典的基础上构建了很多数据字典视图,从而方便了对数据字典的查询。

（4）通过视图,用户可以被限制在基表的不同子集上,因此用户只能查询和修改他们所能见到的数据,而不能查询和修改基表中的其他数据。

9.1.2　创建视图

创建视图的语法格式如下:

```
CREATE [OR REPLACE] [FORCE|NOFORCE] VIEW [schema].view_name
[(column_name[, column_name]…)]
AS Subquery
[WITH CHECK OPTION [CONSTRAINT constraint]]
[WITH READ ONLY [CONSTRAINT constraint]];
```

说明:

（1）OR REPLACE 表示如果已经存在同名的视图,则替代原来的视图定义。

（2）FORCE|NO FORCE 表示默认情况下,创建视图之前基表必须存在,如果基表不存在,则需要使用 FORCE 关键字以强行创建视图,NO FORCE 为默认值。

（3）Subquery 用来定义视图的子查询,但是在子查询中不能使用 ORDER BY 子句和FOR UPDATE 子句。

（4）WITH CHECK OPTION 表示当对视图进行增删改操作时必须满足子查询的WHERE 子句指定的约束条件,可以在该子句的后面为约束起一个名字。

（5）WITH READ ONLY 表示创建的视图是只读视图,不允许进行增删改操作,可以在该子句的后面为约束起一个名字。

（6）创建视图必须拥有 DBA 的权限。

例 9.1　创建一个包含所有学生信息的视图。

```
SQL>CREATE VIEW student_view AS SELECT * FROM student;
视图已创建。
SQL>SELECT s_id, s_name, s_gender, s_nation, s_classname FROM student_view;
S_ID            S_NAME      S_GENDER    S_NATION    S_CLASSNAME
----------     -------     ---------   ---------   ------------
0807010101      林富丽      女          汉族        工商 081
0807010102      杨思颖      女          汉族        工商 081
0807010103      梅楠        男          满族        工商 081
…
已选择 273 行。
```

例 9.1 中创建的视图实际上是学生表的一个副本,它包含了学生表中所有的数据。因为在创建视图时,没有为视图指定列名,所以视图的列名与子查询中 SELECT 子句中基表的列名完全相同,查询视图时直接使用就可以了。但是要注意,Oracle 数据库在编译视图时,会自动将视图的 SQL 语句进行详细解析,视图中的 SELECT ＊ 会变为 SELECT s_id,s_name…。可以查询 user_views 视图获取视图的定义语句,如下面的代码所示。

```
SQL>SELECT text FROM user_views WHERE view_name='STUDENT_VIEW';
TEXT
-------------------------------------------------------------------
SELECT S_ID", "S_NAME", "S_GENDER", "S_NATION", "S_POLITICAL", "S_CLASSNAME",
"S_LANGUAGE", "S_CHINESE", "S_MATH", "S_FOREIGN", "S_DUTY" FROM student
```

当修改视图基表结构时，可能会对视图的运行产生影响，如运行以下的代码。

```
SQL>ALTER TABLE student DROP COLUMN s_duty;
表已更改。
SQL>SELECT s_id, s_name, s_gender, s_nation, s_classname FROM student_view;
SELECT s_id, s_name, s_gender, s_nation, s_classname FROM student_view
                                                          *
第 1 行出现错误：
ORA-04063: view "TEST.STUDENT_VIEW" 有错误
SQL>CREATE OR REPLACE VIEW student_view
2   AS SELECT * FROM student;
SQL>SELECT s_id, s_name, s_gender, s_nation, s_classname FROM student_view;
S_ID           S_NAME     S_GENDER   S_NATION    S_CLASSNAME
----------     -------    --------   ---------   ------------
0807010101     林富丽      女         汉族         工商 081
0807010102     杨思颖      女         汉族         工商 081
0807010103     梅楠        男         满族         工商 081
...
已选择 273 行。
```

当修改表结构后，再使用视图时会发生错误，因此需要重新创建视图。

例 9.2 创建一个供专业课老师查询的学生信息的视图，该视图包括学生的学号、姓名、性别、语种和数语外 3 科的总成绩信息。

```
SQL>CREATE OR REPLACE VIEW student_view2 AS
2   SELECT s_id, s_name, s_language, s_chinese +s_math +s_foreign
3   AS s_totalscore FROM student;
视图已创建。
SQL>SELECT s_id, s_name, s_language, s_totalscore FROM student_view2;
S_ID           S_NAME             S_LANGUAGE       S_TOTALSCORE
----------     ---------------    -------------    ------------
0807010101     林富丽              英语             312
0807010102     杨思颖              英语             335
0807010103     梅楠                英语             287
...
已选择 273 行。
```

上面的代码创建的视图的最后一列是使用基表的计算列构成的，在基表的查询中必须在计算列的后面指定列别名，否则将无法创建视图。当子查询中使用聚合函数时，同样需要指定列别名。

例 9.3 创建一个专供学生查询考试成绩的视图，该视图包括学生的学号、姓名、课程名和总成绩信息。

```
SQL>CREATE OR REPLACE VIEW score_view(id, name, course, totalscore)
  2  AS
  3  SELECT s_id, s_name, c_name,
  4    c_common * score.s_commongrade +c_final * s_finalgrade AS totalscore
  5  FROM course
  6  NATURAL JOIN score
  7  NATURAL JOIN student;
视图已创建。
SQL>SELECT id, name, course, totalscore FROM score_view;
ID           NAME        COURSE                      TOTALSCORE
----------   ----------  --------------------        ----------
0807070301   马均超       数据库原理及应用              87
0807070301   马均超       互联网应用与开发              73.2
0807070301   马均超       应用统计学                   79
0807070301   马均超       信息系统分析与设计            77.3
0807070301   马均超       市场营销学                   73
...
已选择 49 行。
```

例 9.3 中创建的视图使用的子查询中包含了两个自然连接,然后没有使用子查询的列名而是自定义了新的视图列,因此在查询视图时就应该使用视图的列名。

由例 9.2 和例 9.3 可以看出,当视图被创建好之后,就可以像查询表那样去查询视图了,而且视图可以限制用户对基表中数据的访问,屏蔽不愿让用户看到的一些信息。例如,对于例 9.2 来说,专业课老师只能查看学生的学号、姓名、性别、语种和数语外 3 科的总成绩这些信息,而不能看到与自己工作不相关的信息(如学生的民族、政治面貌等);对于例 9.3 来说,学生只能看到学号、姓名、课程名和总成绩这些信息,而不能看到一些细节的信息(如平时成绩是多少、期末成绩是多少等)。

当基表不存在时可以使用 FORCE 关键字强制创建视图,如下面的代码所示。

```
SQL>CREATE FORCE VIEW testview1  AS  SELECT * FROM test;
警告:创建的视图带有编译错误。              --test 表不存在,因此给出警告信息
SQL>SELECT OBJECT_TYPE, status FROM user_objects
2  WHERE object_name='TESTVIEW1';
OBJECT_TYPE      STATUS
-------------    -------
VIEW             INVALID              --目前视图处于无效状态,不能对其执行查询操作
```

创建视图也有一些约束条件,并不是在任何情况下都可以创建视图,限制条件主要有:

(1) 视图中的列不能是伪列 CURRVAL 和 NEXTVAL 生成的值。

(2) 只有加别名才能使用 rowid、rownum 或 level 伪列。

(3) 如果在子查询中使用"*"代替选择基表的所有列,则后来该表新加的列不会自动被加到视图中,只有重新创建视图后该新增的列才能被加到视图中。

9.1.3 对视图进行 DML 操作

视图和普通表一样,也可以进行增删改操作,对视图进行的增删改操作实际上就是对基表进行增删改操作。

首先创建一个视图 student_view,用于查询所有外语成绩大于等于 120 分的学生的信息。

```
SQL>CREATE OR REPLACE VIEW student_view AS
  2  SELECT * FROM student WHERE s_foreign>=120;
视图已创建。
SQL>SELECT s_id, s_name, s_foreign FROM student_view;
S_ID            S_NAME              S_FOREIGN
----------      ----------------    ----------
0807010102      杨思颖               121.0
0807010107      李金龙               124.0
0807010109      蔡旭                121.0
...
已选择 95 行。
```

1. 向视图中插入数据

例 9.4 向 student_view 视图中插入数据。

```
SQL>INSERT INTO student_view VALUES('0807010235','张三','男',
2 '汉族','共青团员','工商 082','英语', 110, 88, 124, NULL);
已创建 1 行。
SQL>SELECT s_id, s_name, s_foreign FROM student WHERE s_id='0807010235';
S_ID            S_NAME              S_FOREIGN
----------      ----------------    ----------
0807010235      张三                124.0          --数据被插入到 student 表中了
SQL>SELECT s_id, s_name, s_foreign FROM student_view WHERE s_id='0807010235';
S_ID            S_NAME              S_FOREIGN
----------      ----------------    ----------
0807010235      张三                124.0
```

从结果看,通过 student_view 视图向其基表 student 中插入了记录,因此查询 student_view 视图时能够查询到插入的记录。

2. 向视图中更新数据

例 9.5 更新 student_view 视图中的数据。

```
SQL>UPDATE student_view SET s_name='李四' WHERE s_id='0807010235';
已更新 1 行。
SQL>SELECT s_id, s_name, s_foreign FROM student WHERE s_id='0807010235';
```

```
S_ID              S_NAME              S_FOREIGN
----------        ----------------    ----------
0807010235        李四                124.0        --student表的数据被更新了
SQL>SELECT s_id, s_name, s_foreign FROM student_view WHERE s_id='0807010235';
S_ID              S_NAME              S_FOREIGN
----------        ----------------    ----------
0807010235        李四                124.0
```

从结果看,通过 student_view 视图更新了其基表 student 中的记录,因此查询 student_view 视图时能够查询到更新的记录。

3. 从视图中删除数据

例 9.6 删除 student_view 视图中的数据。

```
SQL>DELETE FROM student_view WHERE s_id='0807010235';
已删除 1 行。
SQL>SELECT s_id, s_name, s_foreign FROM student_view WHERE s_id='0807010235';
未选定行                                   --student_view 视图数据被删除了
SQL>SELECT s_id, s_name, s_foreign FROM student WHERE s_id='0807010235';
未选定行                                   --student 表的数据也被删除了
```

再看下面的代码,和上面一样向 student_view 视图中插入一条记录,所不同的是,将"张三"的外语成绩改为 114,然后分别对 student_view 视图和 student 表进行查询。

```
SQL>INSERT INTO student_view VALUES('0807010235', '张三', '男',
2  '汉族', '共青团员', '工商 082', '英语', 110, 88, 114, NULL);
已插入 1 行。
SQL>SELECT s_id, s_name, s_foreign FROM student_view WHERE s_id='0807010235';
未选定行
SQL>SELECT s_id, s_name, s_foreign FROM student WHERE s_id='0807010235';
S_ID              S_NAME              S_FOREIGN
----------        ----------------    ----------
0807010235        张三                114.0
```

从结果看,数据已经成功地插入到基表 student 中了,但是视图中却找不到记录。这是什么原因呢? 回顾一下视图的定义:

```
SQL>CREATE OR REPLACE VIEW student_view
 2  AS
 3  SELECT * FROM student WHERE s_foreign>=120;
```

在定义视图时,为子查询指定了条件"s_foreign>=120",也就是说只有当外语成绩大于等于 120 分时才会被视图查询到,而上面代码中插入数据的外语成绩为 114,因此查询视图时不满足外语成绩大于等于 120 分的条件,也就不会显示了,但是仍然会准确无误地插入到基表中。

这种问题可能会使用户感到困惑,因为他们不了解视图的原始定义,也无法知道子查询中指定的条件是什么。为了避免这种问题,在创建视图时可以加上限制条件,当对视图进行增删改操作时会自动检查子查询中的条件,如果不满足子查询中的条件,就不允许对视图进行操作,从而可以保证视图操作前后的一致性。要完成此功能,需要指定 WITH CHECK OPTION 子句。WITH CHECK OPTION 的作用就是给视图加一个条件约束,该约束所限制的条件就是视图中子查询的 WHERE 条件,以后如果想通过该视图执行 DML 操作,首先会检查是否违反该条件约束,不违反的话才会执行相应的 DML 操作。修改上面的代码,加入 WITH CHECK OPTION 子句。

```
SQL>CREATE OR REPLACE VIEW student_view
  2  AS
  3  SELECT * FROM student WHERE s_foreign>=120
  4  WITH CHECK OPTION;
视图已创建。
SQL>INSERT INTO student_view VALUES('0807010235','张三','男',
2  '汉族','共青团员','工商082','英语', 110, 88, 114, NULL);
INSERT INTO student_view VALUES('0807010235','张三','男',
          *
第 1 行出现错误:
ORA-01402: 视图 WITH CHECK OPTION where 子句违规
```

这时再插入外语成绩小于 120 分的学生记录时,数据库会报错。

但是要注意,使用 WITH CHECK OPTION 子句只能对视图起到限制作用,而并不对基表起限制作用。

如果想要使创建的视图只能查询,而不能增删改,则可以使用 WITH READ ONLY 子句,使用 WITH READ ONLY 子句的视图表明该视图是一个只读视图。

```
SQL>CREATE OR REPLACE VIEW student_view
  2  AS
  3  SELECT * FROM student WHERE s_foreign>=120
  4  WITH READ ONLY;
视图已创建。
SQL>INSERT INTO student_view VALUES('0807010235','张三','男',
2  '汉族','共青团员','工商082','英语', 110, 88, 124, NULL);
INSERT INTO student_view VALUES('0807010235','张三','男',
  *
第 1 行出现错误:
ORA-42399: 无法对只读视图执行 DML 操作
```

并不是任何时候都可以对视图进行 DML 操作,当视图的子查询中有以下情景时不能对视图进行 DML 操作:

(1) 子查询中使用聚合函数时。

(2) 子查询中使用 GROUP BY 子句时。

(3) 子查询中使用 DISTINCT 关键字时。

(4) 子查询中使用伪列 rownum 时。

(5) 子查询中使用 UNION、UNION ALL、MINUS 等集合操作符时。

9.1.4　修改视图

Oracle 不提供直接修改视图的方法,如果要对视图定义的内容进行修改,可以使用 REPLACE 关键字,也就是用新的视图定义替换旧的视图定义,下面的代码对 student_view 视图进行了修改。

```
SQL>CREATE OR REPLACE VIEW student_view
  2  AS
  3  SELECT * FROM student WHERE s_foreign>=130;
视图已创建。
```

9.1.5　删除视图

如果要删除视图,那么需要使用 DROP VIEW 语句,语法格式如下:

```
DROP VIEW [schema.]view_name [CASCADE CONSTRAINTS];
```

CASCADE CONSTRAINTS 表示级联删除建立在视图上的约束。

例 9.7　删除 student_view 视图。

```
SQL>DROP VIEW student_view;
视图已删除。
```

9.1.6　内联视图与前 n 行查询

前面在讲解子查询时曾说过可以在 FROM 子句中使用子查询,实际中通常把放入 FROM 子句中的子查询称为内联视图(Inline View)。内联视图是一个命名的 SQL 语句,但不是真正的视图对象。内联视图的一个很常用的功能是对前 n 条(TOP-N)记录进行查询(如翻页、排名的场合),实现此功能还需要使用伪列 rownum。

1. 伪列 rownum

Oracle 数据库在执行查询语句时会为所有的数据行标识一个行号,伪列 rownum 的作用就是标识返回的结果集中数据行的行号,第一条记录的 rownum 为 1,第二条记录的 rownum 为 2,依此类推。可以直接在 SELECT 子句中使用伪列 rownum 获取行号。

例 9.8　查询所有学生的学号、姓名等信息,并标识每行的行号。

```
SQL>SELECT rownum, s_id, s_name, s_nation, s_classname FROM student;
  ROWNUM S_ID         S_NAME     S_NATION    S_CLASSNAME
------- ----------- -------    ---------    ------------
      1 0807010101   林富丽      汉族         工商 081
      2 0807010102   杨思颖      汉族         工商 081
      3 0807010103   梅楠        满族         工商 081
...
已选择 273 行。
```

可以根据 rownum 指定的行号来查询对应的记录，但是必须遵循一些规则，看下面的代码。

```
SQL> SELECT rownum, s_id, s_name, s_nation FROM student WHERE rownum=1;
   ROWNUM   S_ID         S_NAME      S_NATION    S_CLASSNAME
-------- ---------- ---------- --------- ------------
        1   0807010101   林富丽      汉族        工商 081
SQL> SELECT rownum, s_id, s_name, s_nation FROM student WHERE rownum>1;
未选定行
SQL> SELECT rownum, s_id, s_name, s_nation, s_classname FROM student WHERE
2 rownum>=1;
   ROWNUM   S_ID         S_NAME      S_NATION    S_CLASSNAME
-------- ---------- ---------- --------- ------------
        1   0807010101   林富丽      汉族        工商 081
        2   0807010102   杨思颖      汉族        工商 081
        3   0807010103   梅楠        满族        工商 081
...
已选择 273 行。
SQL> SELECT rownum, s_id, s_name, s_nation FROM student WHERE rownum>5;
未选定行
SQL> SELECT rownum,s_id,s_name,s_nation,s_classname FROM student WHERE rownum< 5;
   ROWNUM   S_ID         S_NAME      S_NATION    S_CLASSNAME
-------- ---------- ---------- --------- ------------
        1   0807010101   林富丽      汉族        工商 081
        2   0807010102   杨思颖      汉族        工商 081
        3   0807010103   梅楠        满族        工商 081
        4   0807010104   孙丽霞      汉族        工商 081
```

对于伪列 rownum 来说，一个重要的原则是 rownum 总是从 1 开始计数，而且如果要返回正确的记录那么 rownum 必须从 1 开始计数（也就是必须包含 1 在内）。因为 rownum 都是从 1 开始的，但是 1 以上的自然数在 rownum 做等于或大于判断时都被当做 false 条件，所以无法通过条件 rownum＝n 或 rownum＞n（n 为大于 1 的自然数）查到任何记录。

第一个查询语句中使用了条件"rownum＝1"，其含义就是返回行号为 1 的记录，rownum 从 1 开始计数，因此能返回正确的结果；第二个查询语句中使用了条件"rownum＞1"，其含义就是返回行号大于 1 的所有记录，rownum 没有从 1 开始计数，因此没有返回任何记录；第三个查询语句中使用了条件"rownum＞＝1"，其含义就是返回行号大于等于 1 的所有记录，rownum 从 1 开始计数，因此返回了所有的记录；第四个查询语句中使用了条件"rownum＞5"，其含义就是返回行号大于 5 的所有记录，rownum 从 5 开始计数，因此没有返回任何记录；第五个查询语句中使用了条件"rownum ＜ 5"，其含义就是返回行号小于 5 的所有记录，rownum 从 1 开始计数，因此返回了 4 条记录。

那么，如果想查询到第二行以后指定区间的记录，那又该如何才能实现呢？答案就是使用内联视图。

2. rownum 与排序

rownum 的赋值是在数据库解析完查询语句之后,在查询语句做排序或者聚合函数执行之前完成的,默认情况下 rownum 的取值是按照记录插入到数据库中的顺序赋值的,因此在进行排序查询时,不能直接使用 rownum 对返回的数据进行限制。例如,现在要找出入职时间最早的 5 位教师的信息,下面的代码正确吗?

```
SQL> SELECT rownum, t_id, t_name, t_entertime, t_research FROM teacher
  2  WHERE rownum <  6 ORDER BY t_entertime;
   ROWNUM    T_ID    T_NAME    T_ENTERTIME    T_RESEARCH
--------  ------  ------  -----------  ----------------------------
       4  060004  崔楠楠   2006-5-7       软件测试,.net 技术,数据挖掘
       2  060002  张续伟   2006-5-29      数据仓库,数据挖掘,Web 挖掘,数据库系统开发
       3  060003  黄帅     2006-8-8       计算机网络安全
       1  060001  李飞     2007-6-1       软件工程技术,智能算法
       5  060005  尹双双   2007-8-1       数据挖掘,粗糙集
```

从表面上看似乎没有问题,但是再执行下面的代码。

```
SQL> SELECT rownum, t_id, t_name, t_entertime, t_research FROM teacher
  2  ORDER BY t_entertime;
   ROWNUM     T_ID     T_NAME     T_ENTERTIME     T_RESEARCH
--------  ------  ------  -----------  ----------------------------
      16  070007  梁丹     2000-7-10      电子政务,信息系统开发
      24  070020  聂冰     2000-11-7      技术经济,应用统计
      11  070002  李皎月   2002-7-4       人员素质测评,胜任力模型构建
      13  070004  宋祖光   2002-7-19      计算机网络
      21  070012  李金明   2003-1-7       创业管理
...
已选择 24 行。
```

可以看出,最初的查询并没有得到正确的结果,原因就在于 rownum 的赋值是在查询语句做排序或者聚合函数执行之前完成的(第一条查询语句实际上就是对排序之前的 rownum 小于 6 的记录排序),所以 rownum 无法正确反映排序后的记录顺序,此时就需要使用内联视图来解决这个问题,如下面的代码所示。

```
SQL> SELECT rownum, t_id, t_name, t_entertime, t_research FROM
  2  (SELECT * FROM teacher ORDER BY t_entertime) WHERE rownum <  6;
   ROWNUM     T_ID     T_NAME     T_ENTERTIME     T_RESEARCH
--------  ------  ------  -----------  ----------------------------
      16  070007  梁丹     2000-7-10      电子政务,信息系统开发
      24  070020  聂冰     2000-11-7      技术经济,应用统计
      11  070002  李皎月   2002-7-4       人员素质测评,胜任力模型构建
      13  070004  宋祖光   2002-7-19      计算机网络
      21  070012  李金明   2003-1-7       创业管理
```

上面的代码中内联视图返回的是按照入职时间对所有记录排序后的结果,然后再根据

内联视图的结果设置主查询 rownum 值,从而能够获取正确的查询结果。

3. 内联视图实现 TOP-N 查询

实现 TOP-N 查询实质上就是查询指定区间的记录,要实现此功能必须使用内联视图,方法是先通过内联视图将满足区间上限的记录全部查询出来,并在内联视图中使用 rownum,然后在主查询中再使用 rownum 指定满足区间下限的查询条件。

例 9.9 查询行号大于 10 的学生的学号、姓名和民族。

```
SQL>SELECT * FROM (SELECT rownum s_no, s_id, s_name, s_nation FROM student)
  2  WHERE s_no>10;
    S_NO    S_ID         S_NAME    S_NATION
--------  ----------  ------  --------
      11  0807010111   余娜       汉族
      12  0807010112   高孟孟     汉族
      13  0807010113   王闯       汉族
...
已选择 263 行。
```

例 9.9 中上限是没有限制的,下限是 10,因此在内联视图中先将满足上限的记录全部查询出来,然后在主查询中指定下限的条件(rownum>10),就可以得到满足条件的记录了。

再如,要查询第 6 行到第 10 行之间的数据(包括第 6 行和第 10 行数据),那么只能写以下的语句,先返回 rownum 小于等于 10 的记录行,然后在主查询中查询出 rownum 大于等于 6 的记录行。

```
SQL>SELECT s_no, s_id, s_name, s_nation FROM
  2  (SELECT rownum s_no, s_id,s_name,s_nation FROM student WHERE rownum < =10)
  3  WHERE s_no>=6;
S_NO    S_ID         S_NAME    S_NATION
------  ----------  -------  --------
     6  0807010106   雷少茜     汉族
     7  0807010107   李金龙     汉族
     8  0807010108   孙筱琳     汉族
     9  0807010109   蔡旭       汉族
    10  0807010110   王珊       汉族
```

注意:子查询中的 rownum 必须要有别名,否则还是不会查出记录来。这是因为 rownum 不是某个表的列,如果不起别名的话,无法知道 rownum 是内联视图的列还是主查询的列,所以就无法查询到满足条件的记录。

例 9.10 查询外语成绩在前 21～25 名的学生信息。

```
SQL>SELECT * FROM(
  2    SELECT rownum topnum, s_id, s_name, s_foreign FROM
  3    (SELECT * FROM student ORDER BY s_foreign DESC)
  4    )
```

```
5   WHERE topnum BETWEEN 21 AND 25;
    TOPNUM    S_ID          S_NAME        S_FOREIGN
---------- ---------- ------------ ---------
        21    0807020114    刘乘旭         129.0
        22    0807020119    周澂          129.0
        23    0807040117    段超          129.0
        24    0807010326    王红          128.0
        25    0807070111    邵美乔         128.0
```

因为涉及查询操作,所以必须使用主查询和内联视图才能得到正确的查询结果;又因为要查询的结果是 21~25 之间的数据,不是从 1 开始的,所以还需要将排序的结果作为内联视图。

9.1.7 查看视图信息

可以通过静态数据字典视图 dba_views、all_views 和 user_views 了解与视图相关的信息,主要包括视图的名称(view_name)、定义视图文本的长度(text_length)、视图的定义(text)等信息。

例 9.11 查询 student_view2 视图的定义信息。

```
SQL> SET LONG 2000
SQL> COL TEXT FORMAT A200
SQL> SELECT view_name, text FROM user_views WHERE view_name='STUDENT_VIEW2';
VIEW_NAME        TEXT
------------ -------------------------------------------------------------
STUDENT_VIEW2    SELECT s_id, s_name, s_language, s_chinese +s_math +s_foreign
                 AS s_totalscore FROM student
```

还可以像查询表的定义信息那样使用 DBMA_METADATA 包的 GET_DDL 函数查询视图的定义。

例 9.12 使用 DBMA_METADATA 包获取 student_view 视图的定义信息。

```
SQL> SET LONG 2000
SQL> COL VIEW_DEF FORMAT A60
SQL> SELECT DBMS_METADATA.GET_DDL('VIEW','STUDENT_VIEW') AS VIEW_DEF
  2  FROM dual;
VIEW_DEF
--------------------------------------------------------------
  CREATE OR REPLACE FORCE VIEW "SCOTT"."STUDENT_VIEW" ("S_ID", "S_NAME",
"S_GENDER", "S_NATION", "S_POLITICAL", "S_CLASSNAME", "S_LANGUAGE", "S_CHINESE",
"S_MATH", "S_FOREIGN", "S_DUTY") AS
  SELECT
"S_ID","S_NAME","S_GENDER","S_NATION","S_POLITICAL","S_CLASSNAME",
"S_LANGUAGE","S_CHINESE","S_MATH","S_FOREIGN","S_DUTY" FROM student WHERE
s_foreign>=120
```

9.2 同义词

9.2.1 同义词的概念

如同可以为表和列起表别名和列别名一样,Oracle 数据库允许为数据库中的大部分模式对象(如表、视图、序列、存储过程、包等)起别名,并把为数据库对象起的别名称为同义词(Synonyms)。与视图一样,同义词并不占用实际的存储空间。同义词的作用主要有两个。第一个作用是可以简化对数据库对象的访问。默认情况下当一个用户访问另一个用户的对象时,必须通过模式名来访问,如想以 SYS 用户的身份访问 learner 用户的学生表,代码如下:

```
SQL>conn / as sysdba
Connected to Oracle Database 11g Enterprise Edition Release 11.2.0.1.0
Connected as SYS
SQL>SELECT s_id, s_name, s_nation, s_political FROM student;
SELECT s_id,s_name FROM student
                        *
第 1 行出现错误:
ORA-00942:表或视图不存在
```

结果会报错,提示表或视图不存在,因为学生表是属于 learner 用户的,如果其他用户要访问就必须在表的前面加上模式名,使用下面的查询语句就可以访问了。

```
SQL>SELECT s_id, s_name, s_nation, s_political FROM learner.student;
S_ID          S_NAME     S_NATION      S_POLITICAL
----------    -------    --------      -----------
0807010101    林富丽     汉族          共青团员
0807010102    杨思颖     汉族          共青团员
0807010103    梅楠       满族          共青团员
...
已选择 273 行。
```

但是如果每次都在访问的表前面加上模式名是一件很麻烦的事,这时就可以使用同义词,这样就可以使多个用户访问同一个数据库对象但却不必将模式名作为前缀放在对象的前面。

同义词的第二个作用就是可以提高对象访问的安全性。因为同义词只是一个对象的别名,使用者如果没有足够的权限的话是无法知道同义词所指代的对象的所属模式、存储位置等具体信息的,所以可以在一定程度上提高对象的安全性。

9.2.2 创建同义词

创建同义词的语法格式如下:

```
CREATE [OR REPLACE] [PUBLIC] SYNONYM [schema.]synonym_name
```

```
FOR object_name;
```

说明:

(1) 同义词有两种,即私有同义词和公有同义词。私有同义词默认只能被创建该同义词的用户所拥有和访问,但是用户可以授权其他用户访问该同义词。要创建私有同义词,用户必须拥有 CREATE SYNONYM 的系统权限,要在其他用户模式创建私有同义词,用户必须拥有 CREATE ANY SYNONYM 的系统权限,而且同义词不能与当前模式的其他对象同名。公有同义词被 PUBLIC 用户组所拥有,数据库的任何用户都可以使用该同义词,定义公有同义词时需要使用 PUBLIC 关键字,否则将创建私有同义词。要创建公有同义词,用户必须拥有 CREATE PUBLIC SYNONYM 的系统权限。当一个用户定义了公有同义词之后,其他用户就不能再定义同名的公有同义词了。

(2) 与视图相同,Oracle 数据库不提供直接修改同义词的方法,如果要对同义词定义的内容进行修改,可以使用 REPLACE 关键字,也就是用新的同义词定义替换旧的同义词的定义。

例 9.13　为 learner 用户的学生表创建一个私有同义词。

```
SQL>CREATE SYNONYM l_student FOR learner.student;
同义词已创建。
SQL>SELECT s_id, s_name, s_nation, s_political FROM l_student;
S_ID           S_NAME     S_NATION   S_POLITICAL
----------   -------   --------   -------------
0807010101     林富丽      汉族        共青团员
0807010102     杨思颖      汉族        共青团员
0807010103     梅楠        满族        共青团员
...
已选择 273 行。
SQL>conn learner1/learner123
Connected to Oracle Database 11g Enterprise Edition Release 11.2.0.1.0
Connected as learner1
SQL>SELECT s_id, s_name FROM l_student;
SELECT s_id, s_name FROM l_student
                              *
第 1 行出现错误:
ORA-00942: 表或视图不存在
```

创建同义词后再访问学生表时就可以使用同义词访问了,但是其他用户(如例 9.13 的 learner1 用户)不能使用私有同义词。下面使用 REPLACE 关键字替代原来同义词的定义,创建一个新的公有同义词。

例 9.14　为 learner 用户的学生表创建一个公有同义词。

```
SQL>CREATE OR REPLACE PUBLIC SYNONYM l_student FOR learner.student;
同义词已创建。
SQL>SELECT s_id, s_name, s_nation, s_political FROM l_student;
S_ID            S_NAME     S_NATION    S_POLITICAL
```

```
---------- ------- -------- ------------
0807010101    林富丽      汉族          共青团员
0807010102    杨思颖      汉族          共青团员
0807010103    梅楠       满族          共青团员
...
```
已选择 273 行。

这样其他用户也可以使用此公有同义词访问 student 表了。

还可以为不同数据库的对象创建同义词，如下：

```
CREATE OR REPLACE PUBLIC SYNONYM l_student FOR learner.student@orcl;
```

9.2.3　删除同义词

删除私有同义词的语法格式如下：

```
DROP SYNONYM synonym_name;
```

删除公有同义词的语法格式如下：

```
DROP PUBLIC SYNONYM synonym_name;
```

例 9.15　删除公有同义词 l_student。

```
SQL>DROP PUBLIC SYNONYM l_student;
同义词已删除。
```

9.2.4　查看同义词信息

可以通过数据字典视图 dba_synonyms、all_synonyms 和 user_synonyms 了解与同义词相关的信息，包括同义词名称（synonym_name）、同义词的拥有者（table_owner）、同义词所指代的对象名称（table_name）、数据库链接（db_link）。

例 9.16　使用 user_synonyms 视图查看同义词的信息。

```
SQL>SELECT synonym_name, table_owner, table_name, db_link FROM user_synonyms;
SYNONYM_NAME     TABLE_OWNER     TABLE_NAME     DB_LINK
-------------    -------------   -----------    ----------
L_STUDENT        LEARNER         STUDENT
```

9.3　序列

9.3.1　序列的概念

在一些项目的开发中，很多表的设计可能并不需要一个具有明确业务含义的主键，如职称表的职称编号、学历表的学历编号，这时就可以使用自增字段来充当主键。当插入记录时，自增字段可以根据设置的初值和步长自动增加（或减少），从而保证自增字段的列值是不重复的。在很多数据库产品（如 SQL Server、MySQL）中，直接提供了对自增字段的设置，但是在 Oracle 数据库中不提供直接设置某列为自增字段的方法，而是需要使用序列（Sequence）来间接的实现自增字段的功能。

　　序列用于生成唯一的、连续整数的数据库对象。序列可以是升序的，也可以是降序的，其最常用的功能就是做自增字段，用来产生主键，以标识记录的唯一性，但是它与使用它的表之间是相互独立的，序列创建之后可以被多个用户所共享和使用。

9.3.2　创建序列

　　创建序列的语法格式如下：

```
CREATE SEQUENCE [schema.]sequence_name
[INCREMENT BY n]
[START WITH n]
[MAXVALUE n|NOMAXVALUE]
[MINVALUE n|NOMINVALUE]
[CYCLE n|NOCYCLE]
[CACHE n|NOCACHE]
[ORDER|NOORDER];
```

说明：

（1）sequence_name 表示序列的名称。

（2）schema 表示序列所属的模式，如果省略则表示属于当前模式。

（3）INCREMENT BY n 用于指定序列号每次增加的步长（即不同序列号之间的间隔），其中 n 为整数。如果省略该子句，则序列号每次增加的步长为 1；如果 n 为负数，则表示序列为降序。

（4）START WITH n 用于指定序列所生成的第一个序列号从 n 开始。如果省略该子句，则序列号默认从 1 开始。

（5）MAXVALUE n 用于指定序列所能生成的最大的序列号，此处的 n 值必须比 START WITH 子句指定的初始值和 MINVALUE 的值都要大。

（6）NOMAXVALUE 用于指定升序序列所能生成的最大的序列号为 $10^{28}-1$，而降序的序列号的最大值为 -1，这是默认值。

（7）MINVALUE n 用于指定序列所能生成的最小的序列号，此处的 n 值必须比 START WITH 子句指定的初始值和 MAXVALUE 的值都要小。

（8）NOMINVALUE 用于指定升序序列所能生成的最小的序列号为 1，而降序的序列号的最小值为 $-(10^{27}-1)$，这是默认值。

（9）CYCLE n 用于指定在序列号达到最大值或最小值之后，将继续产生序列号。对于升序序列来说，达到最大值之后将会生成最小值；对于降序序列来说，达到最小值之后将会生成最大值。

（10）NOCYCLE 用于指定在序列号达到最大值或最小值之后，将不再继续产生序列号，这是默认值。

（11）CACHE n 用于指定有 n 个序列号被 Oracle 服务器预先分配并存储在内存中，当

内存中的 n 个序列号用完之后如果又有一个请求时，Oracle 会再计算出 n 个序列号并将它们放入内存中。其功能就像是一个序列缓存，作用是当应用层程序产生大量的序列需求时，为了避免序列引起的性能瓶颈，可以直接从内存中读取预先分配的序列号，从而提高运行速度。

（12）NOCACHE 用于指定没有任何序列号被 Oracle 服务器预先分配并保存在内存中。如果没有设置 CACHE，也没有设置 NOCACHE，则 Oracle 服务器会将 20 个序列号预先分配并保存在内存中。

（13）ORDER 用于指定序列号必须按照请求的顺序生成。例如，在并发情况下有 A、B 两个请求同时使用序列号，使用 ORDER 就意味着 A 请求申请的序列号必须返回给 A，B 请求申请的序列号必须返回给 B；如果不指定则有可能 A 请求申请的序列号返回给 B，B 请求申请的序列号返回给 A。

（14）NOORDER 用于指定序列号不必按照请求的顺序生成，这是默认值。

（15）创建序列，必须有 CREATE SEQUENCE 或 CREATE ANY SEQUENCE 权限。

前面的学历表中定义了主键 diploma_id，这个主键并没有什么业务含义，只是为每个学历的名称提供一个唯一的编号，这种情况下就非常适合使用序列值来作为 diploma_id 的列值。

例 9.17 为学历表的 diploma_id 列定义序列。

```
SQL>CREATE SEQUENCE diploma_seq;
序列已创建。
```

上面的代码使用了最简单的方式定义了序列 diploma_seq，全部采用了默认值，即 diploma_seq 为升序序列，序列号由 1 开始，增量为 1，没有上限和下限，缓存中序列值个数为 20，不必按照请求的顺序生成。

例 9.18 为论文表的 paper_id 列定义序列。

```
SQL>CREATE SEQUENCE paper_seq
  2    START WITH 1
  3    INCREMENT BY 1
  4    MAXVALUE 10000000
  5    NOCACHE;
序列已创建。
```

9.3.3 NEXTVAL 伪列和 CURRVAL 伪列

创建完序列之后，还不能自动实现自增的功能，这就需要使用 Oracle 数据库中提供的 NEXTVAL 伪列和 CURRVAL 伪列。

NEXTVAL 伪列：功能是在序列中增加新值并返回该值。要使用 NEXTVAL，必须在 NEXTVAL 前使用序列名作为前缀，即 sequence_name.NEXTVAL。NEXTVAL 需要在 CURRVAL 之前指定，当引用 NEXTVAL 时，产生的新的序列值将会存放到 CURRVAL 中。

CURRVAL 伪列：功能是获取序列的当前值。要使用 CURRVAL，也必须在

CURRVAL 前使用序列名作为前缀,即 sequence_name.CURRVAL。

　　例 9.19　　查询序列 diploma_seq 的当前值。

```
SQL>SELECT diploma_seq.CURRVAL FROM dual;
SELECT diploma_seq.CURRVAL FROM dual
                            *
第 1 行出现错误:
ORA-08002: 序列 DIPLOMA_SEQ.CURRVAL 尚未在此会话中定义
```

　　查询序列的 NEXTVAL 值和 CURRVAL 值的方法是使用伪表 dual。但是上面的代码出现的错误"序列 DIPLOMA_SEQ. CURRVAL 尚未在此会话中定义",原因是在生成 CURRVAL 值之前,必须先使用 NEXTVAL 生成序列号。

　　例 9.20　　获取序列 diploma_seq 的当前值。

```
SQL>SELECT diploma_seq.NEXTVAL FROM dual;
   NEXTVAL
----------
         1
SQL>SELECT diploma_seq.CURRVAL FROM dual;
   CURRVAL
----------
         1
```

　　序列通常会用作主键,因此往往会作为插入语句的列值。

　　例 9.21　　使用序列 diploma_seq 的值作为主键向 diploma 表插入数据。

```
SQL>INSERT INTO diploma VALUES(diploma_seq.NEXTVAL, '专科');
SQL>INSERT INTO diploma VALUES(diploma_seq.NEXTVAL, '本科');
SQL>INSERT INTO diploma VALUES(diploma_seq.NEXTVAL, '硕士');
SQL>INSERT INTO diploma VALUES(diploma_seq.NEXTVAL, '博士');
SQL>INSERT INTO diploma VALUES(diploma_seq.NEXTVAL, '博士后');
SQL>SELECT * FROM diploma;
DIPLOMA_ID  DIPLOMA_NAME
--------    --------------
         2  专科
         3  本科
         4  硕士
         5  博士
         6  博士后
SQL>ROLLBACK;
回退已完成。
SQL>INSERT INTO diploma VALUES(diploma_seq.NEXTVAL, '专科');
SQL>INSERT INTO diploma VALUES(diploma_seq.NEXTVAL, '本科');
SQL>INSERT INTO diploma VALUES(diploma_seq.NEXTVAL, '硕士');
SQL>INSERT INTO diploma VALUES(diploma_seq.NEXTVAL, '博士');
SQL>INSERT INTO diploma VALUES(diploma_seq.NEXTVAL, '博士后');
SQL>SELECT * FROM diploma;
```

```
DIPLOMA_ID  DIPLOMA_NAME
----------  ----------------
         7  专科
         8  本科
         9  硕士
        10  博士
        11  博士后
```

使用序列后,插入语句中原来 diploma_id 列上使用的数字 1、2、3 等值被 diploma_seq.NEXTVAL 所代替,因此使用查询语句查询 diploma 表时,diploma_id 列上的值从 2 开始(因为例 9.20 中已经调用了一次 diploma_seq.NEXTVAL),每增加一条记录 diploma_id 列上的值就加 1,实现了自增。但是执行回滚操作之后再向 diploma 表插入相同的数据,序列的值却从 7 开始,这也说明无论数据是否被成功地插入到表中(插入失败的原因可能是人为地回滚,也可以是程序执行的错误等),只要执行了 sequence_name.NEXTVAL,序列就会自增。

在有些情况下,不允许使用 NEXTVAL 和 CURRVAL 伪列,如下面的代码所示。

```
SQL>CREATE VIEW diploma_seq_view  AS
  2  SELECT diploma_seq.NEXTVAL FROM dual;
SELECT diploma_seq.NEXTVAL FROM dual
                    *
第 3 行出现错误:
ORA-02287: 此处不允许序号
```

即在视图的子查询中不能使用 NEXTVAL 和 CURRVAL 伪列。除此之外,在查询语句、更新语句、删除语句的子查询中,在使用 DISTINCT 关键字、ORDER BY 子句、GROUP BY 子句、HAVING 子句的查询语句中,在含有 DEFAULT 表达式的 CREATE TABLE 语句、ALTER TABLE 语句中也不能使用 NEXTVAL 和 CURRVAL 伪列。

9.3.4 修改序列

修改序列的语法格式如下:

```
ALTER SEQUENCE [schema.]sequence_name
[INCREMENT BY n]
[START WITH n]
[MAXVALUE n|NOMAXVALUE]
[MINVALUE n|NOMINVALUE]
[CYCLE n|NOCYCLE]
[CACHE n|NOCACHE]
[ORDER|NOORDER];
```

修改序列的语法除了不能更改 START WITH 子句外和创建序列的语法相同。

例 9.22 修改序列 diploma_seq,将步长改为 10 且缓存为 50。

```
SQL>ALTER SEQUENCE diploma_seq
```

```
 2   INCREMENT BY 10
 3   CACHE 50;
```
序列已更改。

9.3.5   查看序列信息

可以通过数据字典视图 dba_sequences、all_sequences 和 user_sequences 了解与序列相关的信息,主要包括序列的名称(sequence_name)、最小值(min_value)、最大值(max_value)、步长(increment_by)等信息。

下面的代码使用 user_sequences 视图查看序列的信息。

```
SQL> SELECT * FROM user_sequences;
SEQUENCE_NAME MIN_VALUE MAX_VALUE INCREMENT_BY CYCLE_FLAG ORDER_FLAG CACHE_SIZE LAST_NUMBER
------------- --------- --------- ------------ ---------- ---------- ---------- -----------
AWARD_ID_SEQ   1         1E28      1            N          N          20         1
DIPLOMA_SEQ    1         1E28      10           N          N          50         10
PAPER_ID_SEQ   1         1E28      1            N          N          20         1
```

9.4   索引

9.4.1   索引的概念

Oracle 数据库中存储的数据数目十分庞大,千万条记录以上的数据量屡见不鲜,如何在如此庞大数量的数据中快速找到符合查询要求的数据是一个十分关键的问题,这对于应用程序的性能和用户体验来说都是十分重要的。

从广义上说,索引就是一种进行快速定位和查找的机制。在生活中索引机制是普遍存在的,如图书馆中的藏书可能有几百万本,假设现在要找一本 Oracle 11g 方面的图书,如果没有快速的查找机制,那就需要一本一本地进行查找,这显然是不可接受的。为了解决这个问题,图书馆为每本图书都设置了索书号,读者只要查询到图书的索书号,就可以快速地定位该图书所在的位置了。对于数据库的查询也是同样的道理,如果没有索引,那么在查询时数据库就会一条一条地扫描表中的所有记录,这会产生大量的 I/O 操作,查询效率就可想而知了。

Oracle 数据库中的索引是一种建立在表或簇基础上的数据对象,和表一样具有独立的段存储结构,需要在表空间中为其分配存储空间。索引是减少磁盘 I/O 的一种重要手段,通过在表的一个或多个列上创建索引,可以提高查询表中数据的速度。索引在逻辑上和物理上都独立于与其相关联的数据对象,数据库会自动维护和使用索引,因此无论创建多少索引、创建什么类型的索引还是删除索引都不会影响与其相关联的数据对象的运行,影响的只是查询数据的速度。虽然索引是独立于表的数据对象的,但是当一个表被删除时所有建立在该表上的索引都会被自动地删除。

9.4.2　索引的类型

在 Oracle 数据库中有很多类型的索引,包括 B 树索引(B-Tree Index)、位图索引(Bitmap Index)、反向键索引(Reverse Key Index)、全局与本地索引和基于函数的索引(Function-Based Index)等,其中前两种是最基本、最重要的索引类型,其他类型的索引是在它们的基础上扩展而来的。

1. B 树索引

B 树索引是最常用的一种索引类型,也是 Oracle 数据库的默认索引类型。B 树指的是平衡树(Balanced Tree),它是使用平衡算法来管理索引的。

从结构上看,B 树索引有点类似于二叉树,是一个倒立的树状结构。B 树索引有两种类型的数据块:分支块(Branch Block)和叶块(Leaf Block)。分支块的作用是根据查询条件定位其他分支块或叶块的位置。叶块用于存储索引的列值和对应数据行的物理地址,该物理地址用 rowid 来表示,rowid 是一个指针,用于指向数据行的物理地址,这是 Oracle 数据库访问数据行的最快方法。索引的列值是经过排序的,因此叶块中的所有值对(列值,rowid)都是按照列值排序的。正是因为索引中只保存索引的列值和 rowid,才使它的规模比数据表的规模小得多,所以对索引进行查询的速度自然会比查询数据表速度快得多。

B 树索引所有的叶块都在同一层级上,并且叶块实际上都是双向链表,这样在进行索引区间扫描时,只需通过叶块向前或者向后扫描就可以了,无须再对索引结构进行导航。例如,在 WHERE 子句中使用相等运算符查询数据时,Oracle 会沿着树向下寻找,直到找到包含该查询数据的叶块为止,然后根据对应的 rowid 定位数据行。如果在 WHERE 子句中使用不等谓词(>、<、BETWEEN 等)查询数据,开始时 Oracle 仍然会沿着树向下寻找,直到找到包含该查询数据的叶块为止,但是找到之后不会重复前面的操作重新从根结点寻找,而是会通过第一个匹配的列值的叶块向前或向后扫描。

假设现在有一个表 test,其结构由以下代码定义。

```
SQL>CREATE TABLE test(id VARCHAR2(4), name VARCHAR2(10));
```

现在要查询 id 为 2199 的记录,那么可以执行以下语句。

```
SQL>SELECT * FROM test WHERE id='2199';
```

如果没有索引那么要查找 id 为 2199 的记录就需要对全表进行扫描。现在在 id 列上建立 B 树索引,其结构如图 9.1 所示,此时查找该记录的步骤为:

(1)读取最上层分支块中的数据,得知 id 为 2199 的记录的索引列值在第二层分支块 B3 所定位的范围内。

(2)读取第二层分支块 B3 中的数据,得知 id 为 2199 的记录的索引列值在第二层分支块 B3 下面的叶块 B31 中存储。

(3)读取叶块 B31 中的数据,获取 id 为 2199 的记录的 rowid,然后根据 rowid 得到该记录。

可见,通过索引定位该记录行只读取了 3 个数据块,要远远低于全表扫描读取数据块的数量,大大降低了 I/O 操作的数量,从而提高了查询效率。

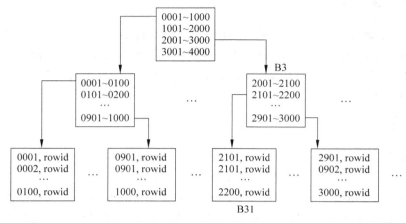

图 9.1　B 树索引的结构示意图

如果执行的是不等查询,则从第三步开始不必重新沿着最上层分支块查找,直接沿着双向链表进行查询即可,如下面的代码所示。

```
SQL> SELECT * FROM test WHERE id BETWEEN '2199' AND '2999';
```

此时查找该记录的步骤为:

(1) 读取最上层分支块中的数据,得知 id 为 2199 的记录的索引列值在第二层分支块 B3 所定位的范围内。

(2) 读取第二层分支块 B3 中的数据,得知 id 为 2199 的记录的索引列值在第二层分支块 B3 下面的叶块 B31 中存储。

(3) 读取叶块 B31 中的数据,获取 id 为 2199 的记录的 rowid,然后根据 rowid 得到该记录。

(4) 沿着叶块组成的双向链表向后依次获取 id 为 2200~2999 的记录的 rowid,然后根据 rowid 得到相应的记录。

对于索引来说,B 树结构是一个十分有效的数据结构,其层次通常很短,一般不会超过 3 层,在一个千万数据级的表中查找一条记录,一般也只需要读取 3 个数据块。如果 B 树的层次超过了 3 层,说明表的数据量极为庞大或者索引键的长度较长,对于后者应该重建索引。

可以使用 user_indexes 视图获取 B 树索引的层次信息,如下面的代码所示。

```
SQL> SELECT index_name, blevel +1 FROM user_indexes ORDER BY 2;
INDEX_NAME      BLEVEL+1
---------   ------------
PK_JOURNAL          1
PK_DIPLOMA          1
TNAME_IDX           1
```

blevel 列显示的是分支块的层次数,加 1 表示将叶块的层次也包含在内。

当将新的数据插入到数据表中时,新的行信息也会同时被插入到叶块中;当一个叶块写满之后,再插入新的行信息时写满的叶块就会分割为两个叶块,新的叶块的定位信息就会被放入上层的分支块中;如果分支块也被写满,那么它也会自动分割为两个分支块,再将它的定位信息放入上层的分支块中,依次类推直到全部信息写入各个级别的分支块。在此过程中,平衡树算法会自动调整各个分支块所能定位的下级分支块或叶块的数量以及叶块中的保存索引列值的数量,以使各分支尽量达到平衡。

虽然 B 树索引是应用最广泛的索引,但是并不是适用于所有情况,适合使用 B 树索引的场合有:

(1) 表中存储的数据行数很多。

(2) 列中存储的数据的不同值很多。

(3) 查询的数据量不超过全部数据行的 5%,否则应使用全表扫描。

2. 位图索引

B 树索引并不适合于所有查询情况,当要建立索引列的数据有大量的重复值时,就不适合使用 B 树索引。例如,学生表中的语种、政治面貌、民族这些字段,它们的重复值很多,如果在其上建立了 B 树索引,则那么叶块中就会存储大量相同的索引列值,反而会降低查询的速度。这种情况下就应该使用位图索引。

在位图索引中,数据库为每个索引列值存储一个位图,该位图由二进制位组成,位图中的每一位表示索引列值对应的数据行上是否有该列值存在,在执行查询时可以将两个或多个位图进行位运算并得到一个结果位图,然后根据结果位图来找到数据行的 rowid,要注意位图索引并不直接存储 rowid,而是存储字节位到 rowid 的映射。在 B 树索引中,一个索引列值只能指向一个数据行,但是在位图索引中,每个索引列值会存储指向多个行的 rowid,因此位图索引占用的空间更小,创建和查询速度非常快。

下面通过一个例子来说明位图索引的使用方式。

```
SQL>SELECT s_id, s_name, s_political, s_language FROM student;
S_ID          S_NAME      S_POLITICAL      S_LANGUAGE
----------    --------    ------------     -----------
0807020225    崔冰琪      共青团员         日语
0807020226    孙雪涛      共青团员         英语
0807020227    王宏伟      群众             英语
0807020228    王琰普      共青团员         英语
0807020229    董文龙      共青团员         日语
0807020230    段程玲      预备党员         英语
0807070130    王贝        预备党员         英语
0807070201    左林鹭      党员             英语
```

上面是从学生表中选取的一部分数据。假设现在在 s_political 列和 s_language 列上建立了位图索引,那么 s_political 列的取值有 4 种可能(仅针对上面的 8 条数据),即群众、共青团员、预备党员和党员,s_language 列的取值有两种可能,即英语和日语。s_political 列的位图可能为:

群众　　　　　　　00100000······

共青团员　　　　　11011000······

预备党员　　　　00000110……

党员　　　　　　00000001……

s_language 列的位图可能为：

英语　　　　　　01110111……

日语　　　　　　10001000……

1 表示列值在该数据行中出现，0 表示列值在该数据行中没有出现，如 s_political 列上的"群众"这个值只在第三行出现，因此第三位是 1，其余位是 0。

假设要查询政治面貌是共青团员、语种是英语的学生的学号和姓名，可以执行下面的语句。

```
SQL>SELECT s_id, s_name FROM student
2 WHERE s_political='共青团员' AND s_language='英语';
```

两个查询条件列上都建立了位图索引，所以会对两个位图进行逻辑与运算。

11011000……

01110111……

结果是 01010000……即第二条和第四条记录满足要求。

当表的数据量非常大而索引列重复值又很多的情况下，使用位图索引可以明显地提高查询效率。当对表进行增删改时会重新组织索引项，每个位图索引项都包含了表中大量数据行的 rowid，因此对于需要频繁地进行增删改的表不适合使用位图索引。适合使用位图索引的场合有：

（1）表中存储的数据行数很多。

（2）列中存储的数据的不同值很少。

（3）列用于布尔运算（OR、AND、NOT）。

3. 反向键索引

反向键索引是一种 B 树索引，它在物理上反转索引的列值，但是列的顺序保持不变。反向键索引通常建立在值是连续增长的列上，使数据均匀地分布在整个索引上，其目的是为了解决叶块争用问题。例如，在多用户系统中更新数据或载入有序数据时，可能会对某部分的索引块进行持续的操作，导致索引更新出现 I/O 瓶颈。对于这种情况，可以使用反向键索引，将索引的列值进行反转，从而将原来比较集中的索引值映射到整个其他索引区域，降低局部的 I/O 瓶颈，例如，原来的索引值是 compute 和 computer，经过反转后，索引值变为 etupmoc 和 retupmoc，显然后者的索引区域更加分散。

对于创建反向键索引的列，在执行查询操作时，Oracle 数据库会自动将查询条件反转以与反向键索引匹配。如果在 WHERE 子句中使用范围查询条件，如 BETWEEN、<、>等，由于索引值被反转，不会按照原来的排序进行查询，查询时必须执行全表扫描，因此建立反向键索引的列不适合用于范围查询。另外要注意，位图索引不能反向。

4. 基于函数的索引

在有些查询中，查询条件是使用函数或表达式计算得来的，此时不能对查询列直接建立索引,而要使用基于函数的索引,基于函数的索引会先对列的函数或表达式进行计算然后将计算的结果存入索引中。创建这种类型的索引时需要注意以下几点:

(1) 创建时必须具有 QUERY REWRITE 系统权限。

(2) 表达式中不能出现聚合函数。

(3) 不能在 LOB 类型的列上创建。

5. 唯一索引和非唯一索引

上面的分类是根据索引的结构划分的,如果根据索引值是否可以相同,可以将索引分为唯一索引和非唯一索引。

唯一索引是指索引值不重复的索引,也就是建立唯一索引的列上的任何两个值都不能相同。与唯一约束类似,唯一索引也允许列值为空值。当为列定义主键或唯一约束时会自动建立唯一索引。非唯一索引与唯一索引相反,表示允许建立索引的列上存在重复值。

6. 单列索引和复合索引

单列索引就是建立在表的单一列上的索引,大部分的索引是单列索引。如果把表的多个列作为一个整体并在其上建立索引,则将所建的索引称为复合索引。复合索引中的多个列不一定是表中相邻的列,但是由于在索引定义中所使用列的顺序很重要,因此一般将最常被访问的列放在前面。

9.4.3 创建索引

在 Oracle 数据库中可以自动创建索引,也可以手动创建索引。当用户在一个表上建立主键约束或唯一约束时,数据库就会自动创建唯一索引。大多数情况下需要手动创建索引,创建索引需要使用 CREATE INDEX 语句,语法格式如下:

```
CREATE [UNIQUE|BITMAP] INDEX [schema.]index_name
ON [schema.] table_name (column_name1 [ASC|DESC][, column_name2 [ASC|DESC],…])
TABLESPACE tablespace_name
NOCOMPRESS|COMPRESS column_number
LOGGING|NOLOGGING
NOSORT|SORT
REVERSE;
```

说明:

(1) UNIQUE|BITMAP 用于指定创建索引的类型,UNIQUE 表示建立唯一索引,BITMAP 表示建立位图索引,如果都不指定则默认创建非唯一的 B 树索引。

(2) schema 表示将索引建立在哪个模式下。

(3) column_name 表示要建立索引的列,可以为多个列建立索引。

(4) ASC|DESC 用于指定索引值的排序顺序,ASC 表示升序,DESC 表示降序,默认值为 ASC。

(5) TABLESPACE 用于指定存放索引的表空间。

(6) STORAGE 用于设置表空间的存储参数。

(7) LOGGING|NOLOGGING 用于指定是否将创建索引的过程写入重做日志文件，LOGGING 表示写入重做日志文件，NOLOGGING 表示不写入，默认值为 LOGGING。

(8) NOCOMPRESS|COMPRESS 用于指定是否对索引值进行压缩。Oracle 数据库中可以压缩 B 树索引或索引组织表中的主键列值的部分，压缩后可以减少索引占用的空间。可以对非唯一索引或组合唯一索引中的列进行压缩，但不能对分区索引进行压缩。另外要注意的是，虽然压缩索引值可以节省空间，但是会影响索引使用效率。NOCOMPRESS 表示不压缩，COMPRESS 表示压缩，column_number 用于指定列序号，默认值为 NOCOMPRESS。

(9) NOSORT|SORT 用于指定是否对索引值进行排序。默认情况下，数据库在创建索引时会将索引值按照升序排列后进行保存。当使用 NOSORT 关键字时，数据库就会认为索引值已经按照升序排列好了，因此创建索引时不会再进行排序操作，以加快创建索引的速度。如果索引值未排序却使用了 NOSORT 关键字，则数据库会报错。默认值为 SORT。

(10) REVERSE 表示要建立反向键索引。

例 9.23　为教师表的教师姓名列创建 B 树索引并将索引创建在 test 表空间，为职称表的职称名列创建唯一索引。

```
SQL>CREATE INDEX tname_idx ON teacher(t_name) TABLESPACE test;
索引已创建。
SQL>CREATE UNIQUE INDEX title_idx ON title(title_name);
索引已创建。
```

例 9.24　为学生表的政治面貌列创建位图索引、为语种列创建反向键索引。

```
SQL>CREATE BITMAP INDEX spolitical_idx ON student(s_political);
索引已创建。
SQL>CREATE INDEX sforeign_idx ON student(s_foreign) REVERSE;
索引已创建。
```

例 9.25　为课程表的课程编号列和课序号列创建复合索引并对课序号列进行压缩、为课程名称列创建函数索引。

```
SQL>CREATE INDEX cnumseq_idx ON course(c_num, c_seq) COMPRESS 2;
索引已创建。
SQL>CREATE INDEX cname_idx ON course(LOWER(c_name));
索引已创建。
```

例 9.26　为学生表创建函数索引，索引的表达式是语文成绩、数学成绩与外语成绩的和。

```
SQL>CREATE INDEX total_idx ON student(s_chinese+s_math+s_foreign);
索引已创建。
```

9.4.4　修改和重建索引

对索引进行修改和重建需要使用 ALTER INDEX 语句，可以对索引做以下常见的修改。

1. 将索引修改为反向键索引或普通索引

将索引修改为反向键索引或普通索引的语法格式如下：

```
ALTER INDEX index_name REBUILD NOREVERSE|REBUILD REVERSE;
```

例 9.27 将索引 sforeign_idx 由反向键索引改为普通索引，再改为反向键索引。

```
SQL>ALTER INDEX sforeign_idx REBUILD NOREVERSE;
索引已更改。
SQL>ALTER INDEX sforeign_idx REBUILD REVERSE;
索引已更改。
```

2. 将索引重命名

将索引重命名的语法格式如下：

```
ALTER INDEX index_name RENAME TO new_name;
```

例 9.28 将索引 total_idx 重命名为 score_idx。

```
SQL>ALTER INDEX total_idx RENAME TO score_idx;
索引已更改。
```

3. 将索引修改为压缩或非压缩

将索引修改为压缩或非压缩的语法格式如下：

```
ALTER INDEX index_name REBUILD NOCOMPRESS|COMPRESS;
```

例 9.29 取消索引 cnumseq_idx 上的压缩，对索引 tname_idx 进行压缩。

```
SQL>ALTER INDEX cnumseq_idx REBUILD NOCOMPRESS;
索引已更改。
SQL>ALTER INDEX tname_idx REBUILD COMPRESS 1;
索引已更改。
```

4. 将索引修改为写入重做日志文件或不写入重做日志文件

将索引修改为写入重做日志文件或不写入重做日志文件的语法格式如下：

```
ALTER INDEX index_name REBUILD NOLOGGING|LOGGING;
```

例 9.30 对索引 cnumseq_idx 进行写入或不写入重做日志文件的设置。

```
SQL>ALTER INDEX cnumseq_idx REBUILD NOLOGGING;
索引已更改。
SQL>ALTER INDEX cnumseq_idx REBUILD LOGGING;
索引已更改。
```

5. 修改索引的表空间

随着表数据的增加,索引占用的空间也会越来越大,可以修改存储索引的表空间,以便于索引的管理和使用。修改索引表空间的语法格式如下:

```
ALTER INDEX index_name TABLESPACE tablespace_name;
```

例 9.31 将存储索引 tname_idx 的表空间改为 users 表空间。

```
SQL>ALTER INDEX tname_idx REBUILD TABLESPACE users;
索引已更改。
```

6. 对索引的叶块碎片进行合并

合并索引可以清除索引中的碎片,它会将 B 树叶块中的存储碎片进行合并,但是合并操作并不改变索引的物理组织结构等。合并索引的语法格式如下:

```
ALTER INDEX index_name COALESCE;
```

例 9.32 对索引 tname_idx 的叶块碎片进行合并。

```
SQL>ALTER INDEX tname_idx COALESCE;
索引已更改。
```

9.4.5 删除索引

当索引不再需要时,应该删除之。另外在大规模输入之前,为加快输入数据的速度有时也先删除索引,等数据输入完后再重建这些索引。删除索引需要使用 DROP INDEX 语句,语法格式如下:

```
DROP INDEX index_name;
```

例 9.33 删除索引 tname_idx。

```
SQL>DROP INDEX tname_idx;
索引已删除。
```

9.4.6 查看索引信息

可以通过以下的数据字典视图了解与用户相关的信息。

(1) dba_indexes、all_indexes 和 user_indexes:显示索引信息,主要包括索引的名称(index_name)、索引的类型(index_type)、创建索引的对象名称(table_name)、创建索引的对象类型(table_type)、是否是唯一索引(uniqueness)等信息。

(2) dba_ind_columns、all_ind_columns 和 user_ind_columns:用于查看创建索引的列信息,主要包括索引的名称(index_name)、创建索引的列名(column_name)、列在索引中的位置(column_position)、索引列的排序方式(descend)等信息。

(3) dba_ind_expressions、all_ind_expressions 和 user_ind_expressions:用于查看基于

函数的索引的表达式信息,主要包括索引的名称(index_name)、创建索引的对象名称(table_name)、索引列上定义的表达式(column_expression)、列在索引中的位置(column_position)等信息。

例 9.34 使用 user_indexes 视图查看索引信息。

```
SQL>SELECT index_name, index_type, table_name, uniqueness FROM user_indexes;
INDEX_NAME          INDEX_TYPE                TABLE_NAME       UNIQUENESS
-------------       --------------------      ------------     --------------
CNAME_IDX           FUNCTION-BASED NORMAL     COURSE           NONUNIQUE
PK_AWARD_AUTHOR     NORMAL                    AWARD_AUTHOR     UNIQUE
PK_AWARD            NORMAL                    AWARD            UNIQUE
...
```
已选择 16 行。

例 9.35 使用 user_ind_columns 视图查看索引列的信息。

```
SQL>SELECT index_name, table_name, column_name, column_position, descend
2 FROM user_ind_columns;
INDEX_NAME          TABLE_NAME       COLUMN_NAME      COLUMN_POSITION     DESCEND
-------------       ------------     ------------     ---------------     ----------
CNUMSEQ_IDX         COURSE           C_SEQ            2                   ASC
CNUMSEQ_IDX         COURSE           C_NUM            1                   ASC
PAPER_PK_PAPER_ID   PAPER            PAPER_ID         1                   ASC
PK_AWARD_AUTHOR     AWARD_AUTHOR     T_ID             2                   ASC
PK_AWARD_AUTHOR     AWARD_AUTHOR     AWARD_ID         1                   ASC
...
```
已选择 27 行。

例 9.36 使用 user_ind_expressions 视图查看索引的表达式信息。

```
SQL>SELECT * FROM user_ind_expressions;
INDEX_NAME     TABLE_NAME     COLUMN_EXPRESSION     COLUMN_POSITION
--------       ----------     -----------------     --------------------
CNAME_IDX      COURSE         LOWER("C_NAME")                 1
```

9.4.7 索引与约束

索引的作用除了加快查询速度,提高系统性能之外,另外一个重要的作用是为主键约束和唯一约束提供支持,执行下面的代码查看教师表的约束信息。

```
SQL>SELECT constraint_name, constraint_type, index_name FROM user_constraints
  2 WHERE table_name='TEACHER' ORDER BY 2 DESC;
CONSTRAINT_NAME   CONSTRAINT_TYPE   INDEX_NAME
-------------     -------------     --------------------
SYS_C0010834      U                 SYS_C0010834
FK_TITLEID        R
FK_DIPLOMA        R
```

```
PK_TEACHER            P                   PK_TEACHER
SYS_C0010826          C
SYS_C0010827          C
SQL> SELECT index_name, index_type, table_name FROM user_indexes
2 WHERE table_name='TEACHER';

INDEX_NAME        INDEX_TYPE        TABLE_NAME
-----------  ------------  -------------
SYS_C0010834      NORMAL            TEACHER
PK_TEACHER        NORMAL            TEACHER
```

从 user_constraints 视图的查询结果可以看出，当约束为主键约束（P）或唯一约束（U）时，建立约束的列上同时也创建了索引，且索引名与约束名相同。从 user_indexes 视图的查询结果可以看到创建的索引。在前面的操作中，并未在任何列上建立索引，那么这些索引是从哪里来的呢？再看下面的代码，该代码首先创建了一个表，然后为表添加唯一约束和主键约束。

```
SQL> CREATE TABLE test(id NUMBER, name VARCHAR2(10));
表已创建。
SQL> SELECT index_name, index_type, table_name FROM user_indexes
  2  WHERE table_name='TEST';
未选定行
SQL> ALTER TABLE test ADD CONSTRAINT unq_name UNIQUE (name);
表已更改。
SQL> SELECT index_name, index_type, table_name FROM user_indexes
2 WHERE table_name='TEST';

INDEX_NAME        INDEX_TYPE        TABLE_NAME
---------  -----------  ------------
UNQ_NAME          NORMAL            TEST
SQL> ALTER TABLE test ADD CONSTRAINT pk_test PRIMARY KEY(id);
表已更改。
SQL> SELECT index_name, index_type, table_name FROM user_indexes
2 WHERE table_name='TEST';

INDEX_NAME        INDEX_TYPE        TABLE_NAME
---------  -----------  -----------
PK_TEST           NORMAL            TEST
UNQ_NAME          NORMAL            TEST
```

在为表添加完唯一约束之后，查询 user_indexes 视图，存在一个与唯一约束同名的索引；添加完主键约束之后，查询 user_indexes 视图，又存在一个与主键约束同名的索引。由上面的两个例子可知，当创建主键约束和唯一约束时，Oracle 数据库会自动在该列上创建唯一索引。

主键约束和唯一约束都要保证建立约束的列上的值不能重复，那么如何才能保证不重复呢？实际上就是在插入或更新数据行时，用数据行上建立主键约束和唯一约束的列值去数据库里查询，看看是否已经存在该值，如果存在则不能插入或更新。正如前面讲述的那样，查询时如果没有在列上建立索引，那么就需要进行全表扫描，在一个百万或千万级别以上数量级的表中这是绝对不可接受的,因此 Oracle 数据库对创建主键约束和唯一约束的列都会自动在该列上创建唯一索引。

不仅是主键约束和唯一约束需要使用唯一索引,外键约束也需要。前面曾经讲过(见6.3.2 节),外键约束所参照的列必须已经建立主键约束或唯一约束,其道理与主键约束和唯一约束是相同的,建立外键约束的列值要么为空值,要么为对应主键约束列上的值,那如何判断是不是主键约束列上的值呢? 其实问题又回到查询上来了,既然要执行查询,那么就必须建立索引来提高执行效率。

9.4.8 何时使用索引

任何事物都有两面性,不存在只有优点没有缺点的事物,索引也是如此。虽然创建索引可以在很多情况下显著地提高查询的效率,但是并不是所有的表或表中所有的列都需要创建索引,不恰当的创建和使用索引反而会降低数据库的性能,因此在创建和使用索引时一定要权衡使用索引带来的性能提升和管理维护索引的系统开销的利弊。

索引主要有以下几个缺点:

(1) 创建索引和维护索引要耗费一定的时间,而且耗费的时间长度会随着数据量的增加而增加。

(2) 索引作为一个独立的数据对象需要占用一定的磁盘空间。除了数据表占用数据空间之外,每个索引还要占用一定的物理空间,如果要建立聚簇索引,那么需要的空间就会更大。

(3) 当对表执行 DML 语句时,只要执行的 SQL 语句涉及索引列,数据库就需要动态地更新索引,这就好比在 Word 文件中修改内容之后必须刷新目录一样,这样就必然会降低数据的维护速度。

一般来说当创建和使用索引时要先看看是否符合以下要求:

(1) 表的数据量一定要很大。这是使用索引最重要的前提,如果表的记录数很少的话,一次就可以将所有的记录扫描完毕,完全没有必要使用索引。

(2) 索引列的查询频率一定要高。在查询条件中很少使用的列不建议为其创建索引,既然这些列很少被使用,那么为这些列建立索引的意义就不大了,创建索引反而降低了系统的维护速度和增大了空间需求。

(3) 满足查询条件的记录数不能很多。经过实践证明,如果经常要查询的记录数少于表中所有记录数的 $4\%\sim5\%$,可以考虑为表建立索引,这种情况下创建索引可以有效地避免全表扫描,从而提高查询速度,但是 $4\%\sim5\%$ 的比例不是绝对的,还取决于全表扫描的速度。

(4) 在需要排序的列上创建索引。在很多情况下 Oracle 数据库会执行排序操作,如使用 ORDER BY 子句、GROUP BY 子句和 DISTINCT 子句或进行集合操作(UNION 等)时需要对表中的数据排序,而索引的一个最基本的特点就是会对索引值进行排序,因此在执行排序操作的列上创建索引就相当于提前完成排序,那么在执行查询时就可以避免运行时排序,从而可以提高查询效率。

(5) 可以在查询频率高的组合列上创建索引。如果要查询的列就是索引中保存的列,那么查询时就可以直接使用索引返回查询的值,而不必访问表。

（6）在多表连接查询中的连接列上创建索引。多表连接查询时，要对连接列进行匹配查询，使用索引可以明显地提高查询效率。

（7）不要在低基数的列上创建索引。例如，性别、婚姻状况这类数据列，它们的取值只有几个值，列中存在大量的重复值，因此在查询时，需要在表中搜索的数据行的比例很大，这种情况下即使使用索引，也并不能明显地提高查询效率。

（8）当需要对一个表频繁地进行增删改操作时，不应该为该表创建索引。索引带来的性能提升主要体现在查询操作上，但是会降低增删改操作的性能。

（9）要限制在表上创建索引的数量。创建的索引越多，磁盘空间的占用量就越大，维护和更新索引所需要的时间就越长，因此要限制每个表中的索引的数量。

（10）在向数据库导入数据时，不要创建索引。当使用 SQL * Loader 等工具向数据库中导入数据时，先不要在表上创建索引，即使已经创建索引也应该先删除，否则因为导入数据相当于向表中插入数据，插入数据必然会对索引进行更新，所以会大大延长数据导入的时间。

9.5　分区表

9.5.1　什么是分区表

数据库中存储的数据量往往很大，很多表的数据量可能会达到千万级甚至更高，这类大型表的性能优化对于数据库乃至应用程序的整体的性能影响是十分重要的，Oracle 数据库中提供了表分区技术以支持 VLDB(Very Large Database)的性能优化。

分区表的基本思想就是"分而治之"，所谓"分而治之"就是允许用户将一个存储量大的表划分成若干个部分，形成相对较小的、可以独立管理的分区，从而降低表中数据的存储量。划分分区之后，用户可以执行查询操作，只访问表中的指定分区。分区具有逻辑独立性，因此还可以将不同的分区存储在不同的磁盘上，独立地进行备份和恢复等操作，提高 I/O 性能和安全性。所有的分区都具有相同的逻辑属性，因为它们都从属于一个表，它们具有相同的列名、数据类型和约束等。但是不同分区的物理属性可能会有所不同，因为它们可能会存储在不同的磁盘上或者磁盘的不同区域上。

9.5.2　创建分区表

Oracle 数据库中有以下几种类型的分区表。

1. 范围分区（Range Partitioning）

范围分区是根据表中的一列或多列上的取值范围（如分数、顺序、时间等）来进行分区的。创建范围分区表的语法格式如下：

```
CREATE TABLE 语句
PARTITION BY RANGE (column_name[, column_name] …)
(
```

```
      PARTITION part1 VALUES LESS THAN(range1) [TABLESPACE tablespacename],
      PARTITION part2 VALUES LESS THAN(range2) [TABLESPACE tablespacename],
      ...
      PARTITION partN VALUES LESS THAN(MAXVALUE) [TABLESPACE tablespacename]
   );
```

说明：

（1）如果要创建分区表，需要在 CREATE TABLE 语句的后面使用 PARTITION BY RANGE 子句说明要以范围分区的方式对表进行分区。在 PARTITION BY RANGE 子句之后的括号中列出分区表以哪些列为基础进行分区。

（2）可以在每个创建分区表的 PARTITION 关键字的后面为分区命名，也可以不手动命名，这样 Oracle 数据库会自动为分区命名。

（3）每个分区都是一个独立的段，可以存放到不同的表空间中。因此可以在每个分区表的后面指定该分区存储在哪个表空间中，如果不指定则会创建在用户的默认表空间中。

（4）VALUES LESS THAN 子句用于设置一个分区中列值的取值范围，这个值是指定分区的上限，但是要注意指定的范围值不包含括号内的值。

（5）MAXVALUE 关键字用于设置分区列的最大值，可以将它看做一个虚拟的数值，这个数值总是比插入到分区列中的值大，因此设置了该关键字就意味着分区列的值没有上限。

对已经分区的表进行增删改查操作的方法与对普通表的操作方法完全相同，Oracle 数据库会根据创建分区时指定的分区条件自动地对相应分区中的数据进行处理。

查询、修改和删除分区表数据时可以显式地指定要操作的分区，语法格式如下：

```
SELECT 列或表达式 FROM 表名 PARTITION (分区名);
UPDATE 列或表达式 FROM 表名 PARTITION (分区名);
DELETE FROM 表名 PARTITION (分区名);
```

在已分区的表中插入数据与操作普通表完全相同，Oracle 数据库会自动将数据保存到对应的分区，查询、修改和删除分区表时可以显式地指定要操作的分区，虽然删除时可以不指定分区，但是指定分区可以避免全表扫描，因此速度比较快。

例 9.37 创建 student_p1 表，同时为 student_p1 表创建 3 个分区。

```
SQL>CREATE TABLE student_p1(
 2    s_id VARCHAR2(10) CONSTRAINT pk_student PRIMARY KEY, --学号,主键
 3    s_name VARCHAR2(20) NOT NULL,                       --学生姓名
 4    s_gender VARCHAR2(10) CONSTRAINT nn_s_gender NOT NULL CONSTRAINT
      check_gender CHECK (s_gender IN('男', '女')),       --学生性别
 5    s_nation VARCHAR2(10) NOT NULL,                     --民族
 6    s_political VARCHAR2(20) NOT NULL,                  --政治面貌
 7    s_classname VARCHAR2(100) NOT NULL,                 --班级名
 8    s_language VARCHAR2(20) NOT NULL,                   --语种
 9    s_chinese NUMBER(4, 1),                             --语文成绩
10    s_math NUMBER(4, 1),                                --数学成绩
11    s_foreign NUMBER(4, 1),                             --外语成绩
```

```
12    s_duty VARCHAR2(50)                              --职务
13  )
14  PARTITION BY RANGE (s_id)                          --根据学生的学号分区
15  (
16    PARTITION s_p1 VALUES LESS THAN('0807020104'),
17    PARTITION s_p2 VALUES LESS THAN('0807070117'),
18    PARTITION s_p3 VALUES LESS THAN('0807070331')
19  );
```

例 9.37 中创建的分区表中指定的列是 s_id，也就是说 student_p1 表会按照分区字段 s_id 值的范围来进行分区，代码中创建了 3 个分区，第一个分区的 s_id 号小于 0807020104，第二个分区的 s_id 号小于 0807070117，第三个分区的 s_id 号小于 0807070331。

例 9.38　向 student_p1 表中插入数据。

```
SQL>INSERT INTO student_p1 VALUES('0807010101', '张三', '男', '汉族',
  2  '共青团员', '工商 081', '英语', 110, 88 ,104, null);
已创建 1 行。
SQL>INSERT INTO student_p1 VALUES('0807020104', '李四', '男', '汉族',
  2  '共青团员', '工商 082', '英语', 120, 88, 114, null);
已创建 1 行。
SQL>INSERT INTO student_p1 VALUES('0807070331', '王五', '男', '汉族',
  2  '共青团员', '工商 082', '英语', 130, 88, 124, null);
INSERT INTO student_p                           --0807070331已经超出所指定的最大范围
            *
第 1 行出现错误：
ORA-14400：插入的分区关键字未映射到任何分区
SQL>SELECT s_id, s_name, s_political, s_classname FROM student_p1;
S_ID        S_NAME    S_POLITICAL    S_CLASSNAME
--------- ------- ----------- ------------
0807010101    张三      共青团员        工商 081
0807020104    李四      共青团员        工商 082
SQL>SELECT s_id, s_name, s_political, s_classname FROM student_p1 PARTITION(s_p1);
S_ID        S_NAME    S_POLITICAL    S_CLASSNAME
--------- ------- ----------- ----------
0807010101    张三      共青团员        工商 081
SQL>SELECT s_id, s_name, s_political, s_classname FROM student_p1 PARTITION(s_p2);
S_ID        S_NAME    S_POLITICAL    S_CLASSNAME
--------- ------ ----------- ----------
0807020104    李四      共青团员        工商 082
SQL>SELECT s_id, s_name, s_political, s_classname FROM student_p1 PARTITION(s_p3);
未选定行
```

第一条插入语句将数据插入到第一个分区中，因为其学号是 0807010101（小于 0807020104）；第二条插入语句将数据插入到第二个分区中，因为其学号是 0807020104（大于等于 0807020104 小于 0807070117）；第三条插入语句未能执行成功，因为其学号是 0807070331，恰好等于分区三的分区条件，它不符合任何分区的范围条件，所以提示错误信息"插入的分区关键字未映射到任何分区",这也说明满足分区条件的列值中不包括 VALUES LESS THAN 子句指定的值。在查询时,第一条查询语句没有指定分区名,所以可以将表中的所有数据查询出来;第二条、第三条和第四条查询语句分别指定了分区名,就只能查询出对应分区的数据。下面的例子中使用了 MAXVALUE 关键字,这样就使得分区列 s_id 的值没有上限了,只要大于 0807070331 都会被存储在 s_p4 这个分区中。

例 9.39 重新创建 student_p1 表,同时为 student_p1 表创建 4 个分区,分区条件是学生的学号。

```
SQL>CREATE TABLE student_p1(
  2    s_id VARCHAR2(10) CONSTRAINT pk_student PRIMARY KEY, --学号,主键
  3    s_name VARCHAR2(20) NOT NULL,                        --学生姓名
  4    s_gender VARCHAR2(10) CONSTRAINT nn_s_gender NOT NULL CONSTRAINT
       check_gender CHECK (s_gender IN('男', '女')),        --学生性别
  5    s_nation VARCHAR2(10) NOT NULL,                      --民族
  6    s_political VARCHAR2(20) NOT NULL,                   --政治面貌
  7    s_classname VARCHAR2(100) NOT NULL,                  --班级名
  8    s_language VARCHAR2(20) NOT NULL,                    --语种
  9    s_chinese NUMBER(4, 1),                              --语文成绩
 10    s_math NUMBER(4, 1),                                 --数学成绩
 11    s_foreign NUMBER(4, 1),                              --外语成绩
 12    s_duty VARCHAR2(50)   v--职务
 13  )
 14  PARTITION BY RANGE (s_id)                              --根据学生的学号分区
 15  (
 16    PARTITION s_p1 VALUES LESS THAN('0807020104'),
 17    PARTITION s_p2 VALUES LESS THAN('0807070117'),
 18    PARTITION s_p3 VALUES LESS THAN('0807070331'),
 19    PARTITION s_p4 VALUES LESS THAN(MAXVALUE)
 20  );
表已创建。
SQL>INSERT INTO student_p1 VALUES('0807070331', '张三', '男', '汉族',
  2  '共青团员', '工商081', '英语', 110, 88, 124, null);
已创建1行。
```

如果表中有日期字段,也可以根据日期字段来进行分区,如按照月份分成 12 个分区。下面是一个按照时间进行范围分区的例子。

例 9.40 创建 teacher_p1 表,同时为该表创建范围分区,分区数为 3,分区条件是教师的入职时间。

```
SQL>CREATE TABLE teacher_p1 (
  2    t_id CHAR(6) PRIMARY KEY,                            --教师编号
  3    t_name VARCHAR2(50) NOT NULL,                        --教师姓名
  4    t_gender VARCHAR2(2) NOT NULL CHECK(t_gender IN('男', '女')), --教师性别
  5    t_ishere VARCHAR2(10) NOT NULL,                      --在职状态
  6    t_entertime DATE NOT NULL,                           --入职时间
```

```
 7    t_idcard VARCHAR2(18) UNIQUE,              --身份证号,唯一约束
 8    t_departmentid NUMBER(2),                  --系号
 9    t_duty VARCHAR2(50) NOT NULL,              --职务
10    t_titleid NUMBER(2),                       --职称编号
11    t_titletime DATE,                          --职称获得时间
12    t_research VARCHAR2(50),                   --研究方向
13    t_university VARCHAR2(50) NOT NULL,        --毕业学校
14    t_graduatetime DATE NOT NULL,              --毕业时间
15    t_specialty VARCHAR2(50) NOT NULL,         --专业
16    t_diplomaid NUMBER(2) NOT NULL,            --学历
17    t_birthday DATE NOT NULL,                  --出生日期
18    t_marrige VARCHAR2(4) NOT NULL             --婚姻状况
19    )
20    PARTITION BY RANGE (t_entertime)           --根据入职时间分区
21    (
22      PARTITION t_p1 VALUES LESS THAN(DATE '2006-1-1'),
23      PARTITION t_p2 VALUES LESS THAN(DATE '2010-1-1'),
24      PARTITION t_p3 VALUES LESS THAN(MAXVALUE)
25    );
表已创建。
```

2. 间隔分区（Interval Partitioning）

在创建范围分区表时,通常会创建一个指定 MAXVALUE 值的分区,因为这样可以避免由于插入值超出分区条件列的最大值而导致 ORA-14400 错误的发生。但是对于有些业务需求来说,指定 MAXVALUE 值并不一个很好的解决方法,如很多时候需要根据时间来对业务数据进行分区,数据量大的可能会以日、周来分区,数据量小的可能会以月、季度或年等时间来分区,时间是一个动态的概念,如果分区的粒度比较小(如按日或周),那么从语法上为每个时间单元创建一个分区将是一件十分烦琐的事,而当分区列的数据超出指定的最大日期时其后的所有数据都会被存储到指定 MAXVALUE 值的分区中,从而影响分区的效果。

针对这个问题,Oracle 11g 中提出了一种新的分区方法——间隔分区来加以解决。实际上,间隔分区是对传统的范围分区进行了扩展,使得分区表的使用和维护更加灵活。创建间隔分区表的语法格式如下:

```
CREATE TABLE 语句
PARTITION BY RANGE (column_name)
INTERVAL(partition_condition)
(
  PARTITION part1 VALUES LESS THAN(range1) [TABLESPACE tablespacename],
  PARTITION part2 VALUES LESS THAN(range2) [TABLESPACE tablespacename],
  ...
  PARTITION partN VALUES LESS THAN(rangeN) [TABLESPACE tablespacename]
);
```

说明:

创建间隔分区需要先在 CREATE TABLE 语句的后面使用 PARTITION BY RANGE 子句至少创建一个范围分区,然后使用 INTERVAL 子句指定分区列的间隔条件。

创建间隔分区有一些限制:

(1)间隔分区只能定义一个分区列,而且分区列的类型只能是数值型或日期时间型。

(2)间隔分区不支持索引组织表。

(3)在间隔分区表上不能建立域索引(Domain Index)。

例 9.41 创建 teacher_p2 表,同时为该表创建间隔分区,分区条件是教师的入职时间并按月分区。

```
SQL>CREATE TABLE teacher_p2 (
 2   t_id CHAR(6) PRIMARY KEY,                       --教师编号
 3   t_name VARCHAR2(50) NOT NULL,                   --教师姓名
 4   t_entertime DATE NOT NULL                       --入职时间
 5   )
 6   PARTITION BY RANGE (t_entertime)                --根据入职时间分区
 7   INTERVAL(NUMTOYMINTERVAL(1, 'MONTH'))
 8   (
 9    PARTITION t_p1 VALUES LESS THAN(DATE '2006-1-1'),
10    PARTITION t_p2 VALUES LESS THAN(DATE '2010-1-1')
11   );
表已创建。
SQL>SELECT partition_name, high_value FROM user_tab_partitions
 2   WHERE table_name='TEACHER_P2';

PARTITION_NAME             HIGH_VALUE
------------   ------------------------------------------------
T_P1             TO_DATE('2006-01-01 00:00:00','SYYYY-MM-DDHH24:MI:SS',
                 'NLS_CALENDAR=GREGORIA
T_P2             TO_DATE('2010-01-01 00:00:00','SYYYY-MM-DD HH24:MI:SS',
                 'NLS_CALENDAR=GREGORIA
SQL>INSERT INTO teacher_p2 VALUES(1, '张三', '1-1月-10');
已创建 1 行。
SQL>SELECT partition_name, high_value FROM user_tab_partitions
 2   WHERE table_name='TEACHER_P2';

PARTITION_NAME             HIGH_VALUE
------------   ------------------------------------------------
TEACHER_P1       TO_DATE(' 2006-01-01 00:00:00','SYYYY-MM-DD HH24:MI:SS',
                 'NLS_CALENDAR=GREGORIA
TEACHER_P2       TO_DATE(' 2010-01-01 00:00:00','SYYYY-MM-DD HH24:MI:SS',
                 'NLS_CALENDAR=GREGORIA
SYS_P26          TO_DATE(' 2010-02-01 00:00:00','SYYYY-MM-DD HH24:MI:SS',
                 'NLS_CALENDAR=GREGORIA
SQL>INSERT INTO teacher VALUES(2, '李四', '1-6月-10');
已创建 1 行。
```

```
SQL> INSERT INTO teacher_p2 VALUES(3, '王五', '21-6月-10');  --6月的分区已经创建
已创建 1 行。
SQL> INSERT INTO teacher_p2 VALUES(4, '赵六', '31-3月-10');
已创建 1 行。
SQL> SELECT partition_name, high_value FROM user_tab_partitions
  2  WHERE table_name='TEACHER_P2';

PARTITION_NAME              HIGH_VALUE
--------------             --------------------------------------------------------
TEACHER_P1                 TO_DATE('2006-01-01 00:00:00','SYYYY-MM-DD HH24:MI:SS',
                           'NLS_CALENDAR=GREGORIA

TEACHER_P2                 TO_DATE('2010-01-01 00:00:00','SYYYY-MM-DD HH24:MI:SS',
                           'NLS_CALENDAR=GREGORIA

SYS_P26                    TO_DATE('2010-02-01 00:00:00','SYYYY-MM-DD HH24:MI:SS',
                           'NLS_CALENDAR=GREGORIA

SYS_P28                    TO_DATE('2010-04-01 00:00:00', 'SYYYY-MM-DD HH24:MI:SS',
                           NLS_CALENDAR=GREGORIA

SYS_P27                    TO_DATE('2010-07-01 00:00:00', 'SYYYY-MM-DD HH24:MI:SS',
                           'NLS_CALENDAR=GREGORIA
```

首先创建分区表,分区列是入职时间,分区条件是按照每个月来划分的,查看 user_tab_partitoins 视图,可知已经创建了两个分区表,这是在执行定义表的 SQL 语句时创建的;然后向表中插入一条数据,其入职时间列的值大于"2010-1-1",但是没有报错。再查看 user_tab_partitoins 视图,可知 Oracle 数据库已经自动地创建了一个新的分区 SYS_P26,其最大值为"2010-02-01",说明当插入的数据超出分区表范围的最大值时,Oracle 数据库能自动创建新的表分区,并将插入的数据保存到分区中。再分别插入 3 条数据,查看 user_tab_partitoins 视图,Oracle 数据库又自动创建了两个新的分区 SYS_P27 和 SYS_P28。

3. 列表分区(List Partitioning)

在某些业务需求中,需要根据某些列中存储的数据分类管理所有数据,这些列中存储的数据往往不是连续值而是离散值,如部门、学院、营业区域等。范围分区很显然不适合对这种离散值进行分区,这时就可以使用列表分区,列表分区允许在分区条件中以枚举的方式列出分区列的所有选项,从而可以按照分区列的值对表进行分区。创建列表分区表的语法格式如下:

```
CREATE TABLE 语句
PARTITION BY LIST (column_name)
(
  PARTITION part1 VALUES (values_list1) [TABLESPACE tablespacename],
  PARTITION part2 VALUES (values_list2) [TABLESPACE tablespacename],
  ...
  PARTITION partN VALUES (DEFAULT) [TABLESPACE tablespacename]
);
```

说明：

（1）如果要创建列表分区表，需要在 CREATE TABLE 语句的后面使用 PARTITION BY LIST 子句说明以列表分区的方式对表进行分区。在 PARTITION BY LIST 子句之后的括号中列出分区表使用的列名。

（2）DEFAULT 用于指定该分区是一个默认分区，如果插入的记录没有找到对应的匹配分区，则会保存到默认分区，只能指定一个默认分区。

例 9.42　创建表 course_p1，同时为该表创建 3 个列表分区，分区条件是课程类别。

```
SQL>CREATE TABLE course_p1(
2      c_term VARCHAR2(20) NOT NULL,                        --学期
3      c_num CHAR(6) NOT NULL,                              --课程编号
4      c_seq VARCHAR2(2) NOT NULL,                          --课序号
5      c_name VARCHAR2(80) NOT NULL,                        --课程名称
6      c_ename VARCHAR2(80) NOT NULL,                       --课程英文名称
7      c_type VARCHAR2(30) NOT NULL,                        --课程类别
8      c_nature VARCHAR2(30) NOT NULL,                      --课程性质
9      c_thours NUMBER(3) NOT NULL,                         --总学时
10     c_credits NUMBER(2,1) NOT NULL,                      --学分
11     c_class VARCHAR2(200),                               --上课班级
12     c_togeclass NUMBER(2),                               --合班数
13     c_stunum NUMBER(4),                                  --学生数
14     t_id CHAR(6),                                        --任课教师
15     c_theoryhours NUMBER(3) NOT NULL,                    --理论学时
16     c_designhours NUMBER(3) DEFAULT 0 NOT NULL,          --设计学时
17     c_prachours NUMBER(3) DEFAULT 0 NOT NULL,            --上机学时
18     c_common NUMBER(2, 1) NOT NULL,                      --平时成绩权重
19     c_final NUMBER(2, 1) NOT NULL,                       --期末成绩权重
20     c_assway VARCHAR2(10) NOT NULL,                      --考核方式
21     CONSTRAINT pk_course PRIMARY KEY(c_term, c_seq, c_num), --复合主键
22 CONSTRAINT fk_course FOREIGN KEY (t_id) REFERENCES teacher(t_id)
23 )
24 PARTITION BY LIST (c_type)                               --根据课程类型分区
25 (
26     PARTITION compulsory_course VALUES('学科基础', '专业必修'),
27     PARTITION elective_course VALUES('专业限选'),
28     PARTITION specialized_course VALUES('专业任选')
29 );
表已创建。
SQL>INSERT INTO course_p1 SELECT * FROM course;
已创建 34 行。               --将 course 课程表中的所有数据插入到 course_p1 表中
SQL>SELECT c_term, c_num, c_seq, c_name, c_class FROM course_p1
 2 PARTITION(compulsory_course);       --查看 compulsory_course 分区中的数据
C_TERM          C_NUM       C_SEQ     C_NAME         C_CLASS
----------      --------    -----     -----------    ----------------------
2010-2011(1)    070427      0         专业英语         人力 081;人力 082;人力 083
2010-2011(1)    070011      1         电子商务         物流 081;物流 082;物流 083
```

```
2010-2011(1)    070017    0        管理信息系统        物流081;物流082;物流083
...
```

已选择31行。

```
SQL>SELECT c_term, c_num, c_seq, c_name, c_class FROM course_p1
  2  PARTITION(elective_course);             --查看elective_cours分区中的数据
C_TERM        C_NUM      C_SEQ    C_NAME          C_CLASS
----------    --------   -----    ------------    --------------
2010-2011(1)  060151     0        面向对象程序设计   信管081;信管082
2010-2011(1)  060164     0        网络数据库基础    信管081;信管082
```

已选择2行。

```
SQL>SELECT c_term, c_num, c_seq, c_name, c_class FROM course_p1
  2  PARTITION(specialized_course);          --查看specialized_course分区中的数据
C_TERM      C_NUM    C_SEQ   C_NAME      C_CLASS
---------   ------   -----   --------    ----------------------------
2010-2011(1) 070197  0       决策支持系统   信管072;信管071;工商083;工商082;工商081
```

已选择1行。

首先创建分区表,分区的依据是课程类型,课程类型的取值范围只有几个值,属于离散数据,因此特别适合使用列表分区,分区时将"学科基础和专业必修"归为一类,将"专业限选"归为一类,将"专业任选"归为一类;然后向表中插入数据,再分别查询不同分区中的数据,可见数据已经按照课程类型插入不同分区中了。

4. 散列分区(Hash Partitioning)

前面讲述的范围分区和列表分区是根据分区列的取值来确定分区的,好处是可以根据一定的业务逻辑来组织和管理数据,但是有时这些分区方法也会带来一些问题。例如,例9.41是按照时间范围进行分区的,如果"2006-1-1"之前以及"2006-1-1"到"2010-1-1"之间入职的员工很少,而"2010-1-1"之后入职的员工很多的话,就会造成不同分区中的数据量不均衡,也就是有的分区数据量很大而有的分区数据量很小,对于例9.42来说同样存在类似的问题,因此Oracle数据库提供了散列分区的方法来解决分区数据量不均衡的问题。

散列分区是数据库根据用户指定的分区列作为键值,然后使用散列函数将表中的不同行映射到不同的分区中以实现数据分区的目的。散列分区最大的优点就是可以把数据均衡地存放在不同的分区中,每个分区的记录的数量基本相同,至于分配到哪个分区则是由散列函数返回的结果来决定的,用户是不能控制数据存放在哪个分区的。创建散列分区表的语法格式如下:

```
CREATE TABLE 语句
PARTITION BY HASH (column_name [, column_name…])
(
  PARTITION part1 [TABLESPACE tablespacename],
  PARTITION part2 [TABLESPACE tablespacename],
  …
  [PARTITION partN [TABLESPACE tablespacename]
);
```

说明：

（1）如果要创建散列分区表，需要在 CREATE TABLE 语句的后面使用 PARTITION BY HASH 子句说明以散列分区的方式对表进行分区。在 PARTITION BY HASH 子句之后的括号中列出分区表使用的列名。

（2）可以在每个创建分区表的 PARTITION 关键字的后面为分区命名，也可以不手动命名，这样 Oracle 数据库会自动为分区命名。

（3）每个分区都是一个独立的段，可以存放到不同的表空间中。因此可以在每个分区表的后面指定该分区存储在哪个表空间中，如果不指定则会创建在用户的默认表空间中。

例 9.43 创建 course_p2 表，同时为该表创建 3 个散列分区，分区列是学期。

```
SQL>CREATE TABLE course_p2 (
  2  c_term VARCHAR2(20) NOT NULL,                        --学期
  3  c_num CHAR(6) NOT NULL,                              --课程编号
  4  c_seq VARCHAR2(2) NOT NULL,                          --课序号
  5  c_name VARCHAR2(80) NOT NULL,                        --课程名称
  6  c_ename VARCHAR2(80) NOT NULL,                       --课程英文名称
  7  c_type VARCHAR2(30) NOT NULL,                        --课程类别
  8  c_nature VARCHAR2(30) NOT NULL,                      --课程性质
  9  c_thours NUMBER(3) NOT NULL,                         --总学时
 10  c_credits NUMBER(2, 1) NOT NULL,                     --学分
 11  c_class VARCHAR2(200),                               --上课班级
 12  c_togeclass NUMBER(2),                               --合班数
 13  c_stunum NUMBER(4),                                  --学生数
 14  t_id CHAR(6),                                        --任课教师
 15  c_theoryhours NUMBER(3) NOT NULL,                    --理论学时
 16  c_designhours NUMBER(3) DEFAULT 0 NOT NULL,          --设计学时
 17  c_prachours NUMBER(3) DEFAULT 0 NOT NULL,            --上机学时
 18  c_common NUMBER(2, 1) NOT NULL,                      --平时成绩权重
 19  c_final NUMBER(2, 1) NOT NULL,                       --期末成绩权重
 20  c_assway VARCHAR2(10) NOT NULL,                      --考核方式
 21  CONSTRAINT pk_course PRIMARY KEY(c_term, c_seq, c_num),  --复合主键
 22  CONSTRAINT fk_course FOREIGN KEY (t_id) REFERENCES teacher(t_id)
 23  )
 24  PARTITION BY HASH (c_num)                            --根据课程编号分区
 25  (
 26    PARTITION c_p1,
 27    PARTITION c_p2,
 28    PARTITION c_p3
 29  );
表已创建。
SQL>INSERT INTO course_p2 SELECT * FROM course;
已创建 34 行。              --将 course 课程表中的所有数据插入到 course_p2 表中
SQL>SELECT COUNT(*) FROM course_p2 PARTITION(c_p1);
  COUNT(*)
```

```
----------
      8
SQL>SELECT COUNT(*) FROM course_p2 PARTITION(c_p2);
  COUNT(*)
----------
     15
SQL>SELECT COUNT(*) FROM course_p2 PARTITION(c_p3);
  COUNT(*)
----------
     11
```

从结果来看,各个分区比较均匀地保存了表中的记录。

5. 引用分区(Reference Partitioning)

引用分区是 Oracle 11g 提出的一种新的分区方法,用于在有主从关系的表(具有主外键关系的表)之间建立相同的分区原则。主从表之间的关系是非常密切的,有时希望对主表建立分区之后,从表就建立与主表一样的分区。在 Oracle 11g 之前,如果要实现上面的功能就必须分别为主表和从表建立分区,为此 Oracle 11g 引入了引用分区的概念,当主表建立好分区之后,从表可以自动地获取主表所建的分区。创建引用分区表的语法格式如下:

```
CREATE TABLE 语句
PARTITION BY REFERENCE(外键约束名)
```

例 9.44　创建 teacher_p3 和 course_p3 表,同时为 teacher_p3 表创建散列分区,分区列是教师编号,为 course_p3 表创建引用分区,通过外键引用 teacher_p3 表的分区。

```
SQL>CREATE TABLE teacher_p3(          --为了操作方便,将教师表进行了简化,教师表为主表
 2  t_id CHAR(6) PRIMARY KEY,         --教师编号
 3  t_name VARCHAR2(50) NOT NULL,     --教师姓名
 4  t_entertime DATE NOT NULL         --入职时间
 5  )
 6  PARTITION BY HASH (t_id)          --根据教师编号进行散列分区
 8  (
 9  PARTITION t_p1,
10  PARTITION t_p2
11  );
表已创建。
SQL>CREATE TABLE course_p3(           --为了操作方便,将课程表进行了简化,课程表为从表
 2       c_term VARCHAR2(20) NOT NULL,                          --学期
 3       c_num CHAR(6) NOT NULL,                                --课程编号
 4       c_seq VARCHAR2(2) NOT NULL,                            --课序号
 5       c_name VARCHAR2(80) NOT NULL,                          --课程名称
 6       t_id CHAR(6) NOT NULL,                                 --任课教师
 7       CONSTRAINT pk_course1 PRIMARY KEY(c_term, c_seq, c_num),    --复合主键
 8   CONSTRAINT fk_course1 FOREIGN KEY (t_id) REFERENCES teacher_p3(t_id)
 9  ) PARTITION BY REFERENCE (fk_course1);
```

表已创建。

```
SQL>INSERT INTO teacher_p3(t_id, t_name, t_entertime)
  2   SELECT t_id, t_name, t_entertime FROM teacher;
已创建 24 行。
SQL>INSERT INTO course_p3(c_term, c_num, c_seq, c_name, t_id)
  2   SELECT c_term, c_num, c_seq, c_name, t_id FROM course;
已创建 34 行。
SQL>SELECT COUNT(*) FROM teacher_p3 PARTITION(t_p1);
  COUNT(*)
----------
        11                            --教师表在第一个分区上有 11 条记录
SQL>SELECT COUNT(*) FROM teacher_p3 PARTITION(t_p2);
  COUNT(*)
----------
        13                            --教师表在第二个分区上有 13 条记录
SQL>SELECT COUNT(*) FROM course_p3 PARTITION(t_p1);
  COUNT(*)
----------
        17                            --课程表在第一个分区上有 17 条记录
SQL>SELECT COUNT(*) FROM course_p3 PARTITION(t_p2);
  COUNT(*)
----------
        17                            --课程表在第二个分区上有 17 条记录
```

例 9.44 中，课程表的外键 t_id 与教师表的主键 t_id 相对应，在教师表中建立散列分区后，在课程表中直接引用了教师表创建的分区，然后分别向教师表和课程表中插入数据。从课程表的每个分区包含的记录数来看，已经按照教师表建立的散列分区向表中插入了数据。

还可以通过数据字典视图 user_part_tables 来查看教师表和课程表的分区情况。

```
SQL>SELECT table_name, partitioning_type, ref_ptn_constraint_name FROM user_part_
tables
  2   WHERE table_name IN ('TEACHER_P3', 'COURSE_P3');
TABLE_NAME    PARTITIONING_TYPE    REF_PTN_CONSTRAINT_NAME
--------    ----------------    --------------------------
COURSE_P3     REFERENCE            FK_COURSE1
TEACHER_P3    HASH
```

从查询结果也可以看出来教师表的分区是散列分区，课程表的分区是引用分区，引用的约束为 fk_course1。

使用引用分区需要注意以下两点：

（1）从表的外键列需要指定为非空约束（NOT NULL），否则会报错“ORA-14652：不支持引用分区外键”。

（2）主表创建的分区不能是间隔分区，否则会报错“ORA-14653：引用分区表的父表必须进行分区”。

6. 虚拟列分区（Virtual Column Partitioning）

虚拟列是 Oracle 11g 提出的一个新概念，所谓虚拟列就是指这个列不是真实存在的，而是通过其他列计算得来的，与普通列的最大区别在于虚拟列不会被存储到磁盘上。可以在 DDL 和 DML 语句中使用虚拟列，可以在虚拟列上定义索引。虚拟列分区不是一种分区的类型，而只是将虚拟列作为分区列的分区，因此没有独立地创建语法，可以在范围分区、间隔分区、列表分区、散列分区中使用虚拟列。下面的代码演示了如何在表中创建虚拟列。

```
SQL>CREATE TABLE student_p2(
  2    s_id VARCHAR2(10) CONSTRAINT pk_student PRIMARY KEY,        --学号,主键
  3    s_name VARCHAR2(20) NOT NULL,                               --学生姓名
  4    s_chinese NUMBER(4, 1),                                     --语文成绩
  5    s_math NUMBER(4, 1),                                        --数学成绩
  6    s_foreign NUMBER(4, 1),                                     --外语成绩
  7    total NUMBER(4, 1) GENERATED ALWAYS AS (s_chinese +s_math +s_foreign)
  8  );
表已创建。
```

total 列就是一个虚拟列，也可以显式地使用 VIRTUAL 关键字指定一个列为虚拟列，而且可以不为虚拟列设置数据类型，因为它会自动根据计算的结果设置数据类型。虚拟列的位置可以放在它参考的列的前面，但是不能引用其他的虚拟列。上面创建表的代码可以改为：

```
SQL>CREATE TABLE student_p2(
  2  s_id VARCHAR2(10) CONSTRAINT pk_student PRIMARY KEY,          --学号,主键
  3  s_name VARCHAR2(20) NOT NULL,                                 --学生姓名
  4  s_chinese NUMBER(4, 1),                                       --语文成绩
  5  s_math NUMBER(4, 1),                                          --数学成绩
  6  s_foreign NUMBER(4, 1),                                       --外语成绩
  7  total  GENERATED ALWAYS AS (s_chinese +s_math +s_foreign) VIRTUAL
  8  );
表已创建。
```

在前面创建的分区中，分区列都是表中的真实列，而虚拟列分区可以使用虚拟列作为分区列。假设现在有这样的需求，要对插入学生表的学生按照其外语成绩分类，并存入不同的分区中，此时在学生表中并不存在可以使用的分区列，因此这里手工地构造一个虚拟列，再使用虚拟列建立分区表，插入数据时会自动计算虚拟列，并根据虚拟列的值将记录存入不同的分区中。

例 9.45　创建表 student_p2，同时为该表创建虚拟列，虚拟列表示学生的外语成绩等级，通过 CASE 语句生成，为其创建虚拟列分区，分区列是虚拟列。

```
SQL>CREATE TABLE student_p2(
  2  s_id VARCHAR2(10) CONSTRAINT pk_student PRIMARY KEY,          --学号,主键
  3  s_name VARCHAR2(20) NOT NULL,                                 --学生姓名
  4  s_language VARCHAR2(20) NOT NULL,                             --语种
```

```
 5   s_chinese NUMBER(4, 1),                --语文成绩
 6   s_math NUMBER(4, 1),                   --数学成绩
 7   s_foreign NUMBER(4, 1),               --外语成绩
 8   s_category VARCHAR2(6)               --虚拟列,根据外语成绩分为 A、B、C、D 四类
 9      GENERATED ALWAYS AS
10      (
11        CASE
12          WHEN s_foreign>=130 THEN 'A'
13          WHEN s_foreign>=115 THEN 'B'
14          WHEN s_foreign>=100 THEN 'C'
15          ELSE 'D'
16        END
17      ) VIRTUAL
18   )
19   PARTITION BY LIST (s_category)
20   (
21      PARTITION p_a VALUES ('A'),
22      PARTITION p_b VALUES ('B'),
23      PARTITION p_c VALUES ('C'),
24      PARTITION p_d VALUES ('D')
25   );
```
表已创建。
```
SQL>INSERT INTO student_p2(s_id, s_name, s_language, s_chinese, s_math, s_foreign)
 2   SELECT s_id, s_name, s_language, s_chinese, s_math ,s_foreign FROM student;
```
已创建 273 行。
```
SQL>SELECT COUNT(*) FROM student_p2 PARTITION(p_a);      --A 类学生 16 人
COUNT(*)
----------
       16
SQL>SELECT COUNT(*) FROM student_p2 PARTITION(p_b);      --B 类学生 135 人
  COUNT(*)
----------
      135
SQL>SELECT COUNT(*) FROM student_p2 PARTITION(p_c);      --C 类学生 97 人
  COUNT(*)
----------
       97
SQL>SELECT COUNT(*) FROM student_p2 PARTITION(p_d);      --D 类学生 25 人
  COUNT(*)
----------
       25
```

7. 系统分区(System Partitioning)

系统分区是 Oracle 11g 提出的一种新的分区方法,它是一种比较特殊的分区,特殊之处

在于这种分区中的数据不是由 Oracle 数据库而是由用户或应用程序管理和控制的。前面讲解的分区方法都是按照某种业务逻辑来进行分区的,如按照入职时间、学号、课程类型等,但是有些时候一些表中的数据量可能非常的大,又找不出可以将表进行分区的逻辑条件,此时就可以考虑使用系统分区,也就是只在物理上给表进行分区。由于这种分区没有逻辑条件,因此 Oracle 数据库不能对分区中的数据进行自动管理,但这同时也给使用者带来了更大的灵活性。创建系统分区表的语法格式如下:

```
CREATE TABLE 语句
PARTITION BY SYSTEM
(
  PARTITION part1 [TABLESPACE tablespacename],
  PARTITION part2 [TABLESPACE tablespacename],
  ...
  [PARTITION partN [TABLESPACE tablespacename]
);
```

说明:如果要创建系统分区表,需要在 CREATE TABLE 语句的后面使用 PARTITION BY SYSTEM 子句说明以系统分区的方式对表进行分区。

例 9.46   创建 student_p3 表,同时为该表创建系统分区。

```
SQL>CREATE TABLE student_p3(
2    s_id VARCHAR2(10) CONSTRAINT pk_student PRIMARY KEY,      --学号,主键
3    s_name VARCHAR2(20) NOT NULL,                             --学生姓名
4    s_language VARCHAR2(20) NOT NULL                          --语种
5    )
6    PARTITION BY SYSTEM
7    (
8      PARTITION p1,
9      PARTITION p2
10   );
表已创建。
SQL>INSERT INTO student_p3 VALUES ('0808010101', '张三', '英语');
INSERT INTO student_p VALUES ('0808010101', '张三', '英语')
                *
第 1 行出现错误:
ORA-14701:对于按"系统"方法进行分区的表,必须对 DML 使用分区扩展名或绑定变量
SQL>INSERT INTO student_p3 PARTITION(p1) VALUES('0808010101', '张三', '英语');
已创建 1 行。
SQL>DELETE FORM student_p3 PARTITION (p1) WHERE s_name='张三';
已删除 1 行。
```

在使用系统分区表时要注意,在执行插入语句时,必须明确指定记录要插入哪个分区,否则不能执行,但是在更新和删除时不必指定分区,因此上面的删除语句也可以写为 DELETE FROM student_p3 WHERE s_name＝'张三'.

8. 组合分区（Composite Partitioning）

所谓组合分区就是同时使用多种分区方法创建分区表，以弥补只使用一种分区方法的不足。组合分区中的最上层分区可以是范围分区、间隔分区或列表分区，第二级分区可以是范围分区、间隔分区、列表分区或散列分区。组合分区涉及很多分区，因此其语法书写格式稍显复杂，下面是基本通用的语法格式：

```
CREATE TABLE 语句
PARTITION BY RANGE|LIST (column_name[, column_name] …)
SUBPARTITION BY RANGE|LIST
(
  PARTITION part1 [TABLESPACE tablespacename]
  [( SUBPARTITION1 [, SUBPARTITION2, …]|SUBPARTITIONS number )],
  PARTITION part2 [TABLESPACE tablespacename],
    [( SUBPARTITION1 [, SUBPARTITION2, …]|SUBPARTITIONS number )],
  …
  [PARTITION partN [TABLESPACE tablespacename]
    [( SUBPARTITION1 [, SUBPARTITION2, …]|SUBPARTITIONS number )]
);
```

创建组合分区表要先使用 CREATE TABLE 语句，然后要使用 PARTITION 子句指定上层的分区，再使用 SUBPARTITION 指定子分区，接着在大括号内先定义上层分区，每个上层分区下面可以定义子分区，可以使用 SUBPARTITION 子句定义子分区，定义语法和规则与上层分区相似，也可以使用 SUBPARTITIONS 子句指定要创建分区的个数，由 Oracle 数据库自动创建相应数量的子分区。

查询指定分区或子分区的数据的语法格式如下：

```
SELECT column_list | * FROM table_name PARTITION|SUBPARTITION(分区名);
```

查询子分区数据时，需要直接指定子分区的名称。

下面通过两个例子说明组合分区的创建和使用。

例 9.47 创建 student_p4 表，同时为该表创建范围-列表分区，上层为范围分区，分区列是学号，子分区为列表分区，分区列是性别。

```
SQL>CREATE TABLE student_p4(
2    s_id VARCHAR2(10) PRIMARY KEY,                              --学号,主键
3    s_name VARCHAR2(20) NOT NULL,                              --学生姓名
4    s_gender VARCHAR2(10) NOT NULL CHECK (s_gender IN('男','女'))  --学生性别
5    )
6  PARTITION BY RANGE (s_id)                                    --根据学生的学号分区
7  SUBPARTITION BY LIST (s_gender)
8  (
9    PARTITION p1 VALUES LESS THAN('0807020104')
10   ( SUBPARTITION p_man1 VALUES('男'),  SUBPARTITION p_woman1 VALUES('女')),
11   PARTITION p2 VALUES LESS THAN('0807070117')
```

```
12    ( SUBPARTITION p_man2 VALUES('男'),  SUBPARTITION p_woman2 VALUES('女') ),
13    PARTITION p3 VALUES LESS THAN('0807070331'),
14    PARTITION p4 VALUES LESS THAN(MAXVALUE)
15    ( SUBPARTITION p_man4 VALUES('男'),  SUBPARTITION p_woman4 VALUES('女') )
16   );
```
表已创建。
```
SQL>INSERT INTO student_p4(s_id, s_name, s_gender) SELECT s_id, s_name, s_gender
FROM student;
```
已创建 273 行。
```
SQL>SELECT s_id, s_name, s_gender FROM student_p4 SUBPARTITION(p_woman1);
```

S_ID	S_NAME	S_GENDER	--查询子分区 p_woman1 中的数据
0807010112	高孟孟	女
0807010115	刘亚南	女
0807010116	伊红梅	女

...

已选择 70 行。
```
SQL>SELECT s_id, s_name, s_gender FROM student_p4 PARTITION(p1);
```

S_ID	S_NAME	S_GENDER	--查询分区 p1 中的数据
0807010113	王闯	男
0807010114	冯跃泰	男
0807010123	刘守甲	男

...

已选择 99 行。

例 9.48　创建 teacher_p4 表，为该表创建范围-散列分区，上层为范围分区，分区列是入职时间，子分区为散列分区，分区列是教师编号。

```
SQL>CREATE TABLE teacher_p4(
 2   t_id CHAR(6) PRIMARY KEY,                    --教师编号
 3   t_name VARCHAR2(50) NOT NULL,                --教师姓名
 4   t_entertime DATE NOT NULL                    --入职时间
 5   )
 6   PARTITION BY RANGE (t_entertime)             --根据入职时间分区
 7   SUBPARTITION BY HASH (t_id)
 8   (
 9   PARTITION t_p1 VALUES LESS THAN(DATE '2006-1-1') SUBPARTITIONS 3,
10   PARTITION t_p2 VALUES LESS THAN(DATE '2010-1-1')
11   (
12   SUBPARTITION t_p4,
13   SUBPARTITION t_p5
14   ),
15   PARTITION t_p3 VALUES LESS THAN(MAXVALUE) SUBPARTITIONS 5
16   );
```
表已创建。

```
SQL>SELECT table_name, partition_name, subpartition_name
 2  FROM user_tab_subpartitions WHERE table_name IN ('STUDENT_P4', 'TEACHER_P4');
TABLE_NAME      PARTITION_NAME    SUBPARTITION_NAME
----------      ------------      --------------------
STUDENT_P4      P1                P_MAN1
STUDENT_P4      P1                P_WOMAN1
STUDENT_P4      P2                P_MAN2
STUDENT_P4      P2                P_WOMAN2
STUDENT_P4      P3                SYS_SUBP46
STUDENT_P4      P4                P_MAN4
STUDENT_P4      P4                P_WOMAN4
TEACHER_P4      T_P1              SYS_SUBP51
TEACHER_P4      T_P1              SYS_SUBP52
TEACHER_P4      T_P1              SYS_SUBP53
TEACHER_P4      T_P2              T_P4
TEACHER_P4      T_P2              T_P5
TEACHER_P4      T_P3              SYS_SUBP54
TEACHER_P4      T_P3              SYS_SUBP55
TEACHER_P4      T_P3              SYS_SUBP56
TEACHER_P4      T_P3              SYS_SUBP57
TEACHER_P4      T_P3              SYS_SUBP58
```

通过查询视图 user_tab_subpartitions 可以获得创建分区的信息,对于 student_p4 表,p1、p2 和 p4 这 3 个分区下都创建了两个子分区,而 p3 没有子分区,所以 SYS_SUBP46(由数据库自动命名)和 p3 指的是同一个分区;对于 teacher_p4 表,t_p1 和 t_p3 下使用 SUBPARTITIONS 子句分别创建了 3 个和 5 个子分区,且由数据库自动为子分区命名,t_p2 下创建了两个子分区,并用手工的方式为其命名。

9.5.3 维护分区

在分区创建之后需要对分区进行管理和维护,内容包括添加分区、截断分区、删除分区、合并分区、拆分分区和重命名分区。

1. 添加分区

添加分区的语法格式如下:

ALTER TABLE tablename ADD PARTITION partition;

添加子分区的语法格式如下:

ALTER TABLE tablename MODIFY PARTITION partition ADD SUBPARTITION subpartition;

注意:只能在最后一个(子)分区之后添加新分区。

例 9.49 为 student_p1 表添加一个范围分区。

```
SQL>ALTER TABLE student_p1 ADD PARTITION s_p4 VALUES LESS THAN(MAXVALUE);
表已更改。
```

例 9.50 为 course_p2 表添加一个散列分区。

```
SQL>ALTER TABLE course_p2 ADD PARTITION c_p4;
表已更改。
```

例 9.51 为 teacher_p4 表的 t_p3 分区添加一个子分区。

```
SQL>ALTER TABLE teacher_p4 MODIFY PARTITION t_p3 ADD SUBPARTITION t_p6;
表已更改。
```

2. 截断分区

截断分区是指删除指定分区中的所有记录,语法格式如下:

```
ALTER TABLE tablename TRUNCATE PARTITION partition;
```

截断子分区的语法格式如下:

```
ALTER TABLE tablename TRUNCATE SUBPARTITION subpartition;
```

例 9.52 截断 course_p1 表的 elective_course 分区。

```
SQL>ALTER TABLE course_p1 TRUNCATE PARTITION elective_course;
表被截断。
```

例 9.53 截断 student_p4 表的 p_woman1 子分区。

```
SQL>ALTER TABLE student_p4 TRUNCATE SUBPARTITION p_woman1;
表被截断。
```

3. 删除分区

删除分区的语法格式如下:

```
ALTER TABLE tablename DROP PARTITION partition;
```

删除子分区的语法格式如下:

```
ALTER TABLE tablename DROP SUBPARTITION partition;
```

删除分区时要注意以下几点:
(1) 散列(子)分区不能删除。
(2) 分区表中的最后一个(子)分区不能删除。
(3) 删除分区后,分区上的数据也随之删除。

例 9.54 删除 student_p1 表的 s_p4 分区。

```
SQL>ALTER TABLE student_p1 DROP PARTITION s_p4;
表已更改。
```

例 9.55 删除 teacher_p2 表的 t_p1 分区。

```
SQL>ALTER TABLE teacher_p2 DROP PARTITION t_p1;
```

表已更改。

例 9.56 删除 student_p4 表的 p_woman2 子分区。

```
SQL>ALTER TABLE student_p4 DROP subPARTITION p_woman2;
表已更改。
```

4．合并分区

合并分区是指将范围分区或复合分区的两个(子)分区连接起来,语法格式如下:

```
ALTER TABLE tablename
MERGE PARTITIONS partition1, partition2 [,…] [INTO PARTITION partition];
```

合并子分区的语法格式如下:

```
ALTER TABLE tablename
MERGE  SUBPARTITIONS  subpartition1,  subpartition2 [, … ]  [ INTO  PARTITION
subpartition];
```

合并分区时要注意以下几点:
(1) INTO 子句用于指定合并后分区的名称,如果不指定则由数据库自动命名。
(2) 如果合并的是范围分区,则合并的分区必须相连。
(3) 如果合并的是范围分区,则合并之后的新分区的最大边界值是各个合并分区中最大的边界值。
(4) 散列分区不能合并。
(5) 要合并的子分区必须属于同一个分区。

例 9.57 将 student_p1 表的 s_p3 分区和 s_p4 分区合并。

```
SQL>ALTER TABLE student_p1 MERGE PARTITIONS s_p3, s_p4 INTO PARTITION s_merge;
表已更改。
```

例 9.58 将 student_p4 表的 p_man1 子分区和 p_woman1 子分区合并。

```
SQL>ALTER TABLE student_p4 MERGE SUBPARTITIONS p_man1, p_woman1
2 INTO SUBPARTITION p_gender1;
表已更改。
```

5．拆分分区

拆分分区是将一个大分区中的记录拆分到两个分区中,语法格式如下:

```
ALTER TABLE tablename SPLIT PARTITION
AT(partition_value)|VALUES(partition_value, partition_value) INTO partition;
```

拆分子分区的语法格式如下:

```
ALTER TABLE tablename SPLIT SUBPARTITION
AT(partition_value)|VALUES(partition_value, partition_value)  INTO partition;
```

拆分分区时要注意以下几点：

（1）拆分范围分区要使用 AT 子句，该子句用于指定拆分分区后第一个分区的最大值（不包括 AT 指定的值），因此拆分时要注意 AT 子句指定的值。

（2）拆分列表分区要使用 VALUES 子句，VALUES 子句中指定的值会作为拆分后的第一个分区的分区列，而其余值则会作为第二个分区的分区列。

（3）散列分区不能拆分。

例 9.59　将 student_p1 表的 s_p2 分区进行拆分。

```
SQL>SELECT partition_name, high_value FROM user_tab_partitions
2 WHERE table_name='STUDENT_P1';
PARTITION_NAME      HIGH_VALUE
-------------- -------------
S_P1               '0807020104'
S_P2               '0807070117'
S_MERGE            MAXVALUE
SQL>ALTER TABLE student_p1 SPLIT PARTITION s_p2 AT ('0807020104')
  2  INTO (PARTITION s_p3, PARTITION s_p4);
ALTER TABLE student_p1 SPLIT PARTITION s_p2 AT ('0807020104')
                                                              *
第 1 行出现错误:
ORA-14080: 无法按指定的上限来分割分区
SQL>ALTER TABLE student_p1 SPLIT PARTITION s_p2 AT ('0807070117')
  2  INTO (PARTITION s_p3, PARTITION s_p4);
ALTER TABLE student_p1 SPLIT PARTITION s_p2 AT ('0807070117')
                                                              *
第 1 行出现错误:
ORA-14080: 无法按指定的上限来分割分区
SQL>ALTER TABLE student_p1 SPLIT PARTITION s_p2 AT ('0807050101')
  2  INTO (PARTITION s_p3, PARTITION s_p4);
表已更改。
SQL>SELECT partition_name, high_value FROM user_tab_partitions
2 WHERE table_name='STUDENT_P1';
PARTITION_NAME      HIGH_VALUE
--------------- ---------------
S_P1               '0807020104'
S_P3               '0807050101'
S_P4               '0807070117'
S_MERGE            MAXVALUE
```

例 9.59 中将分区 s_p2 进行了拆分，s_p2 的最大值是 0807070117，s_p2 下面的分区是 s_p1，s_p1 的最大值是 0807020104，因此拆分时 AT 子句能够指定值的合法区间就是大于 0807020104 小于 0807070117，其余值都不合法。

例 9.60　将 course_p1 表的 compulsory_course 分区进行拆分。

```
SQL>SELECT partition_name, high_value FROM user_tab_partitions
```

```
2 WHERE table_name='COURSE_P1';
PARTITION_NAME              HIGH_VALUE
------------------        -----------------------
COMPULSORY_COURSE          '学科基础','专业必修'
ELECTIVE_COURSE            '专业限选'
SPECIALIZED_COURSE         '专业任选'
SQL>ALTER TABLE course_p1 SPLIT PARTITION compulsory_course VALUES('学科基础')
  2 INTO (PARTITION compulsory_course1, PARTITION compulsory_course2);
表已更改。
SQL>SELECT partition_name, high_value FROM user_tab_partitions
2 WHERE table_name='COURSE_P1';
PARTITION_NAME              HIGH_VALUE
------------------        -----------
COMPULSORY_COURSE1         '学科基础'
COMPULSORY_COURSE2         '专业必修'
ELECTIVE_COURSE            '专业限选'
SPECIALIZED_COURSE         '专业任选'
```

compulsory_course 分区列的值是"学科基础"和"专业必修",然后将其拆分成两个分区,拆分时指定 VALUES 子句的值是"学科基础",那么拆分后第一个分区的分区列的值就是"学科基础",第二个分区的分区列的值就是"专业必修"。

6. 重命名分区

重命名分区的语法格式如下:

```
ALTER TABLE tablename RENAME PARTITION partition TO new_partition;
```

重命名子分区的语法格式如下:

```
ALTER TABLE tablename RENAME SUBPARTITION partition TO new_partition;
```

例 9.61 将 student_p1 表的 s_merge 分区重命名为 s_p5,将 teacher_p4 表的 t_p5 子分区重命名为 t_p6。

```
SQL>ALTER TABLE student_p1 RENAME PARTITION s_merge TO s_p5;
表已更改。
SQL>ALTER TABLE teacher_p4 RENAME SUBPARTITION t_p5 TO t_p6;
表已更改。
```

9.5.4 查看分区信息

可以通过以下的数据字典视图了解与分区相关的信息。

(1) dba_part_tables、all_part_tables、user_part_tables:显示对象级别的分区信息,主要包括分区表的名称(table_name)、分区类型(partitioning_type)、子分区类型(subpartitioning_type)、分区的数量(partition_count,对于间隔分区总为 1048575)等信息。

（2）dba_tab_partitions、all_tab_partitions、user_tab_partitions：显示分区级别的分区信息，主要包括表名（table_name）、是否是组合分区（composite）、分区名（partition_name）、子分区的数量（subpartition_count）、分区的最大边界值（high_value）、分区的最大边界值的长度（high_value_length）、分区的位置（partition_position）、分区所在的表空间（tablespace_name）等信息。

（3）dba_tab_subpartitions、all_tab_subpartitions、user_tab_subpartitions：显示子分区信息，主要包括表名（table_name）、分区名（partition_name）、子分区名（subpartition_name）、子分区的最大边界值（high_value）、子分区的最大边界值的长度（high_value_length）、子分区所在的表空间（tablespace_name）等信息。

（4）dba_part_key_columns、all_part_key_columns、user_part_key_columns：显示分区对象的分区列信息，主要包括分区对象的名称（name）、分区对象的类型（object_type，表或索引）、分区列的列名（column_name）、在分区键中的位置（column_position）等信息。

（5）dba_subpart_key_columns、all_subpart_key_columns、user_subpart_key_columns：显示子分区对象的分区列信息，主要包括分区对象的名称（name）、分区对象的类型（object_type，表或索引）、分区列的列名（column_name）、在子分区键中的位置（column_position）等信息。

例 9.62 使用 user_part_tables 视图查看分区表的信息。

```
SQL> SELECT table_name, partitioning_type, subpartitioning_type,
2 partition_count FROM user_part_tables;
TABLE_NAME    PARTITIONING_TYPE    SUBPARTITIONING_TYPE    PARTITION_COUNT
---------    -----------------    --------------------    ---------------
STUDENT_P1    RANGE                NONE                                  3
TEACHER_P1    RANGE                NONE                                  3
TEACHER_P2    RANGE                NONE                            1048575
...
```
已选择 12 行。

例 9.63 使用 user_tab_partitions 视图查看每个分区的具体信息。

```
SQL> SELECT table_name, composite, partition_name, subpartition_count
  2  FROM user_tab_partitions;
TABLE_NAME    COMPOSITE    PARTITION_NAME    SUBPARTITION_COUNT
-----------    ---------    -------------    --------------------
TEACHER_P2    NO           T_P1                               0
TEACHER_P2    NO           T_P2                               0
TEACHER_P4    YES          T_P1                               3
...
```
已选择 38 行。

9.6 临时表

Oracle 数据库除了可以永久保存数据的永久表外,还提供了可以临时存储数据的临时表。要注意的是,临时表所指的临时是针对数据的,而不是针对表的,有些数据库在临时表用完之后会将临时表(包括表定义和表中的数据)删除,Oracle 数据库则不同,临时表是一个持久的数据库对象,一旦定义,其结构信息将会永久地存储在数据字典中。

临时表是一个全局的概念,因此需要在数据库设计阶段创建,而不是在应用程序使用时创建。临时表只能是堆表,因为它是一个持久的数据库对象,所以在很多方面临时表与永久表是相同的,可以对临时表进行查询和 DML 操作,还可以在临时表上建立索引、约束(但是不能建立外键约束)和触发器。它们之间最大的区别在于当事务终止(提交或回滚)或者会话结束时,Oracle 数据库会隐式地执行 TRUNCATE 语句删除临时表中的所有数据,而永久表中的数据是不会被删除的。

使用临时表的一个优点是可以不必考虑并发和加锁的问题。Oracle 数据库会在用户的临时表空间中创建临时表,临时表创建过程中,不会像永久表那样自动分配数据段,而是由 Oracle 数据库为每个会话分配一个独立的临时段,不同的会话对临时表的操作相互独立,互不影响,无论是查询操作还是 DML 操作都是只对自己的临时表起作用,因此临时表不需要考虑并发和加锁的问题,当事务或会话结束后,会自动撤销临时段的分配。临时表的另一个优点是执行查询和 DML 操作的速度快。如果临时表涉及的数据量比较小,实际上它们应存在于会话的 PGA 中,这样就不会涉及磁盘的 I/O 操作;而如果数据量比较大,PGA 无法存储临时表中的数据,则会使用临时段,临时表空间上的 I/O 操作也要比永久表空间快得多。速度快的另外一个原因就是临时表的 DML 操作产生的重做数据要比对永久表进行 DML 操作产生的重做数据少得多。

临时表的主要功能是用来保存一个事务或会话中使用的数据,因此临时表可以分为两类:一类是事务级临时表,另一类是会话级临时表。

事务级临时表操作的数据只在当前事务处理过程中有效,一旦事务完成,表中的所有记录会被自动清除。

会话级临时表操作的数据只在当前会话期间有效,会话结束后表中的数据会被自动清除。

创建临时表的语法格式如下:

```
CREATE GLOBAL TEMPORARY TABLE table_name(
column_name type [CONSTRAINT constraint_definition DEFAULT default_exp]
[, column_name type [CONSTRAINT constraint_definition DEFAULT default_exp]
...
)
[ON COMMIT [DELETE|PRESERVER] ROWS];
```

说明:

(1) table_name 表示要创建的临时表名称。

(2) column_name 表示要创建的列名称。

（3）type 用来指定列的数据类型。

（4）ON COMMIT DELETE ROWS 表示临时表是事务级临时表，ON COMMIT PRESERVE ROWS 表示临时表是会话级临时表。如果不显式地指定临时表的类型，则默认为事务级临时表。

例 9.64 事务级临时表使用示例。

```
--登录到一个 SQL*Plus 中执行下面的语句(会话 1)
SQL>CREATE GLOBAL TEMPORARY TABLE title_temp(              --这是事务级临时表
  2    title_id NUMBER(2) CONSTRAINT pk_title PRIMARY KEY,   --主键
  3    title_name VARCHAR2(50) NOT NULL
  4  );
表已创建。
SQL>INSERT INTO title_temp VALUES (1, '教授');
已创建 1 行。
SQL>INSERT INTO title_temp VALUES (2, '副教授');
已创建 1 行。
SQL>SELECT title_id, title_name FROM title_temp;
   TITLE_ID   TITLE_NAME
-------- ----------
        1   教授
        2   副教授
--登录到另一个 SQL*Plus 中执行下面的语句(会话 2)
SQL>SELECT title_id, title_name FROM title_temp;
未选定行
--回到原来的 SQL*Plus 中执行下面的语句(会话 1)
SQL>COMMIT;
提交完成。
SQL>SELECT title_id, title_name FROM title_temp;
未选定行
```

例 9.64 中在会话 1 中创建了事务级临时表，临时表中定义约束的方法和普通表一样，然后向表中插入两条数据，并可以对数据进行查询，但是在会话 2 中却查询不到数据（但访问表没有问题，说明临时表的定义是被所有会话共享的，但数据是会话独立的），在会话 1 提交了事务之后再进行查询也没有任何数据，这是因为 Oracle 数据库在事务结束后自动删除了临时表中的所有数据。

例 9.65 会话级临时表使用示例。

```
--登录到一个 SQL*Plus 中执行下面的语句(会话 1)
SQL>CREATE GLOBAL TEMPORARY TABLE diploma_temp(            --这是会话级临时表
  2    diploma_id NUMBER(2) CONSTRAINT pk_diploma PRIMARY KEY, --主键
  3    diploma_name VARCHAR2(20) NOT NULL
  4  ) ON COMMIT PRESERVE ROWS;
表已创建。
SQL>INSERT INTO diploma_temp VALUES (1, '专科');
已创建 1 行。
```

```
SQL>INSERT INTO diploma_temp VALUES (2,'本科');
已创建 1 行。
SQL>COMMIT;
提交完成。
SQL>SELECT diploma_id,diploma_name  FROM diploma_temp;

DIPLOMA_ID  DIPLOMA_NAME
--------- ---------------
        1  专科
        2  本科
--登录到另一个 SQL*Plus 中执行下面的语句(会话 2)
SQL>SELECT title_id,title_name FROM title_temp;
未选定行
--退出会话 1 后重新登录到 SQL*Plus 中执行下面的语句
SQL>SELECT title_id,title_name FROM title_temp;
未选定行
```

例 9.65 中在会话 1 中创建了会话级临时表,临时表中定义约束的方法和普通表一样,然后向表中插入两条数据,事务结束后仍然可以查询到表中的数据,但是在退出会话之后再进行查询却没有任何数据,这说明无论是哪种类型的临时表,只要退出会话,临时表中的数据就会被全部删除。

要注意的是,临时表创建之后,是无法在数据字典中查询到临时表的存储信息的,这是因为 Oracle 数据库规定临时表不能由用户自己定义存储特征,而要由数据库自己管理,如下面的代码所示。

```
--查看临时表所属的表空间,这两张临时表并未存放在用户的表空间中
SQL>SELECT table_name,tablespace_name FROM user_tables
  2  WHERE table_name='TITLE_TEMP' OR table_name='DIPLOMA_TEMP';

TABLE_NAME     TABLESPACE_NAME
---------- -------------------
DIPLOMA_TEMP
TITLE_TEMP
```

9.7　练习题

1. 下列关于视图的说法正确的是_____。
   A. 如果没有创建基表则不能创建视图
   B. 如果视图中涉及的基表列发生了改变,则视图会变为无效
   C. 如果视图中涉及的基表的任何列发生了改变,则视图会变为无效
   D. 只能对视图进行查询操作,而不能进行增删改操作
2. 执行下面的 SQL 语句:

```
CREATE SEQUENCE test_seq;
SELECT test_seq.NEXTVAL FROM dual;
```

```
SELECT test_seq.NEXTVAL FROM dual;
ROLLBACK;
SELECT test_seq.NEXTVAL FROM dual;
```

则最后一条查询语句返回的结果是_____。

A. 0   B. 1   C. 2   D. 3

3. 执行下面的 SQL 语句创建一个表 test：

```
CREATE TABLE test(
  id NUMBER PRIMARY KEY,
  name VARCHAR2(20),
  email VARCHAR2(50) NOT NULL,
  idcard VARCHAR2(18) UNIQUE
);
```

则创建表之后 Oracle 会自动创建_____个索引。

A. 0   B. 1   C. 2   D. 3

4. 下列数据字典视图中，只能获得当前用户所拥有的表信息的是_____。

A. dba_tables   B. all_tables   C. user_tables   D. user_objects

5. 创建一个视图 test，代码如下，那么针对该视图可以运行_____语句。

```
CREATE VIEW test
AS SELECT * FROM teacher
WITH READ ONLY;
```

A. SELECT

B. SELECT、INSERT、UPDATE

C. INSERT、UPDATE、DELETE

D. SELECT、INSERT、UPDATE、DELETE

6. 以 learner 用户的身份登录，并创建了一个临时表并向其插入数据，则_____。

A. 所有以 learner 用户身份登录数据库的会话都可以访问这些数据

B. 所有用户都可以访问这些数据

C. 只有该会话可以访问这些数据

D. 如果插入数据的事务未提交，则所有以 learner 用户身份登录数据库的会话都可以访问这些数据

7. 视图创建之后被保存在_____。

A. 用户的表中   B. 视图段中   C. 表段中   D. 数据字典中

8. 学籍表中有几百万条记录，其中有一列 province 表示学生所在的省份，province 列经常作为查询条件，为了提高查询效率则应该在 province 列上建立_____。

A. B 树索引   B. 反向键索引   C. 位图索引   D. 函数索引

9. 为第 6 章的练习题 7 的考勤编号(kq_id)创建一个序列 kq_seq，该序列步长为 1，自增长度为 1，没有最大值，然后改写第 6 章的练习题 7 的插入语句，使用序列为 kq_id 自动赋值。

第10章

常用SQL函数

Oracle 数据库中内置了很多函数,这些函数被用来加强 SQL 语句的执行功能,因此通常称为 SQL 函数。根据是否有参数,可以将 SQL 函数分为有参函数和无参函数,绝大多数 SQL 函数都是有参函数。从形式上看无参函数类似于伪列(如 SYSDATE 函数),但是无参函数对于查询结果集中的每一行其返回值都是相同的,而伪列则会为查询结果集中的每一行返回不同的值。根据函数操作的对象是一行记录还是多行记录,可以将 SQL 函数分为单行函数和多行函数,单行函数只能对一行记录进行操作,而多行函数可以同时操作多行记录(前面讲述的聚合函数就是典型的多行函数)。从功能上分,可以将 SQL 函数分为字符类函数、数值类函数、日期类函数、空值处理函数和转换类函数等,这些函数基本都是单行函数。

本章将主要讲解以下内容:

- 字符类函数。
- 数值类函数。
- 日期类函数。
- 空值处理函数。
- 转换类函数。
- 其他常用函数。

10.1 字符类函数

10.1.1 ASCII 函数

ASCII 函数的功能是返回某个字符的 ASCII 值,语法格式如下:

ASCII(列名或表达式)

例 10.1 使用 ASCII 函数获取几个字符的 ASCII 码的值。

```
SQL>SELECT ASCII('a'),ASCII('A'),ASCII('1'),ASCII('9'),ASCII('中'),ASCII('国')
2  FROM dual;
ASCII('A')  ASCII('A')  ASCII('1')  ASCII('9')  ASCII('中')  ASCII('国')
--------  ---------  ---------  ---------  ---------  ---------
      97         65         49         57       54992       47610
```

10.1.2　CHR 函数

CHR 函数的功能与 ASCII 函数的功能相反,它是根据参数的数值返回某个对应的字符,语法格式如下:

```
CHR(列名或表达式)
```

例 10.2　使用 CHR 函数获取给定 ASCII 值所对应的字符。

```
SQL>SELECT CHR(97), CHR(65), CHR(49), CHR(57), CHR(54992), CHR(47610)
  2  FROM dual;
CHR(97)  CHR(65)  CHR(49)  CHR(57)  CHR(54992)  CHR(47610)
------  ------  -------  ------  --------  ----------
a        A        1        9        中          国
```

10.1.3　CONCAT 函数

CONCAT 函数的功能与连接运算符"‖"类似,用于将第一个字符串和第二个字符串连接成一个字符串后返回,语法格式如下:

```
CONCAT(列名或表达式)
```

例 10.3　查询期刊表中所有期刊的名称,并将期刊名与期刊等级连接起来。

```
SQL>SELECT CONCAT(CONCAT(journal_name, ' is '),journal_level) AS journal_level
2   FROM journal;
JOURNAL_LEVEL
----------------------------------------------
INFORMATION SYSTEMS RESEARCH is TOP
MIS QUARTERLY is TOP
DATA MINING AND KNOWLEDGE DISCOVERY is 国际 A
EXPERT SYSTEMS WITH APPLICATIONS is 国际 A
JOURNAL OF INFORMATION TECHNOLOGY is 国际 B
...
已选择 12 行。
```

例 10.3 中用了两次 CONCAT 函数,因为 CONCAT 函数最多只有两个参数,所以要在 journal_name 和 journal_level 中间加入"is"的话,就必须使用两次 CONCAT 函数,从这点上说 CONCAT 函数的易用性不如连接运算符"‖"。

10.1.4　INITCAP 函数

INITCAP 函数的功能是将参数字符串的每个单词的第一个字母转换成大写,其余的转换成小写后返回,语法格式如下:

```
INITCAP(列名或表达式)
```

例 10.4 查询期刊表中所有期刊的名称,并将英文期刊名的各个单词以大写的方式返回。

```
SQL>SELECT INITCAP(journal_name) FROM journal;
INITCAP(JOURNAL_NAME)
--------------------------------------
Computers And Industrial Engineering
Data Mining And Knowledge Discovery
Expert Systems With Applications
...
```

已选择 12 行。

10.1.5 INSTR 函数

INSTR 函数的功能是在一个字符串中搜索指定的字符,并返回发现指定的字符的位置,语法格式如下:

```
INSTR(列名或表达式, string[, x] [, y])
```

x 表示从第 x 个字符开始搜索,y 表示所给字符串出现的次数,x 和 y 都可以省略,它们的默认值都是1。

例 10.5 在字符串"Information Systems Research"中寻找字符"i"第一次出现的位置。

```
SQL>SELECT INSTR('Information Systems Research', 'i') FROM dual;
INSTR('INFORMATIONSYSTEMSRESEA
------------------------------
                             9
```

从结果可以看出,INSTR 函数是大小写敏感的,再看下面的代码:

```
SQL>SELECT INSTR('Information Systems Research', 'I') FROM dual;
INSTR('INFORMATIONSYSTEMSRESEA
------------------------------
                             1
```

例 10.6 在字符串"Information Systems Research"中寻找字符"s"第二次出现的位置,条件是从第 16 位字符开始寻找。

```
SQL>SELECT INSTR('Information Systems Research', 's', 16, 2) FROM dual;
INSTR('INFORMATIONSYSTEMSRESEA
------------------------------
                            23
```

由于 INSTR 函数是在字符串中查找子串,因此变通地使用该函数就可以使其实现类似 LIKE 运算符进行模糊查询的功能。

例 10.7 查询期刊表中所有期刊名中包含"INFORMATION"的期刊,查询是以"INFOR"为条件进行模糊查询。

```
SQL> SELECT journal_name FROM journal
  2  WHERE INSTR(journal_name, UPPER('infor'))>0;
JOURNAL_NAME
------------------------------------------
INFORMATION TECHNOLOGY & MANAGEMENT
INFORMATIOn SYSTEMS RESEARCH
JOURNAL OF INFORMATION TECHNOLOGY
```

当在 journal_name 列中找到"INFOR"时,INSTR 函数的返回值就是大于 0,也就相当于实现了模糊查询。

例 10.8 使用 INSTR 函数实现例 7.22 的查询功能。

```
SQL> SELECT s_id, s_name, s_nation, s_political, s_classname FROM student
  2  WHERE INSTR(s_political, '党员')>0;
S_ID          S_NAME    S_POLITICAL    S_CLASSNAME
----------    -------   ------------   ---------------
0807010104    孙丽霞     预备党员        工商 081
0807010126    郎鹏       预备党员        工商 081
0807010205    杨抒澔     党员           工商 082
0807010217    李茹       预备党员        工商 082
0807010227    高艺       党员           工商 082
...
已选择 23 行。
```

10.1.6 LOWER 函数和 UPPER 函数

LOWER 函数的功能是将参数字符串中的英文字符全部转换成小写后返回,语法格式如下:

```
LOWER(列名或表达式)
```

例 10.9 查询期刊表中所有期刊的名称和级别,并将英文期刊的名称全部以小写的方式返回。

```
SQL> SELECT LOWER(journal_name), journal_level FROM journal;
LOWER(JOURNAL_NAME)                    JOURNAL_LEVEL
-----------------------------------    -------------------
information systems research           TOP
mis quarterly                          TOP
data mining and knowledge discovery    国际 A
...
已选择 12 行。
```

UPPER 函数的功能与 LOWER 函数相反,是将参数字符串中英文字符全部转换成大写后返回,语法格式如下:

```
UPPER(列名或表达式)
```

例 10.10 查询期刊表中所有期刊的名称和级别,并将英文期刊的名称全部以大写的方式返回。

```
SQL> SELECT UPPER(journal_name), journal_level FROM journal;
LOWER(JOURNAL_NAME)                       JOURNAL_LEVEL
------------------------------   ---------------------
INFORMATION SYSTEMS RESEARCH              TOP
MIS QUARTERLY                             TOP
DATA MINING AND KNOWLEDGE DISCOVERY       国际 A
...
已选择 12 行。
```

10.1.7 LPAD 函数和 RPAD 函数

LPAD 函数的功能是在列名或表达式的左边补齐字符,补齐之后的长度为 width,然后返回。如果使用 pad_string 参数,则使用 pad_string 参数补齐,否则使用空格补齐。语法格式如下:

```
LPAD(列名或表达式, width[, pad_string])
```

RPAD 函数的功能是在列名或表达式的右边补齐字符,补齐之后的长度为 width,然后返回。如果使用 pad_string 参数,则使用 pad_string 参数补齐,否则使用空格补齐。语法格式如下:

```
RPAD(列名或表达式, width[, pad_string])
```

例 10.11 分别用 0 将教师编号的左边和右边补齐,补齐后长度为 10。

```
SQL> SELECT LPAD(t_id, 10, '0'), RPAD(t_id, 10, '0') FROM teacher;
LPAD(T_ID,10,'0')     RPAD(T_ID,10,'0')
---------------    -------------------
0000060001            0600010000
0000060002            0600020000
0000060003            0600030000
...
已选择 24 行。
```

如果 width 的长度比第一个参数的字符串的长度小,则 LPAD 和 RPAD 函数将会对第一个参数的字符串进行截断,如下面的代码所示。

```
SQL> SELECT LPAD(t_id, 4), RPAD(t_id, 5) FROM teacher;
LPAD(T_ID,4)    RPAD(T_ID,5)
----------    --------------
0600            06000
0600            06000
0600            06000
...
```

已选择 24 行。

10.1.8　LTRIM 函数、RTRIM 函数和 TRIM 函数

LTRIM 函数的功能是删除给定字符串左边出现的字符,然后返回该字符串,语法格式如下:

LTRIM(列名或表达式 [, trim_char])

trim_char 表示要删除的字符,如果没有指定 trim_char,则 trim_char 默认为空格。

例 10.12　使用 LTRIM 函数截取空格和字符。

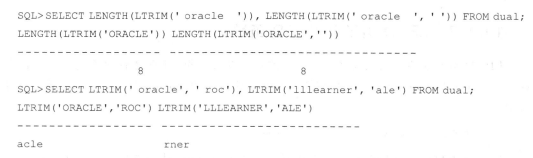

LTRIM('oracle')中没有指定要删除的字符,因此会以空格为删除的字符,即与 LTRIM(' oracle', ' ')的效果是相同的。要注意的是,trim_char 参数指定的如果是多个字符,那么在删除字符时不是以字符的整体为单位,而是以包含的单个字符为单位进行删除,而且能够进行连续的删除。LTRIM('oracle', 'roc')中要删除的字符为空格、r、o 和 c 4 个,操作时只要左侧有这 4 个字符中的一个就进行删除,直到左侧不是这 4 个字符中的一个为止,但绝不是要删除" roc",因此返回的结果是"acle",同理 LTRIM('lllearner', 'ale')返回的结果是"rner"。

RTRIM 函数的功能是删除给定字符串右边出现的字符,然后返回该字符串,语法格式如下:

RTRIM(列名或表达式 [, trim_char])

trim_char 表示要删除的字符,如果没有指定 trim_char,则 trim_char 默认为空格。

例 10.13　使用 RTRIM 函数截取空格和字符。

```
SQL>SELECT LENGTH(RTRIM(' oracle  ')), LENGTH(RTRIM(' oracle  ', ' ')) FROM dual;
LENGTH(RTRIM('ORACLE')) LENGTH(RTRIM('ORACLE',''))
----------------- ---------------------------
                7                           7
SQL>SELECT RTRIM(' oracle', 'e'), RTRIM('learner', 'rle') FROM dual;
RTRIM('ORACLE','E') RTRIM('LEARNER','RLE')
--------------- --------------------------
oracl               learn
```

RTRIM 函数与 LTRIM 函数一样也是以 trim_char 包含的单个字符为单位进行删除的,而不是以 trim_char 的整体为删除字符。

TRIM 函数实际上是综合了 LTRIM 函数和 RTRIM 函数的功能,作用是删除给定字符串两边出现的字符,然后返回该字符串,默认情况下将删除空格,语法格式如下:

```
TRIM([[LEADING|TRAILING|BOTH] [trim_char FROM] 列名或表达式)
```

LEADING 表示从字符串的左边删除字符,TRAILING 表示从字符串的右边删除字符,BOTH 表示从字符串的两边删除字符,默认值为 BOTH。

例 10.14　使用 TRIM 函数截取空格和字符。

```
SQL>SELECT TRIM(LEADING '*' FROM '**oracle*') c1, TRIM(TRAILING '*' FROM
  2  '**oracle*') c2, TRIM(BOTH '*' FROM '**oracle*') c3, TRIM('*' FROM
  3  '**ora*cle*') c4, LENGTH(TRIM('  oracle ')) c5 FROM dual;
C1        C2          C3        C4         C5
--------  ----------  --------  ---------  ------
oracle*   **oracle    oracle    ora*cle    6
```

注意：TRIM 函数中 trim_char 指定的要删除的字符只能是单个字符,而不能是多个字符。

10.1.9　LENGTH 函数和 LENGTHB 函数

LENGTH 函数和 LENGTHB 函数的功能都是返回参数字符串的长度,前者的返回值以字符为长度单位,后者的返回值以字节为长度单位,语法格式如下:

```
LENGTH(列名或表达式) | LENGTHB(列名或表达式)
```

例 10.15　使用 LENGTH 函数和 LENGTHB 函数分别计算英文字符串和中文字符串的长度。

```
SQL>SELECT LENGTH('oracle'), LENGTHB('oracle'),
  2  LENGTH('数据库'), LENGTHB('数据库') FROM dual;
LENGTH('ORACLE')  LENGTHB('ORACLE')  LENGTH('数据库')  LENGTHB('数据库')
----------------  -----------------  ---------------  ------------------
        6                 6                 3                  6
```

对于英文字符而言 LENGTH 函数和 LENGTHB 函数的返回值相同,对于中文字符 LENGTH 函数返回的是以字符为单位计算的长度,而 LENGTHB 函数以字节为单位计算长度,而且 LENGTHB 函数的返回值与数据库使用的字符集有关。

10.1.10　REPLACE 函数

REPLACE 函数的功能是在第一个参数中查找内容为 string1 的字符串,若找到了就用替换字符串 string2 代替,如果没有 string2 参数,就用空白替换 string1,即相当于删除第一个参数中的 string1 字符串。语法格式如下:

```
REPLACE(列名或表达式, string1[, string2])
```

例 10.16　使用"Oracle 数据库"替代"学习数据库"中的"数据库"。

```
SQL>SELECT REPLACE('学习数据库', '数据库', 'Oracle数据库') FROM dual;
REPLACE('学习数据库','数据库',
--------------------------
学习Oracle数据库
```

10.1.11 SUBSTR 函数和 SUBSTRB 函数

SUBSTR 函数和 SUBSTRB 函数的功能都是返回参数字符串的一部分,语法格式如下:

```
SUBSTR(列名或表达式, x [, y])|SUBSTRB(列名或表达式, x [, y])
```

返回的字符串子串是从第 x 个字符开始的,长度为 y,y 可以省略,如果省略 y 则返回从第 x 个字符开始的后面的所有字符。SUBSTR 函数中 x、y 以字符计算,SUBSTRB 函数中 x、y 以字节计算。

例 10.17 使用 SUBSTR 函数和 SUBSTRB 函数分别获取英文字符串和中文字符串的子串。

```
SQL>SELECT SUBSTR('oracle', 1, 3) c1, SUBSTRB('oracle', 1, 3) c2,
  2  SUBSTR('学习数据库', 1, 3) c3, SUBSTRB('学习数据库', 1, 3) c4 FROM dual;
C1   C2   C3       C4
---  ---- ------  ---
ora  ora  学习数    学
```

对于英文字符而言 SUBSTR 函数和 SUBSTRB 函数的返回值相同,对于中文字符 SUBSTR 函数返回的是以字符为单位计算的长度,SUBSTRB 函数以字节为单位计算长度。SUBSTR 函数和 SUBSTRB 函数的返回值同样与数据库使用的字符集有关。

当参数 x 为负数时,表示从字符串的右侧开始计算。

例 10.18 使用 SUBSTR 函数和 SUBSTRB 函数从右侧返回英文字符串和中文字符串的子串。

```
SQL>SELECT SUBSTR('oracle', -2, 3) c1, SUBSTRB('oracle', -2, 3) c2,
  2  SUBSTR('学习数据库', -2, 3) c3, SUBSTRB('学习数据库', -2, 3) c4 FROM dual;
C1  C2   C3    C4
--  ---  ----  ---
le  le   据库   库
```

10.2 数值类函数

10.2.1 ABS 函数

ABS 函数的功能是求出参数的绝对值,语法格式如下:

```
ABS(列名或表达式)
```

例 10.19 使用 ABS 函数获取数值的绝对值。

```
SQL>SELECT ABS(123.456), ABS(0), ABS(-123.456) FROM dual;
ABS(123.456)  ABS(0)  ABS(-123.456)
--------- ------ ----------------
    123.456      0      123.456
```

10.2.2 CEIL 函数

CEIL 函数的功能是获取大于或等于参数值的最大整数。对于正数而言,返回的结果向绝对值大的方向转化;对于负数而言,返回的结果向绝对值小的方向转化。语法格式如下:

```
CEIL(列名或表达式)
```

例 10.20 CEIL 函数使用示例。

```
SQL>SELECT AVG(s_foreign), CEIL(AVG(s_foreign)) FROM student;
AVG(S_FOREIGN)  CEIL(AVG(S_FOREIGN))
------------ -----------------------
   114.912088                115
SQL>SELECT CEIL(-98.76), CEIL(-123.456) FROM dual;
CEIL(-98.76)  CEIL(-123.456)
---------- ----------------
       -98           -123
```

10.2.3 FLOOR 函数

FLOOR 函数的功能与 CEIL 函数相反,可以得到小于或等于参数值的最大整数。对于正数而言,返回的结果向绝对值小的方向转化;对于负数而言,返回的结果向绝对值大的方向转化。语法格式如下:

```
FLOOR(列名或表达式)
```

例 10.21 FLOOR 函数使用示例,注意与 CEIL 函数进行对比。

```
SQL>SELECT AVG(s_foreign), FLOOR(AVG(s_foreign)) FROM student;
AVG(S_FOREIGN)  FLOOR(AVG(S_FOREIGN))
------------ -----------------------
   114.912088                114
SQL>SELECT FLOOR(-98.76), FLOOR(-123.456) FROM dual;
FLOOR(-98.76)  FLOOR(-123.456)
---------- ----------------
       -99           -124
```

10.2.4 MOD 函数

MOD 函数的功能是将两个参数做除法后取余数,语法格式如下:

MOD(列名或表达式,列名或表达式)

其中,第一个参数表示被除数,第二个参数表示除数。

例 10.22 使用 MOD 函数获取两个数相除后的余数。

```
SQL>SELECT MOD(123, 4), MOD(4, 123) FROM dual;
MOD(123,4)  MOD(4,123)
--------  ------------
       3           4
```

10.2.5 ROUND 函数

ROUND 函数的功能是将列名或表达式所表示的数值进行四舍五入,语法格式如下:

ROUND(列名或表达式[, x])

其中 x 表示四舍五入到小数点后第几位,默认为 0 表示四舍五入到个位;如果 x 为负数,则表示从小数点左边第 x 位开始四舍五入。

例 10.23 查询各个班级的数学成绩的平均值并对其进行四舍五入。

```
SQL>SELECT s_classname, AVG(s_math), ROUND(AVG(s_math)), ROUND(AVG(s_math),2)
FROM student
  2  WHERE s_classname LIKE '%08%' GROUP BY s_classname ORDER BY s_classname;
S_CLASSNAME  AVG(S_MATH)  ROUND(AVG(S_MATH))  ROUND(AVG(S_MATH),2)
---------  ----------  ----------------  ------------------
信管 081     96.12903225         96                  96.13
信管 082     95.93333333         96                  95.93
国贸 081     98.53333333         99                  98.53
国贸 082     97.79310344         98                  97.79
工商 081        98.125          98                  98.13
工商 082     89.91176470         90                  89.91
工商 083     97.13333333         97                  97.13
已选择 7 行。
```

下面的代码演示了四舍五入位是负数时,ROUND 函数的处理情况。

```
SQL>SELECT ROUND(1234.5678, -1) A, ROUND(1234.5678, -2) B,
  2  ROUND(5678.1234,-1) C, ROUND(5678.1234,-2) D, ROUND(56.78,-2) E FROM dual;
        A        B        C        D        E
----------  --------  --------  ------  ----------
     1230     1200     5680     5700      100
```

ROUND(1234.5678,—1)表示四舍五入到小数点左边第二位,即十位,而个位为 4,不产生进位,因此结果为 1230;ROUND(1234.5678,—2)表示四舍五入到小数点左边第三位,即百位,而十位为 3,不产生进位,因此结果为 1200;ROUND(5678.1234,—1)表示四舍五入到小数点左边第二位,即十位,十位为 8,需要进位,因此结果为 5680;ROUND(5678.1234,—2)表示四舍五入到小数点左边第三位,即百位,十位为 7,需要进位,因此结果为 5700；ROUND(56.78，-2) 表示四舍五入到小数点左边第三位，即百位，十位为 5，需要进位，因此结果为 100。

10.2.6 TRUNC 函数

TRUNC 函数的功能是将列名或表达式所表示的数值进行截取，语法格式如下：

TRUNC(列名或表达式[, x])

其中 x 表示截取到小数点后的第几位(不进行四舍五入)，默认为 0；如果 x 为负数，则表示从小数点左边第 x 位开始截取。

例 10.24 查询各个班级的数学成绩的平均值并对其进行截取。

```
SQL> SELECT s_classname, AVG(s_math), TRUNC(AVG(s_math)), TRUNC(AVG(s_math),2)
FROM student
  2  WHERE s_classname LIKE '%08%' GROUP BY s_classname ORDER BY s_classname;
S_CLASSNAME  AVG(S_MATH)    TRUNC(AVG(S_MATH))   TRUNC(AVG(S_MATH),2)
---------    ----------     ---------------      --------------------
信管 081     96.12903225           96                   96.12
信管 082     95.93333333           95                   95.93
国贸 081     98.53333333           98                   98.53
国贸 082     97.79310344           97                   97.79
工商 081       98.125             98                   98.12
工商 082     89.91176470           89                   89.91
工商 083     97.13333333           97                   97.13
```

已选择 7 行。

下面的代码演示了截取位是负数时，TRUNC 函数的处理情况。

```
SQL> SELECT TRUNC(1234.5678,-1) A, TRUNC(1234.5678, -2) B,
  2  TRUNC(5678.1234,-1) C, TRUNC(5678.1234,-2) D, TRUNC(56.78,-2) E FROM dual;
        A        B        C        D        E
---------  -------  ------  ------  --------
     1230     1200     5670     5600        0
```

与 ROUND 函数不同的是，TRUNC 函数不需要四舍五入，因此处理起来比较简单，直接截取就可以了，截取位后的数据位全部为 0。当第二个参数为负数且负数的位数大于等于整数的字节数的话，则返回为 0，因此 TRUNC(56.78，-2) 的结果为 0。

10.3 日期类函数

10.3.1 ADD_MONTHS 函数

ADD_MONTHS 函数的功能是在第一个参数的基础上加上第二个参数个月，如果第二个参数为负数，则表示在第一个参数的基础上减去第二个参数个月，语法格式如下：

```
ADD_MONTHS(日期, n)
```

例 10.25　使用 ADD_MONTHS 函数进行日期的处理。

```
SQL>SELECT t_name, t_entertime, ADD_MONTHS(t_entertime, 12) FROM teacher;
T_NAME      T_ENTERTIME   ADD_MONTHS(T_E
-------     ---------     ---------------
李飞        01-6月-07     01-6月-08
张续伟      29-5月-06     29-5月-07
黄帅        08-8月-06     08-8月-07
...
已选择 24 行。
SQL>SELECT ADD_MONTHS(SYSDATE, -2) FROM dual;
ADD_MONTHS(SYS
--------------
25-12月-11
SQL>SELECT ADD_MONTHS(TO_DATE('01-1月-2012 11:12:13','DD-MON-YYYY
2 HH24:MI:SS'), 5) FROM dual;
ADD_MONTHS(TO_
--------------
01-6月-12
```

10.3.2　CURRENT_DATE 函数和 CURRENT_TIMESTAMP 函数

CURRENT_DATE 和 CURRENT_TIMESTAMP 函数的功能与 SYSDATE 和 SYSTIMESTAMP 函数相同，都是显示当前的系统时间，结果也基本相同，但区别是这两个函数返回的是当前会话时间，而 SYSDATE 和 SYSTIMESTAMP 函数返回的是 Oracle 服务器的时间。

例 10.26　使用 CURRENT_DATE 和 CURRENT_TIMESTAMP 函数获取当前时间。

```
SQL>SELECT CURRENT_DATE, CURRENT_TIMESTAMP FROM dual;
CURRENT_DATE        CURRENT_TIMESTAMP
-----------   ----------------------------------------
26-2月-12        26-2月-12 02.19.49.000000 下午 +08:00
SQL>ALTER SESSION SET NLS_DATE_FORMAT='yyyy-mon-dd';
会话已更改。
SQL>SELECT CURRENT_DATE, CURRENT_TIMESTAMP FROM dual;
CURRENT_DATE        CURRENT_TIMESTAMP
---------   -----------------------------------------
2012-2月-26      26-2月-12 02.20.39.000000 下午 +08:00
SQL>ALTER SESSION SET NLS_TIMESTAMP_FORMAT='yyyy-mm-dd hh24:mi:ssxff';
会话已更改。
SQL>SELECT CURRENT_DATE, CURRENT_TIMESTAMP FROM dual;
CURRENT_DATE                     CURRENT_TIMESTAMP
-----------------   ------------------------------------------
2012-2月-26 02:21:20     26-2月-12 02.21.20.000000 下午 +08:00
```

```
SQL>ALTER SESSION SET NLS_DATE_LANGUAGE='AMERICAN';
会话已更改。
SQL>SELECT CURRENT_DATE, CURRENT_TIMESTAMP FROM dual;
CURRENT_DATE                    CURRENT_TIMESTAMP
----------------- -------------------------------------
2012-feb-26 09:28:52    26-FEB-12 02.25.44.000000 PM +08:00
```

10.3.3 EXTRACT 函数

EXTRACT 函数的功能是从日期时间类型的数据中提取特定部分的信息,语法格式如下:

```
EXTRACT ({YEAR|MONTH|DAY|HOUR|MINUTE|SECOND}
        | {TIMEZONE_HOUR|TIMEZONE_MINUTE}
        | {TIMEZONE_REGION|TIMEZONE_ABBR}
FROM 列名或表达式)
```

例 10.27 使用 EXTRACT 函数提取年份、月份等日期。

```
SQL>SELECT EXTRACT(YEAR FROM SYSDATE) year, EXTRACT(MONTH FROM SYSDATE) month,
  2  EXTRACT(DAY FROM SYSDATE) day, EXTRACT(HOUR FROM SYSTIMESTAMP)+8 hour,
  3  EXTRACT(MINUTE FROM SYSTIMESTAMP) minute, EXTRACT(SECOND FROM SYSTIMESTAMP)
  4  second FROM dual;
YEAR  MONTH   DAY  HOUR  MINUTE  SECOND
----  -----   ---  ----  ------  --------
2012  2       26   19    22      38.796
SQL>SELECT EXTRACT(HOUR FROM SYSDATE) hour FROM dual;
SELECT EXTRACT(HOUR FROM SYSDATE) hour FROM dual
                      *
第 1 行出现错误:
ORA-30076:对析出来源无效的析出字段
SQL>SELECT TO_CHAR(SYSDATE, 'hh24') hour, TO_CHAR(SYSDATE, 'mi') MINUTE,
  2 TO_CHAR(SYSDATE, 'ss') SECOND FROM dual;
HOUR   MINUTE  SECOND                          --使用 TO_CHAR 函数获取 SYSDATE 的时
分秒
----   -----   -------
20     44      31
SQL>SELECT EXTRACT(YEAR FROM DATE '2012-1-1') year,
  2  EXTRACT(HOUR FROM TIMESTAMP '2012-01-14 13:46:41') hour FROM dual;
   YEAR       HOUR
------   ----------
   2012       13
```

对于 DATE 类型的数据,EXTRACT 函数只能抽取年、月、日的信息,而不能抽取小时、分、秒的信息,要想获取小时、分、秒的信息可以使用 TO_CHAR 函数;对于 TIMESTAMP 类型的数据,EXTRACT 函数可以抽取年、月、日、小时、分、秒的全部信息。还要注意的是,

SYSTIMESTAMP 获取的并不是当前时区的时间,而是零时区的标准时间,中国在东八区,因此应该将获取的小时加 8。

EXTRACT 函数另外一个很常用的功能是计算两个时间之间的差。

例 10.28　使用 EXTRACT 函数计算两个日期之间的时间差。

```
SQL>SELECT EXTRACT(DAY FROM (t2-t1) DAY TO SECOND) day, EXTRACT(HOUR FROM (t2-t1))
  2  hour,EXTRACT(SECOND FROM (t2-t1)) second FROM
  3  (SELECT TIMESTAMP '2011-02-04 15:07:00' t1
  4  ,TIMESTAMP '2012-05-17 19:08:46' t2 FROM dual);
DAY     HOUR   SECOND
-----   -----  ------
  468     4      46
SQL>SELECT t_id, t_name, t_entertime, '在职时间为:' ‖
  2  EXTRACT(YEAR FROM (SYSDATE -t_entertime) YEAR TO MONTH) ‖ '年' ‖
  3  EXTRACT(MONTH FROM (SYSDATE -t_entertime) YEAR TO MONTH) ‖ '月' 在职时间
  4  FROM teacher;
T_ID    T_NAME  T_ENTERTIME    在职时间
------  ------  -----------    -----------------
060001  李飞    2007-6-1       在职时间为:4 年 7 月
060002  张续伟  2006-5-29      在职时间为:5 年 8 月
060003  黄帅    2006-8-8       在职时间为:5 年 5 月
...
已选择 24 行。
```

10.3.4　LAST_DAY 函数

LAST_DAY 函数的功能是获取日期参数所在月的最后一天,语法格式如下:

```
LAST_DAY(列名或表达式)
```

例 10.29　使用 LAST_DAY 函数获取当前日期所在月的最后一天。

```
SQL>SELECT SYSDATE, LAST_DAY(SYSDATE) last_day FROM dual;
SYSDATE        LAST_DAY
---------      --------------
26-2月 -12     29-2月 -12
```

10.3.5　MONTHS_BETWEEN 函数

MONTHS_BETWEEN 函数的功能是计算日期 1 和日期 2 之间的月份数,语法格式如下:

```
MONTHS_BETWEEN(日期 1, 日期 2)
```

如果日期 1 大于日期 2,其返回的月数为正数,否则为负数。当两个日期之间的月份差不是整月时,将采用小数表示。如果计算结果不是整数,则会将所差的天数除以 31 的值作为结果,但是如果两个日期都是月末最后一天或者日期相同的话,都会按整月进行计算。

例 10.30 使用 MONTHS_BETWEEN 函数计算两个日期之间的月份差。

```
SQL>SELECT TO_CHAR(SYSDATE, 'YYYY-MM-DD HH24:MI:SS') d1,
  2  MONTHS_BETWEEN('01-2月-12', SYSDATE) d2,
  3  MONTHS_BETWEEN('01-2月-12', TRUNC(SYSDATE)) d3 FROM dual;
D1                        D2          D3
---------------- ---------- --------------
2011-12-28 11:48:58 1.11315038 1.12903225
SQL>SELECT MONTHS_BETWEEN('29-2月-12', '29-12月-11') d1,
  2  MONTHS_BETWEEN('29-2月-12', '31-12月-11') d2 FROM dual;
     D1         D2
------ -----
     2          2
```

第一个查询是计算了 2012 年 2 月 1 日与当前时间相隔几个月,由于相差的不是整月,因此以小数的形式显示,但是 d2 和 d3 显示的有所不同,这是因为 MONTHS_BETWEEN 函数不仅会对年月日,而且会对时分秒进行计算,因此'01-2月-12'与 SYSDATE 和 TRUNC (SYSDATE)计算的结果是不同的。第二个查询中前面的两个日期的天数相同(都是 29),因此得出的结果是 2,后面的两个日期的天数不相同但都是月末最后一天,因此得出的结果也是 2。

10.3.6 NEXT_DAY 函数

NEXT_DAY 函数的功能是返回从输入日期(不包括输入日期)开始,下一个最近的星期几所对应的日期,语法格式如下:

```
NEXT_DAY(日期, 星期几)
```

说明:

(1) 第一个参数不管是什么类型的数据,返回值总是 DATE 类型。

(2) 第二个参数可以使用字符和数字来表示。如果使用字符表示,那么与会话的语言环境 NLS_DATE_LANGUAGE 参数有关;如果使用数字,则用 1 表示星期日,2 表示星期一,3 表示星期二,4 表示星期三,5 表示星期四,6 表示星期五,7 表示星期六。

(3) 当第二个参数比现有星期数小时,会返回下一个星期的日期;当第二个参数所传的星期数比现有的星期数大时,则会返回本周的相应星期日期。

例 10.31 使用 NEXT_DAY 函数获取当前日期之后的第一个周五的时间。

```
SQL>SELECT SYSDATE, NEXT_DAY(SYSDATE, '星期五') FROM dual;
SYSDATE    NEXT_DAY(SYSDA
-------- ----------------
26-2月-12    02-3月-12
```

要注意该参数的第二个参数与当前会话使用的语言有关,如执行下面的代码。

```
SQL>SELECT SYSDATE, NEXT_DAY(SYSDATE, 'friday') FROM dual;
```

```
SELECT SYSDATE, NEXT_DAY(SYSDATE, 'friday') FROM dual
                                       *
```

第 1 行出现错误：

ORA-01846：周中的日无效

```
SQL>SELECT * FROM nls_session_parameters WHERE parameter='NLS_DATE_LANGUAGE';
PARAMETER              VALUE
----------------  ----------------------
NLS_DATE_LANGUAGE   SIMPLIFIED CHINESE
```

可见使用中文表示时间，因此用"friday"做参数就会报错。如果要使用英文参数可以将会话的表示时间的语言修改为英文环境，如下面的代码所示。

```
SQL>ALTER SESSION SET NLS_DATE_LANGUAGE='AMERICAN';
会话已更改。
SQL>SELECT SYSDATE, NEXT_DAY(SYSDATE, 'friday') FROM dual;
SYSDATE      NEXT_DAY(SYS
--------  -------------
26-FEB-12   02-MAR-12
```

最好的方法是使用数字作为第二个参数，但是要注意是从星期日（用 1 表示）开始的，依次递增，最大的有效值为 7，如下面的代码所示。

```
SQL>SELECT SYSDATE, NEXT_DAY(SYSDATE, 6) FROM dual;
SYSDATE      NEXT_DAY(SYS
--------  ----------------
26-FEB-12    02-MAR-12
```

10.3.7　ROUND 函数

ROUND 函数也可以用于处理日期型数据，其功能是对日期类型的参数进行四舍五入操作，并将结果返回，语法格式如下：

```
ROUND(日期[, 格式])
```

说明：

（1）第二个参数用于指定四舍五入的方式，如果是按年四舍五入，使用 YEAR、YYYY、YYY、YY 或 Y；如果是按月四舍五入，则使用 MONTH、MM、MON 或 RM；如果是按日四舍五入，则使用 DDD、DD 或 J；如果是按小时四舍五入，则使用 HH、HH12 或 HH24；如果是按分钟四舍五入，则使用 MI，默认是按日四舍五入。不管使用何种方式，对于日期四舍五入之后的部分都重置为 1（如按年四舍五入后，月和日都变为 1），对于时间部分都重置为 0（如按小时四舍五入后，分钟和秒都变为 0）。

（2）日的四舍五入是以每天的 12 点为基准的，月的四舍五入是以每月的 15 号为基准的，年的四舍五入是以每年的 6 月为基准的。

例 10.32　使用 ROUND 函数对日期进行四舍五入。

```
SQL>SELECT ROUND(TO_DATE('2012-6-15 11:59:59', 'YYYY-MM-DD HH24:MI:SS')) d1,
```

```
2    TO_CHAR(ROUND(TO_DATE('2012-6-15 11:59:59', 'YYYY-MM-DD HH24:MI:SS')),'YYYY-
MM-DD HH24:MI:SS') d2,
3    ROUND(TO_DATE('2012-6-15 12:00:00', 'YYYY-MM-DD HH24:MI:SS')) d3,
4    TO_CHAR(ROUND(TO_DATE('2012-6-15 12:00:00', 'YYYY-MM-DD HH24:MI:SS')),'YYYY-
MM-DD HH24:MI:SS') d4
5    FROM dual;
D1            D2                   D3               D4
--------     ----------------     --------      ------------------------
15-6月 -12 2012-06-15 00:00:00 16-6月 -12 2012-06-16 00:00:00
SQL>SELECT
2    TO_CHAR(ROUND(TO_DATE('2012-6-15 12:29:59', 'YYYY-MM-DD HH24:MI:SS'), 'HH'),
'YYYY-MM-DD HH24:MI:SS') d1,
3    TO_CHAR(ROUND(TO_DATE('2012-6-15 12:30:00', 'YYYY-MM-DD HH24:MI:SS'), 'HH'),
'YYYY-MM-DD HH24:MI:SS') d2,
4    TO_CHAR(ROUND(TO_DATE('2012-6-15 12:30:29', 'YYYY-MM-DD HH24:MI:SS'), 'MI'),
'YYYY-MM-DD HH24:MI:SS') d3,
5    TO_CHAR(ROUND(TO_DATE('2012-6-15 12:30:30', 'YYYY-MM-DD HH24:MI:SS'), 'MI'),
'YYYY-MM-DD HH24:MI:SS') d4
6    FROM dual;
D1                     D2                     D3                     D4
-------------        -------------        -------------        -------------------
2012-06-15 12:00:00 2012-06-15 13:00:00 2012-06-15 12:30:00 2012-06-15 12:31:00
SQL>SELECT ROUND(DATE '2012-6-15','MM') d1, ROUND(DATE '2012-6-16','MM') d2,
2 ROUND(DATE '2012-6-30','YY') d3, ROUND(DATE '2012-7-1','YY') d4
3 FROM dual;
D1           D2           D3          D4
--------    ----------   -------     ---------
1-6月 -12   1-7月 -12    1-1月 -12   1-1月 -13
```

10.3.8 TRUNC 函数

TRUNC 函数也可以用于处理日期型数据,其功能是对日期类型的参数进行截取,并将结果返回,语法格式如下:

```
TRUNC(日期[, 格式])
```

说明:

第二个参数用于指定截取的方式,如果是按年截取,使用 YEAR、YYYY、YYY、YY 或 Y;如果是按月截取,则使用 MONTH、MM、MON 或 RM;如果是按日截取,则使用 DDD、DD 或 J;如果是按小时截取,则使用 HH、HH12 或 HH24;如果是按分钟截取,则使用 MI,默认是按日截取。不管是使用何种方式,对于日期截取之后的部分重置为1(如按年截取后,月和日都变为1),对于时间部分重置为0(如按小时截取后,分钟和秒都变为0)。

例 10.33 使用 TRUNC 函数对日期进行截取。

```
SQL>SELECT TRUNC(TO_DATE('2012-6-15 11:59:59', 'YYYY-MM-DD HH24:MI:SS')) d1,
2    TO_CHAR(TRUNC(TO_DATE('2012-6-15 11:59:59', 'YYYY-MM-DD HH24:MI:SS')),'YYYY-
```

```
MM- DD HH24:MI:SS') d2,
 3  TRUNC(TO_DATE('2012-6-15 12:00:00', 'YYYY-MM-DD HH24:MI:SS')) d3,
 4  TO_CHAR(TRUNC(TO_DATE('2012-6-15 12:00:00', 'YYYY-MM-DD HH24:MI:SS')),'YYYY-
MM- DD HH24:MI:SS') d4
 5  FROM dual;
D1        D2                D3         D4
--------  ----------------  ---------  ------------------------
15-6月-12   2012-06-15 00:00:00 15-6月-12 2012-06-15 00:00:00
SQL>SELECT
 2  TO_CHAR(TRUNC(TO_DATE('2012-6-15 12:59:59', 'YYYY-MM-DD HH24:MI:SS'), 'HH'),
'YYYY-MM-DD HH24:MI:SS') d1,
 3  TO_CHAR(TRUNC(TO_DATE('2012-6-15 12:59:59', 'YYYY-MM-DD HH24:MI:SS'), 'MI'),
'YYYY-MM-DD HH24:MI:SS') d2
 4  FROM dual;
D1               D2
---------------  ----------------------
2012-06-15 12:00:00 2012-06-15 12:59:00
SQL>SELECT TRUNC(DATE '2012-12-30', 'YY') d1, TRUNC(DATE '2012-12-30', 'MM')d2
 2  FROM dual;
D1        D2
--------  ------------
1-1月-12   1-12月-12
```

TRUNC 函数的一个常用功能就是对时分秒进行截取,如 SYSDATE 函数是包含时分秒信息的,但是有很多情况下并不需要时分秒的信息,这时就可以使用 TRUNC(SYSDATE) 只将年月日的信息保留,如下面的 SQL 语句。

```
SQL>CREATE TABLE test(id NUMBER(2), entertime DATE);
表已创建。
SQL>INSERT INTO test VALUES(1, TRUNC(SYSDATE));
已创建 1 行。
SQL>INSERT INTO test VALUES(2, SYSDATE);
已创建 1 行。
SQL>SELECT id, TO_CHAR(entertime, 'YYYY-MM-DD HH24:MI:SS') d FROM test;
   ID    D
-----  --------------------
    1    2012-02-26 00:00:00
    2    2012-02-26 13:26:58
SQL>SELECT * FROM test WHERE entertime='26-2月-12';
    ID    ENTERTIME
------  --------------
     1    26-2月-12
```

从结果看,id 为 1 的记录对时分秒进行了截取,id 为 2 的记录则没有,因此 id 为 2 的记录的 entertime 列中保存的信息包含了时分秒。在进行后面的查询时,只能查询出 id 为 1 的记录,这是因为查询条件中只提供了年月日的信息。

10.4 空值处理函数

10.4.1 NVL 函数

NVL 函数的功能是实现空值的转换,根据第一个表达式的值是否为空值来返回相应的列名或表达式,主要用于对数据列上的空值进行处理,语法格式如下:

NVL(列名或表达式, 列名或表达式)

如果第一个参数的值为空值,则返回第二个参数的值,否则返回第一个参数的值。如果两个参数的值都为空值,则返回空值。第一个参数和第二个参数可以是任何类型的数据,但两个参数的数据类型必须相同(或能够由 Oracle 隐式转换为相同的类型)。

例 10.34 求学号为"0807070303"的学生的期末考试总成绩。

```
SQL>SELECT s_id, s_commongrade +s_finalgrade AS total FROM score
2 WHERE s_id='0807070303';
S_ID            TOTAL
----------      ------
0807070303                          --这里是null
0807070303      87
0807070303                          --这里是null
...
已选择 7 行。
```

例 10.34 中求学生的总成绩时,如果学生没有参加期末考试,那么期末考试成绩就为空值,而与空值做算术运算结果总为空,因此总成绩为空值,这样就不能正确反映出学生的真实成绩,而使用 NVL 函数可以很好地解决这个问题,思路是当学生成绩为空值时将空值转化为 0。

```
SQL>SELECT s_id, s_commongrade +NVL(s_finalgrade, 0) AS total FROM score
 2  WHERE s_id='0807070303';
S_ID            TOTAL
----------      ------
0807070303      18
0807070303      87
0807070303      12
...
已选择 7 行。
```

10.4.2 NVL2 函数

NVL2 函数的功能与 NVL 函数类似,也是一个空值转换函数,语法格式如下:

NVL2(列名或表达式, 列名或表达式, 列名或表达式)

在 NVL 函数中,如果第一个参数的值不为空值,则只能返回第一个参数的值,不能是其他值,而 NVL2 函数对 NVL 函数的功能进行了扩展。在 NVL2 函数中,如果第一个参数的值不为空值,则返回第二个参数的值,否则返回第三个参数的值。第一个参数可以是任何类型的数据,第二个参数和第三个参数可以是除 LONG 类型以外的任何数据类型,但后两个参数的数据类型必须相同(或能够由 Oracle 隐式转换为相同的类型)。

例 10.35　计算学生的总成绩,其中期末成绩的权重是 0.7。

```
SQL>SELECT s_id, s_commongrade +NVL2(s_finalgrade, s_finalgrade * 0.7, 0) AS
2 total FROM score  WHERE s_id='0807070303';
S_ID            TOTAL
----------   ----------
0807070303        18
0807070303       66.9
0807070303        12
...
已选择 7 行。
```

10.4.3　NULLIF 函数

NULLIF 函数的功能是将两个参数的值进行比较,如果相等,则返回空值;如果不相等,则返回第一个参数的值。语法格式如下:

```
NULLIF(列名或表达式, 列名或表达式)
```

例 10.36　使用 NULLIF 函数判断学生的职务。

```
SQL>SELECT NULLIF(s_duty, '体育委员'), NULLIF(s_duty, '生活委员')
2 FROM student WHERE s_name='李金龙';
NULLIF(S_DUTY,'体育委员')   NULLIF(S_DUTY,'生活委员')
--------------------   ----------------------------
                              体育委员
```

李金龙的职务是体育委员,第一个 NULLIF 函数中 s_duty 的值是体育委员所以返回空值,第二个 NULLIF 函数中由于两个参数的值不同所以返回体育委员。

10.4.4　COALESCE 函数

COALESCE 函数的功能是判断各个参数的值是否为空值,并返回第一个不为空值的参数的值,语法格式如下:

```
COALESCE (表达式 1, 表达式 2, 表达式 3,…, 表达式 n)
```

该函数的执行过程是先判断第一个参数是否为空,不为空就返回,否则看第二个参数是否为空,不为空就返回,依次类推,如果所有参数均为空值,则返回空值。从功能上看,该函数相当于多次调用 NVL 函数,但在一次可以写入多个参数时,必须为该函数至少指定两个参数,而且参数的类型必须相同。

例 10.37　使用 COALESCE 函数改写例 10.34。

```
SQL> SELECT s_id, s_commongrade +COALESCE(s_finalgrade, 0) AS total
  2  FROM score WHERE s_id='0807070303';
S_ID           TOTAL
---------- ----------
0807070303        18
0807070303        87
0807070303        12
...
```

已选择 7 行。

10.5　转换类函数

因为数据库中存在多种数据类型,这就不可避免地会涉及数据的类型转换问题,除了前面讲解的自动转换之外,Oracle 数据库还提供了一些转换函数实现数据转换的功能。

10.5.1　TO_CHAR 函数

TO_CHAR 函数的功能是将非字符型的数据转换成字符型数据,并可以设置字符的输出格式,语法格式如下:

TO_CHAR(列名或表达式 [, 格式] [, NLS 参数])

说明:

(1) 第一个参数是要进行转换的列名或表达式,可以是数值型、日期时间型或其他字符类型(包括 NCHAR、NVARCHAR2、CLOB 和 NCLOB)的数据,转换后全部变为 VARCHAR2 类型。

(2) 第二个参数用于指定转换后字符的显示格式,这是一个可选的参数,如果不设置会按照原样显示。

(3) 第三个参数用于指定转换后字符的显示格式的国家语言支持参数,这是一个可选的参数,如果不设置则会按照默认的 NLS 参数指定的格式显示。

1. 将数值型数据转换成字符型数据

进行数值转换时,常用的格式字符串如表 10.1 所示。

表 10.1　使用 TO_CHAR 函数进行数值转换时常用的格式字符串

格式元素	示　　例	说　　明
,(逗号)	9,999	在指定的位置上显示逗号,可以设置多个逗号
.(小数点)	9.999	在指定的位置上显示小数点,一次只能设置一个小数点
0	0999 或 9990	显示前面或后面的零
9	9999	表示转换后字符显示的宽度
$	$9999	美元符号
L	L9999	本地货币符号

例 10.38　使用 TO_CHAR 函数将数值型数据转换成各种格式的字符型数据。

```
SQL>SELECT TO_CHAR(1234567, '9,999,999') C1, TO_CHAR(123.456, '9999.9999') C2,
2   TO_CHAR(123.456, '999.99') C3, TO_CHAR(123.4, '09999.990') C4,
3   TO_CHAR(12.466666, '9.99') C5, TO_CHAR(1234, '$ 9,999') C6,
4   TO_CHAR(12.35, 'L99.9') C7 FROM dual;
C1        C2        C3        C4          C5      C6        C7
-------   --------  -------   ---------   -----   -------   -------
1,234,567 123.4560   123.46   00123.400   #####   $1,234    ￥12.4
```

当要处理的数值长度比格式字符串的长度小时,对于整数部分会按照数值的长度显示,对于小数部分会在后面补 0,如 C2 列。当小数部分的数值的长度大于格式字符串小数部分的长度时,显示结果会四舍五入,如 C3 列。当在格式字符串的前面或后面指定格式元素 0时,如果数值的长度比格式字符串的长度小,则前面或后面都会以 0 来补齐位数,如 C4 列。而当整数部分的长度大于格式字符串中指定的长度时,则会返回一个由井号(♯)组成的字符串。C6 列和 C7 列分别使用了美元符号和本地货币符号格式化字符串。

2. 将日期时间型数据转换成字符型数据

进行日期时间类型转换时,常用的格式字符串如表 10.2 所示。

表 10.2　进行日期转换时常用的格式字符串

格式元素	说　明
YYYY/YY	表示 4 位表示的年/2 位表示的年
RR	表示 2 位表示的年
MM	表示 2 位表示的月
DD	表示 2 位表示的天数
DAY	表示星期几
FF [1..9]	表示小数部分的秒,可以指定表示的长度,长度从 1～9,该选项只对 TIMESTAMP 和 INTERVAL 类型有效
YEAR	表示英文的年
MON	表示英文的月,用 3 位字母显示
WW	表示年的周数
W	表示月的周数
Q	表示年的季度
HH/HH12/HH24	前两个以 12 小时表示一天的小时数,第三个以 24 小时表示一天的小时数
MI	表示分钟数
SS	表示秒数
SSSSS	表示午夜之后的秒

例 10.39　使用 TO_CHAR 函数将日期时间型数据转换成字符型数据。

```
SQL>SELECT TO_CHAR(SYSTIMESTAMP, 'YYYY-MM-DD hh24:mi:ss.ff3') d1,
  2  TO_CHAR(SYSTIMESTAMP, 'WW') d2, TO_CHAR(SYSDATE, 'W') d3 FROM dual;
D1                           D2   D3
-------------------- ---- ---
2012-02-26 12:24:06.281      09   4
```

10.5.2　TO_DATE 函数

TO_DATE 函数的功能是将字符型数据转换成日期型数据，并设置日期的输出格式，语法格式如下：

TO_DATE(列名或表达式 [, 格式] [,NLS 参数])

说明：

（1）第一个参数是要进行转换的列名或表达式，可以是 CHAR、VARCHAR2、NCHAR 或 NVARCHAR2 类型的数据，转换后全部变为 DATE 类型。

（2）第二个参数用于指定转换后日期时间的显示格式，这是一个可选的参数，其取值和含义与 TO_CHAR 函数进行日期时间类型数据转换时使用的格式字符串相似。

（3）第三个参数用于指定转换后日期时间显示格式的国家语言支持参数，这是一个可选的参数，如果不设置则会按照默认的 NLS 参数指定的格式显示。

例 10.40　使用 TO_DATE 函数将字符型数据转换成日期时间型数据，然后再使用 TO_CHAR 函数获取日期是星期几。

```
SQL>SELECT TO_CHAR(TO_DATE('2012-03-13','yyyy-mm-dd'),'DAY') FROM dual;
TO_CHA
------
星期二
```

10.5.3　TO_NUMBER 函数

TO_NUMBER 函数的功能是将字符型数据转换成数值型数据，并设置数值的输出格式，语法格式如下：

TO_NUMBER(列名或表达式 [, 格式] [, NLS 参数])

说明：

（1）第一个参数是要进行转换的列名或表达式，可以是 NUMBER、CHAR、VARCHAR2、NCHAR 或 NVARCHAR2 类型的数据。

（2）第二个参数用于指定转换后数值的显示格式，这是一个可选的参数，其取值和含义与 TO_CHAR 函数进行数值型数据转换时使用的格式字符串相似。

（3）第三个参数用于指定转换后数值显示格式的国家语言支持参数，这是一个可选的参数，如果不设置则会按照默认的 NLS 参数指定的格式显示。

例 10.41　使用 TO_NUMBER 函数将字符型数据"12-345-6789"转换成数值 123456789。

```
SQL>SELECT TO_NUMBER(REPLACE('12-345-6789','-',''),'999999999') FROM dual;
TO_NUMBER(REPLACE('12-345-6789'))
---------------------------------
                        123456789
```

10.6 其他常用函数

10.6.1 DECODE 函数

Oracle 数据库中不提供类似高级语言中的 IF ELSE 的分支语句,但是有些时候还必须使用分支的功能来完成 SQL 语句,为此 Oracle 引入了 DECODE 函数来完成类似的功能。语法格式如下:

DECODE(列名或表达式,值 1,返回值 1,值 2,返回值 2,…,值 n,返回值 n,默认值)

如果使用 IF ELSE 语句来表示该函数的含义,那么 DECODE 函数可以转化为:

```
IF 列名或表达式=值 1 THEN
RETURN(返回值 1)
ELSE IF 列名或表达式=值 2 THEN
    RETURN(返回值 2)
  ⋮
ELSE IF 列名或表达式=值 n THEN
    RETURN(返回值 n)
ELSE
    RETURN(默认值)
END IF
```

例 10.42　使用 DECODE 函数将教师表中的职称号变为职称名。

```
SQL>SELECT t_id, t_name, t_research,
  2      DECODE(t_titleid, 1, '教授', 2, '副教授', 3, '讲师', 4, '助教',
  3      5, '高级工程师', 6, '工程师', 7, '研究员', 8,'副研究员', 9, '助理研究员',
  4      '其他') AS title
  5  FROM teacher;
T_ID    T_NAME   T_RESEARCH                                          TITLE
------  -------  --------------------------------------------------  --------
060001  李飞     软件工程技术,智能算法                               讲师
060002  张续伟   数据仓库,数据挖掘,Web 挖掘,数据库系统开发           教授
060003  黄帅     计算机网络安全                                      讲师
...
已选择 24 行。
```

例 10.43　使用 DECODE 函数获得在不同等级期刊上发表论文的科研分数。

```
SQL>SELECT p.paper_title, p.paper_journal,
```

```
  2          DECODE(journal_level, 'TOP', 5 * 10, '国际 A', 4 * 10, '国际 B', 3 * 10,
  3          '国内 A', 3 * 10, '国内 B', 2 * 10, 1 * 10
  4          ) AS paper_score
  5  FROM paper p, journal j
  6  WHERE p.paper_journal=j.journal_name(+)
  7  ORDER BY paper_score DESC;
PAPER_TITLE                              PAPER_JOURNAL                       PAPER_SCORE
-------------------------------------    -------------------------------     -----------
A wireless vending machine system based on GSM   DATA MINING AND KNOWLEDGE DISCOVERY   40
Application of genetic local search algorithm    MATHEMATICAL PROGRAMMING              30
空间点目标识别的神经模糊推理系统应用研究          系统工程理论与实践                    30
...
```

已选择 10 行。

如果 DECODE 函数中的列名或表达式为空值,那么 Oracle 数据库也会自动地使用 IS NULL 来进行处理,因此从结果上看也会将空值视为一个值。

例 10.44　DECODE 函数中列值为空值的情况。

```
SQL>SELECT s_id, s_name, DECODE(s_duty, NULL, '没有职务', s_duty) FROM student;
S_ID        S_NAME      DECODE(S_DUTY,NULL,'没有职务',
----------  --------    ------------------------------
0807010112  高孟孟      没有职务              --s_duty 列值只要为空就显示"没有职务"
0807010113  王闯        没有职务
0807010114  冯跃泰      没有职务
0807010115  刘亚南      学习委员
0807010116  伊红梅      没有职务
...
```

已选择 273 行。

例 10.45　在 ORDER BY 子句中使用 DECODE 函数实现固定排序的功能。

```
SQL>SELECT AVG(s_foreign), s_classname FROM student GROUP BY s_classname
  2  ORDER BY DECODE(s_classname, '信管 081', 1, '信管 082',2,'工商 081', 3,'工商 082',
  3  4, '工商 083', 5, '国贸 081', 6, '国贸 082', 7, '工商 091', 8, '工商 092', 8);
AVG(S_FOREIGN)   S_CLASSNAME
------------     ------------
117.1612903225   信管 081
112.5333333333   信管 082
    114.65625    工商 081
...
```

已选择 9 行。

有的时候灵活地使用 DECODE 函数可以实现很多功能,如例 10.45 中想让查询出的结果以某种固定的顺序排序(按照信管 081、信管 082、工商 081、工商 082……固定排序),但是只使用 ORDER BY 子句是无法实现的,这时就可以使用 DECODE 函数按照排序班级的先后返回整数,从而就实现了固定排序的功能。

10.6.2 DUMP 函数

DUMP 函数的功能是查看表的数据在数据文件中的存储内容,语法格式如下:

DUMP(列名或表达式 [,返回值格式] [,起始位置] [,长度])

说明:

(1) 该函数的返回值是一个字符串,其中包含了数据类型代码、数据的长度和数据的内部表现形式。

(2) 返回值格式用于执行返回值的返回形式,8 表示以八进制的形式返回,10 表示以十进制的形式返回,16 表示以十六进制的形式返回。默认情况下,返回值中不包括字符集信息,为了获取字符集的信息,必须加上 1000,如 1016 返回十六进制的结果,同时还返回字符集的信息。

(3) 起始位置和长度这两个参数共同作用可以返回指定部分的值,默认是以十进制的形式返回所有的内容。

例 10.46 使用 DUMP 函数获取数据的内部保存内容。

```
SQL>SELECT DUMP('dba') a, DUMP('dba', 16) b,
  2  DUMP('dba',1016) c, DUMP('dba',1016, 2, 3) d
  3  FROM dual;
```

A	B	C	D
Typ=96 Len=3: 100, 98,97	Typ=96 Len=3: 64, 62,61	Typ=96 Len=3 Chara cterSet=ZHS16GBK: 64,62,61	Typ=96 Len=3 Chara cterSet=ZHS16GBK: 62,61

上面代码中的 DUMP 函数获取了字符串"dba"在 Oracle 内部的表示内容,第一个 DUMP 函数只有一个参数,所以会采用默认的十进制的表示方式且全部返回;第二个 DUMP 函数还指定了返回值格式,即采用十六进制的表示方式且全部返回;第三个 DUMP 函数在格式参数上加了 1000,即返回值的同时还显示字符集信息;第四个 DUMP 函数只返回长度 2~3 之间的内容。

10.7 练习题

1. SELECT ROUND(1234.5678,−1) FROM dual 的结果是_____。
      A. 1235   B. 1234.6   C. 1234.57   D. 1230

2. SELECT COALESCE(NULL,'学习','oracle') FROM dual 的结果是_____。
      A. 学习   B. oracle   C. NULL   D. 学习 oracle

3. 下面的查询语句将会返回_____。

```
SELECT t_id, t_name
FROM teacher
WHERE t_entertime<TRUNC(SYSDATE) -5;
```

　　A. 5 天内入职的教师(超过 5 天)　　　　B. 5 天内入职的教师(不足 5 天)

　　C. 5 年内入职的教师(超过 5 年)　　　　D. 5 年内入职的教师(不足 5 年)

4. 查询姓名长度为 3 个汉字的学生。

5. 使用 INSTR 函数查询研究方向中包括数据库的教师信息。

6. 查询工龄 5 年以上的教师信息。

7. 显示第 6 章练习题 8 中创建的考勤表中的数据,考勤时间以"2012.03.01"的形式显示,并对 attendance 列的值进行转换,1 显示旷课,2 显示事假,3 显示病假,4 显示迟到,5 显示早退。

第11章

PL/SQL基础

PL/SQL 是 Oracle 在 SQL 的基础之上进行了过程化扩充的一种编程语言,它将数据库技术和过程化程序设计语言联系起来,以实现更多的功能。

本章将主要讲解以下内容:

- PL/SQL 的概念。
- PL/SQL 的组成元素。
- 控制结构。
- 游标。
- 异常。

11.1 PL/SQL 概述

11.1.1 什么是 PL/SQL

SQL 语言虽然简单易用,但是会将用户操作与实际的数据结构、算法等分离,无法对一些复杂的业务逻辑进行处理,为此 Oracle 数据库对标准的 SQL 语言进行了扩展,将 SQL 语言的非过程化与高级程序开发语言过程化的思想相结合,产生了 PL/SQL 语言。PL/SQL 是 Procedural Language & Structured Query Language 的缩写,从名字中也能够看出 PL/SQL 包含了两类语句:过程化语句和 SQL 语句。PL/SQL 通过增加了用在其他过程化语言中的结构来对 SQL 进行了扩展,把 SQL 语言的易用性、灵活性同过程化结构融合在一起。它与 C、Java 等高级语言一样关注于处理细节,因此可以用来实现比较复杂的业务逻辑。

PL/SQL 包括两部分:一部分是数据库引擎,另一部分是可嵌入到许多产品(如 C、Java 等)工具中的独立引擎,可以将这两部分称为数据库 PL/SQL 和工具 PL/SQL,两者的编程非常相似,都具有程序结构、语法和逻辑机制。

11.1.2 SQL 与 PL/SQL

SQL 是一种标准的结构化语言,本身不支持对结果的进一步处理,如执行下面的查询语句只能根据查询条件返回结果。

```
SQL>SELECT s_id, s_gender FROM student WHERE s_name='赵儒美';
```

```
S_ID          S_GENDER
----------    --------
0807070302    女
```

如果希望进一步对结果进行处理,如当该学生为女生时查询该学生的总成绩,这时使用 SQL 是无法实现的,而要完成此功能,需要如图 11.1 所示的处理过程。

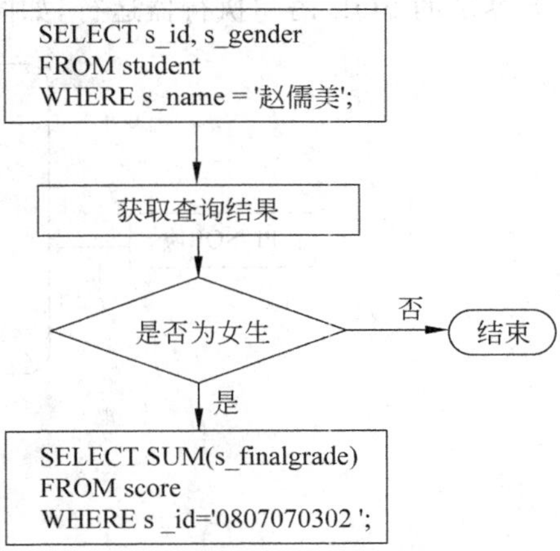

PL/SQL 融合了 SQL 语言的灵活性和过程化的概念,因此非常适合处理此类问题,下面的 PL/SQL 程序用来实现上面标准 SQL 所不能实现的功能。

图 11.1　处理过程流程图

```
SQL> SET SERVEROUTPUT ON
SQL> DECLARE
  2    /* 定义 SQL 语句中使用的变量 */
  3    v_s_id VARCHAR2(10);
  4    v_s_gender VARCHAR2(3);
  5    v_score NUMBER;
  6  BEGIN
  7    /* 查询表中数据 */
  8    SELECT s_id,s_gender INTO v_s_id,v_s_gender
  9    FROM student
 10    WHERE s_name='赵儒美';
 11    /* 检查该学生是否为女生。如果为女生,那么查询其期末总成绩 */
 12    IF v_s_gender='女' THEN
 13      SELECT SUM(s_finalgrade)
 14      INTO v_score
 15      FROM score
 16      WHERE s_id='0807070302';
 17      DBMS_OUTPUT.PUT_LINE('总成绩为:' ‖ v_score);
 18    END IF;
 19  END;
 20  /
总成绩为: 513
PL/SQL 过程已成功完成。
```

在上面的 PL/SQL 程序中,定义了 3 个变量(v_s_id、v_s_gender 和 v_score)、两条 SQL(SELECT)语句和一条 IF 语句。在该程序中 SELECT 语句是非过程化的 SQL 语言,完成对数据库的操作,而变量的声明、IF 语句的逻辑判定则是过程化语言的应用。

11.1.3　PL/SQL 的运行

PL/SQL 程序是通过一个引擎执行的,这个引擎安装在 Oracle 数据库服务器或一些客户端的应用开发工具中。PL/SQL 程序可以在下面两个环境下运行。

(1) Oracle 服务器。

（2）Oracle 的一些应用开发工具。

这两个环境是独立的,PL/SQL 程序可以在 Oracle 服务器上有效,但在应用开发工具中无效,也可以在两个环境中都有效。在任意一个环境中 PL/SQL 引擎都可以接收有效的 PL/SQL 块或子程序。这个引擎执行 PL/SQL 程序中的过程化语句,而将 SQL 语句送给服务器端的 SQL 语句执行器运行,如图 11.2 所示。

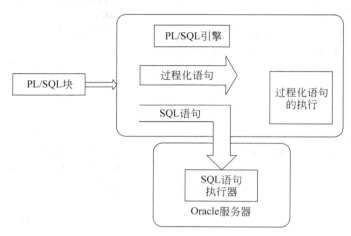

图 11.2　PL/SQL 的运行过程

11.2　PL/SQL 的组成元素

与高级语言类似,PL/SQL 程序也是由一些基本元素组成的。下面用一段简单的 PL/SQL 程序来阐述一下 PL/SQL 的基本元素。

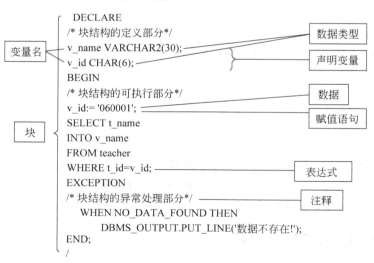

上面的程序用于从教师表中检索编号为"060001"的教师姓名。如果教师表中存在该教师,则将该教师的名字赋值给变量 v_name,否则显示错误信息。在上面的程序中,包含了以下的组成元素:块、变量名、数据类型、数据、变量声明、赋值语句、表达式和注释,本节将对

这些元素进行讲解。

11.2.1　块

1. 块的基本结构

PL/SQL 程序的基本单元是语句块,所有的 PL/SQL 程序都是由语句块构成的,语句块之间可以相互嵌套,每个语句块完成特定的功能。

一个完整的 PL/SQL 语句块由以下 3 个部分组成。

```
[DECLARE]
     …                /*声明部分:在此声明 PL/SQL 用到的变量、类型及游标等*/
BEGIN
     …                /*执行部分:过程及 SQL 语句,即程序的主要部分,实现块的功能*/
     [EXCEPTION]
     …                /*执行异常处理部分:错误处理*/
END;              /*结束部分:结束程序运行*/
```

PL/SQL 语句块中执行部分与结束部分是必须的,而声明部分和异常处理部分是可选的。

例 11.1　定义一个包含声明部分、执行部分、异常处理部分和结束部分的 PL/SQL 块。

```
SQL>DECLARE
  2    /*声明部分*/
  3    v_t_name VARCHAR2(30);
  4  BEGIN
  5    /*执行部分*/
  6    SELECT t_name INTO v_t_name FROM teacher WHERE t_id='060001';
  7    DBMS_OUTPUT.PUT_LINE('该教师姓名为: ' ‖ v_t_name);
  8    EXCEPTION
  9    /*异常处理部分*/
 10        WHEN NO_DATA_FOUND THEN
 11            DBMS_OUTPUT.PUT_LINE('查无此人');
 12  END;        /*结束部分*/
 13  /
该教师姓名为:李飞
PL/SQL 过程已成功完成。
```

例 11.2　定义一个只包含执行部分和结束部分的 PL/SQL 块。

```
SQL>BEGIN
  2    DBMS_OUTPUT.PUT_LINE('Hello Everybody');
  3    END;
  4    /
Hello Everybody
PL/SQL 过程已成功完成。
```

2. 块的嵌套结构

PL/SQL 块可以嵌套使用,对块的嵌套层数没有限制。嵌套块结构如下:

```
[DECLARE]
   ...                          /*声明部分*/
BEGIN
   ...                          /*主块的语句执行部分*/
   BEGIN
      ...                       /*子块的语句执行部分*/
   [EXCEPTION]
      ...                       /*子块的异常处理程序*/
   END;
   [EXCEPTION]
   ...                          /*主块的异常处理程序*/
END;
```

例 11.3 定义一个包含子块的 PL/SQL 块,查询编号为"060001"的教师所在系的教师总人数。

```
SQL> DECLARE
 2      v_num NUMBER;
 3      v_t_departmentid NUMBER(2);
 4   BEGIN
 5     BEGIN
 6       SELECT t_departmentid INTO v_t_departmentid
 7       FROM teacher WHERE t_id='060001';
 8     END;
 9     SELECT COUNT(t_id) INTO v_num FROM teacher
10     WHERE t_departmentid=v_t_departmentid;
11     DBMS_OUTPUT.PUT_LINE('该系教师总数为: ' ‖ v_num);
12   END;
13   /
该系教师总数为: 10
PL/SQL 过程已成功完成。
```

3. 块的分类

PL/SQL 块按存储方式及是否带名称等,分为以下几种类型。

1) 匿名块

匿名块在运行时会传递给 PL/SQL 引擎处理,而且只能执行一次,不能被存储在数据库中,前面的几个例子使用的都是匿名块。

2) 命名块

命名块是指编译一次之后可以多次执行的 PL/SQL 块,其中又包括存储过程、存储函数、包、触发器等。

（1）存储过程（Procedure）：以编译后的形式存放在数据库中,由开发语言调用或者PL/SQL块调用,能够被多次执行,是一种用来执行某些操作的子程序。

（2）存储函数（Function）：命名的PL/SQL块。函数和过程一样,都以编译后的形式存放在数据库中。

（3）包（Package）：被组合在一起的相关对象的集合。当包中任何存储过程或函数被调用时,包就被加载到内存中,包中的任何函数或存储过程的访问速度将大大加快。

（4）触发器（Trigger）：被存储在数据库中,能够被多次执行,当相应的触发事件发生时自动被执行。

11.2.2　标识符

PL/SQL中可以使用标识符来声明变量、常量、游标、用户定义的异常等,并在SQL语句或过程化的语句中使用。标识符的书写规则如下：

（1）标识符必须以字母开头。

（2）标识符可以由一个或多个字母、数字或特殊字符（$、#、_）组成。

（3）标识符长度不超过30个字符。

（4）标识符内不能有空格。

例如,下面是合法的标识符：

- Departmentid
- T_id
- Sal_$

而下面是一些不合法的标识符。

- $sal：必须以字母开头。
- Emp code：标识符中不能有空格。
- Articles_written_by_female_authors：标识符超过了30个字符。
- 1_type：不能以数字开头。
- Emp's_name：在标识符中不能包含单引号。

PL/SQL不区分大小写,所以下面的几个标识符代表同一个对象：

- Tea_code
- TEA_CODE
- TEA_code

如果希望标识符区分大小写或包含其他的字符,则可以使用带双引号的标识符,下面是一些带双引号的标识符：

- "tea's_name"
- "DECLARE"
- "001"
- "tea name"

11.2.3　数据类型

PL/SQL变量数据类型有标量类型、参考类型、LOB类型、用户自定义类型。由于PL/

SQL 是在 SQL 的基础上扩展的,因此很多数据类型与 SQL 是相同的,这里只讲解 PL/SQL 的特有类型。

1. 标量类型

1)字符型

PL/SQL 中的字符型与 Oracle 数据库中的字符型类似,但是允许字符串的长度有所不同,具体如表 11.1 所示。

表 11.1 PL/SQL 中的字符型与 SQL 的字符型的比较

类　　型	PL/SQL 中最大字节数	SQL 中最大字节数
VARCHAR2	32 767	4000
NVARCHAR2	32 767	4000
CHAR	32 767	2000
NCHAR	32 767	2000
LONG	32 760	2GB

2)数值型

除了 SQL 的数值型外,还包括 BINARY_INTEGER 类型和 PLS_INTEGER 类型。

(1) BINARY_INTEGER 类型用于表示存储带符号的整数,其大小范围为 $-2^{31}-1 \sim 2^{31}-1$,以二进制形式存储,当发生溢出时,将自动转换为 NUMBER 类型。

(2) PLS_INTEGER 类型的表示范围与 BINARY_INTEGER 相同,但是发生溢出时会发生错误,其子类型包括 NATURAL、POSITIVE 等,Oracle 数据库推荐使用 PLS_INTEGER 类型。

3)日期时间型

与 SQL 相同,也包括 DATE 类型、TIMESTAMP 类型和 INTERVAL 类型。

4)布尔型(BOOLEAN)

布尔型的变量只能用在逻辑操作中,且只能将 TRUE、FALSE 或 NULL 赋给该类型的变量。不能将布尔型的值插入到数据库中,也不能将数据库中的数据赋给布尔型的变量。

下面的代码定义了 3 个布尔型的变量。

```
v_b1 BOOLEAN;
v_b2 BOOLEAN :=FALSE;
v_b3 BOOLEAN :=TRUE;
```

2. 参考类型

当将数据库列的值放到一个变量中时,必须保证变量的数据类型与列的数据类型完全一致,否则在执行时会发生一个 PL/SQL 错误,而此时如果不知道该列具体的数据类型则可以使用参考类型,即使用已经定义好的变量的类型或列的类型来定义变量的类型。

参考类型分为两种:%TYPE 类型和%ROWTYPE 类型。

1)%TYPE 类型

定义一个变量,其数据类型可以与已经定义的某个数据变量的类型相同,或者与数据库表的某个列的数据类型相同,这时可以使用%TYPE类型来定义。

下面的代码定义了两个%TYPE类型的变量。

```
v_a1    NUMBER;
v_a2    v_a1%TYPE;                    --v_a2参照自v_a1变量的类型
v_name  teacher.t_name%TYPE;         --v_name参照自教师表中t_name列的类型
```

2) %ROWTYPE 类型(记录类型)

当参考的不是一个单独的变量类型或者单独的列类型,而是多列组合到一起的复合类型时,可以使用记录类型。记录类型类似于 C 语言中的结构体,是一个包含若干个成员变量的复合类型。在使用记录类型时,需要先在声明部分定义记录类型和记录类型变量,然后在执行部分引用该记录类型变量或其成员变量。

下面的代码定义了一个%ROWTYPE 类型的变量。

```
v_title   title%ROWTYPE;             --v_title参照自职称表中记录的类型。
```

由于 v_title 能代表职称表中的某一条记录类型,所以在访问该记录中某个特定字段时,可以通过“变量名.字段名”的方式调用,如例 11.4 所示。

例 11.4 向职称表中插入一条新职称信息。

```
SQL>DECLARE
  2     v_title title%ROWTYPE;
  3   BEGIN
  4     v_title.title_id:='10';
  5     v_title.title_name:='外聘';
  6     INSERT INTO title VALUES(v_title.title_id, v_title.title_name);
  7     COMMIT;
  8   END;
  9   /
PL/SQL 过程已成功完成。
```

当 PL/SQL 程序操作表或者游标时,最好使用参考类型,因为参考类型可以随着表结构的改变而改变,无须重新定义变量的类型。

3. LOB 类型

LOB 类型是用于存储大的数据对象的类型。Oracle 数据库目前主要支持 BFILE、BLOB、CLOB 和 NCLOB 类型。

4. 用户自定义类型

根据用户自己的需要,用现有的 PL/SQL 标量类型组合成一个用户自定义的类型。创建用户自定义的类型后,该类型就被存储在数据库的数据字典中,数据字典视图 user_types 和 user_objects 中记录此类型。

该类型与系统本身定义的标量类型一样,可以在 PL/SQL 程序中定义变量时引用,以减少变量的定义,简化程序。

例 11.5　定义用户自定义的数据类型 EMPLOYEES_TYPE。

```
SQL>CREATE OR REPLACE TYPE EMPLOYEES_TYPE  AS OBJECT(
  2    id NUMBER(5),
  3    firstname VARCHAR2(20),
  4    lastname  VARCHAR2(20));
  5  /
```

类型已创建。

创建之后就可以像使用标准数据类型那样为变量定义用户自定义的数据类型。
例如：

```
v_emp  EMPLOYEES_TYPE;
```

11.2.4　变量

1. 变量的命名

PL/SQL 程序中的变量名必须是合法的标识符,不可以使用保留字。在 PL/SQL 中,保留字有特定意义的标识符,如 BEGIN 和 END,如果使用带引号的标识符,则可以使用保留字作为变量名,如"DECLARE"。

变量命名在 PL/SQL 中有特别的语境,建议在系统的设计阶段就要求所有编程人员共同遵守一定的要求,使得整个系统的文档在规范上达到要求。

下面是建议的命名方法,如表 11.2 所示。

表 11.2　PL/SQL 变量名命名方法

标　识　符	命　名　规　则	例　　子
变量	v_name	v_name
常量	c_name	c_name
游标类型变量	name_cursor	teacher_cursor
异常类型变量	e_name	e_too_many
记录类型变量	name_record	teacher_record
存储过程、函数的参数变量	p_parameterName	p_t_id

2. 变量的定义

如果要在 PL/SQL 程序中使用变量或常量,必须先在声明部分定义该变量或常量,语法格式如下:

变量名 [CONSTANT] 数据类型 [NOT NULL][:= | DEFAULT PL/SQL 表达式];

说明:

(1) 常量的值是在程序运行过程中不能改变的,而变量的值是可以在程序运行过程中不断变化的。声明常量时必须加关键字 CONSTANT,常量在声明时必须初始化,否则在编译时会出错。

例如:

```
c_pi CONSTANT NUMBER(8,7) :=3.1415926;
```

如果没有后面的":＝3.1415926"是没有办法通过编译的。

(2) 如果一个变量没有进行初始化,它将被默认地赋值为 NULL。如果使用了非空约束,就必须给这个变量赋一个值。在语句块的执行部分或者异常处理部分也要注意,不能将 NULL 赋值给被限制为 NOT NULL 的变量。

例如:

```
v_flag VARCHAR2(20) NOT NULL :='true';
```

而不能写为:

```
v_flag VARCHAR2(20) NOT NULL;
```

声明标识符时,要注意每行声明一个标识符,这样代码可读性更好,也更易于维护。

例如:

```
v_firstname VARCHAR2(20);
v_job VARCHAR2(20);
```

而不能写为:

```
v_firstname, v_job VARCHAR2(20);
```

(3) 变量名称不要和数据库中表名或列名相同,否则可能会产生意想不到的结果,另外程序的维护也更加复杂,如例 11.6 所示。

例 11.6 从学生表中删除 s_id 为"0807070304"的学生记录。

```
SQL> DECLARE
  2    t_id VARCHAR2(30) :='0807070304';
  3   BEGIN
  4      DELETE FROM student WHERE t_id=t_id;
  5   END;
  6  /
PL/SQL 过程已成功完成。
```

上面代码的实际结果是删除所有的记录,而不是只删除学号为"0807070304"的记录。解决这个问题的方法很简单,可以要求所有编程人员共同遵守一定的要求,以避免和数据库对象名称的冲突。

3. 变量的作用域

在程序中使用变量时,要受到变量作用域的限制。

变量的作用域是指变量在程序中的有效范围。对于一个 PL/SQL 变量,它的作用域是从该变量被声明开始到变量所在块结束。当变量超过了这个范围时,则 PL/SQL 引擎将释放存放该变量的空间,这个变量就不存在了,也就无法再访问了。

例如,下面代码中的变量 v_num 和 v_char 分别是在块及其子块中定义的变量,它们的作用域分别在各自所在的块中。

```
                                    DECLARE
                                      v_num NUMBER(3,4);
                                    BEGIN
                                      DECLARE
                  v_num的作用域          v_char CHAR(10);
                                      BEGIN                    v_char的作用域
                                      …
                                      END;
                                    END;
```

当在块中声明一个变量时,如果在子块中也声明了同名的变量,则它们的作用域没变。但是在子块中,只有子块中声明的变量是可视的,这时要引用父块中的变量名时,必须加以限定,可以使用标号来进行限定。

例如,下面的子块中引用父块中的变量 v_num 时,使用父块的标号 l_global 限定该变量。

```
<< l_global>>
DECLARE
    v_num NUMBER(3, 4);
    …
BEGIN
    …
    DECLARE
        v_num CHAR(10);
        …
    BEGIN
        …
        l_global.v_num:=v_num;
    END;
    …
END;
```

注意:不能在块中的定义部分同时声明两个同名的变量,但可以在不同的块中声明同名的变量,这两个变量可以存储不同的数据,且修改其中的一个变量也不会影响另一个变量。

11.2.5 赋值语句

每当进入一个块或者子程序时,都要初始化变量和常量。默认情况下,变量被初始化为NULL。因此,可以使用赋值语句为该变量赋初值。

在 PL/SQL 程序中可以通过两种方式给变量赋值。

1. 直接赋值

直接赋值的语法格式如下:

变量名 :=常量或表达式;

例如:

```
v_num  NUMBER:=5;
```

2. 通过 SELECT…INTO 语句赋值

通过 SELECT…INTO 语句赋值的语法格式为:

SELECT 列值 INTO 变量名

如下面的代码将从教师表中查询到的结果值赋值给变量 v_name 和 v_duty。

```
SELECT t_name, t_duty INTO v_name, v_duty
FROM   teacher
WHERE t_id='060001';
```

11.3 控制结构

在 PL/SQL 程序中,要使程序能按照逻辑进行处理,除了 SQL 语句之外,还必须有能够进行流程控制的语句。流程控制语句用于控制 PL/SQL 程序的执行流向,合理地使用流程控制语句,可以使程序具有良好的结构。

PL/SQL 的基本逻辑结构包括分支结构、循环结构和跳转结构。除了顺序执行的语句外,PL/SQL 主要通过条件语句和循环语句来控制程序执行的逻辑顺序,这就是所谓的控制结构。控制结构是所有程序设计语言的核心,检测不同条件并加以处理是程序控制的主要部分。

11.3.1 分支结构

分支结构用于根据一条语句或表达式的结果执行一个操作或一条语句,分为 IF 语句与 CASE 语句。

1. IF 语句

IF 语句用于根据不同的情况来执行不同的语句,也就是说根据条件的值来决定语句的执行顺序。IF 语句的语法格式如下:

```
IF condition1 THEN
    statement1;
[ELSIF condition2 THEN statement2;]
    …
    [ELSE
    else_statement;]
END IF;
```

condition 表示执行条件,statement 表示要执行的语句。条件是一个布尔型的变量或表达式。如果条件 1 成立,就执行语句体 1 中的内容,否则判断条件 2 是否成立,如果条件 2 成立,执行语句体 2 的内容,依次类推。如果所有条件都不满足,执行 ELSE 中语句体的内容,如果没有指定 ELSE 子句则结束执行。

注意:每个 IF 语句以相应的 END IF 语句结束,IF 语句后必须有 THEN 语句,IF…THEN 的后面需要使用语句结束符";",一个 IF 语句最多只能有一个 ELSE 语句。IF 条件语句最多只能执行一个条件分支,执行之后跳出整个语句块。

共有 3 种格式的 IF 语句:

- 单分支语句:IF…THEN
- 双分支语句:IF…THEN…ELSE
- 多分支语句:IF…THEN…ELSIF…THEN…

1) IF…THEN 语句

IF…THEN 语句的语法格式如下:

```
IF condition THEN
    statement
END IF;
```

这个结构用于执行一个简单条件。

例 11.7 查询系别号为"1"的教师人数是否超过 5 人。

```
SQL>SET SERVEROUTPUT ON
SQL>DECLARE
 2    v_num NUMBER;
 3   BEGIN
 4    SELECT COUNT(*) INTO v_num
 5    FROM teacher
 6    WHERE t_departmentid='1';
 7    IF v_num>5 THEN
 8      DBMS_OUTPUT.PUT_LINE('该系别的教师人数超过 5 人');
 9    END IF;
10   END;
11   /
该系别的教师人数超过 5 人
PL/SQL 过程已成功完成。
```

注意:使用 DBMS_OUTPUT 包输出信息时,需要将 SQL * Plus 的输出变量 SERVEROUTPUT 设置为 ON。

2) IF…THEN…ELSE 语句

IF…THEN…ELSE 语句的语法格式如下:

```
IF condition THEN
    statement
ELSE
    else_statement
```

```
END IF;
```

例 11.8　查询系别号为"1"的教师人数是否超过 5 人。如果超过 5 人显示"该系别的教师人数大于 5 人"，否则显示"该系别的教师人数小于等于 5 人"。

```
SQL>DECLARE
 2     v_num NUMBER;
 3   BEGIN
 4     SELECT COUNT(*) INTO v_num
 5     FROM teacher
 6     WHERE t_departmentid='1';
 7     IF v_num>5 THEN
 8        DBMS_OUTPUT.PUT_LINE('该系别的教师人数大于 5 人');
 9     ELSE
10        DBMS_OUTPUT.PUT_LINE('该系别的教师人数小于等于 5 人');
11     END IF;
12   END;
13   /
该系别的教师人数大于 5 人
PL/SQL 过程已成功完成。
```

3）IF…THEN…ELSIF…THEN…ELSE 语句

IF…THEN…ELSIF…THEN…ELSE 语句的语法格式如下：

```
IF condition1 THEN
    statement1
ELSIF condition2 THEN
    statement2
    …
[ELSE
    else_statement
]
END IF;
```

例 11.9　根据学生的外语成绩进行课程的分班，分班原则如下：

$130 < S\_FOREIGN <= 150$　　A 班
$110 < S\_FOREIGN <= 130$　　B 班
$90 < S\_FOREIGN <= 110$　　C 班
$S\_FOREIGN <= 90$　　D 班

```
SQL>DECLARE
 2     v_foreign student.s_foreign%TYPE;
 3   BEGIN
 4     SELECT s_foreign INTO v_foreign FROM student
 5     WHERE s_id=&p_id and s_language='英语';
 6     IF v_foreign<=90   THEN
 7        DBMS_OUTPUT.PUT_LINE('D班');
```

```
  8    ELSIF v_foreign<=110  THEN
  9      DBMS_OUTPUT.PUT_LINE('C班');
 10    ELSIF v_foreign<=130  THEN
 11      DBMS_OUTPUT.PUT_LINE('B班');
 12    ELSE
 13      DBMS_OUTPUT.PUT_LINE('A班');
 14    END IF;
 15  END;
 16  /
输入 p_id 的值： 0807010232
原值    5: WHERE s_id=&P_id and s_language='英语';
新值    5: WHERE s_id=0807010232 and s_language='英语';
B班
PL/SQL 过程已成功完成。
```

提示：& 表示可以在运行时接受输入值。&p_id 表示从键盘输入一个值，给临时变量 p_id，而后 p_id 把接收到的值再传给 s_id。

IF 条件语句可以嵌套，可以在 IF 或 IF…ELSE 语句中使用 IF 或 IF…ELSE 语句。

例 11.10　判断 3 个数中的最大值。

```
SQL>DECLARE
  2    a NUMBER:=5;
  3    b NUMBER:=6;
  4    c NUMBER:=7;
  5    x NUMBER;
  6  BEGIN
  7    IF(a>b) AND (a>c) THEN
  8      x :=a;
  9    ELSE
 10      x :=b;
 11      IF c>x THEN
 12        x :=c;
 13      END IF;
 14    END IF;
 15    DBMS_OUTPUT.PUT_LINE('最大值为:' ‖ x);
 16  END;
 17  /
最大值为:7
PL/SQL 过程已成功完成。
```

2．CASE 语句

CASE 语句可以增加程序的可读性，并且使程序的运行更加有效，所以如果有可能，最好用 CASE 语句替代长的 IF…THEN…ELSIF…语句。CASE 条件语句又可以有两种写法：含 SELECTOR(选择符)的 CASE 语句和搜索 CASE 语句。

1）含选择符的 CASE 语句

含选择符的 CASE 语句的语法格式如下：

```
CASE selector
WHEN selector_value1 THEN statement1;
WHEN selector_value2 THEN statement2;
...
WHEN selector_valuen THEN statementN
[ELSE
    else_statement;]
END CASE;
```

说明：

selector 可以是变量或表达式。当 selector 和 selector_value1 所得到的结果相等时，执行语句 1 的内容；当 selector 和 selector_value2 所得到的结果相等时，执行语句 2 的内容；依次类推，当 selector 和所有表达式的结果都不相等时，执行 ELSE 后面的语句。

例 11.11 用 CASE 语句判断 v_grade 变量的值是否等于 A、B、C、D、E，并分别处理。

```
SQL> DECLARE
 2     v_grade VARCHAR2(10):='B';
 3   BEGIN
 4     CASE v_grade
 5       WHEN 'A' THEN DBMS_OUTPUT.PUT_LINE('Excellent');
 6       WHEN 'B' THEN DBMS_OUTPUT.PUT_LINE('Very Good');
 7       WHEN 'C' THEN DBMS_OUTPUT.PUT_LINE('Good');
 8       WHEN 'D' THEN DBMS_OUTPUT.PUT_LINE('Fair');
 9       WHEN 'E' THEN DBMS_OUTPUT.PUT_LINE('Poor');
10       ELSE  DBMS_OUTPUT.PUT_LINE('No such grade');
11     END CASE;
12   END;
13   /
Very Good
PL/SQL 过程已成功完成。
```

2）搜索 CASE 语句

搜索 CASE 语句的语法格式如下：

```
CASE
WHEN boolean_expression1 THEN statement1;
WHEN boolean_expression2 THEN statement2;
...
WHEN boolean_expressionN THEN statementN;
[ELSE
    else_statement]
END CASE;]
```

说明：

当搜索条件 1 得到的结果为 TRUE 时，执行语句 1 的内容；当搜索条件 2 得到的结果为 TRUE 时,执行语句 2 的内容;依次类推,当所有搜索条件都不满足时,执行 ELSE 后面的语句。

例 11.12　使用 CASE 语句实现例 11.9 的功能。

```
SQL> DECLARE
 2    v_foreign student.s_foreign%TYPE;
 3  BEGIN
 4    SELECT s_foreign INTO v_foreign FROM student
 5    WHERE s_id=&p_id and s_language='英语';
 6    CASE
 7      WHEN v_foreign<=90   THEN
 8      DBMS_OUTPUT.PUT_LINE('D班');
 9      WHEN v_foreign<=110   THEN
10      DBMS_OUTPUT.PUT_LINE('C班');
11      WHEN v_foreign<=130   THEN
12      DBMS_OUTPUT.PUT_LINE('B班');
13      ELSE
14      DBMS_OUTPUT.PUT_LINE('A班');
15    END CASE;
16  END;
17  /
输入 p_id 的值:   0807010232
原值     5:   WHERE s_id=&p_id and s_language='英语';
新值     5:   WHERE s_id=0807010232 and s_language='英语';
B班
PL/SQL 过程已成功完成。
```

11.3.2　循环结构

循环结构的功能是反复地执行一条或多条语句,或者循环一定的次数,直到满足某一条件时退出。其基本形式是以 LOOP 语句作为循环的开始,以 END LOOP 语句作为循环的结束。

循环语句的基本形式有以下 3 种:

- 简单循环(LOOP…END LOOP)
- WHILE 循环(WHILE…LOOP…END LOOP)
- FOR 循环(FOR…LOOP…END LOOP)

1. 简单循环

简单循环的循环体至少执行一次,其语法格式如下:

```
LOOP
    statement;
    [EXIT;]
END LOOP;
```

LOOP 和 END LOOP 之间的语句,如果没有终止条件,将被无限次的执行,显然这种死循环是应该避免的,在使用 LOOP 语句时必须使用 EXIT 语句,以强制循环结束。

退出循环的语法格式如下:

(1) EXIT WHEN 条件;

(2) IF 条件 THEN EXIT;
        END IF;

例 11.13 使用 LOOP 语句实现输出 1～5 之间的平方数。

```
SQL>DECLARE
 2    i NUMBER:=1;
 3  BEGIN
 4    LOOP
 5      DBMS_OUTPUT.PUT_LINE(i ‖ '的平方数为' ‖ i*i);
 6      i:=i+1;
 7      EXIT WHEN i>5;
 8    END LOOP;
 9  END;
10  /
1 的平方数为 1
2 的平方数为 4
3 的平方数为 9
4 的平方数为 16
5 的平方数为 25
PL/SQL 过程已成功完成。
```

例 11.14 使用 LOOP 循环向表中插入 30 条记录。

```
SQL> CREATE TABLE student_temp          --创建表 student_temp
  2  (s_id VARCHAR2(10), s_name VARCHAR2(30));
表已创建。
SQL>DECLARE                            --使用 LOOP 循环向 student_temp 表中插入数据,共 30 条
 2    v_counter NUMBER:=1;
 3  BEGIN
 4   LOOP
 5      INSERT INTO student_temp VALUES('11070101' ‖ LPAD(v_counter,2,'0'),
 6      'tester');
 7      v_counter:=v_counter+1;
 8      IF v_counter>30 THEN
 9        Exit;
10      END IF;
11    END LOOP;
12  END;
13  /
PL/SQL 过程已成功完成。
SQL>SELECT * FROM student_temp;
S_ID            S_NAME
```

```
---------- --------
1107010101      tester
1107010102      tester
1107010103      tester
1107010104      tester
1107010105      tester
...
```

已选择 30 行。

2. WHILE 循环

WHILE 循环的语法格式如下:

```
WHILE condition LOOP
    statement;
END LOOP;
```

当 WHILE 子句中的条件为 TRUE 时,执行循环体中的内容,如果结果为 FALSE,则结束循环。WHILE 循环和简单循环相比,是先进行条件判断的,因此循环体有可能一次都不执行。

例 11.15　用 WHILE 循环实现例 11.13 的功能。

```
SQL> DECLARE
 2    i NUMBER:=1;
 3  BEGIN
 4    While(i<=5) LOOP
 5      DBMS_OUTPUT.PUT_LINE(i ‖ '的平方数为' ‖ i * i);
 6      i:=i+1;
 7    END LOOP;
 8  END;
 9  /
1 的平方数为 1
2 的平方数为 4
3 的平方数为 9
4 的平方数为 16
5 的平方数为 25
PL/SQL 过程已成功完成。
```

例 11.16　使用 WHILE 循环实现例 11.14 的功能。

```
SQL> DECLARE
 2    v_counter NUMBER:=1;
 3  BEGIN
 4    WHILE v_counter<=30 LOOP
 5      INSERT INTO student_temp VALUES('11070101' ‖ LPAD(v_counter,2,'0'),
 6      'tester');
 7      v_counter:=v_counter +1;
```

```
 8    END LOOP;
 9  END;
10  /
```
PL/SQL 过程已成功完成。

3. FOR 循环

在简单循环和 WHILE 循环中,需要定义循环变量,不断修改循环变量的值,以达到控制循环次数的目的,而在 FOR 循环中,不需要定义循环变量,系统自动定义一个循环变量,每次循环变量的值自动增 1 或者减 1,以控制循环的次数。

FOR 循环的语法格式如下:

```
FOR loop_counter IN [REVERSE] lower_bound .. upper_bound LOOP
    statement;
END LOOP;
```

说明:

(1) IN 表示索引变量的值从小到大。

(2) IN REVERSE 表示索引变量的值从大到小。

(3) loop_counter 表示 INTEGER 类型的循环变量。

(4) lower_bound 用于指定索引变量值范围的最小值。

(5) upper_bound 用于指定索引变量值范围的最大值。

例 11.17 使用 FOR 循环实现例 11.14 的功能。

```
SQL> DECLARE
 2    v_counter NUMBER:=1;
 3  BEGIN
 4    FOR v_counter IN 1..30 LOOP
 5      INSERT INTO student_temp VALUES('11070101' ‖ LPAD(v_counter,2,'0'),
 6      'tester');
 7    END LOOP;
 8  END;
 9  /
```
PL/SQL 过程已成功完成。

例 11.18 用 FOR 循环结构求 10 的阶乘。

```
SQL> DECLARE
 2    n NUMBER:=1;
 3  BEGIN
 4    FOR v_count IN 1..10  LOOP
 5      n:=n * v_count;
 6    END LOOP;
 7    DBMS_OUTPUT.PUT_LINE(n);
 8  END;
 9  /
```

```
3628800
```
PL/SQL 过程已成功完成。

反向 FOR 循环如例 11.19 所示。

例 11.19 反向输出 1～5 之间的整数。

```
SQL>BEGIN
  2     FOR i IN REVERSE 1..5 LOOP
  3         DBMS_OUTPUT.PUT_LINE('i=' ‖ i);
  4     END LOOP;
  5  END;
  6  /
i=5
i=4
i=3
i=2
i=1
```
PL/SQL 过程已成功完成。

在 FOR…LOOP 语句中,循环变量预定循环次数,如果希望提前退出循环,则必须使用 EXIT 语句。下面介绍循环变量和 EXIT 语句的使用。

1) 循环变量

在执行 FOR…LOOP 语句时,循环变量被隐式地定义为 INTEGER 类型的局部变量,其值为初始值,所以不必显式地定义循环变量。默认情况下,循环变量从初始值递增到结束值,如果使用关键字 REVERSE,则循环变量从结束值递减到初始值。但是无论循环变量是递增还是递减,初始值都必须小于结束值,且增量(减量)必须是 1。

(1) 在 FOR…LOOP 语句中,可以像引用常量一样引用循环变量。因此,循环变量可以使用表达式,但不可以对其赋值。

例 11.20 计算 10、20、…、100 的累加和。

```
SQL>DECLARE
  2     v_total NUMBER:=0;
  3  BEGIN
  4    FOR v_num IN 1..100 LOOP
  5      IF MOD(v_num,10)=0 THEN
  6        v_total:=v_total+v_num;
  7      END if;
  8    END LOOP;
  9    DBMS_OUTPUT.PUT_LINE(v_total);
 10  END;
 11  /
550
```
PL/SQL 过程已成功完成。

(2) 循环变量的初始值和结束值可以是数据、变量或表达式,但值必须是整数。

例如,下面是一些合法的初始值和结束值。

```
v_num IN 10..15
v_num IN reverse i * 5..i * 6
v_num IN 1..mod(v_value/10)
```

（3）PL/SQL允许在执行时动态指定循环变量的初始值和结束值。

（4）循环变量仅在循环语句中有效，当退出循环时，循环变量无效。

（5）因为循环变量被隐式地定义为局部变量，所以任何同名的全局变量都被该变量覆盖。如果要引用全局变量，则必须使用标号和点号。

（6）如果在嵌套的循环语句中，内层和外层的循环变量名相同，这时要在内部循环中使用外部循环的循环变量，必须使用标号和点号。

2）EXIT

在 FOR…LOOP 循环语句中，使用 EXIT 语句主要有两个用途：

（1）提前退出当前循环。

（2）提前退出嵌套循环。

例 11.21 循环输出 1～10 之间的平方数，直到遇到第一个质数 3 的倍数为止。

```
SQL>DECLARE
 2     i NUMBER:=1;
 3   BEGIN
 4     While(i<=10) LOOP
 5      IF mod(i, 3)=0 THEN EXIT;
 6      END IF;
 7      DBMS_OUTPUT.PUT_LINE(i ‖ '的平方数为' ‖ i*i);
 8      i:=i+1;
 9     END LOOP;
10   END;
11   /
1的平方数为 1
2的平方数为 4
PL/SQL 过程已成功完成。
```

11.3.3 跳转结构

跳转结构是指利用 GOTO 语句实现程序流程的强制跳转。因为 GOTO 语句是非结构化语句，所以在 PL/SQL 程序中不推荐使用 GOTO 语句。

GOTO 语句用于无条件地跳转到某个标签。在程序中标签必须是唯一的，且标签后必须是一个可执行的语句或 PL/SQL 块，所以在了解跳转结构之前，先了解一下什么是标签。

1. 标签

为了提高程序的可读性，可以给语句、块、循环加标签。标签在一个块或一个循环前面，由括号"<< >>"引起来，如例 11.22 所示。

例 11.22 使用标签标示不同的循环。

```
SQL>BEGIN
 2      <<outer>>
 3      FOR i IN  REVERSE  1..3 LOOP
 4      <<inner>>
 5       FOR j IN  1..3 LOOP
 6          DBMS_OUTPUT.PUT_LINE('i='‖i‖','‖'j='‖j);
 7        END LOOP;
 8       END LOOP;
 9  END;
10  /
i=3,j=1
i=3,j=2
i=3,j=3
i=2,j=1
i=2,j=2
i=2,j=3
i=1,j=1
i=1,j=2
i=1,j=3
PL/SQL 过程已成功完成。
```

outer 和 inner 都是标签名,满足标识符的定义要求。

2. GOTO 语句

GOTO 语句和标签搭配使用,可以让程序跳转到任意标签所指向的代码部分,可以间接实现循环的功能,语法格式如下:

```
GOTO label_name;
```

GOTO 语句的语法示意如图 11.3 所示。

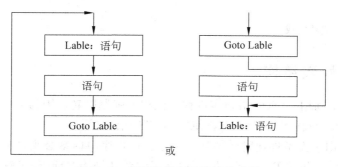

图 11.3　GOTO 语句的语法示意图

例 11.23　GOTO 语句和标签搭配实现循环功能。

```
SQL>DECLARE
 2    x NUMBER:=0;
 3  BEGIN
```

```
 4        << repeat_loop>>
 5        x:=x+1;
 6     DBMS_OUTPUT.PUT_LINE('x 的值是' ‖ x);
 7        IF x< 3 THEN
 8          GOTO repeat_loop;
 9        END IF;
10  END;
11  /
x 的值是 1
x 的值是 2
x 的值是 3
PL/SQL 过程已成功完成。
```

例 11.23 的功能是循环输出 x 的值,当 $x=3$ 时,整个程序结束。GOTO 后接的是标签名,没有"<< >>"。

GOTO 语句虽然使用起来很灵活,但容易引起程序流程的混乱,故不推荐使用。使用GOTO 语句时,要受到以下的限制:

(1) 不能跳转到 IF 语句、LOOP 语句或子块中。

(2) 不能从子程序中跳出。

(3) 不能从异常处理跳转到当前块。

下面的 GOTO 语句跳转到了一个 IF 语句中,所以是不合法的。

```
BEGIN
    ...
    GOTO clerk_job[
    ...
    IF job='clerk'THEN
    << clerk_job>>
    UPDATE emp
        SET sal:=sal+100;
    END IF;
END;
/
```

下面的 GOTO 语句跳转到子块中,所以是不合法的。

```
BEGIN
    ...
    IF 条件 THEN
    GOTO select_ename[
    END IF;
    ...
BEGIN
    ...
    <<select_ename>>
    SELECT ename FROM empUPDATE emp;
```

```
    END;
END;
/
```

11.4   游标

PL/SQL 中 SELECT 语句必须带 INTO 子句,将查询结果存到相应的变量中,然后再将变量的值输出,但是 SELECT INTO 语句一次只能返回一条记录。如果 SELECT INTO 语句返回多条记录,就会产生系统预定义错误,为了解决此问题,必须使用游标(Cursor)。

例 11.24   不使用游标处理结果集。

```
SQL>DECLARE
  2     v_name diploma.diploma_name%TYPE;
  3  BEGIN
  4     SELECT diploma_name INTO v_name FROM diploma;
  5  END;
  6  /
DECLARE
*
第 1 行出现错误:
ORA-01422:实际返回的行数超出请求的行数
ORA-06512:在 line 4
```

例 11.24 中在执行 SELECT 语句时,没有指定查询条件,获得的是所有教师的学历信息,而 SELECT INTO 一次只能处理一行记录,所以会触发系统预定义错误。

11.4.1   游标的概念

PL/SQL 用游标来管理 SQL 的 SELECT 语句。游标是为处理这些语句而分配的一大块内存。一个对表进行操作的 PL/SQL 语句通常可以产生或处理一组记录,但是许多应用程序通常不能把整个结果集作为一个单元来处理,这些应用程序就需要一种机制来保证每次处理结果集中的一行或几行,游标就提供了这种机制。

PL/SQL 通过游标提供了对一个结果集进行逐行处理的能力,游标可看做一种特殊的指针,它与某个查询结果相联系,可以指向结果集的任意位置,以便对指定位置的数据进行处理。使用游标可以在查询数据的同时对数据进行处理。

游标有显式游标和隐式游标两种。显式游标是由程序员定义和命名的、在块的执行部分中通过特定语句操纵的内存工作区,SELECT 返回多条记录时必须显式地定义游标以处理每一行。隐式游标是由 PL/SQL 为 DML 语句和返回单行记录的 SELECT 语句隐式定义的工作区。

11.4.2   显式游标

1. 游标的处理步骤

显式游标的处理包括以下 4 个步骤。

- 定义游标：在 DECLARE 部分定义游标。
- 打开游标：在语句执行部分或者异常处理部分打开游标。
- 取值到变量：在语句执行部分或者异常处理部分将当前行结果提取到 PL/SQL 变量中。
- 关闭游标：在语句执行部分或者出错处理部分关闭游标。

1）定义游标

定义游标时需要定义游标的名字，并将该游标和一个 SELECT 语句相关联，但此时数据并没有加载到内存区域。

定义游标的语法格式如下：

```
CURSOR cursor_name [(parameter1 datatype[, parameter2 datatype,…])]
IS SELECT statement;
```

其中，游标名要满足标识符的要求，数据类型可以是任意的 PL/SQL 可以识别的类型，如标量类型、参考类型等。当数据类型是标量类型时，不能定义类型的长度。游标中的 SELECT 语句不用接 INTO 语句，用法参考 SQL 中的使用方式。

例如：

```
CURSOR diploma_cursor IS SELECT diploma_name FROM diploma;
```

2）打开游标

打开游标就是在程序运行时，游标接受实际参数值后，执行游标所对应的 SELECT 语句，将其查询结果放入内存工作区，并且指针指向工作区的首部。

打开游标的语法格式如下：

```
OPEN cursor_name [(parameter1[, parameter2,…])];
```

例如：

```
OPEN diploma_cursor;
```

3）取值到变量

取值工作是将游标工作区中的当前指针所指行的数据取出，放入到指定的变量中。系统每执行一次 FETCH 语句只能取一行，每次取出数据之后，指针顺序下移一行，使下一行成为当前行。由于游标工作区中的记录可能有多行，所以通常使用循环执行 FETCH 语句，直到整个查询结果集都被返回。

取值到变量的语法格式如下：

```
FETCH cursor_name INTO variable 1 [, variable 2,…];
```

例如：

```
FETCH diploma_cursor INTO v_ diploma;
```

4）关闭游标

显式打开的游标需要显式关闭。游标关闭后，系统释放与该游标关联的资源，并使该游标的工作区变成无效的。关闭以后不能再对游标进行 FETCH 操作，否则会触发一个

INVALID_CURSOR 错误。如果需要可以重新打开。

关闭游标的语法格式如下：

```
CLOSE cursor_name;
```

例如：

```
CLOSE diploma_cursor;
```

注意：游标处于关闭状态时，进行游标取值是错误的，错误信息如下所示。

```
ORA-1001: Invalid Cursor
```

或：

```
ORA-1002: Fetch out of Sequence
```

同样，如果关闭游标后又执行了关闭的命令，还会提示 ORA-1001 错误。

2．游标的属性

显式游标有 4 个属性，它们分别是％ISOPEN、％NOTFOUND、％FOUND 和％ROWCOUNT。这些属性将返回游标操作的一些有用信息，但要注意这些属性只能使用在过程性语句中，而不能使用在 SQL 语句中。

游标由于每次都是以相同的方式处理内存工作区中的一条记录，为了能对所有记录进行处理，需要和循环结构搭配使用，而循环的开始及退出，必须以游标的属性为依据。显式游标的属性如表 11.3 所示。

表 11.3　显式游标的属性

游标属性	描述
游标名％ISOPEN	值为布尔型，如果游标已打开，取值为 TRUE，否则为 FALSE
游标名％NOTFOUND	值为布尔型，如果最近一次 FETCH 操作没有返回结果，则取值为 TRUE，否则为 FALSE
游标名％FOUND	值为布尔型，与％NOTFOUND 属性相反，如果最近一次 FETCH 操作没有返回结果，则取值为 FALSE，否则为 TRUE
游标名％ROWCOUNT	值为数值型，值是到当前为止返回的记录数

例 11.25　从职称表中取出所有职称的职称编号以及职称名称。

```
SQL> DECLARE
2    CURSOR diploma_cursor IS SELECT * FROM diploma;
3    v_id diploma.diploma_id%TYPE;
4    v_name diploma.diploma_name%TYPE;
5  BEGIN
6    IF NOT diploma_cursor%ISOPEN THEN
7      OPEN diploma_cursor;
8    END IF;
9    LOOP
```

```
10       FETCH diploma_cursor INTO v_id, v_name;
11       EXIT WHEN diploma_cursor%NOTFOUND;
12       DBMS_OUTPUT.PUT_LINE('第' ‖ diploma_cursor%ROWCOUNT ‖
13       '条记录:' ‖ '职称编号为' ‖ v_id ‖ ',职称名称为' ‖ v_name);
14     END LOOP;
15     CLOSE diploma_cursor;
16  END;
17  /
第 1 条记录:职称编号为 1,职称名称为专科
第 2 条记录:职称编号为 2,职称名称为本科
第 3 条记录:职称编号为 3,职称名称为硕士
第 4 条记录:职称编号为 4,职称名称为博士
第 5 条记录:职称编号为 5,职称名称为博士后
PL/SQL 过程已成功完成。
```

对于 SELECT 定义的游标的每一列,FETCH 变量列表都应该有一个变量与之相对应,而且变量的类型要相同,变量的顺序也要一致。

例 11.25 中使用了 EXIT WHEN 语句,EXIT WHEN 语句用于跳出循环,该语句通常用在 FETCH 语句之后,这样在最后一行被检索后,游标的%NOTFOUND 属性变为 TRUE 时就可以终止循环了。EXIT WHEN 语句同时放在数据处理语句前,这样能确保不会重复处理同一行(检索到的最后一行)。

上面的学历表中只有两个字段,可以为每个列定义一个变量来存储对应列的值,但是如果一个表的列很多,那么为每个列都定义变量不是一种很好的方法。如果有多个变量参照自同一个表中不同字段类型,通常会使用%ROWTYPE 类型的变量来代表一条记录,然后通过“.”运算符来调用对应列的值,这种方式可以节省系统的内存空间,同时方便变量的管理。

例 11.26 在游标中使用%ROWTYPE 类型实现例 11.25 的功能。

```
SQL> DECLARE
2    CURSOR diploma_cursor IS SELECT * FROM diploma;
3    v_diploma diploma%ROWTYPE;
4    BEGIN
5    IF NOT diploma_cursor%ISOPEN THEN
6      OPEN diploma_cursor;
7    END IF;
8    LOOP
9      FETCH diploma_cursor INTO v_diploma;
10     EXIT WHEN diploma_cursor%NOTFOUND;
11     DBMS_OUTPUT.PUT_LINE('第' ‖ diploma_cursor%ROWCOUNT ‖ '条记录:' ‖
12     '职称编号为' ‖ v_diploma.diploma_id ‖
13     ',职称名称为' ‖ v_diploma.diploma_name);
14   END LOOP;
15   CLOSE diploma_cursor;
16  END;
```

```
17   /
```
第 1 条记录：职称编号为 1,职称名称为专科
第 2 条记录：职称编号为 2,职称名称为本科
第 3 条记录：职称编号为 3,职称名称为硕士
第 4 条记录：职称编号为 4,职称名称为博士
第 5 条记录：职称编号为 5,职称名称为博士后
PL/SQL 过程已成功完成。

　　％ROWTYPE 也可以用游标名来定义,但是这样就必须要首先声明游标,再参照自游标的类型,如例 11.27 所示。

　　例 11.27　在游标中使用游标名定义％ROWTYPE 类型实现例 11.25 的功能。

```
SQL> DECLARE
 2    CURSOR diploma_cursor IS SELECT * FROM diploma;
 3    v_diploma diploma_cursor%ROWTYPE;
 4   BEGIN
 5    IF NOT diploma_cursor%ISOPEN THEN
 6      OPEN diploma_cursor;
 7    END IF;
 8    LOOP
 9     FETCH diploma_cursor INTO v_diploma;
10     EXIT WHEN diploma_cursor%NOTFOUND;
11     DBMS_OUTPUT.PUT_LINE('第' ‖ diploma_cursor%ROWCOUNT ‖ '条记录：' ‖
12     '职称编号为' ‖ v_diploma.diploma_id ‖
13     ',职称名称为' ‖ v_diploma.diploma_name);
14    END LOOP;
15    CLOSE diploma_cursor;
16   END;
17   /
```
第 1 条记录：职称编号为 1,职称名称为专科
第 2 条记录：职称编号为 2,职称名称为本科
第 3 条记录：职称编号为 3,职称名称为硕士
第 4 条记录：职称编号为 4,职称名称为博士
第 5 条记录：职称编号为 5,职称名称为博士后
PL/SQL 过程已成功完成。

　　v_diploma 变量的类型参照自游标的类型。编写代码时,游标定义的代码在前,参照语句在后,否则会抛出系统预定义的错误。

3. 循环游标

　　由于 FETCH 语句每次只能读取一行数据,因此必须使用循环才能遍历更多的数据。循环结构有 3 种,所以循环检索游标的方法也有 3 种：简单循环检索游标、WHILE 循环检索游标和 FOR 循环检索游标。例 11.25、例 11.26 和例 11.27 使用的都是简单循环检索游标,下面的例子使用 WHILE 循环检索游标。

　　例 11.28　使用 WHILE 循环实现例 11.25 的功能。

```
SQL> DECLARE
 2   CURSOR diploma_cursor IS SELECT * FROM diploma;
 3   v_diploma diploma%ROWTYPE;
 4  BEGIN
 5   IF NOT diploma_cursor%ISOPEN THEN
 6     OPEN diploma_cursor;
 7   END IF;
 8   FETCH diploma_cursor INTO v_diploma;
 9   WHILE diploma_cursor%FOUND LOOP
10     DBMS_OUTPUT.PUT_LINE('第' ‖ diploma_cursor%ROWCOUNT ‖ '条记录：' ‖
11     '职称编号为' ‖ v_diploma.diploma_id ‖
12     ',职称名称为' ‖ v_diploma.diploma_name);
13     FETCH diploma_cursor INTO v_diploma;
14   END LOOP;
15   CLOSE diploma_cursor;
16  END;
17  /
第 1 条记录：职称编号为 1,职称名称为专科
第 2 条记录：职称编号为 2,职称名称为本科
第 3 条记录：职称编号为 3,职称名称为硕士
第 4 条记录：职称编号为 4,职称名称为博士
第 5 条记录：职称编号为 5,职称名称为博士后
PL/SQL 过程已成功完成。
```

相对于前两种循环方式,FOR 循环比较特殊,因为 Oracle 数据库对使用 FOR 循环检索游标进行了简化,并隐式地定义了一个游标名%ROWTYPE 类型的记录变量,把游标所指向当前记录的数据放入到该记录变量中去。游标的打开、数据的读取、游标的关闭都是由 Oracle 数据库自动完成的,因此使用 FOR 循环时不需要也不能使用 OPEN 语句、FETCH 语句和 CLOSE 语句。

游标 FOR 循环的语法格式如下：

```
FOR record_name IN cursor_name LOOP
    statement1;
    statement2;
    …
    END LOOP;
```

例 11.29 使用 FOR 循环实现例 11.25 的功能。

```
SQL> DECLARE
 2   CURSOR diploma_cursor IS SELECT * FROM diploma;
 3  BEGIN
 4   FOR v_diploma IN diploma_cursor LOOP
 5     DBMS_OUTPUT.PUT_LINE('第' ‖ diploma_cursor%ROWCOUNT ‖ '条记录：' ‖
 6     '职称编号为' ‖ v_diploma.diploma_id ‖
 7     ',职称名称为' ‖ v_diploma.diploma_name);
```

```
 8     END LOOP;
 9   END;
10   /
```

第 1 条记录：职称编号为 1,职称名称为专科
第 2 条记录：职称编号为 2,职称名称为本科
第 3 条记录：职称编号为 3,职称名称为硕士
第 4 条记录：职称编号为 4,职称名称为博士
第 5 条记录：职称编号为 5,职称名称为博士后
PL/SQL 过程已成功完成。

例 11.29 中,v_diploma 是系统隐式定义的一个记录类型的变量,不需要在 DECLARE 部分进行声明。每次把游标 diploma_cursor 所指向的记录内容放入到 v_diploma 中,当想获得该记录中字段内容时,仍然通过"v_diploma."的方式调用。

由于游标是由数据库管理的,因此使用 FOR 循环时可以不在声明部分定义游标,而在 FOR 循环中直接使用子查询,使用子查询的 FOR 循环的语法格式如下:

```
FOR   record_name IN subquery LOOP
    statement1;
    statement2;
    …
    END LOOP;
```

例 11.30　使用子查询的 FOR 循环实现例 11.25 的功能。

```
SQL>BEGIN
  2    FOR v_diploma IN (SELECT * FROM diploma) LOOP
  3      DBMS_OUTPUT.PUT_LINE('职称编号为' ‖ v_diploma.diploma_id ‖
  4      ',职称名称为' ‖ v_diploma.diploma_name);
  5    END LOOP;
  6  END;
  7  /
```

职称编号为 1,职称名称为专科
职称编号为 2,职称名称为本科
职称编号为 3,职称名称为硕士
职称编号为 4,职称名称为博士
职称编号为 5,职称名称为博士后
PL/SQL 过程已成功完成。

4．使用游标进行更新和删除操作

使用游标不仅可以执行查询操作,还可以进行更新和删除操作,此时定义游标的语法格式如下:

```
CURSOR   cursor_name IS
SELECT statement FOR UPDATE [OF column] [NOWAIT];
```

说明：

（1）要想通过游标更新和删除数据，在定义游标的查询语句时，必须加上 FOR UPDATE 子句，表示要先对表加锁，此时在游标工作区中的相关行拥有一个行级排他锁，其他会话只能查询，不能更新或删除。

（2）当定义游标的查询语句中涉及多个表时，可以选用 OF 子句来锁定特定的表，如果没有指定 OF 子句，则默认会在所有表上加锁。

（3）如果其他事务已经在要操作的行上加锁，默认情况下用户需要一直等待，使用 NOWAIT 选项则可以避免等待锁，Oracle 会终止游标运行并显示系统预定义错误。

除了在定义游标时使用 FOR UPDATE 子句外，还需要在 UPDATE 或 DELETE 子句中使用 WHERE CURRENT OF 子句以进行更新和删除操作，语法格式如下：

```
UPDATE|DELETE … WHERE CURRENT OF cursor_name;
```

例 11.31 将没有参加课程编号为"060151"期末考试（期末成绩为空值）的学生的成绩更改为 0 分。

```
SQL>SELECT s_id FROM score WHERE c_num=  '060151' AND s_finalgrade IS NULL;
S_ID
----------
0807070303
SQL>DECLARE
 2    v_num score.c_num%TYPE:='060151';
 3    CURSOR score_cursor IS SELECT * FROM score
 4      WHERE c_num=v_num
 5      FOR UPDATE OF s_finalgrade;
 6  BEGIN
 7    FOR score_record IN score_cursor LOOP
 8      IF score_record.s_finalgrade IS NULL THEN
 9        UPDATE score SET s_finalgrade=0 WHERE CURRENT OF score_cursor;
10      END IF;
11    END LOOP;
12    COMMIT;
13  END;
14  /
PL/SQL 过程已成功完成。
SQL>SELECT s_id FROM score WHERE c_num=  '060151' AND s_finalgrade IS NULL;
未选定行
```

例 11.32 使用游标删除职务为"组织委员"的学生信息。

```
SQL>SELECT COUNT(*) FROM student WHERE s_duty='组织委员';
  COUNT(*)
----------
         9
SQL>DECLARE
 2    CURSOR student_cursor IS SELECT * FROM student WHERE s_duty='组织委员'
 3      FOR UPDATE;
```

```
4   BEGIN
5     FOR student_record IN student_cursor LOOP
6       DELETE student WHERE CURRENT OF student_cursor;
7     END LOOP;
8     COMMIT;
9   END;
10  /
PL/SQL 过程已成功完成。
SQL>SELECT COUNT(*) FROM student WHERE s_duty='组织委员';
  COUNT(*)
----------
         0
```

5. 带参数的游标

　　游标也可以带参数,打开游标后返回的结果会根据参数的值而发生改变。带参数的游标除了定义游标与打开游标时的语法与一般显式游标不同外,其他步骤的语法都相同。
　　1) 定义带参数的游标

```
CURSOR cursor _name (parameter1 datatype1 [{:= | DEFAULT} value] [, parameter2
datatype2[{:=| DEFAULT} value],…]) IS SELECT statement;
```

　　说明:数据类型可以是标量类型、参考类型等。当是标量类型时,不能指定参数的长度。还可以为参数指定默认值,指定默认值后,如果在使用游标时没有为参数赋值,则会使用默认值,参数的值一般在 SELECT 语句的 WHERE 子句中使用。
　　2) 打开带参数的游标

```
OPEN cursor_name(parameter1, parameter2,…);
```

　　例 11.33　创建带两个参数的游标,并使用游标从教师表中查询系号为"1"且研究方向为"数据挖掘"的教师的编号、姓名和研究方向。

```
SQL>DECLARE
2     CURSOR teacher_cursor(v_departmentid NUMBER, v_research VARCHAR2)
3     IS SELECT t_id, t_name, t_research FROM teacher
4     WHERE t_departmentid=v_departmentid AND t_research
5     LIKE '%' ‖ v_research ‖ '%';
6     teacher_record teacher_cursor%ROWTYPE;
7   BEGIN
8     OPEN teacher_cursor(1, '数据挖掘');
9     LOOP
10      FETCH teacher_cursor INTO teacher_record;
11      EXIT WHEN teacher_cursor%NOTFOUND;
12      DBMS_OUTPUT.PUT_LINE('教师编号为:' ‖ teacher_record.t_id ‖ ',姓名为:'
13      ‖ teacher_record.t_name ‖ ',研究方向为:' ‖ teacher_record.t_research);
14      END LOOP;
15      CLOSE teacher_cursor;
```

```
16 END;
17 /
```
教师编号为:060002,姓名为:张续伟,研究方向为:数据仓库,数据挖掘,Web挖掘,数据库系统开发
教师编号为:060004,姓名为:崔楠楠,研究方向为:软件测试,.net技术,数据挖掘
教师编号为:060005,姓名为:尹双双,研究方向为:数据挖掘,粗糙集
教师编号为:060009,姓名为:石珊,研究方向为:数据挖掘
PL/SQL过程已成功完成。

例 11.34 功能与例 11.33 相同,只是为游标定义了默认值。

```
SQL>DECLARE
  2    CURSOR teacher_cursor(v_departmentid NUMBER DEFAULT 1,
  3     v_research VARCHAR2 DEFAULT '数据挖掘')
  4    IS SELECT t_id, t_name, t_research FROM teacher
  5    WHERE t_departmentid=v_departmentid AND t_research
  6    LIKE '%' ‖ v_research ‖ '%';
  7    teacher_record teacher_cursor%ROWTYPE;
  8  BEGIN
  9   OPEN teacher_cursor;         --没有指定参数,使用的是默认值
 10   LOOP
 11     FETCH teacher_cursor INTO teacher_record;
 12     EXIT WHEN teacher_cursor%NOTFOUND;
 13     DBMS_OUTPUT.PUT_LINE('教师编号为:' ‖ teacher_record.t_id ‖ ',姓名为:'
 14       ‖ teacher_record.t_name ‖ ',研究方向为:' ‖ teacher_record.t_research);
 15     END LOOP;
 16     CLOSE teacher_cursor;
 17  END;
 18  /
```
教师编号为:060002,姓名为:张续伟,研究方向为:数据仓库,数据挖掘,Web挖掘,数据库系统开发
教师编号为:060004,姓名为:崔楠楠,研究方向为:软件测试,.net技术,数据挖掘
教师编号为:060005,姓名为:尹双双,研究方向为:数据挖掘,粗糙集
教师编号为:060009,姓名为:石珊,研究方向为:数据挖掘
PL/SQL过程已成功完成。

例 11.35 用带参数游标的 FOR 循环依次输出每个系别编号,在系别编号的下面输出该系教师的编号和姓名。

```
SQL>DECLARE
  2    CURSOR dept_cursor IS SELECT DISTINCT(t_departmentid) FROM teacher;
  3    CURSOR teacher_cursor(v_departmentid NUMBER) IS SELECT t_id,t_name
  4    FROM teacher WHERE t_departmentid=v_departmentid;
  5  BEGIN
  6   FOR dept_record IN dept_cursor LOOP
  7     DBMS_OUTPUT.PUT_LINE('系别编号为:' ‖ dept_record.t_departmentid);
  8     FOR teacher_record IN teacher_cursor(dept_record.t_departmentid) LOOP
  9       DBMS_OUTPUT.PUT_LINE('教师编号为:' ‖ teacher_record.t_id
 10         ‖ '姓名为: ' ‖ teacher_record.t_name);
```

```
11      END LOOP;
12    END LOOP;
13 END;
14 /
```
系别编号为:1
教师编号为:060001 姓名为:李飞
...
系别编号为:2
教师编号为:070003 姓名为:黄森
...
系别编号为:3
教师编号为:070002 姓名为:李皎月
...
PL/SQL 过程已成功完成。

11.4.3 隐式游标

隐式游标是由 PL/SQL 自动创建和管理的游标,每次执行 SELECT 和 DML 语句时 PL/SQL 就会打开一个隐式游标,在关联的语句运行结束之后就关闭了,隐式游标又称为 SQL 游标。

与显式游标类似,隐式游标也有以下 4 个属性,如表 11.4 所示。

表 11.4 隐式游标的属性

游 标 属 性	描　　述
SQL%ISOPEN	值为布尔型,总为 FALSE,因为关联的语句运行结束之后隐式游标就关闭了
SQL%NOTFOUND	值为布尔型,如果没有 SELECT 和 DML 语句执行则返回 NULL,如果 SELECT 语句返回一条或多条记录或 DML 语句影响一条或多条记录则返回 FALSE,否则返回 TRUE
SQL%FOUND	值为布尔型,与 SQL%FOUND 相反。如果没有 SELECT 和 DML 语句执行则返回 NULL,如果 SELECT 语句返回一条或多条记录或 DML 语句影响一条或多条记录则返回 TRUE,否则返回 FALSE
SQL%ROWCOUNT	值为数值型,如果没有 SELECT 和 DML 语句执行则返回 NULL,否则返回 SELECT 语句或 DML 语句影响的记录数

例 11.36 更新职称表,如果没有找到需要更新的记录,则向职称表中插入一条记录。

```
SQL> BEGIN
2     UPDATE title SET title_name='外聘' WHERE title_id=10;
3     IF SQL%NOTFOUND THEN
4       DBMS_OUTPUT.PUT_LINE('没有找到要更新的记录!');
5       INSERT INTO title VALUES(10, '外聘');
6       COMMIT;
7     END IF;
8   END;
9   /
```

没有找到要更新的记录!

PL/SQL 过程已成功完成。

当 UPDATE 语句执行失败时,SQL%NOTFOUND 为 TRUE,所以执行 IF 语句块中的代码,执行数据插入操作。

例 11.37 使用 SQL%ROWCOUNT 可以完成与例 11.36 相同的功能。

```
SQL>BEGIN
   2    UPDATE title SET title_name='外聘' WHERE  title_id=10;
   3    IF SQL%ROWCOUNT=0 THEN
   4      DBMS_OUTPUT.PUT_LINE('没有找到要更新的记录!');
   5      INSERT INTO title VALUES(10,'外聘');
   6      COMMIT;
   7    END IF;
   8  END;
   9  /
```

没有找到要更新的记录!

PL/SQL 过程已成功完成。

11.5 异常

一个优秀的程序都应该能够正确处理各种出错情况,并尽可能从错误中恢复,为此 Oracle 数据库提供了异常情况(EXCEPTION)和异常处理(EXCEPTION HANDLER)来实现错误处理。

11.5.1 异常概述

1. 异常的定义

在程序的运行过程中,可能会因为各种原因发生这样或那样的错误,任何好的程序都应该充分考虑程序运行时可能出现的各种错误,并进行错误处理,尽量使程序从错误中恢复。Oracle 数据库采用异常处理机制来实现错误处理,程序运行出错误时将终止程序的执行,同时显示错误信息。

按照出现错误的时机,通常分为编译时错误(Compile-Time Error)和运行时错误(Run-Time Error)。编译时错误是指代码不满足特定语法的要求,由编译器发出错误报告,而运行时错误是指程序运行过程中出现的各种问题,由引擎发出报告,这里所说的异常处理是指运行时错误的处理。

在 Oracle 数据库中,一个错误对应一个异常,当错误产生时就抛出相应的异常,并被异常处理器捕获,程序控制权传递给异常处理器,由异常处理器来处理运行时错误。

2. 异常类型

Oracle 数据库的运行时错误可以分为 Oracle 系统错误和用户错误,与之对应,异常分为 Oracle 系统异常和用户自定义异常,其中 Oracle 系统异常又可以分为预定义异常和非预定义异常。

1)预定义异常

PL/SQL 为一些 Oracle 公共错误预定义了异常,包括错误编号和错误名称,错误编号用一个负的 5 位数表示。当 PL/SQL 违背了 Oracle 原则或超越了系统依赖的原则时就会隐式地产生预定义异常,这类异常可以由 Oracle 自动处理,而无须在程序中定义。常用的系统预定义异常如表 11.5 所示。

表 11.5　常用的系统预定义异常

错　误　码	异　常　名　称	异　常　说　明
ORA-00001	DUP_VAL_ON_INDEX	向有唯一索引约束的列上插入重复值
ORA-00051	TIMEOUT_ON_RESOURCE	在等待资源时发生超时
ORA-00061	TRANSACTION_BACKED_OUT	由于发生死锁事务处理被撤销
ORA-01001	INVALID_CURSOR	执行非法的游标操作
ORA-01012	NOT_LOGGED_ON	没有登录到数据库就进行操作
ORA-01017	LOGIN_DENIED	无效的用户名/口令
ORA-01403	NO_DATA_FOUND	没有找到数据
ORA-01422	TOO_MANY_ROWS	SELEC INTO 语句没有匹配任何行
ORA-01476	ZERO_DIVIDE	被零除
ORA-01722	INVALID_NUMBER	将其他类型数据转换为数值时失败
ORA-06500	STORAGE_ERROR	PL/SQL 运行时内存不足或内存被破坏引发的内部错误
ORA-06501	PROGRAM_ERROR	内部 PL/SQL 错误,需重新安装数据字典视图和 PL/SQL 包
ORA-06502	VALUE_ERROR	发生截断、算术错误
ORA-06504	ROWTYPE_MISMATCH	宿主游标变量和 PL/SQL 游标变量有不兼容的行类型
ORA-06511	CURSOR_ALREADY_OPEN	试图打开已打开的游标
ORA-06530	ACCESS_INTO_NULL	试图为 NULL 对象的属性赋值
ORA-06531	COLLECTION_IS_NULL	试图将 EXISTS 以外的集合方法应用于一个空 PL/SQL 表或 VARRAY 上
ORA-06532	SUBSCRIPT_OUTSIDE_LIMIT	对嵌套表或 VARRAY 索引的引用超出说明范围以外
ORA-06533	SUBSCRIPT_BEYOND_COUNT	对嵌套表或 VARRAY 索引的引用大于集合中元素的个数

2)非预定义异常

非预定义异常也是 Oracle 系统异常的一种,用于处理一些没有预定义异常与之关联的 Oracle 错误,也就是 Oracle 预先定义了错误编号但没有定义名称。对这种异常情况的处理,需要用户在 PL/SQL 块中声明一个异常名称,然后通过编译指示 PRAGMA EXCEPTION_INIT 将该异常名称与一个 Oracle 错误相关联。此后,当执行过程出现该错误时将自动抛出该异常。

例如,在执行下列操作时,产生错误码为"ORA-02292"的 Oracle 错误,由于没有与之对应的异常,因此该错误产生时没有异常抛出,从而无法捕获和处理。

```
SQL>DELETE FROM title WHERE title_id=1;
DELETE FROM title WHERE title_id=1
        *
第 1 行出现错误:
ORA-02292:违反完整约束条件 (LEARNER.FK_TITLEID)            --已找到子记录
```

3) 用户自定义异常

程序执行过程中,有时会出现编程人员认为的非正常情况。对这种异常情况的处理,需要用户在程序中定义,然后显式地在程序中将其引发。

用户自定义异常不一定必须是 Oracle 返回的系统错误,用户可以在自己的应用程序中创建可触发以及可处理的自定义异常。与预定义异常不同的是,对于用户自定义异常,系统不会自动触发(这种错误对系统来说不一定是错误),需要用户自己来触发;另外,用户自定义异常需要在声明部分定义。用户自定义异常的处理部分基本上和系统预定义异常相同。用户自定义异常和系统预定义异常的比较如表 11.6 所示。

表 11.6 用户自定义异常和系统预定义异常的比较

异 常 类 型	异 常 描 述	处 理 方 式
系统预定义异常	在 PL/SQL 中经常出现的系统预定义异常	不必定义,允许服务器隐式地触发它们,只需要在异常处理部分处理它们
用户自定义异常	开发者认为是非正常的一个条件	必须在声明部分定义,在执行部分显式地触发它们,在异常处理部分处理它们

11.5.2 异常的处理

1. 异常处理的步骤

在 PL/SQL 中异常的处理分为 3 个步骤。

1) 定义异常

在 PL/SQL 块的声明部分为错误定义异常,预定义异常由 Oracle 数据库隐式地定义,而非预定义异常和用户自定义异常必须由用户显式地定义,定义异常的语法格式如下:

```
exception_name EXCEPTION;
```

对于非预定义异常,定义之后还需要通过编译指示 PRAGMA EXCEPTION_INIT 将该异常名称与一个 Oracle 错误相关联,关联错误的语法格式如下:

```
PRAGMA EXCEPTION_INIT(exception_name, error_code);
```

其中错误代码的取值范围是 $-20\,999 \sim -20\,000$。

2）抛出异常

Oracle 数据库可以自动识别系统异常，因此对于预定义异常和非预定义异常，系统会自动将其抛出，而用户自定义异常则需要手工抛出，手工抛出的语法格式如下：

```
RAISE exception_name;
```

3）捕获和处理异常

异常抛出后，Oracle 会从生成异常的代码开始，沿方法的调用栈进行查找，直到找到能处理此异常的代码为止。该部分包括异常捕获语句和异常处理语句，一般放在 PL/SQL 程序体的后半部分，语法格式如下：

```
EXCEPTION
WHEN exception1 [OR exception2] THEN
    statement1;
WHEN exception3 [OR exception4] THEN
    statement2;
    ...
[WHEN OTHERS THEN
    statementN;]
END;
```

其中，WHEN 子句用于判断和捕获相应的异常，一个 WHEN 子句可以捕获多个异常，它们之间用 OR 连接；THEN 子句用于处理异常。当错误发生时，程序将无条件地转移到当前 PL/SQL 块的异常处理部分。一旦程序转移到异常处理部分，就不能再转到相同块的可执行部分。WHEN OTHERS 子句放置在所有其他异常处理从句的后面，最多只能有一个 WHEN OTHERS 子句。

2．预定义异常的处理

例 11.38　使用 DUP_VAL_ON_INDEX 异常处理更新重复值的问题。

```
SQL>BEGIN
  2    UPDATE teacher SET t_idcard='2204211979909220031'--与 060001 身份证号重复
  3    WHERE t_id='060002';
  4    EXCEPTION
  5     WHEN DUP_VAL_ON_INDEX THEN
  6        DBMS_OUTPUT.PUT_LINE('身份证号重复！');
  7    END;
  8  /
身份证号重复！
PL/SQL 过程已成功完成。
```

例 11.39　使用 NO_DATA_FOUND 异常处理未找到查询记录的错误。

```
SQL>DECLARE
  2    v_name teacher.t_name%TYPE;
  3    BEGIN
```

```
4     SELECT t_name INTO v_name
5     FROM teacher WHERE t_id='1234';
6     EXCEPTION
7       WHEN NO_DATA_FOUND THEN
8         DBMS_OUTPUT.PUT_LINE('没有找到任何数据!');
9     END;
10    /
```
没有找到任何数据!
PL/SQL 过程已成功完成。

3. 非预定义异常的处理

例 11.40 非预定义异常使用示例。

```
SQL>DECLARE
2     e_title_id_fk EXCEPTION;
3     PRAGMA EXCEPTION_INIT(e_title_id_fk, -2292);
4     BEGIN
5       DELETE FROM title WHERE title_id=1;
6     EXCEPTION
7       WHEN e_title_id_fk THEN
8         DBMS_OUTPUT.PUT_LINE('教师表中存在该职称教师,所以无法删除!');
9       WHEN OTHERS THEN
10        DBMS_OUTPUT.PUT_LINE('发生其他错误!');
11    END;
12    /
```
教师表中存在该职称教师,所以无法删除!
PL/SQL 过程已成功完成。

—2292 是违反一致性约束的错误代码。

4. 用户自定义异常的处理

例 11.41 判断教师编号为"060001"的教师名是否为"张三"。如果不是,触发自定义异常;如果该编号不存在,则触发系统预定义异常。

```
SQL>DECLARE
2     v_name teacher.t_name%TYPE;
3     e_name EXCEPTION;
4     BEGIN
5       SELECT t_name INTO v_name FROM teacher WHERE t_id='060001';
6       IF v_name < >'张三' THEN RAISE e_name;
7       END IF;
8     EXCEPTION
9       WHEN e_name THEN
10        DBMS_OUTPUT.PUT_LINE('错误,此教师不是张三!');
```

```
11        WHEN NO_DATA_FOUND THEN
12            DBMS_OUTPUT.PUT_LINE('查无此人！');
13   END;
14   /
```
错误，此教师不是张三！
PL/SQL 过程已成功完成。

11.5.3　异常的传播

由于异常可以在声明部分、执行部分以及异常处理部分出现，因此在不同部分引发的异常也不一样。根据异常产生的位置不同，其异常传播也不同。尽管在块的 3 个部分都可以产生异常，但大多数情况下是在可执行部分产生异常。

1. 执行部分的异常

当块的可执行部分中产生了异常时，如果块中有该异常对应的处理语句，则执行这条处理语句，该块也就被成功地完成，控制权转到该块外的调用环境中；如果这个块中没有该异常对应的处理语句，则这个异常被传递到该块外的调用环境中。

当 PL/SQL 块的执行部分产生异常后，根据当前块是否有该异常的处理器，可以将异常传播方式分为两种。

1）当前语句块有该异常的处理器

如果当前语句块有该异常的处理器，则程序流程转移到该异常处理器，并进行异常处理，成功完成该语句块。然后，程序的控制流程传递到外层语句块，继续执行。

例如，下面代码中的异常 e_exe 在内部块中产生并被处理，然后转到块外调用环境中。

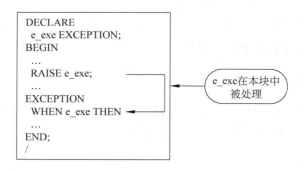

例 11.42　查询名为"张三"的教师的职务，当前语句块有该异常的处理器。

```
SQL>DECLARE
 2    v_duty teacher.t_duty%TYPE;
 3  BEGIN
 4    BEGIN
 5      SELECT t_duty INTO v_duty FROM teacher WHERE t_name='张三';
 6    EXCEPTION
 7      WHEN NO_DATA_FOUND THEN
```

```
 8        DBMS_OUTPUT.PUT_LINE('查无此人!');
 9     END;
10     DBMS_OUTPUT.PUT_LINE('这是外层语句块!');
11  END;
12  /
查无此人!
这是外层语句块!
PL/SQL 过程已成功完成。
```

2）当前语句块没有该异常的处理器

如果当前语句块没有该异常的处理器,则通过在外层语句块的执行部分产生并传播该异常,然后对外层语句块进行处理。

例如,下面的代码中,在内部块中产生的异常 e_exe2(注意该异常是在外部块中被声明的)在本块中没有对应的处理器,而在外部块中有 e_exe2 的处理器,则 e_exe2 被传递到外部块中处理。

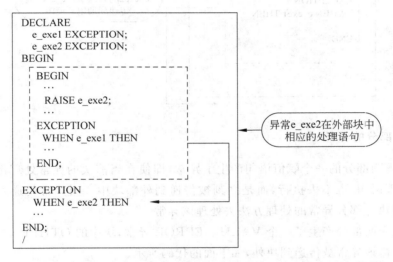

例 11.43 查询系别编号为"1"的教师姓名,当前语句块没有该异常的处理器。

```
SQL>DECLARE
 2      v_name teacher.t_name%TYPE;
 3  BEGIN
 4     BEGIN
 5     SELECT t_name INTO v_name FROM teacher WHERE t_departmentid=1;
 6     EXCEPTION
 7       WHEN NO_DATA_FOUND THEN
 8         DBMS_OUTPUT.PUT_LINE('查无此人!');
 9     END;
10     DBMS_OUTPUT.PUT_LINE('这是外层语句块!');
11     EXCEPTION
12       WHEN TOO_MANY_ROWS THEN
```

```
13        DBMS_OUTPUT.PUT_LINE('查出结果是多行,暂时无法显示!');
14   END;
15   /
查出结果是多行,暂时无法显示!
PL/SQL 过程已成功完成。
```

如果没有外层语句块,则该异常将传播到调用环境中。

例如,下面的代码中,在内部块中产生的异常 e_exe2(注意该异常是在外部块中被声明的)在本块和外部块中都没有对应的处理器,则异常 e_exe2 被传递到调用环境中。

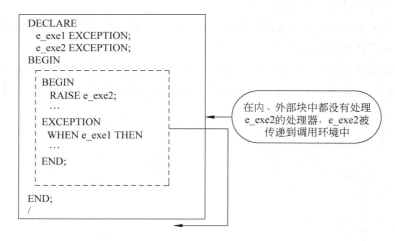

2. 声明部分的异常

如果是声明部分的一个赋值语句产生了异常,即使在当前块的异常处理部分中有处理该异常的处理语句,也不去执行,而是立刻被传递到外部块中。当异常传递到外部块中以后,按照处理执行部分异常的处理方法去处理该异常。

例如,在声明部分产生了一个 VALUE_ERROR 异常,块中的 OTHERS 处理语句并没有处理该异常,该异常被传递到块外,如下面的代码所示。

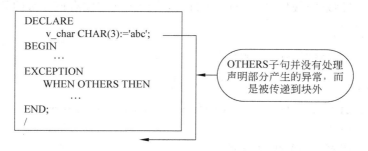

再如,在内部块的声明部分产生异常 VALUE_ERROR,内部块中的 WHEN OTHERS 语句并没有处理该异常,这个异常在外部块的 WHEN OTHERS 语句中处理,并且外部块成功结束,具体如下面的代码所示。

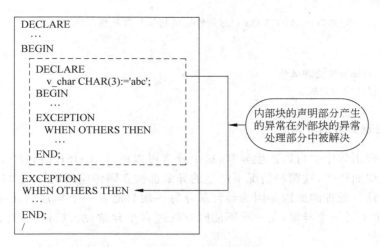

例 11.44 下面用具体的例子加以说明声明部分的异常。

```
SQL> DECLARE
  2      v_var NUMBER(3):='abc';
  3  BEGIN
  4      v_var:=10;
  5      EXCEPTION
  6        WHEN OTHERS THEN
  7          DBMS_OUTPUT.PUT_LINE('这是内层语句块异常处理部分!');
  8  END;
  9  /
DECLARE
*
第 1 行出现错误:
ORA-06502: PL/SQL: 数字或值错误 : 字符到数值的转换错误
ORA-06512: 在 line 2
```

在例 11.44 中,由于声明部分语句 v_var NUMBER(3):='abc'; 出错,因此尽管在 EXCEPTION 中说明了 WHEN OTHERS THEN 语句,但 WHEN OTHERS THEN 语句 也不会被执行。但是如果在该错误语句块的外部有一个异常处理器,则该异常被捕获。

例 11.45 重复例 11.44,但是有效地进行了异常捕获。

```
SQL> BEGIN
  2    DECLARE
  3      v_var NUMBER(3):='abc';
  4      BEGIN
  5        v_var:=10;
  6      EXCEPTION
  7        WHEN OTHERS THEN
  8          DBMS_OUTPUT.PUT_LINE('这是内层语句块异常处理部分!');
  9      END;
 10    EXCEPTION
 11      WHEN OTHERS THEN
```

```
12        DBMS_OUTPUT.PUT_LINE('这是外层语句块异常处理部分！');
13   END;
14   /
这是外层语句块异常处理部分！
PL/SQL 过程已成功完成。
```

3．异常处理部分的异常

在异常处理语句中也可以产生异常，这个异常可以通过 RAISE 语句产生，或是由于出现一个运行错误而产生，这两种情况下产生的异常都被立即传递到块外，这与声明部分产生的异常一样。这样处理的原因是因为异常部分每一次只能有一个异常被处理，当一个异常被处理时，产生了另一个异常，而一次不能同时处理多个异常，所以将异常处理部分产生的异常传递到块外。

下面举例说明异常处理部分产生的异常的处理。

例如，下面的代码中，在异常处理部分产生了异常 e_exe2，同时又有处理异常 e_exe2 的语句，但该语句没有处理异常 e_exe2，异常 e_exe2 被传递到块外。

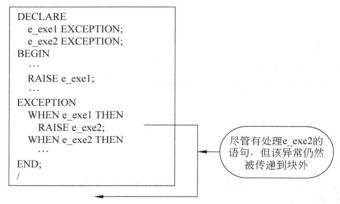

例如，下面的代码中，在内部块的异常处理部分产生了异常 e_exe2，同时在内部块中有处理异常 e_exe2 的语句，但异常 e_exe2 被传递到外部块中，在外部块中被处理，而且外部块成功结束。

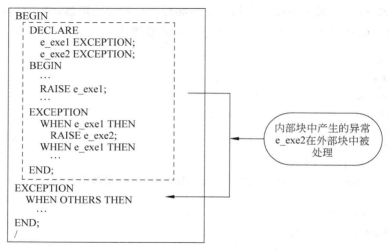

在异常处理语句中,RAISE 语句还可以不带参数地使用,如 RAISE 语句不带参数,则当前的异常被传递到块外。

例如,下面块中的异常 e_exe 执行完处理它的语句后,由不带参数的 RAISE 语句将其传递到块外。

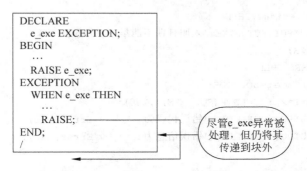

由此可见,无论是执行部分、声明部分还是异常处理部分的异常,如果在本语句块中没有处理,将沿检测异常调用程序传播到外面,当异常被处理并解决或到达程序最外层时传播停止。异常是自里向外逐级传递的。因此,通常在程序最外层块的异常处理部分放置 OTHERS 异常处理器,以保证没有错误被漏掉检测,否则错误将传递到调用环境中。

11.5.4 SQLCODE 和 SQLERRM 函数

WHEN OTHERS 子句放在异常处理块中的最后,用于处理前面其他 WHEN 子句没有处理的异常,所以在 WHEN OTHERS 子句中处理的异常是未知的,可以分别使用 SQLCODE 函数和 SQLERRM 函数来获得异常对应的错误代码和错误信息。表 11.7 显示了异常和对应的 SQLCODE、SQLERRM 值。

表 11.7　异常和对应的 SQLCODE、SQLERRM 值

异 常 种 类	SQLCODE	SQLERRM
Oracle 错误对应的异常	负数	Oracle 错误
NO_DATA_FOUND 异常	+100	No data found
用户自定义异常	+1	User-Defined Exception
没有产生异常	0	ORA-0000:normal,successfulcopletion

例 11.46　更新编号为"070002"的教师的入职日期,当更新后的入职日期早于"2002-1-1"时抛出自定义异常,否则获取错误代码和错误信息,本例是日期格式不匹配的错误。

```
SQL> DECLARE
  2    e_entertime EXCEPTION; --用来指定一个错误条件的异常
  3    v_entertime DATE; --教师的入职日期
  4    v_ErrorCode number; --获得错误信息代码的变量
  5    v_ErrorText varchar2(200); --获得错误信息文本的变量
  6  BEGIN
  7    UPDATE teacher SET t_entertime='2007-06-01' WHERE t_id='070002'
```

```
 8    RETURNING t_entertime INTO v_entertime;
 9    IF v_entertime <  '1-1月-02' THEN
10      RAISE e_entertime;
11    END IF;
12    EXCEPTION
13    WHEN e_entertime THEN
14      DBMS_OUTPUT.PUT_LINE('入职日期不能早于 2002-1-1');
15      ROLLBACK;
16    WHEN OTHERS THEN
17      v_ErrorCode:=SQLCODE;
18      v_ErrorText:=SUBSTR(SQLERRM,1,200);
19      DBMS_OUTPUT.PUT_LINE('错误代码为: ' ‖ v_ErrorCode);
20      DBMS_OUTPUT.PUT_LINE('错误信息为: ' ‖ v_ErrorText);
21    END;
22    /
```
错误代码为：-1861
错误信息为：ORA-01861：文字与格式字符串不匹配
PL/SQL 过程已成功完成。

11.6　练习题

1. 关于 PL/SQL 程序设计语言的优点,下列说法不正确的是_____。
   A. PL/SQL 是结构化查询语言,与 SQL 语言没有区别
   B. PL/SQL 是集过程化功能和查询功能为一体的语言
   C. PL/SQL 程序设计语言可以进行错误处理
   D. PL/SQL 程序设计语言可以定义变量,使用控制结构

2. 下列 PL/SQL 语句中,为变量赋值不正确的是_____。
   A. v1 NUMBER(2)=10;
   B. v2 NUMBER(3) DEFAULT 10;
   C. v3 VARCHAR2(10):='abc';
   D. v4 DATE :='11-11月-2012';

3. 下面的 IF 语句有_____处错误。

```
IF v1<10 THEN v2:=v1 * 3;
ELSE IF v1<20 THEN v2:=v1 * 2;
ELSE THEN v2:=v1;
END;
```

   A. 0   B. 1   C. 2   D. 3

4. 执行以下语句:

```
DECLARE
    V1 NUMBER:=5;
    V2 NUMBER:=5;
```

```
BEGIN
    FOR i IN v1..v2 LOOP
        DBMS_OUTPUT.PUT_LINE('*');
    END LOOP;
END;
/
```

执行完成后循环次数为_____。

A. 0次　　　　　　　B. 1次　　　　　　C. 5次　　　　　　D. 死循环

5. 执行以下语句：

```
DECLARE
    i NUMBER;
BEGIN
    FOR i IN 5..4 LOOP
        DBMS_OUTPUT.PUT_LINE('*');
    END LOOP;
END;
/
```

执行完成后循环次数为_____。

A. 0次　　　　　　　B. 2次　　　　　　C. 4次　　　　　　D. 5次

6. 游标的 4 个属性中，取值与其他 3 个属性的取值类型不同的是_____。

　A. 游标名%notfound　　　　　　B. 游标名%found

　C. 游标名%rowcount　　　　　　D. 游标名%isopen

7. 隐式游标的名称为_____。

　A. CURSOR　　　B. SQL　　　C. PL/SQL　　　D. 自定义名称

8. 当显式游标关闭后，又调用其属性，将抛出异常_____。

　A. NO_DATA_FOUND　　　　　B. VALUE_ERROR

　C. INVALID_CURSOR　　　　　D. TOO_MANY_ROWS

9. PL/SQL 语句块中，当 SELECT…INTO 语句不返回任何数据行时，将抛出异常_____。

　A. NO_DATA_FOUND　　　　　B. VALUE_ERROR

　C. DUP_VAL_INDEX　　　　　D. TOO_MANY_ROWS

10. 关于出错处理，下列叙述错误的是_____。

　　A. 可以有多个 WHEN OTHERS 从句

　　B. 可以在块中定义多个出错处理，每个出错处理包含一组语句

　　C. 在块中必须以关键字 EXCEPTION 开始一个出错处理

　　D. 将 WHEN OTHERS 从句放置在所有其他出错处理从句的后面

scott 是 Oracle 内部的一个示例用户，默认口令为 tiger，内含有 EMP、DEPT 等示例表。这些表和表间的关系演示了关系型数据库的一些基本原理。本章的练习题与第 12 章的练习题所涉及的案例均来自于以下表结构以及表数据。

表 11.8　EMP（员工表）

字　段　名	字　段　类　型	是否为空	字　段　描　述
EMPNO	NUMBER(4)	NOT NULL	员工编号
ENAME	VARCHAR2(10)		姓名
JOB	VARCHAR2(9)		职位
MGR	NUMBER(4)		部门经理编号
HIREDATE	DATE		雇佣时间
SAL	NUMBER(7,2)		工资
COMM	NUMBER(7,2)		奖金
DEPTNO	NUMBER(2)		部门编号（参照自部门表中的部门编号）

表 11.9　DEPT（部门表）

字段名	字段类型	是否为空	字段描述
DEPTNO	NUMBER(2)	NOT NULL	部门编号
DNAME	VARCHAR2(14)		部门名称
LOC	VARCHAR2(13)		地点

表数据如下所示。

表 11.10　EMP（员工表）的数据

EMPNO	ENAME	JOB	MGR	HIREDATE	SAL	COMM	DEPTNO
7369	SMITH	CLERK	7902	17-12 月-80	1300		30
7499	ALLEN	SALESMAN	7698	20-2 月 -81			20
7521	WARD	SALESMAN	7698	22-2 月 -81	1600	300	30
7566	JONES	MANAGER	7839	02-4 月 -81	1250	500	30
7654	MARTIN	SALESMAN	7698	28-9 月 -81	2975		20
7698	BLAKE	MANAGER	7839	01-5 月 -81	1250	1400	30
7782	CLARK	MANAGER	7839	09-6 月 -81	2850		30
7788	SCOTT	ANALYST	7566	19-4 月 -87	2450		10
7839	KING	PRESIDENT		17-11 月-81	3000		20
7844	TURNER	SALESMAN	7698	08-9 月 -81	5000	0	10
7876	ADAMS	CLERK	7788	23-5 月 -87	1100		20
7900	JAMES	CLERK	7698	03-12 月 -81	950		30
7902	FORD	ANALYST	7566	03-12 月 -81	3000		20
7934	MILLER	CLERK	7782	23-1 月 -82	1300		10

表 11.11　DEPT(部门表)的数据

DEPTNO	DNAME	LOC
10	ACCOUNTING	NEW YORK
20	RESEARCH	DALLAS
30	SALES	CHICAGO
40	OPERATIONS	BOSTON

11. 随机输入一个部门编号,依据不同的部门编号给该部门的员工涨工资。如果是 10 号部门,给该部门的员工涨 20％的工资;如果是 20 号部门,给该部门的员工涨 30％的工资;如果是 30 号部门,给该部门的员工涨 50％的工资;其他部门,维持原工资不变。(分别用 IF 和 CASE 语句实现,& 表示可以在运行时接受输入值)

12. 在 EMP 表中显示部门编号为 20 的所有雇员号及其雇员职务。(分别用不带参数的游标与带参数的游标实现,& 表示可以在运行时接受输入值)

13. 使用游标更新数据,在 EMP 表中查找工资低于企业规定最低薪金 1800 元的职员,将其工资增加至 1800 元。

14. 查询用户从键盘上输入的员工名,查询该员工的工资。如果该员工不存在,则输出"该员工不存在";如果存在多个同名的员工,则输出所有同名员工的员工号和工资。

15. 编写带有异常处理的 PL/SQL 程序:输出某位雇员的姓名和工资(员工编号从键盘随机输入)。

(1) 如果雇员不存在,触发系统异常,输出"查无此人"。

(2) 如果雇员存在,但工资＜800 元,触发自定义异常,输出"工资太低,需要涨工资"。

(3) 如果雇员存在,且工资≥800 元,输出该雇员的姓名和工资。

第12章

PL/SQL高级编程

PL/SQL 有很多高级程序结构用于实现很多复杂的功能。

本章将主要讲解以下内容：

- 存储子程序。
- 包。
- 触发器。

12.1 存储子程序

第 11 章使用的 PL/SQL 块都是匿名块，其特点是不存储在数据库中，并且不能被其他的 PL/SQL 程序块调用。Oracle 还可以将 PL/SQL 块存储在数据库中，并可以在任何地方来运行它们，其中最重要的是 PL/SQL 存储子程序，存储子程序是被命名的 PL/SQL 程序块，可以在客户端与服务器端的任何工具和应用中运行。

存储子程序主要包括存储过程和存储函数两种。存储过程的目的是执行某些操作，不需要返回值；存储函数的目的是执行某些操作并返回一个具体值。

12.1.1 存储过程

1. 存储过程的创建

创建存储过程的语法格式如下：

```
CREATE  [OR REPLACE]  PROCEDURE  procedure_name
[(parameter_name  [IN|OUT|IN OUT]  datatype, ...)]
IS|AS
    declare_section;
BEGIN
    statement;
END  [procedure_name];
```

说明：

（1）过程名必须符合标识符规则。

（2）关键字 REPLACE 表示如果要创建的过程已存在，则会先删除已存在的过程，然后重新创建。如果只使用 CREATE 关键字,则需将原有的过程删除后才能创建。

（3）创建过程时,可以声明一个或多个参数,参数名必须符合标识符规则,执行过程时应提供相对应的参数。

（4）关键字 IS 和 AS 本身没有区别,选择其中一个即可,其后是一个完整的 PL/SQL 块,可以定义局部变量、游标等,但不能以 DECLARE 开始。

2. 形式参数的 3 种类型

创建过程时,可以定义零个或多个形式参数。形式参数有 3 种模式：IN、OUT 和 IN OUT。如果定义形参时没有指定参数的模式,那么系统默认该参数模式为 IN 模式。

3 种模式参数的具体描述如表 12.1 所示。

表 12.1　3 种模式参数的具体描述

参数	描　　　述
IN	输入参数,用来从调用环境中向存储过程传递值,在过程体内不能给 IN 参数赋值
OUT	输出参数,用来从存储过程中返回值给调用者,在过程体内必须给 OUT 参数赋值
IN OUT	输入输出参数,既可以从调用者向存储过程中传递值,也可以从过程体中返回可能改变的值给调用者

下面的代码说明了这 3 种模式参数的区别。

```
CREATE OR REPLACE PROCEDURE modetest(
p_inparameter IN NUMBER,
p_outparameter OUT NUMBER,
p_inoutparameter IN OUT NUMBER
)
IS
v_localvariable NUMBER;
BEGIN
v_localvariable:=p_inparameter;            --正确
p_inparameter:=7;                          --错误
p_outparameter:=7;                         --正确
v_localvariable:=p_outparameter;           --错误
v_localvariable:=p_inoutparameter;         --正确
p_inoutparameter:=7;                       --正确
END modetest;
/
```

IN 模式的参数可以出现在赋值语句的右边,但不能出现在赋值语句的左边；OUT 模式的参数可以出现在赋值语句的左边,但不能出现在赋值语句的右边；IN OUT 模式的参数可以出现在赋值语句的左边或右边。

在定义一个存储过程参数时,不能指定形参数据类型的长度(如 CHAR、VARCHAR2 类型),也不能指定形参数据类型的精度和标度(如 NUMBER 类型),这些约束都是由调用时的实参来传递的。可以使用％TYPE 或％ROWTYPE 定义形参,％TYPE 或％

ROWTYPE 隐含地包括长度或精度等约束信息。

例 12.1　输入教师编号,查询该教师的姓名。下面的存储过程定义是不合法的,将产生一个编译错误。

```
SQL>CREATE OR REPLACE PROCEDURE proc_tea(
  2    v_id IN CHAR(6),                      --参数定义了类型长度,这将产生编译错误。
  3  v_name OUT VARCHAR2
  4  ) IS
  5  BEGIN
  6    SELECT t_name INTO v_name FROM teacher WHERE t_id=v_id;
  7  END;
  8  /
警告:创建的过程带有编译错误。
```

如果使用%TYPE 为参数定义类型,那么该参数将只能定义在形参上,而不是通过实参传递数据长度,如下面的声明方式。

```
SQL>CREATE OR REPLACE PROCEDURE proc_tea(
  2    v_id IN OUT teacher.t_id%TYPE,
  3    v_name OUT teacher.t_name%TYPE
  4  )
  5  IS
  6  BEGIN
  7    SELECT t_name INTO v_name FROM teacher WHERE t_id=v_id;
  8  END;
  9  /
过程已创建。
```

3. 创建存储过程的实例

1) 创建不带任何参数的存储过程

例 12.2　创建一个无参数的存储过程,输出当前系统的时间。

```
SQL>CREATE OR REPLACE PROCEDURE out_date
  2  IS
  3  BEGIN
  4    DBMS_OUTPUT.PUT_LINE('当前系统时间为:'||SYSDATE);
  5  END out_date;
  6  /
过程已创建。
```

2) 创建带有 IN 参数的存储过程

创建存储过程时,可以通过使用输入参数,将应用程序的数据传递到过程中。当为存储过程定义参数时,如果不指定参数模式,那么默认的就是输入参数,另外也可以使用 IN 关键字显式地定义输入参数。

例 12.3　创建一个带输入参数的存储过程,将指定编号的教师的职称晋升一级。

```
SQL>CREATE OR REPLACE PROCEDURE update_tea(
  2    v_id IN teacher.t_id%TYPE
  3  )
  4  IS
  5  BEGIN
  6    UPDATE teacher SET t_titleid=t_titleid-1 WHERE t_id=v_id;
  7    COMMIT;
  8  END update_tea;
  9  /
过程已创建。
```

3）创建带有 OUT 参数的存储过程

存储过程不仅可以用于执行特定操作，而且可以用于输出数据，在存储过程中输出数据是使用 OUT 或 IN OUT 参数来完成的。当定义输出参数时，必须要提供 OUT 关键字。

例 12.4 创建一个带输入和输出参数的存储过程，根据给定的教师号返回教师的姓名和研究方向。

```
SQL>CREATE OR REPLACE PROCEDURE query_tea(
  2    v_id IN teacher.t_id%TYPE,
  3    v_name OUT teacher.t_name%TYPE,
  4    v_research OUT teacher.t_research%TYPE
  5  )
  6  IS
  7  BEGIN
  8    SELECT t_name, t_research INTO v_name, v_research
  9    FROM teacher WHERE t_id=v_id;
 10  END query_tea;
 11  /
过程已创建。
```

4）创建带有 IN OUT 参数的存储过程

定义存储过程时，不仅可以指定 IN 和 OUT 参数，也可以指定 IN OUT 参数。IN OUT 参数也称为输入输出参数，当使用这种参数时，在调用过程之前需要通过变量给该种参数传递数据，在结束调用之后，Oracle 会通过该变量将结果传递给应用程序。

例 12.5 创建一个带输入输出参数的存储过程，将期末成绩以 70% 计算，并返回。

```
SQL>CREATE OR REPLACE PROCEDURE account_score(v_finalgrade IN OUT NUMBER)
  2  IS
  3  BEGIN
  4    v_finalgrade:=v_finalgrade*0.7;
  5  END account_score;
  6  /
过程已创建。
```

4. 存储过程的调用

存储过程创建后，以编译的形式存储于数据库的数据字典中。只要通过授权，用户就可以在 SQL＊Plus、Oracle 开发工具或第三方开发工具中调用并运行存储过程。如果不被调用,存储过程是不会执行的。

1) 参数传值方式

通过存储过程的名称调用存储过程时,实参的数量、顺序、类型要与形参的数量、顺序、类型相匹配。在调用存储过程时,有位置表示法和名称表示法两种参数传值方式。

(1) 位置表示法。实参通过位置与形参进行关联的方法就是位置表示法,通常使用该方法传递参数。如果形式参数是 IN 模式的参数,实际参数可以是一个具体的值或是一个已经赋值的变量。如果形式参数是 OUT 模式的参数,实际参数必须是一个变量,而不能是常量。当调用存储过程后,此变量就被赋值了。如果形式参数是 IN OUT 模式的参数,则实际参数必须是一个已经赋值的变量。当存储过程完成后,该变量将被重新赋值。

(2) 名称表示法。实参与形参的名称进行关联的方法就是名称表示法,这时需要使用关联运算符"＝＞"实现关联。

2) 调用存储过程的两种方法

(1) 在 PL/SQL 块外部调用存储过程可以使用 EXECUTE(EXEC)语句或 CALL 语句调用。

(2) 在 PL/SQL 块中调用存储过程可以直接使用存储过程名。

3) 调用无参数的存储过程

例 12.6 使用 EXECUTE 语句调用存储过程 out_date。

```
SQL>EXECUTE out_date();                --也可以写为 CALL out_date();
当前系统日期为: 29-2 月 -12
PL/SQL 过程已成功完成。
```

例 12.7 在 PL/SQL 程序中调用存储过程 out_date。

```
SQL>BEGIN
  2    out_date();
  3    END;
  4    /
当前系统日期为: 29-2 月 -12
PL/SQL 过程已成功完成。
```

4) 调用带 IN 参数的存储过程

例 12.8 使用 EXECUTE 语句调用存储过程 update_tea。

```
SQL>EXECUTE update_tea('060009');
PL/SQL 过程已成功完成。
```

例 12.9 使用名称传递的方法,并使用 EXECUTE 语句调用存储过程 update_tea。

```
SQL>EXECUTE update_tea(v_id=>'060009');
PL/SQL 过程已成功完成。
```

例 12.10 在 PL/SQL 程序中调用存储过程 update_tea。

```
SQL>BEGIN
```

```
 2    update_tea('060009');
 3  END;
 4  /
```
PL/SQL 过程已成功完成。

其中参数还可以使用 & 操作符进行随机输入。

例 12.11 使用 & 操作符实现动态参数输入并在 PL/SQL 程序中调用存储过程 update_tea。

```
SQL> DECLARE
 2    v_id teacher.t_id%TYPE:=&p_id;
 3  BEGIN
 4    update_tea(v_id);
 5  END;
 6  /
```
输入 p_id 的值: '060009'
```
原值   2:  v_id teacher.t_id%type:=&p_id;
新值   2:  v_id teacher.t_id%type:='060009';
```
PL/SQL 过程已成功完成。

5）调用带 OUT 参数的存储过程

例 12.12 在 PL/SQL 程序中调用存储过程 query_tea，查询教师编号为"070004"的教师姓名和研究方向。

```
SQL> DECLARE
 2    t_name teacher.t_name%TYPE;
 3    t_research teacher.t_research%TYPE;
 4  BEGIN
 5    query_tea('070004', t_name, t_research);
 6    DBMS_OUTPUT.PUT_LINE('教师姓名为：' || t_name);
 7    DBMS_OUTPUT.PUT_LINE('研究方向为：' || t_research);
 8  END;
 9  /
```
教师姓名为：宋祖光
研究方向为：计算机网络
PL/SQL 过程已成功完成。

6）调用带 IN OUT 参数的存储过程

例 12.13 在 PL/SQL 程序中调用存储过程 account_score，将期末成绩按照 70% 计算。

```
SQL> DECLARE
 2    v_finalgrade number;
 3  BEGIN
 4    SELECT s_finalgrade INTO v_finalgrade FROM score
 5    WHERE s_id=&p_id AND c_num=&p_num;
 6    DBMS_OUTPUT.PUT_LINE('期末考试卷面成绩为：' || v_finalgrade);
```

```
 7     account_score(v_finalgrade);
 8     DBMS_OUTPUT.PUT_LINE('按70%折算后成绩为:' || v_finalgrade);
 9   END;
10   /
```

输入 p_id 的值: 0807070301
输入 p_num 的值: 060151
原值   5:   WHERE s_id=&p_id AND c_num=&p_num;
新值   5:   WHERE s_id=0807070301 AND c_num=060151;
期末考试卷面成绩为: 86
按70%折算后成绩为: 60.2
PL/SQL 过程已成功完成。

5. 存储过程的管理

1）修改存储过程

Oracle 数据库不支持直接修改存储过程，因此要修改存储过程，可以先删除该存储过程，然后重新创建，也可以采用 CREATE OR REPLACE PROCEDURE 语句一次性地删除并重新创建新的存储过程。

2）删除存储过程

删除存储过程需要使用 DROP PROCEDURE 语句，语法格式如下：

```
DROP PROCEDURE procedure_name;
```

例 12.14   删除存储过程 out_date。

```
SQL>DROP PROCEDURE out_date;
过程已删除。
```

3）查看存储过程语法错误

存储过程在编译时可能出现一些语法错误，但只是以警告的方式提示"创建的过程带有编译错误"，用户如果想查看错误的详细信息，可以使用 SHOW ERRORS 命令显示刚编译的存储过程的出错信息。

使用 SHOW ERRORS 命令查看刚编译的带有语法错误的存储过程 proc_tea 的详细信息，结果如下：

```
SQL>SHOW ERRORS;
Errors for PROCEDURE LEARNER.PROC_TEA:
LINE/COL ERROR
------   ----------------------------------------------------------------
2/14     PLS-00103:出现符号 "("在需要下列之一时:      :=) , default varying
         character large   符号 ":=" 被替换为 "(" 后继续。
```

4）查看存储过程参数信息

可以通过执行 DESC 命令来获得存储过程的形式参数名称、数据类型以及模式信息。

例 12.15   查看存储过程 query_tea 的参数信息。

```
SQL>DESC query_tea;
```

```
PROCEDURE query_tea
参数名称            类型              输入/输出默认值?
---------        -------------    --------  -----
V_ID             CHAR(6)           IN
V_NAME           VARCHAR2(30)      OUT
V_RESEARCH       VARCHAR2(50)      OUT
```

5) 查看存储过程源代码

可以通过静态数据字典视图 user_source 来获取存储在数据库中的对象信息,该视图包括对象的名称(name)、对象的类型(type)、代码的行号(line)、创建对象的源代码(text)等信息。

例 12.16 查询当前用户下的所有存储过程的名称。

```
SQL>SELECT DISTINCT(NAME) FROM user_source WHERE TYPE='PROCEDURE';
NAME
-----------  --
UPDATE_TEA
QUERY_TEA
ACCOUNT_SCORE
```

例 12.17 查询存储过程 query_tea 的源代码。

```
SQL>SELECT text FROM user_source WHERE NAME='QUERY_TEA';
TEXT
---------------------------------------------------
PROCEDURE query_tea(
v_id IN teacher.t_id%TYPE,
v_name OUT teacher.t_name%TYPE,
v_research OUT teacher.t_research%TYPE
)
IS
BEGIN
SELECT t_name, t_research INTO v_name, v_research
FROM teacher WHERE t_id=v_id;
END query_tea;
已选择 12 行。
```

6) 存储过程的授权

存储过程、存储函数以及后续讲解的包等都是数据字典中的对象,它们都由特定的数据库用户所拥有,其他用户在被授予了合适的权限后也可以访问这些对象。

与存取数据的安全性管理相同,存储过程或存储函数的安全性管理也是由拥有者或使用者来进行的。存储过程或存储函数的拥有者比其使用者拥有更高的权限,拥有者需要具有直接操作相关表或视图的权限,而使用者只需要存取存储过程的权限。存储过程的拥有者或使用者的权限如表12.2所示。

表 12.2 存储过程的拥有者或使用者权限

操作	操作者或拥有者	必 须 权 限
创建或替换存储过程	拥有者	CREATE PROCEDURE 或 CREATE ANY PROCEDURE
从存储过程体中存取数据库实体	拥有者	SELECT、INSERT、UPDATE、DELETE 或 EXECUTE 实体权限
删除存储过程	拥有者或其他开发者	DROP ANY PROCEDURE
执行存储过程	拥有者或使用者	EXECUTE 或 EXECUTE ANY PROCEDURE

创建存储过程就如同创建表一样,属于当前操作的用户,其他用户如果要调用存储过程,需要得到该过程的 EXECUTE 权限,然后可以通过"用户名.过程名"的方法来调用过程。

例 12.18 授予 scott 用户执行存储过程 out_date 的权限。

```
SQL>GRANT EXECUTE ON out_date TO scott;
授权成功。
SQL>conn scott/tiger
已连接。
SQL>SET SERVEROUTPUT ON;
SQL>EXECUTE LEARNER.out_date;
当前系统日期为：01-3 月 -12
PL/SQL 过程已成功完成。
```

12.1.2 存储函数

1. 存储函数的创建

Oracle 数据库的存储函数是一个独立的对象,也是由 PL/SQL 语句编写而成的。它与存储过程的不同之处在于存储函数必须返回值,而存储过程可以不返回任何值。

创建存储函数的语法格式如下:

```
CREATE  [OR REPLACE]  FUNCTION  function_name
    [(parameter_name  [IN|OUT|IN OUT]  datatype, ...)]
    RETURN expression;
IS|AS
    declare_section;
BEGIN
    statement;
END  [function_name];
```

说明:

(1) 在函数定义的头部、参数列表之后,必须包含一个 RETURN 语句来指明函数返回值的数据类型,但不能指定返回值的长度和精度。

(2) 在函数体的定义中,必须至少包含一个 RETURN 语句用来指明函数的返回值,也可以有多个 RETURN 语句,但最终只有一个 RETURN 语句被执行。

（3）创建函数时，可以定义零个或多个形式参数。形式参数主要有 3 种模式，包括 IN、OUT 和 IN OUT，其含义与存储过程中的参数相似。

（4）函数体中 RETURN 语句后面的表达式是要返回的数据，数据的类型要与函数定义时 RETURN 语句指定的类型相同。

2．创建存储函数的实例

1）创建不带任何参数的存储函数

例 12.19 创建一个无参数的存储函数，返回教师的最早入职时间。

```
SQL>CREATE OR REPLACE FUNCTION f_entertime
  2    RETURN teacher.t_entertime%TYPE
  3  IS
  4    min_entertime teacher.t_entertime%TYPE;
  5  BEGIN
  6    SELECT MIN(t_entertime) INTO min_entertime
  7    FROM teacher;
  8    RETURN min_entertime;
  9  END f_entertime;
 10  /
```
函数已创建。

例 12.20 创建一个无参数的存储函数，返回当前系统的时间。

```
SQL>CREATE OR REPLACE FUNCTION f_out_date
  2    RETURN DATE
  3  IS
  4  BEGIN
  5    RETURN SYSDATE;
  6  END f_out_date;
  7  /
```
函数已创建。

2）创建带 IN 参数的存储函数

当创建函数时，通过使用输入参数，可以将应用程序的数据传递到函数中，最终通过执行函数可以将结果返回到应用程序中。当定义参数时，如果不指定参数模式，则默认为输入参数，所以 IN 关键字既可以指定，也可以不指定。

例 12.21 创建一个带参数的存储函数，根据教师号返回教师所在的系别号。

```
SQL>CREATE OR REPLACE FUNCTION f_departmentid(
  2    v_id teacher.t_id%TYPE
  3  )
  4  RETURN teacher.t_departmentid%TYPE
  5  IS
  6    v_departmentid teacher.t_departmentid%TYPE;
  7  BEGIN
  8    SELECT t_departmentid INTO v_departmentid
```

```
 9      FROM teacher
10      WHERE t_id=v_id;
11      RETURN v_departmentid;
12   END f_departmentid;
13   /
```
函数已创建。

3）创建带 IN、OUT 参数的存储函数

存储函数本身可以返回数据，但只能返回一个值，如果想返回多个值，可以使用输出参数。

例 12.22　创建一个带输入和输出参数的存储函数，根据给定的教师号返回教师的姓名、性别和研究方向。

```
SQL>CREATE OR REPLACE FUNCTION f_query_tea(
 2      v_id IN teacher.t_id%TYPE,
 3      v_gender OUT teacher.t_gender%TYPE,
 4      v_research OUT teacher.t_research%TYPE
 5   )
 6      RETURN teacher.t_name%TYPE
 7   IS
 8      v_name teacher.t_research%TYPE;
 9   BEGIN
10      SELECT t_name, t_gender, t_research
11      INTO v_name, v_gender, v_research
12      FROM teacher
13      WHERE t_id=v_id;
14      RETURN v_name;
15   END f_query_tea;
16   /
```
函数已创建。

3. 存储函数的调用方法

建立函数之后，就可以在应用程序中进行调用了。具体的方法有：

（1）通过使用变量接受函数返回值来调用。

（2）在 SQL 语句中直接调用函数。

（3）使用包 DBMS_PUTPUT. PUT_LINE 调用函数。

（4）在 PL/SQL 程序中调用存储函数。

下面通过具体的实例来演示如何调用存储函数。

1）调用不带参数的存储函数

例 12.23　使用变量接受函数 f_entertime 的返回值。

```
SQL>var v1 VARCHAR2(100)
SQL>EXECUTE :v1 :=f_entertime;
```
PL/SQL 过程已成功完成。

```
SQL>PRINT v1;
V1
-----------
10-7月 -00
```

例 12.24 在 SQL 语句中直接调用函数 f_entertime。

```
SQL>SELECT f_entertime FROM dual;
F_ENTERTIME
--------------
10-7月 -00
```

例 12.25 使用包 DBMS_PUTPUT. PUT_LINE 调用函数 f_entertime。

```
SQL>SET SERVEROUTPUT ON
SQL>EXEC DBMS_OUTPUT.PUT_LINE('最早入职时间为：' || f_entertime);
最早入职时间为：10-7月 -00
PL/SQL 过程已成功完成。
```

例 12.26 在 PL/SQL 程序中调用存储函数 f_entertime。

```
SQL>BEGIN
  2    DBMS_OUTPUT.PUT_LINE('最早入职时间为：' || f_entertime);
  3  END;
  4  /
最早入职时间为：10-7月 -00
PL/SQL 过程已成功完成。
```

2）调用带 IN 参数的存储函数

例 12.27 使用变量接受函数 f_departmentid 的返回值。

```
SQL>var v1 VARCHAR2(100)
SQL>EXEC :v1:=f_departmentid('060001');
PL/SQL 过程已成功完成。
V1
----
1
```

例 12.28 在 SQL 语句中直接调用函数 f_departmentid。

```
SQL>SELECT f_departmentid('060001') FROM dual;
F_DEPARTMENTID('060001')
--------------------
                  1
```

例 12.29 使用包 DBMS_PUTPUT. PUT_LINE 调用函数 f_departmentid。

```
SQL>EXEC DBMS_OUTPUT.PUT_LINE('该教师所在系号为：'||f_departmentid('060001'));
该教师所在系号为：1
PL/SQL 过程已成功完成。
```

例 12.30 在 PL/SQL 程序中调用存储函数 f_departmentid。

```
SQL>BEGIN
  2    dbms_output.put_line('该教师所在系号为: '||f_departmentid('060001'));
  3    END;
  4    /
该教师所在系号为: 1
PL/SQL 过程已成功完成。
```

3）调用带 OUT 参数的存储函数

例 12.31 在 PL/SQL 程序中调用存储函数 f_query_tea。

```
SQL>var v_name VARCHAR2(30)
SQL>var v_gender VARCHAR2(3)
SQL>var v_research VARCHAR2(200)
SQL>EXECUTE :v_name :=f_query_tea('070004', :v_gender, :v_research);
PL/SQL 过程已成功完成。
v_name
---------
宋祖光
v_gender
---------
男
v_research
---------
计算机网络
```

因为函数必须要返回数据，所以只能作为表达式的一部分调用。另外，函数也可以在 SQL 语句的以下部分调用：

（1）SELECT 命令的选择列表。

（2）WHERE 和 HAVING 子句中。

（3）ORDER BY 以及 GROUP BY 子句中。

（4）INSERT 命令的 VALUES 子句中。

（5）UPDATE 命令的 SET 子句中。

并不是所有函数都可以在 SQL 语句中调用，在 SQL 语句中调用函数有一些限制：

（1）在 SQL 语句中只能调用存储函数（服务器端），而不能调用客户端的函数。

（2）在 SQL 语句中调用的函数只能带有输入参数，而不能带有输出参数和输入输出参数。

（3）在 SQL 语句中调用的函数只能使用 SQL 所支持的标准数据类型，而不能使用 PL/SQL 的特有数据类型（如 BOOLEAN、TABLE 和 RECORD 等）。

（4）在 SQL 语句中调用的函数不能包括 INSERT、UPDATE 和 DELETE 语句。

4. 存储函数的管理

1）修改存储函数

与存储过程类似，Oracle 数据库也不支持直接修改存储函数，因此要修改存储函数，可

以先删除该存储函数,然后重新创建,也可以使用 CREATE OR REPLACE FUNCTION
语句一次性地删除并重新创建新的存储函数。

2）删除存储函数

删除存储函数使用 DROP FUNCTION 语句,语法格式如下:

```
DROP FUNCTION procedure_name;
```

例 12.32　删除存储函数 f_departmentid。

```
SQL>DROP FUNCTION f_departmentid;
函数已删除。
```

3）查看存储函数语法错误

查看刚编译的存储函数出现错误的详细信息,同样可以使用 SHOW ERRORS 命令。

4）查看存储函数的参数信息

可以通过执行 DESC 命令来获得存储函数的形式参数名称、数据类型以及模式信息。

例 12.33　查看存储函数 f_departmentid 的参数信息。

```
SQL>DESC f_query_tea;
FUNCTION f_query_tea RETURNS VARCHAR2(30)
参数名称          类型              输入/输出默认值?
---------      -------------     --------  ------
V_ID           CHAR(6)           IN
V_GENDER       VARCHAR2(3)       OUT
V_RESEARCH     VARCHAR2(50)      OUT
```

5）查看存储函数的源代码

同样可以通过静态数据字典视图 user_source 来获取存储函数的创建代码等信息。

例 12.34　查看存储函数 f_query_tea 的源代码。

```
SQL>SELECT text FROM user_source WHERE NAME='F_QUERY_TEA';
TEXT
----------------------------------------------------
FUNCTION f_query_tea(
  v_id IN teacher.t_id%TYPE,
  v_gender OUT teacher.t_gender%TYPE,
  v_research OUT teacher.t_research%TYPE
)
  RETURN teacher.t_name%TYPE
IS
  v_name teacher.t_research%TYPE;
BEGIN
  SELECT t_name, t_gender, t_research
  INTO v_name, v_gender, v_research
  FROM teacher
  WHERE t_id=v_id;
  RETURN v_name;
```

```
END f_query_tea;
已选择 17 行。
```

12.1.3　局部子程序

在 PL/SQL 中还有一种嵌套在其他 PL/SQL 块中的子程序,称为局部子程序。局部子程序只能在其定义的块内部被调用,而不能在其父块外被调用。

例 12.35　在一个块内部定义一个函数和一个过程。函数以系别号为参数返回该系的年龄最小教师的出生日期,过程以系别号为参数返回该系的年龄最大教师的出生日期。

```
SQL> DECLARE
  2    s_departmentid teacher.t_departmentid%TYPE;
  3    s_maxbirthday teacher.t_birthday%TYPE;
  4    s_lowbirthday teacher.t_birthday%TYPE;
  5    FUNCTION return_maxbirthday
  6    (v_departmentid teacher.t_departmentid%TYPE)
  7    RETURN teacher.t_birthday%TYPE
  8    AS
  9    v_max teacher.t_birthday%TYPE;
 10    BEGIN
 11      SELECT MAX(t_birthday) INTO v_max FROM teacher
 12      WHERE t_departmentid=v_departmentid;
 13      RETURN v_max;
 14      END return_maxbirthday;
 15      PROCEDURE get_lowbirthday
 16      (v_departmentid teacher.t_departmentid%TYPE,
 17    v_low OUT teacher.t_birthday%TYPE)
 18    AS
 19    BEGIN
 20      SELECT MIN(t_birthday) INTO v_low FROM teacher
 21    WHERE t_departmentid=v_departmentid;
 22    END get_lowbirthday;
 23    BEGIN
 24      s_departmentid:=&p_departmentid;
 25      s_maxbirthday:=return_maxbirthday(s_departmentid);
 26    get_lowbirthday(s_departmentid, s_lowbirthday);
 27    DBMS_OUTPUT.PUT_LINE('该系最年轻的教师与最老的教师的生日分别为: '||
 28    s_maxbirthday||','||s_lowbirthday);
 29    END;
 30    /
输入 p_departmentid 的值: 1
原值   24:   s_departmentid:=&p_departmentid;
新值   24:   s_departmentid:=1;
该系最年轻的教师与最老的教师的生日分别为: 16-4 月 -81,04-10 月 -71
PL/SQL 过程已成功完成。
```

注意:

(1) 局部子程序必须在 PL/SQL 块声明部分的最后进行定义。

(2) 局部子程序必须在使用之前声明,如果是子程序间相互引用,则需要采用预先声明。

(3) 局部子程序存在于定义它的语句块中,在运行时需要先进行编译,而存储子程序已经编译好放在数据库服务器端,可以直接调用。

(4) 局部子程序只能在定义它的块中被调用,而存储子程序可以被任意的 PL/SQL 块调用。

(5) 局部子程序可以进行重载。

例 12.36 在一个 PL/SQL 块中重载两个过程,一个以论文编号为参数,另一个以论文题目为参数,输出该论文的发表日期。

```
SQL> DECLARE
  2    PROCEDURE show_paperinfo
  3    (v_pid paper.paper_id%TYPE)
  4    AS
  5      v_ptime paper.paper_time%TYPE;
  6    BEGIN
  7      SELECT paper_time INTO v_ptime FROM paper
  8      WHERE paper_id=v_pid;
  9      DBMS_OUTPUT.PUT_LINE(v_ptime);
 10    EXCEPTION
 11      WHEN NO_DATA_FOUND THEN
 12      DBMS_OUTPUT.PUT_LINE('论文编号不正确! ');
 13    END show_paperinfo;
 14    PROCEDURE show_paperinfo
 15    (v_ptitle paper.paper_title%TYPE)
 16    AS
 17      v_ptime paper.paper_time%TYPE;
 18    BEGIN
 19      SELECT paper_time INTO v_ptime FROM paper
 20      WHERE paper_title LIKE '%' || v_ptitle || '%';
 21      DBMS_OUTPUT.PUT_LINE(v_ptime);
 22    EXCEPTION
 23      WHEN TOO_MANY_ROWS THEN
 24      DBMS_OUTPUT.PUT_LINE('论文信息超过了一条! ');
 25    END show_paperinfo;
 26  BEGIN
 27    show_paperinfo(1);
 28    show_paperinfo('分类算法研究');
 29  END;
 30  /
2008-12
2009-09
```

PL/SQL 过程已成功完成。

上面的代码中定义了两个同名的过程 show_paperinfo，但是参数不同，因此构成了重载。

12.2 包

12.2.1 包概述

PL/SQL 包是将相关的变量、子程序、游标和异常组织在一起的模式对象，包经过编译后会存储在数据库中，以供其他应用程序使用。包类似于面向对象语言中的类，其中的变量相当于类中的成员变量，过程和函数相当于类中的方法。把相关的模块归类成为包，可使开发人员利用面向对象的方法进行存储程序的开发，从而提高系统性能。

在 Oracle 数据库中，包有两类：一类是系统包，它们是由 Oracle 预先定义的、可以供用户直接使用的包；另一类是根据应用需要由用户创建的包。常用的系统包如表 12.3 所示。

表 12.3 常用的系统包

系　统　包	功　　　能
DBMS_OUTPUT	从一个存储过程中输出信息
DBMS_MAIL	将 Oracle 系统与 Oracle * Mail 连接起来
DBMS_LOCK	进行复杂的锁机制管理
DBMS_ALERT	标识数据库中发生的某个警告事件
DBMS_PIPE	在不同会话间传递信息（管道通信）
DBMS_JOB	管理作业队列中的作业
DBMS_LOB	操纵大对象（CLOB、BLOB、BFILE 等类型的值）
DBMS_SQL	动态 SQL 语句（通过该包可在 PL/SQL 中执行 DDL 命令）

其中最常用的包是 DBMS_OUTPUT，在前面的代码中已多次使用了这个包，下面就简单介绍一下这个包。

DBMS_OUTPUT 包用来输出 PL/SQL 变量的值，它和其他系统包一样，都属于 SYS 用户。DBMS_OUTPUT 包中有以下一些存储过程。

（1）PUT：将内容写到内存，等到 PUT_LINE 时一起输出。

（2）PUT_LINE：输出字符，同时要换行。

（3）NEW_LINE：在缓冲区中加换行符，表明一行结束。当使用过程 PUT 时，必须调用 NEW_LINE 过程来结束行。

（4）GET_LINE：用于取得缓冲区的单行信息。

（5）GET_LINES：用于取得缓冲区的多行信息。

（6）ENABLE：用于激活对过程 PUT、PUT_LINE、NEW_LINE、GET_LINE 和 GET_LINES 的调用。

（7）DISABLE：用于禁止对过程 PUT、PUT_LINE、NEW_LINE、GET_LINE 和 GET_LINES 的调用。

12.2.2 包的创建

包有两个组成部分：包规范（Specification）和包主体（Body）。包规范提供了一个操作接口，规定了包要实现的功能，对应用来说是可见的；包主体则实现了包规范中定义的功能，它类似于黑盒，对应用来说隐藏了实现的细节。

对应于包的两个组成部分，包的创建分为两个步骤：包规范（PACKAGE）的创建和包主体（PACKAGE BODY）的创建。包规范和包主体分开编译，并作为两个分开的对象存放在数据字典中。

1. 创建包规范

包规范用于定义公用的常量、变量、过程和函数等元素，它类似于面向对象中接口的概念，只规定了要做什么，而没有具体实现如何去做。包规范中定义的元素称为包的公有元素。

创建包规范的语法格式如下：

```
CREATE [OR REPLACE] PACKAGE package_name
IS|AS
    package_specification;
END [package_name];
```

包规范中可以定义变量、常量、游标、异常、过程和函数等，对于过程和函数来说，只需要定义过程名、函数名、参数、返回值就可以了（类似于面向对象的抽象方法），不需要定义任何实现代码。

例 12.37 创建一个包规范，包名为 tea_package。其中，包括一个存储过程，根据职称编号获得职称名称；还包括一个存储函数，根据职称编号获得该职称的教师人数。

```
SQL>CREATE OR REPLACE PACKAGE tea_package
  2    IS
  3      PROCEDURE get_titlename(
  4    v_titleid title.title_id%TYPE,
  5    v_titlename OUT title.title_name%TYPE
  6      );
  7      FUNCTION get_count(v_titleid title.title_id%TYPE)
  8      RETURN NUMBER;
  9    END tea_package;
 10    /
程序包已创建。
```

2. 创建包主体

包主体是包规范部分的具体实现，它包含了包规范部分所声明的过程和函数的实现代码。此外，包主体中还可以包含在包规范中没有声明的数据类型、变量、常量、游标、过程、函数和异常处理等元素，这些元素称为包的私有元素。

公有元素和私有元素的区别是它们的作用域不同。公有元素不仅可以被包中的函数、过程所调用，也可以被包外的 PL/SQL 程序访问，而私有元素只能被包内的函数和过程所访问。包元素的性质及描述如表 12.4 所示。

表 12.4　包元素的性质及描述

元素的性质	描　　述	在包中的位置
公共的	在整个应用的全过程均有效	在包规范部分说明，并在包主体中具体定义
私有的	对包以外的存储过程和函数是不可见的	在包主体部分说明和定义
局部的	只在一个过程或函数内部可用	在所属过程或函数的内部说明和定义

创建包主体的语法格式如下：

```
CREATE [OR REPLACE] PACKAGE BODY package_name
IS|AS
    package_body;
END [package_name];
```

说明：

（1）包主体中使用的包名必须与包规范中的包名相同，如果没有创建包规范则不能创建包主体。

（2）在包主体中定义公有程序时，它们必须与包规范中所说明子程序的格式完全一致。

（3）如果包规范中不包含任何过程和函数，则可以不创建包主体。

例 12.38　创建 tea_package 包的包主体。

```
SQL>CREATE OR REPLACE PACKAGE BODY tea_package
  2  IS
  3    PROCEDURE get_titlename(
  4      v_titleid title.title_id%TYPE,
  5      v_titlename OUT title.title_name%TYPE
  6    )
  7    IS
  8    BEGIN
  9      SELECT title_name INTO v_titlename FROM title
 10      WHERE title_id=v_titleid;
 11    END get_titlename;
 12    FUNCTION get_count(v_titleid title.title_id%TYPE)
 13    RETURN NUMBER
 14    IS
 15      v_count NUMBER;
 16    BEGIN
 17      SELECT COUNT(t_id) INTO v_count FROM teacher
 18      WHERE t_titleid=v_titleid;
 19      RETURN v_count;
 20    END get_count;
 21  END;
```

```
 22   /
```
程序包体已创建。

12.2.3　包的调用

在包规范中声明的任何元素都是公有的,在包的外部都是可见的,可以通过"包名.元素名"的形式进行调用,在包主体中可以通过"元素名"直接进行调用,但是在包主体中定义而没有在包规范中声明的元素是私有的,只能在包主体中被引用。

包中的存储过程与存储函数的调用方法和前面讲述的存储过程与存储函数的调用方法基本相同,唯一的区别在于在被调用的存储过程和存储函数前必须指明其所在包的名字。

例 12.39　从 PL/SQL 程序中调用包 tea_package 中的存储过程 get_titlename。

```
SQL> DECLARE
  2    s_titlename title.title_name%TYPE;
  3    BEGIN
  4    tea_package.get_titlename(1, s_titlename);
  5    DBMS_OUTPUT.PUT_LINE('该职称的名称为: ' || s_titlename);
  6    END;
  7    /
```
该职称的名称为:教授
PL/SQL 过程已成功完成。

例 12.40　从 PL/SQL 程序中调用包 tea_package 中的存储函数 get_count。

```
SQL> DECLARE
  2    s_count NUMBER;
  3    BEGIN
  4    s_count:=tea_package.get_count(1);
  5    DBMS_OUTPUT.PUT_LINE('总人数为: ' || s_count);
  6    END;
  7    /
```
总人数为:3
PL/SQL 过程已成功完成。

例 12.41　同时从 PL/SQL 程序中调用包 tea_package 中的存储过程 get_titlename 和存储函数 get_count。

```
SQL> DECLARE
  2    s_titlename title.title_name%TYPE;
  3    s_count NUMBER;
  4    BEGIN
  5    tea_package.get_titlename(1, s_titlename);
  6    s_count:=tea_package.get_count(1);
  7    DBMS_OUTPUT.PUT_LINE('该职称的名称为: ' || s_titlename);
  8    DBMS_OUTPUT.PUT_LINE('该职称的教师总数为: ' || s_count);
  9    END;
```

```
10  /
```
该职称的名称为：教授
该职称的教师总数为：3
PL/SQL 过程已成功完成。

12.2.4　包的重载

有时包的同一种功能有多种实现方式，到底采用哪种实现方式，取决于调用者给定的参数。与面向对象的程序设计类似，包中的子程序也可以重载，重载是指多个过程或函数拥有相同的名字，但是这些过程或函数的参数必须不同（或者是参数的个数不同，或者是参数的类型不同，注意不是参数名不同），返回类型不能用来区分重载的子程序。

例 12.42　在一个包中重载两个过程，第一个过程以教师编号为参数，第二个过程以教师姓名和身份证号为参数，两个过程名称相同但参数的个数不同，因此构成了重载。

1）创建包规范部分

```
SQL>CREATE OR REPLACE PACKAGE tea_overload
  2  AS
  3    PROCEDURE get_teaduty(v_id teacher.t_id%TYPE);
  4    PROCEDURE get_teaduty(v_name teacher.t_name%TYPE,
  5                          v_card teacher.t_idcard%TYPE);
  6  END tea_overload;
  7  /
```
程序包已创建。

2）创建包体部分

```
SQL>CREATE OR REPLACE PACKAGE BODY tea_overload
  2  AS
  3    PROCEDURE get_teaduty(v_id teacher.t_id%TYPE)
  4    AS
  5    v_duty teacher.t_duty%TYPE;
  6    BEGIN
  7      SELECT t_duty INTO v_duty FROM teacher
  8      WHERE t_id=v_id;
  9      DBMS_OUTPUT.PUT_LINE(v_duty);
 10    EXCEPTION
 11      WHEN NO_DATA_FOUND THEN
 12      DBMS_OUTPUT.PUT_LINE('查无此人');
 13    END get_teaduty;
 14    PROCEDURE get_teaduty(v_name teacher.t_name%TYPE,
 15                          v_card teacher.t_idcard%TYPE)
 16    AS
 17    v_duty  teacher.t_duty%TYPE;
 18    BEGIN
 19      SELECT t_duty INTO v_duty FROM teacher
```

```
20        WHERE t_name=v_name
21        AND t_idcard=v_card;
22        DBMS_OUTPUT.PUT_LINE(v_duty);
23      EXCEPTION
24        WHEN TOO_MANY_ROWS THEN
25        DBMS_OUTPUT.PUT_LINE('教师的职务信息超过了一条记录');
26      END get_teaduty;
27    END;
28    /
```
程序包体已创建。

3）调用包内两个重载的过程

```
SQL>BEGIN
 2    tea_overload.get_teaduty('060001');
 3    tea_overload.get_teaduty('张续伟', '130225197110048213');
 4    END;
 5    /
```
教师
系主任
PL/SQL 过程已成功完成。

12.2.5　包的管理

1. 修改包

Oracle 数据库不支持直接修改包规范或包主体，因此要修改包规范或包主体，可以先删除该包规范或包主体，然后重新创建，也可以使用 CREATE OR REPLACE PACKAGE 语句重新创建并覆盖原有的包规范，使用 CREATE OR REPLACE PACKAGE BODY 语句重新创建并覆盖原有的包主体。

2. 删除包

可以使用 DROP PACKAGE 语句删除整个包，也可以使用 DROP PACKAGE BODY 语句只删除包主体。例如：

```
DROP PACKAGE tea_package;
DROP PACKAGE BODY tea_package;
```

说明：

当包规范被删除时，要求包主体也必须被删除；当删除包主体时，可以不删除包规范。

3. 查看包语法错误

查看刚编译的包规范或包主体出现错误的详细信息，都使用 SHOW ERRORS 命令。

4．查看包结构

通过执行 DESC 命令可以查看包的基本结构，包括包的公有元素、元素的数据类型，包中存储过程的形式参数、形式参数的数据类型，包中存储函数的形式参数、形式参数的数据类型及存储函数的返回值类型等信息。

例 12.43　查询包 tea_package 的基本结构。

```
SQL>DESC tea_package;
FUNCTION GET_COUNT RETURNS NUMBER
参数名称              类型              输入/输出默认值？
--------------  ------------  ------  -----
V_TITLEID            NUMBER(2)      IN
PROCEDURE GET_TITLENAME
参数名称              类型              输入/输出默认值？
--------------  ------------  ------  -----
V_TITLEID            NUMBER(2)      IN
V_TITLENAME          VARCHAR2(50)   OUT
```

5．查看包的源代码

可以通过静态数据字典视图 user_source 来获取包的创建代码等信息。

例 12.44　查询包 tea_package 的源代码。

```
SQL>SELECT text FROM user_source WHERE name='TEA_PACKAGE';
TEXT
-----------------------------------------------
PACKAGE tea_package
IS
    PROCEDURE get_titlename(
        v_titleid title.title_id%TYPE,
        v_titlename OUT title.title_name%TYPE
    );
...
```

12.3　触发器

12.3.1　触发器概述

所谓触发器就是指执行由某个事件引起或激活操作的对象。触发器是一种特殊的存储过程，也是由声明部分、语句执行部分和异常处理部分组成的 PL/SQL 命名块，并存储在数据库数据字典中。但是对于存储过程而言，可以在另一个程序中调用存储过程，显式地执行一个存储过程，同时在调用时可以向存储过程传递参数。对于触发器而言，当触发事件发生时隐式地（自动地）执行该触发器，不能在程序中调用触发器，并且触发器不接受参数。

1. 触发器的组成

触发器由以下几个部分组成。

（1）触发对象：只有在这些对象上发生了符合触发条件的触发事件，才会执行触发操作，包括表、视图、模式、数据库等。

（2）触发事件：引起触发器被触发的事件，如 DML 语句、DDL 语句、数据库系统事件（如系统启动或退出、异常错误）、用户事件（如登录或退出数据库）等。

（3）触发时间：触发器触发的时机，触发器可以在触发事件发生之前（BEFORE）或之后（AFTER）触发。

（4）触发条件：由 WHEN 子句指定一个逻辑表达式，只有当该表达式的值为 TRUE 时，遇到触发事件才会自动执行触发器，使其执行触发操作。

（5）触发级别：触发器分语句级（STATEMENT）触发器和行级（ROW）触发器两个级别。当某触发事件发生时，语句级触发器只执行一次，而行级触发器则对受到影响的每一行数据都单独执行一次。如果该 DML 语句只影响一行，则语句级与行级触发器效果一样；如果该 DML 语句影响多行，则行级触发器触发的次数比语句级触发器触发的次数多。默认为语句级触发器。

表 12.5 将触发器与存储过程进行了比较。

表 12.5　触发器与存储过程的比较

任　务	触　发　器	存　储　过　程
文档记录	查看数据字典 user_trrigers 视图	查看数据字典 user_source 视图
开发方法	制作 SQL * Plus 脚本文件	制作 SQL * Plus 脚本文件
调试方法	利用 DBMS_OUTPUT 包中的过程，或用触发事件进行测试	利用 DBMS_OUTPUT 包中的过程
检查编译错误	用 SHOW ERROR 命令查看编译错误	查看数据字典 user_errors 视图，或用 SHOW ERROR 命令查看编译错误
开发权限	CREATE TRIGGER 系统权限 在触发器中访问实体的权限 对相关联表的 ALTER 权限	CREATE PROCEDURE 系统权限 在过程中访问实体的权限
使用权限	无需特殊的权限（因为隐式执行）	EXECUTE 执行过程的实体权限

2. 触发器的类型

触发器的类型有 3 种。

（1）DML 触发器：该类型的触发器创建在一个表或视图之上，触发它的事件是 DML 操作（INSERT、UPDATE、DELETE），可以在 DML 操作之前或操作之后进行触发，并且可以在每个数据行或语句操作上进行触发。

（2）INSTEAD OF（替代）触发器：如果一个视图定义中涉及的基表多于一个，或子查询中使用了一些无法进行 DML 操作的语句，则无法使用 DML 触发器对基表进行操作，此时就需要使用替代触发器，它是 Oracle 专门为进行视图操作提供的一种触发器。

（3）系统触发器：由 Oracle 数据库的系统事件触发，如 Oracle 数据库关闭或打开等。

12.3.2　DML 触发器

创建 DML 触发器的语法格式如下：

```
CREATE [OR REPLACE] TRIGGER trigger_name
    [BEFORE|AFTER] trigger_event [OF column_name]
    ON   table_name
    [FOR EACH ROW]
[WHEN trigger_condition]
BEGIN
    trigger_body;
END [trigger_name];
```

说明：

（1）当触发器已经存在时，用 REPLACE 表示先删除原来的触发器，然后再创建新的同名的触发器。

（2）trigger_name 是指触发器的名称。

（3）BEFORE|AFTER 用于指定触发器是在触发事件发生之前执行还是发生之后执行。

（4）trigger_event 为触发事件，即 INSERT、UPDATE 或 DELETE。

（5）column_name 是指表 table_name 中某列的列名。当 trigger_event 为 UPDATE 时，UPDATE OF column_name 表示 UPDATE 事件只有在修改特定列时才触发，否则修改任何一列都触发。

（6）table_name 是指与该触发器相关的表名或视图名。

（7）FOR EACH ROW 表示该触发器为行级触发器，如果不使用该子句则默认为语句级触发器。

（8）WHEN trigger_condition 用于指定触发条件，该子句只能用于行级触发器。

（9）trigger_body 为触发器体，即 PL/SQL 块。

（10）根据触发时间和触发级别可以将 DML 触发器分为语句级前触发器、语句级后触发器、行级前触发器、行级后触发器四大类，当在一个对象上存在多个触发器时，这些触发器执行的顺序为：执行语句级前触发器、执行行级前触发器、执行 DML 语句、执行行级后触发器、执行语句级后触发器。

1．语句级触发器

例 12.45　在 paper 表上创建一个语句级后触发器，当向 paper 表执行 INSERT 操作时会执行触发器。

```
SQL>CREATE OR REPLACE TRIGGER paper_insert
  2    AFTER INSERT ON paper
  3    BEGIN
  4      DBMS_OUTPUT.PUT_LINE('您执行了插入操作...');
```

```
5    END paper_insert;
6    /
```
触发器已创建。

只要对 paper 表执行了 INSERT 操作,触发器就会被调用并执行相应的语句,如下面的代码所示。

```
SQL>INSERT INTO paper (paper_id, paper_title, paper_journal, paper_time)
2   VALUES(11, '流数据的数据挖掘算法的研究', '计算机工程', '2010-05');
您执行了插入操作...
已创建 1 行。
```

例 12.46 创建一个语句级前触发器。禁止在 3 月 1 日之前对成绩表进行增、删、改操作,如果在 3 月 1 日之前对成绩表进行了任何操作,则中断操作,并提示用户不允许在此时间之前进行操作。

```
SQL>   CREATE OR REPLACE TRIGGER trigger_score
2      BEFORE INSERT OR UPDATE OR DELETE ON score
3    BEGIN
4      IF SYSDATE <'01-3月 -12' THEN
5        RAISE_APPLICATION_ERROR(-20500,'3月1日之前不能对成绩表执行增删改操作!');
6      END IF;
7    END trigger_paper;
8    /
```
触发器已创建。

上面的代码中使用了 OR 运算符将多个触发事件连接起来,表示只要触发其中的一个事件就执行触发器。RAISE_APPLICATION_ERROR 是一个存储过程,作用是抛出某种错误,包括指定的错误号以及错误信息。

例 12.47 对成绩表执行更新操作,当前日期是 2 月 29 日,因此执行了触发器的操作。

```
SQL>UPDATE score SET s_finalgrade=70
2   WHERE s_id='0807070301' AND c_num='060151';
UPDATE score SET s_finalgrade=70
        *
第1行出现错误:
ORA-20500: 3月1日之前不能对成绩表执行增删改操作!
ORA-06512: 在 "LEARNER.TRIGGER_PAPER", line 3
ORA-04088: 触发器 'LEARNER.TRIGGER_PAPER' 执行过程中出错
```

2. 行级触发器

通过 CREATE TRIGGER 语句中指定 FOR EACH ROW 子句创建一个行级触发器,一个 DML 操作涉及多少行记录,触发器就被执行多少次。

例 12.48 对 paper_author 表创建一个语句级以及行级的 DELETE 触发器,比较其执行结果。

```
SQL>CREATE OR REPLACE TRIGGER tg_delete              --这是语句级触发器
  2    AFTER DELETE ON paper_author
  3    --FOR EACH ROW
  4  BEGIN
  5      DBMS_OUTPUT.PUT_LINE('您执行了删除操作...');
  6  END tg_delete;
  7  /
```

触发器已创建。

```
SQL>DELETE FROM paper_author WHERE paper_id=1;
```

您执行了删除操作...

已删除2行。

```
SQL>CREATE OR REPLACE TRIGGER tg_delete              --这是行级触发器
  2    AFTER DELETE ON paper_author
  3    FOR EACH ROW
  4  BEGIN
  5      DBMS_OUTPUT.PUT_LINE('您执行了删除操作...');
  6  END tg_delete;
  7  /
```

触发器已创建。

```
SQL>DELETE FROM paper_author WHERE paper_id=1;
```

您执行了删除操作...

您执行了删除操作...

已删除2行。

3. 使用触发器谓词

触发事件不仅可以是一个 DML 操作,还可以由多个 DML 操作组成,当在触发器中包含多个触发事件时,为了分别针对不同的事件进行不同的处理,需要使用条件谓词(INSERTING、UPDATING 及 DELETING)来判断是哪个触发事件触发了触发器。

触发器条件谓词的取值及其含义如表 12.6 所示。

表 12.6   触发器条件谓词的取值及其含义

取　值	含　义
INSERTING	如果触发事件是 INSERT 操作,则谓词的值为 TRUE,否则为 FALSE
UPDATING	如果触发事件是 UPDATE 操作,则谓词的值为 TRUE,否则为 FALSE
DELETING	如果触发事件是 DELETE 操作,则谓词的值为 TRUE,否则为 FALSE

例 12.49   对例 12.46 进行扩展,不但限制插入数据的时间,还限制进行数据修改和删除的时间。

```
SQL>CREATE OR REPLACE TRIGGER trigger_score
  2    BEFORE INSERT OR UPDATE OR DELETE ON score
  3  BEGIN
  4    IF SYSDATE <'01-3月-12' AND INSERTING THEN
  5      RAISE_APPLICATION_ERROR(-20501,'3月1日之前不能对成绩表执行插入操作!');
```

```
    6    ELSIF SYSDATE <'15-3 月 -12' AND UPDATING THEN
    7      RAISE_APPLICATION_ERROR(-20502,'3 月 15 日之前不能对成绩表执行更新操作！');
    8    ELSIF SYSDATE <'01-4 月 -12' AND DELETING THEN
    9      RAISE_APPLICATION_ERROR(-20503,'4 月 1 日之前不能对成绩表执行删除操作！');
   10    END IF;
   11  END trigger_paper;
   12  /
```

触发器已创建。

然后执行下面的代码。

```
SQL>UPDATE score SET s_finalgrade=70
  2  WHERE s_id='0807070301' AND c_num='060151';
UPDATE score SET s_finalgrade=70
       *
第 1 行出现错误：
ORA-20502:3 月 15 日之前不能对成绩表执行更新操作！
ORA-06512:在 "LEARNER.TRIGGER_PAPER", line 5
ORA-04088:触发器 'LEARNER.TRIGGER_PAPER' 执行过程中出错
SQL>DELETE score WHERE s_id='0807070301';
DELETE score WHERE s_id='0807070301'
       *
第 1 行出现错误：
ORA-20503:4 月 1 日之前不能对成绩表执行删除操作！
ORA-06512:在 "LEARNER.TRIGGER_PAPER", line 7
ORA-04088:触发器 'LEARNER.TRIGGER_PAPER' 执行过程中出错
```

例 12.50　为 paper 表创建一个语句级后触发器。当执行插入操作时，统计插入后文章总数；当执行删除操作时，统计删除后最新文章的发表日期。

```
SQL>CREATE OR REPLACE TRIGGER paper_ins_del
  2    AFTER INSERT OR DELETE ON paper
  3  DECLARE
  4    v_count NUMBER;
  5    v_time paper.paper_time%TYPE;
  6  BEGIN
  7    IF INSERTING THEN
  8      SELECT COUNT(*) INTO v_count FROM paper;
  9      DBMS_OUTPUT.PUT_LINE('论文总数为：'||v_count);
 10    END IF;
 11    IF DELETING THEN
 12      SELECT MAX(paper_time) INTO v_time FROM paper;
 13      DBMS_OUTPUT.PUT_LINE('最近发表日期为：'||v_time);
 14    END IF;
 15  END paper_ins_del;
 16  /
```

触发器已创建。

然后执行下面的代码。

```
SQL>INSERT INTO paper (paper_id,paper_title,paper_journal,paper_time)
  2  VALUES(11,'流数据的数据挖掘算法的研究','计算机工程','2010-05');
论文总数为:11
您执行了插入操作...
已创建 1 行。
SQL>DELETE FROM paper WHERE paper_id=11;
最近发表日期为:2009-12
已删除 1 行。
```

4. 使用行级触发器标识符

在行级触发器中,如果需要引用操作之前和操作之后的数据,可以使用:old 和:new 标识符分别表示该列变化前的值和该列变化后的值。:old 和:new 标识符的含义如表 12.7 所示。

表 12.7　　:old 和:new 标识符的含义

触发事件	:old.列名	:new.列名
INSERT	所有字段都是 NULL	当该语句完成时将要插入的数值
UPDATE	在更新之前该列的原始值	当该语句完成时将要更新的新值
DELETE	在删除行之前该列的原始值	所有字段都是 NULL

说明:

(1) 只能在行级触发器中使用:old 和:new 标识符。

(2) 在触发器体的 SQL 语句或 PL/SQL 语句中使用这些标识符时,前面要加":";而在行级触发器的 WHEN 限制条件中使用这些标识符时,前面不要加":"。

例 12.51　创建一个触发器,在修改 paper 表的论文号时,同时更新 paper_author 表中相应的论文编号。

```
SQL>CREATE OR REPLACE TRIGGER tg_upd_paper
  2     AFTER UPDATE OF paper_id ON paper
  3     FOR EACH ROW
  4  BEGIN
  5    UPDATE paper_author SET paper_id=:new.paper_id
  6    WHERE paper_id=:old.paper_id;
  7  END tg_upd_paper;
  8  /
触发器已创建。
SQL>UPDATE paper SET paper_id=20 WHERE paper_id=10;
已更新 1 行。
```

对于上面的代码,在将 paper 表的 paper_id 更新为 20 之后,:new.paper_id 的值为 20,:old.paper_id 的值为 10。因此在更新 paper_author 表的 SET 子句中使用:new.paper_id,而在 WHERE 子句中使用:old.paper_id,更新 paper 表之后对 paper_author 进行查询,

结果如下所示：

```
SQL>SELECT * FROM paper_author WHERE paper_id=20;
  PAPER_ID  T_ID         PAPER_SEQUENCE
  --------  -------      -------------
      20    070012              1
      20    070007              2
```

5. 在行级触发器中使用 WHEN 子句

在行级触发器中使用 WHEN 子句，可以进一步控制触发器的执行，保证当行级触发器被触发时只有在当前行满足一定限制条件时，才执行触发器体的 PL/SQL 语句。

WHEN 子句后面是一个逻辑表达式，其中必须包含相关名称，而不能包含查询语句，也不能调用 PL/SQL 函数。当逻辑表达式的值为 TRUE 时，执行触发器体；当逻辑表达式的值为 FALSE 时，不执行触发器体。

例 12.52 创建一个带限制条件的 UPDATE 触发器，修改教师的职称时，只输出系别为"1"的教师姓名及新旧职称编号。

```
SQL>CREATE OR REPLACE TRIGGER tg_upd_tea
  2     AFTER UPDATE OF t_titleid  ON teacher
  3     FOR EACH ROW
  4     WHEN(old.t_departmentid=1)
  5     BEGIN
  6       DBMS_OUTPUT.PUT_LINE('教师姓名为：' || :old.t_name);
  7       DBMS_OUTPUT.PUT_LINE('教师旧职称为：' || :old.t_titleid);
  8       DBMS_OUTPUT.PUT_LINE('教师新职称为：' || :new.t_titleid);
  9     END tg_upd_tea;
 10     /
触发器已创建。
SQL>UPDATE teacher SET t_titleid=1 WHERE t_id='060001';
教师姓名为：李飞
教师旧职称为：3
教师新职称为：1
已更新 1 行。
```

12.3.3　INSTEAD OF 触发器

数据库中的视图是建立在基本表上的虚表，通常情况下可以对视图进行 DML 操作，其实质就是对视图的基表进行 DML 操作。但在一些情况下不能通过视图来对基表进行 DML 操作，所以就不能对这些视图使用 DML 触发器，为此 Oracle 提供了 INSTEAD OF 触发器来修改一个本来不可以被修改的视图，INSTEAD OF 触发器必须是行级触发器。

创建 INSTEAD OF 触发器的语法格式如下：

```
CREATE [OR REPLACE] TRIGGER trigger_name
    INSTEAD OF triggering_event [OF column_name]
```

```
    ON view_name
    FOR EACH ROW
    [WHEN trigger_condition]
BEGIN
    trigger_body;
END [trigger_name];
```

例 12.53   创建一个教师与论文信息的视图 pa_info,然后向视图中插入一条记录进行测试。

```
SQL>CREATE OR REPLACE VIEW pa_info              --创建视图
  2   AS
  3   SELECT t_id, paper_title, paper_sequence
  4   FROM paper, paper_author
  5   WHERE paper.paper_id=paper_author.paper_id
  6   WITH CHECK OPTION;
视图已创建。
SQL>INSERT INTO pa_info
  2   VALUES('060001', '空间点目标识别的神经模糊推理系统应用研究', 3);
INSERT INTO pa_info
                 *
第 1 行出现错误:
ORA-01733: 此处不允许虚拟列
SQL>CREATE OR REPLACE TRIGGER tg_view           --创建触发器
  2    INSTEAD OF INSERT ON pa_info
  3    FOR EACH ROW
  4   DECLARE
  5    v_paperid paper.paper_id%TYPE;
  6   BEGIN
  7    SELECT paper_id INTO v_paperid FROM paper
  8    WHERE paper_title=:new.paper_title;
  9    INSERT INTO paper_author(paper_id, t_id, paper_sequence)
 10    VALUES(v_paperid, :new.t_id, :new.paper_sequence);
 11   END tg_view;
 12   /
触发器已创建。
SQL>SELECT * FROM paper_author WHERE t_id='060001';
PAPER_ID T_ID   PAPER_SEQUENCE
-------  -------  ---------
     4 060001              3
SQL>INSERT INTO pa_info
  2   VALUES('060001', '空间点目标识别的神经模糊推理系统应用研究', 3);
已创建 1 行。
SQL>SELECT * FROM paper_author WHERE t_id='060001';
  PAPER_ID T_ID   PAPER_SEQUENCE
-------  -------  ---------
```

```
4 060001                        3
1 060001                        3
```

上面的代码向视图 pa_info 插入了数据,因为视图的定义中涉及多表的连接,所以不使用触发器会报错,然后创建了一个 INSTEAD OF 触发器,在插入数据之前,基表中都只有一条相关的记录,而插入数据之后,基表的数据变为两条,说明已经通过 INSTEAD OF 触发器实现了插入。

12.3.4 系统触发器

系统触发器是创建在模式或数据库上的触发器,可以在 DDL 或数据库系统上被触发,其中数据库系统事件包括数据库服务器的启动或关闭、用户的登录与退出、数据库服务错误等。

1. 创建系统触发器的语法格式

创建系统触发器的语法格式如下:

```
CREATE [OR REPLACE] TRIGGER trigger_name
    BEFORE|AFTER   ddl_event_list|database_event_list
    ON DATABASE|SCHEMA
    [WHEN trigger_condition]
BEGIN
    trigger_body;
END [trigger_name];
```

说明:

(1) ddl_event_list 用于指定一个或多个 DDL 事件,多个事件之间用 OR 分开。

(2) database_event_list 用于指定一个或多个数据库事件,多个事件之间用 OR 分开。

2. 系统触发器的触发时机和模式

表 12.8 列出了能够触发系统触发器的事件、触发时机及说明。

表 12.8　系统触发器的触发事件和时机

事件	允许的时机	说　　明	事件	允许的时机	说　　明
启动	之后	实例启动时激活	注销	之前	开始注销时激活
关闭	之前	实例正常关闭时激活	创建	之前,之后	在创建之前或之后激活
服务器错误	之后	只要有错误就激活	撤销	之前,之后	在撤销之前或之后激活
登录	之后	成功登录后激活	变更	之前,之后	在变更之前或之后激活

系统触发器可以在数据库级或模式级进行定义,只要触发事件发生,数据库级触发器就将触发,而模式级触发器只有在指定模式的触发事件发生时才触发。

例 12.54　将每个用户的登录信息写入到 log_user_connection 表中,以记录登录用户以及登录时间。

```
SQL>CREATE TABLE log_user_connection  --创建表 log_user_connection
```

```
  2  (user_name VARCHAR2(20), login_time DATE);
表已创建。
--创建系统触发器 log_user_connection
SQL>CREATE OR REPLACE TRIGGER log_user_connection
  2     AFTER LOGON ON DATABASE
  3  BEGIN
  4     INSERT INTO learner.log_user_connection VALUES(user, SYSDATE);
  5     COMMIT;
  6  END log_user_connection;
  7  /
触发器已创建。
SQL>conn scott/tiger
SQL>SELECT * FROM log_user_connection;
USER_NAME               LOGIN_TIME
------------------------------------
SCOTT                   01-3月 -12
```

12.3.5　触发器的管理

1. 修改触发器

Oracle 数据库不支持直接修改触发器,因此要修改触发器,可以先删除触发器,然后重新创建,也可以使用 CREATE OR REPLACE TRIGGER 语句重新创建并覆盖原有的触发器。

2. 启用和禁用触发器

默认情况下创建后的触发器处于启用状态,也可以手动地启用或禁用某个触发器。启用或禁用触发器的语法格式如下:

```
ALTER TRIGGER [schema.]trigger_name ENABLE|DISABLE;
```

ENABLE 表示启用,DISABLE 表示禁用。
也可以禁用某个表对象上的所有触发器,语法格式如下:

```
ALTER TABLE table_name ENABLE|DISABLE ALL TRIGGERS;
```

例 12.55　禁用触发器 tg_view,然后启用表 teacher 上的所有触发器。

```
SQL>ALTER TRIGGER tg_view DISABLE;
触发器已更改
SQL>ALTER TABLE teacher ENABLE ALL TRIGGERS;
表已更改。
```

3. 删除触发器

可以使用 DROP TRIGGER 语句删除触发器,语法格式如下:

```
DROP TRIGGER trigger_name;
```

例 12.56 删除触发器 log_user_connection。

```
SQL> DROP TRIGGER log_user_connection;
触发器已删除。
```

4．查看触发器语法错误

查看刚编译的触发器出现错误的详细信息，同样可以使用 SHOW ERRORS 命令。

5．查看触发器的源代码

触发器的源代码通过查询数据字典 user_source 中的 text 即可获得。

例 12.57 查看触发器 tg_view 的源代码。

```
SQL> SELECT text FROM user_source WHERE name='tg_view';
TEXT
-----------------------------------------------------------
TRIGGER tg_view                           --创建触发器
INSTEAD OF INSERT ON pa_info
FOR EACH ROW
DECLARE
v_paperid paper.paper_id%TYPE;
BEGIN
SELECT paper_id INTO v_paperid FROM paper
WHERE paper_title=:new.paper_title;
INSERT INTO paper_author(paper_id, t_id, paper_sequence)
VALUES(v_paperid, :new.t_id, :new.paper_sequence);
END tg_view;
已选择 13 行。
```

还可以通过 dba_triggers、all_triggers 和 user_triggers 视图了解触发器的信息，主要包括触发器的名称（trigger_name）、触发器的类型（trigger_type）、触发事件（triggering_event）等。

12.4 练习题

1. 关于 Oracle 数据库中的 PL/SQL 程序块，下列说法不正确的是_____。
   A. PL/SQL 程序块分为 PL/SQL 匿名块和 PL/SQL 命名块
   B. PL/SQL 匿名块不能存储在数据库中，但是能被其他 PL/SQL 程序块调用
   C. PL/SQL 命名块可以存储在数据库中，并且可以被其他 PL/SQL 程序块调用
   D. PL/SQL 子程序、包、触发器都是 PL/SQL 命名块
2. 关于存储函数的特点，下列说法不正确的是_____。

    A. 存储函数是一个命名的程序块

    B. 存储函数不能将值传回到调用它的主程序

    C. 编译后的存储函数存放在数据库的数据字典中

    D. 一个存储函数可以调用另一个存储函数

3. 创建存储过程时,如果形式参数没有指定是哪种模式,默认是_____。

    A. IN 模式   B. OUT 模式   C. IN OUT 模式   D. RETURN 模式

4. 存储函数的关键字是_____。

    A. PROCEDURE   B. FUNCTION

    C. PACKAGE   D. TRIGGER

5. 查看存储函数、存储过程语法错误的命令为_____。

    A. SHOW ERRORS   B. SHOW ERROR

    C. SHOW SOURCES   D. SHOW SOURCE

6. 删除子程序命令的关键词为_____。

    A. TRUNCATE   B. DELETE

    C. DROP   D. DESC

7. 关于包的管理命令,下列说法不正确的是_____。

    A. 可以使用 DROP PACKAGE 语句删除整个包

    B. 可以使用 DROP PACKAGE BODY 语句只删除包主体

    C. 当包规范被删除时,可以不删除包主体

    D. 当包主体被删除时,可以不删除包规范

8. 下列动作中,不会触发一个 DML 触发器的是_____。

    A. 更新数据   B. 查询数据   C. 删除数据   D. 插入数据

9. 行级触发器与语句级触发器的区别语句为_____。

    A. for a row   B. for each row

    C. for a statement   D. for each statement

10. 关于触发器中的标识符,下列说法正确的是_____。

    A. :old 和 :new 是语句级触发器的标识符

    B. 对于 UPDATE 触发事件,:old 和 :new 有效

    C. 对于 INSERT 触发事件,:old 有效

    D. 对于 DELETE 触发事件,:new 有效

11. 创建并调用存储过程,完成下列功能:

(1) 创建一个存储过程 p1,根据传入的部门号(deptno),在过程里输出所有该部门员工的姓名及工资。

(2) 在 PL/SQL 块中调用此过程,实现输出 10 号部门的员工姓名和工资。

12. 创建存储函数,实现下列功能:

(1) 创建一个存储函数 f1,根据给定的部门编号,返回该部门员工人数。

(2) 在 PL/SQL 块中调用此函数,输出部门编号为 10 的员工人数。

13. 创建一个包规范,包名为 emp_package。

(1) 包括一个存储过程,根据部门号返回该部门的部门信息。

(2) 还包括一个存储函数,根据部门号返回该部门的平均工资。

(3) 创建完毕后,调用包中的存储过程,输出 10 号部门的部门信息。

(4) 调用包中的存储函数,输出 10 号部门的平均工资。

14. 创建一个程序包,该程序包中重载两个过程,分别以部门号和部门名称为参数,查询相应部门的员工的员工号和员工姓名。测试并输出 10 号部门的员工信息以及"SALES"部门的员工信息。

15. 创建一个行级 UPDATE 触发器,当更新部门表 DEPT 中部门编号 deptno 时,触发触发器,将员工表 EMP 中相关行的 deptno 也要跟着进行适当的修改。

第13章

Oracle全球化支持

Oracle 全球化支持的主要作用是允许数据库的开发和使用人员在本地的语言环境中存储、处理和检索数据。Oracle 全球化支持还可以使开发人员能够在世界的任何地方开发多语言环境的应用程序和软件产品。在 Oracle 的早期版本中，全球化支持称为 NLS（National Language Support，国家语言支持），NLS 包含了全球化支持的大部分内容，因此本章的主要内容就是 NLS。

本章将主要讲解以下内容：

- 国家语言支持。
- Oracle 中的字符集。
- 常用的 NLS 参数。

13.1 国家语言支持

13.1.1 什么是 NLS

网络技术的发展使得公司和组织可以以全球化的视角来安装和使用数据库，数据库的用户可以遍布世界各地，任何用户都希望使用自己熟悉的语言来操作数据库，如中国人希望使用中文来显示数据、日本人希望使用日文来显示数据，Oracle 数据库中的 NLS 就是负责完成以上功能的。NLS 在 Oracle 数据库中用来设置特定语言环境和字符集，以使用户可以使用本地化语言来处理数据，如定义用户所在国家或区域的语言、日期格式、货币单位等，这样用户就可以按照自己的语言习惯与 Oracle 数据库进行交互了。

当不同语言环境的客户端连接到 Oracle 数据库时，字符集间的转换会在后台进行，以正确地显示数据。客户端使用的语言环境由客户端操作系统的 NLS_LANG 环境变量决定。当不同语言环境的客户端发送数据到 Oracle 数据库时，Oracle 服务器会完成相应的转换，数据总是以默认的字符集或者在 CREATE DATABASE 语句中指定的字符集来存储。

13.1.2 NLS 的主要内容

1. 语言支持

Oracle 数据库支持世界上的大部分语言及与其相关的字符集，除了正确地显示各种语言的字符外，语言支持还包括显示符合特定语言的日期、进行文字排序、显示错误提示信息等，因此指定 Oracle 数据库使用的语言会对客户端的提示信息、字符的排序和日期的显示格式产生影响。可以通过动态性能视图 v＄nls_valid_values 来获取 Oracle 数据库支持的语言种类，如下面的代码所示。

```
SQL>SELECT * FROM v$ nls_valid_values WHERE parameter='LANGUAGE';
PARAMETER    VALUE        ISDEPRECATED
-------      --------     --------------

LANGUAGE    AMERICAN     FALSE
LANGUAGE    GERMAN       FALSE
LANGUAGE    FRENCH       FALSE
...
已选择 67 行。
```

2．地区支持

使用相同的语言并不意味着语言环境和文化习惯都相同，地区支持是在语言支持的基础上，进一步对不同地区的时区、日期时间显示格式、货币和数字显示格式进行设置，同样可以通过 v＄nls_valid_values 视图来获取 Oracle 数据库支持的地区信息，如下面的代码所示。

```
SQL>SELECT * FROM v$ nls_valid_values WHERE parameter='TERRITORY';
PARAMETER        VALUE            ISDEPRECATED
---------        -------------    -------------

TERRITORY       AMERICA          FALSE
TERRITORY       UNITED KINGDOM   FALSE
TERRITOR        GERMANY          FALSE
...
已选择 98 行。
```

3．其他显示格式的支持

其他显示格式主要包括日期和时间的显示格式、货币和数值的显示格式、日历的显示格式、语言排序等。

13.2 Oracle 中的字符集

字符集是将字符以特定方式表示的编码模式，Oracle 数据库中的所有数据都以某种字符集的形式存储着，Oracle 数据库支持的字符集十分广泛，几乎涵盖了目前所有主要的字符集。在安装 Oracle 数据库的同时，支持的字符集就会被安装到数据库所在的服务器中。

13.2.1　Oracle 支持的字符集

1. 单字节字符集

允许每个字符使用一个字节,包括 7 位 ASCII 和 8 位 ASCII。

2. 多字节字符集

最重要的多字节字符集就是 Unicode 字符集,该字符集为每种语言的每个字符设定了统一并且唯一的二进制编码,以满足跨语言、跨平台要求。UTF-8 是 Unicode 的 8 位编码方式,是一种变长多字节字符集,这种字符集可以用 1、2、3 个字节表示一个 Unicode 字符。AL32UTF8、UTF8 和 UTFE 都是 UTF-8 编码字符集,如使用 8 位(一个字节)对英文编码,使用 24 位(三个字节)对中文编码。UTF-16 是 Unicode 的 16 位编码方式,是一种定长多字节字符集,每个字符都使用固定长度字节的编码方案,用两个字节表示一个 Unicode 字符。AL16UTF16 是 UTF-16 编码字符集,它也是 Oracle 唯一支持的定长多字节编码,仅用于国家字符集。

3. Oracle 数据库中常用的中文字符集

(1) GB2312(GB2312-80):GB 2312 标准共收录了 6763 个汉字,同时收录了包括拉丁字母、希腊字母、日文等 682 个字符。

(2) GBK:GB2312 基础上扩容后兼容 GB2312 的标准,并涵盖了原 Unicode 中所有的汉字,总共收录了 883 个符号, 21 003 个汉字及提供了 1894 个造字码位。

(3) GB18030:我国计算机系统必须遵循的基础性标准之一。目前,GB18030 有两个版本:GB18030-2000 和 GB18030-2005。GB18030-2000 是 GBK 的取代版本,它的主要特点是在 GBK 基础上增加了 CJK 统一汉字扩充 A 的汉字。GB18030-2005 的主要特点是在 GB18030-2000 基础上增加了 CJK 统一汉字扩充 B 的汉字。

4. Oracle 数据库字符集的命名规则

Oracle 数据库字符集的命名规则为:<LANGUAGE><BIT SIZE><ENCODING>,即<语言><比特位数><编码>。

例如,ZHS16GBK 表示采用 GBK 编码格式、16 位的简体中文字符集;AL32UTF8 表示采用 UTF8 编码格式、32 位的用于所有语言(AL 代表 ALL,指适用于所有语言)的字符集。

5. 查看 Oracle 数据库支持的字符集

可以通过 v＄nls_valid_values 视图来获取 Oracle 数据库支持的字符集,如下面的代码所示。

```
SQL>SELECT * FROM v$ nls_valid_values WHERE parameter='CHARACTERSET';
PARAMETER        VALUE      ISDEPRECATED
---------    ----------   ----------
CHARACTERSET   US7ASCII    FALSE
```

```
CHARACTERSET    WE8DEC         FALSE
CHARACTERSET    WE8HP          FALSE
...
```
已选择 247 行。

13.2.2　数据库字符集和国家字符集

总体上来说,Oracle 数据库有两种字符集,一种是数据库字符集(Database Character Set),另一种是国家字符集(National Character Set)。数据库字符集占主要地位,Oracle 数据库存储的大部分数据采用的字符集都是数据库字符集,国家字符集则是对数据库字符集的补充。

1. 数据库字符集

数据库字符集是创建数据库时设定的(如在 CREATE DATABASE 语句中设定),创建后一般不建议修改。数据库字符集独立于操作系统,但是客户端要想正确地访问数据库,其使用的操作系统必须支持服务器端的数据库字符集。

数据库字符集有 3 方面的用处:

(1) 指定字符型数据(CHAR、VARCHAR2、CLOB 等)使用的字符集。

(2) 指定标识符(如表名、列名)或 PL/SQL 变量使用的字符集。

(3) 输入和存储 SQL 和 PL/SQL 源代码。

2. 国家字符集

在了解国家字符集的概念之前,需要简单了解一下什么是 Unicode 数据库。Oracle 数据库建议将 Unicode 作为数据库字符集。Unicode 数据库(Unicode Database)就是指将 UTF-8 作为数据库字符集的数据库。Oracle 中有 3 种 UTF-8 编码的字符集。

(1) AL32UTF8:支持最新版本的 Unicode 标准,用 1～3 个字节表示普通字符,4 个字节表示扩展字符。该字符集用于基于 ASCII 的系统平台。

(2) UTF8:用 1～3 个字节表示普通字符,但在处理扩展字符时,Oracle 推荐使用 AL32UTF8 字符集。该字符集用于基于 ASCII 的系统平台。

(3) UTFE:用于基于 EBCDIC(Extended Binary Coded Decimal Interchange Code)的平台,一般较少使用。

除了使用上述 3 种字符集之外,在 Oracle 数据库中存储 Unicode 字符数据的另一种方法是使用 NCHAR 类的数据类型(NCHAR、NCLOB、NVARCHAR2),它们只能存储 Unicode 编码的字符数据。

Oracle 数据库中将 NCHAR 类的数据类型使用的字符集称为国家字符集,实际上国家字符集是数据库字符集的补充字符集,目的就是使没有将 Unicode 字符集作为数据库字符集的数据库能够存储 Unicode 字符数据,即使用 NCAHR 类的数据类型时,文本内容采用国家字符集来存储和管理,而不是数据库字符集。国家字符集包括 UTF8 和 AL16UTF16 字符集,默认使用 AL16UTF16 字符集。

(1) AL16UTF16:默认的国家字符集,使用 UTF-16 编码。

（2）UTF8：使用 UTF8 编码的字符集。

13.3　常用的 NLS 参数

13.3.1　语言和地区参数

1. NLS_LANGUAGE 参数

NLS_LANGUAGE 参数用于指定当前会话的一些 NLS 特征,包括用何种语言显示服务器发送过来的信息,用何种语言显示日期信息(可以在 TO_CHAR 和 TO_DATE 中指定),用何种方式进行字符的排序。默认情况下,将从初始化参数文件中读取 NLS_LANGUAGE 的值,如果客户端设置了 NLS_LANG 环境变量(关于 NLS_LANG 请参考 13.3.4 节),将以 NLS_LANG 的值覆盖初始化参数文件中的值,也可以使用 ALTER SESSION 语句修改该参数,如下面的代码所示。

```
C:\Users\Administrator>set nls_lang=SIMPLIFIED CHINESE_CHINA.ZHS16GBK
C:\Users\Administrator>sqlplus/as sysdba
SQL>SELECT SYSDATE FROM dual;
SYSDATE
----------
24-2月 -12
SQL>exit                                        --退出 SQL * Plus
C:\Users\Administrator>set nls_lang=AMERICAN_CHINA.ZHS16GBK
C:\Users\Administrator>sqlplus/as sysdba        --重新登录 SQL * Plus
SQL>SELECT SYSDATE FROM dual;
SYSDATE
----------
24-FEB -12
SQL>ALTER SESSION SET NLS_LANGUAGE= 'SIMPLIFIED CHINESE';
会话已更改。
SQL>SELECT SYSDATE FROM dual;
SYSDATE
----------
24-2月 -12
```

上面的代码中,首先将 NLS_LANG 环境变量的 NLS_LANGUAGE 部分分别设置为 SIMPLIFIED CHINESE 和 AMERICAN;然后对当前时间进行查询,得到的结果的格式所有不同;最后通过 ALTER SESSION 语句将 NLS_LANGUAGE 修改为 SIMPLIFIED CHINESE,修改后日期就以中文显示了。

2. NLS_TERRITORY 参数

NLS_TERRITORY 参数用于指定当前会话的日期和数值的显示风格,包括日期的显示格式、数值的显示格式、分隔符的显示格式和本地货币的显示格式等。默认情况下,将从初始化参数文件中读取 NLS_TERRITORY 的值,如果客户端设置了 NLS_LANG 环境变量,将以 NLS_LANG 的值覆盖初始化参数文件中的值,也可以使用 ALTER SESSION 语句修改该参数,如下面的代码所示。

```
C:\Users\Administrator>set nls_lang=SIMPLIFIED CHINESE_CHINA.ZHS16GBK
C:\Users\Administrator>sqlplus/as sysdba
SQL>SELECT TO_CHAR(12345, 'L99999') FROM dual;
TO_CHAR(12345,'L
----------------
          ￥12345
SQL>exit                                          --退出 SQL*Plus
C:\Users\Administrator>set nls_lang=SIMPLIFIED CHINESE_AMERICA.ZHS16GBK
C:\Users\Administrator>sqlplus/as sysdba          --重新登录 SQL*Plus
SQL>SELECT TO_CHAR(12345, 'L99999') FROM dual;
TO_CHAR(12345,'L
----------------
          $ 12345
SQL>ALTER SESSION SET NLS_TERRITORY='CHINA';
会话已更改。
SQL>SELECT TO_CHAR(12345, 'L99999') FROM dual;
TO_CHAR(12345,'L
----------------
          ￥12345
```

13.3.2　日期和时间参数

1. NLS_DATE_FORMAT 参数

NLS_DATE_FORMAT 参数用于指定 Oracle 数据库使用的日期显示风格,当使用 TO_CHAR 或 TO_DATE 函数时,默认会使用该参数指定的日期格式。该参数的值默认来自于 NLS_TERRITORY 参数,如 NLS_TERRITORY 的值为 AMERICA,则 NLS_DATE_FORMAT 的值被自动设置为"DD-MON-RR"。可以使用 ALTER SESSION 语句修改该参数,如下面的代码所示。

```
SQL>SELECT SYSDATE, TO_CHAR(SYSDATE) FROM dual;
SYSDATE        TO_CHAR(SYSDATE)
-------------------------------
24-2月 -12     24-2月 -12
SQL>exit                                          --退出 SQL*Plus
C:\Users\Administrator>set nls_date_format=YYYY-MM-DD HH24:MI:SS
C:\Users\Administrator>sqlplus/as sysdba          --重新登录 SQL*Plus
SQL>SELECT SYSDATE, TO_CHAR(SYSDATE) FROM dual;
SYSDATE              TO_CHAR(SYSDATE)
----------------  --------------------
2012-02-24 15:58:43  2012-02-24 15:58:43
```

```
SQL>ALTER SESSION SET NLS_DATE_FORMAT='YYYY.MM.DD';
会话已更改。
SQL>SELECT SYSDATE, TO_CHAR(SYSDATE) FROM dual;
SYSDATE      TO_CHAR(SYSDATE)
-------------------- 
2012.02.02 2012.02.02
```

2. NLS_DATE_LANGUAGE 参数

NLS_DATE_LANGUAGE 参数用于指定 Oracle 数据库显示日期时使用的语言及其缩写,也会对 TO_CHAR 函数或 TO_DATE 函数的返回结果产生影响,默认会使用 NLS_LANUAGE 参数指定语言。如果重新设置了该参数,则该参数的值将覆盖 NLS_LANUAGE 参数的值,也可以使用 ALTER SESSION 语句修改该参数,如下面的代码所示。

```
SQL>SELECT SYSDATE, TO_CHAR(SYSDATE) FROM dual;
SYSDATE         TO_CHAR(SYSDATE)
----------     --------------
02-2月 -12      02-2月 -12
SQL>ALTER SESSION SET NLS_DATE_LANGUAGE='AMERICAN';
会话已更改。
SQL>SELECT SYSDATE, TO_CHAR(SYSDATE) FROM dual;
SYSDATE      TO_CHAR(SYSDATE)
----------     --------------
02-FEB-12      02-FEB-12
```

3. NLS_TIMESTAMP_FORMAT 和 NLS_TIMESTAMP_TZ_FORMAT 参数

NLS_TIMESTAMP_FORMAT 和 NLS_TIMESTAMP_TZ_FORMAT 参数用于指定 Oracle 数据库显示时间戳类型的日期的显示格式,也会对 TO_CHAR 函数、TO_TIMESTAMP 函数或 TO_TIMESTAMP_TZ 函数的返回结果产生影响,默认会从 NLS_TERRITORY 参数获得值。如果重新设置了该参数,则该参数的值将覆盖 NLS_TERRITORY 参数的值,也可以使用 ALTER SESSION 语句修改该参数,如下面的代码所示。

```
SQL>SELECT SYSTIMESTAMP, TO_CHAR(SYSTIMESTAMP) FROM dual;
SYSTIMESTAMP                        TO_CHAR(SYSTIMESTAMP)
---------------------------------------------------------
24-2月 -12 08.53.56.754000 上午 +08:00 24-2月 -12 08.53.56.754000 上午 +08:00
SQL>ALTER SESSION SET NLS_TIMESTAMP_TZ_FORMAT='YYYY-MM-DD HH:MI:SS.FF2';
会话已更改。
SQL>SELECT SYSTIMESTAMP, TO_CHAR(SYSTIMESTAMP) FROM dual;
SYSTIMESTAMP  TO_CHAR(SYSTIMESTAMP)
-----------   --------------------
2012-02-24    08:54:51.01
```

2012-02-24   08:54:51.01

13.3.3　查看 NLS 参数

可以通过查询 NLS 相关的数据字典视图了解 NLS 参数的设置情况。

1. NLS 的静态数据字典视图

（1）nls_database_parameters：用于存储数据库服务器的 NLS 参数（数据库级的 NLS 参数），这些参数是在数据库创建的过程中设置的，并存储在数据库服务器端。

（2）nls_instance_parameters：用于存储当前数据库实例的 NLS 参数（实例级的 NLS 参数），这些参数是在初始化文件中设置的，并且会覆盖数据库级的 NLS 参数。可以通过 ALTER SYSTEM 命令修改实例级的 NLS 参数。

（3）nls_session_parameters：用于存储当前会话的 NLS 参数（会话级的 NLS 参数），但不包括字符集的信息，这些参数是会话中设置的，并且会覆盖数据库级的 NLS 参数和实例级的 NLS 参数。可以通过 ALTER SESSION 命令修改会话级的 NLS 参数。

可以通过 dba_views 视图查看这 3 个视图的定义，如下面的代码所示。

```
SQL> SET LONG 300                  --设置显示长度,否则显示不全
SQL> SELECT view_name, text FROM DBA_VIEWS WHERE view_name LIKE 'NLS%';
VIEW_NAME                  TEXT
------------------------   --------------------------------
NLS_DATABASE_PARAMETERS    select name,
                                  substr(value$ , 1, 40)
                             from props$
                             where name like 'NLS%'
NLS_INSTANCE_PARAMETERS    select substr(upper(name), 1, 30),
                                  substr(value, 1, 40)
                             from v$ parameter
                             where name like 'nls%'
NLS_SESSION_PARAMETERS     select substr(parameter, 1, 30),
                                  substr(value, 1, 40)
                             from v$ nls_parameters
                             where parameter != 'NLS_CHARACTERSET' and
                             parameter != 'NLS_NCHAR_CHARACTERSET'
```

可见，nls_database_parameters 视图的 NLS 参数来自于基表 props＄，表示的是数据库的 NLS 设置；nls_instance_parameters 视图的 NLS 参数来自于视图 v＄parameter，表示的是数据库实例的 NLS 设置；nls_session_parameters 视图的 NLS 参数来自于视图 v＄nls_parameters，表示的是当前会话的 NLS 设置，如果没有进行特殊的设置，将与 nls_instance_parameters 视图的参数相同。

可以通过下面的代码将这 3 个视图连接起来，注意对比它们之间的差别。

```
SQL> COL parameter FORMAT A25
SQL> COL session FORMAT A30
```

```
SQL>COL instance FORMAT A15
SQL>COL database FORMAT A30
SQL > SELECT ndp. parameter, nsp. value " SESSION ", nip. value  instance, ndp.
value database
  2   FROM nls_session_parameters nsp
  3   FULL OUTER JOIN nls_instance_parameters nip ON nip.parameter=nsp.parameter
  4   FULL OUTER JOIN nls_database_parameters ndp ON ndp.parameter=nsp.parameter;
```

PARAMETER	SESSION	INSTANCE	DATABASE
NLS_LANGUAGE	SIMPLIFIED CHINESE	AMERICAN	AMERICAN
NLS_TERRITORY	CHINA	AMERICA	AMERICA
NLS_SORT	BINARY		BINARY
NLS_DATE_LANGUAGE	SIMPLIFIED CHINESE		AMERICAN
NLS_DATE_FORMAT	DD-MON-RR		DD-MON-RR
NLS_CURRENCY	￥		$
NLS_NUMERIC_CHARACTERS	.,		.,
NLS_ISO_CURRENCY	CHINA		AMERICA
NLS_CALENDAR	GREGORIAN		GREGORIAN
NLS_TIME_FORMAT	HH.MI.SSXFF AM		HH.MI.SSXFF AM
NLS_TIMESTAMP_FORMAT	DD-MON-RR HH.MI.SSXFF AM		DD-MON-RR HH.MI.SSXFF AM
NLS_TIME_TZ_FORMAT	HH.MI.SSXFF AM TZR		HH.MI.SSXFF AM TZR
NLS_TIMESTAMP_TZ_FORMAT	DD-MON-RR HH.MI.SSXFF AM TZR		DD-MON-RR HH.MI.SSXFF AM TZR
NLS_DUAL_CURRENCY	￥		$
NLS_COMP	BINARY	BINARY	BINARY
NLS_LENGTH_SEMANTICS	BYTE	BYTE	BYTE
NLS_NCHAR_CONV_EXCP	FALSE	FALSE	FALSE
NLS_NCHAR_CHARACTERSET			AL16UTF16
NLS_RDBMS_VERSION			11.2.0.1.0
NLS_CHARACTERSET			ZHS16GBK

2. NLS 的动态性能视图

（1）v＄nls_valid_values：包含了 Oracle 数据库中可以使用的 NLS 参数的信息，包括语言（NLS_LANGUAGE）、地区（NLS_TERRITORY）、字符集（NLS_CHARACTERSET）和排序（NLS_SORT）。

（2）v＄nls_parameters：包含了当前会话的 NLS 参数的信息。nls_session_parameters 视图就是基于该视图的。

13.3.4　设置 NLS 参数

除了采用 Oracle 数据库创建时提供的 NLS 参数外，还可以通过以下 4 种方法对 NLS 参数进行设置。

（1）通过初始化参数文件进行设置。该设置会为与 Oracle 服务器通信的所有会话产生一个默认的 NLS 环境，但不会对客户端产生影响。

（2）通过客户端的环境变量进行设置。该设置会为客户端指定特定的语言环境，并且会覆盖（1）中进行的设置。

（3）使用 ALTER SESSION 语句进行设置。该设置会覆盖（1）和（2）中进行的设置。

（4）在 SQL 函数中进行设置。有些 SQL 函数提供了 NLS 参数的设置选项，因此可以直接在这些函数中使用 NLS 参数以使函数的返回值按照特定的 NLS 格式显示。

上述方法在设置时是存在优先级别的，按照优先级从高到低是 SQL 函数 > ALTER SESSION 语句 > 客户端的环境变量 > 服务器的初始化文件。

1. 通过修改初始化参数设置 NLS 参数

下面通过一个例子说明如何通过初始化参数文件设置 NLS 参数，假设要修改的是 NLS_DATE_FORMAT 参数。

```
SQL>SELECT * FROM nls_instance_parameters WHERE parameter='NLS_DATE_FORMAT';
PARAMETER              VALUE
-------------   ----------------------

NLS_DATE_FORMAT
SQL>CREATE PFILE='F:\init.ora' FROM MEMORY;
文件已创建。
```

首先查询 nls_instance_parameters 视图获取实例级的 NLS_DATE_FORMAT 参数的值，显示结果为空值，即在参数文件中没有设置该参数的值；然后通过 CREATE PFILE 语句创建一个初始化参数文件 F:\init.ora，在 F:\init.ora 中加入"NLS_DATE_FORMAT= 'RR-MON-DD'"，即设置 NLS_DATE_FORMAT 参数的值；最后执行下面的代码重启数据库，并使用 F:\init.ora 作为参数文件。

```
SQL>shutdown immediate
数据库已经关闭。
已经卸载数据库。
ORACLE 例程已经关闭。
SQL>startup pfile='F:\init.ora'
ORACLE 例程已经启动。
Total System Global Area   753278976 bytes
Fixed Size                   1374724 bytes
Variable Size              377488892 bytes
Database Buffers           369098752 bytes
Redo Buffers                 5316608 bytes
数据库装载完毕。
数据库已经打开。
SQL>SELECT * FROM nls_instance_parameters WHERE parameter='NLS_DATE_FORMAT';
PARAMETER              VALUE
-------------   --------------

NLS_DATE_FORMAT     RR-MON-DD
```

再次查询 nls_instance_parameters 视图，可见 NLS_DATE_FORMAT 被设置为"RR-

MON-DD"了。

2. 通过环境变量设置NLS参数

很多NLS参数可以通过客户端操作系统的环境变量来进行设置,在UNIX中只能以环境变量的方式进行设置,在Windows中还可以将其写入注册表中(如图13.1所示)。

名称	类型	数据
（默认）	REG_SZ	(数值未设置)
MSHELP_TOOLS	REG_SZ	G:\app\Administrator\product\11.2.0\dbh
NLS_LANG	REG_SZ	SIMPLIFIED CHINESE_CHINA.ZHS16GBK
OLEDB	REG_SZ	G:\app\Administrator\product\11.2.0\dbh
OO4O	REG_SZ	G:\app\Administrator\product\11.2.0\dbh

图13.1　将NLS_LANG写入注册表中

在环境变量设置的NLS参数中,使用最多的环境变量是NLS_LANG,它可以设置客户端和服务器的语言和区域,也可以设置客户端的字符集。

NLS_LANG环境变量的格式为:NLS_LANG = LANGUAGE_TERRITORY.CHARSET。

它由以下3个部分组成。

(1) LANGUAGE(语言):指定Oracle数据库使用的语言,它会对提示信息、排序、日期产生影响,每个LANGUAGE参数都会提供一个默认的TERRITORY值和CHARSET值。LANGUAGE的默认值为AMERICAN。

(2) TERRITORY(区域):指定Oracle数据库的日期、货币和数值格式,如果没有显式地指定TERRITORY参数则采用LANGUAGE参数提供的默认值。

(3) CHARSET(字符集):指定客户端使用的字符集。

下面是两个NLS_LANG的例子。

(1) AMERICAN_AMERICA.ZHS16GBK:语言为AMERICAN,地区为AMERICA,字符集为ZHS16GBK。

(2) JAPANESE_JAPAN.JA16EUC:语言为JAPANESE,地区为JAPAN,字符集为JA16EUC。

从NLS_LANG的组成可以看出,真正影响客户端字符集的其实是第三部分,所以只要Oracle数据库中包含第三部分所指定的字符集,那么就可以在客户端与数据库服务器之间正确地进行数据的传递,前面两个部分影响的只是提示信息使用的语言和格式。下面演示了不同的NLS_LANG对显示信息的影响。

(1) 将NLS_LANG设置为SIMPLIFIED CHINESE_CHINA.ZHS16GBK,如图13.2所示。

(2) 执行下面的代码。

```
SQL> SELECT * FROM haha;
SELECT * FROM haha
```

图13.2　配置NLS_LANG参数

```
                *
第 1 行出现错误:
ORA-00942: 表或视图不存在
```

可见,提示信息是中文的。再将 NLS_LANG 改为 JAPANESE _JAPAN. ZHS16GBK,然后执行下面的代码。

```
SQL> SELECT * FROM haha;
SELECT * FROM haha
                *
ERROR at line 1:
ORA-00942: 表またはビューが存在しません。
```

提示信息由原来的中文变为日文,而对于数据表中的数据显示没有任何影响。

NLS_LANG 中设置的客户端字符集应该能够正确体现客户端操作系统的字符集,这样当客户端与服务器的字符集不同时,服务器才能正确地将数据从客户端使用的字符集转换成服务器使用的字符集,否则将可能会导致数据转换的错误。

3. 通过 ALTER SESSION 语句设置 NLS 参数

有些初始化参数允许在会话的范围内进行修改,修改的方法就是使用 ALTER SESSION 语句,修改后可以立即生效,但是其有效范围仅为当前会话,一旦会话结束,参数的设置也会无效。前面的章节中多次使用了 ALTER SESSION 语句进行会话级的 NLS 参数设置。

可以通过下面的代码了解哪些 NLS 参数可以在会话期间进行设置(isses_modifiable 的值为 TRUE)。

```
SQL> SELECT name, isses_modifiable FROM v$ parameter WHERE name LIKE '%nls%';
NAME                 ISSES_MODIFIABLE
-------------        ------------------
nls_language         TRUE
nls_territory        TRUE
nls_sort             TRUE
...
已选择 17 行。
```

4. 在 SQL 函数中设置 NLS 参数

很多 SQL 函数中都有 NLS 参数,以允许函数按照特定的 NLS 参数返回值,如前面讲解的转换函数。可以在 SQL 函数中使用的 NLS 参数包括 NLS_DATE_LANGUAGE、NLS_SORT、NLS_CALENDAR 等。下面的代码在 TO_CHAR 函数中设置了 nls_date_language 参数以获取不同语言的月份信息。

```
SQL> SELECT TO_CHAR(SYSTIMESTAMP, 'month') d1,
  2  TO_CHAR(SYSTIMESTAMP, 'month','nls_date_language=American') d2,
  3  TO_CHAR(SYSTIMESTAMP, 'month','nls_date_language=French') d3 FROM dual;
```

```
D1      D2      D3
----    -----   ----
3月     march   mars
```

13.4 练习题

1. 国家字符集包括_____字符集。
   - A. GBK 和 AL16UTF16
   - B. ASCII 和 AL16UTF16
   - C. AL16UTF16 和 UTF8
   - D. ZHS16GBK 和 UTF8

2. 可以使用多种方法设置 NLS 参数,其中优先级最高的是_____。
   - A. SQL 函数
   - B. 初始化参数文件
   - C. ALTER SESSION 语句
   - D. 客户端环境变量

3. 关于 NLS 静态数据字典视图,下列说法正确的是_____。
   - A. nls_database_parameters 视图的 NLS 参数来自于 v＄parameter 视图
   - B. nls_session_parameters 视图表示的是当前实例的 NLS 设置
   - C. 可以通过 ALTER SYSTEM 命令修改 nls_database_parameters 视图的 NLS 参数
   - D. nls_session_parameters 视图用于存储当前会话的 NLS 参数

4. 执行下面的查询语句,功能是得到当前时间。

```
SQL>SELECT SYSDATE FROM dual;
SYSDATE
--------------
06-3月 -2012 21:25:14
```

   则应该如何设置 NLS_DATE_FORMAT 参数的格式? _____。
   - A. ALTER SESSION SET NLS_DATE_FORMAT = 'DD-Mon-YYYY HH24：MI：SS';
   - B. ALTER SESSION SET NLS_DATE_FORMAT = 'DD-Mon-YYYY HH：MI：SS';
   - C. ALTER SESSION SET NLS_DATE_FORMAT='DD-MM-YYYY HH24：MI：SS';
   - D. ALTER SESSION SET NLS_DATE_FORMAT='DD-MM-YYYY HH：MI：SS';

5. 如何想让所有的会话的语言都设置为法语、区域都设置为法国,则应该设置环境变量_____。
   - A. NLS_LANG
   - B. NLS_LANGUAGE
   - C. NLS_TERRITORY
   - D. NLS_CHARACTERSET

6. 查询 teacher 表中的教师信息,查询结果按照偏旁部首排序(提示:需要使用 NLS SORT 函数,并指定 NLS_SORT 参数)。

第14章

Oracle的启动和关闭

要使用 Oracle 服务器就必须先启动它，Oracle 体系结构包括 Oracle 实例和 Oracle 数据库，因此 Oracle 服务器的启动和关闭实质上就是 Oracle 实例和 Oracle 数据库的启动和关闭。可以使用 SQL＊Plus、OEM 来管理 Oracle 实例的启动、重启和关闭。

本章将主要讲解以下内容：

- 创建和配置参数文件。
- 启动数据库。
- 关闭数据库。

14.1 创建和配置参数文件

14.1.1 Oracle 参数文件概述

在创建数据库及每个数据库实例启动或运行时都需要根据一些参数进行配置，这些参数存储在参数文件中，创建和配置参数文件是数据库创建和启动前要进行的一项重要准备工作。Oracle 数据库中提供了两种类型的参数文件：服务器参数文件（Server Parameter File,SPFILE）和普通参数文件（Parameter File,PFILE），它们都是用来存储参数配置以供 Oracle 数据库使用的，但是它们之间有以下几个不同点：

（1）服务器参数文件是二进制格式的文件，不可以使用文本编辑器对其进行修改，而只能使用 SQL 语句修改其内容，否则会导致文件无法读取；而普通参数文件是一种文本文件，可以直接使用文本编辑器进行修改。

（2）服务器参数文件必须存放在服务器上，而普通参数文件通常会放在服务器上，如果要从远程计算机上启动 Oracle 数据库，则需要在远程计算机上也放置一个普通参数文件。

（3）服务器参数文件中包含的参数很多是动态参数，这些参数修改后可以立即生效，修改的参数的生效时间和作用域可以由修改参数的 SQL 语句指定；而普通参数文件中的参数是静态参数，修改后要使其生效就必须重新启动数据库。

（4）如果是手动创建数据库，则创建数据库时只能使用普通参数文件。

（5）服务器参数文件一般命名为 spfile<ORACLE_SID>. ora 或 spfile. ora，普通参数文件一般命名为 init<ORACLE_SID>. ora 或 init. ora。

当存在多个参数文件时，Oracle 数据库会按照下面的顺序加载参数文件：

　　（1）首先寻找％ORACLE_HOME％/database（Windows 系统）或％ORACLE_HOME％/dbs（UNIX 或 Linux 系统）目录下的名为 spfile＜ORACLE_SID＞.ora（如 spfileorcl.ora）的文件，如果存在则加载其中的各个参数，否则进行下一步。

　　（2）寻找％ORACLE_HOME％/database（Windows 系统）或％ORACLE_HOME％/dbs（UNIX 或 Linux 系统）目录下的名为 spfile.ora 的文件，如果存在则加载其中的各个参数，否则进行下一步。

　　（3）寻找％ORACLE_HOME％/database（Windows 系统）或％ORACLE_HOME％/dbs（UNIX 或 Linux 系统）目录下的名为 init＜ORACLE_SID＞.ora 的文件，如果存在则加载其中的各个参数。如果找不到任何参数文件则 Oracle 数据库会报错。

　　如果有多个参数文件，且这些参数文件中存在同名的参数，则同名参数取最后一次出现的值。

例 14.1　使用下面的查询语句获取数据库实例当前使用的参数文件的类型和位置。

```
SQL>SELECT value, DECODE(value, NULL, 'PFILE', 'SPFILE') "文件类型"
  2  FROM v$ parameter WHERE name='spfile';
VALUE                                                          文件类型
-------------------------------------------------------   --------
G:\APP\ADMINISTRATOR\PRODUCT\11.2.0\DBHOME_1\DATABASE\SPFILEORCL.ORA
                                                          SPFILE
```

　　也可以使用 SHOW PARAMETER spfile 查看服务器参数文件的位置信息。如果是在 pfile 中指定了 spfile 文件，则显示 spfile 的文件名；如果采用默认的 spfile 启动，则显示默认的 spfile 文件名。

例 14.2　使用 SHOW 命令获取 spfile 参数文件的位置信息。

```
SQL>SHOW PARAMETER spfile
NAME     TYPE     VALUE
---  -------  -------------------------------------------------
spfile   string   G:\APP\ADMINISTRATOR\PRODUCT\11.2.0\DBHOME_1\DATABASE\SPFILEORCL.ORA
```

14.1.2　查看初始化参数

　　普通参数文件可以直接使用文本编辑器进行查看，而服务器参数文件是二进制文件不能直接查看，因此 Oracle 数据提供了很多动态性能视图以查看参数文件（也包括普通参数文件）中的参数，常用的视图包括以下几个。

　　（1）v$ parameter 和 v$ parameter2：这两个视图显示的是当前会话的参数，也就是会话级参数信息。v$ parameter2 的内容与 v$ parameter 完全相同，只是对一些有多个值的参数，v$ parameter2 分成多条显示，v$ parameter 只显示一条记录。在 SQL＊PLus 中使用 SHOW PARAMETER 命令所显示的参数信息就是 v$ parameter 中的参数信息。v$ parameter 包括以下常用列。

　　① name：参数名。

　　② type：参数类型。1 表示布尔型，2 表示字符型，3 表示整型，4 表示参数文件，5 表示

保留类型,6 表示长整型。

③ value:参数值。

④ isdefault:表示是否为默认值。

⑤ isses_modifiable:表示是否允许会话级的动态调整,即是否可以使用 ALTER SESSION SET 语句进行修改。

⑥ issys_modifiable:表示是否允许系统级的动态调整,即是否可以使用 ALTER SYSTEM SET 语句进行修改。immediate 表示可以调整且修改会立即生效;deferred 表示可以调整,但是在新的会话中才能生效;false 表示不可以调整。

⑦ ismodified:显示自实例启动起,参数值是否被修改过。如果被修改过,是会话级还是实例(系统)级的修改,如果是会话级的修改则值为 modified,如果是实例级的修改,则值为 sys_modified。

(2) v \$ system_parameter 和 v \$ system_parameter2:这两个视图显示的是系统级的参数,使用 ALTER SYSTEM SET 修改的值(scope=memory 或者 scope=both)都会反映在这两个视图中,这两个视图之间的区别也只是显示格式的不同。v \$ system_parameter 与 v \$ parameter 列的含义相同。

(3) v \$ spparameter:显示保存在 spfile 中的参数值(scope=spfile 或者 scope=both)。

例 14.3　使用各个参数视图获取参数信息。

```
SQL>SELECT name, value FROM v$ parameter WHERE name='nls_length_semantics';
NAME                    VALUE
----------------        --------
nls_length_semantics    BYTE
SQL>SELECT name, value FROM v$ system_parameter WHERE name='nls_length_semantics';
NAME                    VALUE
----------------        --------
nls_length_semantics    BYTE
SQL>ALTER SESSION SET nls_length_semantics='CHAR';
会话已更改。
SQL>SELECT name, value FROM v$ parameter WHERE name='nls_length_semantics';
NAME                    VALUE
----------------        --------
nls_length_semantics    CHAR
SQL>SELECT name, value FROM v$ system_parameter WHERE name='nls_length_semantics';
NAME                    VALUE
----------------        --------
nls_length_semantics    BYTE
SQL>ALTER SYSTEM SET nls_length_semantics='CHAR';
系统已更改。
SQL>SELECT name, value FROM v$ system_parameter WHERE name='nls_length_semantics';
NAME                    VALUE
----------------        --------
nls_length_semantics    CHAR
SQL>SHUTDOWN IMMEDIATE
```

```
SQL>STARTUP
SQL>SELECT name, value FROM v$ parameter WHERE name='nls_length_semantics';
NAME                   VALUE
-----------------      --------
nls_length_semantics   CHAR
SQL>SELECT name, value FROM v$ system_parameter WHERE name='nls_length_semantics';
NAME                   VALUE
-----------------      --------
nls_length_semantics   CHAR
```

首先从 v$parameter 中查询 nls_length_semantics 的值为 BYTE,说明当前会话中该参数的值为 BYTE;从 v$system_parameter 中查询 nls_length_semantics 的值为 BYTE,说明当前实例中该参数的值为 BYTE。然后使用 ALTER SESSION SET 修改当前会话的 nls_length_semantics 参数值为 CHAR,分别查询 v$parameter 和 v$system_parameter,前者中的值改为 CHAR,而后者中的值没有发生改变。再使用 ALTER SYSTEM SET 修改 nls_length_semantics 参数值为 CHAR,查询 v$system_parameter,值改为 CHAR,重启数据库之后 v$parameter 和 v$system_parameter 中的值都变为 CHAR。

(4) gv$parameter、gv$parameter2、gv$spparameter 和 gv$spparameter2:对于大多数的动态性能视图,都会有一个与之对应的 gv$(global v$)动态性能视图,所以这 4 个视图与上面的 v$系列视图的功能和内容都是相同的,区别在于 gv$视图比 v$视图多一个 inst_id 列(实例号),inst_id 列用于 RAC 数据库系统中标识是哪个实例的信息。

(5) v$obsolete_parameter:包含过时参数的信息,过时参数是指在 Oracle 以前的版本中存在,但在新版本中已经淘汰了的参数,该视图有一个列 isspecified 用来指出这个参数是否在参数文件中已实际设置。除了过时参数外,还有一类参数是强调(Underscored)参数,强调参数是指那些在新版本中保留了下来,但是除非特殊需要不希望用户使用的参数。可以通过系统视图 x$ksppo 来查看参数是过时参数还是强调参数,该视图中包含一个名为 ksppoflg 的字段,如果取值为 1 则表示该参数为过时参数,如果取值为 2 则表明该参数现为强调参数。

例 14.4　查询过时参数和强调参数信息。

```
SQL>SELECT kspponm, DECODE(ksppoflg,  1, 'Obsolete',  2,  'Underscored')
2 FROM x$ ksppo;
KSPPONM               DECODE(KSPPOFLG,1,'OBSOLETE',2
---------------       ---------------------------
spin_count            Underscored
use_ism               Underscored
lock_sga_areas        Underscored
instance_nodeset      Obsolete
...
已选择 130 行。
```

14.1.3　创建参数文件

由于服务器参数文件无法编辑,因此只能使用 SQL 语句创建,创建的语法格式如下:

```
CREATE SPFILE [='spfile_name'] FROM PFILE [='pfile_name']|MEMORY;
```

说明:

(1) spfile_name 用于指定创建的服务器参数文件的文件名(包括文件路径)。如果没有指定该文件名,则 Oracle 会使用默认的命名方式为其命名。如果没有指定文件路径,则 Oracle 会在默认位置创建文件,Windows 系统的默认位置为%ORACLE_HOME%/database,UNIX 或 Linux 系统的默认位置为%ORACLE_HOME%/dbs。如果已经存在同名文件则会覆盖之,但是数据库实例已经使用的服务器参数文件不能覆盖。如果指定了 spfile_name,则可以创建一个非默认的服务器参数文件。

(2) pfile_name 用于指定一个传统的普通参数文件的名称(包括文件路径)。可以通过普通参数文件创建服务器参数文件。

(3) MEMORY 用于指定从内存中获取实例当前正在使用的初始化参数值来创建服务器参数文件。

除了可以使用编辑器外,还可以使用 SQL 语句创建普通参数文件,实际上这是获取服务器参数文件或当前数据库使用参数信息的一种简单有效的方法,可以对获得的普通参数文件进行修改,然后使用 CREATE SPFILE 语句将其转换为服务器参数文件。创建普通参数文件的语法格式如下:

```
CREATE PFILE [='pfile_name'] FROM SPFILE [='spfile_name']|MEMORY;
```

说明:

(1) pfile_name 用于指定创建的普通参数文件的文件名(包括文件路径)。如果没有指定该文件名,则 Oracle 会用默认的命名方式为其命名。如果没有指定文件路径,则 Oracle 会在默认位置创建该文件,Windows 系统的默认位置为%ORACLE_HOME%/database,UNIX 或 Linux 系统的默认位置为%ORACLE_HOME%/dbs。

(2) spfile_name 用于指定一个服务器参数文件的名称(包括文件路径)。如果没有指定 spfile_name 的路径,则 Oracle 会默认使用数据库实例当前使用的服务器参数文件。

(3) MEMORY 用于指定从内存中获取实例当前正在使用的初始化参数值来创建普通参数文件。

例 14.5 创建服务器参数文件和普通参数文件。

```
SQL>CREATE PFILE FROM SPFILE;                     --从当前实例使用的 SPFILE 创建 PFILE
文件已创建。
SQL>CREATE PFILE='F:\init.ora' FROM MEMORY;       --根据内存中的参数创建 PFILE
文件已创建。
SQL>CREATE SPFILE='F:\spfile.ora' FROM PFILE='F:\init.ora';
文件已创建。                                        --从 PFILE 创建 SPFILE
SQL>CREATE SPFILE='F:\spfile.ora' FROM MEMORY;    --根据内存中的参数创建 SPFILE
文件已创建。
```

可以通过创建文件的方式对服务器参数文件和普通参数文件进行相互转换。

14.1.4 修改初始化参数

普通参数文件可以直接使用文本编辑器进行编辑,因此修改初始化参数比较方便。但是如果要使修改的结果生效就必须重启数据库,这可能会带来一些问题,因为重启数据库必然会导致在一段时间之内无法给用户提供服务,即使这段时间很短也可能会给用户或者企业带来巨大的损失。因此,应该尽量在数据库不重启的情况下来改变初始化参数,服务器参数文件中的很多参数都是动态参数,即修改后可以立即生效而不需要重启数据库。

1. 使用 ALTER SYSTEM SET 语句

可以使用 ALTER SYSTEM SET 语句在系统级或实例级对参数进行修改,语法格式如下:

```
ALTER SYSTEM SET parameter_name=value [, parameter_name=value, ...] [DEFERRED]
SCOPE=MEMORY|SPFILE|BOTH [SID=<SID>];
```

说明:

(1) parameter_name 表示要修改的参数的名称,value 是修改后参数的值。

(2) DEFERRED 表示所做修改只适用于将来的会话,对当前的会话没有影响,这个参数只对少数参数有用,是否需要使用该关键字可以查询 v$parameter 视图的 issys_modifiable 列。如果该列的值为 DEFERRED,则必须指定该关键字;如果该列的值为 IMMEDIATE,则可以不指定该关键字;如果该列的值为 FALSE,则不能使用该关键字。

例 14.6 查看被标识为 DEFERRED 的初始化参数。

```
SQL>SELECT name, value FROM v$ parameter WHERE issys_modifiable='DEFERRED';
NAME                      VALUE
----------------------    ------
backup_tape_io_slaves     FALSE
recyclebin                on
sort_area_size            65536
...
已选择 8 行。
```

(3) SCOPE 用于指定修改生效的时机,它有以下 3 个选项:

① MEMORY 表示在内存中进行修改,修改后立即生效,但是只对当前实例产生效果,重新启动数据库后就会失效。

② SPFILE 表示对服务器参数文件的内容进行修改,重新启动数据库修改才能生效。

③ BOTH 表示同时修改实例及服务器参数文件,当前更改立即生效,重新启动数据库后仍然有效,相当于同时进行了前两项的修改。

注意:如果当前数据库实例使用的是普通参数文件而不是服务器参数文件,则不能使用 scope=spfile 或 scope=both。如果实例以普通参数文件启动,则 scope 的默认值为 memory;如果以服务器参数文件启动,则 scope 的默认值为 both。

(4) SID 仅用于 RAC 中,用于指定参数的修改对哪个实例生效。

例 14.7 使用 ALTER SYSTEM SET 语句在实例级别修改参数。

```
SQL>ALTER SYSTEM SET sort_area_size=52428800 scope=spfile;
系统已更改。                      --将参数 sort_area_size 的值设置为 52428800
```

2. 使用 ALTER SESSION SET 语句

可以使用 ALTER SESSION SET 语句在会话级对参数进行修改,语法格式如下:

```
ALTER SESSION SET parameter_name=value [, parameter_name=value, ...];
```

例 14.8 使用 ALTER SESSION SET 语句在会话级别修改参数。

```
SQL>ALTER SESSION SET recyclebin=off;        --将参数 recyclebin 的值设置为 off
会话已更改。
```

14.1.5 常见的初始化参数

Oracle 数据库的初始化参数非常多,能够直接看到的有 300 多个,还有一些是隐藏的参数,因此往往会将参数按照功能进行分组,如与 NLS 相关的、与日志相关的、与内存相关的等。但是一般不需要掌握全部参数,因为通常情况下要创建和管理数据库只需要配置基本的参数就可以了,这些基本的参数如下所示。

(1) cluster_database:Oracle RAC 参数,用于指定当前数据库是单实例还是 RAC。

(2) compatible:用于启用 Oracle 针对某一版本的新特性,只能上调该值,而不能下调。

(3) control_files:用于指定控制文件的位置和名称。

(4) db_block_size:用于指定数据块的大小,必须是操作系统数据块的整数倍。

(5) db_create_file_dest:当使用 Oracle 管理数据库文件(Oracle Managed Files,OMF)时,用于指定各种文件的默认位置。

(6) db_create_online_log_dest_N:联机重做日志文件的默认位置。

(7) db_domain:用于指定数据库所在的域名。

(8) db_name:用于指定数据库的名称。

(9) db_recovery_file_dest:用于指定闪回恢复区的默认位置。

(10) db_recovery_file_dest_size:用于指定可以写入闪回恢复区的大小。

(11) db_unique_name:用于指定数据库的全局唯一名称。

(12) instance_name:用于指定数据库实例的名称。在单实例数据库中,它与 db_name 的值相同。

(13) instance_number:Oracle RAC 参数,用于指定 RAC 实例。

(14) ldap_directory_sysauth:用于指定是否可以对 sysdba 和 sysoper 系统权限的目录授权。

(15) log_archive_dest_N:用于指定归档日志文件的目标地址。

(16) log_archive_dest_state_N:用于指定归档日志文件的目标地址是否可用。

(17) nls_language:用于指定数据库使用的语言。

(18) nls_territory:用于指定数据库使用的地理区域。

(19) open_cursors:用于指定会话一次可以使用 SQL 工作区的最大数量。

(20) pga_aggregate_target:用于指定数据库实例可以分配给 PGA 的内存总量。

(21) processes:用于指定可以同时连接数据库实例的用户进程的最大数量。

（22）sessions：用于指定允许连接到数据库实例的最大会话数。

（23）service_names：用于指定数据库的服务名，以供客户端连接使用。

（24）sga_target：用于指定所有 SGA 组件的总大小。

（25）shared_servers：用于指定当数据库实例启动时要创建的服务器进程的数量。

（26）undo_tablespace：用于指定数据库的撤销表空间。

14.2　启动数据库

14.2.1　数据库的启动过程

相对于其他的数据库产品，Oracle 数据库的启动过程比较复杂，整个启动过程分为 3 个步骤：数据库实例的创建与启动（Startup）、数据库的加载（Mount）和数据库的打开（Open）。

1. 数据库实例的创建与启动

数据库实例的创建与启动阶段 Oracle 会首先加载参数文件，并从参数文件中获取配置实例的相关参数，在内存中创建并启动数据库实例，若参数文件设置有误，则无法创建实例。这个阶段数据库实例还不能读取数据库的控制文件，因此不能加载和打开数据库。Oracle 会在内存中创建 SGA、PGA 等内存结构，启动服务器进程和后台进程，并打开警报日志和跟踪文件，并将所有显式参数设置写入警报日志中。此时数据库实例不访问任何数据库，任何人都无法访问数据库，数据库管理员可以进行创建数据库、重建控制文件等操作。

2. 数据库的加载

数据库的加载阶段数据库实例会读取控制文件，获取数据库名称、数据文件和重做日志文件的位置及状态等信息，并加载数据库以使数据库与实例相关联，但此时数据库还没有被打开，也不能访问数据库的数据文件和重做日志文件。在这种模式下，数据库管理员可以访问数据库并进行数据文件的恢复、删除、离线等操作。若控制文件损坏，实例将无法加载数据库。

3. 数据库的打开

数据库的打开阶段数据库实例将打开所有处于联机状态的数据文件和重做日志文件，此时普通用户可以正常地访问数据库了。若在控制文件中列出的任何一个数据文件或重做日志文件无法正常打开，数据库将返回错误信息，这时就需要进行数据库恢复。

14.2.2　实例的创建与数据库的启动

在 SQL＊Plus 中创建实例并启动数据库需要使用 STARTUP 命令，语法格式如下：

```
STARTUP [FORCE] [RESTRICT] [PFILE=filename] [NOMOUNT|MOUNT|OPEN];
```

说明：

（1）NOMOUNT 表示以只读取参数文件而不加载数据库的方式启动数据库实例，此时实例的内存结构、服务器进程和后台进程都被启动,但它们不与物理数据库进行通信。当实例处于此状态时,数据库处于不可使用的状态。当实例启动后,系统将显示一个SGA内存结构和大小的列表。

(2) MOUNT是在STARTUP NOMOUNT命令所做工作的基础上,加载数据库。当处于此模式时,可以执行一些数据库的管理工作,如恢复数据库、改变数据库的归档模式、重命名数据文件等。在这种模式方式下,除了可以看到SGA的信息列表以外,系统还会给出"数据库装载完毕"的提示。

(3) OPEN是在STARTUP MOUNT命令所做工作的基础上,打开数据库,使得数据库可以被所有用户访问和使用。这是STARTUP命令的默认选项,即STARTUP命令行上没有指定任何模式,STARTUP OPEN选项就是默认的启动模式。

(4) PFILE用于指定运行STARTUP命令时需要使用的参数文件的名称(包括文件路径)。数据库实例在启动时必须读取参数文件,来获取数据库实例的参数配置信息。如果在启动数据库时没有明确地指定要读取的参数文件,则Oracle按照前面描述的顺序读取参数文件。如果在默认位置上没有参数文件或者参数文件的名称不符合默认Oracle参数文件的命名规则,则需要在创建实例的同时手动地指定参数文件。

(5) RESTRICT表示已经启动并打开数据库,但此时数据库处于受限状态,有些数据库的管理工作必须在受限状态下进行,如执行数据导入导出、需要暂时拒绝普通用户访问数据库、进行数据库移植或者升级操作等。只有同时拥有CREATE SESSION和RESTRICTED SESSION系统权限的用户才能访问数据库。

(6) FORCE表示关闭当前正在运行的数据库实例,然后重新启动数据库实例。实际上是先使用SHUTDOWN ABORT强制关闭数据库实例,再使用STARTUP OPEN启动数据库实例。通常在其他启动模式无法正常启动数据库时使用该模式以强制启动数据库。

例 14.9 使用STARTUP命令启动数据库。

```
SQL>SHUTDOWN IMMEDIATE                        --首先关闭数据库
数据库已经关闭。
已经卸载数据库。
ORACLE 例程已经关闭。
SQL>STARTUP                                    --相当于执行 STARTUP OPEN
ORACLE 例程已经启动。
Total System Global Area   753278976 bytes
Fixed Size                   1374724 bytes
Variable Size              385877500 bytes
Database Buffers           360710144 bytes
Redo Buffers                 5316608 bytes
数据库装载完毕。
数据库已经打开。
```

例 14.10 在STARTUP命令中使用指定的参数文件创建和启动数据库实例。

```
SQL>STARTUP NOMOUNT PFILE=F:\init.ora          --init.ora 是一个普通参数文件
ORACLE 例程已经启动。
```

```
Total System Global Area    753278976 bytes
Fixed Size                    1374724 bytes
Variable Size               394266108 bytes
Database Buffers            352321536 bytes
Redo Buffers                  5316608 bytes
SQL> SHUTDOWN IMMEDIATE
ORACLE 例程已经关闭。
已经卸载数据库。
ORACLE 例程已经关闭。
--spfile.ora 是一个服务器参数文件,且已存在
SQL> STARTUP NOMOUNT PFILE=F:\spfile.ora
LRM-00123: 在输入文件发现无效的字符 0
ORA-01078: 处理系统参数失败
```

从上面的代码可以看出,STARTUP 命令的 PFILE 参数指定的文件不能是服务器参数文件,可以采取以下方法加载服务器参数文件。

创建一个普通参数文件,用文本编辑器打开该参数文件,在文件中创建名为 spfile 的参数,而且将服务器参数文件的位置和名称赋值给该参数。假如创建的普通参数文件的位置和名称为 F:\init.ora,要使用的服务器参数文件的位置和名称为 F:\spfile.ora,则 F:\init.ora 中包含的内容为 spfile=F:\spfile.ora,在执行 STARTUP 命令时指定创建的普通参数文件即可。

例 14.11 在 STARTUP 命令中指定普通参数文件。

```
SQL> STARTUP NOMOUNT PFILE=F:\init.ora               --init.ora 是一个普通参数文件
ORACLE 例程已经启动。
```

14.2.3 数据库的状态切换

由于 Oracle 数据库的启动过程是分阶段进行的,每个阶段又需要执行不同的管理工作,所以需要在不同的状态之间切换,以方便数据库的管理。状态切换包括各个启动模式之间的切换、受限状态与非受限状态之间的切换、只读状态与可读写状态之间的切换等。

1. 启动模式之间的切换

实例启动时不能反复执行 STARTUP 命令来改变数据库启动的状态,因此如果已经以 NOMOUNT 或 MOUNT 的模式启动数据库,则必须采用 ALTER DATABASE 语句来执行加载或打开数据库的操作,其语法格式如下:

```
ALTER DATABASE MOUNT|OPEN;
```

例 14.12 使用 ALTER DATABASE 切换数据库的启动状态。

```
SQL> SHUTDOWN IMMEDIATE                    --首先关闭数据库
ORACLE 例程已经启动。
SQL> STARTUP NOMOUNT                       --以 NOMOUNT 模式启动数据库
```

ORACLE 例程已经启动。

SQL>SELECT status FROM v$ instance;   --可以查询动态性能视图 v$ instance

STATUS

STARTED

SQL>SELECT open_mode FROM v$ database;   --但是不可以查询动态性能视图 v$ database

SELECT open_mode FROM v$ database

                                *

ERROR at line 1:

ORA-01507: 未安装数据库。

SQL>SELECT * FROM user_users;   --不能查询静态数据字典视图 user_users

SELECT username FROM user_users

                              *

第 1 行出现错误:

ora-01219: 数据库未打开,仅允许在视图/固定表中查询。

SQL>STARTUP MOUNT

ORA-01081: 无法启动已在运行的 ORACLE -请首先关闭它

SQL>ALTER DATABASE MOUNT;   --不能直接使用 ALTER DATABASE OPEN

数据库已更改。

SQL>SELECT open_mode FROM v$ database;   --可以查询动态性能视图 v$ database

OPEN_MODE

MOUNTED

SQL>SELECT username FROM user_users;   --但是仍然不能查询静态数据字典视图

                                                  user_users

SELECT username FROM user_users

                             *

第 1 行出现错误:

ora-01219: 数据库未打开,仅允许在视图/固定表中查询。

SQL>ALTER DATABASE OPEN;

数据库已更改。

SQL>SELECT username FROM user_users;   --可以查询静态数据字典视图 user_users

USERNAME

SYS

从例 14.12 可以看出,在不同状态下不同数据对象的可访问性是不同的。对于静态数据字典视图和用户创建的数据对象,只有在 OPEN 模式下才能访问。对于动态性能视图,不同的模式下可以访问不同的视图。在 NOMOUNT 状态下,由于 Oracle 会给 SGA 分配空间并启动服务器进程和后台进程,所以只能访问从 SGA 区获得信息的动态性能视图,如 v$ parameter、v$ sga、v$ session、v$ instance 等;在 MOUNT 状态下,Oracle 会打开控制文件,此时不仅可以访问从 SGA 区获得信息的动态性能视图,还可以访问从控制文件中获得信息的动态性能视图,如 v$ database、v$ controlefile、v$ datafile、v$ logfile、v$ tempfile 等;在 OPEN 状态下,Oracle 会打开所有数据文件和重做日志文件,此时可以访问全部的动态性能视图信息。

2. 受限状态与非受限状态之间的切换

在正常启动模式下,数据库处于非受限状态,所有合法用户都可以登录和使用数据库。但是有些数据库的管理工作必须在受限状态下进行,如进行以下操作时:

(1) 数据库数据的导入和导出。

(2) 使用 SQL＊Loader 提取外部数据。

(3) 需要暂时拒绝普通数据库用户访问数据库。

(4) 进行数据库移植或升级数据库。

当打开的数据库被设置为受限状态后,只有同时具有 CREATE SESSION 和 RESTRICTED SESSION 系统权限的用户才能访问受限状态的数据库。

例 14.13 将数据库设置为受限状态,并授予 scott 用户访问受限状态数据库的权限。

```
SQL>conn scott/tiger
已连接。
SQL>SHUTDOWN IMMEDIATE                   --首先关闭数据库
ORACLE 例程已经启动。
SQL>STARTUP RESTRICT                     --以受限方式启动数据库
ORACLE 例程已经启动。
SQL>conn scott/tiger                     --scott 用户不能连接受限状态的数据库
ORA-01035: ORACLE only available to users with RESTRICTED SESSION privilege
SQL>conn/as sysdba
已连接。
SQL>GRANT RESTRICTED SESSION TO scott;   --授予 RESTRICTED SESSION 系统权限
授权成功。
SQL>conn scott/tiger
已连接。
```

除了在数据库启动时使用 RESTRICT 关键字使数据库处于受限状态之外,还可以在数据库的运行过程中将数据库设置为受限状态,可以使用以下语句:

```
ALTER SYSTEM ENABLE RESTRICTED SESSION;
```

如果要将数据库由受限状态改为非受限状态,则需要使用以下语句:

```
ALTER SYSTEM DISABLE RESTRICTED SESSION;
```

例 14.14 将数据库设置为非受限状态。

```
SQL>CREATE USER user1 IDENTIFIED BY 1;  --创建一个新用户 user1 用于测试
用户已创建。
SQL>GRANT CREATE SESSION TO user1;      --为用户 user1 授予 CREATE SESSION 系统权限
授权成功。
SQL>conn user1/1;                       --用户 user1 不能登录,因为数据库处于受限状态
ORA-01035: ORACLE only available to users with RESTRICTED SESSION privilege
SQL>conn/as sysdba
已连接。
```

```
SQL>ALTER SYSTEM DISABLE RESTRICTED SESSION;        --将数据库的状态改为非受限状态
系统已更改。
SQL>conn user1/1                                    --新用户 user1 可以登录
已连接。
```

注意： 如果在数据库状态变为受限状态之前，就已经有普通用户登录到数据库中，则需要手工终止这些会话。

3. 只读状态与可读写状态之间的切换

在正常启动模式下，数据库处于可读写的状态，用户可以从数据库中读数据，也可以创建和修改数据对象，对数据文件和联机重做日志文件的内容做出修改。有些情况下，需要将数据库设置为只读状态，以使用户不能修改数据库，不能对数据文件和日志文件进行修改，但是可以进行一些不引起数据改变的操作，如数据文件的脱机和联机等。

在只读与可读写状态之间的切换需要使用 ALTER DATABASE OPEN 语句，语法格式如下：

```
ALTER DATABASE OPEN READ ONLY|READ WRITE;
```

READ ONLY 表示将数据库设置为只读状态，READ WRITE 表示将数据库设置为可读写状态。

例 14.15 将数据库设置为只读状态。

```
SQL>SHUTDOWN IMMEDIATE
ORACLE 例程已经启动。
SQL>STARTUP NOMOUNT                                 --以 NOMOUNT 方式启动数据库
ORACLE 例程已经启动。
SQL>ALTER DATABASE MOUNT;
数据库已更改。
SQL>ALTER DATABASE OPEN READ ONLY;                  --将数据库设置为只读状态
数据库已更改。
SQL>conn learner/learner123
已连接。
SQL>UPDATE teacher SET t_gender='男';               --用户无法对数据库进行修改操作
UPDATE teacher SET t_gender='男'
            *
第 1 行出现错误：
ORA-16000：打开数据库以进行只读访问
```

4. 静默状态与非静默状态之间的切换

有些时候为了对数据库进行管理，需要限制用户使用数据库，但是如果此时有活动的会话连接或用户正在执行事务，那么数据库管理员就必须等待用户操作完成，然后重启数据库并将数据库设置为受限状态。但是这样做的最大缺点就是需要重启数据库，这对于需要不间断执行任务的数据库来说是不可接受的，因此 Oracle 数据库提供了一种允许数据库管理员在不关闭和重启数据库的前提下就能限制用户使用数据库的设置方法，就是将数据库设置为静默状态(Quiesced State)。

静默状态与受限状态有以下几个不同点：

（1）静默状态对用户的限制更为严格。当数据库处于静默状态时，只允许 SYS 和 SYSTEM 用户登录并操作数据库，而不允许新的非 SYS 和 SYSTEM 用户登录。而受限状态下，只要用户同时具有 CREATE SESSION 和 RESTRICTED SESSION 系统权限就可以访问数据库。

（2）对用户操作的限制更为严格。当数据库处于静默状态时，允许其他用户完成当前事务的执行，但是事务结束之后将会冻结该用户会话，不允许用户（即使被授予 DBA 角色或 sysdba 权限）执行任何操作，直到解除静默状态。而受限状态下，登录到数据库中的用户仍然可以操作数据库。

将数据库设置为静默状态和非静默状态需要使用 ALTER SYSTEM 语句，语法格式如下：

```
ALTER SYSTEM QUIESCE RESTRICTED|UNQUIESCE;
```

QUIESCE RESTRICTED 表示将数据库设置为静默状态，UNQUIESCE 表示将数据库设置为非静默状态。

例 14.16　设置数据库为静默状态与非静默状态。

--打开 SQL * Plus 客户端(会话 1) SQL>conn / as sysdba; SQL > ALTER SYSTEM QUIESCE RESTRICTED; SQL > SELECT status, active_state FROM v$ instance; STATUS ACTIVE_STATE ----- ---------- OPEN　QUIESCED SQL>ALTER SYSTEM UNQUIESCE;	--打开另一个 SQL * Plus 客户端(会话 2) SQL>conn learner/learner123; SQL> UPDATE teacher SET t_name='aa'; SQL>ROLLBACK; SQL>UPDATE teacher SET t_name='aa'; --打开另一个 SQL * Plus 客户端(会话 3) SQL>conn scott/tiger --会话 2 显示：已更新 24 行。 --会话 3 显示：SQL>	以 sysdba 的身份登录会话 1。以 learner 的身份登录会话 2。在会话 2 中对教师表进行更新，然后回滚。 在会话 1 中执行 ALTER SYSTEM QUIESCE RESTRICTED,将数据库设置为静默状态。 查询 v$ instance 视图,active_state 显示当前为静默状态(QUIESCED)。 此时再次执行更新语句,执行后一直处于等待状态。 此时在第 3 个 SQL * Plus 客户端中使用普通用户账户登录,则该用户一直处于等待状态。 在会话 1 中执行 ALTER SYSTEM UNQUIESCE,将数据库设置为非静默状态。会话 2 和会话 3 的操作恢复正常。

5. 挂起状态与非挂起状态之间的切换

当要对数据文件和控制文件等文件进行备份和恢复时，可以将数据库设置为挂起状态，因为在此状态下数据库所有的物理文件的 I/O 操作都被暂停，这样就可以保证数据库在没有任何 I/O 操作的情况下进行物理备份。

挂起状态与静默状态的区别是挂起状态并不禁止普通用户的数据库操作，当前事务执行所有的 I/O 操作能够继续进行，但是数据库挂起之后执行的事务的 I/O 不会执行，而是被放入一个等待队列中，一旦数据库恢复到正常状态，这些 I/O 操作将从队列中取出并继续执行。

将数据库设置为挂起状态和非挂起状态需要使用 ALTER SYSTEM 语句，语法格式如下：

```
ALTER SYSTEM SUSPEND|RESUME;
```

SUSPEND 表示将数据库设置为挂起状态，RESUME 表示将数据库设置为非挂起状态。

例 14.17 设置数据库为挂起状态与非挂起状态。

--打开 SQL * Plus 客户端 (会话 1) SQL>conn/as sysdba;	--打开另一个 SQL * Plus 客户端(会话 2) SQL>conn learner/learner123; SQL>UPDATE teacher SET t_name='aa'; SQL>ROLLBACK;	以 sysdba 的身份登录会话 1。以 learner 的身份登录会话 2。在会话 2 中对教师表进行更新，然后回滚。
SQL>ALTER SYSTEM SUSPEND; SQL > SELECT status, database_ status FROM v$ instance; STATUS DATABASE_STATUS ----- ------------- OPEN SUSPENDED		在会话 1 中执行 ALTER SYSTEM SUSPEND，将数据库设置为挂起状态。 查询 v$ instance 视图，database_status 显示当前为挂起状态 (SUSPENDED)。
	SQL> UPDATE teacher SET t_name='aa'; SQL>ROLLBACK;	此时再次执行更新语句，然后执行回滚操作，然后一直处于等待状态。
SQL>ALTER SYSTEM RESUME;		在会话 1 中执行 ALTER SYSTEM RESUME，将数据库设置为非挂起状态。
	--会话 2 显示：回退已完成。	会话 2 的操作恢复正常。

6. 查看数据库的状态信息

可以通过查询动态性能视图 v$ instance 了解当前数据库实例的状态，该视图包括以下常用列。

（1）instance_name：数据库实例名。

（2）status：数据库实例的状态。started 表示处于启动未加载状态(startup nomount)，mounted 表示处于启动已加载状态(startup mount)，open 表示处于数据库已打开状态

(open)，open migrate 表示数据库已打开且处于升级或降级状态。

（3）database_status：数据库的状态。active 表示处于活动状态，suspended 表示处于挂起状态，instance recovery 表示处于实例恢复状态。

（4）active_state：活动状态，用于指示实例的静默状态。normal 表示处于正常状态，quiescing 表示正在加入静默状态，quiesced 表示已经成为静默状态。

14.3 关闭数据库

Oracle 的关闭过程与其启动过程是一一对应的，也可以分为 3 个步骤：数据库的关闭、数据库的卸载和数据库实例的停止。

1. 数据库的关闭

数据库的关闭阶段 Oracle 会终止所有会话，回滚活动的事务，将数据库缓冲区中的脏数据写入数据文件，将重做日志缓冲区中的内容写入联机重做日志文件，此时数据库仍处于装载状态，但数据文件和联机重做日志文件已被关闭。

2. 数据库的卸载

数据库的卸载阶段数据库实例将卸载数据库，关闭控制文件，即断掉与数据库的连接，此时数据库实例仍处于启动状态。

3. 数据库实例的停止

数据库实例的停止阶段 Oracle 将终止所有的服务器进程和后台进程，并收回 SGA 区的内存分配，终止实例的运行。

4. 语法格式

在 SQL * Plus 中关闭数据库需要使用 SHUTDOWN 命令，语法格式如下：

```
SHUTDOWN [NORMAL|IMMEDIATE|TRANSACTIONAL|ABORT];
```

说明：

（1）NORMAL 表示正常关闭方式。该选项是默认值，在这种方式下数据库不强制断开用户的连接，因此仍然允许当前连接的用户使用数据库，但是不允许用户建立新的连接，直到所有的用户断开连接才能关闭数据库。这种关闭方式可能会花费很长时间，但关闭后再启动时不需要进行任何数据恢复操作，如果用户对关闭数据库的时间没有限制则通常使用这种方式关闭数据库。

（2）IMMEDIATE 表示立即关闭方式。如果要在短时间内（如将要发生断电、进行数据库备份、数据库发生异常等情形）关闭数据库可以使用这种方式，在这种方式下数据库会立即强制断开用户的连接，且不允许用户建立新的连接，所有未提交的事务都将被回滚，关闭后再启动数据库时不需要进行任何数据恢复操作。

（3）TRANSACTIONAL 表示事务关闭方式。如果要在短时间内关闭数据库、但是还不想让未提交的事务都回滚时可以使用这种关闭方式，它是一种介于正常关闭和立即关闭之间的关闭方式。在这种方式下数据库实例将允许用户提交正在活动的事务，在所有未提交的事务完成提交或回滚之后再关闭数据库，但是不允许用户建立新的连接，不允许已连接的用户执行新的事务，不涉及事务处理的会话也会被终止。事务关闭方式可以保证用户不会丢失当前工作的事务，又可以尽可能快地关闭数据库。以事务方式关闭数据库，在下次启动数据库时不需要进行任何数据恢复操作。

（4）ABORT 表示强制关闭方式。在上面 3 种方式都无法正常关闭数据库时，可以使用该方式终止数据库的运行。在这种关闭方式下，Oracle 将直接关闭实例，不允许用户建立新的连接，不允许已连接的用户执行新的事务，不回滚任何未提交的事务，直接断开用户连接，不将数据库缓冲区和重做日志缓冲区的内容写入数据文件和联机重做日志文件，所以在下次启动数据库时需要进行数据库的恢复。

前 3 种关闭方式都是正常的关闭方式，在关闭数据库之前检查点进程将发出一个检查点，从而触发数据库写入进程将数据库缓冲区中的脏数据写入数据文件，进而又触发日志写入进程将重做日志缓冲区中的数据写入联机重做日志文件，从而可以保证数据库的一致性。强制关闭方式则是一种非正常的关闭方式，除非特殊情况否则不建议使用，有时该方式可用于模拟数据库断电。

例 14.18　使用 SHUTDOWN 命令实现数据库的关闭。

--打开 SQL * Plus 客户端（会话 1） SQL>conn / as sysdba;	--打开另一个 SQL * Plus 客户端（会话 2） SQL>conn learner/learner123; SQL>UPDATE teacher SET t_name='aa';	以 sysdba 的身份登录会话 1。以 learner 的身份登录会话 2。在会话 2 中对教师表进行更新。
SQL>SHUTDOWN TRANSACTIONAL;		在会话 1 中执行 SHUTDOWN TRANSACTIONAL，由于会话 2 中有未提交的事务因此一直处于等待状态无法关闭数据库
	SQL>ROLLBACK;	在会话 2 中执行回滚操作，事务结束。 数据库正常关闭。
数据库已经关闭。 已经卸载数据库。 ORACLE 例程已经关闭。 SQL>STARTUP;		启动数据库。
	SQL>UPDATE teacher SET t_name='aa';	在会话 2 中对教师表进行更新。
SQL>SHUTDOWN IMMEDIATE; 数据库已经关闭。 已经卸载数据库。 ORACLE 例程已经关闭。		在会话 1 中执行 SHUTDOWN IMMEDIATE，没有等待会话 2 中的事务提交而直接关闭数据库。

14.4 练习题

1. 下列动态性能视图中,可以获取当前的参数值的是_____。
   A. v＄sysparameter
   B. v＄parameter
   C. v＄database
   D. v＄spparameter
2. 当要创建一个新的数据库时应该使用_____语句启动数据库。
   A. STARTUP FORCE
   B. STARTUP MOUNT
   C. STARTUP RESTRICT
   D. STARTUP NOMOUNT
3. 下列语句执行时,不执行数据库的恢复操作的是_____。
   A. STARTUP FORCE
   B. STARTUP MOUNT
   C. STARTUP RESTRICT
   D. STARTUP NOMOUNT
4. 关于服务器参数文件和普通参数文件,下列说法正确的是_____。
   A. 服务器参数文件是可读写的,而普通参数文件是只读的
   B. Windows 操作系统下不需要使用参数文件,因为相关信息已经写入注册表中
   C. 不能同时拥有服务器参数文件和普通参数文件
   D. 可以使用 ALTER SYSTEM 语句对服务器参数文件和普通参数文件进行修改
5. 假设已经使用 SHUTDOWN ABORT 语句关闭数据库,则使用 STARTUP 语句启动数据库时将会发生_____。
   A. 由于是非正常关闭数据库,因此不能启动数据库
   B. Oracle 会自动进行实例恢复,所以已提交的数据将会被写入数据文件
   C. 需要手动地进行数据库恢复以将未提交的数据写入数据文件
   D. 数据库启动后需要手动地回滚未提交的事务

第15章

Oracle的体系结构

通过前面章节的讲解可以知道,在 Oracle 数据库中有很多数据库对象,如表、视图、序列、索引、同义词等,那么这些数据库对象是以什么方式存储在数据库中的呢? 它们的组织方式和管理方式又是什么呢? 对于普通的用户来说,这些内容不是必须掌握的,只要会使用基本的技术来操作和使用数据库就可以了,但是对于数据库的管理人员而言,这些内容却是十分重要的,因为要精通数据库的管理和维护就不仅要知道数据库能够做什么,还要知道数据库为什么能做以及是如何做的。

本章将主要讲解以下内容:

- Oracle 实例。
- Oracle 物理存储结构。
- Oracle 逻辑存储结构。

15.1 Oracle 实例

15.1.1 Oracle 实例概述

完整的数据库系统由物理数据库和数据库管理系统组成,前者主要是指用于数据存储和数据操作的物理文件,如数据文件、日志文件、控制文件等,而后者则是一个软件结构,是指一组操作系统的进程和内存结构,在 Oracle 数据库中通常称为"实例",Oracle 服务器就是通过实例来统一管理数据库的,二者相辅相成,不可或缺。没有实例,数据库就是一些没有意义的文件,而没有数据库,实例就失去了操作的对象,也没有存在的意义了。因此想了解 Oracle 的体系结构,就要同时把握住实例和数据库这两条脉络。

数据库实例是一组管理物理文件的内存集合,因此实例与数据库紧密相关。数据库是物理文件的集合,而实例就是操作数据库的软件结构,为了能使实例操作数据库,实例必须打开(Open)数据库,实例与数据库是多对一的关系,也就是数据库可以被一个或多个实例操作,但是一个实例只能操作一个数据库。通常所说的启动 Oracle 数据库实际上就是启动 Oracle 实例,然后由实例来使用和操作数据库的物理文件。Oracle 实例是由内存结构和后台进程组成的,相对于数据库而言它是一个临时的概念,它的生命周期可能很短暂,可以反复地启动和停止实例,但是不管实例处于什么状态,数据库都是存在的(除非手工地删除)。

15.1.2 Oracle 的内存结构

内存是十分重要的系统资源,能否合理地使用内存将会对数据库服务器的性能产生很大的影响,Oracle 之所以能够在数据库领域居于领先地位,与其产品独特的内存结构是分不开的。

从计算机原理的角度看,内存位于 CPU 和磁盘之间,实际上是 CPU 的一个大的缓存,因为 CPU 不可能把磁盘上的数据全部地、一次地读入其中,而必须要先放入内存再由 CPU 读取。Oracle 数据库也不例外,它会将正在处理的大部分数据都放入内存中,主要包括程序代码、每个连接会话的信息、程序执行期间所需的信息、加在数据对象上的锁信息以及缓存数据等。图 15.1 显示了 Oracle 实例、Oracle 内存结构与数据库之间的关系。

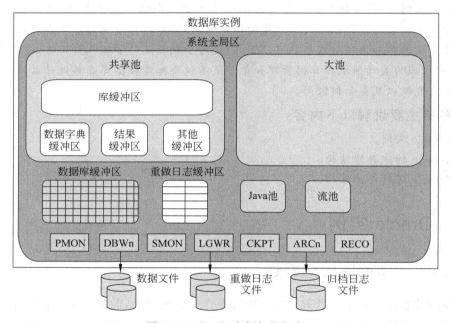

图 15.1 Oracle 实例与数据库

Oracle 数据库的内存结构主要包括两个部分：系统全局区(System Global Area,SGA)和程序全局区(Program Global Area,PGA)。

1. 系统全局区

系统全局区是一组共享的可读写的内存组件,它是数据库实例的内存结构中最重要的组成部分,每个数据库实例都会被分配一个系统全局区,它的生命周期与数据库实例相同,随着数据库实例的启动而产生,随着实例的终止而消亡,它存储了数据库实例的共享数据和控制文件信息,当多个用户同时连接到一个数据库实例时,此区域中的内容被所有的用户、服务器进程和后台进程所共享。数据库实例启动时会看到关于系统全局区的信息,如下面的代码所示。

```
SQL> STARTUP                        --启动数据库
```

```
ORACLE 例程已经启动。
Total System Global Area      535662592 bytes
Fixed Size                      1375792 bytes
Variable Size                 360710608 bytes
Database Buffers              167772160 bytes
Redo Buffers                    5804032 bytes
```

也可以通过动态性能视图 v＄sga 了解系统全局区的信息。

```
SQL＞SELECT * FROM v＄sga;                --或者使用 SHOW SGA 命令
NAME                VALUE
------------------  -------
Fixed Size          1374724
Variable Size       385877500
Database Buffers    360710144
Redo Buffers        5316608
```

系统全局区由多个内存组件构成，这些组件主要包括数据库缓冲区（Database Buffer）、重做日志缓冲区（Redo Log Buffer）、共享池（Shared Pool）、大池（Large Pool）、Java 池（Java Pool）、流池（Stream Pool）等。

1）数据库缓冲区

数据库缓冲区的主要功能是由服务器进程将用户使用的数据从数据文件中复制到该缓冲区中供用户读取，以提高对用户请求的响应速度。用户请求的内容包括对数据的各种修改和查询。对于查询操作，服务器进程会先扫描缓冲区中的数据块，如果找到将直接把相关数据发送给用户，如果没有找到则会将数据对象中相关的数据块复制到数据库缓冲区，然后再根据需要传输到会话的 PGA 中，而该数据块也会在缓冲区中被保存一段时间。修改操作也会在数据库缓冲区中进行，修改后的数据会保存在脏数据缓冲区中，由数据库写入进程定期地将它们写入数据文件中。

根据用途的不同，可以将数据库缓冲区分为空闲缓冲区、脏缓冲区和命中缓冲区 3 种。

（1）空闲缓冲区（Free Buffers）：用于存储空闲数据块，空闲数据块中不包含任何数据，它们等待服务器进程或后台进程向其中写入数据。当服务器进程要从数据文件中复制数据时，会寻找空闲数据块，以便将数据写入其中，如果空闲数据块不够，则会触发数据库写入进程将脏数据写入数据文件以产生更多的空闲数据块。

（2）脏缓冲区（Dirty Buffers）：用于存储脏数据块，脏数据块用于保存已经被修改过的数据。当一条 SQL 语句对缓冲区中的某个数据块进行修改后，这个数据块就被标记为脏数据块，脏数据块中的数据由数据库写入进程写入到数据文件之后会被清空，成为空闲数据块。

（3）命中缓冲区（Pinned Buffers）：用于存储命中数据块，命中数据块是用户会话正在使用的数据块，或者是被显式地声明为保留的数据块。这些数据块始终保留在数据缓冲区中，除非用户会话终止使用。

数据库缓冲区是 Oracle 数据库执行 SQL 语句的主要区域，因此它的大小和配置将会对数据库的性能产生很大的影响。通常来说，数据库缓冲区越大，读写磁盘的频率就会越低，数据库的性能就会越好，这就好比内存越大，计算机的运行速度就越快一样。但是也要将数据库缓冲区控制在一定的范围之内，否则会影响实例的启动速度，并会造成服务器内存频繁的调页和交换。

Oracle允许在数据库缓冲区设置多个缓冲池，以进一步提高性能，缓冲池有3种类型。

（1）默认池（Default Buffer Pool）：Oracle数据库默认的缓冲池，用于存储大部分的数据块。Oracle数据库根据程序的局部性原理采用最近最少使用（Least Recently Used，LRU）算法对数据块进行管理，任何类型的数据块都会在LRU列表中进行记录，数据块会按照被访问时间存放在列表中，最远最少被访问的会放在列表头部（冷端），最近最多被访问的放在列表尾部（热端），当需要缓冲空间时会将LRU列表头部的数据块清除出缓冲区，以提供空闲数据块。对于大多数的数据库应用来说，使用默认池就可以了。可以使用初始化参数db_cache_size对默认池的大小进行设置。

（2）保持池（Keep Pool）：服务器进程访问的数据对象可能很多，不同的对象被访问的频率肯定是不相同的。例如，大多数的应用系统都会有用户登录功能，用户登录时会访问用户信息表，登录之后用户开始进行一些业务操作，很显然这时的业务表被访问的频率会大大增加，而用户信息表则基本上不会再被访问到，但是在数据库缓冲区中都会保存它们的数据块。一个合理的情况应该是尽可能长时间地将业务表的数据块保留在数据库缓冲区，而将用户信息表的数据块清除掉。保持池的作用就是将频繁访问的数据块放入其中，延长池中数据块的保存时间，以提高缓存的命中率。适合放入保持池的一般都是经常使用的小型数据对象（如小型表、索引等）。可以使用初始化参数db_keep_cache_size对保持池的大小进行设置。

保持池和默认池的管理机制没有本质的差别，它们都使用LRU算法对存储的数据块进行处理，只是保持池会尽量保存数据块，但是当要存储的数据块的空间比保持池的空间大时，保持池中最早最少使用的数据块也同样会被清除掉。

（3）回收池（Recycle Pool）：如果某些数据在使用之后不想让其留在缓冲区中，就可以将它们放入回收池中。对于回收池中的数据，一旦事务结束，就会将其从回收池中清除，通常会把使用频率不高或随机访问的大型数据对象放入回收池中。

缓冲池的设置方法是在ALTER TABLE STORAGE语句中使用BUFFER_POOL子句指定一个数据库对象的默认缓冲池，指定默认缓冲池之后，该对象的所有数据块都会存储在指定的缓冲池中。如果给一个分区表或索引指定了缓冲池，那么该表或索引的分区也同样使用指定的缓冲池，除非在分区的定义中指定分区使用的缓冲池。

例15.1 为教师表设置不同的默认缓冲池。

```
SQL>SELECT table_name, buffer_pool FROM user_tables
2 WHERE table_name='TEACHER';
TABLE_NAME    BUFFER_POOL
---------    ------------
TEACHER      DEFAULT                      --默认存储在默认池中
SQL>ALTER TABLE teacher STORAGE (BUFFER_POOL KEEP);
表已更改。                               --将教师表的默认缓冲池设置为保持池
```

```
SQL>SELECT table_name, buffer_pool FROM user_tables
2 WHERE table_name='TEACHER';
TABLE_NAME    BUFFER_POOL
---------    ------------
TEACHER        KEEP
SQL>ALTER TABLE teacher STORAGE (BUFFER_POOL RECYCLE);
表已更改。                          --将教师表的默认缓冲池设置为回收池
SQL>SELECT table_name, buffer_pool FROM user_tables
2 WHERE table_name='TEACHER';
TABLE_NAME    BUFFER_POOL
---------    ------------
TEACHER        RECYCLE
SQL>ALTER TABLE teacher STORAGE (BUFFER_POOL DEFAULT);
表已更改。                          --将教师表的默认缓冲池重新设置为默认池
```

除了使用 ALTER TABLE STORAGE 语句外,另一个可以影响数据在数据库缓冲区中存在时间长度的语句是 ALTER TABLE CACHE。CACHE 关键字用来指定在数据库缓冲区中如何存储数据,通常情况下全表扫描的数据要放在 LRU 列表的冷端,以使其尽快被清除,但是如果使用 ALTER TABLE CACHE 语句对表进行了设置则该表的全表扫描数据就不会放到 LRU 列表的冷端,而是被放到 LRU 列表的热端,从而可以大大延长数据保留的时间。

例 15.2 为教师表设置缓存方式。

```
SQL>SELECT table_name, buffer_pool, cache FROM user_tables
2 WHERE table_name='TEACHER';
TABLE_NAME    BUFFER_POOL  CACHE
---------    ---------    ------
TEACHER        DEFAULT        N        --创建表时默认的缓存方式是 NOCACHE
SQL>ALTER TABLE teacher CACHE;                --将教师表的缓存方式改为 CACHE
表已更改。
SQL>SELECT table_name, buffer_pool, cache FROM user_tables
2 WHERE table_name='TEACHER';
TABLE_NAME    BUFFER_POOL  CACHE
---------    ---------    ------
TEACHER        DEFAULT        Y
```

但是要注意,CACHE 的机制与保持池的机制是不相同的,因为它们会将数据放到数据库缓冲区的不同位置。ALTER TABLE CACHE 只是将表放入数据库缓冲区中的默认缓冲池中,虽然会将数据放入 LRU 列表的热端,但是并不保证该数据不被替换;而 ALTER TABLE STORAGE 将表的默认缓冲池设为保持池,因此数据会放到保持池中,从而保证表数据总是保存在缓冲区中。

2) 重做日志缓冲区

重做日志缓冲区是系统全局区中读写频率非常高的一个缓冲区,为了能够保证数据库数据的一致性和对数据库进行恢复,每当服务器进程执行 DML(INSERT、UPDATE、

DELETE 等)或 DDL(CREATE、ALTER、DROP 等)操作时,都会产生重做数据以把对数据库所做的修改记录下来。为了提高 I/O 性能,重做数据不是直接写入联机重做日志文件而是先写入重做日志缓冲区中,重做日志缓冲区的主要功能就是将这些重做数据暂时存储起来,然后由日志写入进程将重做数据写入联机重做日志文件以备数据库恢复时使用。

可以使用初始化参数 log_buffer 设置重做日志缓冲区的大小(以字节为单位)。一般来说,重做日志缓冲区越大则重做日志文件的读写次数就越少,I/O 性能就越高,这对事务执行时间较长或事务数量较大的系统的影响尤为明显,但是缓冲区越大也意味着写入文件的时间越长,因此一般情况下使用默认值即可,此参数的默认值为 128KB×CPU 数量与512KB 这两者中的较大者。

3) 共享池

共享池是系统全局区中结构最复杂的内存组件,它几乎参与了数据库中的每个操作,它缓存了各种执行的数据,如 SQL 语句、PL/SQL 程序代码、系统参数、数据字典信息等。共享池中包含了很多子组件,主要包括库缓冲区(Library Cache)、数据字典缓冲区(Dictionary Cache)、服务器结果缓冲区(Server Result Cache)、保留池(Reserved Pool)。

(1) 库缓冲区:作用是存储所有执行的程序代码(主要是指 SQL 语句和 PL/SQL 程序块的代码),当服务器进程执行程序代码时,Oracle 数据库会首先将代码的文本存入库缓冲区,并会对代码进行解析,解析的内容包括语法的解析、语义的检查、权限的检查、执行优化等,然后生成执行计划。当其他进程运行程序代码时,Oracle 数据库会先在库缓冲区查找是否已经存在相同的程序代码,如果存在则会重复使用相同的程序代码,这个过程称为软解析(Soft Parse)。软解析可以避免对重复的程序代码反复进行解析,从而提高了系统运行的性能。如果不存在相同的程序代码,则 Oracle 数据库必须将程序代码存入库缓冲区,然后对其进行解析,这个过程称为硬解析(Hard Parse)或库缓冲区未命中(Library Cache Miss)。应该尽量减少硬解析的过程,因为它会耗费大量的系统资源。与其他缓冲区相同,当有新的程序代码执行时,如果空间不足,库缓冲区会清空部分空间以保存新的代码,因此可以通过增大库缓冲区的空间来提高命中率。可以通过 v＄librarycache 视图了解库缓冲区的运行状况,如下面的代码所示。

```
SQL>SELECT SUM(pins) pins, SUM(pinhits) pinhits, SUM(reloads) reloads,
2 SUM(invalidations) invalidations, SUM(pinhits)/SUM(pins) hitratio
3 FROM v$ librarycache;
     PINS    PINHITS   RELOADS   INVALIDATIONS   HITRATIO
 --------- -------- ------- ------------- ---------
   740131   730967      566         346      0.98761841
```

查询结果中,pins 表示根据句柄查找对象执行的次数,pinhits 表示在内存中找到缓存对象的次数,因此 SUM(pinhits)/SUM(pins) 就表示库缓冲区的命中率,一般不要低于98％;reloads 表示第一次执行或者被清除出缓冲区又被重新调回的次数,一般不要高于 pins 的 1％;invalidations 表示由于某种原因(如使用 DDL 修改、删除对象)成为无效代码而要重新解析的次数。

(2) 数据字典缓冲区:执行程序代码时必然会使用各种数据对象,Oracle 数据库中所有数据对象的元数据信息都被保存在数据字典中,数据字典缓冲区的作用就是将包含数据对象元数据信息的数据字典表放入缓存中,当其他程序代码使用数据对象时,首先会在数据字典缓冲区中寻找是否相关数据字典的信息,如果没有才会将磁盘上的数据字典读到缓冲区中。例如,下面的两条 SQL 语句:

```
SQL>SELECT t_id, t_name, t_research FROM teacher;
SQL>UPDATE teacher SET t_name='张三' WHERE t_id='060001';
```

从数据字典的角度来看,第二条语句执行的速度要比第一条语句快,这是因为第一条语句执行时已经把保存教师表的元数据信息的数据字典表从磁盘读取到数据字典缓冲区中了,第二条语句直接使用缓冲区中的数据字典表就可以了。

（3）服务器结果缓冲区：Oracle 11g 提出的一个新特性,用于对程序代码的执行结果进行缓存,当再次执行相同的查询代码时就可以直接使用缓冲区中的结果而不必重新执行查询了。Oracle 数据库提供了几个初始化参数用来对服务器结果缓冲区进行设置,它们分别如下所示。

① result_cache_max_size：用来指定结果缓冲区的大小,如果设置为 0 则表示禁用结果缓冲区。

② result_cache_mode：用来指定结果缓冲区的模式,该参数有 3 个取值：manual（默认值）、auto 和 force。Oracle 新增了两个与结果缓冲区相关的 Hint：RESULT_CACHE 和 NO_RESULT_CACHE。可以在系统级别、会话级别、对象级别或语句级别来设置结果缓冲区的使用。在语句级可以使用提示来控制是否对查询结果进行缓存。

当参数值设置为 manual 时,只有通过 Hint 明确提示的 SQL 语句才会读取缓存结果集。如果不加提示,那么 Oracle 数据库不会利用已经缓存的结果。

当参数值设置为 auto 时,如果发现缓存结果已经存在,那么就会使用该结果。但是如果缓存结果不存在,Oracle 数据库并不会自动进行缓存。只有使用 Hint 的情况下,Oracle 才会将执行的结果缓存。

当参数值设置为 force 时,就是会对所有 SQL 语句的执行结果进行缓存,除非明确使用 NO_RESULT_CACHE 提示。

③ result_cache_max_result：用来指定单个结果集可以占用结果缓冲区的比例,默认为 5%。

（4）保留池：Oracle 数据库预留的一块内存区域。当要处理的数据对象比较大或者共享池中已有的连续空间不足时,就会启用保留池中的空间,以满足较大的内存需求。默认情况下,Oracle 数据库会配置较小的保留池,它可以作为 PL/SQL 代码库或触发器编译使用的临时空间。当保留池的空间被释放后,该空间仍然被划分回保留池。如果想修改保留池的大小则需要设置初始化参数 shared_pool_reserved_size,保留池的默认大小为共享池的 5%,比较合理的大小是共享池的 5%～10% 之间,因此通常情况下不需要改变保留池的默认大小,而且保留池最多不能超过共享池的 50%。可以通过 v$shared_pool_reserved 视图查看保留池的信息,如下面的代码所示。

```
SQL>SELECT free_space, requests, request_misses, request_failures
2 FROM v$ shared_pool_reserved;
FREE_SPACE   REQUESTS    REQUEST_MISSES    REQUEST_FAILURES
```

```
-------- -------- ------------ -------------
13315068       0         0           0
```

上面的查询通过以下的数据列了解保留池的运行情况：free_space（保留区的空闲空间数）、requests（请求在保留区查找空闲内存块的次数）、request_misses（无法满足查找保留区空闲内存块请求，需要从 LRU 列表中清除对象的次数）、request_failures（没有内存能满足的请求次数）。

4）大池

大池是一个可选的内存区域，它可以提供比共享池更大的内存空间。大池的主要用途是供共享服务器进程专用或进行并行查询。与共享池不同的是大池不会使用 LRU 算法，大池中被分配的内存片段直到操作完成后才会被释放。可以在实例启动之后创建大池，并通过初始化参数 large_pool_size 设置大池的大小。

5）Java 池

Java 池是一个可选的内存区域，用于 Java 虚拟机和 Java 程序代码运行时使用。创建 Java 池后，Java 代码运行时所需要的堆空间就会在 Java 池中分配，而不是使用常规的 SGA 空间。可以在实例启动之后创建 Java 池，并通过初始化参数 java_pool_size 设置 Java 池的大小。

6）流池

流池是一个可选的内存区域，用于提供对 Oracle 流的支持。可以在实例启动之后创建流池，并通过初始化参数 streams_pool_size 设置流池的大小。如果没有专门配置流池，则其大小从零开始由 Oracle 流按照需要动态地增长。

2．程序全局区

程序全局区用于存储单一的服务器或后台进程的数据和控制信息，通常会包括排序区、散列区、会话游标缓存等。与系统全局区不同，程序全局区是一个非共享的内存区域，其他进程不能获得其中的内容。在用户会话启动时，Oracle 数据库会为其创建一个程序全局区，并将一些用户独有的信息存储在其中，如与用户相关的游标、绑定变量等。所有进程的 PGA 集合称为实例程序全局区，可以通过初始化参数设置程序全局区的大小。

程序全局区由以下几个部分组成。

（1）私有 SQL 区：用于保存已解析的 SQL 语句信息和会话独立的信息。当执行 SQL 语句时，服务器会使用该内存区域来完成存储绑定变量值、查询执行状态信息等操作。

（2）SQL 工作区：用于执行内存密集型操作，如排序、散列连接等。

15.1.3　Oracle 的进程结构

进程是操作系统当前运行的执行程序，是为应用程序运行的实例。Oracle 进程是数据库实例的重要组成部分，负责完成所有的数据库操作，因此要了解 Oracle 实例就必须掌握 Oracle 数据库的进程结构。按照进程的作用和服务的对象，Oracle 将进程分为以下两类。

（1）用户进程：负责运行客户端应用程序、建立与数据库连接、发送 SQL 语句等。

（2）Oracle 进程：负责运行和管理 Oracle 数据库。Oracle 进程又包括以下两种类型。

① 服务器进程：负责与客户端的用户进程建立连接，执行客户端发送的 SQL 代码等工作，如对 SQL 语句和 PL/SQL 程序块代码进行解析、将查询放入共享池、创建并执行查询计划等。

② 后台进程：与数据库实例同时启动，并执行数据库后台的管理任务，如执行实例恢复、将缓冲区的数据写入磁盘等。

1. 用户进程

当用户在客户端启动一个要与 Oracle 数据库进行连接的应用程序时，就创建了一个用户进程，这些应用程序是多种多样的，可以是专用的 Oracle 客户端，如 SQL * Plus、PL/SQL Developer、TOAD 等工具，也可以是一个普通的应用系统组件，如一个 ERP 系统、企业管理软件，甚至是一个简单的网页。

用户进程是用户与服务器进程之间的媒介，用户通过用户进程向服务器进程发送指令，请求数据库完成特定的功能，服务器进程做出响应后，将返回的结果通过用户进程发送给用户。

2. 服务器进程

服务器进程是由 Oracle 创建的、为用户进程服务的进程，其功能就是处理用户进程的请求。Oracle 会为每个连接数据库的用户创建一个单独的服务器进程，以确保用户进程信息的独立性。

服务器进程是用户进程与物理数据库之间的媒介，用户进程不能直接访问数据库实例的内存区域，而必须通过服务器进程对内存区域进行读写。用户进程和服务器进程协同工作就构成了会话（Session），会话是指用户进程和服务器进程建立的一个特定连接，只要没有断开连接会话就始终存在，用户在对数据库进行操作之前必须先建立会话。

不同的服务器配置将会影响连接服务器进程的远程用户的个数，因此从服务器配置的角度可以将服务器进程分为专用服务器（Dedicated Server）进程和共享服务器（Share Server）进程两类。在专用服务器模式下，Oracle 数据库要求每个用户进程有且只能有一个专用的服务器进程，在会话期间服务器进程将专用于其用户进程；而在共享服务器模式下，多个用户可以共用一个服务器进程，也就是说用户进程与服务器进程是多对一的情况，这主要是通过调度程序来实现的。调度程序将多个用户进程的请求放入大池中的请求队列，共享服务器进程依次从队列中获得一个请求并处理该请求，然后将其放入调度器响应队列。

3. 后台进程

后台进程是 Oracle 数据库进程的核心，启动实例时会自动地创建这些进程，即使没有用户连接数据库，这些进程也会运行以维持数据库的正常运转。每个后台进程都有自己特定的任务要完成，当用户连接时会协调用户进程和服务器进程工作。

Oracle 数据库的后台进程主要包括进程监控进程（Process Monitor Process，PMON）、系统监控进程（System Monitor Process，SMON）、数据库写入进程（Database Writer Process，DBWn）、日志写入进程（Log Writer Process，LGWR）、检查点进程（Checkpoint Process，CKPT）、归档进程（Archiver Processes，ARCn）、恢复进程（Recoverer Process，

RECO)和可管理性监视器进程(Manageability Monitor Processes,MMON)等。

（1）进程监控进程：主要功能是监控其他后台进程并当服务器进程或调度进程异常终止时进行进程恢复并释放进程所占用的系统资源。进程监控进程还负责管理失败的用户进程，当用户进程非正常终止（如没有处理事务就退出会话、断电、死机等）时，进程监控进程会立即清除失败的用户会话，释放会话占用的系统全局区、程序全局区等资源，回滚没有提交的事务，释放表锁以供其他用户使用。

进程监控进程并不总是处于活动状态，它会被定期地唤醒以检查相关进程的运行情况，如果其他进程需要，进程监控进程也会主动唤醒它。

（2）系统监控进程：主要功能是执行系统级别（相对于 PMON 的实例级别）的监控任务。当崩溃的实例重新启动时，可以进行实例恢复，如为没有写入数据文件的事务在数据库上应用重做日志项。系统监控进程还可以对表空间中的空闲区域进行合并，回收不使用的临时空间，消除临时段。

系统监控进程也不总是处于活动状态，它会被定期地唤醒以检查是否有需要它完成的工作，如果其他进程需要，系统监控进程也会主动唤醒它。

（3）数据库写入进程：主要功能是负责将数据库缓冲区中的内容写入到数据文件中。当用户进程对数据进行增删改操作时，Oracle 数据库并不会把变化的数据立刻（即使执行了 COMMIT 语句进行了事务提交也是如此）写入磁盘中，而是将脏数据先保存在数据库缓冲区中，然后由数据库写入进程成批地将脏数据写入到数据文件中，这样可以充分发挥缓冲区的作用，减少 I/O 操作的次数，提高系统的性能。

数据库写入进程采用了 LRU 算法，只选择一段时间内没有被写入数据的脏缓冲区中的脏数据写入到数据文件中，写入数据文件的同时会将原来的脏缓冲区清空，形成更多的空闲缓冲区以将服务器进程需要的数据复制到其中。

数据库写入进程也不总是处于活动状态，当满足下列条件时数据库写入进程将数据库缓冲区中的脏数据写入数据文件中。

① 当没有足够的空闲缓冲区存放数据时。服务器进程会将数据复制到数据库缓冲区中，但前提是有足够的空闲缓冲区，如果没有，解决的方法就是启动数据库写入进程将脏缓冲区中的数据写入数据文件以提供更多可用的空闲缓冲区。

② 每隔 3s 会自动唤醒数据库写入进程。也就是每 3s 数据库写入进程会自动清理脏缓冲区中的脏数据。

③ 当遇到检查点(Checkpoint)时。前两种情况下并不一定会对脏缓冲区中的所有数据进行写入操作，但是当遇到检查点时，会将脏缓冲区中的所有数据全部写入数据文件中。

如果要处理的数据量很大，一个数据库写入进程可能不足以处理全部操作，那么这时数据库实例可以使用多个数据库写入进程，如 DBW0、DBW1 等，但最多不能超过 20 个(DBW0～DBW9,DBWa～DBWj)。

Oracle 数据库的初始化参数 db_writer_processes 用于指定数据库写入进程的数量，通常不需要对其进行修改，Oracle 数据库会根据服务器的硬件状况自动设置该参数。

（4）日志写入进程：主要功能是将重做日志缓冲区中的内容写入联机重做日志文件中。当用户对数据库进行修改时，Oracle 数据库会首先将修改的内容写入重做日志缓冲区，并将重做日志缓冲区中的内容写入联机重做日志文件，然后才会存放到数据库缓冲区中成为脏数据。

重做日志缓冲区是一个循环缓冲区,当日志写入进程将重做内容从重做日志缓冲区写入到联机重做日志文件后,服务器进程可将新的内容写入日志缓冲区中。为了保证数据的一致性,日志写入进程几乎是实时地将重做日志缓冲区中的内容写入联机重做日志文件,因此也可以确保日志缓冲区中总是有空间可以写入新的内容。

当满足下列条件时日志写入进程会执行写入联机重做日志文件的操作。

① 用户执行 COMMIT 语句提交事务时。此时日志写入进程会将提交事务的会话挂起,以保证写入操作的完成,完成之前该会话不能执行任何操作。

② 重做日志缓冲区已达到 1/3 满或者已经包含 1MB 以上的缓冲数据。这时不管事务是否已经被提交都将写入联机重做日志文件中。

③ 数据库写入进程触发日志写入进程时。数据库写入进程在将脏数据写入数据文件之前会触发日志写入进程,要求日志写入进程将重做日志缓冲区中的相关内容写入联机重做日志文件,然后再写入数据文件,这样就可以保证与脏数据有关的所有记录都被记录在联机重做日志文件中,这时不管事务是否已经被提交都将写入联机重做日志文件中。

④ 每隔 3s 会自动唤醒日志写入进程。这其实是由于数据库写入进程触发的缘故,因为数据库写入进程每隔 3s 会被自动地唤醒。

⑤ 联机重做日志文件进行日志切换时。

(5)检查点进程:在对脏数据的处理上,数据库写入进程和日志写入进程不是同步进行的,存在一定的时间差,这就会导致数据库的各个文件(控制文件、数据文件、联机重做日志文件等)存在不一致性。检查点是 Oracle 数据库用来检查一致性的一个同步化事件,当检查点触发时,数据库写入进程会将数据库缓冲区中的脏数据全部写入数据文件,同时会更新控制文件和数据文件头部的同步信息,以保证各个文件是一致的。当进行实例恢复时,系统监控进程会根据检查点的位置进行恢复,检查点之前的内容不需要进行恢复,检查点之后的重做日志内容才应该被应用于数据库的恢复,从而可以提高恢复的速度。检查点进程的功能就是执行检查点,实际上检查点进程并不是真的建立检查点,检查点由数据库写入进程创建,检查点进程只负责更新数据文件的文件头。

当满足下列条件时会触发检查点进程执行检查点操作。

① 联机重做日志文件进程日志切换时。

② 每当超过 log_checkpoint_timeout 参数指定的时间时。

③ 手动设置检查点(ALTER SYSTEM CHECKPOINT)时。

检查点触发时会执行以下操作:

① 由数据库写入进程把脏数据全部写入数据文件。

② 由日志写入进程把重做日志缓冲区中的内容写入联机重做日志文件。

③ 由日志写入进程把检查点的信息写入联机重做日志文件。

④ 由检查点进程把最近的系统更改号(System Change Number,SCN)更新到数据文件的文件头和控制文件。

如果单纯从恢复数据库的角度看,应该频繁地执行检查点,因为这样可以缩短恢复的时间,但实际上绝不是越频繁越好,原因是在执行检查点时数据库需要同步很多操作,必然会对数据库的性能产生影响,通常情况下可以使用 Oracle 数据库提供的自动检查点调优机制完成检查点的自动设置。

(6) 归档进程：为了保证数据的一致性和数据库恢复的需要，日志写入进程将保存在重做日志缓冲区中的对数据库所做的所有修改信息都写入联机重做日志文件，但是这仅仅是第一步，因为这时并不意味着能够万无一失地把所有联机重做日志文件的内容都保存下来。因为随着数据库的运行，联机重做日志文件终究会有写满的时候，由于个数和容量有限，Oracle数据库将会重复地使用联机重做日志文件，这就会导致新的内容覆盖旧的内容，针对是否将联机重做日志文件的内容保存下来，可以将Oracle数据库的运行模式分为归档模式(Archivelog Mode)和非归档模式(Noarchivelog Mode)。在归档模式下，每次发生日志切换时，归档进程都会将联机重做日志文件的内容自动备份到归档日志文件中；而非归档模式下则不会进行自动备份，当日志切换到最后一个联机重做日志文件时，数据库会挂起，此时数据库管理员必须手工执行归档命令。

归档进程只有数据库运行在归档模式下且已经启动了自动归档功能时才会工作，并会根据初始化参数文件指定的位置保存归档文件。归档进程的启动是由日志写入进程来完成的，数据库管理员不能启动和关闭归档进程，也不能控制归档进程的数量。

初始化参数 log_archive_max_processes 指定实例启动时会同时启动多个归档进程，默认值为 2。如果数据库的更新操作非常频繁，可以增加归档进程的数量，log_archive_max_processes 的取值范围是 $1 \sim 30$，它是一个动态参数，可以直接使用 ALTER SYSTEM SET 语句进行设置。

(7) 恢复进程：主要功能是处理分布式数据库中失败的事务。一个结点的恢复进程会自动连接到涉及失败事务的数据库。有时可能无法成功地连接到远程数据库，那么恢复进程将会在一定的时间间隔之后重新连接远程数据库。当恢复进程重新建立了连接后，它会自动解决所有可疑事务。

(8) 可管理性监视器进程：主要功能是负责收集数据库活动和性能的相关数据以帮助管理数据库。例如，当某个性能指标超出其阈值时，MMON 会写入信息，并拍摄快照，捕获最近修改的统计信息。

15.2　Oracle 的物理存储结构

在 Oracle 中，数据库是指用来存储数据的物理文件，其结构分为两种：物理存储结构和逻辑存储结构。关系型数据库管理系统的一个重要的特征就是物理存储结构与逻辑存储结构相分离。物理存储结构是从操作系统的角度出发来描述如何组织和管理数据库的文件和数据，而逻辑存储结构则是从 Oracle 的角度出发来描述如何组织和管理数据库的数据。

Oracle 数据库的物理存储结构主要包括以下 4 种文件。

(1) 数据文件(Data File)：由 Oracle 数据库创建的保存在磁盘上的物理文件，用于存储数据库中的各种数据对象及数据。

(2) 控制文件(Control File)：用于跟踪和记录数据库物理结构和物理组件变更信息的文件。

(3) 联机重做日志文件(Online Redo Log File)：一系列包含外部程序对数据库中数据

进行修改的信息的文件。

（4）归档重做日志文件（Archived Redo Log File）：归档是指将文件永久地保存起来，归档重做日志文件用于保存联机重做日志文件中的内容。

除了上述 4 种主要的文件，Oracle 数据库还包括以下文件。

（1）初始化参数文件：用于设置数据库创建和启动时的初始参数值。

（2）跟踪文件：用于记录用户进程、数据库后台进程的运行情况。

（3）口令文件：用于保存具有 sysdba 和 sysoper 系统权限的用户的口令。

15.2.1　数据文件

数据文件是 Oracle 数据库中最重要的文件，占用了数据库的大部分空间，用来存放与数据库相关的绝大多数数据，如数据字典、表数据、索引数据、临时数据、存储过程和函数的代码等。数据以 Oracle 数据库专有的格式被写入数据文件，其他程序不能读取这些文件。一个数据库可以有多个数据文件，但是一个数据文件只能属于一个数据库。一个或多个数据文件就构成了 Oracle 数据库的表空间（Tablespace）。一个表空间可以有一个或多个数据文件，但是一个数据文件只能属于一个表空间。

根据数据是否能在文件中永久保存，可以将数据文件分为永久数据文件和临时数据文件，通常所说的数据文件就是指永久数据文件。永久表空间用于存储持久的数据对象，使用的数据文件就是永久数据文件；临时表空间用于存储会话期间使用的数据对象，使用的数据文件就是临时数据文件。当执行一些操作（如排序、分组）时，如果内存不能为操作的中间结果提供足够空间，那么 Oracle 数据库将使用临时数据文件来暂时保存它们。

临时数据文件与永久数据文件很相似，但是有以下几点不同。

（1）永久数据对象（如表、索引等）无法保存在临时文件中。

（2）临时数据文件不会产生重做数据，因为它们总被设置为 NOLOGGING 模式，因此使用临时文件的速度要更快。

（3）临时数据文件不能设置为只读状态。

（4）不能使用 ALTER DATABASE 命令创建临时数据文件。

（5）可以删除临时数据文件，但不能对临时数据文件进行重命名。永久数据文件不能被删除，但是可以进行重命名。

（6）当创建临时数据文件或重新改变临时数据文件的大小时，不能保证分配给临时数据文件的空间与指定的空间大小相同，因为临时数据文件创建时实际上创建的是稀疏文件，并不真正分配存储空间，只有当用到临时数据文件时才会分配空间。

（7）使用 CREATE CONTROLFILE 语句创建控制文件时不能指定任何关于临时数据文件的信息。

（8）使用 BACKUP CONTROLFILE 语句备份控制文件时不生成任何关于临时数据文件的信息。

（9）介质恢复不恢复临时数据文件。

根据是否可用，可以将数据文件分为联机数据文件和脱机数据文件。只有处于联机状态的数据文件才可以被数据库读取，但是在一些特殊的情况下，数据库管理员需要将数据文件设置为脱机状态以进行一些相关的操作，如要对数据文件进行脱机备份、出于性能的考虑改变数据文件的位置、对数据文件进行重命名等。当数据库系统向数据文件中写入数据时，如果发现写入过程中出现错误也会自动将数据文件设置为脱机状态。一个数据文件脱机时，不会影响到其他数据文件的可用性。

数据文件是依托于表空间存在的，对数据文件的管理可以看做是对表空间的管理，因此将会在15.3.4小节讲述如何管理数据文件。

15.2.2　控制文件

控制文件是数据库实例在启动时用来标识物理文件和数据库结构的二进制文件，它是Oracle文件结构中极为重要的一种文件，虽然它占用的空间不大，但是却为数据库的管理和维护工作提供重要的支持。当启动数据库实例时，Oracle数据库将从初始化参数文件中读取控制文件的名称和位置，登录数据库时会打开控制文件，服务器进程根据控制文件访问数据文件、重做日志文件和其他文件。

控制文件主要包括以下信息：

(1) 数据库的名称和数据库唯一标识号。

(2) 数据库创建的时间。

(3) 数据文件、重做日志文件、归档日志文件的位置及名称等信息。

(4) 表空间的信息。

(5) 恢复管理器的备份信息。

(6) 系统更改号。

当数据库的物理结构发生变化时，服务器进程会将相关的信息写入控制文件。如果控制文件损坏或丢失，那么启动或恢复数据库就会变得非常复杂，因此最好能够为控制文件创建3个（或以上）副本并将它们放置在不同的磁盘上。

可以通过查询动态性能视图v$controlfile了解控制文件的信息，如下面的代码所示。

```
SQL>SELECT name, is_recovery_dest_file, block_size FROM v$ controlfile;
NAME                                    IS_RECOVERY_DEST_FILE BLOCK_SIZE
-------------------------------------------------------------------------
G:\APP\ADMINISTRATOR\ORADATA\ORCL\CONTROL01.CTL         NO        16384
G:\APP\ADMINISTRATOR\FLASH_RECOVERY_AREA\ORCL\CONTROL02.CTL NO     16384
```

上面的查询结果中，name用于说明控制文件的名称及位置，is_recovery_dest_file用于说明控制文件是否在闪回恢复区中（YES表示在，NO表示不在），block_size表示控制文件的大小。

15.2.3　联机重做日志文件

联机重做日志文件用于记录对数据库所做的全部修改信息（实际上是对数据文件中的内容所做的所有修改信息），这对于数据库恢复和保证数据的一致性有着非常重要的意义。当实例失败或磁盘发生故障时，可以使用联机重做日志文件将数据库恢复到最新修改的状态，因此只要拥有完整的归档日志文件和当前的联机重做日志文件，就可以将数据库恢复到最新状态。

联机重做日志文件由很多重做记录（Redo Record）组成，重做记录由一组变更向量（Change Vector）组成，每个变更向量记录了对某个数据块的一次修改，修改的信息包括被修改的数据段的名称和类型、所做更改操作的类型、修改之前的数据（又称为前镜像，Before Image）、修改之后的数据（又称为后镜像，After Image）、修改的 SCN、事务是否提交等信息。

日志写入进程以循环的方式将重做日志缓冲区中的数据写入联机重做日志文件，当前正在使用的联机重做日志文件被写满时，Oracle 数据库会自动进行日志切换，日志写入进程会向下一个联机重做日志文件写入日志内容，也可以使用手工的方式进行日志切换，手工切换时不要求当前联机重做日志文件必须写满。在进行日志切换时，Oracle 数据库会给每个联机重做日志文件一个编号，以标识日志文件被写入的顺序。例如，有两个联机重做日志文件，当第一个被写满时，就会发生日志切换，这时第二个联机重做日志文件成为当前使用的日志文件；当第二个联机重做日志文件被写满时，又会发生日志切换，去重新写第一个联机重做日志文件，就这样反复进行。

每个数据库至少要有两个联机重做日志文件，这样才能保证当一个联机重做日志文件进行归档时，至少还有一个可供写入日志信息，但是即使有多个联机重做日志文件可供使用，在某一时刻日志写入进程也只能将重做日志缓冲区的内容写入一个联机重做日志文件，因此 Oracle 推荐以联机重做日志文件组的形式进行日志文件的管理。与单个的联机重做日志文件（实际上也是日志文件组，只不过默认情况下文件组中只有一个日志文件）不同，联机重做日志文件组包括两个或以上联机重做日志文件，组内的日志文件互为镜像，内容完全相同，而且这些日志文件通常位于不同的磁盘上，这样即使某个日志文件损坏或丢失，仍然能保证日志内容完整保存下来。

日志切换时将触发检查点，检查点会更新数据文件头和控制文件头、刷新数据缓存、刷新日志缓存。检查点还会触发数据库写入进程，将数据库缓冲区中的脏数据全部写入数据文件，也就是将联机重做日志文件中所有包含的修改记录都写入数据文件。但是发生日志切换并不意味着日志写入进程一定能够向下一个联机重做日志文件写入内容，在归档模式下，还需要等待对联机重做日志文件归档完毕才能写入。

联机重做日志文件的管理包括以下内容。

1．查看联机重做日志文件组的信息

可以通过动态性能视图 v＄logfile 和 v＄log 查看日志文件组的情况。

v＄logfile：显示重做日志文件组的信息，包括日志组号、日志文件的状态（status）、日志文件的类型（type）、日志组的成员文件（member）、文件是否在闪回恢复区创建（is_recovery_dest_file）等信息。

v＄log：显示从控制文件中获得的关于日志文件的信息，包括日志组号（group＃）、日志线程号（thread＃）、日志顺序号（sequence＃）、日志文件大小（bytes）、日志组包含的成员数（members）、日志文件是否已归档（archived）、日志文件的状态（status）等信息。

2．创建联机重做日志文件组

在创建数据库时，一般会默认地创建 3 个（使用 DBCA 的情况下）日志文件组，每个组中只有一个日志文件，下面的代码通过查询 v＄logfile 视图获取已经创建的重做日志文件

的信息。

```
SQL>SELECT * FROM v$ logfile;
GROUP# STATUS   TYPE    MEMBER                                  IS_RECOVERY_DEST_FILE
----- -----   -----   --------------------------------------  ---------------------
    3            ONLINE  G:\APP\ADMINISTRATOR\ORADATA\ORCL\REDO03.LOG  NO
    2            ONLINE  G:\APP\ADMINISTRATOR\ORADATA\ORCL\REDO02.LOG  NO
    1            ONLINE  G:\APP\ADMINISTRATOR\ORADATA\ORCL\REDO01.LOG  NO
```

如果想创建或添加新的日志文件组,需要使用下面的语法格式:

```
ALTER DATABASE ADD LOGFILE GROUP groupnumber;
```

例 15.3　创建日志文件组 4,该组包括两个联机日志文件。

```
SQL>ALTER DATABASE ADD LOGFILE GROUP 4            --注意:"D:\BACKUP"必须已经存在
2  ('D:\BACKUP\REDO041.LOG', 'D:\BACKUP\REDO042.LOG') SIZE 8M;
数据库已更改。
```

也可以不指定日志文件组的组号,这时 Oracle 数据库会自动设置新日志文件组的组号(当前最大组号+1)。

例 15.4　不指定日志文件组的组号,创建日志文件组 5,该组包括两个联机日志文件。

```
SQL>ALTER DATABASE ADD LOGFILE                    --日志文件组号自动设置为 5
2  ('D:\BACKUP\REDO051.LOG', 'D:\BACKUP\REDO052.LOG') SIZE 8M;
数据库已更改。
```

3. 向联机重做日志文件组添加成员

如果想在已存在的日志文件组中添加日志文件,需要使用下面的语法格式:

```
ALTER DATABASE ADD LOGFILE MEMBER TO GROUP groupnumber;
```

添加文件时不能指定文件大小,因为每个日志组中的所有文件的大小都是相同的,因此新添加文件的大小由已有文件的大小决定。

例 15.5　向日志文件组 3 和日志文件组 4 添加日志文件。

```
SQL>ALTER DATABASE ADD LOGFILE MEMBER
  2 'D:\BACKUP\REDO032.LOG' TO GROUP 3, 'D:\BACKUP\REDO043.LOG' TO GROUP 4;
数据库已更改。
SQL>SELECT * FROM v$ logfile;
GROUP# STATUS   TYPE   MEMBER                                  IS_RECOVERY_DEST_FILE
----- -----   ----   --------------------------------------  ---------------------
    3            ONLINE  G:\APP\ADMINISTRATOR\ORADATA\ORCL\REDO03.LOG  NO
    2            ONLINE  G:\APP\ADMINISTRATOR\ORADATA\ORCL\REDO02.LOG  NO
    1            ONLINE  G:\APP\ADMINISTRATOR\ORADATA\ORCL\REDO01.LOG  NO
    4            ONLINE  D:\BACKUP\REDO041.LOG                         NO
    4            ONLINE  D:\BACKUP\REDO042.LOG                         NO
    3    INVALID ONLINE  D:\BACKUP\REDO032.LOG                         NO
```

```
4  INVALID  ONLINE    D:\BACKUP\REDO043.LOG                          NO
```

v＄logfile 视图的 status 列用于说明日志文件的状态，可以取以下几个值。

（1）空白：表示该日志文件正在使用。

（2）invalid：表示该日志文件当前不可用，刚添加的日志成员或已经损坏的日志成员都会处于此状态。

（3）stale：表示该日志文件中的内容不完全。

（4）deleted：表示该日志文件已经不再使用了。

从查询结果看，新添加的日志文件的状态为不可用，这是因为新添加的日志文件还没有被使用到，被使用一次之后就会变为可用状态。下面的代码通过日志切换，切换到新添加日志文件所在的组就可以激活不可用的日志文件了。

```
SQL>ALTER SYSTEM SWITCH LOGFILE;                      --手动地进行日志切换
系统已更改。
SQL>SELECT * FROM v$ logfile;
GROUP#  STATUS   TYPE   MEMBER                                    IS_RECOVERY_DEST_FILE
-----   -----    ----   --------------------------------------   ---------------------
  3              ONLINE  G:\APP\ADMINISTRATOR\ORADATA\ORCL\REDO03.LOG      NO
  2              ONLINE  G:\APP\ADMINISTRATOR\ORADATA\ORCL\REDO02.LOG      NO
  1              ONLINE  G:\APP\ADMINISTRATOR\ORADATA\ORCL\REDO01.LOG      NO
  4              ONLINE  D:\BACKUP\REDO041.LOG                             NO
  4              ONLINE  D:\BACKUP\REDO042.LOG                             NO
  3    INVALID   ONLINE  D:\BACKUP\REDO032.LOG                             NO
  4              ONLINE  D:\BACKUP\REDO043.LOG                             NO
```

可见，日志文件组 4 的日志文件被激活了，说明当前使用的日志文件组是 4 组，而日志文件组 3 还没有被使用，因此新添加的日志文件仍然不可用。

添加时也可以不指定日志文件组的组号，但是必须指定该日志文件组所有的成员文件。

例 15.6 不指定日志文件组的组号向日志文件组 5 中添加日志文件。

```
SQL>ALTER DATABASE ADD LOGFILE MEMBER 'D:\BACKUP\REDO053.LOG'
  2  TO ('D:\BACKUP\REDO051.LOG', 'D:\BACKUP\REDO052.LOG');
数据库已更改。
```

4. 删除联机重做日志文件组的日志文件

如果想删除日志文件组中的日志文件，需要使用下面的语法格式：

```
ALTER DATABASE DROP LOGFILE MEMBER;
```

删除成员文件时要注意以下几点：

（1）每个日志文件组至少要有一个日志文件，因此无法删除组中的最后一个日志文件。

（2）只能删除状态为 INACTIVE 或 UNUSED（从 v＄log 视图中查询）文件组的日志文件，否则必须进行日志切换。

（3）如果数据库处于归档模式，必须先将要删除的日志文件进行归档，然后才能删除。

（4）使用语句删除只是更新了控制文件，在逻辑上实现了日志文件的删除，但物理文件仍然存在，需要手动地将其删除。

例 15.7　删除日志文件。

```
SQL>ALTER DATABASE DROP LOGFILE MEMBER 'D:\BACKUP\REDO032.LOG';
数据库已更改。
SQL>ALTER DATABASE DROP LOGFILE MEMBER 'G:\APP\ADMINISTRATOR\ORADATA\ORCL\REDO01.
LOG';
ALTER DATABASE DROP LOGFILE MEMBER 'G:\APP\ADMINISTRATOR\ORADATA\ORCL\REDO01.LOG'
                                                                *
第1行出现错误：
ORA-00361：无法删除最后一个日志成员
F:\APP\ADMINISTRATOR\ORADATA\ORCL\REDO01.LOG (组 1)
SQL>SELECT group#  from v$ log WHERE status='CURRENT';
  GROUP#
--------
      5
SQL>ALTER DATABASE DROP LOGFILE MEMBER 'D:\BACKUP\REDO052.LOG';
ALTER DATABASE DROP LOGFILE MEMBER 'D:\BACKUP\REDO052.LOG'
                                          *
第1行出现错误：                 --无法删除 current 状态日志文件组的成员文件
ORA-01609：日志 5 是线程 1 的当前日志 –无法删除成员
ORA-00312：联机日志 5 线程 1：'D:\BACKUP\REDO051.LOG'
ORA-00312：联机日志 5 线程 1：'D:\BACKUP\REDO052.LOG'
```

5. 删除联机重做日志文件组

如果想删除日志文件组，需要使用下面的语法格式：

```
ALTER DATABASE DROP LOGFILE GROUP groupnumber;
```

删除日志文件组时要注意以下几点：

（1）每个数据库至少要有两个日志文件组。

（2）只能删除状态为 INACTIVE 或 UNUSED（从 v$ log 视图中查询）的日志文件组，否则必须进行日志切换。

（3）如果数据库处于归档模式，必须先将要删除的成员组进行归档，然后才能删除。

（4）使用语句删除只是更新了控制文件，在逻辑上实现了日志文件组的删除，但物理文件仍然存在，需要手动地将其删除。

例 15.8　删除日志文件组。

```
SQL>ALTER DATABASE DROP LOGFILE GROUP 6;
数据库已更改。
SQL>SELECT group#  from v$ log WHERE status='CURRENT';
  GROUP#
```

```
--------
      5
SQL>ALTER DATABASE DROP LOGFILE GROUP 5;
ALTER DATABASE DROP LOGFILE GROUP 5
          *
```

第1行出现错误：

ORA-01623：日志 5 是实例 orcl (线程 1) 的当前日志 - 无法删除

ORA-00312：联机日志 5 线程 1：'D:\BACKUP\REDO051.LOG'

ORA-00312：联机日志 5 线程 1：'D:\BACKUP\REDO052.LOG'

6. 清空日志文件

当联机重做日志文件出现故障时会导致数据库无法归档而终止运行，这时可以将联机重做日志文件的内容清空，相当于对联机重做日志文件进行重新的初始化，语法格式如下：

```
ALTER DATABASE CLEAR LOGFILE GROUP groupnumber;
```

如果要清空的日志文件还没有归档，则需要使用 UNARCHIVED 关键字，语法格式如下：

```
ALTER DATABASE CLEAR UNARCHIVED LOGFILE GROUP groupnumber;
```

清空日志文件时要注意以下几点：

（1）即使数据库只有两个日志文件组，也可以执行清空的操作。

（2）只能清空状态为 INACTIVE 或 UNUSED 的日志文件组，如果是 ACTIVE 状态就要使用 UNARCHIVED 关键字，如果是 CURRENT 状态则必须进行日志切换。

例 15.9 清空日志文件组。

```
SQL>ALTER DATABASE CLEAR LOGFILE GROUP 4;        --清空日志文件组 4 的内容
数据库已更改。
SQL>ALTER SYSTEM SWITCH LOGFILE;                 --进行日志切换
数据库已更改。
SQL>  SELECT group# , status FROM v$ log;
    GROUP#    STATUS
-----------------
      1    ACTIVE
      4    CURRENT
SQL>  ALTER DATABASE CLEAR LOGFILE GROUP 1;
ALTER DATABASE CLEAR LOGFILE GROUP 1
          *
第1行出现错误：                                --日志文件组 1 的状态为 ACTIVE,因此不能清空
ORA-01624：日志 1 是紧急恢复实例 orcl (线程 1) 所必需的
ORA-00312：联机日志 1 线程 1：'F:\APP\ADMINISTRATOR\ORADATA\ORCL\REDO01.LOG'
SQL>ALTER DATABASE CLEAR UNARCHIVED LOGFILE GROUP 1;
数据库已更改。
```

15.3　Oracle 的逻辑存储结构

物理存储结构是从操作系统的角度看到并操作数据库的,能看到数据文件、控制文件、日志文件等物理文件,但却无法看到表、视图、序列、索引等逻辑对象。而逻辑存储结构是由 Oracle 数据库创建和识别的,用于对数据库内容的对象进行逻辑上的组织和管理。

相对于物理存储结构,逻辑存储结构要复杂很多,只要对操作系统的基础知识有所了解,那么对物理存储结构就不会很陌生,但是逻辑存储结构则不同,必须要了解 Oracle 数据库内部的一些概念。可以将物理存储结构简单地理解为操作系统能够"读懂"和使用的存储结构,而逻辑存储结构则是只有 Oracle 数据库本身才能够"读懂"和使用的存储结构。Oracle 数据库会为所有的数据分配逻辑空间和物理空间,即任何数据会同时被分配逻辑空间和物理空间,但是逻辑存储结构最终都要以物理存储结构的形式存放在磁盘上,因为离开物理的存储介质是无法保存任何数据的。

Oracle 数据库的逻辑分配空间按照粒度的大小可以分为数据块(Data Block)、区(Extent)、数据段(Segment)和表空间,其中,数据块的粒度最小,表空间的粒度最大。

图 15.2 显示了 Oracle 数据库各种逻辑结构和物理结构之间的关系。就逻辑结构而言,最小的是 Oracle 的数据块,多个 Oracle 的数据块组成了区,多个区组成了段,多个段组成了表空间。就物理结构而言,最小的是操作系统的数据块,多个操作系统的数据块组成了数据文件。在逻辑结构与物理结构之间,多个操作系统的数据块组成了 Oracle 的数据块,多个区组成了数据文件,多个数据文件组成了表空间。

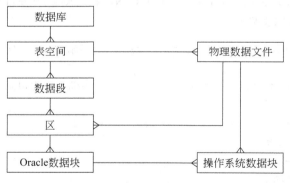

图 15.2　Oracle 实例与数据库

15.3.1　数据块

1. 数据块概述

数据块是 Oracle 数据库中最小的、最基本的逻辑存储单元,Oracle 数据库在进行 I/O 操作时都是以数据块为单位的,如果操作的数据量不足一个数据块,Oracle 数据库也会读取整个块,即每次操作的数据量都是数据块的整数倍。一个 Oracle 数据块可以由一个或多个操作系统数据块组成,Oracle 数据块的大小必须是操作系统数据块大小的整数倍。

　　数据块分为标准数据块(Standard Block)和非标准数据块(Nonstandard Block)。每个数据库创建时都会使用初始化参数 ob_block_size 设置标准数据块的大小,而且该参数只用于设置标准数据块的大小。Oracle 数据库的 SYSTEM 表空间、SYSAUX 表空间和临时表空间的数据块的大小必须等于标准数据块的大小,其他表空间可以使用非标准数据块定义。通常 db_block_size 可设置为 4KB 或 8KB,如果未设置此参数,则 Oracle 数据库会自动根据数据库所在的操作系统来设置数据块的大小。下面的代码演示了如何查看数据库标准数据块的大小。

```
SQL>SHOW PARAMETER db_block_size
NAME                TYPE    VALUE
------------        ------  ---------
db_block_size       integer 8192
```

参数文件中的 db_block_size 参数的单位是 byte,因此 8192byte 就相当于 8KB。

　　数据块的大小和 db_block_size 参数大小不同的数据块称为非标准数据块。在同一个数据库中,可以同时使用标准块和非标准块。非标准块非常有利于在不同平台之间使用可传输表空间,因为如果两个操作系统采用相同的存储方式,那么直接对数据文件进行复制就可以了。

　　可以使用 CREATE TABLESPACE 语句的 BLOCKSIZE 子句建立由非标准数据块构成的表空间,其数据块的大小可以设置为 2KB、4KB、8KB、16KB,但由于受到操作系统本身的影响,因此不是所有操作系统都可以设置数据块的大小。

　　一个数据块可以存储多种数据库对象的信息,如表、索引等,但是无论数据块中存放的数据是什么类型,数据块的内部结构都是相同的,包括块头部(Block Overhead)和存储区两部分,其中,前者又包括块头(Common and Variable Header)、表目录(Table Directory)、行目录(Row Directory),后者又包括未用空间(Free Space)和行数据(Row Data),各部分的功能如下:

　　(1)块头用于存放块的基本信息,包括块的物理地址以及所属的数据段的类型。对于基于事务管理的数据块,还包含活动的和历史的事务信息。

　　(2)表目录用于存放存储在该数据块中的信息所属表的信息,如学生表中的一些数据存放在一个数据块中,那么该数据块的表目录中存放的就是关于学生表本身的信息。

　　(3)行目录用于存放存储在该数据块中的行数据的信息,如行地址等。

　　(4)未用空间是一个块中没有使用的区域,这片区域用于插入新的数据或更新已经存在的数据。反复的 DML 操作可能会导致未用空间的不连续性,但是 Oracle 通常不会对不连续的未用空间进行合并,因为合并未用空间在很大程度上会影响数据库的性能。只有当插入或更新的数据找不到连续的未用空间时,Oracle 数据库才会进行合并未用空间的操作。

　　(5)行数据是已经存放数据的区域,用于存储数据库中的数据。每个数据块的行数据也有其内部的结构,Oracle 数据库使用 rowid 来唯一地标识一行数据。

2. 行链接和行迁移

　　当对数据块进行 DML 操作时,可能会出现以下情形:

（1）向表中插入数据，而且插入的数据可以存放在一个数据块中。由于增加了数据，数据块中的未用空间会减少。

（2）向表中插入数据，而且插入的数据较长，不能存放在一个数据块中。

（3）对表中数据进行更新操作，更新后的数据比原来的数据长，而且可以存放在一个数据块中，那么数据块中的未用空间会减少。

（4）对表中数据进行更新操作，更新后的数据比原来的数据长，而且不能存放在一个数据块中。

（5）对表中数据进行更新操作，如果更新后的数据比原来的数据短，那么数据块中的未用空间会增加。

（6）当对表中数据进行删除操作时，数据块中的未用空间会增加。

对于（2）和（4），操作后的数据不能存放到原来的数据块中，Oracle 数据库会采取两种不同的策略：行链接（Row Chaining）策略和行迁移（Row Migrating）策略。

① 行链接策略：对于（2），Oracle 数据库会把一行数据分成几部分分别存放在几个数据块中，这个过程称为行链接。行链接比较容易发生在比较大的行上，如行上有 LONG、LOB 等数据类型的列。

② 行迁移策略：对于（4），Oracle 会将整行数据迁移到一个新的数据块中（假设一个数据块中可以存放整行数据），并且在原来的数据块中保留一个指针，这个指针指向新的存放行数据的数据块，因此被迁移行的 rowid 是保持不变的，这个过程称为行迁移。

行链接与行迁移对数据库的性能影响很大，因为 Oracle 必须要扫描更多的数据块来获得行的信息。

3．自动管理和手动管理

Oracle 数据库对数据块的管理有两种方式：自动管理和手动管理。当采用自动段空间管理（Automatic Segment Space Management，ASSM）时，数据库会自动管理数据块的空闲空间。数据库管理员也可以通过 PCTFREE 和 PCTUSED 这两个参数来手动地调整数据块中空闲空间的使用，但是 Oracle 推荐使用自动管理方式，因为这样更能发挥数据库的性能优势。

15.3.2　区

区是 Oracle 数据库进行存储空间分配、回收和管理的最小单元，它是比数据块高一级的存储结构，由一系列的数据块组成，一个区总是包含在一个数据文件中。

在默认情况下，当创建数据段（如使用 CREATE TALBE 创建表、使用 CREATE INDEX 创建索引）时，Oracle 会为数据段分配一个初始的区，当初始区的空间被用满之后，将会分配下一个区，直到存储所有的数据为止。

在采用本地管理方式的表空间中，区的分配方式有两种：一种是使用 UNIFORM 关键字将后创建的区与初始区设为相同的大小；另一种是使用 AUTOALLOCATE 关键字让 Oracle 自动管理后创建的区的大小。

15.3.3　段

段是比区高一个级别的逻辑存储结构，由一个或多个区组成。Oracle 数据库将其当作一个独立的逻辑单元，可以用段来描述任何包含数据的模式对象，如表和索引，而约束、序列这些不存储数据的模式对象则不是段。

1. 段的分类

Oracle 数据库中有 4 种基本类型的段：数据段（Data Segment）、索引段（Index Segment）、临时段（Temporary Segment）、撤销段（Undo Segment）。

1）数据段

数据段是用于保存表和簇中数据的段。数据库中的每个表（分区表或聚簇表除外）都存在于一个独立的数据段中，默认情况下数据段名与表名相同。

2）索引段

索引段是用于保存索引数据的段。每个索引都会存储在自己的索引段中，分区索引的每个分区都会放在自己的段中。

3）临时段

临时段是用于存放临时数据的段。当用户执行 SQL 语句时，一些操作（如排序、分组等）需要大量的空间，如果内存无法提供所需要的空间，Oracle 数据库就会为用户分配临时段以完成相应的操作，临时段仅在 SQL 语句执行期间存在，当执行完毕之后会自动删除。如果用户使用了临时表，那么 Oracle 数据库还需要为临时表分配临时段，临时表仅保存一个事务或会话的持续期间的数据。

4）撤销段

当用户对表执行增删改操作时，为了能够完成事务的回滚等功能，必须将更改之前的数据保存起来，这些数据称为撤销数据。撤销段是用于存放撤销数据的段，撤销段必须保存在撤销表空间中，并可以根据需要自动地进行扩展和收缩，从效果上看撤销段相当于一个可以循环使用的缓冲区。一个撤销段中可以保存一个或多个表的撤销数据，在事务执行的过程中，任何对表的修改都会被记录到撤销段中，Oracle 数据库使用撤销数据实现以下功能：

（1）使用 ROLLBACK 语句回滚事务。

（2）进行数据库恢复。

（3）提供数据的读一致性。

（4）执行闪回恢复。

在撤销段中有以下 3 种类型的数据区。

（1）活动数据区（Active Extent）：用于保存一个活动事务需要使用的撤销信息，即使这些撤销信息存在的时间超过了撤销保持时间（undo_retention）或者撤销表空间已满，该数据区中的撤销数据也不会被覆盖。

（2）未过期数据区（Unexpired Extent）：用于保存已结束事务的撤销信息，但是由于这些撤销信息存在的时间小于撤销保持时间，因此仍然被保存在撤销段中，不过在撤销表空间不足的情况下，该数据区中的数据会被活动事务的撤销信息覆盖。

（3）已过期数据区（Expired Extent）：用于保存已结束事务的撤销信息，但是这些撤销信息存在的时间已经超过撤销保持时间。

当事务的撤销信息要写入撤销段时，Oracle数据库会按照下面的顺序进行操作：

(1) 如果存在未使用的数据区，则会将该数据区分配给该撤销信息。

(2) 如果不存在未使用的数据区，则会将已过期数据区分配给该撤销信息。

(3) 如果不存在已过期数据区，则会将未过期数据区分配给该撤销信息。

(4) 如果不存在未过期数据区，则会抛出错误信息。

对于不同的DML语句产生的撤销数据的数量也是不同的。对于INSRET语句来说，撤销段中只保存插入数据的rowid，因此数据量比较少；对于UPDATE语句，如果保存的是更新行的部分数据，那么撤销段中只保存更改的部分，因此数据量也比较少；而对于DELETE语句，必须将整个数据行的前镜像保存在撤销段中，因此占用的空间最多。

2. 查看段信息

可以通过以下的数据字典视图查看与段相关的信息。

(1) dba_segments、user_segments：显示关于段的各种信息，包括段名(segment_name)、分区名(partition_name)、段的类型(segment_type)、段所属的表空间(tablespace_name)、分配给段的区数量(extents)等信息。

(2) v$segment_statistics：显示段级别的统计信息，包括对象名称(object_name)、表空间名称(tablespace_name)、表空间编号(ts#)、对象编号(obj#)等信息。

例15.10 查询学生表使用的数据段的信息和教师表属于哪个数据文件。

```
SQL>SELECT segment_name, segment_type, tablespace_name, bytes, blocks, extents
  2 FROM user_segments WHERE SEGMENT_NAME='STUDENT';
SEGMENT_NAME  SEGMENT_TYPE  TABLESPACE_NAME    BYTES    BLOCKS   EXTENTS
----------    ----------    --------------    -------  ------   -------
STUDENT       TABLE         USERS              65536      8        1
SQL>SELECT file_name, file_id FROM dba_data_files WHERE file_id IN (
  2 SELECT DISTINCT file_id FROM dba_extents WHERE segment_name='TEACHER');
FILE_NAME                                         FILE_ID
-------------------------------------------    ----------------
G:\APP\ADMINISTRATOR\ORADATA\ORCL\USERS01.DBF     4
```

15.3.4 表空间

表空间是Oracle数据库最高级别也是最大的逻辑存储结构，从字面来理解应该是存放表的空间，但是表空间存储的对象不仅仅是表，所有的数据对象都会存储在表空间中，表空间被划分为一个个独立的段，段对应数据库中的数据对象。从逻辑角度看，表空间是存储数据段(表、索引等)的容器；从物理角度看，表空间中的段存储在各个数据文件中。

数据库与表空间是一对多的关系，即一个数据库包含一个或多个表空间，但一个表空间只能属于一个数据库。表空间与数据文件是一对多的关系，即一个表空间包含一个或多个数据文件，但一个数据文件只能属于一个表空间。表空间与数据对象是一对多的关系，即一个表空间包含一个或多个数据对象，但一个数据对象(分区表和分区索引除外)只能属于一个表空间。一个数据对象可以存储在一个或多个数据文件中,一个数据文件也可以存储一个或多个数据对象。同属于一个模式的数据对象可以存储在不同的表空间中,表空间也可以存储不同模式的数据对象。

1. 表空间的分类

1) 永久表空间和临时表空间

根据表空间中段存放的时间及功能可以将表空间分为 3 种:永久表空间(Permanent Tablespace)、临时表空间(Temporary Tablespace)和撤销表空间(Undo Tablespace)。从名称来看,很容易误解表空间是永久的或临时的,而实际上无论何种类型的表空间都会被永久地存放在磁盘上,永久或临时指的是表空间中的段的存留时间。

(1) 永久表空间:其中的段可以被永久保存在磁盘上,重启或关闭数据库都不会影响永久表空间中数据的存在性。

(2) 临时表空间:Oracle 数据库在进行一些操作时会产生大量的临时数据,需要占用大量的空间,而这些空间往往不能由内存(程序全局区的排序区)完全提供,此时就需要使用磁盘上的空间来完成这些操作,Oracle 数据库的临时表空间就是用于为这些临时数据提供存储空间的。需要使用临时表空间的通常为排序、汇总等操作(如 SELECT DISTINCT、ORDER BY、GROUP BY、UNION、CREATE INDEX 等)。临时表空间所指的临时并非指表空间是临时创建的,而是指表空间中的数据是临时的(会话或事务执行期间使用的),数据库关闭或重新启动之后临时表空间中的内容会被全部清空。

一般至少应该为数据库创建一个临时表空间,当临时数据量比较大时可以为数据库创建多个临时表空间以提高运行的性能。从语法上看,创建临时表空间与创建永久表空间很相似,但是在概念上,临时表空间使用的文件称为临时数据文件(TEMPFILE),而非普通的数据文件(DATAFILE)。

如果涉及的数据量很大,一个临时表空间往往不足以存储所有的临时数据,这就会导致数据库性能下降甚至发生故障。为了解决这个问题,可以使用临时表空间组,也就是把多个临时表空间组成一组供用户使用,这样在需要大空间存储临时数据时就可以同时使用组里的多个临时表空间,从而提高数据库的性能。临时表空间组的第二个优点就是当一个用户建立多个与数据库的会话连接时,可以为用户提供多个临时表空间,以使每个会话有机会使用一个单独的临时表空间。临时表空间组的第三个优点是可以在数据库的级别指定多个默认临时表空间,因为可以将临时表空间组指定为数据库默认的临时表空间,此时就相当于将该组中的所有临时表空间都设置为数据库的默认临时表空间。

临时表空间组只能由临时表空间组成,且必须至少有一个临时表空间,临时表空间组中可以包含无限个临时表空间。

(3) 撤销表空间:也是一种永久表空间,只能用来存储撤销段,撤销段用于为回滚事务存储"前镜像"数据。一个数据库中可以创建一个或多个撤销表空间,但是在某一时间点,只能有一个撤销表空间处于激活状态。撤销表空间用于回滚事务,当并发地在表上执行 DML 操作时为查询语句提供读一致性,并为一些闪回操作提供撤销数据。

2) 本地管理的表空间和字典管理的表空间

根据表空间中区的管理方式可以将表空间分为本地管理的表空间(Locally Managed

Tablespace)和字典管理的表空间(Dictionary Managed Tablespace)。

在字典管理的表空间中,区的管理被记录在数据字典中,因此即使所有的表都不在SYSTEM表空间中,仍然需要频繁地访问SYSTEM表空间以更新表中区的使用情况。在本地管理的表空间中,Oracle数据库在表空间的每个数据文件中维护一个位图来跟踪区的使用状况,只有表空间的配额仍然使用数据字典来管理,这样就极大地降低了数据字典的使用频率,从而降低了SYSTEM表空间的I/O操作。

Oracle不建议使用字典管理的表空间,在Oracle 11g中默认创建的是本地管理的表空间。

3)小文件表空间和大文件表空间

根据表空间中数据文件的大小可以将表空间分为小文件表空间和大文件表空间。

(1)小文件表空间:小文件表空间是大文件表空间的概念提出之后为了进行区分而提出的概念。传统的表空间都是小文件表空间,小文件表空间构建在多个数据文件或临时数据文件之上,小文件表空间中每个数据文件可以存储2^{22}个数据块,因此在小文件表空间中使用8KB数据块的数据文件最大为32GB,一个小文件表空间可以有1024个数据文件,因此如果使用8KB数据块则小文件表空间最多能存储32TB的数据。

(2)大文件表空间:随着业务的开展和时间的持续,很多公司的业务数据量变得极为庞大,一个大型数据库往往有上百个数据文件,维护如此庞大数量的数据文件对于数据库管理员来说是一个非常痛苦的事,数据文件的备份、恢复等管理工作会变得异常繁琐,为此Oracle提出了大文件表空间的概念。大文件表空间是构建在一个数据文件上的表空间,大文件表空间的数据文件可以存储2^{32}个数据块,因此如果使用8KB数据块的大文件表空间也可以存储32TB的数据。超大型数据库可以使用大文件表空间来简化数据文件的管理。

4)Oracle自动创建的表空间

Oracle 11g至少需要两个表空间:SYSTEM表空间和SYSAUX表空间,当使用DBCA创建数据库时,Oracle会自动创建这两个表空间。

(1)SYSTEM表空间:在创建数据库时安装的一个管理性的表空间。它是Oracle默认的表空间,用于存储数据字典、数据库管理信息的表和视图以及已编译的存储对象(过程、包和触发器等),不能对其进行删除和重命名操作。

(2)SYSAUX表空间:辅助的系统表空间(Auxiliary System Tablespace)。该表空间为一些没有在SYSTEM表空间保存的数据库元数据提供了一个集中的保存位置,以减少SYSTEM表空间的负担,同样不能对其进行删除和重命名操作。

此外,DBCA还自动创建了TEMP表空间(临时表空间)、UNDOTBS01空间(撤销表空间)、USERS01表空间(用户表空间)。

2. 创建表空间

1)创建永久表空间

创建永久表空间的语法格式如下:

```
CREATE [BIGFILE|SMALLFILE] TABLESPACE tablespace_name
DATAFILE filename [SIZE file_size] [REUSE]
```

```
[, filename SIZE file_size [REUSE]
[AUTOEXTEND [OFF|ON NEXT ext_size] [MAXSIZE [UNLIMITED|max_size]]]]
[BLOCKSIZE size]
[ONLINE|OFFLINE]
[LOGGING|NOLOGGING]
[FORCE LOGGING]
[EXTENT MANAGEMENT LOCAL [AUTOALLOCATE|UNIFORM SIZE extent_size]]
[SEGMENT SPACE MANAGEMENT [AUTO|MANUAL]]
[FLASHBACK [ON|OFF]];
```

说明：

（1）BIGFILE 和 SMALLFILE 用于指定表空间的类型，前者表示大文件表空间，后者表示小文件表空间，如果没有指定该选项则默认创建小文件表空间。SYSTEM 和 SYSAUX 表空间必须是小文件表空间。

（2）DATAFILE 用于指定表空间所包含的数据文件。对于小文件表空间而言可以创建一个或多个数据文件，而大文件表空间只能创建一个数据文件。filename 表示数据文件名，包括文件路径和文件名，路径可以是绝对路径也可以是相对路径。SIZE 用于指定数据文件的大小，单位有 KB、MB、GB 等。REUSE 表示可以重用一个已经存在的数据文件，如果该数据文件已经存在则 Oracle 数据库会检验其大小是否符合 SIZE 参数指定的大小，如果该数据文件不存在则 Oracle 数据库会忽略 REUSE 子句并创建一个新的数据文件，如果省略此选项则 Oracle 数据库会自动创建数据文件，但是该数据文件存在时则必须使用此选项。REUSE 所能恢复的数据文件必须是当前没有被应用的文件，如使用 DROP TABLESPACE 语句删除表空间后留下的数据文件。

（3）AUTOEXTEND 用于指定当表空间已满时数据文件是否可以自动扩展其大小，值为 ON 时表示可以自动扩展，值为 OFF 时表示不能自动扩展。当没有指定该选项时，对于 Oracle 数据库管理的文件（OMF），如果指定了 SIZE 选项则 Oracle 数据库会创建 SIZE 大小的文件，并将 AUTOEXTEND 设置为 OFF，如果没有指定 SIZE 选项则 Oracle 数据库会创建 100MB 大小的文件，并将 AUTOEXTEND 设置为 ON；对于用户自己管理的文件，不管是否指定 SIZE 选项 Oracle 数据库都会将 AUTOEXTEND 设置为 OFF。NEXT 用于指定数据文件占满之后自动扩展的空间大小。MAXSIZE 用于指定数据文件的最大使用空间，如果不想对数据文件使用的空间进行限制可以将 MAXSIZE 设置为 UNLIMITED。

（4）BLOCKSIZE 用于创建指定表空间的非标准数据块的大小，除此之外还必须设置 DB_CACHE_SIZE 参数和至少一个 DB_nK_CACHE_SIZE 参数，设置的非标准数据块的大小必须与 DB_nK_CACHE_SIZE 参数相匹配，不能使用非标准数据块创建临时表空间。但要注意的是，在 Windows 操作系统下只能使用 2KB、4KB、8KB 和 16KB 大小的数据块。

（5）ONLINE 和 OFFLINE 用于指定表空间的状态。ONLINE 表示表空间处于联机状态，OFFLINE 表示表空间处于脱机状态，ONLINE 为默认值。不能为临时表空间指定该选项。

（6）LOGGING 和 NOLOGGING 用于指定是否使用日志文件记录表空间中的数据对象（如表、索引、分区等）的操作情况，LOGGING 是默认值，表示记录日志，NOLOGGING 表示不记录。不能为临时表空间和撤销表空间设置该选项。

(7) FORCE LOGGING 用于将表空间设置为强制记录日志模式,这种模式下即使数据对象的日志模式为 NOLOGGING,Oracle 数据库也会强制将对表空间中的所有数据对象的更改都记录到日志文件中。可以同时使用 NOLOGGING 和 FORCE LOGGING,此时创建的数据对象的日志模式为 NOLOGGING,但是仍然会写入日志,当将表空间的强制记录日志模式取消时,NOLOGGING 就会发挥作用。

(8) EXTENT MANAGEMENT LOCAL 用于指定表空间中区的管理和分配方式,虽然 Oracle 数据库表空间默认的区管理方式就是本地管理,但是还是要显式地使用 EXTENT MANAGEMENT LOCAL 子句。AUTOALLOCATE 表示区的分配是由系统自动管理的,用户不能指定区的大小,不能为临时表空间指定该选项。UNIFORM 表示表空间的区使用统一的大小,临时表空间的所有区的大小都是统一的,因此临时表空间可以指定该选项。如果 UNIFORM 后面没有指定区的大小,则 Oracle 数据库会默认区的大小为 1MB,不能为撤销表空间指定 UNIFORM 选项。如果不指定 AUTOALLOCATE 和 UNIFORM 则默认将 UNIFORM 应用于临时表空间,将 AUTOALLOCATE 应用于其他类型的表空间。

(9) SEGMENT SPACE MANAGEMENT 用于指定永久类型且本地管理的表空间的段空间管理方式。AUTO 表示由 Oracle 数据库自动管理,MANUAL 表示手动管理,推荐使用自动管理,因为自动管理更能有效地利用空间并发挥更好的性能,AUTO 是默认值。不能为临时表空间指定该选项。

(10) FLASHBACK 用于设置是否支持闪回功能,如果设置为 ON 则 Oracle 会将对该表空间的修改等操作写入闪回日志,以便可以进行闪回恢复,如果设置为 OFF 则关闭闪回功能,默认值为 ON。不能为临时表空间和撤销表空间设置该选项。

例 15.11　创建表空间 test1,数据文件在默认目录下,大小是 100MB,其余选项都为默认值。

```
SQL>CREATE TABLESPACE test1 DATAFILE 'test1.dbf' SIZE 100M;
表空间已创建。
--查询 dba_data_files 视图了解数据文件所在的位置及所属的表空间
SQL>SELECT tablespace_name, file_name FROM dba_data_files;
TABLESPACE_NAME       FILE_NAME
---------------       ------------------------------------------------
TEST1                 G:\APP\ADMINISTRATOR\PRODUCT\11.2.0\DBHOME_1\
                      DATABASE\TEST1.DBF
USERS                 G:\APP\ADMINISTRATOR\ORADATA\ORCL\USERS01.DBF
UNDOTBS1              G:\APP\ADMINISTRATOR\ORADATA\ORCL\UNDOTBS01.DBF
SYSAUX                G:\APP\ADMINISTRATOR\ORADATA\ORCL\SYSAUX01.DBF
SYSTEM                G:\APP\ADMINISTRATOR\ORADATA\ORCL\SYSTEM01.DBF
--也可以查询 v$datafile 视图了解数据文件的相关信息
SQL>SELECT name FROM v$datafile;
NAME
---------------------------------------------------------------
G:\APP\ADMINISTRATOR\ORADATA\ORCL\SYSTEM01.DBF
G:\APP\ADMINISTRATOR\ORADATA\ORCL\SYSAUX01.DBF
```

```
G:\APP\ADMINISTRATOR\ORADATA\ORCL\UNDOTBS01.DBF
G:\APP\ADMINISTRATOR\ORADATA\ORCL\USERS01.DBF
G:\APP\ADMINISTRATOR\PRODUCT\11.2.0\DBHOME_1\DATABASE\TEST1.DBF
```

例 15.12 创建表空间 test2,该表空间中有 3 个数据文件,大小分别是 70MB、80MB、90MB,其余选项都为默认值。

```
SQL>CREATE TABLESPACE test2 DATAFILE 'D:\test21.dbf' SIZE 70M,
2 'D:\test22.dbf' SIZE 80M, 'D:\test23.dbf' SIZE 90M;
表空间已创建。
```

例 15.13 创建表空间 test3,该表空间中有一个数据文件,大小是 100MB,当数据文件被占满时可以自动扩大 10MB 的空间,但数据文件的最大空间为 300MB,禁用生成日志的功能,区采用统一分配的方式,区默认大小为 1MB,其余选项都为默认值。

```
SQL>CREATE TABLESPACE test3 DATAFILE 'D:\test3.dbf' SIZE 100M
2   AUTOEXTEND ON NEXT 10M MAXSIZE 300M
3   NOLOGGING
4   EXTENT MANAGEMENT LOCAL UNIFORM;      --没有为 UNIFORM 指定大小时,默认大小为 1MB
表空间已创建。
```

可以使用 PL/SQL 包 DBMS_METADATA 来获得表空间的定义信息,下面的代码通过 DBMS_METADATA 获取 test3 表空间的定义信息。

```
SQL>SET LONG 1000
SQL>SELECT DBMS_METADATA.GET_DDL('TABLESPACE', 'TEST3')
2   FROM dual;
DBMS_METADATA.GET_DDL('TABLESPACE')
----------------------------------------------------------------
  CREATE TABLESPACE "TEST3" DATAFILE
  'D:\TEST3.DBF' SIZE 104857600
  AUTOEXTEND ON NEXT 10485760 MAXSIZE 314572800
  NOLOGGING ONLINE PERMANENT BLOCKSIZE 8192
  EXTENT MANAGEMENT LOCAL UNIFORM SIZE 1048576 DEFAULT NOCOMPRESS  SEGMENT SPACE
```

2) 创建临时表空间

创建临时表空间的语法格式如下:

```
CREATE TEMPORARY TABLESPACE tablespace_name
TEMPFILE filename [SIZE file_size] [REUSE]
[, filename SIZE file_size [REUSE]
[AUTOEXTEND [OFF|ON NEXT ext_size] [MAXSIZE [UNLIMITED|max_size]]]]
[EXTENT MANAGEMENT LOCAL UNIFORM SIZE extent_size];
```

临时表空间与永久表空间的创建语法很相似,但是永久表空间的很多选项不能用于临时表空间,上面各个选项的含义与创建永久表空间的含义相同。

例 15.14 创建临时表空间 temp1,其临时数据文件的大小为 20MB,其余选项都为默认值。

```
SQL>CREATE TEMPORARY TABLESPACE temp1 TEMPFILE 'D:\TEMP\temp1.dbf' SIZE 20M;
```

表空间已创建。　　　　　　　　　　　　　　　　　　　　　　　　　　--"D:\TEMP"目录必须已经存在

--查询 dba_temp_files 视图了解临时数据文件的位置以及与临时表空间的对应关系

```
SQL>SELECT tablespace_name, file_name FROM dba_temp_files;
TABLESPACE_NAME              FILE_NAME
-------------    --------------------------------------------------
TEMP1            D:\TEMP\TEMP1.DBF
TEMP             G:\APP\ADMINISTRATOR\ORADATA\ORCL\TEMP01.DBF
```

--也可以查询 v$ tempfile 视图只了解临时数据文件的相关信息

```
SQL>SELECT name FROM v$ tempfile;
NAME
-----------------------------------------------
G:\APP\ADMINISTRATOR\ORADATA\ORCL\TEMP01.DBF
D:\TEMP\TEMP1.DBF
```

例 15.15　创建临时表空间 temp2,包含两个大小分别是 10MB 和 20MB 的临时数据文件,第一个临时数据文件被占满时可以自动扩大 2MB 的空间且最大空间为 100MB,第二个临时数据文件被占满时可以自动扩大 10MB 的空间且最大空间为 300MB,区采用统一分配的方式,区大小为 512KB。

```
SQL>CREATE TEMPORARY TABLESPACE temp2
  2    TEMPFILE 'D:\TEMP\temp21.dbf' SIZE 10M AUTOEXTEND ON NEXT 2M MAXSIZE 100M,
  3    'D:\TEMP\temp22.dbf' SIZE 20M AUTOEXTEND ON NEXT 10M MAXSIZE 300M
  4    EXTENT MANAGEMENT LOCAL UNIFORM SIZE 512K;
```
表空间已创建。

3）创建撤销表空间

创建撤销表空间的语法格式如下:

```
CREATE UNDO TABLESPACE tablespace_name
DATAFILE filename [SIZE file_size] [REUSE]
[, filename SIZE file_size [REUSE]
[AUTOEXTEND [OFF|ON NEXT ext_size] [MAXSIZE [UNLIMITED|max_size]]]]
[EXTENT MANAGEMENT LOCAL UNIFORM SIZE extent_size]
[RETENTION GUARANTEE|NOGUARANTEE];
```

撤销表空间与永久表空间的创建语法也很相似,只是多了一个 RETENTION 选项,RETENTION GUARANTEE 表示保留撤销表空间中未过期的撤销数据,而 RETENTION NOGUARANTEE 表示不保留。

例 15.16　创建撤销表空间 undo1,包含两个大小都是 20MB 的数据文件,当第二个数据文件被占满时可以自动扩大 10MB 的空间且最大空间为 300MB,区采用自动分配的方式。

```
SQL>CREATE UNDO TABLESPACE undo1
  2    DATAFILE 'D:\UNDO\undo11.dbf' SIZE 20M,
  3    'D:\UNDO\undo12.dbf' SIZE 20M AUTOEXTEND ON NEXT 10M MAXSIZE 300M;
```
表空间已创建。

3. 管理表空间

表空间的管理包括两方面的内容：一是针对表空间本身进行管理，如设置表空间为联机或脱机状态、设置表空间为只读或可读写状态等；二是针对表空间中的数据文件进行管理，如添加数据文件、删除数据文件、改变数据文件的大小和扩展方式、设置数据文件为联机或脱机状态等。

1）设置表空间为联机或脱机状态

设置表空间为联机或脱机状态的语法格式如下：

```
ALTER TABLESPACE tablespace_name ONLINE|OFFLINE [NORMAL|TEMPORARY|IMMEDIATE];
```

ONLINE 表示使表空间联机，OFFLINE 表示使表空间脱机。OFFLINE 后面有 3 个选项：NORMAL 表示正常脱机，Oracle 会将 SGA 中的数据全部写入数据文件，在恢复表空间联机时不需要进行介质恢复，该选项为默认值；指定 TEMPORARY 选项时，Oracle 会为表空间中的所有数据文件执行一个检查点，但是不保证已经写入了数据文件，因此在恢复表空间联机时可能需要进行介质恢复；指定 IMMEDIATE 选项时，Oracle 不保证数据文件的可用性也不会执行检查点，因此在恢复表空间联机时必须进行介质恢复。

例 15.17 将 test1 表空间设置为脱机状态，然后将其设置为联机状态。

```
SQL>ALTER TABLESPACE test1 OFFLINE;
表空间已更改。
SQL>ALTER TABLESPACE test1 ONLINE;
表空间已更改。
```

2）设置表空间为只读或可读写状态

设置表空间为只读或可读写状态的语法格式如下：

```
ALTER TABLESPACE tablespace_name READ ONLY|READ WRITE;
```

如果表空间中含有脱机的数据文件则不能将表空间设置为只读状态，不能将 SYSTEM、SYSAUX 和临时表空间设置为只读状态。

例 15.18 将 test1 表空间设置为只读状态，然后将其设置为可读写状态。

```
SQL>ALTER TABLESPACE test1 READ ONLY;
表空间已更改。
SQL>ALTER TABLESPACE test1 READ WRITE;
表空间已更改。
```

3）设置默认表空间

设置默认表空间的语法格式如下：

```
ALTER TABLESPACE DEFAULT [TEMPORARY] TABLESPACE tablespace_name;
```

例 15.19 将数据库的默认临时表空间设置为 temp1，默认永久表空间设置为 test1，将用户 scott 的临时表空间设置为 temp2。

```
SQL>ALTER DATABASE DEFAULT TEMPORARY TABLESPACE temp1;
```

数据库已更改。　　　　　　　　　　　　　　　　--将数据库的默认临时表空间修改为 temp1
SQL>ALTER DATABASE DEFAULT TABLESPACE test1;
数据库已更改。　　　　　　　　　　　　　　　　--将数据库的默认永久表空间修改为 test1
SQL>ALTER USER scott TEMPORARY TABLESPACE temp2;
用户已更改。　　　　　　　　　　　　　　　　--将用户 scott 的临时表空间修改为 temp2

　　要注意的是,一旦修改了系统的默认表空间,原有的所有普通用户(创建时指定的默认表空间不是数据库默认表空间的用户除外)的默认表空间,都会被指定为这个表空间,创建时未指定默认表空间的用户,在修改数据库的默认表空间后,此用户的默认表空间也将随之改变。

　　4) 重命名表空间

　　重命名表空间的语法格式如下:

ALTER TABLESPACE old_name RENAME TO new_name;

　　此功能允许改变数据库中除 SYSTEM 和 SYSAUX 外任意一个表空间的名字。Oracle会将系统中所有相关的数据字典的内容全部更新。

　　例 15.20　将表空间 test1 的名称改为 rtest。

SQL>ALTER TABLESPACE test1 RENAME TO rtest;
表空间已更改。

　　5) 收缩临时表空间

　　收缩临时表空间的语法格式如下:

ALTER TABLESPACE tablespace_name SHRINK SPACE [KEEP size];

　　此功能用于收缩表空间的大小,KEEP 子句为可选项,用于指定表空间大小的下限,只能对临时表空间进行收缩。

　　例 15.21　将表空间 temp2 的大小收缩为 10MB。

```
SQL>SELECT bytes/1024/1024 Mbytes, blocks, maxbytes/1024/1024 MmaxBytes,
  2  maxblocks FROM dba_temp_files WHERE tablespace_name='TEMP2';
```

MBYTES	BLOCKS	MMAXBYTES	MAXBLOCKS
10	191	100	12800
20	1153	300	38400

```
SQL>ALTER TABLESPACE temp1 SHRINK SPACE KEEP 10M;
表空间已更改。
SQL>SELECT bytes/1024/1024 Mbytes, blocks, maxbytes/1024/1024 MmaxBytes,
  2  maxblocks FROM dba_temp_files WHERE tablespace_name='TEMP2';
```

MBYTES	BLOCKS	MMAXBYTES	MAXBLOCKS
1.4921875	191	100	12800
9.0078125	1153	300	38400

　　从结果看,未收缩表空间之前,表空间 temp2 的大小为 30MB(10MB+20MB),收缩后

变为 10MB 左右。

6）删除表空间

如果想删除表空间，无论是永久表空间还是临时表空间，都可以使用 DROP TABLESPACE 语句，语法格式如下：

```
DROP TABLESPACE tablespace_name [INCLUDING CONTENTS [AND DATAFILES]];
```

如果表空间中没有任何的数据对象则可以直接使用 DROP TABLESPACE 语句删除，但是如果表空间中存在数据对象，则必须包含 INCLUDING CONTENTS 子句，该子句表示删除表空间时 Oracle 数据库会先删除表空间中的数据对象，然后再删除表空间。默认情况下，在删除表空间时并不删除数据文件，如果想将数据文件一起删除，必须使用 AND DATAFILES 子句。

例 15.22 删除表空间 test3，但不删除数据文件，因此该数据文件可以被重用。

```
SQL>DROP TABLESPACE test3;
表空间已删除。
SQL>CREATE TABLESPACE test3 DATAFILE 'D:\test3.dbf' SIZE 100M;
CREATE TABLESPACE test3 DATAFILE 'D:\test3.dbf' SIZE 100M
                                  *
第1行出现错误:
ORA-01119: 创建数据库文件 'D:\test3.dbf' 时出错
ORA-27038: 所创建的文件已存在
OSD-04010: 指定了 <create>选项, 但文件已经存在
SQL>CREATE TABLESPACE test3 DATAFILE 'D:\test3.dbf' SIZE 100M REUSE;
表空间已创建。
SQL>CREATE TABLE test(id NUMBER, name varchar2(10)) TABLESPACE test3;
表已创建。
SQL>DROP TABLESPACE test3;
DROP TABLESPACE test3
           *
第1行出现错误:
ORA-01549: 表空间非空, 请使用 INCLUDING CONTENTS 选项
SQL>DROP TABLESPACE test3 INCLUDING CONTENTS AND DATAFILES;
表空间已删除。
```

上面第一条语句只在逻辑上删除表空间 test3，而且没有删除数据文件，在重用该数据文件时必须使用 REUSE 关键字，否则不能创建表空间。重新创建表空间后，在该表空间中创建了一个 test 表，再删除时如果不指定 INCLUDING CONTENTS 子句将不能删除表空间。最后使用 INCLUDING CONTENTS AND DATAFILES 将表空间和数据文件同时删除。

例 15.23 删除临时表空间 temp1。

```
SQL>DROP TABLESPACE temp1;
DROP TABLESPACE temp1
           *
```

第 1 行出现错误:
ORA-12906: 不能删除默认的临时表空间

对于默认临时表空间,Oracle 数据库不允许直接将其删除,因此如果想删除当前的默认临时表空间,可以采用变通的方法,就是将另外一个临时表空间设置成默认临时表空间,然后删除原来的默认临时表空间。

```
SQL>ALTER DATABASE DEFAULT TEMPORARY TABLESPACE temp;
--将数据库的默认表空间设置为 temp
数据库已更改。
SQL>DROP TABLESPACE temp1;
表空间已删除。
```

7) 为表空间添加数据文件

数据文件必须创建在某个表空间中,因此向表空间中添加文件实际上就是创建数据文件。

为表空间添加数据文件的语法格式如下:

```
ALTER TABLESPACE tablespace_name ADD
DATAFILE|TEMPFILE filename [SIZE file_size] [REUSE]
[, filename SIZE file_size [REUSE]
[AUTOEXTEND [OFF|ON NEXT ext_size] [MAXSIZE [UNLIMITED|max_size]]]];
```

以上各个选项与创建表空间时的含义相同。

例 15.24　为表空间 test2 添加一个数据文件,数据文件大小为 10MB,自动扩展且最大空间无限制。为表空间 temp2 添加两个大小分别为 30MB 和 40MB 的临时数据文件。为表空间 undo1 添加一个 30MB 的数据文件。

```
SQL>ALTER TABLESPACE test2
2 ADD DATAFILE 'test22.dbf' SIZE 10M AUTOEXTEND ON MAXSIZE UNLIMITED;
表空间已更改。
SQL>ALTER TABLESPACE temp2
2 ADD TEMPFILE 'D:\TEMP\temp23.dbf' SIZE 30M, 'D:\TEMP\temp24.dbf' SIZE 40M;
表空间已更改。
SQL>ALTER TABLESPACE undo1 ADD DATAFILE 'D:\UNDO\undo13.dbf' SIZE 30M;
表空间已更改。
```

8) 删除表空间中的数据文件

删除表空间中的数据文件的语法格式如下:

```
ALTER TABLESPACE tablespace_name DROP DATAFILE|TEMPFILE filename|filenumber;
```

要删除的数据文件必须为空且不能是表空间的第一个文件,脱机状态的数据文件不能被删除。删除后控制文件和数据字典中的有关该数据文件的信息会被删除,物理文件也会被删除。filenumber 是文件的编号,可以通过查询 dba_data_files 视图的 file_id 列获得。

例 15.25　删除 test2 表空间的数据文件 test22.dbf,删除 temp2 表空间的临时数据文件temp23.dbf,通过文件编号删除undo1表空间的数据文件undo13.dbf。

```
SQL>ALTER TABLESPACE test2 DROP DATAFILE 'test22.dbf';
表空间已更改。
SQL>ALTER TABLESPACE temp2 DROP TEMPFILE 'D:\TEMP\temp23.dbf';
表空间已更改。
SQL>SELECT file_name,file_id FROM dba_data_files
2 WHERE TABLESPACE_NAME='UNDO1';

FILE_NAME                FILE_ID
------------------    ----------
D:\UNDO\UNDO11.DBF         12
D:\UNDO\UNDO12.DBF         13
D:\UNDO\UNDO13.DBF         14
SQL>ALTER TABLESPACE undo1 DROP DATAFILE 14;
表空间已更改。
```

9) 改变数据文件的大小和扩展方式

扩展表空间大小的另外一种方法是增加数据文件,包括增大数据文件的大小、设置数据文件的扩展方式。

例15.26　增加临时文件temp24.dbf的大小至150MB,然后再将其设置为自动扩展方式,每次扩展5MB,大小没有上限。

```
SQL>ALTER DATABASE TEMPFILE 'D:\TEMP\temp24.dbf' RESIZE 150M;
数据库已更改。
SQL>ALTER DATABASE TEMPFILE 'D:\TEMP\temp24.dbf'
2 AUTOEXTEND ON NEXT 5M MAXSIZE UNLIMITED;
数据库已更改。
```

10) 设置数据文件为联机或脱机状态

将数据文件设置为联机或脱机状态的语法格式如下:

```
ALTER DATABASE DATAFILE|TEMPFILE ONLINE|OFFLINE [FOR DROP];
```

在非归档模式下,如果要使数据文件脱机时需要使用FOR DROP子句。由于在非归档模式下让一个数据文件脱机Oracle是不做检查的,因此如果要想使数据文件重新联机,需要使用ALTER DATABASE RECOVER DATAFILE语句进行恢复。

例15.27　将数据文件test22.dbf、临时数据文件temp24.dbf设置为脱机状态。

```
SQL>ARCHIVE LOG LIST
数据库日志模式           非存档模式
自动存档           禁用
存档终点           USE_DB_RECOVERY_FILE_DEST
最早的联机日志序列    98
当前日志序列          100
SQL>ALTER DATABASE DATAFILE 'D:\test22.dbf' OFFLINE;
ALTER DATABASE DATAFILE 'D:\test22.dbf' OFFLINE
*
```

第1行出现错误：

ORA-01145：除非启用了介质恢复，否则不允许立即脱机

SQL>ALTER DATABASE DATAFILE 'D:\test22.dbf' OFFLINE FOR DROP;

数据库已更改。

SQL>ALTER DATABASE TEMPFILE 'D:\TEMP\temp24.dbf' OFFLINE;

数据库已更改。

SQL>ALTER DATABASE TEMPFILE 'D:\TEMP\temp24.dbf' ONLINE;

数据库已更改。

SQL>ALTER DATABASE DATAFILE 'D:\test22.dbf' ONLINE;

ALTER DATABASE DATAFILE 'D:\test22.dbf' ONLINE

          *

第1行出现错误：

ORA-01113：文件 9 需要介质恢复

ORA-01110：数据文件 9：'D:\TEST22.DBF'

SQL>ALTER DATABASE RECOVER DATAFILE 'D:\test22.dbf';

数据库已更改。

SQL>ALTER DATABASE DATAFILE 'D:\test22.dbf' ONLINE;

数据库已更改。

4．表空间使用的一些原则

表空间是 Oracle 数据库最大、最重要的逻辑结构，因此合理地使用表空间对于数据库的性能来说是十分重要的，通常创建和管理表空间时要遵循以下原则：

（1）不要在 SYSTEM、SYSAUX 表空间中创建用户的段。

（2）根据段的用途、访问频率和大小来创建不同的表空间。

（3）数据段和索引段应该放在不同的表空间中。

（4）应该为每个应用程序建立独立的表空间。

（5）经常使用的段和不经常使用的段应该放在不同的表空间中。

（6）只读表应该在它们自己的表空间中。应该使用合适的块大小创建表空间，这取决于段是逐行访问还是全表扫描。

（7）物化视图应该与基表放置在不同的表空间中。

（8）分区表的每个分区应该在一个独立的表空间中。

（9）应该尽量避免手工改变表空间的大小，因此在创建和修改一个数据文件时应该使用 AUTOEXTEND 子句使数据文件自动扩展。

5．查询表空间信息

可以通过以下的数据字典视图了解与表空间相关的信息。

（1）dba_tablespaces、user_tablespaces：显示表空间的详细信息，包括表空间的名称（tablespace_name）、表空间的数据块大小（block_size）、初始区大小（initial_extent）、表空间的状态（status，online 表示联机，offline 表示脱机，read only 表示只读）、表空间的类型（contents，undo 表示撤销表空间，permanent 表示永久表空间，temporary 表示临时表空

间）、区管理方式（extent_management）等信息。

（2）dba_ts_quotas、user_ts_quotas：显示表空间可配额的详细信息，包括表空间的名称（tablespace_name）、用户名（username）、用户被分配的配额（max_bytes，－1 表示没有限制）等信息。

（3）dba_data_files：显示数据文件的详细信息，包括文件名（file_name）、文件编号（file_id）、文件所属表空间的名称（tablespace_ name）、文件大小（bytes）、文件状态（status，available 表示可用，invalid 表示不可用）等信息。

（4）v＄datafile：显示从控制文件中获取的数据文件信息，包括文件编号（file♯）、创建文件时的更改号（creation_change♯）、文件创建时间（creation_time）、表空间编号（TS♯）等信息。

（5）dba_free_space：显示表空间中可用的区信息，包括表空间名（tablespace_name）、文件编号（file_id）、数据块编号（block_id）等信息。

（6）dba_temp_files：显示临时数据文件的详细信息，包括文件名（file_name）、文件编号（file_id）、文件所属表空间的名称（tablespace_name）、文件大小（bytes）、文件状态等信息。

例 15.28 查看表空间的使用信息。

```
SQL>SELECT dbf.tablespace_name,
  2  dbf.totalspace "总量(M)",
  3  dbf.totalblocks as 总块数,
  4  dfs.freespace "剩余总量(M)",
  5  dfs.freeblocks "剩余块数",
  6  (dfs.freespace/dbf.totalspace) * 100 "空闲比例"
  7  FROM (SELECT t.tablespace_name,
  8  SUM(t.bytes)/1024/1024 totalspace,
  9  SUM(t.blocks) totalblocks
 10  FROM dba_data_files t
 11  GROUP BY t.tablespace_name) dbf,
 12  (SELECT tt.tablespace_name,
 13  SUM(tt.bytes)/1024/1024 freespace,
 14  SUM(tt.blocks) freeblocks
 15  FROM dba_free_space tt
 16  GROUP BY tt.tablespace_name) dfs
 17  WHERE TRIM(dbf.tablespace_name)=TRIM(dfs.tablespace_name)
 18  ;
```

TABLESPACE_NAME	总量(M)	总块数	剩余总量(M)	剩余块数	空闲比例
SYSAUX	620	79360	58.375	7472	9.41532258
UNDOTBS1	100	12800	90.9375	11640	90.9375
USERS	6.25	800	0.5625	72	9
SYSTEM	700	89600	5.3125	680	0.75892857
EXAMPLE	100	12800	21.25	2720	21.25

TEST2	240	30720	237	30336	98.75
RTEST	100	12800	99	12672	99
UNDO1	40	5120	36.75	4704	91.875

15.4 练习题

1. Oracle 数据库不包括_____。

    A. 数据文件   B. 联机重做日志文件

    C. 控制文件   D. 参数文件

2. 下列说法不正确的是_____。

    A. 每个数据库至少要有两个数据文件

    B. 每个数据库至少要有两个表空间

    C. 每个数据库至少要有一个控制文件

    D. 每个数据库至少要有 3 个日志文件

3. 下列选项中,不属于 Oracle 实例的组成部分是_____。

    A. 控制文件   B. 共享池   C. 进程监控器   D. SGA

4. SGA 中用于保存解析后的 SQL 代码的组件是_____。

    A. 数据库缓冲区   B. 字段缓冲区   C. 库缓冲区   D. 解析缓冲区

5. SMON 可以实现_____。

    A. 在实例启动时进行数据库恢复

    B. 启动服务器进程

    C. 在用户会话结束后进行清理操作

    D. 将脏数据写入数据文件

6. 能够保证进行已提交事务的数据即使未写入数据文件也能被保存下来的后台进程是_____。

    A. DBWn   B. PMON   C. LGWR   D. CKPT

7. 关于 Oracle 实例与 Oracle 数据库的说法正确的是_____。

    A. 实例需要使用服务器参数文件配置,数据库需要使用普通参数文件配置

    B. 只有当创建数据库时需要实例,而任何时候都需要使用数据库

    C. 实例和数据库都可以不需要对方的存在而独立完成相应的功能

    D. 实例是由内存结构和后台进程组成的,而数据库是由一系列的物理文件组成的

8. 关于 SYSTEM 表空间,下列说法正确的是_____。

    A. SYSTEM 表空间是只读表空间

    B. 不能改变 SYSTEM 表空间的数据文件的大小

    C. 可以改变 SYSTEM 表空间的数据文件名

    D. SYSTEM 表空间不能脱机

9. 下列段中不存储在表空间中的是_____。

　　A. 永久段　　　　　　　B. 临时段　　　　　C. 撤销段　　　　　　D. 重做段

10. 关于表空间，下列说法正确的是_____。

　　A. 一个表空间中只能保存一个模式的对象

　　B. 一个表空间中只能有一个数据文件

　　C. 表空间中只能存储永久数据

　　D. 大文件表空间中只有一个数据文件

第16章

Oracle的安全管理

在信息技术领域,安全问题是一个永恒的话题,数据库作为存储数据的最重要的载体,会存储大量的业务数据,这些数据通常对于企业和组织来说具有很高的商业价值,其安全的重要性也就不言而喻了。在安全管理方面,Oracle 数据库也提供了很多机制,包括用户管理、权限管理、角色管理等。

本章将主要讲解以下内容:

- 用户管理。
- 权限管理。
- 角色管理。
- 概要文件管理。

16.1 用户管理

每个数据库都会有很多用户,只有合法的用户才能登录和操作数据库,因此用户管理是数据库安全管理的基础,保证用户的安全性是保证数据库安全的首要条件。

16.1.1 用户与模式

前面的章节中多次使用用户和模式的概念,并且将它们不加区分地使用,实际上它们是有区别的。用户是指在数据库中定义的、用来访问数据库的名称,模式是指一系列数据库对象(如表、视图、索引等)的集合,模式对象是数据库数据的逻辑结构。用户的作用是连接数据库并访问模式中的对象,而模式的作用是创建和管理数据库的对象。

在其他一些数据库中,模式和用户不存在对应关系,但在 Oracle 数据库中,模式与用户是一一对应的,一个模式只能被一个用户所拥有并且名字必须与用户的名称相同,而一个用户也只能拥有一个模式,因此在实际应用中往往将模式和用户当作同一个事物使用。

当用户访问自己模式中的对象时,不需要指定模式名(即不指定模式名就意味着要访问的是自己模式中的对象),如以 learner 用户的身份登录,执行 SELECT * FROM teacher,就相当于执行 SELECT * FROM learner. teacher。经过授权的用户还可以访问其他模式的对象,访问时要在对象名的前面加上模式名。

例 16.1 以 scott 用户的身份访问 learner 模式的教师表。

```
SQL>conn scott/tiger
已连接。
SQL>SELECT t_id, t_name, t_research FROM learner.teacher;
SELECT t_id, t_name, t_research FROM learner.teacher
                                          *
第1行出现错误:
ORA-00942:表或视图不存在    --报错,因为用户scott没有查询learner模式教师表的权限
SQL>conn learner/learner123
已连接。
SQL>GRANT SELECT ON teacher TO scott;    --将对教师表的查询权限授予用户scott
授权成功。
SQL>conn scott/tiger
已连接。
SQL>SELECT t_id, t_name, t_research FROM learner.teacher;
T_ID    T_NAME    T_RESEARCH
-----   ------    ----------------------------------------
060001  李飞      软件工程技术,智能算法
060002  张续伟    数据仓库,数据挖掘,Web挖掘,数据库系统开发
060003  黄帅      计算机网络安全
060004  崔楠楠    软件测试,.NET技术,数据挖掘
060005  尹双双    数据挖掘,粗糙集
...
已选择24行。
```

默认情况下,普通数据库用户是无法访问其他模式下的对象的,因此例16.1中用户 scott不能访问learner模式的教师表,但是得到learner的授权之后就可以访问了。

16.1.2 创建用户

拥有CREATE USER权限的用户可以为数据库创建新的用户,创建用户的语法格式 如下:

```
CREATE USER user_name
IDENTIFIED [BY password|EXTERNALLY|GLOBALLY]
[DEFAULT TABLESPACE default_tablespace]
[TEMPORARY TABLESPACE temp_tablespace]
[QUOTA size|UNLIMITED ON tablesapce_name]
[PROFILE profile]
[PASSWORD EXPIRE]
[ACCOUNT LOCK|UNLOCK];
```

说明:

(1) user_name是要创建的数据库用户的名称,该名称不能与现有的用户名重复。

(2) IDENTIFIED子句用于指定数据库用户的认证方式。password是指要创建的数据库用户的密码,也就是使用密码认证方式,EXTERNALLY表示要使用外部认证方式, GLOBALLY表示要使用全局认证方式。

（3）DEFAULT TABLESPACE 用于指定创建用户的默认表空间，以后用户创建的对象将会存储在默认表空间中。如果创建用户时没有指定默认表空间，则会使用数据库创建时指定的默认表空间（一般为 USERS 表空间）。

（4）TEMPORARY TABLESPACE 用于指定用户的临时表空间，当会话期间执行的某些操作需要的空间量超出 PGA 的可用空间时，就会使用临时表空间，以保存用户的临时数据。如果创建用户时没有指定临时表空间，则会使用数据库创建时指定的临时表空间（一般为 TEMP 表空间）。

（5）QUOTA（配额）在 Oracle 数据库中用于对资源的使用进行限制，创建用户时指定该选项的作用是指定用户在某个表空间上最大可以使用的存储空间，一旦超过配额值，无论表空间还有多大的剩余空间用户都不能再使用该表空间存储对象了。如果创建用户时没有指定配额，则默认在表空间上的配额为 0，即用户不能使用任何空间存储任何对象。不能为用户指定临时表空间的配额。

（6）PASSWORD EXPIRE 用于指定用户密码初始状态为过期，也就是需要用户在第一次登录时就对密码进行修改。

（7）ACCOUNT 用于指定用户的锁定状态，锁定的用户无法登录到数据库中，默认为 UNLOCK，即不锁定。

（8）创建用户后，Oracle 数据库就会自动创建一个与该用户名称相同的模式，该用户创建的所有对象都会保存在这个模式中。

例 16.2　创建两个新用户 user1 和 user2，并查看相关信息。

```
SQL>conn scott/tiger                    --以用户 scott 的身份登录创建用户
已连接。
SQL>CREATE USER user1 IDENTIFIED BY 123;  --scott 没有创建用户的权限,因此创建失败
CREATE USER user1 IDENTIFIED BY 123
                                  *
第 1 行出现错误:
ORA-01031: 权限不足
SQL>conn/as sysdba                      --以 sysdba 的身份登录
已连接。
SQL>CREATE USER user1 IDENTIFIED BY 123;
用户已创建。
--创建用户 user1,密码是 123,其他用默认值
--查询 database_properties 视图了解数据库当前的默认表空间和临时表空间
SQL>SELECT property_name, property_value FROM database_properties
2 WHERE property_name IN('DEFAULT_TEMP_TABLESPACE', 'DEFAULT_PERMANENT_TABLESPACE
');
PROPERTY_NAME                      PROPERTY_VALUE
------------------------           -------------
DEFAULT_TEMP_TABLESPACE            TEMP      --默认的临时表空间
DEFAULT_PERMANENT_TABLESPACE       USERS     --默认的永久表空间
--查询用户 user1 的默认表空间和临时表空间,可见使用的是数据库当前的默认表空间和临时表空间
SQL>SELECT default_tablespace, temporary_tablespace FROM dba_users
2 WHERE username='USER1';
```

```
DEFAULT_TABLESPACE   TEMPORARY_TABLESPACE
------------------------  -------------
USERS                     TEMP
SQL>CREATE TABLESPACE test DATAFILE 'test.dbf' SIZE 10M;      --创建表空间 test
表空间已创建。
SQL>CREATE TEMPORARY TABLESPACE test_temp TEMPFILE 'test_temp.dbf' SIZE 10M;
表空间已创建。                                        --创建临时表空间 test_temp
SQL>CREATE USER user2 IDENTIFIED BY 123
  2   DEFAULT TABLESPACE test TEMPORARY TABLESPACE test_temp
  3   QUOTA UNLIMITED ON test;
用户已创建。
--创建用户 user2,指定其默认表空间是 test,临时表空间是 test_temp,配额无限制
SQL>SELECT default_tablespace, temporary_tablespace FROM dba_users
2 WHERE username='USER2';
DEFAULT_TABLESPACE   TEMPORARY_TABLESPACE
----------------   -----------------------
TEST                      TEST_TEMP
SQL>SELECT username, tablespace_name, max_bytes
2   FROM dba_ts_quotas WHERE USERNAME='USER1' OR USERNAME='USER2';
USERNAME   TABLESPACE_NAME   MAX_BYTES
-------   ------------   --------
USER2       TEST             -1          --查看用户 user1 和 user2 的表空间配额
```

例16.2 中,首先以 scott 用户的身份登录,想要创建用户 user1,但是 scott 用户没有创建用户的权限,因此创建失败;然后以 sysdba 的身份登录,创建用户 user1,采用密码认证方式,设置其密码是 123,但是没有为用户 user1 显式地指定默认表空间和临时表空间,这种情况下 Oracle 数据库会自动将数据库当前的默认表空间和临时表空间作为用户 user1 的默认表空间和临时表空间。可以通过视图 database_properties 查看数据库的默认表空间和临时表空间,创建完用户后,可以通过查询视图 dba_users 查看用户的默认表空间和临时表空间。然后创建数据表空间 test 和临时表空间 test_temp,再创建用户 user2,指定其默认表空间是 test,临时表空间是 test_temp,配额无限制,即用户 user2 可以使用 test 表空间上的任意大小的空间存储数据库对象。使用视图 dba_ts_quotas 可以查看用户被分配的表空间的配额情况,结果只显示了用户 user2 的配额情况,而没有显示用户 user1 的配额情况,这是因为创建用户 user2 时就分配了配额且对表空间的使用没有限制(max_bytes 为 -1 表示没有限制),而创建用户 user1 时没有分配配额,所以查不到相关的记录。

16.1.3　用户的认证方式

前面多次使用"sqlplus/as sysdba"命令直接登录到 SQL * Plus 中,那么为什么没有输入用户名和密码也可以以 sysdba 的身份登录呢? 尝试运行下面的代码,看看是否也能登录。

```
C:\Users\Administrator>sqlplus abc/abc as sysdba     --这里的用户名和密码是随意的
SQL * Plus: Release 11.2.0.1.0 Production on 星期六 3月 3 18:00:18 2012
```

```
Copyright (c) 1982, 2010, Oracle.   All rights reserved.
连接到:
Oracle Database 11g Enterprise Edition Release 11.2.0.1.0 - Production
With the Partitioning, OLAP, Data Mining and Real Application Testing options
```

再使用"sqlplus /nolog"和 conn 命令登录。

```
C:\Users\Administrator>sqlplus /nolog
SQL * Plus: Release 11.2.0.1.0 Production on 星期六 3月 3 19:22:17 2012
Copyright (c) 1982, 2010, Oracle.   All rights reserved.
SQL>conn haha/haha as sysdba              --这里的用户名和密码也是随意输入的
已连接。
```

很显然,上面的两种方式都可以登录,但是为什么不使用用户名和密码或者使用随意的用户名和密码也能以 sysdba 身份登录 Oracle 数据库呢？这与 Oracle 数据库的用户认证方式有关。

创建用户时会为用户指定对其进行认证的方式,这将决定登录时 Oracle 数据库采用何种认证方式验证其合法性。对于不同权限的用户和登录需求,Oracle 数据库提供了 3 种不同的认证方式,即外部认证、数据库认证和全局认证,通常使用前两种认证方式。从认证方式的角度可以将用户分为两类: 具有 sysdba 或 sysoper 系统权限(下面简称为特权用户)和普通数据库用户(这里所指的普通仅针对 sysdba 或 sysoper 系统权限),用户的类型与认证的方式是密不可分的。

1. 外部认证

在外部认证方式中,Oracle 数据库只保存用户的账号信息,而不保存用户的密码,也就是密码的管理和身份的认证是由数据库的外部服务承担的,提供外部服务的可以是操作系统或者是网络服务(如 Oracle Net),用户得到外部服务的认证之后就可以直接登录到数据库中,不必再经过数据库的验证了。外部认证又可以分为操作系统认证和口令文件认证两种。

1) 操作系统认证

在操作系统认证方式中,用户的密码不存储在数据库中,而是依靠操作系统来验证用户的合法性,也就是只要能登录到操作系统中,就能登录到数据库中,而不需要额外的验证手段。

对于特权用户而言,要想使用这种认证方式,需要对 Oracle 数据库的配置文件 sqlnet. ora 进行配置,该文件的位置是％ORACLE_HOME％\NETWORK\ADMIN\sqlnet. ora,该文件中的 sqlnet. authentication_services 参数指示了特权用户登录的方式,有以下 3 种基本的取值。

(1) nts: 表示采用 Windows 操作系统认证。

(2) none: 表示采用口令文件认证。

(3) all: 表示支持所有认证方式。

如果不指定该参数,则 Windows 操作系统中使用口令文件认证,UNIX/Linux 操作系统中使用操作系统认证。在 Windows 操作系统下,该参数的默认值为 nts,即采用操作系统认证。

Oracle 数据库会在安装的过程中自动建立具有数据库管理员权限的用户组(ora_dba 用户组),如果 sqlnet. authentication_services 参数的值为 nts,那么这个组中的所有成员不必输入用户名和密码或输入任意的用户名和密码(也就是不需要口令文件验证用户的合法性),都可以直接以 sysdba 的身份登录到数据库中,因此如果想让操作系统的用户具有 sysdba 系统权限的话,可以将用户加入到 ora_dba 用户组中。下面是操作系统的管理员 Administrator 在命令行中运行代码"sqlplus/as sysdba",因为 Administrator 默认就加入了 ora_dba 用户组,所以可以直接登录到数据库中。

```
C:\Users\Administrator>sqlplus/as sysdba
SQL * Plus: Release 11.2.0.1.0 Production on 星期日 3 月 4 11:37:54 2012
Copyright (c) 1982, 2010, Oracle.  All rights reserved.
连接到:
Oracle Database 11g Enterprise Edition Release 11.2.0.1.0 - Production
With the Partitioning, OLAP, Data Mining and Real Application Testing options
```

正如本小节开始所描述的那样,对于采用操作系统认证的、sqlnet. authentication_services 参数采用默认值的且以 sysdba 或 sysoper 系统权限登录的用户,无论登录时有没有输入用户名和密码或输入任意的用户名和密码都能成功地登录到数据库中。以 sysdba 身份登录后用户是 SYS,以 sysoper 身份登录后用户是 PUBLIC。

在系统中再创建一个用户 user1,切换到 user1 中,在命令行中运行代码"sqlplus/as sysdba"。

```
C:\Users\aa>sqlplus/as sysdba
SQL * Plus: Release 11.2.0.1.0 Production on 星期日 1 月 22 11:39:47 2012
Copyright (c) 1982, 2010, Oracle.  All rights reserved.
ERROR:
ORA-01031: insufficient privileges
请输入用户名:
```

结果显示权限不足,解决的方法就是将用户 user1 加入到用户组 ora_dba 中,如图 16.1 所示。

图 16.1 将用户 user1 加入到用户组 ora_dba 中

　　然后,用户 user1 就可以使用"sqlplus/as sysdba"直接登录数据库了。

　　默认情况下,Oracle 数据库只会创建一个用户组,即 ora_dba 用户组,这个组中的成员虽然能够以 sysdba 的身份登录,但却不能以 sysoper 的身份登录,下面以 sysoper 的身份登录。

```
C:\Users\Administrator>sqlplus/as sysoper
SQL * Plus: Release 11.2.0.1.0 Production on 星期日 3 月 4 12:20:46 2012
Copyright (c) 1982, 2010, Oracle.   All rights reserved.
ERROR:
ORA-01031: insufficient privileges
请输入用户名:
```

　　解决的方法是手动地创建一个 ora_oper 用户组,将用户 Administrator 和 user1 加入到用户组 ora_oper 中,就可以以 sysoper 的身份登录数据库了,如图 16.2 所示。

图 16.2　将用户 Administrator 和 user1 加入到用户组 ora_oper 中

　　对于普通数据库用户,如果要使用操作系统认证方式,要在创建用户时显式地指定其认证方式为外部认证。Oracle 数据库中有一个初始化参数 os_authent_prefix,该参数用于指定验证用户时使用的前缀,其默认值为"OPS $",连接数据库中的用户名是 os_authent_prefix 的值与操作系统的用户名相拼接之后的值。例如,操作系统用户名为 USER_OS,os_authent_prefix 的默认值为"OPS $",因此连接数据库的用户名是"OPS $ USER_OS"。为了操作方便,通常会使用 ALTER SYSTEM 语句将 os_authent_prefix 的值设置为空字符串。

　　另外,还有一个参数 osauth_prefix_domain 会影响连接数据库的用户名,它存在于 Windows 的注册表中,其默认值为 true。如果未能在注册表中找到该项,则该参数的值也为 true,当其值为 true 时,就需要在 os_authent_prefix 参数值和操作系统用户名之间增加主机名的信息,如主机名为"ABC",则此时连接数据库的用户名变为"OPS $ \ABC\ USER_OS"。

例16.3 为本地普通数据库用户进行操作系统认证的设置方法和步骤。这里假设操作系统的用户名为 user_os。

```
--创建用户 user_os,其认证方式为外部认证, WWW-19B4B6E899F 为计算机名,用户名必须大写
SQL>CREATE USER "WWW-19B4B6E899F\USER_OS" IDENTIFIED EXTERNALLY;
用户已创建。
SQL>GRANT CREATE SESSION TO "WWW-19B4B6E899F\USER_OS";
授权成功。                              --为用户 user_os 授予登录数据库的权限
SQL>SELECT username, password, account_status FROM dba_users
2 WHERE username LIKE '%USER_OS%';         --查看用户 user_os 的信息
USERNAME                    PASSWORD   ACCOUNT_STATUS
------------------          --------   --------------

WWW-19B4B6E899F\USER_OS     EXTERNAL   OPEN
SQL>SHOW PARAMETER os_authent_prefix
NAME                    TYPE     VALUE
--------------          ------   ----

os_authent_prefix       string   OPS$
SQL>ALTER SYSTEM SET os_authent_prefix='' SCOPE=SPFILE;
系统已更改。                           --更改 os_authent_prefix 参数的值
SQL>SHUTDOWN IMMEDIATE
数据库已经关闭。
已经卸载数据库。
ORACLE 例程已经关闭。
SQL>STARTUP
ORACLE 例程已经启动。
Total System Global Area    535662592 bytes
Fixed Size                    1375792 bytes
Variable Size               360710608 bytes
Database Buffers            167772160 bytes
Redo Buffers                  5804032 bytes
数据库装载完毕。
数据库已经打开。
--切换到用户 user_os,在命令行中执行"sqlplus /"
C:\Users\user_os.WWW-19B4B6E899F>sqlplus /
SQL*Plus: Release 11.2.0.1.0 Production on 星期日 3月 4 15:25:27 2012
Copyright (c) 1982, 2010, Oracle.  All rights reserved.
连接到:
Oracle Database 11g Enterprise Edition Release 11.2.0.1.0 - Production
With the Partitioning, OLAP, Data Mining and Real Application Testing options
```

为本地操作系统的用户创建 Oracle 数据库用户时,用户名中应该包括主机名(例16.3 为 WWW-19B4B6E899F),而且用户名必须大写并放入双引号中,然后将 os_authent_prefix 参数的值设置为空字符串,这样就不会受到其默认值"OPS$"的影响了,修改之后要重新启动数据库才能生效,再切换到用户 user_os 下,执行"sqlplus /"就可以直接登录到数据库中了。

例 16.4   为远程普通数据库用户进行操作系统认证的设置方法和步骤。假设远程操作系统的用户名为 user_os1。

```
--创建用户 user_os1,其认证方式为外部认证,用户名不必大写,也不必添加计算机名
SQL>CREATE USER user_os1 IDENTIFIED EXTERNALLY;
用户已创建。
SQL>GRANT CREATE SESSION TO user_os1;          --为用户 user_os1 授予登录数据库的权限
授权成功。
SQL>SELECT username, password, account_status FROM dba_users WHERE username='USER
_OS1';
USERNAME   PASSWORD   ACCOUNT_STATUS          --查看用户 user_os1 的信息
-----------------------------------
USER_OS1   EXTERNAL   OPEN
SQL>SHOW PARAMETER remote_os_authent
NAME                    TYPE      VALUE
---------------  ------  --------
remote_os_authent   boolean   FALSE
SQL>ALTER SYSTEM SET remote_os_authent=true SCOPE=SPFILE;
系统已更改。
SQL>SHUTDOWN IMMEDIATE
数据库已经关闭。
已经卸载数据库。
ORACLE 例程已经关闭。
SQL>STARTUP
ORACLE 例程已经启动。
Total System Global Area     535662592 bytes
Fixed Size                     1375792 bytes
Variable Size                360710608 bytes
Database Buffers             167772160 bytes
Redo Buffers                   5804032 bytes
数据库装载完毕。
数据库已经打开。
--切换到另一台远程计算机用户 user_os1,在命令行中执行"sqlplus /@192.168.1.66/orcl"
C:\Documents and Settings\user_os1>sqlplus /@192.168.1.66/orcl
SQL*Plus: Release 11.2.0.1.0 Production on 星期日 3月 4 15:45:33 2012
Copyright (c) 1982, 2010, Oracle.  All rights reserved.
连接到:
Oracle Database 11g Enterprise Edition Release 11.2.0.1.0 - Production
With the Partitioning, OLAP, Data Mining and Real Application Testing options
```

与本地用户一样,需要为远程用户创建一个同名的数据库用户,但是不必将计算机名添加到数据库的用户名中,然后将登录数据库的权限授予该用户,因为是远程登录,所以要求数据库能够接受远程登录。Oracle 数据库中有一个参数 remote_os_authent,该参数表示某个用户能否在不给出用户名和密码的情况下从远程计算机上连接数据库服务器,默认值为 false,即不能不使用用户名和密码来登录服务器,所以要使用操作系统认证的话需要将该参

数的值改为 true,然后重新启动数据库使其生效,再切换到远程计算机的用户 user_os1 下,执行"sqlplus /@192.168.1.66/orcl"就可以直接登录到数据库中了,这里 192.168.1.66 为 Oracle 服务器的 IP 地址,orcl 为 SID。

2) 口令文件认证

特权用户除了可以使用操作系统认证之外,还可以使用口令文件认证。Oracle 数据库中的口令文件只存放具有 sysdba 和 sysoper 系统权限的用户的用户名及密码,普通数据库用户的信息不会保存在口令文件中,因此口令文件认证方式不适用于普通数据库用户。该认证方式允许数据库通过口令文件验证用户的合法性,因此可以在数据库没有启动之前就完成登录从而执行一些数据库的管理活动,如启动数据库等。如果没有口令文件,在数据库未启动之前就只能通过操作系统认证。口令文件的存放位置一般如下所示。

在 Windows 操作系统下为:%ORACLE_HOME%\DATABASE\PWD<oracle_sid>.ora。

在 UNIX/Linux 操作系统下为:$ORACLE_HOME/dbsdbs/orapw<oracle_sid>。

对于口令文件而言,数据库刚创建完毕时,除了 SYS 外没有任何用户拥有 sysdba 或 sysoper 系统权限,因此口令文件中只保存了 SYS 的口令。如果之后把 sysdba 或 sysoper 系统权限授予其他数据库用户,那么此时 Oracle 数据库会将该用户的口令从数据库的数据字典中复制到口令文件中并保存下来。

例 16.5 禁用操作系统认证,改用口令文件认证方式对特权用户进行合法性验证的设置方法和步骤。

```
--首先修改 sqlnet.ora 文件,将 sqlnet.authentication_services 参数设为 none,修改
sqlnet.ora 文件不必重新启动数据库即可生效,然后执行下面的语句
C:\Users\Administrator>sqlplus/as sysdba          --未输入用户名和密码,不能登录
SQL * Plus: Release 11.2.0.1.0 Production on 星期日 3 月 4 21:06:04 2012
Copyright (c) 1982, 2010, Oracle.  All rights reserved.
ERROR:
ORA-01031: insufficient privileges
C:\Users\Administrator>sqlplus sys/linDB123 as sysdba
SQL * Plus: Release 11.2.0.1.0 Production on 星期日 3 月 4 21:08:56 2012
Copyright (c) 1982, 2010, Oracle.  All rights reserved.
连接到:
Oracle Database 11g Enterprise Edition Release 11.2.0.1.0 - Production
With the Partitioning, OLAP, Data Mining and Real Application Testing options
```

可见将 sqlnet.authentication_services 参数设置为 none 之后,就启用了口令文件认证方式,需要使用口令文件了,如果这时不输入用户名和密码或者输入任意用户名和密码就会报错。

Oracle 数据库中有一个参数 remote_login_passwordfile 用于控制口令文件的使用状态,它可以有以下几个选项。

(1) none:表示 Oracle 数据库将不使用口令文件,特权用户只能通过操作系统进行身份验证,所以此时 sqlnet.authentication_services 参数的取值不能为 none,否则特权用户将无法登录。

（2）exclusive：表示只有一个数据库实例可以使用此口令文件，设置为此值时口令文件可以包含 SYS 用户及非 SYS 用户的信息，也允许将 sysdba 和 sysoper 系统权限授予除 SYS 用户以外的其他用户，此值为默认值。

（3）shared：表示口令文件可以被多个数据库或 Oracle RAC 的多个实例所共享，设置为此值时口令文件可以包含 SYS 用户及非 SYS 用户的信息，但是此状态下的口令文件不允许被修改，因此不能向口令文件中添加特权用户，也不能对用户的密码进行修改。通常当参数 remote_login_passwordfile 的值为 exclusive 时，将所有的特权用户配置好，然后将参数值改为 shared 以防止用户随意修改共享的口令文件。

remote_login_passwordfile 是一个静态的初始化参数，因此对其进行修改后必须重新启动数据库才能生效。

表 16.1 显示了 sqlnet. authentication_services 和 remote_login_passwordfile 两个参数的取值对用户登录的影响。

表 16.1　sqlnet. authentication_services 和 remote_login_passwordfile 的取值说明

sqlnet. authentication_services	remote_login_passwordfile	说　　　明
none	none	特权用户不能登录
none	exclusive	所有特权用户都能登录且只能使用口令认证方式
none	shared	所有特权用户都能登录且只能使用口令认证方式
nts	none	只能使用操作系统认证方式，所以只有本机特权用户能够登录
nts	exclusive	Oracle 数据库的默认值，所有特权用户都能登录，可以使用操作系统认证方式实现本地登录，或使用口令认证方式实现远程登录
nts	shared	所有特权用户都能登录，可以使用操作系统认证方式实现本地登录，或使用口令认证方式实现远程登录

例 16.6　对上述两个参数进行设置，使所有特权用户都能登录且只能使用口令认证方式登录。

```
--首先修改 sqlnet.ora 文件,将 sqlnet.authentication_services 参数设置为 none
SQL>ALTER SYSTEM SET remote_login_passwordfile=shared SCOPE=SPFILE;
系统已更改。
SQL>SHUTDOWN IMMEDIATE
数据库已经关闭。
已经卸载数据库。
Oracle 例程已经关闭。
SQL>conn sys/linDB123 as sysdba
已连接。
SQL>STARTUP
Oracle 例程已经启动。
```

```
Total System Global Area      535662592 bytes
Fixed Size                      1375792 bytes
Variable Size                 360710608 bytes
Database Buffers              167772160 bytes
Redo Buffers                    5804032 bytes
```

数据库装载完毕。

数据库已经打开。

```
SQL>SHOW PARAMETER remote_login_passwordfile
NAME                             TYPE      VALUE
------------------------------   ------    ------
remote_login_passwordfile string  SHARED
SQL>GRANT sysdba TO scott;    --试图将 sysdba 系统权限授予 scott 用户,但是不能成功
GRANT sysdba TO scott
            *
```

第 1 行出现错误:

ORA-01999: 口令文件不能在 SHARED 模式下更新

```
SQL>SELECT username, sysdba, sysoper FROM v$ pwfile_users;
USERNAME        SYSDBA   SYSOPER   SYSASM
---------       ------   -----     ------
SYS             TRUE     TRUE      FALSE
USER1           TRUE     FALSE     FALSE
SQL>conn user1/123 as sysdba
```

已连接。

```
SQL>ALTER USER user1 IDENTIFIED BY 1;    --试图修改 user1 用户的密码,但是不能成功
ALTER USER user1 IDENTIFIED BY 1
                *
```

第 1 行出现错误:

ORA-01999: 口令文件不能在 SHARED 模式下更新

由于口令文件是二进制文件,而且密码都是经过加密的,所以从口令文件中无法获得特权用户的密码。如果密码口令文件损坏或者忘记 SYS 用户的密码,就需要重建口令文件,可以使用 Oracle 数据库提供的 orapwd 命令来完成。该命令的语法格式为:

```
orapwd file=<文件名>password=<密码>entries=<最大用户数>
```

文件名是指口令文件的名称(推荐使用 PWD<sid>的命名方式且位置放于%ORACLE_HOME%\DATABASE 下);密码是指 SYS 用户的密码,用明文书写;entries 表示允许以 sysdba 和 sysoper 系统权限登录数据库的最大用户数,如果用户数超过了这个值只能重建口令文件来增大 entries 的值。下面的代码演示了如何创建口令文件。

```
C:\Users\Administrator>orapwd file=G:\app\Administrator\product\11.2.0\dbhome_1
\database\
PWDorcl.ora password=123 entries=10
```

无论是操作系统认证还是口令文件认证,它们最大的优点就是即使数据库处于未打开的状态,依然可以通过这两种认证方式来连接数据库,这就为数据库的管理工作

带来了很大的便利性。因为即使数据库的实例没有启动,数据库管理员仍然可以对数据库进行管理,如创建数据库、启动实例进而加载并打开数据库等,这也正好符合特权用户的功能特点。

如果对数据库的安全性要求不是很高,可以使用操作系统认证方式,这种方式简单易用,只要能登录操作系统就能访问数据库。但是如果安全性要求较高,则可以选择口令文件认证方式,这样只有掌握特权用户密码的用户才能连接数据库,而不是仅仅登录操作系统就可以连接数据库。

2. 数据库认证

数据库用户的密码以加密的方式存储在 Oracle 数据库的数据字典中,登录时会从数据字典中读取用户名和密码信息并进行验证,因此数据库认证方式的前提是数据库已经启动。普通用户如果不能使用操作系统认证方式,则应该使用数据库认证方式。

Oracle 11g 之前用户的用户名和密码都是不区分大小写的,这种情况在 Oracle 11g 中得到了改善,对于用户名来说并没有区分大小写,但是对于密码已经开始区分大小写了。Oracle 数据库提供了一个初始化参数 sec_case_sensitive_logon 来设置是否区分密码大小写,其默认值为 true,即区分大小写。如果想与 Oracle 数据库早期版本的风格一致,可以将其设置为 false,如下面的代码所示。

```
SQL> SHOW PARAMETER case
NAME                         TYPE      VALUE
--------------------         ------    ------
sec_case_sensitive_logon   boolean     TRUE
SQL>ALTER SYSTEM SET sec_case_sensitive_logon=false SCOPE=SPFILE;
系统已更改。
```

16.1.4 修改用户

创建用户之后,可以对创建时使用的设置进行修改,对用户进行修改需要使用 ALTER USER 语句,修改用户的语句与创建用户的语句的选项基本相同,除了用户名不可以修改外,其他选项都可以修改,语法格式如下:

```
ALTER USER user
[IDENTIFIED BY password]
[DEFAULT TABLESPACE default_tablespace]
[TEMPORARY TABLESPACE temp_tablespace]
[QUOTA size|UNLIMITED ON tablesapce_name]
[PROFILE profile]
[DEFAULT ROLE { role [, role] ...|ALL [EXCEPT role [, role] ...]|NONE}]
[PASSWORD EXPIRE]
[ACCOUNT LOCK|UNLOCK] ;
```

例 16.7　使用 ALTER USER 语句修改用户 user1。

```
SQL>conn/as sysdba
```

```
已连接。
SQL>ALTER USER user1 ACCOUNT LOCK;          --将用户 user1 锁定
用户已更改。
SQL>conn user1/123                          --锁定后不能再使用该用户登录到数据库中
ERROR:
ORA-28000: the account is locked
警告：您不再连接到 Oracle。
SQL>conn/as sysdba
已连接。
SQL>ALTER USER user1 PASSWORD EXPIRE ACCOUNT UNLOCK;
用户已更改。                                 --对用户 user1 解锁，并要求登录时修改密码
SQL>conn user1/123
ERROR:
ORA-28001: the password has expired
更改 user1 的口令
新口令：                                     --密码输入采用回显的方式，因此看不到输入
重新输入新口令：
ERROR:
ORA-01045: user USER1 lacks CREATE SESSION privilege; logon denied
口令已更改。   --虽然密码修改正确但是仍然不能登录，这是因为用户没有登录数据库的权限
SQL>conn/as sysdba
已连接。
SQL>ALTER USER user1 DEFAULT TABLESPACE test;       --修改用户的默认表空间为 test
用户已更改。
SQL>SELECT default_tablespace, temporary_tablespace FROM dba_users
2 WHERE username='USER1';

DEFAULT_TABLESPACE    TEMPORARY_TABLESPACE
----------------    ------------------
TEST                  TEMP
```

在数据库的管理工作中，如果发现某个用户的操作可能对数据库的安全带来威胁或者不想让某个用户对数据库进行操作，可以对用户进行锁定。例 16.7 中，首先使用 ACCOUNT LOCK 子句对用户 user1 进行锁定，锁定后就不能使用 user1 登录到数据库中了。如果想让 user1 能够重新登录到数据库中，则必须使用 ACCOUNT UNLOCK 子句对其进行解锁，例 16.7 中在解锁的同时使用了 PASSWORD EXPIRE 子句以提醒用户登录数据库后迅速更改密码，以提高安全性，Oracle 数据库自带用户 scott 的创始状态就是被锁定且解锁登录后需要重新设置密码。然后使用了 DEFAULT TABLESPACE 子句将用户 user1 的默认表空间改为 test 表空间。

在 SQL * Plus 中还可以使用 PASSWORD 命令进行用户密码的修改，如下面的代码所示。

```
SQL>conn test/123
已连接。
SQL>password
```

更改 TEST 的口令
旧口令：　　　　　　　　　　　　　　--密码输入采用回显的方式,因此看不到输入
新口令：
重新输入新口令：
口令已更改。

例 16.8　将用户 user2 在表空间 test 上的配额由无限制改为 5MB。

```
SQL>ALTER USER user2 QUOTA 5M ON test;
用户已更改。
```

16.1.5　删除用户

当用户不再使用时,可以使用 DROP USER 语句将其删除。删除用户的语法格式如下:

```
DROP USER user_name [CASCADE];
```

当用户没有创建任何数据对象时,可以直接使用 DROP USER 语句删除该用户。但是如果用户已经创建了数据对象,则必须同时使用 CASCADE 关键字,表示级联删除用户创建的数据对象,这样 Oracle 数据库会先删除用户拥有的数据对象,然后再删除该用户。不能删除当前登录到数据库中的用户。如果想强制删除当前连接的用户,可以先通过视图 v$session查询该用户的会话 id 等信息,然后再使用 ALTER SYSTEM KILL SESSION 语句杀掉当前用户的会话,最后才可以使用 DROP USER 语句删除用户。

要注意删除用户和锁定用户的区别,删除用户意味着该用户所拥有的所有数据对象和权限等都会被删除,而被锁定的用户所创建的数据对象和拥有的权限并不发生改变,解锁之后,用户可以正常地访问系统、使用原有的数据对象和权限。

例 16.9　删除当前已经登录到数据库中的用户 user2。

```
SQL>DROP USER user2;                   --目前用户 user2 已经登录到数据库中,因此无法删除
DROP USER user2
     *
第 1 行出现错误:
ORA-01940:无法删除当前连接的用户
SQL>SELECT sid, serial#, username FROM v$ session WHERE username='USER2';
  SID   SERIAL#   USERNAME
 ----  ------  -------
  22      17     USER2
SQL>ALTER SYSTEM KILL SESSION '22, 17';
系统已更改。
SQL>DROP USER user2;
用户已删除。
```

16.1.6　Oracle 数据库默认创建的用户

创建数据库时,Oracle 自动为数据库创建了几个用户,因为初始状态下数据库中没有

任何数据库使用者自定义的用户,使用者必须依靠数据库自动创建的用户完成启动数据库、连接数据库等功能。

1. SYS 用户

SYS用户是 Oracle 数据库中权限最高的用户,拥有 sysdba、sysoper 系统权限和 DBA 等角色。Oracle 数据库的数据字典基表、视图及相关联的所有对象都存放在 SYS 用户中,这些基表和视图由数据库自己维护,任何用户都不能手动更改。不管登录时使用的用户名和密码是什么,只要以 sysdba 系统权限身份登录的用户就是 SYS 用户,如下面的代码所示。

```
SQL>conn abc/haha as sysdba;      --以 sysdba 身份登录,用户名和密码是随意输入的
已连接。
SQL>SHOW user
USER 为 "SYS"
SQL>conn user1/123 as sysdba;     --以 sysdba 身份登录,使用用户 user1 的用户名和密码
已连接。
SQL>SHOW user
USER 为 "SYS"
SQL>conn/as sysdba;               --以 sysdba 身份登录,未输入用户名和密码
已连接。
SQL>SHOW user
USER 为 "SYS"
SQL>conn sys/oracle@10.1.237.31:1521/oracle as sysdba
已连接。              --以 sysdba 身份登录到远程数据库,必须输入正确的用户名和密码
SQL>SHOW user
USER 为 "SYS"
```

可见,无论使用的是什么用户名和密码,只要以 sysdba 系统权限身份登录,用户就是 SYS。而 SYS 用户也只能以 sysdba 的身份登录数据库。使用 SYS 用户赋予其他数据库用户 sysdba 或 sysoper 系统权限,其实质是将该数据库用户的用户名和密码由数据字典复制到口令文件中。

可以通过查询 v$pwfile_users 视图(该视图列出被授予 sysdba 和 sysoper 权限的用户)来了解拥有 sysdba 和 sysoper 系统权限的用户,如下面的代码所示。

```
SQL>SELECT username, sysdba, sysoper FROM v$ pwfile_users;
USERNAME    SYSDBA   SYSOPER SYSASM    --说明 SYS 同时拥有 sysdba 和 sysoper 系统权限
-------    -----    -----   -----
SYS         TRUE     TRUE    FALSE
```

2. SYSTEM 用户

SYSTEM用户可以访问数据库内的所有对象,其权限低于 SYS 用户,拥有 DBA 角色的权限,但是不具有 sysdba 和 sysoper 系统权限,实际上相当于一个具有 DBA 角色的普通数据库用户。

3. PUBLIC 用户组

PUBLIC 用户组也是在创建数据库时由系统自动创建的,它是一个特殊的用户组,数据库中的所有用户都属于这个用户组,如果授权给 PUBLIC 用户组,那么数据库中的所有用户都将得到相应的权限,因此对 PUBLIC 用户组授权时要谨慎。

16.1.7 查询用户信息

可以通过以下的数据字典视图了解与用户相关的信息。

(1) user_users:显示当前登录用户的详细信息,包括用户名、用户 ID、账号的状态、默认表空间和临时表空间等信息。

(2) all_users:显示可以被当前登录用户所访问的用户,但是不描述这些用户的详细信息,只包括用户名、用户 ID 和用户创建时间。

(3) dba_users:显示数据库中所有用户的详细信息,包括用户名、用户 ID、密码、账号的状态、锁定日期、失效日期、默认表空间和临时表空间等信息。

例 16.10 分别使用 user_users、all_users 和 dba_users 视图查询用户的信息。

```
SQL>SELECT USERNAME, USER_ID, ACCOUNT_STATUS, EXPIRY_DATE FROM user_users;
USERNAME USER_ID ACCOUNT_STATUS EXPIRY_DATE
------- ----- -------------- ---------
USER1    153    OPEN           2012-07-17
SQL>SELECT * FROM all_users;
USERNAME   USER_ID   CREATED
------    ------    -----------
SYSTEM     5        2012-01-19
SYS        0        2012-01-07
USER1      153      2012-01-19
LEARNER    85       2011-12-11
SCOTT      84       2010-04-02
已选择 33 行。
SQL>SELECT * FROM dba_users;
SELECT * FROM dba_users
              *
第 1 行出现错误:
ORA-00942: 表或视图不存在
SQL>GRANT SELECT ANY DICTIONARY TO user1;
授权成功。                    --以 sysdba 身份登录,然后授权 SELECT ANY DICTIONARY
SQL>SELECT * FROM dba_users;
USERNAME   USER_ID   PASSWORD ACCOUNT_STATUS LOCK_DATE EXPIRY_DATE
-------   ------   ------   ----------   ------   ---------
SYSTEM     5                 OPEN                      2012-06-01
SYS        0                 OPEN                      2012-06-01
USER1      153               OPEN                      2012-07-17    ...
```

| LEARNER | 85 | OPEN | 2012-06-08 |
| SCOTT | 84 | OPEN | 2012-06-07 |

...

已选择 33 行。

每个用户都可以使用 user_users 和 all_users 查询当前用户和能够访问用户的信息，all_users 视图没有提供可访问用户的详细信息，普通数据库用户无法访问 dba_users 视图，得到 SELECT ANY DICTIONARY 的授权之后可以对 dba_users 视图进行查询。

16.2　权限管理

权限用于限制用户是否可以在数据库中执行某些操作，如创建表、创建视图和创建其他用户等，不同的用户应该给予不同的权限，以限制他们对数据库的访问和操作。在 Oracle 数据库中可以把权限分为两类：系统权限和对象权限。系统权限是指从数据库的角度执行某些操作的权力，如创建用户、登录数据库等；对象权限是指操作数据库中的某个对象的权力，比如创建表、查询视图等。

16.2.1　系统权限管理

1. 常用的系统权限

Oracle 数据库的系统权限非常多，共有 200 多种，总体上可以分为操作数据库的权限和操作对象的权限，可以通过查询视图 system_privilege_map 了解 Oracle 数据库中的系统权限，如下面的代码所示。

```
SQL>SELECT * FROM system_privilege_map;
PRIVILEGE   NAME              PROPERTY
--------   ----------------   --------
     -3    ALTER SYSTEM             0
     -4    AUDIT SYSTEM            0
     -5    CREATE SESSION          0
     -6    ALTER SESSION           0
     -7    RESTRICTED SESSION      0
...
已选择 208 行。
```

虽然系统权限非常多，但是大多数会以操作的对象或功能进行划分，因此结构很相似，比较容易理解。表 16.2 列出了 Oracle 数据库一些常用的系统权限。

除了上面一些普通的系统权限外，还有两个特殊的系统权限就是 sysdba（数据库管理员）和 sysoper（数据库操作员）。

拥有 sysdba 系统权限之后就可以完成 Oracle 数据库的大部分管理工作，包括创建数

表 16.2　Oracle 数据库中常用的系统权限

操作对象	系 统 权 限	权 限 说 明
会话	CREATE SESSION	可以登录数据库
	ALTER SESSION	可以修改当前会话的设置
	RESTRICTED SESSION	可以在数据库处于受限状态时连接数据库
数据库	ALTER DATABASE	可以修改数据库的配置
	ALTER SYSTEM	可以修改数据库的初始化参数
	AUDIT SYSTEM	可以审计 SQL 语句
用户	CREATE USER	可以创建用户
	ALTER USER	可以更改用户
	DROP USER	可以删除用户
表	CREATE TABLE	可以在自己的模式中创建、更改和删除表
	CREATE ANY TABLE	可以在任何模式中创建表
	ALTER ANY TABLE	可以对任何模式中的表进行修改
	DROP TABLE	可以对任何模式中的表进行删除
	SELECT ANY TABLE	可以对任何模式中的表进行查询
	INSERT ANY TABLE	可以向任何模式中的表插入数据
	UPDATE ANY TABLE	可以对任何模式中的表数据进行更新
	DELETE ANY TABLE	可以对任何模式中的表进行删除
	LOCK ANY TABLE	可以对任何模式中的表加锁
	COMMENT ANY TABLE	可以为任何模式中的表添加注释
表空间	CREATE TABLESPACE	可以创建表空间
	ALTER TABLESPACE	可以修改表空间
	DROP TABLESPACE	可以删除表空间
	UNLIMITED TABLESPACE	可以不受配额限制地使用表空间中的任何存储空间
	MANAGE TABLESPACE	可以执行表空间的管理操作
索引	CREATE ANY INDEX	可以在任何模式中创建索引
	ALTER ANY INDEX	可以对任何模式中的索引进行修改
	DROP ANY INDEX	可以对任何模式中的索引进行删除
视图	CREATE VIEW	可以在自己的模式中创建、更改和删除视图
	CREATE ANY VIEW	可以在任何模式中创建视图
	DROP ANY VIEW	可以对任何模式中的视图进行删除

续表

操作对象	系 统 权 限	权 限 说 明
序列	CREATE SEQUENCE	可以在自己的模式中创建、更改和删除序列
	CREATE ANY SEQUENCE	可以在任何模式中创建序列
	ALTER ANY SEQUENCE	可以对任何模式中的序列进行修改
	DROP ANY SEQUENCE	可以对任何模式中的序列进行删除
	SELECT ANY SEQUENCE	可以对任何模式中的序列进行查询
同义词	CREATE SYNONYM	可以在自己的模式中创建同义词
	CREATE ANY SYNONYM	可以在任何模式中创建同义词
	CREATE PUBLIC SYNONYM	可以在自己的模式中创建公有同义词
	DROP ANY SYNONYM	可以对任何模式中的同义词进行删除
	DROP PUBLIC SYNONYM	可以在自己的模式中删除公有同义词
过程	CREATE PROCEDURE	可以在自己的模式中创建、更改和删除过程、函数和包
	CREATE ANY PROCEDURE	可以在任何模式中创建过程、函数和包
	ALTER ANY PROCEDURE	可以对任何模式中的过程、函数和包进行修改
	DROP ANY PROCEDURE	可以对任何模式中的过程、函数和包进行删除
	EXECUTE ANY PROCEDURE	可以执行任何模式中的过程、函数和包
	ANALYZE ANY	可以对数据库中的任何表、索引等对象进行分析
	GRANT ANY OBJECT PRIVILEGE	授予任何方案上的任何对象上的对象权限,没有对应的 REVOKE ANY OBJECT PRIVILEGE
	GRANT ANY PRIVILEGE	授予用户任何系统权限,没有对应的 REVOKE ANY PRIVILEGE
	SELECT ANY DICTIONARY	可以对从 SYS 用户所拥有的数据字典表进行查询

据库、启动数据库服务器、关闭数据库服务器、备份和恢复数据库、日志归档、会话限制等。如果以 sysdba 的身份登录,登录后的用户是 SYS。注意以 sysdba 的身份登录和拥有 sysdba 系统权限是有很大区别的,执行下面的代码:

```
SQL>CREATE USER user3 IDENTIFIED BY 123;          --新创建用户 user3
用户已创建。
SQL>GRANT SYSDBA TO user3;                        --将 sysdba 系统权限授予用户 user3
授权成功。
SQL>conn user3/123
ERROR:
ORA-01045: user USER3 lacks CREATE SESSION privilege; logon denied
警告:您不再连接到 Oracle。
```

对于新建的用户 user3 而言,虽然被授予了 sysdba 系统权限,但是连数据库都不能登录(没有 CREATE SESSION 权限),更不用说拥有其他权限了。可见,虽然 sysdba 是很重要的系统权限,但是得到 sysdba 系统权限不等于能够执行数据库的所有操作。之所以以 sysdba 身份登录数据库能够执行数据库的所有操作是因为用户是 SYS,SYS 用户除了拥有 sysdba 系统权限外,还拥有 DBA 等角色的权限。

sysoper 拥有的权限是 sysdba 权限的一个子集,以该权限登录后的用户是 PUBLIC,可以完成 Oracle 数据库的大部分管理工作,包括启动数据库服务器、关闭数据库服务器、备份和恢复数据库、日志归档、会话限制等。

不能将 sysdba 或 sysoper 系统权限授予角色,也不能授予使用外部认证的数据库用户,如下面的代码所示。

```
SQL>GRANT sysdba TO DBA;          --试图将 sysdba 系统权限授予 DBA 角色
GRANT sysdba TO DBA
            *
第 1 行出现错误:
ORA-01931:无法将 sysdba 授予角色
SQL>GRANT sysoper TO user_os1;    --试图将 sysdba 系统权限授予外部认证用户 user_os1
GRANT sysoper TO user_os1
            *
第 1 行出现错误:
ORA-01997:GRANT 失败:用户 'USER_OS1' 由外部标识
```

2. 为用户授予系统权限

新用户创建完成之后,还不能登录到数据库中,也不能进行针对数据库的操作,因为这时用户还没有任何系统权限。为用户授予系统权限需要使用 GRANT 语句,语法格式如下:

```
GRANT sys_priv[, sys_priv, ...]
TO user[, user , ...]|role[, role , ...]|PUBLIC
[WITH ADMIN OPTION];
```

说明:

(1) sys_priv 表示将要授予的系统权限,可以同时授予多个系统权限,它们之间使用逗号隔开。

(2) user 表示将要被授予系统权限的用户,role 表示将要被授予系统权限的角色,PUBLIC 表示 PUBLIC 用户组,可以同时给多个用户和角色授予系统权限,它们之间使用逗号隔开。

(3) WITH ADMIN OPTION 用于指定是否允许被授权的用户将获取的系统权限转授给其他用户,可以不指定该选项,默认值为不能授予其他用户。

(4) 系统权限只能由具有 DBA 权限的用户授予,因此创建数据库后的初期只有 SYS 和 SYSTEM 这两个用户可以授权。

前面创建了用户 user1 后,还不能使用 user1 登录数据库(例 16.7),为此授予 user1 登录数据库的权限,如下面的代码所示。

```
SQL>conn user1/123   --使用用户 user1 登录,但不能登录到数据库中,因为新用户没有得到任何授权
```

```
ERROR:
ORA-01045: user USER1 lacks CREATE SESSION privilege; logon denied
警告：您不再连接到 Oracle。
SQL>conn/as sysdba
已连接。
SQL>GRANT CREATE SESSION TO user1, user2, user3;
--为用户 user1、user2 和 user3 CREATE SESSION 授权成功。同时授予权限，然后才能登录到数据库
SQL>conn user1/123
已连接。
```

然后再创建一个表 test，但是不能创建成功，因为这时用户 user1 还不具有创建表的权限，如下面的代码所示。

```
SQL>CREATE TABLE test(id NUMBER, name VARCHAR2(10));
CREATE TABLE test(id NUMBER, name VARCHAR2(10))
                              *
第 1 行出现错误：
ORA-01031: 权限不足
SQL>conn/as sysdba
已连接。
SQL>GRANT CREATE TABLE TO user1, user2, user3;
                          --为用户 user1、user2 和 user3 同时授予 CREATE TABLE 权限
授权成功。
SQL>conn user1/123
已连接。
SQL>CREATE TABLE test(id NUMBER, name VARCHAR2(10));
表已创建。
```

给用户 user1 授予 CREATE TABLE 的系统权限后可以创建表 test，接着再向表 test 中插入一条数据，如下面的代码所示。

```
SQL>INSERT INTO test VALUES(1, '张三');
INSERT INTO test VALUES(1, '张三')
            *
第 1 行出现错误：
ORA-01950: 对表空间 'TEST' 无权限
SQL>conn/as sysdba
已连接。
SQL>ALTER USER user1 QUOTA UNLIMITED ON test;
                          --将用户 user1 在 test 表空间上的配额改为无限制
用户已更改。
SQL>SELECT USERNAME, TABLESPACE_NAME, MAX_BYTES
                          --查看用户 user1 和 user2 的表空间配额
  2  FROM dba_ts_quotas WHERE USERNAME='USER1' OR USERNAME='USER2';
USERNAME   TABLESPACE_NAME   MAX_BYTES
------     --------------    ----------
USER2      TEST              5242880
```

```
USER1          TEST                    -1
SQL>conn user1/123
已连接。
SQL>INSERT INTO test VALUES(1, '张三');
已创建 1 行。
```

开始插入操作不能成功,这是因为没有为用户 user1 在表空间 test 上指定配额,那么配额是默认值 0,因此不能使用表空间 test 的任何空间存储数据对象。为此使用 ALTER USER 语句将 user1 的配额设置为无限制(QUOTA UNLIMITED),也就是可以在表空间 test 中使用所有空间存储数据对象,所以就可以插入数据了。

例 16.11　为数据库中的每位用户都授予创建角色和创建视图的权限。

```
SQL>GRANT CREATE ROLE, CREATE VIEW TO PUBLIC;
授权成功。
SQL>SELECT * FROM dba_sys_privs WHERE grantee='PUBLIC';
GRANTEE   PRIVILEGE    ADMIN_OPTION
-----     ---------    -------------
PUBLIC    CREATE VIEW  NO
PUBLIC    CREATE ROLE  NO
```

虽然所有的用户都具有 PUBLIC 用户组所拥有的权限,但是只有针对 PUBLIC 用户组进行查询才可以看到这些权限。

例 16.12　将查询任何模式中表的权限授予用户 user1,并允许获得权限后授予其他用户。

```
SQL>conn user1/123
已连接。
SQL>SELECT t_id, t_name, t_research FROM learner.teacher;
SELECT t_id, t_name, t_research FROM learner.teacher
                                      *
第 1 行出现错误:
ORA-00942: 表或视图不存在
SQL>conn/as sysdba
已连接。
SQL>GRANT SELECT ANY TABLE TO user1 WITH ADMIN OPTION;
授权成功。
SQL>conn user1/123
已连接。
SQL>SELECT t_id, t_name, t_research FROM learner.teacher;
T_ID    T_NAME      T_RESEARCH
----    -------     -------------------------------
060001  李飞        软件工程技术,智能算法
060002  张续伟      数据仓库,数据挖掘,Web 挖掘,数据库系统开发
060003  黄帅        计算机网络安全
...
已选择 24 行。
```

```
SQL>GRANT SELECT ANY TABLE TO user2 WITH ADMIN OPTION;
授权成功。
SQL>conn user2/123
已连接。
SQL>GRANT SELECT ANY TABLE TO user3;                    --user2可以将权限授予user3
授权成功。
```

上面在授予 user1 用户 SELECT ANY TABLE 权限时使用了 WITH ADMIN OPTION 子句,表示 user1 用户可以将该权限授予其他人。

3. 回收授予的系统权限

权限的授予者可以使用 REVOKE 语句回收为用户授予的系统权限,语法格式如下:

```
REVOKE sys_priv [, sys_priv, ...]
FROM user[, user , ...]|role[, role , ...]|PUBLIC;
```

例 16.13 回收授予 PUBLIC 用户组的 CREATE ROLE 和 CREATE VIEW 的系统权限。

```
SQL>REVOKE CREATE ROLE, CREATE VIEW FROM PUBLIC;
撤销成功。
SQL>SELECT * FROM dba_sys_privs WHERE grantee='PUBLIC';
未选定行                                      --PUBLIC用户组不再拥有系统权限
```

授予系统权限时具有传递性,但是回收时则不具有传递性,回收某个用户的系统权限时,该用户已经授予其他用户或角色的系统权限不会级联回收。例如,A 用户授权给 B 用户权限,B 用户授权给 C 用户权限,即使 A 用户回收了 B 用户的权限,C 用户的权限也不会被 A 用户级联回收,但是 A 用户可以直接收回 C 用户的系统权限,虽然 C 用户的系统权限不是 A 用户直接授予的。

例 16.14 回收直接授予和间接授予的权限。

```
SQL>conn user1/123
已连接。
SQL>REVOKE SELECT ANY TABLE FROM user2;              --user1回收 user2 的系统权限
撤销成功。
SQL>conn user3/123
已连接。
SQL>SELECT t_id, t_name, t_research FROM learner.teacher;
T_ID    T_NAME      T_RESEARCH
-----   ------      --------------------------------
060001  李飞        软件工程技术,智能算法
060002  张续伟      数据仓库,数据挖掘,Web 挖掘,数据库系统开发
060003  黄帅        计算机网络安全
060004  崔楠楠      软件测试,.NET 技术,数据挖掘
060005  尹双双      数据挖掘,粗糙集
...
```

已选择 24 行。

```
SQL>conn user1/123
已连接。
SQL>REVOKE SELECT ANY TABLE FROM user3;          --user1 回收 user3 的系统权限
撤销成功。
SQL>conn user3/123
已连接。
SQL>SELECT t_id, t_name, t_research FROM learner.teacher;
SELECT t_id, t_name, t_research FROM learner.teacher
                                               *
第 1 行出现错误:
ORA-00942: 表或视图不存在
```

4. 查看用户的系统权限

可以通过以下的数据字典视图了解与用户系统权限相关的信息。

（1）user_sys_privs：显示授予当前用户的系统权限信息，包括用户名称、系统权限和是否能转授权限的标志信息等。

（2）dba_sys_privs：显示数据库中所有授予用户和角色的系统权限信息，包括接收者、系统权限和是否可以转授等信息。

（3）session_privs：显示当前用户所拥有的全部系统权限信息。

例 16.15　使用 user_sys_privs 和 dba_sys_privs 视图查询用户的系统权限信息。

```
SQL>SELECT * FROM user_sys_privs;          --查看当前用户(user1)的系统权限信息
GRANTEE    PRIVILEGE                ADMIN_OPTION
------     --------------------     --------------
USER1      CREATE TABLE             NO
USER1      SELECT ANY TABLE         YES
USER1      SELECT ANY DICTIONARY    NO
USER1      CREATE SESSION           NO
SQL>SELECT * FROM dba_sys_privs WHERE grantee='USER1' OR grantee='LEARNER';
GRANTEE    PRIVILEGE        ADMIN_OPTION
------     --------------   ------------
USER1      CREATE TABLE         NO
USER1      SELECT ANY TABLE     YES
USER1      CREATE SESSION       NO
```

查询 dba_sys_privs 视图的结果中，GRANTEE 表示被授予系统权限的用户；PRIVILEGE 表示被授予的系统权限；ADMIN_OPTION 表示被授予系统权限的用户是否可以把相应的系统权限授予其他用户，YES 表示可以，NO 表示不可以。可以看到，learner 用户授予 user1 用户 3 个系统权限，其中可以将 SELECT ANY TABLE 的系统权限授予他人。

也可以使用视图 session_privs 来获得当前用户所拥有的全部系统权限信息。

例 16.16　使用 session_privs 视图查询当前用户所拥有的全部系统权限信息。

```
SQL>SELECT * FROM session_privs;
PRIVILEGE
----------------------
CREATE SESSION
CREATE TABLE
SELECT ANY TABLE
SELECT ANY DICTIONARY
```

16.2.2 对象权限管理

1. 常用的对象权限

对象权限是指在数据库中针对特定数据对象执行操作的权限,数据对象的所有者自动拥有针对该对象的所有对象权限,并可以向其他用户授予对象权限,因此对象权限的管理实际上就是数据对象的所有者对授予权限和回收权限的管理。例如,用户 learner 创建了教师表,那么用户 scott 或者用户 user1 要想能够对该教师表进行增删改查等操作就必须获得针对教师表这个对象的操作权限。

Oracle 数据库中有 8 种对象权限,它们分别如下所示。

(1) SELECT 权限:执行查询操作,能够执行的对象是表、视图和序列。

(2) INSERT 权限:执行插入数据的操作,能够执行的对象是表和视图。

(3) UPDATE 权限:执行更新数据的操作,能够执行的对象是表和视图。

(4) DETELE 权限:执行删除数据的操作,能够执行的对象是表和视图。

(5) ALTER 权限:执行修改对象的操作,能够执行的对象是表和序列。

(6) INDEX 权限:执行创建索引的操作,能够执行的对象是表。

(7) REFERENCES 权限:执行外键引用的操作,能够执行的对象是表。

(8) EXECUTE 权限:执行对象的操作,能够执行的对象是函数、过程和包。

2. 为用户授予对象权限

为用户授予对象权限与授予系统权限的方法相似,也要使用 GRANT 语句,语法格式如下:

```
GRANT obj_priv[(column_name, ...)] [, obj_priv[(column_name, ...)], ...]
ON obj_name
TO user[, user , ...]|role[, role , ...]|PUBLIC
[WITH GRANT OPTION];
```

说明:

(1) obj_priv 表示将要授予的对象权限,可以同时授予多个对象权限,它们之间使用逗号隔开。

(2) column_name 是一个可选项,表示授予操作对象的列名,多个列名之间使用逗号隔开。

(3) user 表示将要被授予对象权限的用户,role 表示将要被授予对象权限的角色,

PUBLIC 表示 PUBLIC 用户组,可以同时授予多个用户和角色对象权限,它们之间使用逗号隔开。

(4) obj_name 表示对象权限操作的对象。

(5) WITH GRANT OPTION 用于指定是否允许被授权的用户将获取的对象权限转授给其他用户,可以不指定该选项,默认值为不可以授予其他用户。

例 16.17　以用户 learner 的身份登录到数据库中,为用户 user2 授予查询学生表,删除学生表,更新 t_id、t_name 和 t_research 列的对象权限。

```
SQL>GRANT SELECT, UPDATE(t_id, t_name, t_research),DELETE ON learner.teacher TO
user2;
授权成功。
```

注意:可以为插入和更新操作指定特定的列,但是不可以为查询和删除操作指定列。如果想限制用户只查询表的特定列,可以先创建一个视图,然后再将查询视图的权限授予其他用户。

如果希望给某个用户授予对象权限之后,还允许被授权的用户将对象权限授予其他用户,那么需要使用 WITH GRANT OPTION 子句。

例 16.18　接例 16.7,将用户 user2 对 learner 模式学生表的查询权限授予用户 user3。

```
SQL>conn user2/123
已连接。
SQL>GRANT SELECT ON learner.student TO user3;
GRANT SELECT ON learner.student TO user3
                              *
第 1 行出现错误:
ORA-01031: 权限不足
SQL>conn learner/learner123
已连接。
SQL>GRANT SELECT ON learner.student TO user2 WITH GRANT OPTION;
授权成功。
SQL>conn user2/123
已连接。
SQL>GRANT SELECT ON learner.student TO user3;
授权成功。
```

由于给用户 user2 授权时没有使用 WITH GRANT OPTION 子句,因此用户 user2 不可以转授权限;然后以用户 learner 的身份登录到数据库中,给用户 user2 重新授权并使用 WITH GRANT OPTION 子句以允许 user2 将获得的权限授予其他用户,user2 就可以将对学生表的权限授予其他用户了。

例 16.19　给 PUBLIC 用户组授予查询 learner 模式下的课程表的对象权限。

```
SQL>GRANT SELECT ON learner.course TO PUBLIC;
授权成功。
```

3. 回收授予的对象权限

权限的授予者可以使用 REVOKE 语句回收给用户授予的对象权限,语法格式如下:

```
REVOKE obj_priv[(column_name, ...)] [, obj_priv[(column_name, ...)], ...]
ON obj_name
FROM user[, user , ...]|role[, role , ...]|PUBLIC;
```

例 16.20　以用户 learner 的身份登录数据库,回收授予 PUBLIC 用户组的查询 learner 模式的课程表的对象权限。

```
SQL>REVOKE SELECT ON learner.course FROM PUBLIC;
撤销成功。
SQL>conn user3/123
已连接。
SQL>SELECT * FROM learner.course;
select * from learner.course
                             *
第 1 行出现错误:
ORA-00942: 表或视图不存在
```

例 16.21　以用户 learner 的身份登录数据库,回收授予用户 user2 的更新 learner 模式的教师表的对象权限。

```
SQL>REVOKE UPDATE ON learner.teacher FROM user2;
撤销成功。
```

注意:对表中某些列授予的权限,只能从表的级别上回收,而不能从列的级别上回收。

从上面两个例子可以看出,当回收某个用户的对象权限时,会级联回收该用户授予其他用户的权限。例如,A 用户授权给 B 用户权限,B 用户授权给 C 用户权限,如果 A 用户回收了 B 用户的权限,那么 C 用户的权限也会被 A 用户级联回收,这一点与回收系统权限有很大的不同。

4. 查看用户的对象权限

可以通过以下的数据字典视图了解与用户对象权限相关的信息。

(1) dba_tab_privs、all_tab_privs、user_tab_privs:显示授予当前用户的对象权限信息,包括被授予权限的用户名称、对象的拥有者、对象名称、授予者和对象权限等信息。

(2) dba_col_privs、all_col_privs、user_col_privs:显示与当前用户相关的数据列的权限信息,当用户是列的拥有者、授权者或被授权者时,该列的权限信息都会被包含在该视图中,包括被授予权限的用户名称、对象的拥有者、对象名称、列名、授予者和对象权限等信息。

(3) dba_tab_privs_made、all_tab_privs_made、user_tab_privs_made:显示属于当前用户且授予其他用户的对象权限,当前用户不一定是直接的授权者,包括被授予权限的用户名称、对象名称、授予者和对象权限等信息。

(4) all_col_privs_made、user_col_privs_made:显示由当前用户授予其他用户的在列

上建立的权限,包括被授予权限的用户名称、对象名称、列名、授予者和对象权限等信息。

(5) all_tab_privs_recd、user_tab_privs_recd:显示当前用户被授予的权限,包括对象的拥有者、对象名称、授予者和对象权限等信息。

(6) all_col_privs_recd、user_col_privs_recd:显示当前用户被授予的建立在列上的权限,包括对象的拥有者、对象名称、列名、授予者和对象权限等信息。

例 16.22 使用 user_tab_privs、dba_tab_privs 和 user_col_privs 视图查看对象权限。

```
SQL> SELECT * FROM user_tab_privs;
GRANTEE   OWNER    TABLE_NAME GRANTOR   PRIVILEGE  GRANTABLE  HIERARCHY
-----     ------   -------    ------    --------   -------    --------
USER2     LEARNER  STUDENT    LEARNER   SELECT     YES        NO
USER3     LEARNER  STUDENT    USER2     SELECT     NO         NO
USER2     LEARNER  TEACHER    LEARNER   DELETE     NO         NO
SQL> SELECT * FROM dba_tab_privs WHERE grantee='PUBLIC' and grantor='LEARNER';
GRANTOR GRANTEE  TABLE_SCHEMA  TABLE_NAME  PRIVILEGE  GRANTABLE  HIERARCHY
-----   ------   ----------    --------    -------    -------    ---------
LEARNER PUBLIC   LEARNER       COURSE      SELECT     NO         NO
SQL> SELECT * FROM user_col_privs;
GRANTEE   OWNER    TABLE_NAME  COLUMN_NAME  GRANTOR   PRIVILEGE  GRANTABLE
-----     ------   ----------  -----------  -------   -------    ---------
USER2     LEARNER  TEACHER     T_RESEARCH   LEARNER   UPDATE     NO
USER2     LEARNER  TEACHER     T_NAME       LEARNER   UPDATE     NO
USER2     LEARNER  TEACHER     T_ID         LEARNER   UPDATE     NO
```

16.3 角色管理

为用户授予和回收权限是数据库管理员经常要做的一项工作,数据库的用户可能成百上千,权限有数百种,如果一个一个地为用户授予和回收权限,那将是一项十分繁琐的工作。为此,Oracle 数据库中引入了角色的概念,使用角色的好处是通过角色将一组权限组合起来,然后再将角色授予具有相同权限要求的用户,这样就可以使用角色来统一分配和管理用户的权限了,从而大大地降低了权限管理的难度和复杂程度。虽然不使用角色也完全可以直接为用户授予和回收权限,但是 Oracle 数据库建议通过角色来管理用户的权限。

一个用户可以拥有一个或多个角色,并可以将角色授予其他用户或其他角色。无论是在角色中增加权限还是减少权限,该用户的权限都会随之相应地发生变化。

16.3.1 创建角色

可以使用 CREATE ROLE 语句创建角色,语法格式如下:

```
CREATE ROLE role_name [NOT IDENTIFIED]|
[IDENTIFIED {BY password|USING [schema.] package|EXTERNALLY|GLOBALLY }];
```

说明：

（1）role_name 表示要创建的角色的名称。

（2）NOT IDENTIFIED 表示角色被授予其他用户和角色之后会立刻生效，这是默认值。

（3）IDENTIFIED 子句表示角色被授予其他用户和角色之后不会立刻生效，而是要通过某种方式验证之后才能生效，以防止其他用户随意启用或禁用该角色。BY password 表示在创建角色的同时为角色设置密码，默认情况下建立的角色没有密码，此时把这个角色授予用户之后，该用户就自动拥有了该角色的权限；如果设置了密码，那么用户就不能自动拥有角色的权限，而必须使用 SET ROLE 语句激活之后才能拥有。USING package 表示创建的角色是一个应用程序角色，该角色只能在应用程序中使用授权的包来启用。EXTERNALLY 表示要通过得到外部服务授权的用户来启用角色，外部服务通常为操作系统或第三方服务。GLOBALLY 表示要通过得到企业目录服务授权的用户来启用角色。

（4）创建角色应该具有 CREATE ROLE 的系统权限。

例 16.23 以用户 learner 的身份登录数据库，创建 3 个角色，分别用于管理学生信息和教师信息。

```
SQL>CREATE ROLE s_man1;           --创建一个用于查询学生信息的角色
角色已创建。
SQL>CREATE ROLE s_man2;           --创建一个用于增删改学生信息的角色
角色已创建。
SQL>CREATE ROLE t_man IDENTIFIED BY tea;
角色已创建。           --创建一个用于管理教师信息的角色，为安全起见，为第二个角色设置了密码
```

例 16.24 创建一个外部角色 exterrole，并将 DBA 角色授予 exterrole。

```
SQL>conn scott/tiger
已连接。
SQL>SELECT * FROM user_role_privs;

USERNAME GRANTED_ROLE  ADMIN_OPTION DEFAULT_ROLE  OS_GRANTED
------   ---------     -----------  ---------     ----------
SCOTT    CONNECT       NO           YES           NO
SCOTT    RESOURCE      NO           YES           NO
SQL>ALTER SYSTEM SET os_roles=true SCOPE=SPFILE;
系统已更改。
SQL>SHUTDOWN IMMEDIATE
数据库已经关闭。
已经卸载数据库。
ORACLE 例程已经关闭。
SQL>STARTUP
ORACLE 例程已经启动。
Total System Global Area     535662592 bytes
Fixed Size                     1375792 bytes
Variable Size                360710608 bytes
Database Buffers             167772160 bytes
```

```
Redo Buffers                      5804032 bytes
```
数据库装载完毕。
数据库已经打开。
```
SQL>CREATE ROLE exterrole IDENTIFIED EXTERNALLY;    --创建外部角色 exterrole
```
角色已创建。
```
SQL>GRANT DBA TO exterrole WITH ADMIN OPTION;      --将 DBA 的角色授予 exterrole
```
授权成功。

要想应用外部角色,必须对 Oracle 数据库的一个初始化参数 os_roles 进行设置,该参数指定了是由 Oracle 数据库还是由操作系统来验证和管理每个用户的角色,默认值为 false,表示由 Oracle 数据库来验证和管理角色,true 表示由操作系统管理数据库所有用户的角色分配,而 Oracle 数据库以前分配的角色操作系统都会忽略,具有 sysdba 和 sysoper 系统权限的用户不受此限制。对于例 16.24,首先将参数 os_roles 的值设置为 true,即由操作系统管理数据库所有用户的角色分配,然后创建外部角色 exterrole 并将 DBA 的权限授予 exterrole。

创建完外部角色之后,需要在操作系统中创建一个用户组,用户组的名称为 ORA_sid_rolename[_D][_A]。其中,ORA 是固定的,表示是 Oracle 数据库的用户组;sid 用于标识数据库实例;rolename 为角色名;D 表示这个角色是用户的默认角色,用户登录之后就自动具有该角色的权限,如果没有设置 D,则用户登录后必须使用 SET ROLE 语句启用角色;A 表示 admin option,即用户具有管理该角色的权限,可以把该角色授权给其他角色,但是不能授予其他用户。

接续上面的操作,首先创建一个名为 ora_orcl_exterrole_da 的用户组,然后将相应的用户加入到该用户组中,如图 16.3 所示。

图 16.3　将用户 exterrole 加入到用户组 ora_orcl_exterrole_da 中

在当前用户(非 exterrole 用户)下的 SQL * Plus 中执行下面的代码:

```
SQL>conn scott/tiger
ERROR:
ORA-01045: user SCOTT lacks CREATE SESSION privilege; logon denied
```
警告:您不再连接到 Oracle。

scott 用户不能登录到数据库中,说明将 os_roles 设置为 true 之后,授予 scott 的角色已经失效。切换到 exterrole 用户中,在命令行中执行下面的代码:

```
C:\Users\exterrole>sqlplus scott/tiger
SQL * Plus: Release 11.2.0.1.0 Production on 星期二 3月 6 20:16:36 2012
Copyright (c) 1982, 2010, Oracle.  All rights reserved.
连接到:
Oracle Database 11g Enterprise Edition Release 11.2.0.1.0 - Production
With the Partitioning, OLAP, Data Mining and Real Application Testing option
SQL>SELECT * FROM user_role_privs;
USERNAME GRANTED_ROLE  ADMIN_OPTION  DEFAULT_ROLE  OS_GRANTED
```

```
------   ----------   ----------   -----------  ----------
SCOTT    CONNECT      NO           YES          NO
SCOTT    EXTERROLE    YES          YES          YES
SCOTT    RESOURCE     NO           YES          NO
```

结果能够正常登录到数据库中，且 scott 用户被授予了 exterrole 角色。

16.3.2 为角色授予权限

如同创建用户之后必须为用户授予权限一样，创建角色后也必须给角色授权，否则角色没有任何使用价值。给角色授权的方法与给用户授权的方法相似，也要使用 GRANT 语句进行授权，既可以给角色授予系统权限，也可以授予对象权限，还可以把一个角色授予另外一个角色。

例 16.25 为角色 s_man1 授予 learner 模式的学生表的查询权限和在任何模式下创建视图、删除视图的系统权限。为角色 s_man2 授予 learner 模式的学生表的插入、更新和删除权限。为角色 t_man 授予 learner 模式的教师表的查询、插入、更新和删除权限。

```
SQL>GRANT SELECT ON learner.student TO s_man1;              --授予 s_man1 对象权限
授权成功。
SQL>GRANT CREATE ANY VIEW, DROP ANY VIEW TO s_man1;         --授予 s_man1 系统权限
授权成功。
SQL>GRANT INSERT, UPDATE, DELETE ON learner.student TO s_man2;
授权成功。                                                   --授予 s_man2 对象权限
SQL>GRANT SELECT, INSERT, UPDATE, DELETE ON learner.teacher TO t_man;
角色已创建。                                                 --授予 t_man 对象权限
```

角色被授予权限之后，就可以将其授予其他用户和角色了，语法格式与将权限授予用户的语法格式相似，被授予该角色的用户和角色就具有该角色的所有权限了。

例 16.26 为用户 user2 授予 s_man1 角色和 t_man 角色的权限。为角色 t_man 授予 s_man2 角色的权限，然后再将角色 t_man 授予用户 user3。

```
SQL>GRANT s_man1, t_man TO user2;
授权成功。
SQL>GRANT s_man2 TO t_man;
授权成功。
SQL>GRANT t_man TO user3;
授权成功。
```

将角色授予用户或角色分为直接授予和间接授予两种，例 16.26 直接将 s_man1 和 t_man 角色授予用户 user2，直接将 s_man2 角色授予 t_man 角色，直接将 t_man 角色授予用户 user3，而 s_man2 角色则是间接授予了用户 user3。

16.3.3 默认角色与角色的启用禁用

默认情况下，当被授予角色后，用户会拥有所有角色（设置密码的角色除外）的权限，即用户登录到数据库后，其默认角色为拥有的所有角色（设置密码的角色除外）。通过查询

user_role_privs 视图可以获得用户被直接授予的角色的信息,如下面的代码所示。

```
SQL> SELECT * FROM user_role_privs;              --在用户 user2 下执行
USERNAME   GRANTED_ROLE   ADMIN_OPTION   DEFAULT_ROLE   OS_GRANTED
------     ----------     ----------     -----------    --------

USER2      S_MAN1         NO                YES            NO
USER2      T_MAN          NO                NO             NO
```

从结果可知,角色 s_man1 被自动设置为用户 user2 的默认角色(DEFAULT_ROLE 为
YES),而角色 t_man 由于设置了密码因此不能自动成为默认角色。因此对于用户 user2 来
说,可以查询 learner 模式的学生表(角色 s_man1 的权限),但是不可以查询 learner 模式的
教师表中的记录(角色 t_man 的权限),如下面的代码所示。

```
SQL> SELECT s_id, s_name, s_political, s_classname FROM learner.student;
S_ID        S_NAME   S_POLITICAL   S_CLASSNAME
--------    -----    ---------     ----------
0807010112  高孟孟    共青团员        工商 081
0807010113  王闯      共青团员        工商 081
0807010114  冯跃泰    群众           工商 081
...
已选择 273 行。
SQL> SELECT t_id, t_name, t_research, t_university FROM learner.teacher;
SELECT t_id, t_name, t_research, t_university FROM learner.teacher
                                                                    *
第 1 行出现错误:
ORA-00942: 表或视图不存在
```

可以根据需要修改默认角色,不能在创建用户时为用户指定默认角色,创建用户时实际
上相当于将 DEFAULT ROLE 设置为 ALL,而且后面所有授予用户的角色(设置密码的角
色除外)都将自动被设置为默认角色。要修改用户的默认角色要使用 ALTER USER 语句,
语法格式如下:

```
ALTER USER DEFAULT ROLE [role [, role] ...|ALL [EXCEPT role [, role] ...]|NONE;
```

说明:

(1) role 为要设置的角色名。

(2) ALL 表示启用当前用户的所有角色作为默认角色,但是不包括设置密码的角色。

(3) EXCEPT 表示除了指定的角色外,启用当前用户所有角色作为默认角色。

(4) NONE 表示禁用当前用户的所有角色,即默认角色为零个。

例 16.27   使用 ALTER USER 语句为用户 user2 设置默认角色。

```
SQL> ALTER USER user2 DEFAULT ROLE NONE;
用户已更改。              --修改用户 user2 的默认角色为零个,user2 登录后不具有任何默认角色
SQL> ALTER USER user2 DEFAULT ROLE ALL EXCEPT s_man1;
用户已更改。              --修改用户 user2 的默认角色,user2 登录后启用除 s_man1 外的所有角色
                         为默认角色
```

```
SQL>ALTER USER user2 DEFAULT ROLE ALL;
用户已更改。        --修改用户 user2 的默认角色,user2 登录后启用所有角色为默认角色
SQL>ALTER USER user2 DEFAULT ROLE s_man1;
用户已更改。        --修改用户 user2 的默认角色,user2 登录后只启用 s_man1 角色为默认角色
SQL>conn user2/123
已连接。
SQL>DELETE FROM learner.student WHERE s_id='0807070326';
DELETE FROM learner.student WHERE s_id='0807070326'
                           *
第 1 行出现错误:
ORA-01031: 权限不足
SQL>ALTER USER user2 DEFAULT ROLE s_man1, s_man2;
用户已更改。
SQL>conn user2/123
已连接。
SQL>DELETE FROM learner.student WHERE s_id='0807070326';
已删除 1 行。
```

上面的语句中修改了用户 user2 的默认角色,在执行对学生表的删除操作时会提示权限不足的错误,这是因为用户 user2 的默认角色只有 s_man1,s_man2 角色没有启用,随后设置默认角色为 s_man1 和 s_man2 就可以删除学生表中的数据了。

除了可以使用 ALTER USER 语句设置并启用默认角色外,还可以使用 SET ROLE 语句启用角色。ALTER USER 语句用于启用或禁用默认角色,SET ROLE 语句用于在会话中启用或禁用角色。

SET ROLE 语句的语法格式如下:

```
SET ROLE [role [IDENTIFIED BY password]]|[ALL [EXCEPT role [, role, ...]]|[NONE];
```

说明:

(1) role 为要设置的角色名。

(2) IDENTIFIED BY 表示用于启用或禁用角色时要使用的密码。

(3) ALL 表示启用当前用户的所有角色。

(4) EXCEPT 表示除了指定的角色外,启用当前用户的所有角色。

(5) NONE 表示禁用当前用户的所有角色。

例 16.28 使用 SET ROLE 语句启用和禁用角色。

```
SQL>GRANT t_man TO user2;        --以 sysdba 身份登录到数据库中,将角色 t_man 授予 user2
授权成功。
SQL>conn user2/123
已连接。
SQL>SELECT t_id, t_name, t_research, t_university FROM learner.teacher;
SELECT t_id, t_name, t_research FROM learner.teacher
                           *
第 1 行出现错误:
ORA-01031: 权限不足        --未能获得角色 t_man 的权限,说明带有密码的角色不能自动启用
```

```
SQL>SET ROLE t_man;        --创建t_man角色时为其设置了密码,因此不指定密码无法启用该权限
SET ROLE t_man
        *
第1行出现错误:
ORA-01979:角色 'T_MAN' 的口令缺失或无效
SQL>SET ROLE t_man IDENTIFIED BY tea;       --启用t_man角色的同时输入密码
角色集
SQL>SELECT t_id, t_name, t_research, t_university FROM learner.teacher;
T_ID    T_NAME   T_RESEARCH                                  T_UNIVERSITY
----    ------   -----------------------------------------   ------------
060001  李飞      软件工程技术,智能算法                          东北电力大学
060002  张续伟    数据仓库,数据挖掘,Web挖掘,数据库系统开发        吉林大学
060003  黄帅      计算机网络安全                                华中科技大学
...
已选择24行。
SQL>SET ROLE ALL;           --启用当前用户的所有角色,由于角色t_man有密码,因此设置失败
SET ROLE ALL
        *
第1行出现错误:
ORA-01979:角色 'T_MAN' 的口令缺失或无效
SQL>SET ROLE ALL EXCEPT t_man;   --启用除角色t_man外的当前用户的所有角色
角色集
SQL>SET ROLE NONE;              --禁用当前用户的所有角色
角色集
SQL>SET ROLE t_man IDENTIFIED BY tea, s_man2;
角色集                           --同时启用t_man和s_man2角色,t_man角色要输入密码
```

设有密码的角色不能自动启用,必须使用 SET ROLE 语句手动启用,启用时必须输入角色的密码。使用 SET ROLE ALL 语句启用所有角色时,如果角色中有设有密码的,则该语句不能成功,可以使用 EXCEPT 关键字将设有密码的角色先排除在外,再启用角色。

注意:SET ROLE 语句启用角色的有效范围仅在使用该语句的会话中,对使用相同用户登录数据库的其他会话无效,而使用 ALTER USER 语句设置的默认角色对所有的会话都有效。

16.3.4　回收角色的权限和删除角色

权限的授予者可以使用 REVOKE 语句回收为角色授予的权限,回收系统权限和对象权限的语法稍有不同,具体可以参考前面回收系统权限和回收对象权限的语法格式。

例 16.29　回收授予角色的权限。

```
SQL>REVOKE CREATE ANY VIEW, DROP ANY VIEW FROM s_man1;
撤销成功。                                      --回收s_man1角色的系统权限
SQL>REVOKE INSERT, DELETE ON learner.student FROM s_man2;
撤销成功。                                      --回收s_man2角色的对象权限
```

权限的授予者也可以使用 REVOKE 语句回收角色,回收角色的语法格式与回收权限

的语法格式相似。

例 16.30 从用户 user3 中回收 t_man 角色。

```
SQL>REVOKE t_man FROM user3;  --从用户 user3 中回收 t_man 角色
撤销成功。
```

如果不再需要使用某个角色，那么可以使用 DROP ROLE 语句将其删除，语法格式如下：

```
DROP ROLE role;
```

例 16.31 删除角色 s_man1。

```
SQL>DROP ROLE s_man1;
```

16.3.5 查看角色信息

可以通过以下的数据字典视图了解与角色相关的信息。

（1）dba_role_privs、user_role_privs：显示被直接授予当前用户的角色信息，包括用户名称、被授予的角色名称、是否可以转授给其他用户、默认角色等信息。

（2）role_sys_privs：显示角色所拥有的系统权限，包括角色名称、系统权限和授权是否带有 admin_option 选项。

（3）role_tab_privs：显示角色所拥有的对象权限，包括角色名称、拥有者、对象名称、列名、对象权限和是否可以转授给其他用户等信息。

（4）dba_roles：显示数据库中所有的角色信息，包括角色名称、是否需要密码、角色的认证类型等信息。

（5）role_role_privs：显示被一个角色授予其他角色的角色信息，包括角色名称、被授予的角色名称、是否可以转授给其他用户等信息。

（6）session_roles：显示当前会话所具有的角色信息（包括直接和间接授予的角色）。

例 16.32 使用各个视图了解角色的相关信息。

```
SQL>SELECT * FROM user_role_privs;               --显示被直接授予用户 user2 的角色
USERNAME   GRANTED_ROLE   ADMIN_OPTION   DEFAULT_ROLE   OS_GRANTED
------   -----------   -----------   ----------   ---------
USER2      S_MAN1         NO             YES            NO
USER2      T_MAN          NO             NO             NO
SQL>SELECT * FROM session_roles;                 --显示用户 user2 当前拥有的权限
ROLE
--------------------
DBA
SELECT_CATALOG_ROLE
HS_ADMIN_SELECT_ROLE
EXECUTE_CATALOG_ROLE
HS_ADMIN_EXECUTE_ROLE
...
```

已选择 19 行。

```
SQL> SELECT * FROM role_role_privs;              --查询哪些角色被授予了其他角色

ROLE    GRANTED_ROLE  ADMIN_OPTION
----    -----------   ------------
T_MAN    S_MAN2          NO
```

16.4 概要文件管理

16.4.1 概要文件概述

安全管理策略中很重要的一项内容就是限制用户访问特定的系统资源,以保护一些重要的资源(如 CPU 资源)不被过度使用,这种资源限制的策略在大型的多用户数据库系统中显得格外重要,因为系统资源是十分宝贵的,如果一个或多个用户过度地使用这些资源可能会影响到其他用户的使用甚至导致数据库系统的性能急剧下降。

概要文件(Profile)是 Oracle 数据库对用户能够使用的数据库和系统资源进行规定和限制的一种文件,是可分配给用户的资源和密码有关的属性的集合。通过给每个用户指定一个概要文件,Oracle 数据库可以对每个用户可以使用的资源进行限制。可以在两个级别上对用户可以使用的系统资源进行限制,一个是会话级(Session Level),另一个是调用级(Call Level)。如果是会话级限制,当用户在一个会话时间段内超过了资源限制参数的最大值时,Oracle 数据库将停止当前的操作,回滚没有提交的事务,并断开连接;如果是调用级限制,当用户执行 SQL 语句超过了资源参数的限制时,Oracle 数据库将终止并回滚该语句的执行,但是当前事务中已执行的所有语句不受影响且会话依然存在。要使用资源限制的功能必须将 Oracle 的初始化参数 resource_limit 设置为 true,而该参数的默认值为 false。

除了限制可用资源外,概要文件还有一个作用就是进行口令管理,如最大登录失败次数的限制、账号锁定时间的限制等。

创建数据库时,Oracle 会自动创建一个默认的概要文件,在创建用户时可以为用户指定一个概要文件,如果没有指定概要文件,则 Oracle 数据库会将默认的概要文件指定为用户的概要文件。但是默认的概要文件并没有对用户可以使用的资源进行任何限制,而只是对用户的密码策略进行了一些限制,这是不能满足安全管理的要求的,因此通常会根据用户的类型和权限来手动地创建概要文件来限制用户所能使用的资源,以提高 Oracle 数据库运行的安全性和稳定性。

16.4.2 创建概要文件

创建概要文件的语法格式如下:

```
CREATE PROFILE profile LIMIT
resource_parameter|password_parameter
[,resource_parameter|password_parameter, ...];
```

说明：

（1）profile 为概要文件的名称。

（2）resource_parameter 表示资源限制参数，具体可用的参数如下所示。

① SESSIONS_PER_USER：用于限制使用同一个用户名同时登录数据库的并发会话的总数，如果超过此值，则数据库会禁止使用该用户的会话继续登录。

② CPU_PER_SESSION：用于限制用户在一次会话中可以占用 CPU 的时间（以 0.01s 为单位计算），当达到该时间后用户不能在此会话中执行任何操作，此时必须先断开连接，再连接才可以进行操作。

③ CPU_PER_CALL：用于限制每次调用 SQL 语句可以占用 CPU 的时间（以 0.01s 为单位计算），达到该限制时间时语句以报错结束。不同于 CPU_PER_SESSION 的是，没达到 CPU_PER_SESSION 的限制，还可以进行新的查询。

④ CONNECT_TIME：用于限制会话的最长连接时间（以分钟为计算单位），当用户会话时间超过 CONNECT_TIME 指定的时间时，Oracle 数据库将回滚当前事务并结束会话。

⑤ IDLE_TIME：用于限制会话连接期间的最长空闲时间（以分钟为计算单位），当会话空闲时间超过 IDLE_TIME 指定的时间时，Oracle 数据库将回滚当前事务并结束会话。

⑥ LOGICAL_READS_PER_SESSION：用于限制一个会话可以读取的数据块的最大数量。

⑦ LOGICAL_READS_PER_CALL：用于限制一次调用 SQL 期间可以读取数据块的最大数量。

⑧ COMPOSITE_LIMIT：用于限制一个会话总的资源成本，Oracle 数据库会根据 CPU_PER_SESSION、CONNECT_TIME、LOGICAL_READS_PER_SESSION 和 PRIVATE_SGA 这几个参数的求权结果进行计算。

⑨ PRIVATE_SGA：用于限制会话在 SGA 中可以分配的最大私有空间，该选项只适用于共享服务器模式。

（3）password_parameter 表示密码参数，具体可用的参数如下所示。

① FAILED_LOGIN_ATTEMPTS：用于限制用户连续登录数据库的最大失败次数，当达到该值时，用户将会被锁定，只有解锁或超过 PASSWORD_LOCK_TIME 参数指定的天数后才能继续使用。

② PASSWORD_LIFE_TIME：用于限制用户密码的有效时间（以天为单位计算），默认值为 UNLIMITED，即永久有效。

③ PASSWORD_REUSE_TIME：用于限制被用户修改的密码经过多少天后才可以被重新使用，默认值为 UNLIMITED。

④ PASSWORD_REUSE_MAX：用于限制用户密码被修改后原有密码被修改多少次才允许再次被重新使用。

⑤ PASSWORD_LOCK_TIME：用于限制用户因超过 FAILED_LOGIN_ATTEMPTS 指定的次数被锁定时，用户被锁定的天数。

⑥ PASSWORD_GRACE_TIME：用于设置提示密码过期的天数。

⑦ PASSWORD_VERIFY_FUNCTION：用于设置口令复杂性校验函数以检查新口令所需的复杂程度是否符合最低复杂程度及其他校验规则。

（4）创建概要文件要求具有 CREATE PROFILE 系统权限。

例 16.33　创建一个概要文件,要求对用户在会话中占用 CPU 的时间没有限制,但每次调用 SQL 语句可以占用的 CPU 时间为 10s,每个会话最长的连接时间为 20min,连接期间每个会话的最长空闲时间为 5min,每个用户最多可同时创建 5 个并发会话,如果该用户连续 3 次密码输入错误,则锁定该用户,锁定时间为 3d。

```
SQL>   CREATE PROFILE myprofile LIMIT
  2      CPU_PER_SESSION unlimited
  3      CPU_PER_CALL 1000
  4      CONNECT_TIME 20
  5      IDLE_TIME 5
  6      SESSIONS_PER_USER 5
  7      FAILED_LOGIN_ATTEMPTS 3
  8      PASSWORD_LOCK_TIME 3;
配置文件已创建。
```

如果要对概要文件进行修改,需要使用 ALTER PROFILE 语句,语法格式如下:

```
ALTER PROFILE profile LIMIT
resource_parameter|password_parameter
[,resource_parameter|password_parameter, ...];
```

resource_parameter 和 password_parameter 参数的含义与创建概要文件的参数含义相同。

例 16.34　修改概要文件 myprofile,要求对用户在会话中占用 CPU 的时间限制为 100s,每个会话最长的连接时间为 30min,每个用户最多可同时创建 10 个并发会话。

```
SQL>ALTER PROFILE myprofile LIMIT
  2      CPU_PER_SESSION 10000
  3      CPU_PER_CALL 1000
  4      CONNECT_TIME 30
  5      SESSIONS_PER_USER 10;
配置文件已更改。
```

创建好概要文件之后,就可以将其分配给用户了,可以使用 CREATE USER 语句在创建用户时分配,也可以使用 ALTER USER 语句为用户分配。

例 16.35　使用 CREATE USER 语句和 ALTER USER 语句为用户分配概要文件。

```
SQL>CREATE USER user4 IDENTIFIED BY 123 PROFILE myprofile;
用户已创建。                            --创建用户时为用户分配概要文件
SQL>ALTER USER user3 PROFILE myprofile; --将用户 user3 的概要文件改为 myprofile
用户已更改。
SQL>ALTER USER user4 PROFILE DEFAULT;   --将用户 user4 的概要文件改为默认的概要文件
用户已更改。
```

例 16.36　修改参数 resource_limit 的值为 true,使概要文件的资源限制参数生效。

```
SQL>SHOW PARAMETER resource_limit
```

```
NAME                  TYPE      VALUE
------------------ -------- --------
resource_limit    boolean   FALSE
SQL>ALTER SYSTEM SET resource_limit=true SCOPE=SPFILE;
系统已更改。
SQL>SHUTDOWN IMMEDIATE
数据库已经关闭。
已经卸载数据库。
Oracle 例程已经关闭。
SQL>STARTUP
Oracle 例程已经启动。
Total System Global Area     535662592 bytes
Fixed Size                     1375792 bytes
Variable Size                360710608 bytes
Database Buffers             167772160 bytes
Redo Buffers                   5804032 bytes
数据库装载完毕。
数据库已经打开。
```

16.4.3 删除概要文件

如果删除概要文件,需要使用 DROP PROFILE 语句,语法格式如下:

```
DROP PROFILE profile [CASCADE];
```

如果概要文件没有被分配给用户,则可以直接将其删除。但是如果已经分配给用户了,那么删除时必须使用 CASCADE 关键字,此时 Oracle 数据库会从用户那里回收该概要文件,然后删除该概要文件,同时会自动把默认的概要文件分配给该用户。

例 16.37 删除概要文件。

```
--概要文件 myprofile 已经被分配给用户 user3 了,因此必须使用 CASCADE 关键字
SQL>DROP PROFILE myprofile;
DROP PROFILE myprofile
 *
第 1 行出现错误:
ORA-02382:概要文件 MYPROFILE 指定了用户, 不能没有 CASCADE 而删除
SQL>DROP PROFILE myprofile CASCADE;
配置文件已删除。
```

16.4.4 查看概要文件信息

可以通过以下的数据字典视图了解与概要文件相关的信息。

(1) dba_profiles:显示所有的概要文件及其限制的资源信息,包括概要文件的名称、资源名称、资源类型和限制信息。

(2) user_password_limits:显示当前用户被分配的概要文件中的口令管理策略,包括

口令名称和限制信息。

（3）user_resource_limits：显示当前用户被分配的概要文件中的资源管理策略，包括资源名称和限制信息。

例 16.38 查看概要文件信息。

```
SQL>SELECT username, profile FROM dba_users;
USERNAME     PROFILE
--------     -------
...
SYS          DEFAULT
SYSTEM       DEFAULT
USER1        DEFAULT
USER2        DEFAULT
USER3        MYPROFILE
已选择 16 行。               --从 dba_users 视图中查询用户被分配的概要文件名称
SQL>SELECT * FROM dba_profiles WHERE profile='DEFAULT';    --查询默认概要文件
PROFILE    RESOURCE_NAME     RESOURCE_TYPE    LIMIT
------     -------------     -------------    --------
DEFAULT    COMPOSITE_LIMIT       KERNEL       UNLIMITED
DEFAULT    SESSIONS_PER_USER     KERNEL       UNLIMITED
DEFAULT    CPU_PER_SESSION       KERNEL       UNLIMITED
...
已选择 16 行。
SQL>SELECT * FROM user_password_limits;
RESOURCE_NAME               LIMIT
----------------------      --------
FAILED_LOGIN_ATTEMPTS       3
PASSWORD_LIFE_TIME          180
PASSWORD_REUSE_TIME         UNLIMITED
PASSWORD_REUSE_MAX          UNLIMITED
PASSWORD_VERIFY_FUNCTION    NULL
PASSWORD_LOCK_TIME          3
PASSWORD_GRACE_TIME         7
SQL>SELECT * FROM user_resource_limits;
RESOURCE_NAME               LIMIT
----------------------      --------
COMPOSITE_LIMIT             UNLIMITED
SESSIONS_PER_USER           10
CPU_PER_SESSION             10000
CPU_PER_CALL                1000
LOGICAL_READS_PER_SESSION   UNLIMITED
LOGICAL_READS_PER_CALL      VUNLIMITED
IDLE_TIME                   5
CONNECT_TIME                30
PRIVATE_SGA                 UNLIMITED
```

16.5 练习题

1. 要将对 learner 用户教师表的查询权限授予所有人,应该使用的 SQL 语句是_____。

    A. GRANT SELECT ON learner. teacher TO PUBLIC;

    B. GRANT SELECT ANY TABLE ON learner. teacher TO PUBLIC;

    C. GRANT SELECT ON learner. teacher TO ALL USERS;

    D. GRANT SELECT ON learner. teacher TO ALL;

2. 下列语句会中,创建一个 Oracle 用户,但是让操作系统来验证其合法性的是_____。

    A. CREATE USER ops $ admin IDENTIFIED BY os;

    B. CREATE USER ops $ admin IDENTIFIED EXTERNALLY;

    C. CREATE USER ops $ admin NOPASSWORD;

    D. CREATE USER ops $ admin AUTHENTICATED BY os;

3. 假设创建了一个学生管理的角色 student_admin,那么下列语句中,会在当前会话中启用角色 student_admin 的是_____。

    A. ALTER SESSION ENABLE ROLE student_admin;

    B. SET ROLE student_admin;

    C. ALTER SESSION SET ROLE student_admin;

    D. ALTER ROLE student_admin ENABLE;

4. 下列语句中,会使一个会话在空闲 30min 后失去与数据库的连接的是_____。

    A. ALTER PROFILE DEFAULT LIMIT idle_time 30;

    B. ALTER PROFILE DEFAULT SET idle_timeout 30;

    C. ALTER SESSION SET idle_timeout=30;

    D. ALTER SESSION SET LIMIT idle_timeout=30;

5. 执行语句:ALTER USER scott DEFAULT ROLE ALL,则_____。

    A. scott用户的所有角色都将启用,包括设置密码的角色

    B. scott用户的所有角色都将启用,但不包括设置密码的角色

    C. scott用户将拥有数据库的所有角色

    D. scott用户将拥有执行该语句之后创建的所有角色

6. 现在有这样的需求,要为 3 个新员工建立新的数据库用户,且这 3 个用户的默认表空间上拥有无限使用空间的权限,则执行语句_____能够满足要求。

    A. grant both CONNECT and RESOURCE role to all of the three users

    B. grant CONNECT role to all of the three users

    C. CREATE USER ... QUOTA UNLIMITED ON...

    D. grant RESOURCE role to all of the three users

7. 关于角色,下列说法正确的是_____。

    A. 角色只能被 SYS 用户拥有

B. 角色只能包含系统权限

C. 一个角色可以被授予其他角色

D. 不能给角色设置口令

8. 建立新用户 myuser(密码任意),给用户 myuser 授权,使其能够登录到数据库,能够查询 learner 下的 score 表,能修改 student 表的 s_nation 和 s_political 两个列中的值,查询用户 myuser 的权限,回收用户 myuser 的登录权限,回收用户 myuser 的所有对象权限。

9. 建立角色 myrole,给角色 myrole 授权,使其能够登录到数据库,赋角色 myrole 给用户 myuser,删除角色 myrole,删除用户 myuser。

附录 A 各章练习题参考答案

第 1 章

1. B   2. C   3. D   4. A   5. A   6. D   7. A

8. (1)数据定义功能；(2)数据操纵功能；(3)数据组织、存储与管理；(4)数据库的运行管理；(5)数据库的建立和维护功能；(6)数据字典；(7)数据通信功能。

9. 数据库系统不仅包括数据库本身，即实际存储在计算机中的数据，还包括相应的硬件支撑环境、软件系统和各类相关人员。各类相关人员包括数据库管理员、系统分析员、应用程序员和最终用户。

10. 数据管理技术的发展主要经历了人工管理、文件系统和数据库系统3个阶段。

(1) 人工管理阶段：在硬件方面，外存只有纸带、卡片、磁带，并没有磁盘等直接存取的存储设备；软件方面，实际上，当时还未形成软件的整体概念。这一时期，没有操作系统，没有管理数据的软件，数据处理方式是批处理。人工管理阶段具有以下特点：

① 数据不保存。

② 应用程序管理数据，承担设计数据的逻辑结构和物理结构任务。

③ 数据不能共享。

④ 数据不具有独立性。

(2) 文件系统阶段：硬件方面有了大发展，出现了磁盘、磁鼓等直接存取存储设备；软件方面，操作系统中已经有了专门用于数据管理的软件，即文件系统；另外在处理方式上，不仅有了文件批处理方式，而且还能够联机进行实时处理。用文件系统管理数据具有以下特点：

① 数据需要长期保留在外存储器上以供反复使用。

② 由文件系统管理数据。

③ 数据共享性差，冗余度大。

④ 数据独立性差。

(3) 数据库系统阶段：硬件方面出现了大容量磁盘，而且硬件价格不断下降；软件方面则价格不断上升，为编制和维护系统软件及应用程序所需的成本相对增加；在处理方式上，联机实时处理要求更多，并开始提出和考虑分布式处理方式。数据库系统的优点如下：

① 与手工操作相比较，其查询迅速、准确，而且可以省去大量的纸面文件。

② 数据结构化且统一管理。

③ 数据冗余度小。

④ 具有较高的数据独立性。

⑤ 数据的共享性好。

⑥ 具有数据控制功能。

第 2 章

1. B　　2. B　　3. B　　4. D　　5. C　　6. D

7.（1）R 的基本 FD 有 3 个：

（运动员编号，比赛项目）→ 成绩

比赛项目 → 比赛类别

比赛类别 → 比赛主管

关键码为（运动员编号，比赛项目）。

（2）根据（1），R 中存在下列两个 FD：

（运动员编号，比赛项目）→（比赛类别，比赛主管）

比赛项目→（比赛类别，比赛主管）

其中前一个 FD 是一个部分依赖，因此 R 不是 2NF 模式。

R 应分解成两个模式：R1（比赛项目，比赛类别，比赛主管）∈2NF

R2（运动员编号，比赛项目，成绩）∈2NF

（3）R2 已经是 3NF 模式。

在 R1 中，由于存在两个 FD：比赛项目 → 比赛类别、比赛类别 → 比赛主管，

因此，"比赛项目→ 比赛主管"是一个传递依赖，R1 不是 3NF 模式。

对 R1 应分解成两个模式：R11（比赛项目，比赛类别）∈3NF

R12（比赛类别，比赛主管）∈3NF

因此，R 分解成 3NF 模式集时，ρ＝{ R11，R12，R2 }。

8.（1）R 的基本函数依赖有：

（订单编号，图书编号）→ 数量

订单编号 → 日期，客户编号

客户编号 → 客户名称，客户电话，地址

图书编号 → 书名，定价

R 的关键字为（订单编号，图书编号）。

（2）因为根据（1），R 中存在下列 FD：

（订单编号，图书编号）→ 日期，客户编号

订单编号 → 日期，客户编号

其中前一个 FD 是一个部分依赖。

同理：（订单编号，图书编号）→书名，定价

图书编号 → 书名，定价

其中前一个 FD 也是一个部分依赖，因此 R 不是 2NF 模式。

R 应分解成 3 个模式：R1（订单编号，图书编号，数量）∈2NF

R2（图书编号，书名，定价）∈2NF

R3（订单编号，日期，客户编号，客户名称，客户电话，地址）∈2NF

（3）R1、R2 已经是 3NF 模式。

在 R3 中，由于存在两个 FD：

订单编号 → 客户编号

客户编号 → 客户名称,客户电话,地址

即存在一个传递依赖,因此 R3 不是 3NF 模式。

对 R3 应分解成两个模式：R31(订单编号,客户编号,日期)∈3NF

R32(客户编号,客户名称,客户电话,地址)∈3NF

因此,R 分解成 3NF 模式集时,ρ＝{ R1,R2,R31,R32 }。

第 3 章

1. B   2. C   3. B   4. A   5. B   6. C   7. D   8. B

9. 数据库设计的 6 个步骤：需求分析、概念结构设计、逻辑结构设计、物理结构设计、数据库实施、数据库运行和维护。

10. 在现实世界中,有些实体的存在必须依赖于其他实体,这样的实体称为弱实体。例如,单元住宅与建筑物之间存在着依赖关系,单元住宅的存在依赖于建筑物的存在,因此单元住宅是弱实体。

11. (1) E-R 图：

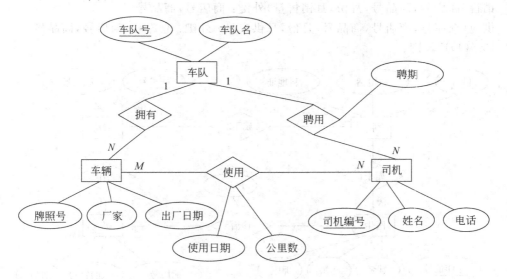

(2) 转换成的关系模型应具有 4 个关系模式：

车队(车队号,车队名)

车辆(牌照号,厂家,出厂日期,车队号)   外键：车队号

司机(司机编号,姓名,电话,车队号,聘期)   外键：车队号

使用(司机编号,牌照号,使用日期,公里数)   外键：司机编号,牌照号

12. (1) E-R 图：

(2) 转换成的关系模型应具有 6 个关系模式：

仓库(仓库号,仓库名,地址)

商品(商品号,商品名,单价)

商店(商店号,商店名,地址)

库存(仓库号,商品号,日期,存储量)外键：仓库号,商品号

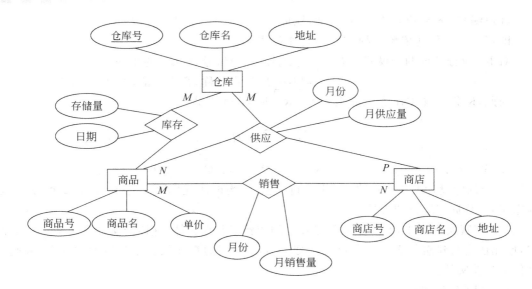

销售(商店号,商品号,月份,月销售量)外键:商店号,商品号
供应(仓库号,商店号,商品号,月份,月供应量)外键:仓库号,商店号,商品号

13. (1)E-R图:

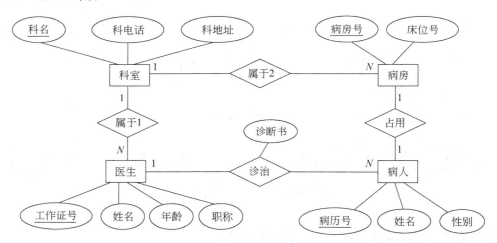

(2)转换成的关系模型应具有4个关系模式:

科室(科名,科电话,科地址)

医生(工作证号,姓名,年龄,职称,科名)外键:科名

病房(病房号,床位号,科名)外键:科名

病人(病历号,姓名,性别,工作证号,诊断书,病房号)外键:工作证号,病房号

第 4 章

1．B　　2．B　　3．C　　4．D　　5．C

第 5 章

1. B   2. A   3. D   4. D   5. B

第 6 章

1. C   2. B   3. A   4. D   5. C   6. A

7.

```
CREATE TABLE s_attendance(
    kq_id NUMBER(10) PRIMARY KEY,
    s_id VARCHAR2(10) CONSTRAINT fk_sid REFERENCES student(s_id),
    t_id char(6),
    c_id CHAR(6),
    c_time DATE DEFAULT TRUNC(SYSDATE),
    attendance CHAR(1) NOT NULL,
CONSTRAINT fk_tid FOREIGN KEY(t_id) REFERENCES teacher(t_id)
);
```

8.

```
INSERT INTO s_attendance
VALUES (1, '0807070301', '060001', '060151', '29-2月-12', '1');
INSERT INTO s_attendance (kq_id,s_id,t_id,c_id,c_time,attendance)
VALUES (2, '0807010234', '060006', '060164', '01-3月-12', '2');
INSERT INTO s_attendance (kq_id,s_id,t_id,c_id,c_time,attendance)
VALUES (3, '0807010308', '070005', '070042', '03-3月-12', '3');
INSERT INTO s_attendance (kq_id,s_id,t_id,c_id,c_time,attendance)
VALUES (4, '0807010309', '070005', '070042', '03-3月-12', '4');
INSERT INTO s_attendance (kq_id,s_id,t_id,c_id,c_time,attendance)
VALUES (5, '0807010317', '070005', '070042', '03-3月-12', '5');

INSERT ALL
INTO s_attendance VALUES (1, '0807070301', '060001', '060151', '29-2月-12', '1')
INTO s_attendance VALUES (2, '0807010234', '060006', '060164', '01-3月-12', '2')
INTO s_attendance VALUES (3, '0807010308', '070005', '070042', '03-3月-12', '3')
INTO s_attendance VALUES (4, '0807010309', '070005', '070042', '03-3月-12', '4')
INTO s_attendance VALUES (5, '0807010317', '070005', '070042', '03-3月-12', '5')
SELECT * FROM dual;
```

9.

```
UPDATE s_attendance SET c_time='02-3月-12' WHERE c_time='03-3月-12';
```

10.

```
DELETE FROM s_attendance WHERE c_time <'01-3月 -12';
```

第 7 章

1. B　　2. C　　3. C　　4. B　　5. D

6.

```
SELECT * FROM award WHERE award_name LIKE '%软件大赛%';
```

7.

```
SELECT s_classname, MAX(s_chinese+s_math+s_foreign), MIN(s_chinese+s_math+s_
foreign)
FROM STUDENT
GROUP BY s_classname
HAVING COUNT(*)>30;
```

8.

```
SELECT s_id, s_name, s_classname, s_math FROM student
WHERE  s_math > (SELECT AVG(s_math) FROM student
GROUP BY s_classname HAVING s_classname='国贸 081')
AND s_classname='国贸 081' ORDER BY s_math DESC;
```

9.

```
SELECT s_id, s_name, s_classname, s_duty FROM student
WHERE  EXISTS (SELECT * FROM score
WHERE score.s_id=student.s_id AND s_finalgrade >=70 AND c_num=
(SELECT c_num FROM course WHERE course.c_name='面向对象程序设计'));
```

或

```
SELECT s_id, s_name, s_classname, s_duty FROM student
WHERE  s_id IN (SELECT s_id FROM score
WHERE s_finalgrade >=70 AND c_num=
(SELECT c_num FROM course WHERE course.c_name='面向对象程序设计'));
```

10.

```
SELECT paper_title, paper_journal, paper_time FROM paper
WHERE  paper.paper_journal
IN (SELECT journal_name FROM journal WHERE journal_level='国内 A');
```

或

```
SELECT paper_title, paper_journal, paper_time FROM paper
WHERE  EXISTS (SELECT journal_name FROM journal
WHERE paper.paper_journal=journal.journal_name AND journal_level='国内 A');
```

第 8 章

1. B　　2. C　　3. B　　4. D　　5. C　　6. D
7.

```
INSERT INTO journal VALUES('软件学报', '国内A', 3);
SAVEPOINT a;
SELECT * FROM journal WHERE journal_name='软件学报';
DELETE journal    WHERE journal_level LIKE '%国际%';
SAVEPOINT b;
SELECT * FROM journal;
UPDATE journal SET journal_level='国内A' WHERE journal_name='系统工程';
SELECT * FROM journal;
ROLLBACK TO b;
COMMIT;
SELECT * FROM journal;
```

第 9 章

1. B　　2. D　　3. C　　4. C　　5. A　　6. C　　7. D　　8. C
9.

```
CREATE SEQUENCE kq_seq
INCREMENT BY 1
START WITH 1
NOMAXVALUE;

INSERT INTO s_attendance
VALUES (kq_seq.NEXTVAL, '0807070301', '060001', '060151', '29-2月-12', '1');
INSERT INTO s_attendance (kq_id,s_id,t_id,c_id,c_time,attendance)
VALUES (kq_seq.NEXTVAL, '0807010234', '060006', '060164', '01-3月-12', '2');
INSERT INTO s_attendance (kq_id,s_id,t_id,c_id,c_time,attendance)
VALUES (kq_seq.NEXTVAL, '0807010308', '070005', '070042', '02-3月-12', '3');
INSERT INTO s_attendance (kq_id,s_id,t_id,c_id,c_time,attendance)
VALUES (kq_seq.NEXTVAL, '0807010309', '070005', '070042', '02-3月-12', '4');
INSERT INTO s_attendance (kq_id,s_id,t_id,c_id,c_time,attendance)
VALUES (kq_seq.NEXTVAL, '0807010317', '070005', '070042', '02-3月-12', '5');
COMMIT;
```

第 10 章

1. D　　2. A　　3. A
4.

```
SELECT * FROM student WHERE LENGTH(s_name)=3;
```

5.

```
SELECT * FROM teacher WHERE INSTR(t_research, '数据库') > 0;
```

6.

```
SELECT * FROM teacher WHERE MONTHS_BETWEEN(SYSDATE, t_entertime) > 5 * 12;
```

7.

```
SELECT s_id, t_id, TO_CHAR(c_time,'yyyy.mm.dd'),
DECODE(attendance,1,'旷课',2,'事假',3,'病假',4,'迟到',5,'早退') 出勤情况
FROM s_attendance;
```

第 11 章

1. A   2. A   3. D   4. B   5. A   6. C   7. B   8. C   9. A
10. A

11. （1）IF 语句实现：

```
DECLARE
v_id emp.deptno%TYPE:=&id;
BEGIN
IF v_id=10 THEN
    UPDATE emp SET sal=sal * 1.2 WHERE deptno=v_id;
ELSIF v_id=20 THEN
    UPDATE emp SET sal=sal * 1.3 WHERE deptno=v_id;
ELSIF v_id=30 THEN
    UPDATE emp SET sal=sal * 1.5 WHERE deptno=v_id;
ELSE
    UPDATE emp SET sal=sal * 1.0 WHERE deptno=v_id;
END IF;
END;
/
```

（2）CASE 语句实现：

```
DECLARE
v_id emp.deptno%TYPE:=&id;
BEGIN
CASE v_id
    WHEN 10 THEN
        UPDATE emp SET sal=sal * 1.2 WHERE deptno=v_id;
    WHEN 20 THEN
        UPDATE emp SET sal=sal * 1.3 WHERE deptno=v_id;
    WHEN 30 THEN
        UPDATE emp SET sal=sal * 1.5 WHERE deptno=v_id;
    ELSE
```

```
            UPDATE emp SET sal=sal * 1.0 WHERE deptno=v_id;
END CASE;
END;
/
```

12.（1）不带参数的游标：

```
DECLARE
CURSOR emp_cursor IS SELECT empno,job FROM emp WHERE deptno=&p_empno;
v_empno emp.empno%TYPE;
v_job emp.job%TYPE;
BEGIN
OPEN emp_cursor;
LOOP
    FETCH emp_cursor INTO v_empno,v_job;
    EXIT WHEN emp_cursor%NOTFOUND;
    DBMS_OUTPUT.PUT_LINE('职员编号为：'||v_empno||',职员职务为：'||v_job);
END LOOP;
CLOSE emp_cursor;
END;
/
```

（2）带参数的游标：

```
DECLARE
CURSOR emp_cursor(v_empno emp.empno% TYPE) IS SELECT empno,job FROM emp WHERE
deptno=v_empno;
v_empno emp.empno%TYPE;
v_job emp.job%TYPE;
BEGIN
OPEN emp_cursor(&p_empno);
LOOP
    FETCH emp_cursor INTO v_empno,v_job;
    EXIT WHEN emp_cursor%NOTFOUND;
    DBMS_OUTPUT.PUT_LINE('职员编号为：'||v_empno||',职员职务为：'||v_job);
END LOOP;
CLOSE emp_cursor;
END;
/
```

13.

```
DECLARE
CURSOR emp_cursor IS SELECT ename,sal FROM emp FOR UPDATE;
emp_record emp_cursor%ROWTYPE;
BEGIN
OPEN emp_cursor;
```

```
LOOP
    FETCH emp_cursor INTO emp_record;
    EXIT WHEN emp_cursor%NOTFOUND;
    IF emp_record.sal<1800 THEN
        UPDATE emp SET sal=1800 WHERE CURRENT OF emp_cursor;
    END IF;
END LOOP;
CLOSE emp_cursor;
END;
/
```

14.

```
DECLARE
v_sal emp.sal%TYPE;
v_name emp.ename%TYPE:=&name;
BEGIN
SELECT sal INTO v_sal FROM emp WHERE ename=v_name;
DBMS_OUTPUT.PUT_LINE('该员工工资为：'||v_sal);
EXCEPTION
    WHEN NO_DATA_FOUND THEN
        DBMS_OUTPUT.PUT_LINE('该员工不存在！');
    WHEN TOO_MANY_ROWS THEN
        FOR v_emp IN (SELECT * FROM emp WHERE ename=v_name) LOOP
        DBMS_OUTPUT.PUT_LINE('员工号：'||v_emp.empno||',员工工资：'||v_emp.sal);
END LOOP;
END;
/
```

15.

```
DECLARE
v_sal emp.sal%TYPE;
v_ename emp.ename%TYPE;
e EXCEPTION;
BEGIN
SELECT ename,sal INTO v_ename,v_sal FROM emp WHERE empno=&a;
IF v_sal<800 THEN RAISE e;
ELSE DBMS_OUTPUT.PUT_LINE('姓名为：'||v_ename||'工资为：'||v_sal);
END IF;
EXCEPTION
    WHEN NO_DATA_FOUND THEN DBMS_OUTPUT.PUT_LINE('查无此人');
    WHEN e THEN DBMS_OUTPUT.PUT_LINE('工资太低,需要涨工资');
END;
/
```

第 12 章

1. B   2. B   3. A   4. B   5. A   6. C   7. C   8. B   9. B
10. B
11. (1)

```
CREATE OR REPLACE PROCEDURE p1(n IN emp.deptno%TYPE)
AS
CURSOR c IS SELECT ename,sal FROM emp WHERE deptno=n;
BEGIN
FOR m IN c LOOP
DBMS_OUTPUT.PUT_LINE(m.ename||','||m.sal);
END LOOP;
END;
/
```

(2)

```
BEGIN
    p1('10');
END;
/
```

12. (1)

```
CREATE OR REPLACE FUNCTION f1(n in emp.deptno%TYPE) RETURN NUMBER
IS
v_count NUMBER;
BEGIN
SELECT COUNT(*) INTO v_count FROM emp WHERE deptno=n;
RETURN v_count;
END;
/
```

(2)

```
DECLARE
a NUMBER;
BEGIN
a:=f1(10);
DBMS_OUTPUT.PUT_LINE('该部门员工人数为：'||a);
END;
/
```

13. (1) 创建包规范：

```
CREATE OR REPLACE PACKAGE emp_package
IS
```

```
PROCEDURE get_deptinfo
(v_deptno emp.deptno%TYPE,
v_dept OUT dept%ROWTYPE);
FUNCTION get_sal(v_deptno emp.deptno%TYPE)
RETURN NUMBER;
END emp_package;
/
```

（2）创建包主体：

```
CREATE OR REPLACE PACKAGE BODY emp_package
IS
  PROCEDURE get_deptinfo(v_deptno emp.deptno%TYPE,v_dept OUT dept%ROWTYPE)
IS
BEGIN
    SELECT * INTO v_dept FROM dept WHERE deptno=v_deptno;
  END get_deptinfo;
  FUNCTION get_sal(v_deptno emp.deptno%TYPE)
  RETURN NUMBER
  IS
    v_sal NUMBER;
  BEGIN
  SELECT avg(sal) INTO v_sal FROM emp
    WHERE deptno=v_deptno;
    RETURN v_sal;
  END get_sal;
END emp_package;
/
```

（3）调用包中的存储过程：

```
DECLARE
  v_dept dept%ROWTYPE;
BEGIN
  emp_package.get_deptinfo(10,v_dept);
  DBMS_OUTPUT.PUT_LINE(v_dept.deptno||' '||v_dept.dname||'  '||v_dept.loc);
END;
/
```

（4）调用包中的存储函数：

```
BEGIN
  DBMS_OUTPUT.PUT_LINE('该部门的平均工资为：'||emp_package.get_sal(10));
END;
/
```

14.（1）创建包规范：

```
CREATE OR REPLACE PACKAGE pp
```

```
IS
  PROCEDURE show_emp(v_deptno emp.deptno%TYPE);
  PROCEDURE show_emp(v_dname dept.dname%TYPE);
END pp;
/
```

（2）创建包主体：

```
CREATE OR REPLACE PACKAGE BODY pp
IS
  PROCEDURE show_emp(v_deptno emp.deptno%TYPE)
IS
BEGIN
    FOR v_emp IN (SELECT * FROM emp WHERE deptno=v_deptno) LOOP
    DBMS_OUTPUT.PUT_LINE(v_emp.empno||','||v_emp.ename);
  END LOOP;
  END show_emp;
  PROCEDURE show_emp(v_dname dept.dname%TYPE)
  IS
    v_deptno emp.deptno%TYPE;
  BEGIN
  SELECT deptno INTO v_deptno FROM dept
    WHERE dname=v_dname;
    FOR v_emp IN (SELECT * FROM emp WHERE deptno=v_deptno) LOOP
    DBMS_OUTPUT.PUT_LINE(v_emp.empno||','||v_emp.ename);
  END LOOP;
  END show_emp;
END pp;
/
```

（3）测试：

```
BEGIN
  DBMS_OUTPUT.PUT_LINE('10 部门的员工如下：');
  pp.show_emp(10);
  DBMS_OUTPUT.PUT_LINE('SALES 部门的员工如下：');
  pp.show_emp('SALES');
END;
/
```

15.

```
CREATE OR REPLACE TRIGGER cascade_update
AFTER UPDATE OF deptno ON dept
FOR EACH ROW
BEGIN
UPDATE emp SET emp.deptno=:new.deptno
WHERE emp.deptno=:old.deptno;
```

```
END;
/
```

第 13 章

1. C   2. A   3. D   4. A   5. A

6.

```
SELECT t_id, t_name, t_research FROM teacher
ORDER BY NLSSORT(t_name, 'NLS_SORT=SCHINESE_RADICAL_M');
```

第 14 章

1. B   2. D   3. D   4. A   5. B

第 15 章

1. D   2. D   3. A   4. C   5. A   6. C   7. D   8. C   9. D
10. D

第 16 章

1. A   2. B   3. B   4. A   5. A   6. C   7. C

8.

```
conn/as sysdba
CREATE USER myuser IDENTIFIED BY 1;
GRANT CREATE SESSION TO myuser;
GRANT SELECT ON learner.score TO myuser;
GRANT UPDATE(s_nation, s_political) ON learner.student TO myuser;
conn myuser/1
SELECT * FROM user_tab_privs;
SELECT * FROM user_col_privs;
SELECT * FROM user_sys_privs;
conn/as sysdba
REVOKE CREATE SESSION FROM myuser;
REVOKE SELECT ON learner.score FROM myuser;
REVOKE UPDATE ON learner.student FROM myuser;
```

9.

```
CREATE ROLE myrole;
GRANT CREATE SESSION TO myrole;
GRANT myrole TO myuser;
DROP ROLE myrole;
DROP USER myuser;
```

参 考 文 献

[1] Oracle® Database Concepts 11g Release 2(11. 2) E16508-05,October 2010.

[2] Oracle® Database SQL Language Reference 11g Release2(11. 2) E17118-04,October 2010.

[3] Oracle® Database PL/SQL Language Reference 11g Release2(11. 2) E17126-08,April 2011.

[4] SQL * Plus® User's Guide and Reference Release 11. 2 E16604-02,August 2010.

[5] Oracle® Globalization Support Guide 11g Release2(11. 2) E10729-06,October 2010.

[6] Oracle® VLDB and Partitioning Guide 11g Release2(11. 2) E16541-08,February 2011.

[7] Oracle® Administrator's Guide 11g Release2(11. 2) E17120-07,April 2011.

[8] Bob Bryla, Kevin Loney. Oracle Database 11g DBA Handbook, McGraw-Hill Osborne Media, 2007. 12.

[9] Biju Thomas. Oracle® Database 11g Administrator Certified Associate STUDY GUIDE,Sybex Inc. , 2009. 06.

[10] 王珊,萨师煊. 数据库系统概论[M]. 4 版. 北京：高等教育出版社,2006.

[11] John Watson,Roopesh Ramklass,Bob Bryla. OCP/OCA 认证考试指南全册：Oracle Database 11g [M]. 北京：清华大学出版社,2011.

[12] Lggy Fernandez. Oracle Database 11g 基础教程[M]. 北京：人民邮电出版社,2010.